高等数学
进阶高分精讲精练

吴亚娟　王顺凤　朱晓欣　朱建　编著

东南大学出版社
SOUTHEAST UNIVERSITY PRESS
·南京·

内容提要

本书是为本科生参加各类大学生数学竞赛(非数学专业)编写的教辅教材,内容覆盖了大学高等数学的所有内容。全书共有八讲,每讲均由内容提要、例题精讲和进阶精练三个部分组成。

本书"内容提要"部分梳理高等数学中的关键内容、核心方法,"例题精讲"部分共306道典型例题,通过例题对各类竞赛、各种考试中的高频考题、富有技巧性的难题进行重点解析,"进阶精练"部分共431道练习题,通过保分基础练和争分提能练巩固知识,通过实战真题练检查学习效果。

本书在选材和写法上,注重启发性、综合性、典型性、广泛性,将理论、方法、范例和练习四者有机结合,并与数学思想融为一体,以理引法、以例释理、以例示法、以练习法。

本书可供读者作为学习高等数学的补充或作为竞赛培训教材使用,同时也可作为高等院校数学教师的教学参考用书和考研学生的复习参考资料。

图书在版编目(CIP)数据

高等数学进阶高分精讲精练 / 吴亚娟等编著. — 南京 : 东南大学出版社,2023.2

ISBN 978 - 7 - 5766 - 0666 - 9

Ⅰ.①高… Ⅱ.①吴… Ⅲ.①高等数学-研究生-入学考试-自学参考资料 Ⅳ.①O13

中国版本图书馆 CIP 数据核字(2022)第 254573 号

高等数学进阶高分精讲精练

Gaodeng Shuxue Jinjie Gaofen Jingjiang Jinglian

编 著	吴亚娟 王顺凤 朱晓欣 朱 建
责任编辑	贺玮玮 张慧芳
责任校对	韩小亮
封面设计	毕 真
责任印制	周荣虎
出版发行	东南大学出版社
社 址	南京市四牌楼 2 号
网 址	http://www.seupress.com
经 销	全国各地新华书店
印 刷	江阴金马印刷有限公司
开 本	700mm×1000mm 1/16
印 张	24
字 数	421 千字
版 次	2023 年 2 月第 1 版
印 次	2023 年 2 月第 1 次印刷
书 号	ISBN 978 - 7 - 5766 - 0666 - 9
定 价	62.00 元

(本社图书若有印装质量问题,请直接与营销部联系。电话:025 - 83791830)

　　大学生数学竞赛可检验学生对数学知识的理解和对数学方法的掌握程度,是加强学生数学思维和创新能力的一条有益途径。数学竞赛的培训和开展,不仅激发了大学生对学习数学的兴趣和热情,而且对高等学校教学质量的提升,促进大学数学课程的改革和建设,培养大学生的创新精神和应用能力都有着重要的意义。随着数学竞赛持续深入开展,参赛学生越来越多,备赛过程中对深、广、难问题的研究,不仅是为竞赛做准备,同时也帮助学生深化理解数学概念、掌握数学理论和提高运算技能,达到提升数学素养、提高学习数学和应用数学能力的目的。通过竞赛促进大学数学的教与学,为今后的学习和深造打下坚实的基础。

　　本书依据非数学专业全国大学生数学竞赛大纲,参照全国硕士研究生入学统一考试数学考试大纲,再根据数学试题的特点和培训授课的需要共分八讲。每讲均由内容提要、例题精讲和进阶精练三个部分组成。内容提要部分对每一讲的主要内容进行了系统梳理,厘清各知识点之间的关系,既简明扼要又提纲挈领。另外,还对本讲中的主要问题进行归类,对解决问题的主要思想和方法进行了系统的归纳和小结,对核心知识进行了必要的延伸,帮助学生透视脉络、把握精髓、总览全局。例题精讲部分的例题主要选自历年全国、各省及各大高校的数学竞赛试题,历年全国硕士研究生入学考试真题,国内公开出版书籍上的典型例题,编者长期数学教学过程中积累的问题。全书共 306 道典型例题,题量丰富,题型全面且突出高频考点。例题按照题型和考点进行了归类,并总结归纳了同一类问题的常用方法,通过方法点拨和提示来引导学生学习、掌握和深化基本概念和数学理论,领悟问题实质,澄清模糊的认识,巩固所学知识,培养分析问题和解决问题的能力,提升高层次数学思维水平。进阶精练部分按照题目的难易程度进行了分类,包括保分基础练、争分提能练、实战真题练三部分,共计 431 道练习题。保分基础练的难度稍低一些,偏重基本概念、基础题型和基本方法的理解和掌握,争分提能练是具有一定难度和技巧性的综合训练题;实战真题练的题目选自各类数学竞赛和考研真题,方便学生进行自我检测。

相比其他的大学数学竞赛教辅教材,本书无论从内容框架结构的确定,还是例题的选择、练习的分梯度安排等方面,都在强调突出以赛促教、以赛促学的指导思想,旨在搭建竞赛和常规教学之间的桥梁。全书关注与课本内容的整合与重组,重视与课内常规数学思想和方法的衔接和扩充,强调知识点的串联与总结,对高等数学的教学能起到实质性的帮助和提升,使得数学竞赛成为高等数学教学的有益补充。

本书可作为本科院校大学生数学竞赛的培训教材以及非数学类专业学生的数学能力拓展的教材,也可作为考研辅导教材。

本书由南京信息工程大学教材建设基金资助,在南京信息工程大学数学竞赛培训中已经试用多轮,并不断修改完善,取得了较好的使用效果。本书第一讲、第六讲由王顺凤编写;第二讲由朱建编写;第三讲、第五讲由吴亚娟编写;第四讲、第七讲、第八讲由朱晓欣编写,全书由吴亚娟统稿。本书在编写过程中得到了南京信息工程大学公共数学教学部老师的大力支持,他们给教材提出了很多宝贵的意见和建议。

本书的编写得到了南京信息工程大学教务处、数学与统计学院有关领导的大力支持和帮助,在此表示衷心的感谢。由于编者水平有限,书中难免存在一些疏漏和不足之处,敬请各位专家、同行和广大读者批评指正。

编者

2022 年 1 月

CONTENTS 目录

第一讲

函数、极限与连续

一、内容提要

(一)函数的概念及基本特性

1. 函数的定义

设有两个变量 x,y，D 是一个给定的数集，如果对于 $\forall x \in D$，按照一定的法则总有唯一确定的数值 y 与之对应，则称变量 y 是 x 的函数，记作：$y = f(x)$，数集 D 称为函数的定义域.

2. 函数的几个特征性质

设 D 为函数 $f(x)$ 的定义域，$I \subset D$.

(1)(局部)有界性：若存在 $M > 0$，使得对任意的 $x \in I$，都有 $|f(x)| \leqslant M$，则称 $f(x)$ 在 I 上有界，否则无界.

(2)(局部)单调性：

① 若对 I 内任意的 $x_1 < x_2$，总有 $f(x_1) < f(x_2)$［或 $f(x_1) > f(x_2)$］，则称 $f(x)$ 在 I 上严格单调增加(或减少).

② 若对 I 内任意的 $x_1 < x_2$，总有 $f(x_1) \leqslant f(x_2)$［或 $f(x_1) \geqslant f(x_2)$］，则称 $f(x)$ 在 I 上单调增加(或减少).

(3) 奇偶性：若对任意的 $x \in D$，总有 $f(-x) = f(x)$，则称 $f(x)$ 为偶函数；若对任意的 $x \in D$，总有 $f(-x) = -f(x)$，则称 $f(x)$ 为奇函数；特别地，奇函数中：$f(0) = 0$. 奇函数的图像关于原点中心对称，偶函数的图像关于 y 轴对称.

(4) 周期性：若存在 $T \neq 0$，使得对 $\forall x \in D$，且 $x + T \in D$ 都有 $f(x+T) = f(x)$，则称 $f(x)$ 为以 T 为周期的周期函数.

3. 反函数

设函数 $y = f(x)$ 的定义域为 D，值域为 W，对于任意的 $y \in W$，在 D 上可以确

定 x 与 y 对应,且满足 $y = f(x)$,则称新函数 $x = f^{-1}(y)$ 为函数 $y = f(x)$ 的反函数,习惯记为 $y = f^{-1}(x)$.

4. 复合函数

若 $y = f(u)$ 的定义域为 D_1,若 $u = g(x)$ 的定义域为 U,当 $g(x)$ 的值域包含在 $f(u)$ 的定义域 D_1 内时,则称 $y = f[g(x)]$ 是由 $y = f(u)$ 和 $u = g(x)$ 复合而成的复合函数.

5. 初等函数

幂函数、指数函数、对数函数、三角函数、反三角函数统称为基本初等函数.

由常数与基本初等函数经过有限次四则运算或函数复合,且能用一个式子表示的函数,称为初等函数.

6. 高等数学中常出现的函数类型

(1) 初等函数、分段函数、隐函数、参数方程确定的函数.

(2) 常见的分段函数,如:

① 符号函数: $y = \operatorname{sgn} x = \begin{cases} 1, & x > 0, \\ 0, & x = 0, \\ -1, & x < 0. \end{cases}$

② 狄立克雷函数: $f(x) = \begin{cases} 1, & x \in \mathbf{Q}, \\ 0, & x \notin \mathbf{Q}, \end{cases}$ 其中 $\mathbf{Q}$ 为有理数集.

③ 取整函数: $y = [x]$ 表示不超过 x 的最大的整数.

(3) 用极限表示的函数 —— 含参量极限,如

$$y = \lim_{n \to \infty} f_n(x), \quad y = \lim_{t \to x} f(t, x).$$

(4) 用变上、下限积分表示的变限函数.

① $y = \displaystyle\int_a^x f(t) \mathrm{d}t$,若其中 $f(t)$ 连续,则 $\dfrac{\mathrm{d}y}{\mathrm{d}x} = f(x)$;

② $y = \displaystyle\int_x^b f(t) \mathrm{d}t$,若其中 $f(t)$ 连续,则 $\dfrac{\mathrm{d}y}{\mathrm{d}x} = -f(x)$;

③ $y = \displaystyle\int_{\varphi_1(x)}^{\varphi_2(x)} f(t) \mathrm{d}t$,若其中 $f(t)$ 连续,且 $\varphi_1(x), \varphi_2(x)$ 可导,则

$$\frac{\mathrm{d}y}{\mathrm{d}x} = f[\varphi_2(x)] \varphi_2'(x) - f[\varphi_1(x)] \varphi_1'(x).$$

(5) 用幂级数或傅里叶级数表示的函数,如

$$s(x) = \sum_{n=1}^{\infty} a_n x^n, \; s(x) = \frac{a_0}{2} + \sum_{n=1}^{\infty} (a_n \cos nx + b_n \sin nx).$$

（6）满足某微分方程的函数.

（二）极限的定义、性质及其求法

1. 极限的定义与性质

（1）数列极限定义及性质

① 定义：若对于 $\forall \varepsilon > 0$，总存在正整数 N，使得当 $n > N$ 时，不等式 $|x_n - a| < \varepsilon$ 恒成立，则称 a 为数列 $\{x_n\}$ 当 $n \to \infty$ 时的极限，记为 $\lim\limits_{n \to \infty} x_n = a$. 如果数列极限不存在，也称数列发散.

② 性质：（唯一性、有界性、保号性）

性质 1（唯一性）：若数列极限存在，则极限唯一.

性质 2（有界性）：若数列极限存在，则该数列必有界.

性质 3（保号性）：若数列极限存在且数列从某项开始都为正（或负），则其极限是非负（或非正）的.

推论：若数列极限存在且恒为正（或负），则数列从某项开始都是正（或负）的.

（2）函数极限定义及性质

① 定义：

ⅰ $\lim\limits_{x \to x_0} f(x) = a \Leftrightarrow$ 对 $\forall \varepsilon > 0$，总存在 $\delta > 0$，使得当 $0 < |x - x_0| < \delta$ 时，有 $|f(x) - a| < \varepsilon$ 成立.

ⅱ $\lim\limits_{x \to \infty} f(x) = a \Leftrightarrow$ 对 $\forall \varepsilon > 0$，总存在 $X > 0$，使得当 $|x| > X$ 时，有 $|f(x) - a| < \varepsilon$ 成立.

② 性质：唯一性、局部有界性、局部保号性

性质 1（唯一性）：若函数极限存在，则其值唯一.

性质 2（局部有界性）：若函数极限存在，则函数在局部相应的范围内有界.

性质 3（局部保号性）：若函数极限存在，且函数在局部相应的范围内恒为正（或负），则极限值是非负（或正）的.

推论：若极限存在且恒为正（或负），则函数在局部相应的范围内是正（或负）的.

（3）极限存在的充要条件

① $\lim\limits_{x \to x_0} f(x) = A \Leftrightarrow \lim\limits_{x \to x_0^-} f(x) = \lim\limits_{x \to x_0^+} f(x) = A.$

② $\lim\limits_{x \to \infty} f(x) = A \Leftrightarrow \lim\limits_{x \to -\infty} f(x) = \lim\limits_{x \to +\infty} f(x) = A.$

③ $\lim\limits_{n \to \infty} x_n = A \Leftrightarrow \lim\limits_{n \to \infty} x_{2n} = \lim\limits_{n \to \infty} x_{2n+1} = A.$

④ 一般地,数列被分为若干个互不相交的子数列,则极限存在的充要条件是所有这些子数列的极限都存在且相同.

（4）几个常用极限

$$\lim\limits_{n \to \infty} \sqrt[n]{a} = 1 \ (a > 0), \ \lim\limits_{n \to \infty} \sqrt[n]{n} = 1; \ \lim\limits_{n \to \infty} q^n = \begin{cases} 0, & |q| < 1, \\ \infty, & |q| > 1, \\ 1, & q = 1, \\ \text{不存在}, & q = -1; \end{cases}$$

$$\lim\limits_{x \to -\infty} e^x = 0, \ \lim\limits_{x \to +\infty} e^x = +\infty;$$

$$\lim\limits_{x \to -\infty} \arctan x = -\frac{\pi}{2}, \ \lim\limits_{x \to +\infty} \arctan x = \frac{\pi}{2};$$

$$\lim\limits_{x \to -\infty} \text{arccot} x = \pi, \ \lim\limits_{x \to +\infty} \text{arccot} x = 0;$$

$$\lim\limits_{x \to n^-} [x] = n - 1, \ \lim\limits_{x \to n^+} [x] = n, \ \lim\limits_{x \to x_0 (n < x_0 < n+1)} [x] = n;$$

（5）无穷小与无穷大

① 无穷小的定义:若 $\lim\limits_{\substack{x \to x_0 \\ (x \to \infty)}} f(x) = 0$,则称 $f(x)$ 为 $x \to x_0 (x \to \infty)$ 时的无穷小.

② 无穷大的定义:若 $\lim\limits_{\substack{x \to x_0 \\ (x \to \infty)}} f(x) = \infty$,则称 $f(x)$ 为 $x \to x_0 (x \to \infty)$ 时的无穷大.【注:这时 $\lim\limits_{\substack{x \to x_0 \\ (x \to \infty)}} f(x)$ 是不存在的】

（6）无穷小的几个常用性质

① 有限个无穷小的代数和是无穷小.

② 有限个无穷小的乘积是无穷小.

③ 无穷小与有界函数的乘积是无穷小.

④ 无穷小与无穷大的关系:在自变量的某个变化过程中,无穷大的倒数是无穷小,非零无穷小的倒数是无穷大.

⑤ $\lim\limits_{x \to x_0} f(x) = A \Leftrightarrow f(x) = A + \alpha(x)$,其中 $\lim\limits_{x \to x_0} \alpha(x) = 0.$【注:对其他变化过程结论也成立】

2. 极限存在准则

(1) 单调有界准则：单调有界数列必收敛.

【注 1】单调递增有上界的数列必有极限，其极限为最小的上界.

【注 2】单调递减有下界的数列必有极限，其极限为最大的下界.

(2) 夹逼准则：

① 若在 x_0 的某一邻域内，恒有 $g(x) \leqslant f(x) \leqslant h(x)$，且 $\lim\limits_{x \to x_0} g(x) = A$，$\lim\limits_{x \to x_0} h(x) = A$，则 $\lim\limits_{x \to x_0} f(x) = A$.

② 若数列 $\{x_n\}, \{y_n\}, \{z_n\}$ 满足 $\exists N \in \mathbf{N}_+$，当 $n > N$ 时有 $y_n \leqslant x_n \leqslant z_n$，且 $\lim\limits_{n \to \infty} y_n = \lim\limits_{n \to \infty} z_n = A$，则 $\lim\limits_{n \to \infty} x_n = A$.

3. 两个重要极限（设 $\lim \varphi(x) = 0, \varphi(x) \neq 0$）

(1) 重要极限一：$\lim\limits_{x \to 0} \dfrac{\sin x}{x} = 1$，一般形式为

$$\lim \frac{\sin \varphi(x)}{\varphi(x)} = 1.$$

(2) 重要极限二：$\lim\limits_{n \to \infty} \left(1 + \dfrac{1}{n}\right)^n = \mathrm{e}$，$\lim\limits_{x \to \infty} \left(1 + \dfrac{1}{x}\right)^x = \mathrm{e}$，$\lim\limits_{x \to 0} (1 + x)^{\frac{1}{x}} = \mathrm{e}$，一般形式为

$$\lim \left[1 + \varphi(x)\right]^{\frac{1}{\varphi(x)}} = \mathrm{e}.$$

4. 无穷小的比较（设 $\lim \alpha = 0, \lim \beta = 0$）

若 $\lim \dfrac{\beta}{\alpha} = 0$，则称 β 是比 α 高阶的无穷小，记为 $\beta = o(\alpha)$.

若 $\lim \dfrac{\beta}{\alpha} = \infty$，则称 β 是比 α 低阶的无穷小.

若 $\lim \dfrac{\beta}{\alpha} = C(C \neq 0)$，则称 β 与 α 是同阶无穷小.

若 $\lim \dfrac{\beta}{\alpha} = 1$，则称 β 与 α 是等价无穷小，记为 $\beta \sim \alpha$.

若 $\lim \dfrac{\beta}{x^k} = C(C \neq 0, k > 0)$，则称 β 是 x 的 k 阶无穷小.

5. 无穷小的等价代换公式

(1) 和与差关系中无穷小的等价代换公式：$\alpha + o(\alpha) \sim \alpha$（其中 $\lim \alpha = 0$）.

(2) 乘除关系中无穷小的等价代换公式：

设 $\alpha \sim \alpha', \beta \sim \beta'$,且 $\lim \dfrac{\beta'}{\alpha'}f(x)$ 存在,则 $\lim \dfrac{\beta}{\alpha}f(x) = \lim \dfrac{\beta'}{\alpha'}f(x)$.

【注1】等价无穷小代换仅应用于乘除关系中,和差关系中慎用!

【注2】常用的等价无穷小公式:当 $x \to 0$ 时,有

$$\sin x \sim x; \tan x \sim x; \arctan x \sim x; \arcsin x \sim x; 1 - \cos x \sim \frac{1}{2}x^2;$$

$$\ln(1+x) \sim x; e^x - 1 \sim x; a^x - 1 \sim x\ln a(a>0); (1+x)^\alpha - 1 \sim \alpha x(\alpha \neq 0);$$

6. 极限的运算法则

(1) 四则运算法则:设 $\lim\limits_{x \to x_0} f(x)$ 及 $\lim\limits_{x \to x_0} g(x)$ 都存在,则

$$\lim_{x \to x_0}[f(x) \pm g(x)] = \lim_{x \to x_0}f(x) \pm \lim_{x \to x_0}g(x);$$

$$\lim_{x \to x_0}[f(x)g(x)] = \lim_{x \to x_0}f(x) \cdot \lim_{x \to x_0}g(x);$$

$$\lim_{x \to x_0}[Cf(x)] = C\lim_{x \to x_0}f(x) \ (C \text{ 为任意常数});$$

$$\lim_{x \to x_0}\frac{f(x)}{g(x)} = \frac{\lim\limits_{x \to x_0}f(x)}{\lim\limits_{x \to x_0}g(x)} \ (\lim g(x) \neq 0).$$

【注1】极限的四则运算法则成立的前提是极限都存在.

【注2】极限的四则运算法则对其他极限过程也成立.

(2) 复合运算法则:设 $u = g(x)$,$\lim\limits_{x \to x_0}g(x) = a$,且当 $x \in \overset{\circ}{U}(x_0, \delta)$ 时,有 $g(x) \neq a$,$\lim\limits_{u \to a}f(u) = A$,则 $\lim\limits_{x \to x_0}f[g(x)] = \lim\limits_{u \to a}f(u) = A$.

【注】极限的复合运算法则对其他极限过程同样成立.

7. 极限的计算方法(先判断极限类型,并注意化简与恒等变形,再计算极限)

(1) 利用连续函数的定义.

(2) 利用极限的四则运算法则及复合运算法则(变量代换).

(3) 利用无穷小与有界函数的乘积仍为无穷小.

(4) 利用夹逼准则(放缩法).

(5) 利用单调有界准则证明极限存在,并求极限(已知递推关系的数列极限).

(6) 利用无穷小与无穷大的关系.

(7) 利用等价无穷小代换化简极限.

(8) 对 $\dfrac{0}{0}$ 型极限的计算方法有:消去公共无穷小项;利用重要极限一;洛必达

法则;利用泰勒公式等.

(9) 对 $\dfrac{\infty}{\infty}$ 型极限的计算方法有:同除以无穷大项的最高次幂;洛必达法则等.

(10) 对 $0 \cdot \infty, \infty - \infty, \infty^0, 0^0, 1^\infty$ 型极限的计算方法有:利用恒等变形或 e 抬起等方法化为 $\dfrac{0}{0}$ 型或 $\dfrac{\infty}{\infty}$ 型,其中 1^∞ 型还常利用重要极限二求解.

(11) 利用导数定义:

$$f'(x_0) = \lim_{\Delta x \to 0} \frac{\Delta y}{\Delta x} = \lim_{\Delta x \to 0} \frac{f(x_0 + \Delta x) - f(x_0)}{\Delta x} = \lim_{x \to x_0} \frac{f(x) - f(x_0)}{x - x_0}.$$

(12) 利用施笃兹(Stolz)定理(数列极限的洛必达法则,常用于分子分母为求和型数列极限).

施笃兹(Stolz)定理:设数列 $\{b_n\}$ 单调增加且 $\lim\limits_{n \to \infty} b_n = +\infty$,如果 $\lim\limits_{n \to \infty} \dfrac{a_n - a_{n-1}}{b_n - b_{n-1}}$ 存在或为 $\pm\infty$,那么 $\lim\limits_{n \to \infty} \dfrac{a_n}{b_n} = \lim\limits_{n \to \infty} \dfrac{a_n - a_{n-1}}{b_n - b_{n-1}}$.

例如:利用施笃兹定理证明如下极限的平均值定理:

① 设 $\lim\limits_{n \to \infty} a_n$ 存在或为 $\pm\infty$,则 $\lim\limits_{n \to \infty} \dfrac{a_1 + a_2 + \cdots + a_n}{n} = \lim\limits_{n \to \infty} a_n$.(算术平均)

② 设 $\lim\limits_{n \to \infty} a_n$ 存在或为 $+\infty, a_n > 0$,则 $\lim\limits_{n \to \infty} \sqrt[n]{a_1 a_2 \cdots a_n} = \lim\limits_{n \to \infty} a_n$.(几何平均)

③ 设 $\lim\limits_{n \to \infty} \dfrac{a_n}{a_{n-1}}$ 存在或为 $+\infty, a_n > 0$,则 $\lim\limits_{n \to \infty} \sqrt[n]{a_n} = \lim\limits_{n \to \infty} \dfrac{a_n}{a_{n-1}}$.

【证明:由施笃兹定理得

① $\lim\limits_{n \to \infty} \dfrac{a_1 + a_2 + \cdots + a_n}{n} = \lim\limits_{n \to \infty} \dfrac{(a_1 + a_2 + \cdots + a_n) - (a_1 + a_2 + \cdots + a_{n-1})}{n - (n-1)}$

$= \lim\limits_{n \to \infty} a_n$.

② 由上面①的结论可得 $\lim\limits_{n \to \infty} \sqrt[n]{a_1 a_2 \cdots a_n} = \mathrm{e}^{\lim\limits_{n \to \infty} \frac{\ln a_1 + \ln a_2 + \cdots + \ln a_n}{n}} = \mathrm{e}^{\lim\limits_{n \to \infty} \ln a_n} = \lim\limits_{n \to \infty} a_n$.

③ 由上面②的结论可得 $\lim\limits_{n \to \infty} \sqrt[n]{a_n} = \lim\limits_{n \to \infty} \sqrt[n]{\dfrac{a_n}{a_{n-1}} \cdot \dfrac{a_{n-1}}{a_{n-2}} \cdot \cdots \cdot \dfrac{a_1}{1}} = \lim\limits_{n \to \infty} \dfrac{a_n}{a_{n-1}}$.】

(13) 利用中值定理:

① 若函数 $f(x)$ 在 $[a,b]$ 上连续,在 (a,b) 内可导,则

$$f(b) - f(a) = f'(\xi)(b-a), \xi \text{ 介于 } a,b \text{ 之间};$$

② 若函数 $f(x)$ 在 $[a,b]$ 上连续,则

$$\int_a^b f(x)\mathrm{d}x = f(\xi)(b-a), \xi \text{ 介于 } a, b \text{ 之间.}$$

(14) 利用泰勒公式：

$$\mathrm{e}^x = 1 + x + \frac{x^2}{2!} + \cdots + \frac{x^n}{n!} + o(x^n);$$

$$\sin x = x - \frac{x^3}{3!} + \frac{x^5}{5!} - \frac{x^7}{7!} + \cdots + (-1)^n \frac{x^{2n+1}}{(2n+1)!} + o(x^{2n+1});$$

$$\cos x = 1 - \frac{x^2}{2!} + \frac{x^4}{4!} - \frac{x^6}{6!} + \cdots + (-1)^n \frac{x^{2n}}{(2n)!} + o(x^{2n});$$

$$\ln(1+x) = x - \frac{x^2}{2} + \frac{x^3}{3} - \cdots + (-1)^n \frac{x^{n+1}}{n+1} + o(x^{n+1});$$

$$\frac{1}{1-x} = 1 + x + x^2 + \cdots + x^n + o(x^n);$$

$$\frac{1}{1+x} = 1 - x + x^2 - \cdots + (-1)^n x^n + o(x^n);$$

$$(1+x)^m = 1 + mx + \frac{m(m-1)}{2!}x^2 + \cdots + \frac{m(m-1)\cdots(m-n+1)}{n!}x^n + o(x^n).$$

【注1】$\arcsin x = x + \frac{1}{6}x^3 + o(x^3); \tan x = x + \frac{1}{3}x^3 + o(x^3); \arctan x = x - \frac{1}{3}x^3 + o(x^3).$

【注2】对 $\dfrac{f(x)}{g(x)}$ 型：常将分子分母展开到同阶；

对 $f(x) - g(x)$ 型：常将 $f(x), g(x)$ 分别展开到系数不相等的 x 的最低次幂.

(15) 利用定积分的定义：当 $f(x)$ 连续时，有

$$\lim_{n\to\infty} \sum_{i=1}^n f\left(a + \frac{b-a}{n}i\right)\frac{b-a}{n} = \int_a^b f(x)\mathrm{d}x,$$

$$\lim_{n\to\infty} \sum_{i=1}^n f\left(\frac{i}{n}\right)\frac{1}{n} = \int_0^1 f(x)\mathrm{d}x.$$

(16) 利用级数收敛的必要条件：若 $\sum\limits_{n=0}^{\infty} u_n$ 收敛，则 $\lim\limits_{n\to\infty} u_n = 0.$

(三) 函数的连续性

1. 定义

(1) $f(x)$ 在点 x_0 处连续 $\Leftrightarrow \lim\limits_{\Delta x\to 0}\Delta y = 0 \Leftrightarrow \lim\limits_{\Delta x\to 0} f(x_0 + \Delta x) = f(x_0) \Leftrightarrow \lim\limits_{x\to x_0} f(x)$

$= f(x_0)$.

(2) $f(x)$ 在开区间 (a,b) 内连续 $\Leftrightarrow f(x)$ 在开区间 (a,b) 内每一点处都连续.

(3) $f(x)$ 在闭区间 $[a,b]$ 上连续 $\Leftrightarrow f(x)$ 在开区间 (a,b) 内连续,且在 $x = a$ 处右连续,在 $x = b$ 处左连续.

2. 连续函数的运算法则

(1) 设函数 $f(x)$ 和 $g(x)$ 在点 x_0 处连续,则函数 $f(x) \pm g(x)$、$f(x) \cdot g(x)$ 及 $\dfrac{f(x)}{g(x)}(g(x_0) \neq 0)$ 都在点 x_0 处连续.

(2) 设函数 $u = \varphi(x)$ 在点 $x = x_0$ 处连续,$\varphi(x_0) = u_0$,且函数 $y = f(u)$ 在点 $u = u_0$ 处连续,则复合函数 $y = f[\varphi(x)]$ 在点 $x = x_0$ 处也连续.

(3) 设函数 $y = f(x)$ 在区间 I_x 上单值、单调且连续,则其反函数 $x = \varphi(y)$ 在相应的区间 I_y 上也单值、单调且连续.

3. 初等函数的连续性

初等函数在其定义区间上处处连续.

4. 间断点及其分类

设 $x = x_0$ 为 $f(x)$ 的间断点.

(1) 第一类间断点: $\lim\limits_{x \to x_0^-} f(x)$、$\lim\limits_{x \to x_0^+} f(x)$ 均存在.

① 若 $\lim\limits_{x \to x_0^-} f(x) = \lim\limits_{x \to x_0^+} f(x)$,则点 x_0 称为第一类可去型间断点;

② 若 $\lim\limits_{x \to x_0^-} f(x) \neq \lim\limits_{x \to x_0^+} f(x)$,则点 x_0 称为第一类跳跃型间断点.

(2) 第二类间断点: $\lim\limits_{x \to x_0^-} f(x)$、$\lim\limits_{x \to x_0^+} f(x)$ 中至少有一个不存在.

① 若 $\lim\limits_{x \to x_0^-} f(x)$、$\lim\limits_{x \to x_0^+} f(x)$ 中至少有一个为无穷大,则点 x_0 称为第二类无穷型间断点;

② 若 $\lim\limits_{x \to x_0^-} f(x)$ 或 $\lim\limits_{x \to x_0^+} f(x)$ 中至少有一个不存在(但不是无穷大),则点 x_0 称为第二类振荡型间断点.

5. 闭区间上连续函数的性质

(1) 最大(小)值定理:若函数 $f(x)$ 在 $[a,b]$ 上连续,则 $f(x)$ 在 $[a,b]$ 上必取得最大值与最小值.

(2) 有界性定理:若函数 $f(x)$ 在 $[a,b]$ 上连续,则 $f(x)$ 在 $[a,b]$ 上必有界.

(3) 介值定理:若函数 $f(x)$ 在 $[a,b]$ 上连续,m 和 M 分别为 $f(x)$ 在 $[a,b]$ 上的最小值和最大值,对于满足 $m \leqslant C \leqslant M$ 的任何实数 C,则至少存在一点 $\xi \in [a,b]$,使得 $f(\xi) = C$.

(4) 零点存在定理:若函数 $f(x)$ 在 $[a,b]$ 上连续,且 $f(a)f(b) < 0$,则至少存在一点 $\xi \in (a,b)$,使得 $f(\xi) = 0$.

6. 几个常用的极限公式与结论

(1) 幂指函数的极限公式:$\lim[\alpha(x)]^{\beta(x)} = \mathrm{e}^{\lim\beta(x)\ln\alpha(x)}$(其中 $\alpha(x) > 0$).

(2) 有理分式函数的极限:

$$\lim_{x \to x_0} \frac{P_n(x)}{Q_m(x)} = \begin{cases} \dfrac{P_n(x_0)}{Q_m(x_0)}, & Q_m(x_0) \neq 0, \\[2mm] \infty, & Q_m(x_0) = 0, P_n(x_0) \neq 0, \\[2mm] \lim\limits_{x \to x_0} \dfrac{P_{n_1}(x)}{Q_{m_1}(x)}(\text{约去公因式后的余式}), & Q_m(x_0) = 0, P_n(x_0) = 0. \end{cases}$$

(3) $\lim\limits_{x \to \infty} \dfrac{a_0 x^m + a_1 x^{m-1} + a_2 x^{m-2} + \cdots + a_m}{b_0 x^n + b_1 x^{n-1} + b_2 x^{n-2} + \cdots + b_n} = \begin{cases} \dfrac{a_0}{b_0}, & n = m, \\[2mm] 0, & n > m, \\[2mm] \infty, & n < m. \end{cases}$

(4) $\lim\limits_{n \to \infty} \sqrt[n]{a_1^n + a_2^n + \cdots + a_k^n} = \max\limits_{1 \leqslant i \leqslant k}\{a_i\}(a_i > 0)$.

(5) 若 $f(x)$ 与 $g(x)$ 都是连续函数,则

$$y = |f(x)|, \varphi(x) = \min\{f(x), g(x)\}, \psi(x) = \max\{f(x), g(x)\}$$

也都是连续函数.

二、例题精讲

1. 函数概念与性质

【方法点拨】
① 利用函数的定义.
② 利用函数的单调性、有界性、奇偶性与周期性等性质.

例 1 设 $f(x)$ 在 $(-\infty, +\infty)$ 上连续,试证:对一切 x 满足 $f(2x) = f(x)\mathrm{e}^x$ 的充分必要条件是 $f(x) = f(0)\mathrm{e}^x$.

证　先证充分性：由 $f(x)=f(0)\mathrm{e}^x$ 得

$$f(2x)=f(0)\mathrm{e}^{2x}=f(0)\mathrm{e}^x\cdot\mathrm{e}^x=f(x)\mathrm{e}^x$$

再证必要性：因为对任意的 x，都有 $f(2x)=f(x)\mathrm{e}^x$，所以依次用 $\dfrac{x}{2}$ 代替上式中的 x 得

$$f(x)=f\left(\frac{x}{2}\right)\mathrm{e}^{\frac{x}{2}},f\left(\frac{x}{2}\right)=f\left(\frac{x}{2^2}\right)\mathrm{e}^{\frac{x}{2^2}},\cdots,f\left(\frac{x}{2^{n-1}}\right)=f\left(\frac{x}{2^n}\right)\mathrm{e}^{\frac{x}{2^n}},$$

则

$$f(x)=f\left(\frac{x}{2}\right)\mathrm{e}^{\frac{x}{2}}=f\left(\frac{x}{2^2}\right)\mathrm{e}^{\frac{x}{2^2}}\,\mathrm{e}^{\frac{x}{2}}=\cdots=f\left(\frac{x}{2^n}\right)\mathrm{e}^{\frac{x}{2^n}}\,\mathrm{e}^{\frac{x}{2^{n-1}}}\cdots\mathrm{e}^{\frac{x}{2}}$$

$$=f\left(\frac{x}{2^n}\right)\mathrm{e}^{x\left(\frac{1}{2}+\frac{1}{2^2}+\cdots+\frac{1}{2^n}\right)}=f\left(\frac{x}{2^n}\right)\mathrm{e}^{x\left(1-\frac{1}{2^n}\right)}.$$

对上式两边求 $n\to\infty$ 时的极限，由于 $f(x)$ 在 $(-\infty,+\infty)$ 上连续，可知

$$\lim_{n\to\infty}f\left(\frac{x}{2^n}\right)=f(0),$$

于是有 $f(x)=f(0)\mathrm{e}^x$. 故结论成立.

【注】观察函数结构，依次替换并利用公比小于1的等比数列的求和公式是本题证明的关键.

例2　设定义在实数集上的函数 $y=f(x)$ 的图像有一条对称轴 $x=a,a\neq0$.
证明：

（1）$f(x)=f(2a-x)$；

（2）若 $f(x)$ 是奇函数，则 $f(x)$ 是周期函数；

（3）若 $y=f(x)$ 的图像又对称于直线 $x=b,a<b$，则 $f(x)$ 是周期函数.

证　（1）由题设可知，$\forall x\in\mathbf{R}$，都有

$$f(a+x)=f(a-x),$$

令 $a+x=t$，则 $x=t-a$，故

$$f(t)=f(2a-t),$$

即

$$f(x)=f(2a-x).$$

（2）由 $f(x)$ 是奇函数得 $f(-x)=-f(x)$，再根据 $f(a+x)=f(a-x)$，有

$$f(4a+x)=f[a+(3a+x)]=f[a-(3a+x)]$$

$$=f(-2a-x)=-f(2a+x)$$

$$=-f[a+(a+x)]=-f[a-(a+x)],$$
$$=-f(-x)=f(x).$$

由此可知，$f(x)$ 是以 $4a$ 为周期的周期函数.

(3) 由题意及(1)可知 $f(x)=f(2a-x)$，且 $f(x)=f(2b-x)$，则

$$f[x+2(b-a)]=f[2b-(2a-x)]$$
$$=f(2a-x)=f(x),$$

因此 $f(x)$ 是以 $2(b-a)$ 为周期的周期函数.

2. 函数与数列极限

(1) 未定式极限

【方法点拨】

① 判断极限的类型，并注意化简(化简的常用方法有：变量代换、恒等变形、提出定式等)

② 求 $\dfrac{0}{0}$ 与 $\dfrac{\infty}{\infty}$ 型极限的常用方法：利用极限运算法则、等价无穷小替换、已知极限、两个重要极限、洛必达(L'Hospital)法则、中值定理、导数的定义、泰勒公式等.

例 3　求 $\lim\limits_{x\to\frac{\pi}{2}}\dfrac{(1-\sqrt{\sin x})(1-\sqrt[3]{\sin x})\cdots(1-\sqrt[n]{\sin x})}{(1-\sin x)^{n-1}}$.

解　原式 $=\lim\limits_{x\to\frac{\pi}{2}}\left[\dfrac{1-\sqrt{\sin x}}{1-\sin x}\cdot\dfrac{1-\sqrt[3]{\sin x}}{1-\sin x}\cdot\cdots\cdot\dfrac{1-\sqrt[n]{\sin x}}{1-\sin x}\right]$

$$=\lim\limits_{x\to\frac{\pi}{2}}\left[\dfrac{\sqrt{1+(\sin x-1)}-1}{\sin x-1}\cdot\dfrac{\sqrt[3]{1+(\sin x-1)}-1}{\sin x-1}\cdot\cdots\cdot\right.$$

$$\left.\dfrac{\sqrt[n]{1+(\sin x-1)}-1}{\sin x-1}\right]$$

$$=\lim\limits_{x\to\frac{\pi}{2}}\left[\dfrac{\frac{1}{2}(\sin x-1)}{\sin x-1}\cdot\dfrac{\frac{1}{3}(\sin x-1)}{\sin x-1}\cdot\cdots\cdot\dfrac{\frac{1}{n}(\sin x-1)}{\sin x-1}\right]=\dfrac{1}{n!}.$$

【注】对 $\dfrac{0}{0}$ 型极限常利用无穷小等价替换求解.

例 4　计算 $\lim\limits_{x\to+\infty}\left[(x+2)\ln(x+2)-2(x+1)\ln(x+1)+x\ln x\right]x$.

解　原式 $=\lim\limits_{x\to+\infty}\left[x\ln(x+2)+2\ln(x+2)-2x\ln(x+1)-2\ln(x+1)+x\ln x\right]x$

$$= \lim_{x \to +\infty} \left[x\ln(x+2) + x\ln x - 2x\ln(x+1) + 2\ln(x+2) - 2\ln(x+1) \right] x$$

$$= \lim_{x \to +\infty} \left[x\ln \frac{x(x+2)}{(x+1)^2} + 2\ln \frac{x+2}{x+1} \right] x$$

$$= \lim_{x \to +\infty} x^2 \ln \left[1 - \frac{1}{(1+x)^2} \right] + \lim_{x \to +\infty} 2x\ln \left(1 + \frac{1}{x+1} \right)$$

$$= \lim_{x \to +\infty} \frac{-x^2}{(1+x)^2} + \lim_{x \to +\infty} \frac{2x}{x+1} = 1.$$

【注】对 $0 \cdot \infty$、$\infty - \infty$ 型极限常先恒等变形后再求解.

例 5　计算 $\lim\limits_{x \to 0} \dfrac{\tan\tan x - \sin\sin x}{\tan x - \sin x}$.

解法一　原式 $= \lim\limits_{x \to 0} \dfrac{(\tan\tan x - \tan\sin x) + (\tan\sin x - \sin\sin x)}{\tan x - \sin x}$

$$= \lim_{x \to 0} \frac{\tan\tan x - \tan\sin x}{\tan x - \sin x} + \lim_{x \to 0} \frac{\tan\sin x - \sin\sin x}{\tan x - \sin x} \triangleq I_1 + I_2.$$

其中

$$I_1 = \lim_{x \to 0} \frac{\tan\tan x - \tan\sin x}{\tan x - \sin x} = \lim_{\substack{x \to 0 \\ \xi \to 0}} \frac{\sec^2 \xi \cdot (\tan x - \sin x)}{\tan x - \sin x} = 1.$$

上式中的 $\xi \in (\sin x, \tan x)$

$$I_2 = \lim_{x \to 0} \frac{\tan\sin x \cdot (1 - \cos\sin x)}{\tan x (1 - \cos x)} = \lim_{x \to 0} \frac{\sin^2 x}{x^2} = 1.$$

故原式 $= 2$.

【注】根据函数中分子、分母的结构特点,对 I_1 利用微分中值定理,对 I_2 利用等价无穷小替换再求解.

解法二　由麦克劳林公式可知,$\sin x = x - \dfrac{1}{6}x^3 + o(x^3)$,$\tan x = x + \dfrac{1}{3}x^3 + o(x^3)$,则

$$\tan x - \sin x = \left[x + \frac{1}{3}x^3 + o(x^3) \right] - \left[x - \frac{1}{6}x^3 + o(x^3) \right] = \frac{x^3}{2} + o(x^3),$$

$$\tan\tan x = \tan x + \frac{1}{3}\tan^3 x + o(\tan^3 x)$$

$$= \left[x + \frac{1}{3}x^3 + o(x^3) \right] + \frac{1}{3}[x + o(x)]^3 + o(x^3) = x + \frac{2}{3}x^3 + o(x^3),$$

$$\sin\sin x = \sin x - \frac{1}{6}\sin^3 x + o(\sin^3 x)$$

$$= \left[x - \frac{1}{6}x^3 + o(x^3) \right] - \frac{1}{6}[x + o(x)]^3 + o(x^3) = x - \frac{x^3}{3} + o(x^3),$$

则

$$\tan\tan x - \sin\sin x = x^3 + o(x^3),$$

则

$$原式 = \lim_{x \to 0} \frac{x^3 + o(x^3)}{\dfrac{x^3}{2} + o(x^3)} = 2.$$

【注】利用麦克劳林公式展开时,应将分母与分子展开到同阶无穷小.

例6 设 $f(x), g(x)$ 在 $x = 0$ 的某一邻域 $U(0)$ 内有定义,且对任意的 $x \in U(0), f(x) \neq g(x), \lim\limits_{x \to 0} f(x) = \lim\limits_{x \to 0} g(x) = a > 0,$ 求 $\lim\limits_{x \to 0} \dfrac{[f(x)]^{g(x)} - [g(x)]^{g(x)}}{f(x) - g(x)}.$

解 由极限的保号性,存在 $x = 0$ 的某去心邻域 $\overset{\circ}{U}_1$,当 $x \in \overset{\circ}{U}_1$ 时,$f(x) > 0,$ $g(x) > 0,$ 且 $f(x) \neq g(x),$ 则

$$原式 = \lim_{x \to 0} [g(x)]^{g(x)} \frac{\left[\dfrac{f(x)}{g(x)}\right]^{g(x)} - 1}{f(x) - g(x)} = a^a \lim_{x \to 0} \frac{e^{g(x) \ln \frac{f(x)}{g(x)}} - 1}{f(x) - g(x)}$$

$$= a^a \lim_{x \to 0} \frac{g(x) \ln \dfrac{f(x)}{g(x)}}{f(x) - g(x)} = a^a \lim_{x \to 0} \frac{g(x) \cdot \ln\left[1 + \left(\dfrac{f(x)}{g(x)} - 1\right)\right]}{f(x) - g(x)}$$

$$= a^a \lim_{x \to 0} \frac{g(x)\left[\dfrac{f(x)}{g(x)} - 1\right]}{f(x) - g(x)} = a^a.$$

【注】对应于同底数或同指数的函数差因式,常提出其减式后再进行等价无穷小替换.

例7 计算 $\lim\limits_{x \to 0} \dfrac{\displaystyle\int_0^x \sum_{n=0}^{\infty} (-1)^n \dfrac{t^{2n+1}}{2^n (2n+1)!} dt - \dfrac{x^2}{2}}{x^3 (\sqrt[3]{1+x} - e^x)}.$

解 由幂级数展开式,$\displaystyle\sum_{n=0}^{\infty} (-1)^n \frac{t^{2n+1}}{2^n (2n+1)!} = \sqrt{2} \sum_{n=0}^{\infty} \frac{(-1)^n}{(2n+1)!} \left(\frac{t}{\sqrt{2}}\right)^{2n+1} = \sqrt{2} \sin \dfrac{t}{\sqrt{2}}.$

由泰勒公式,$\sqrt[3]{1+x} = 1 + \dfrac{1}{3} x + o(x), e^x = 1 + x + o(x),$ 则

$$\sqrt[3]{1+x} - e^x = -\frac{2}{3} x + o(x).$$

因此当 $x \to 0$ 时,有 $\sqrt[3]{1+x} - e^x \sim -\dfrac{2}{3} x.$ 由等价无穷小替换及洛必达法则,

$$原式 = \lim_{x \to 0} \frac{\sqrt{2}\int_0^x \sin\frac{t}{\sqrt{2}}\mathrm{d}t - \frac{x^2}{2}}{-\frac{2}{3}x^4} = -\frac{3}{8}\lim_{x \to 0} \frac{\sqrt{2}\sin\frac{x}{\sqrt{2}} - x}{x^3}$$

$$= -\frac{3}{8}\lim_{x \to 0} \frac{\cos\frac{x}{\sqrt{2}} - 1}{3x^2} = \frac{1}{8}\lim_{x \to 0} \frac{\frac{1}{2}\left(\frac{x}{\sqrt{2}}\right)^2}{x^2} = \frac{1}{32}.$$

【注】对含有变限函数的 $\frac{0}{0}$ 与 $\frac{\infty}{\infty}$ 型极限,常先化简后用洛必达法则求解.

例 8　求 $\lim\limits_{x \to 0}\left(\dfrac{2+\mathrm{e}^{\frac{1}{x}}}{1+\mathrm{e}^{\frac{4}{x}}} + \dfrac{\sin x}{|x|}\right)$.

解　因 $\lim\limits_{x \to 0^+}\mathrm{e}^{\frac{1}{x}} = +\infty$, $\lim\limits_{x \to 0^-}\mathrm{e}^{\frac{1}{x}} = 0$,又当 $x \to 0^+$ 时,$\mathrm{e}^{\frac{4}{x}}$ 是比 $\mathrm{e}^{\frac{1}{x}}$ 高阶的无穷大,则

$$\lim_{x \to 0^+}\left(\frac{2+\mathrm{e}^{\frac{1}{x}}}{1+\mathrm{e}^{\frac{4}{x}}} + \frac{\sin x}{|x|}\right) = \lim_{x \to 0^+}\left(\frac{2\mathrm{e}^{-\frac{4}{x}} + \mathrm{e}^{-\frac{3}{x}}}{\mathrm{e}^{-\frac{4}{x}} + 1} + \frac{\sin x}{x}\right) = 0 + 1 = 1;$$

$$\lim_{x \to 0^-}\left(\frac{2+\mathrm{e}^{\frac{1}{x}}}{1+\mathrm{e}^{\frac{4}{x}}} + \frac{\sin x}{|x|}\right) = \lim_{x \to 0^-}\left(\frac{2+\mathrm{e}^{\frac{1}{x}}}{1+\mathrm{e}^{\frac{4}{x}}} - \frac{\sin x}{x}\right) = 2 - 1 = 1,$$

则原式 $= 1$.

【注】对含有绝对值或分段的函数,常分别从左、右极限入手,利用极限的充要条件考察极限.

例 9　求 $\lim\limits_{x \to 0}\left(\dfrac{\mathrm{e}^x + \mathrm{e}^{2x} + \cdots + \mathrm{e}^{nx}}{n}\right)^{\frac{e}{x}}$,$n$ 为给定的正整数.

解法一(e 抬起)

$$原式 = \lim_{x \to 0}\mathrm{e}^{\frac{e}{x}\ln\frac{\mathrm{e}^x + \mathrm{e}^{2x} + \cdots + \mathrm{e}^{nx}}{n}} = \mathrm{e}^{\lim\limits_{x \to 0}\frac{e}{x}\ln\frac{\mathrm{e}^x + \mathrm{e}^{2x} + \cdots + \mathrm{e}^{nx}}{n}}$$

$$= \mathrm{e}^{\lim\limits_{x \to 0}\frac{e}{x}\ln\left(1 + \frac{\mathrm{e}^x + \mathrm{e}^{2x} + \cdots + \mathrm{e}^{nx}}{n} - 1\right)} = \mathrm{e}^{\lim\limits_{x \to 0}\frac{e}{x}\cdot\frac{\mathrm{e}^x + \mathrm{e}^{2x} + \cdots + \mathrm{e}^{nx} - n}{n}} = \mathrm{e}^{\lim\limits_{x \to 0}\frac{e}{n}\cdot\frac{(\mathrm{e}^x - 1) + (\mathrm{e}^{2x} - 1) + \cdots + (\mathrm{e}^{nx} - 1)}{x}}$$

$$= \mathrm{e}^{\frac{e}{n}\left[\lim\limits_{x \to 0}\frac{(\mathrm{e}^x - 1)}{x} + \lim\limits_{x \to 0}\frac{(\mathrm{e}^{2x} - 1)}{x} + \cdots + \lim\limits_{x \to 0}\frac{(\mathrm{e}^{nx} - 1)}{x}\right]} = \mathrm{e}^{\frac{e(1 + 2 + \cdots + n)}{n}} = \mathrm{e}^{\frac{n+1}{2}e}.$$

解法二(重要极限二)

$$原式 = \lim_{x \to 0}\left(1 + \frac{\mathrm{e}^x + \mathrm{e}^{2x} + \cdots + \mathrm{e}^{nx} - n}{n}\right)^{\frac{n}{\mathrm{e}^x + \mathrm{e}^{2x} + \cdots + \mathrm{e}^{nx} - n}\cdot\frac{\mathrm{e}^x + \mathrm{e}^{2x} + \cdots + \mathrm{e}^{nx} - n}{n}\cdot\frac{e}{x}}$$

$$= \mathrm{e}^{\lim\limits_{x \to 0}\frac{\mathrm{e}^x + \mathrm{e}^{2x} + \cdots + \mathrm{e}^{nx} - n}{xn}e} = \mathrm{e}^{\frac{e}{n}\left[\lim\limits_{x \to 0}\frac{(\mathrm{e}^x - 1)}{x} + \lim\limits_{x \to 0}\frac{(\mathrm{e}^{2x} - 1)}{x} + \cdots + \lim\limits_{x \to 0}\frac{(\mathrm{e}^{nx} - 1)}{x}\right]} = \mathrm{e}^{\frac{e(1 + 2 + \cdots + n)}{n}} = \mathrm{e}^{\frac{n+1}{2}e}.$$

解法三(取对数法)

令 $y = \left(\dfrac{\mathrm{e}^x + \mathrm{e}^{2x} + \cdots + \mathrm{e}^{nx}}{n}\right)^{\frac{e}{x}}$,则 $\ln y = \dfrac{e}{x}\ln\dfrac{\mathrm{e}^x + \mathrm{e}^{2x} + \cdots + \mathrm{e}^{nx}}{n}$.

由上面解法可知，$\lim\limits_{x\to 0}\ln y=\lim\limits_{x\to 0}\dfrac{\mathrm{e}}{x}\ln\dfrac{\mathrm{e}^{x}+\mathrm{e}^{2x}+\cdots+\mathrm{e}^{nx}}{n}=\dfrac{\mathrm{e}(1+2+\cdots+n)}{n}=\dfrac{n+1}{2}\mathrm{e}$，

则原式 $=\mathrm{e}^{\frac{\mathrm{e}(1+2+\cdots+n)}{n}}=\mathrm{e}^{\frac{n+1}{2}\mathrm{e}}$.

解法四（e 抬起后，再用洛必达法则）

$$原式=\lim_{x\to 0}\mathrm{e}^{\frac{\mathrm{e}}{x}\ln\frac{\mathrm{e}^{x}+\mathrm{e}^{2x}+\cdots+\mathrm{e}^{nx}}{n}}=\mathrm{e}^{\mathrm{e}\lim\limits_{x\to 0}\frac{\ln(\mathrm{e}^{x}+\mathrm{e}^{2x}+\cdots+\mathrm{e}^{nx})-\ln n}{x}}$$

$$=\mathrm{e}^{\mathrm{e}\lim\limits_{x\to 0}\frac{\mathrm{e}^{x}+2\mathrm{e}^{2x}+\cdots+n\mathrm{e}^{nx}}{\mathrm{e}^{x}+\mathrm{e}^{2x}+\cdots+\mathrm{e}^{nx}}}=\mathrm{e}^{\frac{\mathrm{e}(1+2+\cdots+n)}{n}}=\mathrm{e}^{\frac{n+1}{2}\mathrm{e}}.$$

【注】对 0^{0}，∞^{0}，1^{∞} 型的未定式极限，常用的方法有：先用 e 抬起或取对数法进行恒等变形后再求解；特别是对 1^{∞} 型的未定式极限，还可以用重要极限二求解.

例 10 求 $\lim\limits_{n\to\infty}(1+\sin\pi\sqrt{1+4n^{2}})^{n}$.

解 因为 $\sin\pi\sqrt{1+4n^{2}}=\sin(\pi\sqrt{1+4n^{2}}-2n\pi)=\sin\dfrac{\pi}{\sqrt{1+4n^{2}}+2n}\to$

$0(n\to\infty)$，所以

$$原式=\lim_{n\to\infty}\left(1+\sin\frac{\pi}{\sqrt{1+4n^{2}}+2n}\right)^{n}=\mathrm{e}^{\lim\limits_{n\to\infty}n\ln\left(1+\sin\frac{\pi}{\sqrt{1+4n^{2}}+2n}\right)}$$

$$=\mathrm{e}^{\lim\limits_{n\to\infty}n\sin\frac{\pi}{\sqrt{1+4n^{2}}+2n}}=\mathrm{e}^{\lim\limits_{n\to\infty}\frac{n\pi}{\sqrt{1+4n^{2}}+2n}}=\mathrm{e}^{\frac{\pi}{4}}.$$

例 11 求 $\lim\limits_{x\to+\infty}\sqrt{x}\displaystyle\int_{x}^{x+1}\dfrac{\mathrm{d}t}{\sqrt{t+\sin t+x}}$.

解 由题设，$x\leqslant t\leqslant x+1$，$-1\leqslant\sin t\leqslant 1$，则

$$\frac{1}{\sqrt{2x+2}}=\frac{1}{\sqrt{x+1+1+x}}\leqslant\frac{1}{\sqrt{t+\sin t+x}}\leqslant\frac{1}{\sqrt{x-1+x}}=\frac{1}{\sqrt{2x-1}},$$

$$\frac{1}{\sqrt{2x+2}}=\int_{x}^{x+1}\frac{\mathrm{d}t}{\sqrt{2x+2}}\leqslant\int_{x}^{x+1}\frac{\mathrm{d}t}{\sqrt{t+\sin t+x}}\leqslant\int_{x}^{x+1}\frac{\mathrm{d}t}{\sqrt{2x-1}}=\frac{1}{\sqrt{2x-1}},$$

$$\frac{\sqrt{x}}{\sqrt{2x+2}}\leqslant\sqrt{x}\int_{x}^{x+1}\frac{\mathrm{d}t}{\sqrt{t+\sin t+x}}\leqslant\frac{\sqrt{x}}{\sqrt{2x-1}},$$

因为 $\lim\limits_{x\to+\infty}\dfrac{\sqrt{x}}{\sqrt{2x+2}}=\lim\limits_{x\to+\infty}\dfrac{\sqrt{x}}{\sqrt{2x-1}}=\dfrac{1}{\sqrt{2}}$，由夹逼准则知，原式 $=\dfrac{1}{\sqrt{2}}$.

【注】对积分式中的积分变量可利用上、下限放缩后，再用夹逼准则求解.

例 12 设 $f(x)$ 是周期为 $T(T>0)$ 的连续函数，证明：$\lim\limits_{x\to+\infty}\dfrac{1}{x}\displaystyle\int_{0}^{x}f(t)\mathrm{d}t$

$=\dfrac{1}{T}\displaystyle\int_{0}^{T}f(t)\mathrm{d}t.$

证 $\forall x \in \mathbf{R}$,存在非零整数 n,使得 $nT \leqslant x \leqslant (n+1)T$.

(1) 若 $f(x) \geqslant 0$,则

$$\frac{1}{(n+1)T}\int_0^{nT} f(t)\,\mathrm{d}t \leqslant \frac{1}{x}\int_0^x f(t)\,\mathrm{d}t \leqslant \frac{1}{nT}\int_0^{(n+1)T} f(t)\,\mathrm{d}t,$$

由题设可知,$f(x)$ 是周期为 $T(T>0)$ 的连续函数,由定积分的性质得

$$\frac{1}{(n+1)T}\int_0^{nT} f(t)\,\mathrm{d}t = \frac{n}{(n+1)T}\int_0^T f(t)\,\mathrm{d}t,$$

$$\frac{1}{nT}\int_0^{(n+1)T} f(t)\,\mathrm{d}t = \frac{n+1}{nT}\int_0^T f(t)\,\mathrm{d}t,$$

则有

$$\frac{n}{(n+1)T}\int_0^T f(t)\,\mathrm{d}t \leqslant \frac{1}{x}\int_0^x f(t)\,\mathrm{d}t \leqslant \frac{n+1}{nT}\int_0^T f(t)\,\mathrm{d}t.$$

又

$$\lim_{x\to+\infty} \frac{n+1}{nT}\int_0^T f(t)\,\mathrm{d}t = \lim_{n\to\infty} \frac{n+1}{nT}\int_0^T f(t)\,\mathrm{d}t = \frac{1}{T}\int_0^T f(t)\,\mathrm{d}t,$$

$$\lim_{x\to+\infty} \frac{n}{(n+1)T}\int_0^T f(t)\,\mathrm{d}t = \lim_{n\to\infty} \frac{n}{(n+1)T}\int_0^T f(t)\,\mathrm{d}t = \frac{1}{T}\int_0^T f(t)\,\mathrm{d}t,$$

由夹逼准则得

$$\lim_{x\to+\infty} \frac{1}{x}\int_0^x f(t)\,\mathrm{d}t = \frac{1}{T}\int_0^T f(t)\,\mathrm{d}t.$$

(2) 一般地,令 $\varphi(x) = M - f(x)$,其中 $M = \max\limits_{x\in[0,T]}\{f(x)\}$,则 $\varphi(x)$ 是周期为 $T(T>0)$ 的连续函数,且 $\varphi(x) \geqslant 0$.由(1)的结论得

$$\lim_{x\to+\infty} \frac{1}{x}\int_0^x \varphi(t)\,\mathrm{d}t = \frac{1}{T}\int_0^T \varphi(t)\,\mathrm{d}t,$$

即

$$\lim_{x\to+\infty} \frac{1}{x}\int_0^x [M-f(t)]\,\mathrm{d}t = \frac{1}{T}\int_0^T [M-f(t)]\,\mathrm{d}t = M - \frac{1}{T}\int_0^T f(t)\,\mathrm{d}t.$$

又

$$\lim_{x\to+\infty} \frac{1}{x}\int_0^x [M-f(t)]\,\mathrm{d}t = M - \lim_{x\to+\infty} \frac{1}{x}\int_0^x f(t)\,\mathrm{d}t,$$

命题得证.

(2) 含参量极限

【方法点拨】

求含参量极限时,需把参变量看作常数.

例 13 设 $\sum\limits_{k=1}^{n} a_k = 0$，求 $\lim\limits_{x \to +\infty} \sum\limits_{k=1}^{n} a_k \sqrt{k+x}$.

解 由于 $\sum\limits_{k=1}^{n} a_k = 0$，则对 $\forall x > 0$，有 $\sum\limits_{k=1}^{n} a_k \sqrt{x} = \sqrt{x} \sum\limits_{k=1}^{n} a_k = 0$，于是

$$\lim_{x \to +\infty} \sum_{k=1}^{n} a_k \sqrt{k+x} = \lim_{x \to +\infty} \left(\sum_{k=1}^{n} a_k \sqrt{k+x} - \sum_{k=1}^{n} a_k \sqrt{x} \right) = \lim_{x \to +\infty} \sum_{k=1}^{n} a_k (\sqrt{k+x} - \sqrt{x})$$

$$= \lim_{x \to +\infty} \sum_{k=1}^{n} \frac{a_k k}{\sqrt{k+x} + \sqrt{x}} = \sum_{k=1}^{n} \lim_{x \to +\infty} \frac{a_k k}{\sqrt{k+x} + \sqrt{x}} = 0.$$

【注】巧妙地利用"0"这个元素进行恒等变形，是解此题的关键.

例 14 设 $f(x,y) = \dfrac{y}{1+xy} - \dfrac{1 - y\sin\frac{\pi x}{y}}{\arctan x}$，$x > 0$，$y > 0$，求：

(1) $g(x) = \lim\limits_{y \to +\infty} f(x,y)$；(2) $\lim\limits_{x \to 0^+} g(x)$.

解 (1) $g(x) = \lim\limits_{y \to +\infty} f(x,y) = \lim\limits_{y \to +\infty} \left[\dfrac{y}{1+xy} - \dfrac{1 - y\sin\frac{\pi x}{y}}{\arctan x} \right]$

$$= \frac{1}{x} - \frac{1}{\arctan x} \lim_{y \to +\infty} \left[1 - \pi x \frac{\sin\frac{\pi x}{y}}{\frac{\pi x}{y}} \right] = \frac{1}{x} - \frac{1 - \pi x}{\arctan x}.$$

(2) $\lim\limits_{x \to 0^+} g(x) = \lim\limits_{x \to 0^+} \left(\dfrac{1}{x} - \dfrac{1 - \pi x}{\arctan x} \right) = \lim\limits_{x \to 0^+} \dfrac{\arctan x - x(1 - \pi x)}{x \arctan x}$

$$= \lim_{x \to 0^+} \frac{\arctan x - x + \pi x^2}{x^2} = \lim_{x \to 0^+} \frac{\frac{1}{1+x^2} - 1 + 2\pi x}{2x}$$

$$= \lim_{x \to 0^+} \frac{-\frac{x^2}{1+x^2} + 2\pi x}{2x} = \frac{1}{2} \lim_{x \to 0^+} \left(2\pi - \frac{x}{1+x^2} \right) = \pi.$$

【注】求含参量极限 $\lim\limits_{y \to +\infty} f(x,y)$ 时，需把参变量 x 看作常数.

(3) n 项和与积的数列极限

【方法点拨】常用方法有：裂项相消、夹逼准则、施笃兹定理、定积分定义、级数求和、级数收敛的必要条件、积化和差、利用函数极限等.

例 15 记 $a_n = \int_0^{+\infty} x^n e^{-x} dx$，$n = 0,1,2,\cdots$，计算 $\lim\limits_{n \to \infty} \sum\limits_{k=1}^{n} \left(\dfrac{1}{a_k} - \dfrac{1}{a_{k+1}} \right)$.

解　$a_n = \int_0^{+\infty} x^n \mathrm{e}^{-x}\mathrm{d}x = -x^n \mathrm{e}^{-x}\Big|_0^{+\infty} + n\int_0^{+\infty} x^{n-1}\mathrm{e}^{-x}\mathrm{d}x,$

由于

$$x^n \mathrm{e}^{-x}\Big|_0^{+\infty} = \lim_{x\to+\infty}\frac{x^n}{\mathrm{e}^x} = \lim_{x\to+\infty}\frac{nx^{n-1}}{\mathrm{e}^x} = \lim_{x\to+\infty}\frac{n(n-1)x^{n-2}}{\mathrm{e}^x}$$

$$= \cdots = \lim_{x\to+\infty}\frac{n!}{\mathrm{e}^x} = 0,$$

因此

$$a_n = 0 + n\int_0^{+\infty} x^{n-1}\mathrm{e}^{-x}\mathrm{d}x = na_{n-1}, n = 1,2,\cdots.$$

又

$$a_0 = \int_0^{+\infty}\mathrm{e}^{-x}\mathrm{d}x = -\mathrm{e}^{-x}\Big|_0^{+\infty} = 1,$$

则

$$a_n = na_{n-1} = n(n-1)a_{n-2} = \cdots\cdots = n(n-1)\cdots1a_0 = n!,$$

故

$$\lim_{n\to\infty}\sum_{k=1}^n\left(\frac{1}{a_k} - \frac{1}{a_{k+1}}\right) = \lim_{n\to\infty}\sum_{k=1}^n\left[\frac{1}{k!} - \frac{1}{(k+1)!}\right] = \lim_{n\to\infty}\left[1 - \frac{1}{(n+1)!}\right] = 1.$$

【注】求含相邻两项差的和式的极限时，常用裂项相消等恒等变形的方法化简后再求解.

例16　设 $x_n = \sum_{k=0}^{n-1}\dfrac{\mathrm{e}^{\frac{1+k}{n}}}{n+\frac{k^2}{n^2}}$，求 $\lim_{n\to\infty} x_n$.

解法一　对每一个 k，恒有 $0 \leqslant k \leqslant n-1$，故 $n \leqslant n+\dfrac{k^2}{n^2} \leqslant n+1$，则

$$\frac{1}{n+1}\sum_{k=0}^{n-1}\mathrm{e}^{\frac{1+k}{n}} = \sum_{k=0}^{n-1}\frac{\mathrm{e}^{\frac{1+k}{n}}}{n+1} \leqslant x_n = \sum_{k=0}^{n-1}\frac{\mathrm{e}^{\frac{1+k}{n}}}{n+\frac{k^2}{n^2}} \leqslant \sum_{k=0}^{n-1}\frac{\mathrm{e}^{\frac{1+k}{n}}}{n} = \frac{1}{n}\sum_{k=0}^{n-1}\mathrm{e}^{\frac{1+k}{n}},$$

其中

$$\sum_{k=0}^{n-1}\mathrm{e}^{\frac{1+k}{n}} = \mathrm{e}^{\frac{1}{n}}\sum_{k=0}^{n-1}(\mathrm{e}^{\frac{1}{n}})^k = \mathrm{e}^{\frac{1}{n}}\frac{1-\mathrm{e}^{\frac{n}{n}}}{1-\mathrm{e}^{\frac{1}{n}}} = \frac{(\mathrm{e}-1)\mathrm{e}^{\frac{1}{n}}}{\mathrm{e}^{\frac{1}{n}}-1},$$

由等比数列的极限公式得

$$\lim_{n\to\infty}\frac{1}{n}\sum_{k=0}^{n-1}\mathrm{e}^{\frac{1}{n}} = \lim_{n\to\infty}\frac{1}{n}\frac{(\mathrm{e}-1)\mathrm{e}^{\frac{1}{n}}}{\mathrm{e}^{\frac{1}{n}}-1} = \lim_{n\to\infty}(\mathrm{e}-1)\mathrm{e}^{\frac{1}{n}} = \mathrm{e}-1,$$

$$\lim_{n\to\infty}\frac{1}{n+1}\sum_{k=0}^{n-1}\mathrm{e}^{\frac{1+k}{n}} = \lim_{n\to\infty}\frac{n}{n+1}\cdot\frac{1}{n}\sum_{k=0}^{n-1}\mathrm{e}^{\frac{1+k}{n}} = \lim_{n\to\infty}\frac{n}{n+1}\cdot\lim_{n\to\infty}\frac{1}{n}\sum_{k=0}^{n-1}\mathrm{e}^{\frac{1+k}{n}} = \mathrm{e}-1.$$

由夹逼准则得

$$\lim_{n\to\infty} x_n = e - 1.$$

解法二 由定积分定义得

$$\lim_{n\to\infty} \frac{1}{n} \sum_{k=0}^{n-1} e^{\frac{1+k}{n}} = \lim_{n\to\infty} e^{\frac{1}{n}} \cdot \lim_{n\to\infty} \frac{1}{n} \sum_{k=0}^{n-1} e^{\frac{k}{n}} = \int_0^1 e^x dx = e - 1,$$

$$\lim_{n\to\infty} \frac{1}{n+1} \sum_{k=0}^{n-1} e^{\frac{1+k}{n}} = \lim_{n\to\infty} \frac{n}{n+1} \cdot \frac{1}{n} \sum_{k=0}^{n-1} e^{\frac{1+k}{n}} = \lim_{n\to\infty} \frac{n}{n+1} \cdot \lim_{n\to\infty} \frac{1}{n} \sum_{k=0}^{n-1} e^{\frac{1+k}{n}} = e - 1,$$

由夹逼准则得

$$\lim_{n\to\infty} x_n = e - 1.$$

例 17 计算 $\lim_{n\to\infty} \left[(n!)^{-1} \cdot n^{-n} \cdot (2n)! \right]^{\frac{1}{n}}$.

解 原式 $= \lim_{n\to\infty} \left[\frac{(2n)!}{n! n^n} \right]^{\frac{1}{n}} = \lim_{n\to\infty} \left[\frac{(n+1)(n+2)\cdots(n+n)}{n^n} \right]^{\frac{1}{n}}$

$$= \lim_{n\to\infty} \left[\left(1+\frac{1}{n}\right)\left(1+\frac{2}{n}\right)\cdots\left(1+\frac{n}{n}\right) \right]^{\frac{1}{n}}$$

$$= e^{\lim_{n\to\infty} \sum_{i=1}^{n} \ln\left(1+\frac{i}{n}\right) \cdot \frac{1}{n}} = e^{\int_0^1 \ln(1+x)dx} = e^{2\ln 2 - 1} = \frac{4}{e}.$$

【注】无穷项积的极限可化为无穷项和的极限,再利用定积分定义化为定积分求解.

例 18 非负连续函数 $f(x)$ 在 $[0, +\infty)$ 上单调减少,$a_n = \sum_{i=1}^{n} f(i) - \int_1^n f(x)dx, n = 1, 2, \cdots$,证明:数列 $\{a_n\}$ 收敛.

证 (1) 先证单调性:

$$a_{n+1} - a_n = \sum_{i=1}^{n+1} f(i) - \int_1^{n+1} f(x)dx - \sum_{i=1}^{n} f(i) + \int_1^n f(x)dx$$

$$= f(n+1) - \int_n^{n+1} f(x)dx = \int_n^{n+1} f(n+1)dx - \int_n^{n+1} f(x)dx$$

$$= \int_n^{n+1} \left[f(n+1) - f(x) \right]dx.$$

由 $n \leqslant x \leqslant n+1, f(x)$ 单调递减,得 $f(x) > f(n+1)$,则 $a_{n+1} - a_n < 0$,故 $\{a_n\}$ 单调递减.

(2) 再证有界性:

$$a_n = f(1) + f(2) + \cdots + f(n) - \int_1^n f(x)dx$$

$$= \int_1^2 f(1)\mathrm{d}x + \int_2^3 f(2)\mathrm{d}x + \cdots + \int_n^{n+1} f(n)\mathrm{d}x - \int_1^n f(x)\mathrm{d}x$$

$$> \int_1^2 f(x)\mathrm{d}x + \int_2^3 f(x)\mathrm{d}x + \cdots + \int_n^{n+1} f(x)\mathrm{d}x - \int_1^n f(x)\mathrm{d}x$$

$$= \int_1^{n+1} f(x)\mathrm{d}x - \int_1^n f(x)\mathrm{d}x = \int_n^{n+1} f(x)\mathrm{d}x \geqslant 0.$$

故 $\{a_n\}$ 有下界.

由单调有界准则可知结论成立,证毕.

【注】特别地,取 $f(x)=\dfrac{1}{x}$,记 $a_n = 1 + \dfrac{1}{2} + \cdots + \dfrac{1}{n} - \ln n$,则极限 $\lim\limits_{n\to\infty} a_n$ 存在,称该极限值为欧拉常数,记作 $\lim\limits_{n\to\infty} a_n = \lim\limits_{n\to\infty}\left(1 + \dfrac{1}{2} + \cdots + \dfrac{1}{n} - \ln n\right) = \gamma \approx 0.577\,2.$

例19 (1) 设 $x_n = \sum\limits_{i=1}^n \dfrac{1}{i} - \ln(1+n)$,讨论 $\sum\limits_{n=1}^\infty \left[\dfrac{1}{n} - \ln\left(1+\dfrac{1}{n}\right)\right]$ 的敛散性,并证明 $\{x_n\}$ 收敛;

(2) 求 $\lim\limits_{n\to\infty} \dfrac{1}{\ln n}\left(1 + \dfrac{1}{2} + \cdots + \dfrac{1}{n}\right)$.

解 (1) 由麦克劳林公式可知,$\ln\left(1+\dfrac{1}{n}\right) = \dfrac{1}{n} - \dfrac{1}{2n^2} + o\left(\dfrac{1}{n^2}\right)$,故

$$\frac{1}{n} - \ln\left(1+\frac{1}{n}\right) = \frac{1}{2n^2} + o\left(\frac{1}{n^2}\right) \sim \frac{1}{2n^2},$$

而 $\sum\limits_{n=1}^\infty \dfrac{1}{2n^2}$ 收敛,故 $\sum\limits_{n=1}^\infty \left[\dfrac{1}{n} - \ln\left(1+\dfrac{1}{n}\right)\right]$ 收敛. 该级数的部分和为

$$S_n = \sum_{i=1}^n \left[\frac{1}{i} - \ln\left(1+\frac{1}{i}\right)\right] = \sum_{i=1}^n \frac{1}{i} - \ln\left(\frac{2}{1}\cdot\frac{3}{2}\cdot\cdots\cdot\frac{n+1}{n}\right),$$

$$= \sum_{i=1}^n \frac{1}{i} - \ln(1+n) = x_n,$$

则 $\{x_n\}$ 收敛.

(2) 由(1)可得

$$\lim_{n\to\infty} \frac{x_n}{\ln n} = \lim_{n\to\infty} \frac{1 + \dfrac{1}{2} + \cdots + \dfrac{1}{n}}{\ln n} - \lim_{n\to\infty} \frac{\ln(1+n)}{\ln n} = 0,$$

则

$$\lim_{n \to \infty} \frac{1}{\ln n}\left(1 + \frac{1}{2} + \cdots + \frac{1}{n}\right) = \lim_{n \to \infty} \frac{\ln(n+1)}{\ln n}$$

$$= \lim_{x \to +\infty} \frac{\ln(x+1)}{\ln x} = \lim_{x \to +\infty} \frac{\dfrac{1}{x+1}}{\dfrac{1}{x}} = 1.$$

例 20　计算 $\displaystyle\lim_{n \to \infty} \frac{n^{\frac{n}{2}}}{n!}$.

解　记 $u_n = \dfrac{n^{\frac{n}{2}}}{n!}$，则 $u_n > 0$，考察正项级数 $\displaystyle\sum_{n=1}^{\infty} \frac{n^{\frac{n}{2}}}{n!}$ 的敛散性：

$$\lim_{n \to \infty} \frac{u_{n+1}}{u_n} = \lim_{n \to \infty} \frac{(n+1)^{\frac{n+1}{2}}}{(n+1)!} \cdot \frac{n!}{n^{\frac{n}{2}}} = \lim_{n \to \infty} \frac{(n+1)^{\frac{n-1}{2}}}{n^{\frac{n}{2}}}$$

$$= \lim_{n \to \infty} \frac{\left(1 + \dfrac{1}{n}\right)^{\frac{n}{2}}}{\sqrt{n+1}} = 0 \cdot \sqrt{e} = 0 < 1,$$

由比值法可知，该级数收敛，由收敛级数的必要条件可知：$\displaystyle\lim_{n \to \infty} \frac{n^{\frac{n}{2}}}{n!} = 0.$

【注】当数列极限不能用一般方法求出，但能预估极限为零时，可考虑转化为级数收敛性问题，再由收敛级数的必要条件求出极限.

例 21　计算 $\displaystyle\lim_{n \to \infty}\left(\frac{1}{a} + \frac{2}{a^2} + \cdots + \frac{n}{a^n}\right)$，$a > 1$.

解　考察幂级数 $\displaystyle\sum_{n=1}^{\infty} nx^n$，$0 < x < 1$，由 $\displaystyle\lim_{n \to \infty} \frac{u_{n+1}}{u_n} = \lim_{n \to \infty} \frac{(n+1)x^{n+1}}{nx^n} = x < 1$，可知该级数收敛.

设其和函数为 $s(x)$，则

$$s(x) = \sum_{n=1}^{\infty} nx^n = x\sum_{n=1}^{\infty} nx^{n-1} = x\left(\sum_{n=1}^{\infty} x^n\right)'$$

$$= x\left(\frac{x}{1-x}\right)' = \frac{x}{(1-x)^2},$$

则当 $a > 1$ 时，

$$\lim_{n \to \infty}\left(\frac{1}{a} + \frac{2}{a^2} + \cdots + \frac{n}{a^n}\right) = s\left(\frac{1}{a}\right) = \frac{\dfrac{1}{a}}{\left(1 - \dfrac{1}{a}\right)^2} = \frac{a}{(a-1)^2}.$$

【注】将无穷项和的极限转化为级数求和问题是求极限的方法之一.

（4）递归数列的极限

【方法点拨】

常用方法有：单调有界准则、夹逼准则或化为可求极限等.

例 22 设 $x_1 > 0, x_{n+1} = x_n^2 + x_n, n = 1, 2, \cdots$，试计算

$$\lim_{n \to \infty} \left(\frac{1}{x_1 + 1} + \frac{1}{x_2 + 1} + \cdots + \frac{1}{x_n + 1} \right).$$

解 由题设可得 $x_{n+1} = x_n(x_n + 1)$，则

$$\frac{1}{x_n + 1} = \frac{x_n}{x_{n+1}} = \frac{x_n^2}{x_{n+1} x_n} = \frac{x_{n+1} - x_n}{x_{n+1} x_n} = \frac{1}{x_n} - \frac{1}{x_{n+1}},$$

于是

$$s_n = \frac{1}{x_1 + 1} + \frac{1}{x_2 + 1} + \cdots + \frac{1}{x_n + 1}$$

$$= \left(\frac{1}{x_1} - \frac{1}{x_2} \right) + \left(\frac{1}{x_2} - \frac{1}{x_3} \right) + \cdots + \left(\frac{1}{x_n} - \frac{1}{x_{n+1}} \right)$$

$$= \frac{1}{x_1} - \frac{1}{x_{n+1}},$$

由 $x_1 > 0, x_{n+1} = x_n(x_n + 1) > x_n > 0$ 知，数列 $\{x_n\}$ 单调递增，从而 $\left\{ \frac{1}{x_n} \right\}$ 单调递减，且有下界 0，于是 $\left\{ \frac{1}{x_n} \right\}$ 收敛. 记 $\lim_{n \to \infty} \frac{1}{x_n} = A$，若 $A \neq 0$，对 $\frac{1}{x_n + 1} = \frac{1}{x_n} - \frac{1}{x_{n+1}}$ 两边取极限，得 $\frac{A}{1 + A} = A - A$，从而 $A = 0$，与假设 $A \neq 0$ 相矛盾，则必有 $A = 0$，于是

$$原式 = \lim_{n \to \infty} s_n = \frac{1}{x_1} - A = \frac{1}{x_1}.$$

例 23 数列 $\{x_n\}$ 满足：$0 < x_1 < \pi, x_{n+1} = \sin x_n, n = 1, 2, \cdots$.（1）证明 $\lim_{n \to \infty} x_n$ 存在，并求该极限；

（2）计算 $\lim_{n \to \infty} \left(\frac{x_{n+1}}{x_n} \right)^{\frac{1}{x_n^2}}$.

证 （1）由题设知 $0 \leqslant x_{n+1} = \sin x_n \leqslant 1 < \frac{\pi}{2}, n = 1, 2, \cdots$，则 $0 \leqslant x_{n+1} = \sin x_n < x_n$，故数列 $\{x_n\}$ 单调有界，由单调有界准则可知，$\lim_{n \to \infty} x_n$ 存在.

令 $\lim_{n \to \infty} x_n = a$，则 $0 \leqslant a < \frac{\pi}{2}$，对递推式 $x_{n+1} = \sin x_n$ 两边取极限，得 $a = \sin a$，

解得 $a=0$，即 $\lim\limits_{n\to\infty}x_n=0$.

(2) $\lim\limits_{n\to\infty}\left(\dfrac{x_{n+1}}{x_n}\right)^{\frac{1}{x_n^2}}=\lim\limits_{n\to\infty}\left(\dfrac{\sin x_n}{x_n}\right)^{\frac{1}{x_n^2}}=\lim\limits_{n\to\infty}\left(1+\dfrac{\sin x_n-x_n}{x_n}\right)^{\frac{x_n}{\sin x_n-x_n}\cdot\frac{\sin x_n-x_n}{x_n^3}}$,

$$=\mathrm{e}^{\lim\limits_{n\to\infty}\cdot\frac{\sin x_n-x_n}{x_n^3}},$$

由于

$$\lim\limits_{x\to0}\frac{\sin x-x}{x^3}=\lim\limits_{x\to0}\frac{\cos x-1}{3x^2}=-\frac{1}{6},$$

因此

$$\lim\limits_{n\to\infty}\frac{\sin x_n-x_n}{x_n^3}=-\frac{1}{6},$$

则

$$\lim\limits_{n\to\infty}\left(\frac{x_{n+1}}{x_n}\right)^{\frac{1}{x_n^2}}=\mathrm{e}^{-\frac{1}{6}}.$$

【注】题中的 $\lim\limits_{n\to\infty}\dfrac{\sin x_n-x_n}{x_n^3}$ 是数列极限，不能用洛必达法则求解，但可利用函数极限求出.

例 24 设 $x_1=\sqrt{5}$，$x_{n+1}=x_n^2-2$，$n\geqslant1$，求 $\lim\limits_{n\to\infty}\dfrac{x_1x_2\cdots x_n}{x_{n+1}}$.

解 由题设可知，$x_{n+1}^2=(x_n^2-2)^2=x_n^4-4x_n^2+4$，令 $y_n=x_n^2$，则 $y_{n+1}=y_n^2-4y_n+4$，即

$$y_{n+1}-4=y_n(y_n-4),$$

由 $y_1=x_1^2=5$，$y_2=9$ 及数学归纳法易证得，当 $n\geqslant2$ 时，$y_n>5$，则

$$y_{n+1}-4=y_n(y_n-4)>5(y_n-4),$$

故 $\lim\limits_{n\to\infty}y_n=+\infty$. 又由上面的递推式可得

$$y_{n+1}-4=y_ny_{n-1}\cdots y_1(y_1-4)=y_1y_2\cdots y_n,$$

$$\lim\limits_{n\to\infty}\frac{x_1x_2\cdots x_n}{x_{n+1}}=\lim\limits_{n\to\infty}\sqrt{\frac{y_1y_2\cdots y_n}{y_{n+1}}}=\lim\limits_{n\to\infty}\sqrt{\frac{y_{n+1}-4}{y_{n+1}}}=1.$$

3. 无穷小及无穷大的比较

【方法点拨】

常用方法有：利用等价无穷小与无穷大的定义与传递性.

例 25　当 $x \to 0$ 时，将无穷小 $\alpha = \sqrt{1+\tan x} - \sqrt{1+\sin x}$，$\beta = \int_0^{x^2} (e^{t^2} - 1)\mathrm{d}t$，

$\gamma = \sqrt{1-x^4} - \sqrt[3]{1+3x^4}$ 的阶由低到高排序.

解　当 $x \to 0$ 时，由

$$\lim_{x \to 0} \frac{\alpha}{x^k} = \lim_{x \to 0} \frac{\sqrt{1+\tan x} - \sqrt{1+\sin x}}{x^k}$$

$$= \lim_{x \to 0} \frac{\tan x - \sin x}{x^k (\sqrt{1+\tan x} + \sqrt{1+\sin x})}$$

$$= \frac{1}{2} \lim_{x \to 0} \frac{\sin x \cdot (1-\cos x)}{x^k \cos x} = \frac{1}{4} \lim_{x \to 0} \frac{x^3}{x^k} \text{ 存在且不为零，}$$

得 $k = 3$，故当 $x \to 0$ 时，$\alpha \sim \frac{1}{4}x^3$.

$$\text{由} \lim_{x \to 0} \frac{\beta}{x^k} = \lim_{x \to 0} \frac{\int_0^{x^2} (e^{t^2} - 1)\mathrm{d}t}{x^k} = \lim_{x \to 0} \frac{(e^{x^4} - 1) \cdot 2x}{kx^{k-1}}$$

$$= \lim_{x \to 0} \frac{2x^5}{kx^{k-1}} = \frac{2}{k} \lim_{x \to 0} \frac{x^6}{x^k} \text{ 存在且不为零，}$$

得 $k = 6$，故当 $x \to 0$ 时，$\beta \sim \frac{1}{3}x^6$.

由泰勒公式得

$$\gamma = \sqrt{1-x^4} - \sqrt[3]{1+3x^4} = 1 - \frac{1}{2}x^4 + o_1(x^4) - \left[1 + \frac{1}{3}(3x^4) + o_2(x^4)\right]$$

$$= -\frac{3}{2}x^4 + o(x^4),$$

则当 $x \to 0$ 时，$\gamma \sim -\frac{3}{2}x^4$.

综上比较可知，无穷小的阶由低到高排序为：α, γ, β.

例 26　设数列 $\{x_n\}$ 由以下关系式确定：$x_0 = 1$，$x_n = x_{n-1} + \frac{1}{x_{n-1}}$，$n \geq 1$. 证明

该数列发散，且 $x_n \sim \sqrt{2n}\,(n \to \infty)$.

证　(1) 由题设知 $x_n > 0$，$x_n = x_{n-1} + \frac{1}{x_{n-1}} > x_{n-1}$，即 $\{x_n\}$ 单调递增，且 $x_n >$

$x_0 > 1$.

假设 $\lim_{n \to \infty} x_n = a$，由保号性可知 $a > 1$，对递推式取极限得：$a = a + \frac{1}{a}$，则 $a =$

$+\infty$,与假设矛盾,故该数列发散.

(2) 由于 $x_n \geqslant 1$,因此只需证 $x_n^2 \sim 2n(n \to \infty)$.

一方面,$x_n^2 = \left(x_{n-1} + \dfrac{1}{x_{n-1}}\right)^2 = x_{n-1}^2 + \dfrac{1}{x_{n-1}^2} + 2 \geqslant x_{n-1}^2 + 2 \geqslant x_{n-2}^2 + 4 \geqslant \cdots \geqslant$ $x_0^2 + 2n > 2n$.

另一方面,记 $y_n = x_n^2 - 2n$,则 $y_1 = x_1^2 - 2 = \left(1 + \dfrac{1}{1}\right)^2 - 2 = 2$,

$$y_n = x_n^2 - 2n = x_{n-1}^2 + \dfrac{1}{x_{n-1}^2} + 2 - 2n$$

$$= x_{n-1}^2 - 2(n-1) + \dfrac{1}{x_{n-1}^2} = y_{n-1} + \dfrac{1}{y_{n-1} + 2(n-1)} > 0,$$

则

$$y_n < y_{n-1} + \dfrac{1}{2(n-1)} < y_{n-2} + \dfrac{1}{2(n-2)} + \dfrac{1}{2(n-1)} < \cdots$$

$$< y_1 + \dfrac{1}{2} + \dfrac{1}{4} + \cdots + \dfrac{1}{2(n-1)} = 2 + \dfrac{1}{2}\left(1 + \dfrac{1}{2} + \cdots + \dfrac{1}{n-1}\right)$$

$$< 2 + \dfrac{1}{2}[1 + \ln(n-1)] = \dfrac{5}{2} + \dfrac{1}{2}\ln(n-1).$$

于是,

$$2n < x_n^2 < 2n + \dfrac{5}{2} + \dfrac{1}{2}\ln(n-1),$$

$$1 < \dfrac{x_n^2}{2n} < 1 + \dfrac{5}{4n} + \dfrac{1}{4}\dfrac{\ln(n-1)}{n}.$$

又由于

$$\lim_{n \to \infty} \dfrac{\ln(n-1)}{n} = \lim_{x \to +\infty} \dfrac{\ln(x-1)}{x} = \lim_{x \to +\infty} \dfrac{1}{x-1} = 0,$$

由夹逼准则得 $\lim\limits_{n \to \infty} \dfrac{x_n^2}{2n} = 1$,得证.

【注】欧拉常数 $\lim\limits_{n \to \infty}\left(1 + \dfrac{1}{2} + \cdots + \dfrac{1}{n} - \ln n\right) = \gamma \approx 0.577\ 2 < 1$,则当 $n > 2$ 时,$1 + \dfrac{1}{2} + \cdots + \dfrac{1}{n} - \ln n < 1$,即有 $1 + \dfrac{1}{2} + \cdots + \dfrac{1}{n} < 1 + \ln n$.

例 27 对充分大的一切 x,函数 $1\ 000^x$,e^{3x},$\lg x^{1\,000}$,$e^{\frac{x^2}{1\,000}}$,$x^{10^{10}}$ 中最大的是_____.

解 当 $a > 1$,$n > 0$ 时,由于

$$\lim_{x \to +\infty} \frac{a^x}{x^n} = \lim_{x \to +\infty} \frac{a^x \ln a}{n x^{n-1}} = \cdots = \lim_{x \to +\infty} \frac{a^x \ln^n a}{n!} = +\infty,$$

$$\lim_{x \to +\infty} \frac{x^n}{\ln x} = +\infty,$$

即当 $x \to +\infty$ 时,指数函数是比幂函数高阶的无穷大,幂函数是比对数函数高阶的无穷大.

$$\lg x^{1\,000} = \frac{1\,000}{\ln 10} \ln x,$$

$$1\,000^x = e^{x \ln 1\,000},$$

本题 3 个指数函数的指数中,$\dfrac{x^2}{1\,000}$ 是比 $x \ln 1\,000$ 及 $3x$ 均高阶的无穷大,所以 5 个函数中,$e^{\frac{x^2}{1\,000}}$ 是最高阶无穷大,因此也是最大的.

4. 极限反问题 —— 待定参数

【方法点拨】

常用方法有:根据极限的存在性,得出待定参数满足的条件方程,再求解.

例 28 当 $x \to 0$ 时,$1 - \cos x \cdot \cos 2x \cdot \cos 3x$ 与 ax^n 为等价无穷小量,求 n 与 a 的值.

解法一 由

$$\lim_{x \to 0} \frac{1 - \cos x \cos 2x \cos 3x}{x^2} = \lim_{x \to 0} \left(\frac{1 - \cos x}{x^2} + \cos x \cdot \frac{1 - \cos 2x}{x^2} + \cos x \cos 2x \cdot \frac{1 - \cos 3x}{x^2} \right)$$

$$= \lim_{x \to 0} \frac{1 - \cos x}{x^2} + \lim_{x \to 0} \cos x \cdot \frac{1 - \cos 2x}{x^2} + \lim_{x \to 0} \cos x \cos 2x \cdot \frac{1 - \cos 3x}{x^2}$$

$$= \lim_{x \to 0} \frac{1 - \cos x}{x^2} + \lim_{x \to 0} \frac{1 - \cos 2x}{x^2} + \lim_{x \to 0} \frac{1 - \cos 3x}{x^2}$$

$$= \frac{1}{2} + \frac{4}{2} + \frac{9}{2} = 7,$$

可知当 $x \to 0$ 时,$1 - \cos x \cdot \cos 2x \cdot \cos 3x \sim 7x^2$,故

$$n = 2, \quad a = 7.$$

解法二 由泰勒公式可知

$$\cos x = 1 - \frac{x^2}{2!} + o(x^2),$$

$$\cos 2x = 1 - \frac{4}{2!} x^2 + o(x^2),$$

$$\cos 3x = 1 - \frac{9}{2!}x^2 + o(x^2),$$

则

$$1 - \cos x \cos 2x \cos 3x = \left(\frac{1}{2} + 2 + \frac{9}{2}\right)x^2 + o(x^2) \sim 7x^2,$$

于是

$$n = 2, a = 7.$$

解法三 由洛必达法则得

$$\lim_{x \to 0} \frac{1 - \cos x \cos 2x \cos 3x}{ax^n}$$

$$= \lim_{x \to 0} \frac{\sin x \cos 2x \cos 3x + 2\cos x \sin 2x \cos 3x + 3\cos x \cos 2x \sin 3x}{nax^{n-1}}.$$

当 $n = 2$ 时，

$$\lim_{x \to 0} \frac{\sin x \cos 2x \cos 3x}{nax^{n-1}} = \frac{1}{2a},$$

$$\lim_{x \to 0} \frac{2\cos x \sin 2x \cos 3x}{nax^{n-1}} = \frac{4}{2a},$$

$$\lim_{x \to 0} \frac{3\cos x \cos 2x \sin 3x}{nax^{n-1}} = \frac{9}{2a},$$

则

$$\lim_{x \to 0} \frac{1 - \cos x \cos 2x \cos 3x}{ax^2} = \frac{7}{a} = 1,$$

故 $n = 2, a = 7$.

例 29 设 $\lim\limits_{x \to 0} \dfrac{\ln(1+x) - (ax + bx^2)}{\displaystyle\int_0^{x^2} e^{t^2} dt} = \displaystyle\int_e^{+\infty} \frac{dx}{x(\ln x)^2}$，求常数 a, b.

解法一 $\displaystyle\int_e^{+\infty} \frac{dx}{x(\ln x)^2} = \int_e^{+\infty} \frac{d(\ln x)}{(\ln x)^2} = -\frac{1}{\ln x}\Big|_e^{+\infty} = 1.$

由麦克劳林公式得

$$\ln(1+x) = x - \frac{1}{2}x^2 + \frac{1}{3}x^3 + o(x^3),$$

$$\lim_{x \to 0} \frac{\ln(1+x) - (ax + bx^2)}{\displaystyle\int_0^{x^2} e^{t^2} dt} = \lim_{\substack{x \to 0 \\ \xi \to 0}} \frac{(1-a)x - \left(\frac{1}{2} + b\right)x^2 + \frac{1}{3}x^3 + o(x^3)}{e^{\xi^2} \cdot x^2}$$

$$= \lim_{x \to 0} \frac{(1-a)x - \left(\frac{1}{2} + b\right)x^2 + \frac{1}{3}x^3 + o(x^3)}{x^2} = 1,$$

则 $\begin{cases} 1-a=0, \\ -\left(\dfrac{1}{2}+b\right)=1, \end{cases}$ 解得 $a=1, b=-\dfrac{3}{2}$.

解法二 $\displaystyle\int_e^{+\infty} \frac{\mathrm{d}x}{x(\ln x)^2} = \int_e^{+\infty} \frac{\mathrm{d}(\ln x)}{(\ln x)^2} = -\frac{1}{\ln x}\Big|_e^{+\infty} = 1,$

则

$$\lim_{x\to 0} \frac{\ln(1+x)-(ax+bx^2)}{\displaystyle\int_0^{x^2} \mathrm{e}^{t^2}\,\mathrm{d}t} = \lim_{x\to 0} \frac{\dfrac{1}{1+x}-a-2bx}{\mathrm{e}^{x^4}\cdot 2x}$$

$$= \lim_{x\to 0} \frac{1-(a+2bx)(1+x)}{2x(1+x)}$$

$$= \lim_{x\to 0} \frac{1-a-(a+2b)x-2bx^2}{2x} = 1,$$

则 $\begin{cases} 1-a=0, \\ a+2b=-2, \end{cases}$ 解得 $a=1, b=-\dfrac{3}{2}$.

5. 函数的连续性

【方法点拨】

常用方法有:利用函数连续与间断的定义判断.

例 30 设函数 $f(x)$ 在区间 $(0,1)$ 内有定义,且函数 $\mathrm{e}^x f(x)$ 与 $\mathrm{e}^{-f(x)}$ 在区间 $(0,1)$ 内都单调增加. 证明: $f(x)$ 在 $(0,1)$ 内连续.

证 $\forall x_0 \in (0,1)$,

当 $x \in (x_0,1)$ 时, $\mathrm{e}^{-f(x)}$ 单调增加,则 $f(x)$ 单调减少,则 $f(x) \leqslant f(x_0)$.

又由 $\mathrm{e}^x f(x)$ 也单调增加,得 $\mathrm{e}^{x_0} f(x_0) \leqslant \mathrm{e}^x f(x)$,即有

$$\mathrm{e}^{x_0-x} f(x_0) \leqslant f(x) \leqslant f(x_0),$$

由夹逼准则得

$$\lim_{x\to x_0^+} f(x) = f(x_0).$$

当 $x \in (0,x_0)$ 时,同理可得

$$\mathrm{e}^{x_0-x} f(x_0) \geqslant f(x) \geqslant f(x_0),$$

由夹逼准则得

$$\lim_{x\to x_0^-} f(x) = f(x_0),$$

综上，$\lim\limits_{x \to x_0} f(x) = f(x_0)$，即函数 $f(x)$ 在点 x_0 处连续，由 x_0 的任意性可知，$f(x)$ 在 $(0,1)$ 内连续.

例 31 函数 $f(x) = \dfrac{\mid x \mid^x - 1}{x(x+1)\ln \mid x \mid}$ 的可去型间断点的个数为 _____ .

解 $f(x)$ 的间断点有 $x = -1, 0, 1$.

由

$$\lim_{x \to -1} \frac{(-x)^x - 1}{x(x+1)\ln(-x)} = \lim_{x \to -1} \frac{e^{x\ln(-x)} - 1}{x(x+1)\ln(-x)}$$

$$= \lim_{x \to -1} \frac{x\ln(-x)}{x(x+1)\ln(-x)} = \lim_{x \to -1} \frac{1}{x+1} = \infty,$$

可知 $x = -1$ 是 $f(x)$ 的无穷型间断点，不是可去型间断点.

又由

$$\lim_{x \to 1} \frac{x^x - 1}{x(x+1)\ln x} = \lim_{x \to 1} \frac{e^{x\ln x} - 1}{x(x+1)\ln x} = \lim_{x \to 1} \frac{x\ln x}{x(x+1)\ln x} = \frac{1}{2},$$

可知 $x = 1$ 为 $f(x)$ 的可去型间断点.

再由

$$\lim_{x \to 0^+} \frac{x^x - 1}{x(x+1)\ln x} = \lim_{x \to 0^+} \frac{e^{x\ln x} - 1}{x(x+1)\ln x} = \lim_{x \to 0^+} \frac{x\ln x}{x(x+1)\ln x} = 1,$$

$$\lim_{x \to 0^-} \frac{(-x)^x - 1}{x(x+1)\ln(-x)} = \lim_{x \to 0^-} \frac{e^{x\ln(-x)} - 1}{x(x+1)\ln(-x)} = \lim_{x \to 0^-} \frac{x\ln(-x)}{x(x+1)\ln(-x)} = 1,$$

可知

$$\lim_{x \to 0} f(x) = 1.$$

但 $f(0)$ 无定义，可知 $x = 0$ 也为 $f(x)$ 的可去型间断点. 因此，$f(x)$ 有 2 个可去型间断点 $x = 0$ 与 1.

6. 闭区间上连续函数的性质

【方法点拨】

常用零点定理证明"$f(\xi) = 0$"的存在性命题，而用介值定理证明"$f(\xi) = c$"的存在性命题.

例 32 设 $f(x)$ 在 $[a,b]$ 上可导，且 $f(a)f(b) < 0$，又当 $x \in (a,b)$ 时，有 $f'(x) > -f(x)$，则 $f(x)$ 在 $[a,b]$ 上的零点个数为 _____ .

解 因 $f(x)$ 在 $[a,b]$ 上可导，$f(a)f(b) < 0$，由零点存在定理可知，$f(x)$ 在

(a,b) 内至少有一个零点,且 $f(a)\neq 0,f(b)\neq 0$.

令 $F(x)=\mathrm{e}^{x}f(x)$,由 $f'(x)>-f(x)$,可得

$$F'(x)=\mathrm{e}^{x}[f'(x)+f(x)]>0,$$

则 $F(x)$ 在 $[a,b]$ 上严格单调增加,因此 $F(x)=\mathrm{e}^{x}f(x)$ 在 $[a,b]$ 上至多有一个零点. 又由 $\mathrm{e}^{x}\neq 0$,可知 $f(x)$ 在 $[a,b]$ 上至多有一个零点. 综上可知,$f(x)$ 在 $[a,b]$ 上的零点个数为 1.

例 33 设函数 $f(x)$ 在闭区间 $[0,1]$ 上连续,且满足 $f(0)=0,f(1)=1$. 证明:在区间 $[0,1]$ 上,函数 $F(x)=f(x)[1-f(x)]-x(1-x)$ 至少有三个不同的零点.

证 $F(x)=f(x)-x+x^{2}-f^{2}(x)=[x-f(x)][x+f(x)-1]$,由题设可知 $f(0)=0,f(1)=1$,则

$$F(0)=F(1)=0,$$

令 $F(x)$ 中的因式 $g(x)=x+f(x)-1$,则 $g(0)=-1<0,g(1)=1>0$,由零点存在定理可知,$\exists c\in(0,1)$,使 $g(c)=0$,则 $F(c)=0$. 命题得证.

例 34 依次证明下列命题:

(1) 方程 $\mathrm{e}^{x}+x^{2n+1}=0$ 有唯一实根 $x_{n},n=0,1,2,\cdots$;

(2) $\lim\limits_{n\to\infty}x_{n}$ 存在并求其值 A;

(3) 当 $n\to\infty$ 时,$x_{n}-A$ 与 $\dfrac{1}{n}$ 是同阶无穷小.

证 (1) 令 $f_{n}(x)=\mathrm{e}^{x}+x^{2n+1}$,则 $f_{n}(0)=1>0,f_{n}(-1)=\mathrm{e}^{-1}-1<0$,由零点定理得,方程 $f_{n}(x)=0$ 有实根 $x_{n}\in(-1,0)$. 又由于 $f_{n}'(x)=\mathrm{e}^{x}+(2n+1)x^{2n}>0,f_{n}(x)$ 严格单调递增,因此该方程有唯一实根.

(2) 由 $\mathrm{e}^{x_{n}}+x_{n}^{2n+1}=0$ 得 $x_{n}=-\mathrm{e}^{\frac{x_{n}}{2n+1}},x_{n}\in(-1,0)$,则 $\lim\limits_{n\to\infty}\dfrac{x_{n}}{2n+1}=0$,因此有

$$A=\lim\limits_{n\to\infty}x_{n}=-\mathrm{e}^{0}=-1.$$

(3) 由 $x_{n}-A=x_{n}+1=\mathrm{e}^{0}-\mathrm{e}^{\frac{x_{n}}{2n+1}}=\mathrm{e}^{\xi}\cdot\left(-\dfrac{x_{n}}{2n+1}\right),\xi\in\left(\dfrac{x_{n}}{2n+1},0\right)$,得

$$\lim\limits_{n\to\infty}\frac{x_{n}-A}{\frac{1}{n}}=\lim\limits_{\substack{n\to\infty\\ \xi\to 0}}-\mathrm{e}^{\xi}\cdot\frac{x_{n}}{2n+1}\cdot n=\frac{1}{2},$$

结论成立.

例35 设 n 为正整数,$F(x) = \int_1^{nx} e^{-t^3} dt + \int_e^{e^{(n+1)x}} \frac{t^2}{t^4+1} dt$. 证明:

(1) 对于给定的 n,$F(x)$ 有且仅有一个正的零点,记该零点为 a_n;

(2) $\{a_n\}$ 随 n 的增加而严格单调减少且 $\lim\limits_{n \to \infty} a_n = 0$.

证 (1) $F\left(\dfrac{1}{n+1}\right) = \int_1^{\frac{n}{n+1}} e^{-t^3} dt < 0$,$F\left(\dfrac{1}{n}\right) = \int_e^{e^{\frac{n+1}{n}}} \dfrac{t^2}{t^4+1} dt > 0$.

由零点定理得,$F(x)$ 在 $\left(\dfrac{1}{n+1}, \dfrac{1}{n}\right)$ 内有零点. 又

$$F'(x) = ne^{-(nx)^3} + \frac{e^{2(n+1)x}}{e^{4(n+1)x}+1} \cdot e^{(n+1)x} \cdot (n+1) > 0,$$

则 $F(x)$ 有且仅有一个正的零点,记为 a_n,有 $0 < \dfrac{1}{n+1} < a_n < \dfrac{1}{n}$,$n = 1, 2, \cdots$.

(2) 由 $\dfrac{1}{n+1} < a_n < \dfrac{1}{n}$,得 $\dfrac{1}{n+2} < a_{n+1} < \dfrac{1}{n+1} < a_n < \dfrac{1}{n}$,所以 $\{a_n\}$ 随 n 的增加而严格单调减少. 由夹逼准则得,$\lim\limits_{n \to \infty} a_n = 0$.

例36 设 $f(x)$ 在 $[1,2]$ 上连续,$f(x)$ 只取有理数值,已知 $f(1) = 3$,求 $f(2)$.

解 由最值存在性定理可知,$f(x)$ 在 $[1,2]$ 上有最大值 M 和最小值 m,即 $m \leqslant f(x) \leqslant M$.

假设 $m \neq M$,则 $f(x)$ 的值域为 $[m, M]$,则存在无理数 r,满足 $m < r < M$. 由介值定理得,$\exists c \in [1,2]$,使 $f(c) = r$,这与 $f(x)$ 只取有理数值相矛盾,因此必有 $m = M$,则在 $[1,2]$ 上 $f(x) \equiv 3$,于是 $f(2) = 3$.

7. 综合题

例37 设 $f(x) = a_1 \ln(1+x) + a_2 \ln(1+2x) + \cdots + a_n \ln(1+nx)$,其中 $a_k (k = 1, 2, \cdots, n)$ 为实常数;如果当 $x \in [0,1]$ 时,$|f(x)| \leqslant \ln(1+x)$. 试证:$|a_1 + 2a_2 + \cdots + na_n| \leqslant 1$.

证 由 $x \in (0,1]$ 时,$|f(x)| \leqslant \ln(1+x)$,得 $\left|\dfrac{f(x)}{x}\right| \leqslant \dfrac{\ln(1+x)}{x}$,而

$$\lim_{x \to 0^+} \frac{\ln(1+x)}{x} = 1,$$

则

$$\lim_{x \to 0^+} \left|\frac{f(x)}{x}\right| = \lim_{x \to 0^+} \left|\frac{a_1 \ln(1+x) + a_2 \ln(1+2x) + \cdots + a_n \ln(1+nx)}{x}\right|$$

$$= \lim_{x \to 0^+} \left|\frac{a_1 \ln(1+x)}{x} + \frac{a_2 \ln(1+2x)}{x} + \cdots + \frac{a_n \ln(1+nx)}{x}\right|$$

$$= |a_1 + 2a_2 + \cdots + na_n|,$$

由极限的保号性得

$$|a_1 + 2a_2 + \cdots + na_n| \leqslant 1.$$

例 38 设数列 $\{x_n\}$ 满足关系式：$x_{n+1} = f(x_n)$，其中函数 $f(x)$ 在 $[a,b]$ 上满足：

(1) $a \leqslant f(x) \leqslant b, \forall x \in [a,b]$；

(2) $\forall x_1, x_2 \in [a,b]$，恒有 $|f(x_2) - f(x_1)| \leqslant \alpha |x_2 - x_1|, 0 < \alpha < 1$.

证明：对 $\forall x_1 \in [a,b]$，有数列 $\{x_n\}$ 收敛于方程 $x = f(x)$ 在 $[a,b]$ 中的唯一解.

证 由题设可知

$$|x_{n+1} - x_n| = |f(x_n) - f(x_{n-1})| \leqslant \alpha |x_n - x_{n-1}|, 且 0 < \alpha < 1,$$

故

$$\lim_{n \to \infty} \frac{|x_{n+1} - x_n|}{|x_n - x_{n-1}|} \leqslant \alpha < 1,$$

由达朗贝尔判别法可知，级数 $\sum_{n=1}^{\infty} (x_{n+1} - x_n)$ 绝对收敛，因此其部分和数列 $\{S_n\}$ 的极限存在. 由

$$S_n = \sum_{k=1}^{n} (x_{k+1} - x_k) = x_{n+1} - x_1,$$

得 $x_{n+1} = S_n + x_1$，因此数列 $\{x_n\}$ 收敛，从而

$$\lim_{n \to \infty} x_{n+1} = \lim_{n \to \infty} f(x_n).$$

由题设(2) 可知

$$|f(x + \Delta x) - f(x)| \leqslant \alpha |\Delta x|,$$

故 $\lim\limits_{\Delta x \to 0} |f(x + \Delta x) - f(x)| = 0$，即 $\lim\limits_{\Delta x \to 0} f(x + \Delta x) = f(x)$，则函数 $f(x)$ 在 $[a,b]$ 上连续，于是

$$\lim_{n \to \infty} x_{n+1} = f(\lim_{n \to \infty} x_n).$$

即数列 $\{x_n\}$ 的极限是方程 $x = f(x)$ 的根.

下面证明方程 $x = f(x)$ 的根的唯一性：若有 $y \in [a,b]$，使 $y = f(y)$，则

$$|x - y| = |f(x) - f(y)| \leqslant \alpha |x - y|,$$

即 $(1 - \alpha)|x - y| \leqslant 0$，而 $0 < \alpha < 1$，则 $(1 - \alpha)|x - y| \geqslant 0$，因此 $|x - y| = 0$，即 $x = y$.

综上,命题得证.

8. 连续函数的应用问题

例39 有一张形状怪异的饼放在方形的餐桌上,并假定饼所占的区域为凸区域,问能否一刀将这张饼切为面积相等的两半,而刀口平行于餐桌的某条指定的边?如果可以做到,问这种切法是否唯一?

解 如图,以桌子被指定的边为 y 轴建立如图所示的坐标系.设饼的面积是 A,它在 x 轴上的投影为区间 $[a,b]$,则所切的一刀表现为垂直于 x 轴的直线,设它与 x 轴的交点坐标为 x,这一刀将 D 分为两个部分,左边部分的面积为 $A(x)$,

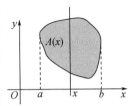

$A(x)$ 是区间 $[a,b]$ 上的连续函数,则 $A(x)$ 在 $[a,b]$ 上严格增加,且 $A(a)=0,A(b)=A>0$. 由介值定理可知,存在唯一的点 $c\in(a,b)$,使得 $A(c)=\dfrac{A}{2}$. 再由单调性可知,存在唯一的切割方法将这张饼切为面积相等的两部分.

【注】所谓平面凸区域:如果区域 D 中任何两个点连成的线段都含于 D 中,则称区域 D 是凸区域,如椭圆、三角形、平行四边形、正多边形等都是凸区域. 凸区域的边界线称为凸曲线.

例40 两张形状怪异的饼分开摆在桌面上,并假定饼所占的区域都为凸区域,能否只用一刀将每张饼都切成面积相等的两部分?

解 设两张饼分别为 A_1,A_2,建立如图所示的坐标系.过原点作数轴 l_θ,它的倾角为 θ,其中 $0\leqslant\theta\leqslant\pi$,则分别存在唯一的两条直线 l_1,l_2,它们都垂直于 l_θ,并分别将 A_1,A_2 分为面积相等的两部分.

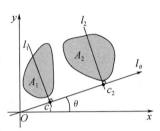

l_1,l_2 与数轴 l_θ 的交点坐标分别为 c_1,c_2. 令 $d(\theta)=c_1-c_2$,由实际问题,假定 $d(\theta)$ 是关于旋转角 θ 的连续函数. 若存在 θ_0,使得 $d(\theta_0)=0$,则表明 l_1,l_2 重合为一条直线,沿此直线切割可同时把两张饼切成面积相等的两部分.

若 $d(0)=0$,则结论成立;若 $d(0)\neq0$,则不妨设 $d(0)<0$. 按照 l_0 的指向,这

表明 $c_1 < c_2$. 当 $\theta = \pi$ 时, 按照 l_π 的指向, $c_1 > c_2$, 从而 $d(\pi) > 0$. 由零点定理可知, 存在 $\theta_0 \in (0, \pi)$, 使得 $d(\theta_0) = 0$, 从而结论成立.

三、进阶精练

习 题 1

【保分基础练】

1. 选择题

(1) 设 $\{x_n\}$ 是数列, 下列命题中不正确的是( ). (2015 考研)

(A) 若 $\lim\limits_{n \to \infty} x_n = a$, 则 $\lim\limits_{n \to \infty} x_{2n} = \lim\limits_{n \to \infty} x_{2n+1} = a$

(B) 若 $\lim\limits_{n \to \infty} x_{2n} = \lim\limits_{n \to \infty} x_{2n+1} = a$, 则 $\lim\limits_{n \to \infty} x_n = a$

(C) 若 $\lim\limits_{n \to \infty} x_n = a$, 则 $\lim\limits_{n \to \infty} x_{3n} = \lim\limits_{n \to \infty} x_{2n+1} = a$

(D) 若 $\lim\limits_{n \to \infty} x_{3n} = \lim\limits_{n \to \infty} x_{3n-1} = a$, 则 $\lim\limits_{n \to \infty} x_n = a$

(2) 若函数 $f(x) = \begin{cases} \dfrac{1 - \cos\sqrt{x}}{ax}, & x > 0, \\ b, & x \leqslant 0 \end{cases}$ 在 $x = 0$ 处连续, 则( ). (2017 考研)

(A) $ab = \dfrac{1}{2}$ (B) $ab = -\dfrac{1}{2}$ (C) $ab = 0$ (D) $ab = 2$

(3) 已知函数 $f(x) = \begin{cases} x, & x \leqslant 0, \\ \dfrac{1}{n}, & \dfrac{1}{n+1} < x \leqslant \dfrac{1}{n}, n = 1, 2, \cdots, n, \end{cases}$ 则( ).

(A) $x = 0$ 是 $f(x)$ 的第一类间断点

(B) $x = 0$ 是 $f(x)$ 的第二类间断点

(C) $f(x)$ 在 $x = 0$ 处连续但不可导

(D) $f(x)$ 在 $x = 0$ 处可导

(4) 设 $a_1 = x(\cos\sqrt{x} - 1)$, $a_2 = \sqrt{x}\ln(1 + \sqrt[3]{x})$, $a_3 = \sqrt[3]{x+1} - 1$, 当 $x \to 0^+$ 时, 以上 3 个无穷小量按照从低阶到高阶的排序是( ). (2016 考研)

(A) a_1, a_2, a_3 (B) a_2, a_3, a_1

(C) a_2, a_1, a_3 (D) a_3, a_2, a_1

(5) 函数 $f(x) = \lim\limits_{t \to 0}\left(1 + \dfrac{\sin t}{x}\right)^{\frac{x^2}{t}}$ 在 $(-\infty, +\infty)$ 内（　　）. (2015 考研)

    (A) 连续   (B) 有可去型间断点

    (C) 有跳跃型间断点   (D) 有无穷型间断点

2. 填空题

(1) 极限 $\lim\limits_{x \to 0}(\cos 2x + 2x \sin x)^{\frac{1}{x^4}} = $ _____ . (2016 考研)

(2) 设 $f(x)$ 在 $x = 0$ 的某邻域内连续，且当 $x \to 0$ 时，$f(x)$ 与 x^m 为同阶无穷小. 又当 $x \to 0$ 时，$F(x) = \displaystyle\int_0^{x^n} f(t)\,\mathrm{d}t$ 与 x^k 同阶，m 与 n 为正整数，则 $k = $

_____ .

(3) $\lim\limits_{n \to \infty} \dfrac{1}{n^2}\left(\sin \dfrac{1}{n} + 2\sin \dfrac{2}{n} + \cdots + n\sin \dfrac{n}{n}\right) = $ _____ . (2016 考研)

(4) $\lim\limits_{x \to 0}\left[2 - \dfrac{\ln(1+x)}{x}\right]^{\frac{1}{x}} = $ _____ . (2013 考研)

(5) 设 $f(x)$ 连续，$\lim\limits_{x \to 0} \dfrac{1 - \cos[xf(x)]}{(\mathrm{e}^{x^2} - 1)f(x)} = 1$，则 $f(0) = $ _____ .

3. 设 $2f(x) + x^2 f\left(\dfrac{1}{x}\right) = \dfrac{x^2 + 2x}{x+1}$，求 $f(x)$.

4. 设 $x_n = (1+a)(1+a^2)\cdots(1+a^{2^n})$，其中 $|a| < 1$，求 $\lim\limits_{n \to \infty} x_n$.

5. 求 $\lim\limits_{x \to \infty} \mathrm{e}^{-x}\left(1 + \dfrac{1}{x}\right)^{x^2}$.

6. 设 $f(x) = \begin{cases} x^2 + 1, & |x| \leqslant c, \\ \dfrac{2}{|x|}, & |x| > c \end{cases}$ 处处连续，求 c 的值.

7. 设函数 $f(x) = x + a\ln(1+x) + bx\sin x$，$g(x) = kx^3$，若 $f(x)$ 与 $g(x)$ 在 $x \to 0$ 是等价无穷小，求 a, b, k 的值. (2015 考研)

8. 设 $f(x)$ 在 $[0, 2]$ 上连续，且 $f(0) + 2f(1) + 3f(2) = 6$. 证明：存在 $\xi \in [0, 2]$，使得 $f(\xi) = 1$.

【争分提能练】

1. 选择题

(1) 当 $x \to 0^+$ 时，若 $\ln^\alpha(1+2x)$，$(1-\cos x)^{\frac{1}{\alpha}}$ 均是比 x 高阶的无穷小，则 α 的

可能取值范围是(　　).(2014 考研)

(A) $(2,+\infty)$　　(B) $(1,2)$　　(C) $\left(\dfrac{1}{2},1\right)$　　(D) $\left(0,\dfrac{1}{2}\right)$

(2) 设 $\lim a_n = a$,且 $a \neq 0$,则当 n 充分大时有(　　).(2014 考研)

(A) $|a_n|>\dfrac{|a|}{2}$　　　　　　　(B) $|a_n|<\dfrac{|a|}{2}$

(C) $a_n>a-\dfrac{1}{n}$　　　　　　　(D) $a_n<a+\dfrac{1}{n}$

(3) 设 $P(x)=a+bx+cx^2+dx^3$,当 $x \to 0$ 时,若 $P(x)-\tan x$ 是比 x^3 高阶的无穷小,则下列结论中错误的是(　　).(2014 考研)

(A) $a=0$　　　(B) $b=1$　　　(C) $c=0$　　　(D) $d=\dfrac{1}{6}$

(4) 已知极限 $\lim\limits_{x \to 0}\dfrac{x-\arctan x}{x^k}=c$,其中 c,k 为常数,且 $c \neq 0$,则(　　).(2013 考研)

(A) $k=2,c=-\dfrac{1}{2}$　　　　　　　(B) $k=2,c=\dfrac{1}{2}$

(C) $k=3,c=-\dfrac{1}{3}$　　　　　　　(D) $k=3,c=\dfrac{1}{3}$

(5) 设 $f(x)=\begin{cases} x^\alpha \cos\dfrac{1}{x^\beta}, & x>0, \\ 0, & x \leqslant 0 \end{cases}$ $(\alpha>0,\beta>0)$,若 $f'(x)$ 在 $x=0$ 处连续,则(　　).(2015 考研)

(A) $\alpha-\beta>1$　　　　　　　(B) $0<\alpha-\beta \leqslant 1$

(C) $\alpha-\beta>2$　　　　　　　(D) $0<\alpha-\beta \leqslant 2$

2. 填空题

(1) $\lim\limits_{x \to 0}(\cos x)^{\frac{1}{\ln(1+x^2)}}=$ _____.

(2) 当 $x \to 0$ 时,$\alpha(x)=kx^2$ 与 $\beta(x)=\sqrt{1+x\arcsin x}-\sqrt{\cos x}$ 是等价无穷小,则 $k=$ _____.

(3) 已知 $\lim\limits_{x \to 0}\dfrac{\sqrt{1+f(x)\sin 2x}-1}{e^{3x}-1}=2$,则 $\lim\limits_{x \to 0}f(x)=$ _____.

(4) $\lim\limits_{x \to 0}\left(\dfrac{3^x+2^x+5^x}{3}\right)^{\frac{1}{x}}=$ _____.

(5) 设 $f(x) = \lim\limits_{n \to \infty} \dfrac{(n-1)x}{nx^2+1}$,则 $f(x)$ 的间断点为 $x =$ _____.

3. 设 $f(x)$ 满足 $\sin f(x) - \dfrac{1}{3}\sin f\left(\dfrac{1}{3}x\right) = x$,求 $f(x)$.

4. 计算 $\lim\limits_{x \to 0} \dfrac{(1+x)^{\frac{2}{x}} - e^2[1 - \ln(1+x)]}{x}$.

5. 设 $a_n = \cos\dfrac{\theta}{2} \cdot \cos\dfrac{\theta}{2^2} \cdot \cdots \cdot \cos\dfrac{\theta}{2^n}$,求 $\lim\limits_{n \to \infty} a_n$.

6. 设 $u_1 = 1, u_2 = 2$,当 $n \geqslant 3$ 时,$u_n = u_{n-1} + u_{n-2}$,求 $\lim\limits_{n \to \infty}\dfrac{1}{u_n}$.

7. 设 $f(x), g(x)$ 在点 $x = 0$ 附近有定义,$f'(0) = a$,且 $|g(x) - f(x)| \leqslant \dfrac{\ln(1+x^2)}{2 + \cos x}$,求 $g'(0)$.

8. 正方形的木桌有四条长度一样的腿,指定将它摆放在房间的某个位置. 由于房间的地面有些凹凸不平,问该方桌能否在某个位置摆放稳妥,即四条腿同时着地?

【实战真题练】

1. 选择题

(1) 设数列 $\{x_n\}$ 收敛,则(　　).(2017 考研)

    (A) 当 $\lim\limits_{n \to \infty}\sin x_n = 0$ 时,则 $\lim\limits_{n \to \infty} x_n = 0$

    (B) 当 $\lim\limits_{n \to \infty} x_n(x_n + \sqrt{|x_n|}) = 0$ 时,则 $\lim\limits_{n \to \infty} x_n = 0$

    (C) 当 $\lim\limits_{n \to \infty}(x_n + x_n^2) = 0$,则 $\lim\limits_{n \to \infty} x_n = 0$

    (D) 当 $\lim\limits_{n \to \infty}(x_n + \sin x_n) = 0$ 时,则 $\lim\limits_{n \to \infty} x_n = 0$

(2) 当 $x \to 0$ 时,用 $o(x)$ 表示比 x 高阶的无穷小,则下列式子中错误的是(　　).(2013 考研)

    (A) $x \cdot o(x^2) = o(x^3)$ (B) $o(x)o(x^2) = o(x^3)$

    (C) $o(x^2) + o(x^2) = o(x^2)$ (D) $o(x) + o(x^2) = o(x^2)$

(3) 设函数 $f(x) = \dfrac{e^{\frac{1}{x-1}}\ln|x+1|}{(e^x-1)(x-2)}$ 的第二类间断点的个数为(　　).(2020 考研)

    (A) 1   (B) 2   (C) 3   (D) 4

(4) 设函数 $f(x)$ 在区间 $(-1,1)$ 内有定义,且 $\lim\limits_{x\to 0}f(x)=0$,则(　　).(2020 考研)

(A) 当 $\lim\limits_{x\to 0}\dfrac{f(x)}{\sqrt{|x|}}=0$,$f(x)$ 在 $x=0$ 处可导

(B) 当 $\lim\limits_{x\to 0}\dfrac{f(x)}{x^2}=0$,$f(x)$ 在 $x=0$ 处可导

(C) 当 $f(x)$ 在 $x=0$ 处可导时,$\lim\limits_{x\to 0}\dfrac{f(x)}{\sqrt{|x|}}=0$

(D) 当 $f(x)$ 在 $x=0$ 处可导时,$\lim\limits_{x\to 0}\dfrac{f(x)}{x^2}=0$

(5) 设 $f(x)=\begin{cases} \sin x, & x\in[0,\pi) \\ 2, & x\in[\pi,2\pi] \end{cases}$,$F(x)=\displaystyle\int_0^x f(t)\,\mathrm{d}t$,则(　　).(2013 考研)

(A) $x=\pi$ 为 $F(x)$ 的跳跃型间断点

(B) $x=\pi$ 为 $F(x)$ 的可去型间断点

(C) $F(x)$ 在 $x=\pi$ 处连续但不可导

(D) $F(x)$ 在 $x=\pi$ 处可导

2. 填空题

(1) 设 $x_n=\displaystyle\sum_{k=1}^{n}\dfrac{k}{(k+1)!}$,则 $\lim\limits_{n\to\infty}x_n=$ _____.(2014 国赛预赛)

(2) 已知 $\lim\limits_{x\to 0}\left[1+x+\dfrac{f(x)}{x}\right]^{\frac{1}{x}}=\mathrm{e}^3$,则 $\lim\limits_{x\to 0}\dfrac{f(x)}{x^2}=$ _____.(2014 国赛预赛)

(3) $\lim\limits_{n\to\infty}n\left(\dfrac{\sin\dfrac{\pi}{n}}{n^2+1}+\dfrac{\sin\dfrac{2\pi}{n}}{n^2+2}+\cdots+\dfrac{\sin\pi}{n^2+n}\right)=$ _____.(2015 国赛预赛)

(4) 极限 $\lim\limits_{x\to+\infty}\sqrt{x^2+x+1}\,\dfrac{x-\ln(\mathrm{e}^x+x)}{x}=$ _____.(2021 国赛预赛)

(5) 设 $f(x)$ 连续,且 $f(0)\neq 0$,则 $\lim\limits_{x\to 0}\dfrac{2\displaystyle\int_0^x(x-t)f(t)\,\mathrm{d}t}{x\displaystyle\int_0^x f(x-t)\,\mathrm{d}t}=$ _____.(2021 国赛预赛)

3. 求极限 $\lim\limits_{x\to+\infty}\dfrac{\displaystyle\int_1^x\left[t^2\left(\mathrm{e}^{\frac{1}{t}}-1\right)-t\right]\mathrm{d}t}{x^2\ln\left(1+\dfrac{1}{x}\right)}$.(2014 考研)

4. 设 $\{a_n\}_{n=0}^{\infty}$ 为数列，a 为有限数.

(1) 如果 $\lim\limits_{n\to\infty}a_n=a$，证明 $\lim\limits_{n\to\infty}\dfrac{a_1+a_2+\cdots+a_n}{n}=a$；(2011 国赛预赛)

(2) 计算极限 $\lim\limits_{n\to\infty}(n!)^{\frac{1}{n^2}}$. (2012 国赛预赛)

5. 设函数 $y=f(x)$ 二阶可导，且 $f''(x)>0$，$f(0)=0$，$f'(0)=0$，求

$\lim\limits_{x\to0}\dfrac{x^3f(u)}{f(x)\sin^3 u}$，其中 u 是曲线 $y=f(x)$ 上点 $P(x,f(x))$ 处的切线在 x 轴

上的截距. (2012 国赛预赛)

6. 设函数 $f(x)$ 在闭区间 $[0,1]$ 上具有连续导数，$f(0)=0$，$f(1)=1$，证明：

$\lim\limits_{n\to\infty}n\left[\displaystyle\int_0^1 f(x)\,\mathrm{d}x-\dfrac{1}{n}\sum_{k=1}^{n}f\left(\dfrac{k}{n}\right)\right]=-\dfrac{1}{2}$. (2016 国赛预赛)

7. 设函数 $f(x)$ 连续，$g(x)=\displaystyle\int_0^1 f(xt)\,\mathrm{d}t$，且 $\lim\limits_{x\to0}\dfrac{f(x)}{x}=A$，$A$ 为常数，求 $g'(x)$

并讨论 $g'(x)$ 在 $x=0$ 处的连续性. (2009 国赛预赛)

8. 设函数 $f(x)$ 在闭区间 $[-1,1]$ 上具有连续的三阶导数，且 $f(-1)=0$，

$f(1)=1$，$f'(0)=0$. 求证：在开区间 $(-1,1)$ 内至少存在一点 x_0，使得

$f'''(x_0)=3$. (2011 国赛预赛)

习题 1 参考答案

【保分基础练】

1. (1) (D)；(2) A；(3) D；(4) B；(5) B.

2. (1) $\mathrm{e}^{\frac{1}{3}}$；(2) $mn+n$；(3) $\sin 1-\cos 1$；(4) $\mathrm{e}^{\frac{1}{2}}$；(5) 2.

3. 由已知 $2f(x)+x^2f\left(\dfrac{1}{x}\right)=\dfrac{x^2+2x}{x+1}$，得 $2f\left(\dfrac{1}{x}\right)+\dfrac{1}{x^2}f(x)=\dfrac{\dfrac{1}{x^2}+\dfrac{2}{x}}{\dfrac{1}{x}+1}=$

$\dfrac{2x+1}{x(x+1)}$，化简得 $f(x)+2x^2f\left(\dfrac{1}{x}\right)=\dfrac{2x^2+x}{x+1}$，消去 $f\left(\dfrac{1}{x}\right)$，得 $3f(x)=$

$\dfrac{2x^2+4x-2x^2-x}{x+1}=\dfrac{3x}{x+1}$，则 $f(x)=\dfrac{x}{x+1}$.

4. $x_n=(1-a)(1+a)(1+a^2)\cdots(1+a^{2^n})\dfrac{1}{1-a}=(1-a^2)(1+a^2)\cdots(1+$

$a^{2^n})\dfrac{1}{1-a}=(1-a^4)(1+a^4)\cdots(1+a^{2^n})\dfrac{1}{1-a}=\dfrac{1-a^{2^{n+1}}}{1-a}$，由于 $|a|<1$，因此

$\lim\limits_{n\to\infty}a^{2^{n+1}}=0$，故 $\lim\limits_{n\to\infty}x_n=\dfrac{1}{1-a}$.

5. $\lim\limits_{x\to\infty}\mathrm{e}^{-x}\left(1+\dfrac{1}{x}\right)^{x^2}=\lim\limits_{x\to\infty}\left[\left(1+\dfrac{1}{x}\right)^x\mathrm{e}^{-1}\right]^x=\mathrm{e}^{\lim\limits_{x\to\infty}x\left[\ln\left(1+\frac{1}{x}\right)^x-1\right]}$

$$=\mathrm{e}^{\lim\limits_{x\to\infty}x\left[x\ln\left(1+\frac{1}{x}\right)-1\right]}$$

$$=\mathrm{e}^{\lim\limits_{x\to\infty}x\left[x\left(\frac{1}{x}-\frac{1}{2x^2}+o\left(\frac{1}{x^2}\right)\right)-1\right]}=\mathrm{e}^{-\frac{1}{2}}.$$

6. 由题设知 $c\geqslant|x|\geqslant0,f(x)=\begin{cases}\dfrac{2}{x}, & x>c,\\ x^2+1, & -c\leqslant x\leqslant c,\\ -\dfrac{2}{x}, & x<-c\end{cases}$ 处处连续，从而在 $x=$

c 处连续，则 $\lim\limits_{x\to c^+}f(x)=\lim\limits_{x\to c^+}\dfrac{2}{x}=\dfrac{2}{c}=\lim\limits_{x\to c^-}f(x)=\lim\limits_{x\to c^-}(x^2+1)=c^2+1$，解得 $c=1$.

7. 由题意得，$\lim\limits_{x\to0}\dfrac{f(x)}{g(x)}=1$，则 $\lim\limits_{x\to0}\dfrac{x+a\ln(1+x)+bx\sin x}{x^3}=k$，则

$$k=\lim\limits_{x\to0}\dfrac{x+a\left[x-\dfrac{x^2}{2}+\dfrac{x^3}{3}+o(x^3)\right]+bx\left[x-\dfrac{x^3}{6}+o(x^3)\right]}{x^3}$$

$$=\lim\limits_{x\to0}\dfrac{(a+1)x+\left(b-\dfrac{a}{2}\right)x^2+\dfrac{ax^3}{3}+o(x^3)}{x^3},$$

得 $a=-1,b=-\dfrac{1}{2},k=-\dfrac{1}{3}$.

8. 因为 $f(x)$ 在 $[0,2]$ 上连续，所以 $f(x)$ 在 $[0,2]$ 上取到最小值 m 和最大值 M，由 $6m\leqslant f(0)+2f(1)+3f(2)\leqslant6M$，得 $m\leqslant1\leqslant M$. 由介值定理可知，存在 $\xi\in[0,2]$，使得 $f(\xi)=1$.

【争分提能练】

1. (1) B;(2) A;(3) D;(4) D;(5) A.

2. (1) $\dfrac{1}{\sqrt{\mathrm{e}}}$;(2) $\dfrac{3}{4}$;(3) 6;(4) $\sqrt[3]{30}$;(5) 0.

3. 令 $g(x)=\sin f(x)$，则 $g(x)-\dfrac{1}{3}g\left(\dfrac{1}{3}x\right)=x$，将上式中的 x 用 $\dfrac{1}{3}x$ 代替，并以此类推，则有

$$\dfrac{1}{3}g\left(\dfrac{1}{3}x\right)-\dfrac{1}{3^2}g\left(\dfrac{1}{3^2}x\right)=\dfrac{1}{3^2}x,$$

$$\frac{1}{3^2}g\left(\frac{1}{3^2}x\right)-\frac{1}{3^3}g\left(\frac{1}{3^3}x\right)=\frac{1}{3^4}x,$$

$$\cdots$$

$$\frac{1}{3^{n-1}}g\left(\frac{1}{3^{n-1}}x\right)-\frac{1}{3^n}g\left(\frac{1}{3^n}x\right)=\frac{1}{3^{2(n-1)}}x,$$

将上述式子相加,得

$$g(x)-\frac{1}{3^n}g\left(\frac{1}{3^n}x\right)=x\left(1+\frac{1}{9}+\frac{1}{9^2}+\cdots+\frac{1}{9^{n-1}}\right),$$

对上式求 $n\to\infty$ 时的极限. 由于

$$\mid g(x)\mid=\mid \sin f(x)\mid\leqslant 1,$$

则

$$\lim_{n\to\infty}\frac{1}{3^n}g\left(\frac{1}{3^n}x\right)=0.$$

又由

$$\lim_{n\to\infty}\left(1+\frac{1}{9}+\frac{1}{9^2}+\cdots+\frac{1}{9^{n-1}}\right)=\frac{9}{8},$$

得

$$g(x)=\frac{9}{8}x.$$

又

$$g(x)=\sin f(x)=\frac{9}{8}x,$$

则

$$f(x)=2k\pi+\arcsin\frac{9}{8}x \text{ 或 } f(x)=(2k+1)\pi-\arcsin\frac{9}{8}x(k\in\mathbf{Z}).$$

4. 因为

$$\frac{(1+x)^{\frac{2}{x}}-\mathrm{e}^2[1+\ln(1+x)]}{x}=\frac{\mathrm{e}^{\frac{2}{x}\ln(1+x)}-\mathrm{e}^2[1-\ln(1+x)]}{x},$$

其中

$$\lim_{x\to0}\frac{\mathrm{e}^2\ln(1+x)}{x}=\mathrm{e}^2,$$

$$\lim_{x\to0}\frac{\mathrm{e}^{\frac{2}{x}\ln(1+x)}-\mathrm{e}^2}{x}=\mathrm{e}^2\lim_{x\to0}\frac{\mathrm{e}^{\frac{2}{x}\ln(1+x)-2}-1}{x}=\mathrm{e}^2\lim_{x\to0}\frac{\frac{2}{x}\ln(1+x)-2}{x}$$

$$=2\mathrm{e}^2\lim_{x\to0}\frac{\ln(1+x)-x}{x^2}=2\mathrm{e}^2\lim_{x\to0}\frac{\frac{1}{1+x}-1}{2x}=-\mathrm{e}^2,$$

所以

$$\lim_{x \to 0} \frac{(1+x)^{\frac{2}{x}} - \mathrm{e}^2 \left[1 - \ln(1+x) \right]}{x} = 0.$$

5. 因为

$$a_n = \cos \frac{\theta}{2} \cdot \cos \frac{\theta}{2^2} \cdot \cdots \cdot \cos \frac{\theta}{2^n} \cdot \sin \frac{\theta}{2^n} \cdot \frac{1}{\sin \frac{\theta}{2^n}}$$

$$= \cos \frac{\theta}{2} \cdot \cos \frac{\theta}{2^2} \cdot \cdots \cdot \cos \frac{\theta}{2^{n-1}} \cdot \frac{1}{2} \sin \frac{\theta}{2^{n-1}} \cdot \frac{1}{\sin \frac{\theta}{2^n}}$$

$$= \cdots = \frac{\sin \theta}{2^n \sin \frac{\theta}{2^n}},$$

所以

$$\lim_{n \to \infty} a_n = \lim_{n \to \infty} \frac{\sin \theta}{2^n \sin \frac{\theta}{2^n}} = \frac{\sin \theta}{\theta}.$$

6. 由题设知，$u_1 = 1, u_2 = 2$，当 $n \geqslant 3$ 时，$u_n = u_{n-1} + u_{n-2} > 0$，且 $u_n > u_{n-1}$，即数列 $\{u_n\}$ 单调递增；再由 $u_n = u_{n-1} + u_{n-2} \leqslant 2u_{n-1}$，得 $u_{n-1} \geqslant \frac{1}{2} u_n$，从而 $u_{n-2} \geqslant \frac{1}{2} u_{n-1}$，于是

$$u_n = u_{n-1} + u_{n-2} \geqslant u_{n-1} + \frac{1}{2} u_{n-1} = \frac{3}{2} u_{n-1},$$

则

$$u_n \geqslant \frac{3}{2} u_{n-1} \geqslant \left(\frac{3}{2} \right)^2 u_{n-2} \geqslant \cdots \geqslant \left(\frac{3}{2} \right)^{n-1} u_1,$$

$$0 \leqslant \frac{1}{u_n} \leqslant \left(\frac{2}{3} \right)^{n-1} \cdot \frac{1}{u_1} = \left(\frac{2}{3} \right)^{n-1}.$$

又 $\lim\limits_{n \to \infty} \left(\frac{2}{3} \right)^{n-1} = 0$，由夹逼准则得 $\lim\limits_{n \to \infty} \frac{1}{u_n} = 0$.

7. 取 $x = 0$，有 $0 \leqslant | g(0) - f(0) | \leqslant \frac{\ln(1+0)}{2+1} = 0$，则 $g(0) = f(0)$. 由题设知，

$$0 \leqslant \left| \frac{g(x) - g(0)}{x - 0} - \frac{f(x) - f(0)}{x - 0} \right| = \left| \frac{g(x) - f(x)}{x} \right| \leqslant \frac{\ln(1+x^2)}{| x | (2 + \cos x)},$$

又

$$\lim_{x \to 0} \frac{\ln(1+x^2)}{| x | (2 + \cos x)} = \frac{1}{3} \lim_{x \to 0} \frac{x^2}{| x |} = 0,$$

则

$$\lim_{x\to 0}\left[\frac{g(x)-g(0)}{x-0}-\frac{f(x)-f(0)}{x-0}\right]=0.$$

由 $f'(0)=a$ 得

$$\lim_{x\to 0}\frac{f(x)-f(0)}{x-0}=f'(0)=a.$$

由极限的四则运算法则得

$$\lim_{x\to 0}\frac{g(x)-g(0)}{x-0}=\lim_{x\to 0}\frac{f(x)-f(0)}{x-0}=f'(0)=a, 即\ g'(0)=a.$$

8. 设方桌中心摆在原点,初始的摆放位置如图所示,其中 A,B,C,D 是四条腿的位置. 以原点为中心转动方桌,看能否使得四条腿同时着地. 设正方形转动 θ 角后,四条腿依次位于 A',B',C',D' 处. 设 A',C' 两点与地面距离之和为 $f(\theta)$, B',D' 两点与地面距离之和为 $g(\theta)$. 尽管地面凹凸不平,但可

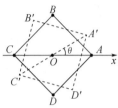

以假定地面的高低是连续变化的,由此可假定 $f(\theta)$ 与 $g(\theta)$ 在 $\left[0,\dfrac{\pi}{2}\right]$ 上都是连续的. 由三角形的稳定性可知在任何情况下,至少有三条腿同时着地,因此总有 $f(\theta)=0$ 或 $g(\theta)=0$. 令 $F(\theta)=f(\theta)-g(\theta)$,则 $F(\theta)$ 也是连续的. 因 $f\left(\dfrac{\pi}{2}\right)=g(0)$, $g\left(\dfrac{\pi}{2}\right)=f(0)$,则有 $F(0)=-F\left(\dfrac{\pi}{2}\right)$. 由零点定理可知,存在 $\theta_0\in\left[0,\dfrac{\pi}{2}\right]$,使得 $F(\theta_0)=0$,则 $f(\theta_0)=g(\theta_0)=0$,这表明此时四条腿同时着地.

【实战真题练】

1. (1) D; (2) D; (3) C; (4) C; (5) C.

2. (1) 1; (2) 2; (3) $\dfrac{2}{\pi}$; (4) 0; (5) 1.

3. $\dfrac{1}{2}$.　　**4.** (1) 略; (2) 1.　**5.** 2.　**6.** 略.

7. $g'(x)=\begin{cases}\dfrac{xf(x)-\displaystyle\int_0^x f(u)\mathrm{d}u}{x^2}, & x\ne 0,\\[3mm]\dfrac{A}{2}, & x=0,\end{cases}$ $g'(x)$ 在 $x=0$ 处连续.

8. 证略.

第二讲
一元函数微分

一、内容提要

（一）导数与微分的基本概念

1. 导数

(1) 导数的定义

① 函数在一点处的导数

设函数 $y = f(x)$ 在点 x_0 的某一邻域内有定义,若极限

$$\lim_{\Delta x \to 0} \frac{\Delta y}{\Delta x} = \lim_{\Delta x \to 0} \frac{f(x_0 + \Delta x) - f(x_0)}{\Delta x}$$

存在,则称 $f(x)$ 在点 x_0 处可导,并称此极限值为 $f(x)$ 在点 x_0 处的导数,记为 $f'(x_0)$,也可记为 $y'(x_0), y'|_{x=x_0}, \frac{dy}{dx}\Big|_{x=x_0}$ 或 $\frac{df}{dx}\Big|_{x=x_0}$.

若记 $x = x_0 + \Delta x$,$f'(x_0)$ 也可表示为 $f'(x_0) = \lim_{x \to x_0} \frac{f(x) - f(x_0)}{x - x_0}$.

若极限不存在,则称 $y = f(x)$ 在点 x_0 处不可导.

② 函数在一点处的左、右导数

$f(x)$ 在点 x_0 处的左导数:

$$f'_-(x_0) = \lim_{\Delta x \to 0^-} \frac{f(x_0 + \Delta x) - f(x_0)}{\Delta x} = \lim_{x \to x_0^-} \frac{f(x) - f(x_0)}{x - x_0}.$$

$f(x)$ 在点 x_0 处的右导数:

$$f'_+(x_0) = \lim_{\Delta x \to 0^+} \frac{f(x_0 + \Delta x) - f(x_0)}{\Delta x} = \lim_{x \to x_0^+} \frac{f(x) - f(x_0)}{x - x_0}.$$

$f'(x_0)$ 存在 $\Leftrightarrow f'_+(x_0), f'_-(x_0)$ 均存在,且 $f'_+(x_0) = f'_-(x_0)$.

③ 导函数

若 $f(x)$ 在 (a,b) 内每一点处均可导,则称 $f(x)$ 在 (a,b) 内可导,$f'(x)$ 称为导函数.

若 $f(x)$ 在 (a,b) 内可导,且分别在 $x=a$ 和 $x=b$ 处具有右导数 $f'_+(a)$ 和左导数 $f'_-(b)$,则称 $f(x)$ 在 $[a,b]$ 上可导.

(2) 导数的几何意义

函数 $y=f(x)$ 在 x_0 处的导数 $f'(x_0)$ 表示曲线 $y=f(x)$ 在 $M_0(x_0,y_0)$ 处的切线 M_0T 的斜率,即 $f'(x_0)=k=\tan\alpha$,其中 α 为切线 M_0T 的倾斜角.

曲线 $y=f(x)$ 在 $M_0(x_0,y_0)$ 处的切线方程为 $y-y_0=f'(x_0)(x-x_0)$.

法线方程为 $y-y_0=-\dfrac{1}{f'(x_0)}(x-x_0),f'(x_0)\neq 0$.

(3) 可导与连续的关系

若 $f(x)$ 在点 $x=x_0$ 处可导,则 $f(x)$ 在点 $x=x_0$ 处一定连续,反之不然.

常见连续但导数不存在的函数:① $y=|x|$ 在 $x=0$ 处不可导;② $y=x^\alpha(0<\alpha<1)$ 在 $x=0$ 处不可导;③ $f(x)=\varphi(x)|x-x_0|,\varphi(x)$ 在 $x=x_0$ 处连续,则 $f(x)$ 在 $x=x_0$ 处不可导 $\Leftrightarrow \varphi(x_0)\neq 0$.

2. 微分

(1) 微分的定义

若 $y=f(x)$ 在点 x 处的增量 $\Delta y=f(x+\Delta x)-f(x)$ 可以表示成 $\Delta y=A\Delta x+o(\Delta x)$,其中 $o(\Delta x)$ 是比 $\Delta x(\Delta x\to 0)$ 高阶的无穷小,则称函数 $y=f(x)$ 在点 x 处可微,称 Δy 的线性主部 $A\Delta x$ 为函数 $y=f(x)$ 在点 x 处的微分,记为 $\mathrm{d}y$ 或 $\mathrm{d}f(x)$,即 $\mathrm{d}y=A\Delta x$.

(2) 可微与可导的关系

函数 $y=f(x)$ 在点 x 处可微 $\Leftrightarrow$ 函数 $y=f(x)$ 在点 x 处可导,即

$$\mathrm{d}y=f'(x)\mathrm{d}x\Leftrightarrow \frac{\mathrm{d}y}{\mathrm{d}x}=f'(x).$$

(3) 微分的计算

$$\mathrm{d}y=f'(x)\mathrm{d}x.$$

(二) 基本求导公式与求导法则

1. 基本求导公式

$C'=0$(C 为常数); $(x^\alpha)'=\alpha x^{\alpha-1}$($\alpha$ 为实数);

$(a^x)' = a^x \ln a;$　　　　　　　　　　$(e^x)' = e^x;$

$(\log_a x)' = \dfrac{1}{x \ln a};$　　　　　　　　$(\ln \mid x \mid)' = \dfrac{1}{x};$

$(\sin x)' = \cos x;$　　　　　　　　　$(\cos x)' = -\sin x;$

$(\tan x)' = \sec^2 x;$　　　　　　　　$(\cot x)' = -\csc^2 x;$

$(\sec x)' = \sec x \tan x;$　　　　　　　$(\csc x)' = -\csc x \cot x;$

$(\arcsin x)' = \dfrac{1}{\sqrt{1-x^2}};$　　　　　　$(\arccos x)' = -\dfrac{1}{\sqrt{1-x^2}};$

$(\arctan x)' = \dfrac{1}{1+x^2};$　　　　　　$(\text{arccot} x)' = -\dfrac{1}{1+x^2}.$

2. 求导法则

（1）四则运算法则

$[u(x) \pm v(x)]' = u'(x) \pm v'(x).$

$[u(x)v(x)]' = u'(x)v(x) + u(x)v'(x).$　　$[Cu(x)]' = Cu'(x)$（C 为常数）.

$\left[\dfrac{u(x)}{v(x)}\right]' = \dfrac{u'(x)v(x) - u(x)v'(x)}{v^2(x)} (v(x) \neq 0).$

（2）复合函数求导法则（链式法则）

设 $y = f(u)$，$u = \varphi(x)$，如果 $\varphi(x)$ 在 x 处可导，$f(u)$ 在对应点 u 处可导，则复合函数 $y = f[\varphi(x)]$ 在 x 处可导，且有

$$\dfrac{\mathrm{d}y}{\mathrm{d}x} = \dfrac{\mathrm{d}y}{\mathrm{d}u} \cdot \dfrac{\mathrm{d}u}{\mathrm{d}x} \text{ 或 } y'_x = (f[\varphi(x)])' = f'_u(u)\varphi'_x(x) = f'_u[\varphi(x)]\varphi'_x(x).$$

（3）反函数求导法则

设 $y = f(x)$ 在点 x 的某邻域内单调连续，在点 x 处可导，$f'(x) \neq 0$，则其反函数 $x = \varphi(y)$ 在点 x 所对应的 y 处可导，并且有

$$\dfrac{\mathrm{d}x}{\mathrm{d}y} = \dfrac{1}{\dfrac{\mathrm{d}y}{\mathrm{d}x}} \text{ 或 } \varphi'(y) = \dfrac{1}{f'(x)}.$$

（4）隐函数求导法则

若可微函数 $y = f(x)$ 由方程 $F(x,y) = 0$ 确定，方程两边关于自变量 x 求导，注意隐函数处用复合函数求导法则，得 $\dfrac{\mathrm{d}}{\mathrm{d}x}[F(x, f(x))] = 0$，解出 $\dfrac{\mathrm{d}y}{\mathrm{d}x}$，称此方法为隐函数求导法.

(5) 参数式函数求导法则

设 $x(t)$，$y(t)$ 均可导，且 $x'(t) \neq 0$，由参数方程 $\begin{cases} x = x(t), \\ y = y(t) \end{cases}$ 所确定的函数 $y =$

$f(x)$ 的导数为 $\dfrac{\mathrm{d}y}{\mathrm{d}x} = \dfrac{\dfrac{\mathrm{d}y}{\mathrm{d}t}}{\dfrac{\mathrm{d}x}{\mathrm{d}t}}$.

【注】极坐标方程 $r = r(\theta)$ 的求导可先化为参数方程 $\begin{cases} x = r(\theta)\cos\theta, \\ y = r(\theta)\sin\theta, \end{cases}$ 则有

$$\frac{\mathrm{d}y}{\mathrm{d}x} = \frac{\dfrac{\mathrm{d}y}{\mathrm{d}\theta}}{\dfrac{\mathrm{d}x}{\mathrm{d}\theta}}.$$

(6) 变限积分求导法则

$$\left(\int_{\alpha(x)}^{\beta(x)} f(t)\mathrm{d}t \right)' = f[\beta(x)]\beta'(x) - f[\alpha(x)]\alpha'(x).$$

(三) 高阶导数

1. 高阶导数的定义

若 $y = f(x)$ 的导数 $y' = f'(x)$ 仍可导，则称 $f'(x)$ 的导数 $[f'(x)]'$ 为函数 $y = f(x)$ 的二阶导数，记为 $f''(x)$，y'' 或 $\dfrac{\mathrm{d}^2 y}{\mathrm{d}x^2} = \dfrac{\mathrm{d}}{\mathrm{d}x}\left(\dfrac{\mathrm{d}y}{\mathrm{d}x}\right)$，即

$$f''(x) = \lim_{\Delta x \to 0} \frac{f'(x + \Delta x) - f'(x)}{\Delta x}.$$

函数 $y = f(x)$ 的 $n-1$ 阶导数的导数称为函数 $y = f(x)$ 的 n 阶导数，记为

$f^{(n)}(x)$，$y^{(n)}$ 或 $\dfrac{\mathrm{d}^n y}{\mathrm{d}x^n} = \dfrac{\mathrm{d}}{\mathrm{d}x}\left(\dfrac{\mathrm{d}^{n-1} y}{\mathrm{d}x^{n-1}}\right)$，即 $f^{(n)}(x) = \lim\limits_{\Delta x \to 0} \dfrac{f^{(n-1)}(x + \Delta x) - f^{(n-1)}(x)}{\Delta x}$.

2. 常见高阶导数公式

$(a^x)^{(n)} = a^x \ln^n a \ (a > 0,\ a \neq 1)$; $\qquad (\mathrm{e}^x)^{(n)} = \mathrm{e}^x$;

$(\sin x)^{(n)} = \sin\left(x + \dfrac{n\pi}{2}\right)$; $\qquad\qquad (\cos x)^{(n)} = \cos\left(x + \dfrac{n\pi}{2}\right)$;

$(x^\alpha)^{(n)} = \alpha(\alpha - 1)\cdots(\alpha - n + 1)x^{\alpha - n}$; $\qquad (x^n)^{(n)} = n!$;

$$(\ln x)^{(n)} = (-1)^{n-1}\frac{(n-1)!}{x^n}; \qquad \left(\frac{1}{x+a}\right)^{(n)} = (-1)^n\frac{n!}{(x+a)^{n+1}};$$

$$\left(\frac{1}{b-x}\right)^{(n)} = \frac{n!}{(b-x)^{n+1}}.$$

3. 高阶导数的求法

（1）直接法

根据定义依次计算各阶导数，分析规律，归纳出 n 阶导数.

（2）间接法

利用已知高阶导数公式，通过四则运算、变量代换等方法或利用泰勒公式的系数公式 $a_n = \dfrac{f^{(n)}(x_0)}{n!}$，求出 n 阶导数.

（3）莱布尼茨公式

若 $u(x)$，$v(x)$ 均 n 阶可导，则 $[u(x)v(x)]^{(n)} = \displaystyle\sum_{i=0}^{n} C_n^i u^{(i)}(x) v^{(n-i)}(x)$，其中 $u^{(0)}(x) = u(x)$，$v^{(0)}(x) = v(x)$.

（4）隐函数的二阶导数

方程两边关于自变量再求导，注意隐函数处用复合函数求导法则.

（5）参数式函数的二阶导数

设参数方程为 $\begin{cases} x = x(t) \\ y = y(t) \end{cases}$，则 $\dfrac{\mathrm{d}^2 y}{\mathrm{d}x^2} = \dfrac{\mathrm{d}}{\mathrm{d}x}\left(\dfrac{\mathrm{d}y}{\mathrm{d}x}\right) = \dfrac{\mathrm{d}}{\mathrm{d}t}\left(\dfrac{\mathrm{d}y}{\mathrm{d}x}\right) \cdot \dfrac{\mathrm{d}t}{\mathrm{d}x} = \dfrac{\dfrac{\mathrm{d}}{\mathrm{d}t}\left(\dfrac{\mathrm{d}y}{\mathrm{d}x}\right)}{\dfrac{\mathrm{d}x}{\mathrm{d}t}}$.

（四）微分中值定理及洛必达法则

1. 微分中值定理

（1）费马引理：函数 $f(x)$ 在 $x = a$ 的某邻域 $U(a)$ 内有定义，且 $f(x)$ 在 $x = a$ 处可导，如果对于 $\forall x \in U(a)$，都有 $f(x) \leqslant f(a)$（或 $f(x) \geqslant f(a)$），那么 $f'(a) = 0$.

（2）罗尔定理：若函数 $f(x)$ 在 $[a,b]$ 上连续，在 (a,b) 内可导，且 $f(a) = f(b)$，则 $\exists \xi \in (a,b)$，使得 $f'(\xi) = 0$.（图 2-1）

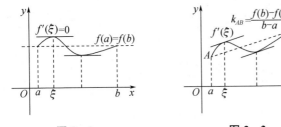

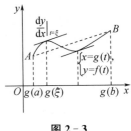

图 2 - 1　　　　　　　　　　图 2 - 2　　　　　　　　　　图 2 - 3

（3）拉格朗日中值定理：若函数 $f(x)$ 在 $[a,b]$ 上连续，在 (a,b) 内可导，则$\exists \xi \in (a,b)$，使得

$$f'(\xi) = \frac{f(b) - f(a)}{b - a}. \text{（图 2 - 2）}$$

（4）柯西中值定理：若函数 $f(x),g(x)$ 在 $[a,b]$ 上连续，在 (a,b) 内可导，且 $g'(x) \neq 0$，则$\exists \xi \in (a,b)$，使得

$$\frac{f'(\xi)}{g'(\xi)} = \frac{f(b) - f(a)}{g(b) - g(a)}. \text{（图 2 - 3）}$$

2. 泰勒中值定理

若函数 $f(x)$ 在 $x = x_0$ 的某邻域 $U(x_0)$ 内具有直到 $n+1$ 阶的导数，则称

$$f(x) = f(x_0) + f'(x_0)(x - x_0) + \cdots + \frac{f^{(n)}(x_0)}{n!}(x - x_0)^n + R_n(x)$$

为 $f(x)$ 按 $x - x_0$ 的幂展开的 n 阶泰勒公式或 $f(x)$ 在 $x = x_0$ 处的 n 阶泰勒公式.

称 $R_n(x) = \dfrac{f^{(n+1)}(\xi)}{(n+1)!}(x - x_0)^{n+1}$ 为拉格朗日型余项，其中 ξ 介于 x 与 x_0 之间.

称 $R_n(x) = o[(x - x_0)^n](x \to x_0)$ 为皮亚诺型余项.

当 $x_0 = 0$ 时，称泰勒公式 $f(x) = f(0) + f'(0)x + \dfrac{f''(0)}{2!}x^2 + \cdots + \dfrac{f^{(n)}(0)}{n!}x^n + R_n(x)$ 为麦克劳林公式.

3. 常用麦克劳林公式

$$e^x = 1 + x + \frac{x^2}{2!} + \frac{x^3}{3!} + \cdots + \frac{x^n}{n!} + o(x^n).$$

$$\sin x = x - \frac{x^3}{3!} + \frac{x^5}{5!} - \frac{x^7}{7!} + \cdots + (-1)^n \frac{x^{2n+1}}{(2n+1)!} + o(x^{2n+1}).$$

$$\cos x = 1 - \frac{x^2}{2!} + \frac{x^4}{4!} - \frac{x^6}{6!} + \cdots + (-1)^n \frac{x^{2n}}{(2n)!} + o(x^{2n}).$$

$$\ln(1+x) = x - \frac{x^2}{2} + \frac{x^3}{3} - \cdots + (-1)^{n-1}\frac{x^n}{n} + o(x^n).$$

$$\frac{1}{1-x} = 1 + x + x^2 + \cdots + x^n + o(x^n).$$

$$(1+x)^m = 1 + mx + \frac{m(m-1)}{2!}x^2 + \cdots + \frac{m(m-1)\cdots(m-n+1)}{n!}x^n + o(x^n).$$

4. 洛必达法则

如果(1) $\lim\limits_{x \to x_0} f(x) = 0$, $\lim\limits_{x \to x_0} g(x) = 0$;

(2) 函数 $f(x)$ 与 $g(x)$ 在 x_0 的某个去心邻域内可导,且 $g'(x) \neq 0$;

(3) $\lim\limits_{x \to x_0} \dfrac{f'(x)}{g'(x)} = A$(或 ∞).

则 $\lim\limits_{x \to x_0} \dfrac{f(x)}{g(x)} = \lim\limits_{x \to x_0} \dfrac{f'(x)}{g'(x)} = A$(或 ∞).

【注】该法则对于 $x \to \infty$ 时的 $\dfrac{0}{0}$ 型未定式及 $x \to x_0$, $x \to \infty$ 时的 $\dfrac{\infty}{\infty}$ 型未定式同样成立.

(五) 利用导数研究函数的特性

1. 单调性

设函数 $f(x)$ 在闭区间 $[a,b]$ 上连续,在开区间 (a,b) 内可导,则有

(1) 若在 (a,b) 内 $f'(x) \geqslant 0 (>0)$,则函数 $f(x)$ 在 $[a,b]$ 上单调增加(严格单调增加).

(2) 若在 (a,b) 内 $f'(x) \leqslant 0 (<0)$,则函数 $f(x)$ 在 $[a,b]$ 上单调减少(严格单调减少).

2. 极值

(1) 满足 $f'(x) = 0$ 的点 x 称为函数 $f(x)$ 的驻点.

(2) 设函数 $f(x)$ 在点 x_0 处可导,且在 x_0 处取得极值,则 $f'(x_0) = 0$,即点 x_0 为驻点.

【注】极值点可能出现在驻点和一阶导数不存在的点处.

(3) 极值第一充分条件(极值判别法一)

设函数 $f(x)$ 在 x_0 的某一邻域 $(x_0 - \delta, x_0 + \delta)$ 内连续,x_0 是函数 $f(x)$ 的驻点或不可导的点,① 若在 $(x_0 - \delta, x_0)$ 内 $f'(x) < 0$,在 $(x_0, x_0 + \delta)$ 内 $f'(x) > 0$,即

$f'(x)(x-x_0) > 0$,则 $f(x)$ 在 x_0 处取得极小值;② 若在 $(x_0-\delta, x_0)$ 内 $f'(x) > 0$,在 $(x_0, x_0+\delta)$ 内 $f'(x) < 0$,即 $f'(x)(x-x_0) < 0$,则 $f(x)$ 在 x_0 处取得极大值;③ 若在 $(x_0-\delta, x_0)$ 和 $(x_0, x_0+\delta)$ 内 $f'(x)$ 不改变符号,则 $f(x)$ 在 x_0 处不取得极值.

(4) 极值第二充分条件(极值判别法二)

设函数 $f(x)$ 在 x_0 的某邻域内二阶可导,$f'(x_0) = 0$,$f''(x_0) \neq 0$,则 ① 当 $f''(x_0) > 0$ 时,$f(x)$ 在 x_0 处取得极小值;② 当 $f''(x_0) < 0$ 时,$f(x)$ 在 x_0 处取得极大值.

3. 最值

(1) 最值点可能出现在极值点和端点处,即驻点、不可导的点、端点处.

(2) 设 $f(x)$ 在 $[a,b]$ 上连续,$x_1, x_2, \cdots, x_n$ 是 $f(x)$ 的驻点或不可导的点,则 $f(a), f(x_1), f(x_2), \cdots, f(x_n), f(b)$ 中最大(小)者为 $f(x)$ 在 $[a,b]$ 上的最大(小)值.

【注】若函数 $f(x)$ 在某区间内可导,且在该区间内的唯一驻点处取得极大(小)值,则该极大(小)值即是 $f(x)$ 在此区间内的最大(小)值.

4. 曲线的凹凸性及拐点

(1) 凹凸性的定义

设 $f(x)$ 在区间 I 上连续,若 $\forall x_1, x_2 \in I$,恒有 $f\left(\dfrac{x_1+x_2}{2}\right) < \dfrac{f(x_1)+f(x_2)}{2}$,则称曲线 $f(x)$ 在 I 上是凹的;若恒有 $f\left(\dfrac{x_1+x_2}{2}\right) > \dfrac{f(x_1)+f(x_2)}{2}$,则称曲线 $f(x)$ 在 I 上是凸的.

(2) 凹凸性的判别

设 $f(x)$ 在 $[a,b]$ 上连续,在 (a,b) 内二阶可导,若在 (a,b) 内 $f''(x) > 0$,则曲线 $y = f(x)$ 在 $[a,b]$ 上是凹的;若在 (a,b) 内 $f''(x) < 0$,则曲线 $y = f(x)$ 在 $[a,b]$ 上是凸的.

(3) 拐点的定义

曲线上,使凹凸性发生变化的点 $(x_0, f(x_0))$ 称为曲线 $y = f(x)$ 的拐点.

【注】拐点可能出现在二阶导数为零、二阶不可导的点处.

(4) 拐点的判别

设函数 $y = f(x)$ 在 x_0 的某邻域内二阶可导,且 $f''(x_0) = 0$(或不存在),若在该邻域内：

①$f''(x)$ 在 x_0 点的左右两侧异号，则 $(x_0, f(x_0))$ 是曲线 $y = f(x)$ 的拐点；

②$f''(x)$ 在 x_0 点的左右两侧同号，则 $(x_0, f(x_0))$ 不是曲线 $y = f(x)$ 的拐点.

【注1】若 $f''(x_0) = 0$，且当 $x \in \overset{\circ}{U}(x_0)$ 时，$f''(x)(x - x_0) \neq 0$，则 $(x_0, f(x_0))$ 为拐点.

【注2】若 $f''(x_0) = 0$，$f'''(x_0) \neq 0$，则 $(x_0, f(x_0))$ 为拐点.

5. 渐近线

若 $\lim\limits_{x \to +\infty} f(x) = y_0$ 或 $\lim\limits_{x \to -\infty} f(x) = y_0$，则 $y = y_0$ 是函数 $y = f(x)$ 的水平渐近线.

若 $\lim\limits_{x \to x_0^+} f(x) = \infty$ 或 $\lim\limits_{x \to x_0^-} f(x) = \infty$，则 $x = x_0$ 是函数 $y = f(x)$ 的垂直渐近线.

若 $\lim\limits_{x \to +\infty} \dfrac{f(x)}{x} = k \neq 0$，$\lim\limits_{x \to +\infty} [f(x) - kx] = b$ 或 $\lim\limits_{x \to -\infty} \dfrac{f(x)}{x} = k \neq 0$，$\lim\limits_{x \to -\infty} [f(x) - kx] = b$，则 $y = kx + b$ 是函数 $y = f(x)$ 的斜渐近线.

6. 弧微分和曲率

（1）若曲线 $y = f(x)$ 可微，则弧微分 $\mathrm{d}s = \sqrt{(\mathrm{d}x)^2 + (\mathrm{d}y)^2} = \sqrt{1 + y'^2}\,\mathrm{d}x$.

（2）曲率的定义

设 M 和 N 是曲线上不同的两点，$\overset{\frown}{MN}$ 的长为 Δs，当点 M 沿曲线到达点 N 时，点 M 处的切线所转过的角为 $\Delta\alpha$，则称极限 $K = \lim\limits_{\Delta s \to 0} \left| \dfrac{\Delta\alpha}{\Delta s} \right|$ 为该曲线在点 M 处的曲率.

（3）曲率的计算

若曲线 $y = f(x)$ 二阶可导，则曲率 $K = \dfrac{|y''|}{(1 + y'^2)^{\frac{3}{2}}}$.

若曲线 $\begin{cases} x = x(t), \\ y = y(t), \end{cases}$ 则曲率 $K = \dfrac{|x'(t)y''(t) - x''(t)y'(t)|}{[x'^2(t) + y'^2(t)]^{\frac{3}{2}}}$.

（4）曲率圆与曲率半径

过曲线上一点 M 作一圆，使它与曲线相切，且其曲率与凹向和曲线在点 M 处的曲率与凹向相同，则这个圆称为曲线在点 M 处的曲率圆，它的中心称为曲线在点 M 处的曲率中心，半径也就是曲率半径. 曲率半径 $\rho = \dfrac{1}{K}$，曲率中心为 (α, β)，其

$$
中\begin{cases} \alpha = x - \dfrac{y'(1+y'^2)}{y''}, \\[3mm] \beta = y + \dfrac{1+y'^2}{y''}. \end{cases}
$$

二、例题精讲

1. 导数与微分的定义

【方法点拨】

① 已知 $f'(x_0)$ 存在求极限或已知极限求导数.

② 条件或结论涉及抽象函数在某点处导数的存在性.

③ 分段函数在分段点处的导数,不可导点的个数等.

例 1　$f(x)$ 在 $x=0$ 处三阶可导,且 $f'(0)=0$,$f''(0)=3$,求 $\lim\limits_{x\to 0}\dfrac{f(e^x-1)-f(x)}{x^3}$.

解　原式 $=\lim\limits_{x\to 0}\dfrac{e^x f'(e^x-1)-f'(x)}{3x^2}=\lim\limits_{x\to 0}\dfrac{e^x f'(e^x-1)+e^{2x}f''(e^x-1)-f''(x)}{6x}$

$\qquad =\dfrac{1}{6}\Big[\lim\limits_{x\to 0}e^x\cdot\dfrac{f'(e^x-1)-f'(0)}{e^x-1}+\lim\limits_{x\to 0}e^{2x}\cdot\dfrac{f''(e^x-1)-f''(0)}{e^x-1}-$

$\qquad\quad \lim\limits_{x\to 0}\dfrac{f''(x)-f''(0)}{x}+\lim\limits_{x\to 0}\dfrac{3(e^{2x}-1)}{x}\Big]$

$\qquad =\dfrac{1}{6}\big[f''(0)+f'''(0)-f'''(0)+6\big]=\dfrac{3}{2}.$

例 2　已知 $f(0)=0$,$f'(0)$ 存在,求 $\lim\limits_{n\to\infty}\Big[f\Big(\dfrac{1}{n^2}\Big)+f\Big(\dfrac{2}{n^2}\Big)+\cdots+f\Big(\dfrac{n}{n^2}\Big)\Big]$.

证　由 $f(0)=0$ 及 $f'(0)$ 存在得

$$
f'(0)=\lim\limits_{n\to\infty}\dfrac{f\Big(\dfrac{k}{n^2}\Big)-f(0)}{\dfrac{k}{n^2}}=\lim\limits_{n\to\infty}\dfrac{f\Big(\dfrac{k}{n^2}\Big)}{\dfrac{k}{n^2}},\ k=1,2,\cdots,n,
$$

于是

$$
f\Big(\dfrac{k}{n^2}\Big)=\dfrac{k}{n^2}f'(0)+o\Big(\dfrac{1}{n^2}\Big),\ \sum_{k=1}^{n}f\Big(\dfrac{k}{n^2}\Big)=\dfrac{f'(0)}{n^2}\sum_{k=1}^{n}k+n\cdot o\Big(\dfrac{1}{n^2}\Big),
$$

$$
原式=\lim\limits_{n\to\infty}\Big[\dfrac{f'(0)}{n^2}\cdot\dfrac{n(n+1)}{2}+o\Big(\dfrac{1}{n}\Big)\Big]=\dfrac{f'(0)}{2}.
$$

例 3　设 $f(x)$ 可导，$F(x) = f(x)(1 + |\sin x|)$，要使 $F(x)$ 在 $x = 0$ 处可导，则必有　　　　　　　　　　　　　　　　　　　　　　　　（　　）

(A) $f'(0) = 0$　　　　　　　　　　(B) $f(0) = 0$

(C) $f(0) + f'(0) = 0$　　　　　　　(D) $f(0) - f'(0) = 0$

解　$F'(0) = \lim\limits_{x \to 0} \dfrac{F(x) - F(0)}{x - 0} = \lim\limits_{x \to 0} \dfrac{f(x)(1 + |\sin x|) - f(0)}{x}$

$$= \lim\limits_{x \to 0} \dfrac{f(x) - f(0)}{x} + \lim\limits_{x \to 0} f(x) \cdot \dfrac{|\sin x|}{x}$$

$$= f'(0) + f(0) \cdot \lim\limits_{x \to 0} \dfrac{|\sin x|}{x}.$$

由于 $\lim\limits_{x \to 0^+} \dfrac{|\sin x|}{x} = 1$，$\lim\limits_{x \to 0^-} \dfrac{|\sin x|}{x} = -1$，要使极限存在，只要 $f(0) = 0$. 选(B).

例 4　设 $f(0) = 0$，则在点 $x = 0$ 处可导的充要条件为　　　　　（　　）

(A) $\lim\limits_{h \to 0} \dfrac{f(1 - \cos h)}{h^2}$ 存在　　　　(B) $\lim\limits_{h \to 0} \dfrac{f(1 - e^h)}{h}$ 存在

(C) $\lim\limits_{h \to 0} \dfrac{f(h - \sin h)}{h^2}$ 存在　　　(D) $\lim\limits_{h \to 0} \dfrac{f(2h) - f(h)}{h}$ 存在

解　(A) $\lim\limits_{h \to 0} \dfrac{f(1 - \cos h)}{h^2} = \lim\limits_{1 - \cos h \to 0^+} \dfrac{f(1 - \cos h) - f(0)}{1 - \cos h} \cdot \dfrac{1 - \cos h}{h^2} =$

$\dfrac{1}{2} f'_+(0)$ 存在，右导数存在.

(B) $\lim\limits_{h \to 0} \dfrac{f(1 - e^h)}{h} = \lim\limits_{h \to 0} \dfrac{f(1 - e^h) - f(0)}{1 - e^h} \cdot \dfrac{1 - e^h}{h} = -f'(0)$ 存在，$f'(0)$ 存在.

(C) $\lim\limits_{h \to 0} \dfrac{f(h - \sin h)}{h^2} = \lim\limits_{h \to 0} \dfrac{f(h - \sin h) - f(0)}{h - \sin h} \cdot \dfrac{h - \sin h}{h^2}$ 存在，因为

$\lim\limits_{h \to 0} \dfrac{h - \sin h}{h^2} = \lim\limits_{h \to 0} \dfrac{1 - \cos h}{2h} = 0$，所以 $\lim\limits_{h \to 0} \dfrac{f(h - \sin h) - f(0)}{h - \sin h}$ 未必存在，则 $f'(0)$ 不一定存在.

(D) 举反例 $f(x) = \begin{cases} x, & x \neq 0, \\ 2, & x = 0, \end{cases}$ 显然 $\lim\limits_{h \to 0} \dfrac{f(2h) - f(h)}{h} = 1$，但 $f(x)$ 在 $x = 0$ 处不连续，从而不可导，$f'(0)$ 不存在. 选(B).

例 5　设函数 $f(x) = \lim\limits_{n \to \infty} \sqrt[n]{1 + |x|^{3n}}$，则 $f(x)$ 在 $(-\infty, \infty)$ 内　（　　）

(A) 处处可导　　　　　　　　　(B) 恰有一个不可导点

(C) 恰有两个不可导点　　　　　(D) 至少有三个不可导点

解　当 $|x| \leqslant 1$ 时，$1 \leqslant \sqrt[n]{1+|x|^{3n}} \leqslant \sqrt[n]{2}$，由夹逼准则得 $f(x) = \lim\limits_{n \to \infty} \sqrt[n]{1+|x|^{3n}} = 1$.

当 $|x| > 1$ 时，$|x|^3 = \sqrt[n]{|x|^{3n}} \leqslant \sqrt[n]{1+|x|^{3n}} \leqslant \sqrt[n]{|x|^{3n}+|x|^{3n}} \leqslant \sqrt[n]{2}|x|^3$. 由夹逼准则得 $f(x) = |x|^3$，即

$$f(x) = \begin{cases} |x|^3, & |x| > 1, \\ 1, & |x| \leqslant 1 \end{cases} = \begin{cases} x^3, & x > 1, \\ -x^3, & x < -1, \\ 1, & |x| \leqslant 1. \end{cases}$$

$f(x)$ 在 $(-\infty, \infty)$ 内的分段点有 $x = 1, x = -1$.

在 $x = 1$ 处，$f'_+(1) = \lim\limits_{x \to 1^+} \dfrac{f(x)-f(1)}{x-1} = \lim\limits_{x \to 1^+} \dfrac{x^3-1}{x-1} = 3$，$f'_-(1) = \lim\limits_{x \to 1^-} \dfrac{1-1}{x-1} = 0 \neq f'_+(1)$，故 $f'(1)$ 不存在.

在 $x = -1$ 处，$f'_+(-1) = \lim\limits_{x \to -1^+} \dfrac{f(x)-f(-1)}{x+1} = \lim\limits_{x \to -1^+} \dfrac{1-1}{x+1} = 0$，$f'_-(-1) = \lim\limits_{x \to -1^-} \dfrac{-x^3-1}{x+1} = -3 \neq f'_+(-1)$，故 $f'(-1)$ 亦不存在. 选(C).

2. 导数与微分的计算

【方法点拨】

① 基本求导公式、四则运算法则、复合函数链式法则.

② 隐函数、参数方程、极坐标方程求导.

③ 幂指函数求导（e 抬起或对数求导法）.

④ 分段函数求导、变限积分求导.

⑤ 高阶导数（直接法、间接法、莱布尼茨公式）.

例 6　设 $y = \dfrac{x^{\ln x}}{(\ln x)^x}$，求 y'.

解　取对数，得 $\ln y = \ln \dfrac{x^{\ln x}}{(\ln x)^x} = \ln x^{\ln x} - \ln(\ln x)^x = (\ln x)^2 - x\ln(\ln x)$. 等式两边同时关于 x 求导，得 $\dfrac{1}{y} \cdot y' = \dfrac{2\ln x}{x} - \ln(\ln x) - x \cdot \dfrac{1}{\ln x} \cdot \dfrac{1}{x}$，则 $y' = \dfrac{x^{\ln x}}{(\ln x)^x}\left[\dfrac{2\ln x}{x} - \ln(\ln x) - \dfrac{1}{\ln x}\right]$.

例 7　设 $\begin{cases} x = f'(t), \\ y = tf'(t) - f(t), \end{cases}$ $f(t)$ 具有三阶导数，$f''(t) \neq 0$，求 $\dfrac{\mathrm{d}^3 y}{\mathrm{d}x^3}$.

解　由参数式函数求导法则得

$$y' = \frac{\mathrm{d}y}{\mathrm{d}x} = \frac{f'(t) + tf''(t) - f'(t)}{f''(t)} = t, \quad y'' = \frac{\mathrm{d}^2 y}{\mathrm{d}x^2} = \frac{\mathrm{d}}{\mathrm{d}x}\left(\frac{\mathrm{d}y}{\mathrm{d}x}\right) = \frac{1}{f''(t)},$$

$$y''' = \frac{\mathrm{d}^3 y}{\mathrm{d}x^3} = \frac{\mathrm{d}}{\mathrm{d}x}\left(\frac{\mathrm{d}^2 y}{\mathrm{d}x^2}\right) = -\frac{f'''(t)}{[f''(t)]^2} \cdot \frac{1}{f''(t)} = -\frac{f'''(t)}{[f''(t)]^3}.$$

例 8　证明：两条心脏线 $\rho = a(1 + \cos\theta)$ 与 $\rho = a(1 - \cos\theta)$ 在交点处的切线垂直.

解　联立 $\begin{cases} \rho = a(1 + \cos\theta) \\ \rho = a(1 - \cos\theta) \end{cases} \Rightarrow \cos\theta = 0 \Rightarrow \theta = \dfrac{\pi}{2}, \dfrac{3\pi}{2}$，得两曲线的交点为

$\left(a, \dfrac{\pi}{2}\right)$，$\left(a, \dfrac{3\pi}{2}\right)$.

$$\rho = a(1 + \cos\theta) \Rightarrow \begin{cases} x = a(1 + \cos\theta)\cos\theta \\ y = a(1 + \cos\theta)\sin\theta \end{cases} \Rightarrow \frac{\mathrm{d}y}{\mathrm{d}x} = \frac{y'_\theta}{x'_\theta} = \frac{\cos\theta + \cos2\theta}{-\sin\theta - \sin2\theta} \triangleq k_1.$$

$$\rho = a(1 - \cos\theta) \Rightarrow \begin{cases} x = a(1 - \cos\theta)\cos\theta \\ y = a(1 - \cos\theta)\sin\theta \end{cases} \Rightarrow \frac{\mathrm{d}y}{\mathrm{d}x} = \frac{y'_\theta}{x'_\theta} = \frac{\cos\theta - \cos2\theta}{-\sin\theta + \sin2\theta} \triangleq k_2.$$

在 $\theta = \dfrac{\pi}{2}$ 及 $\theta = \dfrac{3\pi}{2}$ 处，均有 $k_1 \cdot k_2 = -1$，即两条曲线在交点处的切线垂直. 得证.

例 9　设 $f(x) = \begin{cases} \ln\sqrt{x}, & x \geq 1 \\ 2x - 1, & x < 1 \end{cases}$，$y = f[f(x)]$，则 $\dfrac{\mathrm{d}y}{\mathrm{d}x}\Big|_{x=\mathrm{e}} = $ _____.

解　$\dfrac{\mathrm{d}y}{\mathrm{d}x} = f'[f(x)] \cdot f'(x)$，由 $f(\mathrm{e}) = \dfrac{1}{2}$，得 $\dfrac{\mathrm{d}y}{\mathrm{d}x}\Big|_{x=\mathrm{e}} = f'[f(\mathrm{e})] \cdot f'(\mathrm{e}) = f'\left(\dfrac{1}{2}\right) \cdot f'(\mathrm{e})$. 当 $x < 1$ 时，$f'(x) = 2$. 又 $f'(\mathrm{e}) = \left(\dfrac{1}{2}\ln x\right)'\Big|_{x=\mathrm{e}} = \dfrac{1}{2\mathrm{e}}$，故 $\dfrac{\mathrm{d}y}{\mathrm{d}x}\Big|_{x=\mathrm{e}} = \dfrac{1}{\mathrm{e}}$.

例 10　已知 $f(x) = x^2\ln(1-x)$，则当 $n \geq 3$ 时，$f^{(n)}(0) = $ _____.

(A) $-\dfrac{n!}{n-2}$ 　　　　　　　(B) $\dfrac{n!}{n-2}$

(C) $-\dfrac{(n-2)!}{n}$ 　　　　　　(D) $\dfrac{(n-2)!}{n}$

解 由麦克劳林公式得

$$\ln(1+x) = x - \frac{x^2}{2} + \frac{x^3}{3} - \cdots + (-1)^{n-1}\frac{x^{n-2}}{n-2} + o(x^{n-2}),$$

$$f(x) = x^2\left[-x - \frac{x^2}{2} - \frac{x^3}{3} - \cdots - \frac{x^{n-2}}{n-2} + o(x^{n-2})\right]$$

$$= -x^3 - \frac{x^4}{2} - \frac{x^5}{3} - \cdots - \frac{x^n}{n-2} + o(x^n).$$

由系数公式,得 $f^{(n)}(0) = n!a_n = -\dfrac{n!}{n-2}$,选(A).

例 11 设 $f(x) = (x^2 - 3x + 2)^n\cos\dfrac{\pi x^2}{16}$,求 $f^{(n)}(2)$.

解 记 $f(x) = (x^2 - 3x + 2)^n\cos\dfrac{\pi x^2}{16} = (x-2)^n(x-1)^n\cos\dfrac{\pi x^2}{16} = u(x)v(x)$,其中 $u(x) = (x-2)^n$,$v(x) = (x-1)^n\cos\dfrac{\pi x^2}{16}$,则 $u^{(k)}(2) = 0, k = 0,$

$1, 2, \cdots, n-1, u^{(n)}(x) = n!, v(2) = \cos\dfrac{\pi}{4} = \dfrac{\sqrt{2}}{2}$. 由莱布尼茨公式得,$f^{(n)}(2) = u(2)v^{(n)}(2) + C_n^1 u'(2)v^{(n-1)}(2) + \cdots + u^{(n)}(2)v(2) = u^{(n)}(2)v(2) = n!v(2)$

$= \dfrac{\sqrt{2}}{2}n!.$

3. 利用洛必达法则求极限

【方法点拨】

① 对 $\dfrac{0}{0}, \dfrac{\infty}{\infty}$ 型两种基本未定式使用洛必达法则时,常结合等价无穷小简化计算.

② 对 $0 \cdot \infty, \infty - \infty$ 型未定式,常利用通分、有理化、提取等恒等变形化为 $\dfrac{0}{0}, \dfrac{\infty}{\infty}$ 型.

③ 对 $\infty^0, 0^0, 1^\infty$ 等指数型未定式,常通过 e 抬起、取对数等转化为 $\dfrac{0}{0}, \dfrac{\infty}{\infty}$ 型,其中 1^∞ 型未定式亦可利用第二个重要极限计算. ($u^v = e^{v\ln u}$)

④ 数列极限不能直接使用洛必达法则,应作为函数极限的子极限,转化为函数极限后方可使用.

例 12 求极限 $\lim\limits_{x\to 0}\dfrac{\int_0^x\left[\int_0^{u^2}\arctan(1+t)\mathrm{d}t\right]\mathrm{d}u}{x(1-\cos x)}$.

解 记 $F(u)=\int_0^{u^2}\arctan(1+t)\mathrm{d}t$，则 $\int_0^x\left[\int_0^{u^2}\arctan(1+t)\mathrm{d}t\right]\mathrm{d}u=\int_0^x F(u)\mathrm{d}u$.

$$\left(\int_0^x\left[\int_0^{u^2}\arctan(1+t)\mathrm{d}t\right]\mathrm{d}u\right)'=\left(\int_0^x F(u)\mathrm{d}u\right)'=F(x)=\int_0^{x^2}\arctan(1+t)\mathrm{d}t.$$

由洛必达法则得

$$原式=2\lim_{x\to 0}\frac{\int_0^x\left[\int_0^{u^2}\arctan(1+t)\mathrm{d}t\right]\mathrm{d}u}{x^3}=2\lim_{x\to 0}\frac{\int_0^{x^2}\arctan(1+t)\mathrm{d}t}{3x^2}$$

$$=2\lim_{x\to 0}\frac{2x\arctan(1+x^2)}{6x}=\frac{2}{3}\lim_{x\to 0}\arctan(1+x^2)=\frac{\pi}{6}.$$

4. 中值定理

【方法点拨】

① 中值问题常结合零点定理、介值定理、积分中值定理等，通过构造辅助函数法证明.

② 常用辅助函数构造：

若结论为 $f'(\xi)+kf(\xi)=0$，可令 $F(x)=\mathrm{e}^{kx}f(x)$.

若结论为 $f'(\xi)+f(\xi)g'(\xi)=0$，可令 $F(x)=\mathrm{e}^{g(x)}f(x)$.

若结论为 $\xi f'(\xi)+kf(\xi)=0$，可令 $F(x)=x^k f(x)$.

③ 利用泰勒公式计算极限、求高阶导数、证明中值等式或不等式、讨论函数性质.

例 13 设函数 $f(x)$ 在区间 $[0,1]$ 上连续，在 $(0,1)$ 内可导，且 $f(0)=f(1)=0$，$f\left(\dfrac{1}{2}\right)=1$. 试证：

(1) 存在 $\eta\in\left(\dfrac{1}{2},1\right)$，使 $f(\eta)=\eta$.

(2) 对任意实数 λ，必存在 $\xi\in(0,\eta)$，使得 $f'(\xi)-\lambda[f(\xi)-\xi]=1$.

证 (1) 令 $\varphi(x)=f(x)-x$，$\varphi(0)=0$，$\varphi\left(\dfrac{1}{2}\right)=\dfrac{1}{2}$，$\varphi(1)=-1$. 因为 $\varphi\left(\dfrac{1}{2}\right)\varphi(1)<0$，所以存在 $\eta\in\left(\dfrac{1}{2},1\right)$，使得 $\varphi(\eta)=0$，即 $f(\eta)=\eta$.

(2) 令 $F(x) = \mathrm{e}^{-\lambda x}[f(x) - x]$，则 $F(0) = F(\eta) = 0$. 由罗尔定理得，存在 $\xi \in (0, \eta)$，使得 $F'(\xi) = 0$，而 $F'(x) = \mathrm{e}^{-\lambda x}\{[f'(x) - 1] - \lambda[f(x) - x]\}$ 且 $\mathrm{e}^{-\lambda x} \neq 0$，则有 $f'(\xi) - \lambda[f(\xi) - \xi] = 1$，得证.

例 14 设函数 $f(x)$ 在区间 $[0,1]$ 上具有二阶导数，且 $f(1) > 0$，$\lim\limits_{x \to 0^+} \dfrac{f(x)}{x} < 0$. 证明：

(1) 方程 $f(x) = 0$ 在区间 $(0,1)$ 内至少存在一个实根.

(2) 方程 $f(x)f''(x) + f'^2(x) = 0$ 在区间 $(0,1)$ 内至少存在两个不同实根.

证 （1）由极限保号性可知，$\lim\limits_{x \to 0^+} \dfrac{f(x)}{x} < 0$，则存在 $\delta > 0$，当 $x \in (0, \delta)$ 时，$\dfrac{f(x)}{x} < 0$. 即当 $x \in (0, \delta)$ 时，$f(x) < 0$，于是存在 $c \in (0, \delta)$，使得 $f(c) < 0$. 又 $f(1) > 0$，根据零点定理，$f(1)f(c) < 0$，存在 $x_0 \in (c, 1) \subset (0, 1)$，使得 $f(x_0) = 0$.

（2）令 $F(x) = f(x)f'(x)$，则 $F'(x) = f(x)f''(x) + f'^2(x)$. 由 $\lim\limits_{x \to 0^+} \dfrac{f(x)}{x} < 0$，知 $\lim\limits_{x \to 0^+} \dfrac{f(x)}{x}$ 存在，则 $f(0) = \lim\limits_{x \to 0^+} f(x) = 0 = f(x_0)$. 由罗尔定理得，存在 $\xi_1 \in (0, x_0)$，使得 $f'(\xi_1) = 0$. 又 $f(0) = f(x_0) = 0$，所以 $F(0) = F(\xi_1) = F(x_0) = 0$. 由罗尔定理得，存在 $\eta_1 \in (0, \xi_1) \subset (0, 1)$，$\eta_2 \in (\xi_1, x_0) \subset (0, 1)$，使得 $F'(\eta_1) = F'(\eta_2) = 0$，得证.

例 15 设 $f(x)$ 在 $[0,1]$ 上连续，在 $(0,1)$ 内可导，且满足 $f(1) = k\displaystyle\int_0^{\frac{1}{k}} x\mathrm{e}^{1-x}f(x)\mathrm{d}x(k > 1)$. 证明：至少存在一点 $\xi \in (0,1)$，使得 $f'(\xi) = (1 - \xi^{-1})f(\xi)$.

证 令 $\varphi(x) = x\mathrm{e}^{-x}f(x)$，由积分中值定理得 $f(1) = k\displaystyle\int_0^{\frac{1}{k}} x\mathrm{e}^{1-x}f(x)\mathrm{d}x = c\mathrm{e}^{1-c}f(c)$，$c \in \left[0, \dfrac{1}{k}\right]$.

于是 $\mathrm{e}^{-1}f(1) = c\mathrm{e}^{-c}f(c)$，即 $\varphi(c) = \varphi(1)$. 由罗尔定理得，存在 $\xi \in (c, 1) \subset (0, 1)$，使得 $\varphi'(\xi) = 0$，而 $\varphi'(x) = \mathrm{e}^{-x}[f(x) - xf(x) + xf'(x)]$ 且 $\mathrm{e}^{-x} \neq 0$，则 $f(\xi) - \xi f(\xi) + \xi f'(\xi) = 0$，即 $f'(\xi) = (1 - \xi^{-1})f(\xi)$.

例 16 已知函数 $f(x)$ 在 $[0,1]$ 上具有二阶导数，且 $f(0) = 0$，$f(1) = 1$，

$\int_0^1 f(x)\mathrm{d}x = 1$. 证明:(1) $\exists \xi \in (0,1)$,使得 $f'(\xi) = 0$. (2) $\exists \eta \in (0,1)$,使得 $f''(\eta) < -2$.

证 (1) 由积分中值定理得,$\int_0^1 f(x)\mathrm{d}x = 1 = f(c)$,$c \in (0,1)$. 又 $f(1) = 1$,在区间 $[c,1]$ 上由罗尔定理得,$\exists \xi \in (c,1) \subset (0,1)$,使得 $f'(\xi) = 0$.

(2) 令 $g(x) = f(x) + x^2$,即证 $\exists \eta \in (0,1)$,使得 $g''(\eta) = f''(\eta) + 2 < 0$. 由题设知 $g(0) = f(0) = 0$,$g(1) = f(1) + 1 = 2$,$g(c) = 1 + c^2$,分别在 $[0,c]$,$[c,1]$ 上应用拉格朗日中值定理,则 $\exists \xi_1 \in (0,c)$,使 $g'(\xi_1) = \dfrac{g(c) - g(0)}{c} = \dfrac{1 + c^2}{c}$;

$\exists \xi_2 \in (c,1)$,使 $g'(\xi_2) = \dfrac{g(1) - g(c)}{1-c} = \dfrac{1 - c^2}{1-c} = 1 + c$. 由拉格朗日中值定理得,

$\exists \eta \in (\xi_1, \xi_2) \subset (0,1)$,使 $g''(\eta) = \dfrac{g'(\xi_2) - g'(\xi_1)}{\xi_2 - \xi_1} = \dfrac{1 + c - \dfrac{1 + c^2}{c}}{\xi_2 - \xi_1} = \dfrac{c - 1}{c(\xi_2 - \xi_1)}$

< 0. 得证.

例 17 设 $f(x)$ 在 $[0,1]$ 上连续,在 $(0,1)$ 内可导,且 $|f'(x)| < 1$,又 $f(0) = f(1)$. 证明:对任意的 $x_1, x_2 \in [0,1]$,有 $|f(x_1) - f(x_2)| < \dfrac{1}{2}$.

证 不妨设 $0 \leqslant x_1 \leqslant x_2 \leqslant 1$,当 $x_2 - x_1 \leqslant \dfrac{1}{2}$ 时,由拉格朗日中值定理及 $|f'(x)| < 1$ 得

$$|f(x_1) - f(x_2)| = |f'(\xi)(x_1 - x_2)| < \frac{1}{2}.$$

当 $x_2 - x_1 > \dfrac{1}{2}$ 时,$0 \leqslant x_1 + (1 - x_2) = 1 - (x_2 - x_1) < \dfrac{1}{2}$. 又 $f(0) = f(1)$,于是

$$|f(x_1) - f(x_2)| = |f(x_1) - f(0) + f(1) - f(x_2)|$$
$$\leqslant |f(x_1) - f(0)| + |f(1) - f(x_2)|$$
$$= |f'(\xi_1)|x_1 + |f'(\xi_2)|(1 - x_2) < x_1 + (1 - x_2) < \frac{1}{2},$$

则对任意的 $x_1, x_2 \in [0,1]$,有 $|f(x_1) - f(x_2)| < \dfrac{1}{2}$.

例 18 设 $f(x)$ 在 $[a,b]$ 上二阶可导,$f'(a) = f'(b) = 0$. 证明至少存在一点 $\xi \in (a,b)$,使 $|f''(\xi)| \geqslant 4 \dfrac{|f(b) - f(a)|}{(b-a)^2}$.

证　将 $f(x)$ 在 $x=a, x=b$ 处分别展开成泰勒公式,并将 $x=\dfrac{a+b}{2}$ 代入得

$$f(x)=f(a)+f'(a)(x-a)+\frac{1}{2!}f''(\xi_1)(x-a)^2, a<\xi_1<x.$$

$$f(x)=f(b)+f'(b)(x-b)+\frac{1}{2!}f''(\xi_2)(x-b)^2, x<\xi_2<b.$$

$$f\left(\frac{a+b}{2}\right)=f(a)+\frac{1}{2}f''(\xi_1)\left(\frac{b-a}{2}\right)^2, a<\xi_1<\frac{a+b}{2}. \qquad ①$$

$$f\left(\frac{a+b}{2}\right)=f(b)+\frac{1}{2}f''(\xi_2)\left(\frac{b-a}{2}\right)^2, \frac{a+b}{2}<\xi_2<b. \qquad ②$$

将①②两式相减,整理得 $f(b)-f(a)=\dfrac{(b-a)^2}{8}[f''(\xi_1)-f''(\xi_2)]$,记 $|f''(\xi)|=$ $\max\{|f''(\xi_1)|, |f''(\xi_2)|\}$,则

$$|f(b)-f(a)|=\frac{(b-a)^2}{8}|f''(\xi_1)-f''(\xi_2)|\leqslant\frac{(b-a)^2}{8}[|f''(\xi_1)|+|f''(\xi_2)|]$$

$$\leqslant\frac{(b-a)^2}{8}\cdot2|f''(\xi)|.$$

即 $|f''(\xi)|\geqslant4\dfrac{|f(b)-f(a)|}{(b-a)^2}$,得证.

例 19　设 $f(x)$ 在 $[0,1]$ 上具有二阶导数,且满足条件 $|f(x)|\leqslant a, |f''(x)|\leqslant b$,其中 a,b 都是非负常数,c 是 $(0,1)$ 内任一点,证明: $|f'(c)|\leqslant2a+\dfrac{b}{2}.$

解　将 $f(x)$ 在 $x=c$ 处展开,得 $f(x)=f(c)+f'(c)(x-c)+\dfrac{f''(\xi)}{2!}\cdot$ $(x-c)^2$,其中 ξ 介于 c 与 x 之间. 分别取 $x=0, x=1$ 得

$$f(0)=f(c)-f'(c)c+\frac{f''(\xi_0)}{2!}c^2, \xi_0\in(0,c).$$

$$f(1)=f(c)+f'(c)(1-c)+\frac{f''(\xi_1)}{2!}(1-c)^2, \xi_1\in(c,1).$$

两式相减,得

$$f(1)-f(0)=f'(c)+\frac{1}{2!}[f''(\xi_1)(1-c)^2-f''(\xi_0)c^2],$$

则

$$f'(c)=f(1)-f(0)-\frac{1}{2!}[f''(\xi_1)(1-c)^2-f''(\xi_0)c^2].$$

$$|f'(c)| \leqslant |f(1)| + |f(0)| + \frac{1}{2!}|f''(\xi_1)|(1-c)^2 + \frac{1}{2!}|f''(\xi_0)|c^2$$

$$\leqslant 2a + \frac{b}{2}\left[(1-c)^2 + c^2\right] < 2a + \frac{b}{2}(1-c+c)^2 = 2a + \frac{b}{2}.$$

5. 利用导数研究函数的性态

（1）单调性

例 20 设 $f(x)$ 在 $[a, +\infty)$ 上连续，$f''(x)$ 在 $(a, +\infty)$ 内存在且大于零，$F(x) = \dfrac{f(x) - f(a)}{x - a}, x > a$. 证明：$F(x)$ 在 $(a, +\infty)$ 内单调增加.

证 $F'(x) = \dfrac{f'(x)(x-a) - [f(x) - f(a)]}{(x-a)^2}$. 令 $h(x) = f'(x)(x-a) - [f(x) - f(a)], h(a) = 0$. 由题意得，当 $x > a$ 时，$h'(x) = f''(x)(x-a) > 0$，则 $h(x)$ 单调增加，$h(x) > h(a) = 0$，从而 $F'(x) > 0$，$F(x)$ 在 $(a, +\infty)$ 内单调增加.

例 21 设 $f(x)$ 连续，且 $f'(0) > 0$，则存在 $\delta > 0$，使得 （　　）

(A) $f(x)$ 在 $(0, \delta)$ 内单调增加　　　　(B) $f(x)$ 在 $(-\delta, 0)$ 内单调减少

(C) $\forall x \in (0, \delta), f(x) > f(0)$　　　　(D) $\forall x \in (-\delta, 0), f(x) > f(0)$

解 根据导数的定义，$f'(0) = \lim\limits_{x \to 0} \dfrac{f(x) - f(0)}{x} > 0$. 由极限保号性得，存在 $\delta > 0$，当 $0 < |x| < \delta$ 时，$\dfrac{f(x) - f(0)}{x} > 0$. 于是，当 $x \in (-\delta, 0)$ 时，$f(x) < f(0)$；当 $x \in (0, \delta)$ 时，$f(x) > f(0)$，选(C).

【注】函数在一点处的导数大于(小于)零，不能推出函数在该点邻域内单调增加(减少).

如：$f(x) = \begin{cases} \dfrac{1}{2}x + x^2 \cos \dfrac{1}{x}, & x \neq 0, \\ 0, & x = 0, \end{cases}$ 显然 $f(x)$ 在 $x = 0$ 处连续.

$f'(0) = \lim\limits_{x \to 0} \dfrac{f(x) - f(0)}{x} = \lim\limits_{x \to 0}\left(\dfrac{1}{2} + x\cos\dfrac{1}{x}\right) = \dfrac{1}{2} > 0$. 当 $x \neq 0$ 时，$f'(x) = \dfrac{1}{2} + 2x\cos\dfrac{1}{x} + \sin\dfrac{1}{x}$.

因为 $f'\left(\dfrac{1}{2n\pi + \dfrac{\pi}{2}}\right) = \dfrac{3}{2} > 0, f'\left(\dfrac{1}{2n\pi - \dfrac{\pi}{2}}\right) = -\dfrac{1}{2} < 0$，所以 $f'(x)$ 在 $x = 0$ 的去心邻域内不保号，$f(x)$ 在 $x = 0$ 的邻域内不单调.

例 22　设 $f(x),g(x)$ 恒大于零且可导，$f'(x)g(x)-f(x)g'(x)<0$，则当 $a<x<b$ 时，有　　　　　　　　　　　　　　　　（　　）

(A) $f(x)g(b)>f(b)g(x)$ 　　　　　(B) $f(x)g(a)>f(a)g(x)$

(C) $f(x)g(x)>f(b)g(b)$ 　　　　　(D) $f(x)g(x)>f(a)g(a)$

解　由 $f'(x)g(x)-f(x)g'(x)<0$，得 $\left[\dfrac{f(x)}{g(x)}\right]'=\dfrac{f'(x)g(x)-f(x)g'(x)}{g^2(x)}$

<0，则 $\dfrac{f(x)}{g(x)}$ 为减函数，故当 $a<x<b$ 时，有 $\dfrac{f(a)}{g(a)}>\dfrac{f(x)}{g(x)}>\dfrac{f(b)}{g(b)}$. 又因为 $f(x)$，

$g(x)$ 恒大于零，所以 $f(x)g(b)>f(b)g(x)$，选(A).

(2) 极值与最值

例 23　已知 $f(x)=\begin{cases}x^{2x}, & x>0, \\ xe^x+1, & x\leqslant 0.\end{cases}$ 求 $f'(x)$，并求 $f(x)$ 的极值.

解　$\lim\limits_{x\to 0^+}\dfrac{f(x)-f(0)}{x}=\lim\limits_{x\to 0^+}\dfrac{x^{2x}-1}{x}=\lim\limits_{x\to 0^+}\dfrac{e^{2x\ln x}-1}{x}=\lim\limits_{x\to 0^+}\dfrac{2x\ln x}{x}=-\infty,$

$f'(0)$ 不存在.

$$f'(x)=\begin{cases}2x^{2x}(\ln x+1), & x>0, \\ (1+x)e^x, & x<0.\end{cases}$$ 令 $f'(x)=0$，得可能极值点 $x=-1,x=\dfrac{1}{e}$

及 $x=0$. 列表：

x	$(-\infty,-1)$	-1	$(-1,0)$	0	$\left(0,\dfrac{1}{e}\right)$	$\dfrac{1}{e}$	$\left(\dfrac{1}{e},+\infty\right)$
y'	$-$	0	$+$	不存在	$-$	0	$+$
y	$\searrow$	$1-\dfrac{1}{e}$	$\nearrow$	1	$\searrow$	$e^{-\frac{2}{e}}$	$\nearrow$

极小值 $f(-1)=1-\dfrac{1}{e},f\left(\dfrac{1}{e}\right)=e^{-\frac{2}{e}}$，极大值 $f(0)=1$.

(3) 凹凸性与拐点

例 24　设由参数式 $\begin{cases}x=t^2+2t, \\ y=t-\ln(1+t)\end{cases}$ 确定了 y 关于 x 的函数 $y=y(x)$，求曲

线 $y=y(x)$ 的凹凸区间及拐点坐标(区间用 x 表示，点用 (x,y) 表示).

解　由 $\dfrac{dx}{dt}=2(t+1),\dfrac{dy}{dt}=\dfrac{t}{t+1}$，得 $\dfrac{dy}{dx}=\dfrac{t}{2(t+1)^2},\dfrac{d^2y}{dx^2}=\dfrac{1-t}{4(t+1)^4}$. 令

$\dfrac{d^2y}{dx^2}=0$，得 $t=1$.

当 $-1<t<1$ 时,$\dfrac{\mathrm{d}^2y}{\mathrm{d}x^2}>0$,凹;当 $t>1$ 时,$\dfrac{\mathrm{d}^2y}{\mathrm{d}x^2}<0$,凸;当 $t=1$ 时,对应拐点.

即当 $-1<x<3$ 时,曲线是凹的;当 $x>3$ 时,曲线是凸的;$(3,1-\ln2)$ 为拐点.

例 25 设函数 $y(x)$ 是微分方程 $y'+xy=\mathrm{e}^{-\frac{x^2}{2}}$ 满足条件 $y(0)=0$ 的特解.
(1) 求 $y(x)$;(2) 求曲线 $y=y(x)$ 的凹凸区间及拐点.

解 (1) 由一阶线性微分方程的通解公式得,$y=\mathrm{e}^{-\int x\mathrm{d}x}\left(\displaystyle\int\mathrm{e}^{-\frac{x^2}{2}}\cdot\mathrm{e}^{\int x\mathrm{d}x}\,\mathrm{d}x+C\right)=$

$\mathrm{e}^{-\frac{x^2}{2}}(x+C)$.

由 $y(0)=0$ 得特解为 $y=x\mathrm{e}^{-\frac{x^2}{2}}$.

(2) $y'=(1-x^2)\mathrm{e}^{-\frac{x^2}{2}}$,$y''=x(x^2-3)\mathrm{e}^{-\frac{x^2}{2}}$. 令 $y''=0$,得 $x_1=0$,$x_{2,3}=\pm\sqrt{3}$.

列表:

x	$(-\infty,-\sqrt{3})$	$-\sqrt{3}$	$(-\sqrt{3},0)$	0	$(0,\sqrt{3})$	$\sqrt{3}$	$(\sqrt{3},+\infty)$
y''	$-$	0	$+$	0	$-$	0	$+$
y	凸	$-\dfrac{\sqrt{3}}{\mathrm{e}^{\frac{3}{2}}}$	凹	0	凸	$\dfrac{\sqrt{3}}{\mathrm{e}^{\frac{3}{2}}}$	凹

凹区间为 $(-\sqrt{3},0)$,$(\sqrt{3},+\infty)$;凸区间为 $(-\infty,-\sqrt{3})$,$(0,\sqrt{3})$. 拐点为 $\left(-\sqrt{3},-\dfrac{\sqrt{3}}{\mathrm{e}^{\frac{3}{2}}}\right)$,$(0,0)$,$\left(\sqrt{3},\dfrac{\sqrt{3}}{\mathrm{e}^{\frac{3}{2}}}\right)$.

例 26 若 $f(x)$ 在点 x_0 的某邻域内有直到 n 阶导数,且 $f'(x_0)=f''(x_0)=\cdots=f^{(n-1)}(x_0)=0$,$f^{(n)}(x_0)\neq0$. 试证:① 当 n 为偶数时,$f(x)$ 在 x_0 处有极值,且 $f^{(n)}(x_0)>0$ 时,$f(x_0)$ 为极小值;$f^{(n)}(x_0)<0$ 时,$f(x_0)$ 为极大值;此时 $(x_0,f(x_0))$ 不是曲线的拐点. ② 当 n 为奇数时,$f(x)$ 在 x_0 处无极值,$(x_0,f(x_0))$ 为拐点.

证 (1) 由题设及泰勒公式可得

$$f(x)=f(x_0)+f'(x_0)(x-x_0)+\cdots+\frac{f^{(n)}(x_0)}{n!}(x-x_0)^n+o[(x-x_0)^n]$$

$$=f(x_0)+\frac{f^{(n)}(x_0)}{n!}(x-x_0)^n+o[(x-x_0)^n].$$

当 $x\to x_0$ 时,上式右端后两项的符号取决于第二项 $\dfrac{f^{(n)}(x_0)}{n!}(x-x_0)^n$.

① 当 n 为偶数时,若 $f^{(n)}(x_0)>0$,则在 x_0 的某去心邻域内,$\dfrac{f^{(n)}(x_0)}{n!}(x-x_0)^n$

>0，从而 $f(x)>f(x_0)$，此时 $f(x_0)$ 为极小值；若 $f^{(n)}(x_0)<0$，则在 x_0 的某去心邻域内，$\dfrac{f^{(n)}(x_0)}{n!}(x-x_0)^n<0$，$f(x)<f(x_0)$，此时 $f(x_0)$ 为极大值.

②当 n 为奇数时，$(x-x_0)^n$ 在 x_0 的两侧异号，则 $\dfrac{f^{(n)}(x_0)}{n!}(x-x_0)^n$ 在 x_0 的两侧异号，即在 x_0 附近的两侧，总有一侧 $f(x)>f(x_0)$，另一侧 $f(x)<f(x_0)$，$f(x)$ 在 x_0 处无极值.

（2）由于 $f(x)$ 在点 x_0 的某邻域内有直到 n 阶导数，且 $n>2$，则 $f''(x)$ 在 x_0 处连续，将 $f''(x)$ 展开成 $n-2$ 阶泰勒公式，得

$$f''(x)=f''(x_0)+f'''(x_0)(x-x_0)+\cdots+\frac{f^{(n)}(x_0)}{(n-2)!}(x-x_0)^{n-2}+o\big[(x-x_0)^{n-2}\big]$$

$$=\frac{f^{(n)}(x_0)}{(n-2)!}(x-x_0)^{n-2}+o\big[(x-x_0)^{n-2}\big].$$

当 $x\to x_0$ 时，上式右端符号取决于第一项 $\dfrac{f^{(n)}(x_0)}{(n-2)!}(x-x_0)^{n-2}$.

①当 n 为偶数时，$\dfrac{f^{(n)}(x_0)}{(n-2)!}(x-x_0)^{n-2}$ 在 x_0 附近的两侧同号，则 $f''(x)$ 同号，$(x_0,f(x_0))$ 不是拐点.

②当 n 为奇数时，$\dfrac{f^{(n)}(x_0)}{(n-2)!}(x-x_0)^{n-2}$ 在 x_0 附近的两侧异号，则 $f''(x)$ 异号，$(x_0,f(x_0))$ 为拐点.

【注1】若 $f(x)$ 在点 x_0 的邻域内有 $f'(x_0)=f''(x_0)=0$，$f'''(x_0)\neq0$，则 x_0 不是极值点.

【注2】若 $f(x)$ 在 x_0 的邻域内有 $f''(x_0)=0$，$f'''(x_0)\neq0$，则 $(x_0,f(x_0))$ 为拐点.

（4）渐近线

例 27 曲线 $y=\mathrm{e}^{-\frac{1}{x}}+\sqrt{x^2-x+1}-x$ 共有渐近线 （　　）

(A) 1 条 　　　　(B) 2 条 　　　　(C) 3 条 　　　　(D) 4 条

解 $\displaystyle\lim_{x\to+\infty}y=1+\lim_{x\to+\infty}\frac{-x+1}{\sqrt{x^2-x+1}+x}=1+\lim_{x\to+\infty}\frac{-1+\dfrac{1}{x}}{\sqrt{1-\dfrac{1}{x}+\dfrac{1}{x^2}}+1}=\frac{1}{2}$，

$y=\dfrac{1}{2}$ 为水平渐近线. $\displaystyle\lim_{x\to0^-}y=+\infty$，$x=0$ 为垂直渐近线.

$$\lim_{x \to -\infty} \frac{y}{x} = \lim_{x \to -\infty} \frac{\sqrt{x^2 - x + 1} - x}{x} \overset{t=-x}{=} -\lim_{t \to +\infty} \frac{\sqrt{t^2 + t + 1} + t}{t} = -2.$$

$$\lim_{x \to -\infty} (y + 2x) = 1 + \lim_{x \to -\infty} (\sqrt{x^2 - x + 1} + x) = 1 + \lim_{x \to -\infty} \frac{-x + 1}{\sqrt{x^2 - x + 1} - x} =$$

$\dfrac{3}{2}, y = -2x + \dfrac{3}{2}$ 为斜渐近线.

共 3 条渐近线,选(C).

例 28 求曲线 $y = \dfrac{x^{1+x}}{(1+x)^x} (x > 0)$ 的斜渐近线.

解 $k = \lim\limits_{x \to +\infty} \dfrac{y}{x} = \lim\limits_{x \to +\infty} \dfrac{x^x}{(1+x)^x} = \lim\limits_{x \to +\infty} \dfrac{1}{\left(1 + \dfrac{1}{x}\right)^x} = \dfrac{1}{e}.$

$$b = \lim_{x \to +\infty} (y - kx) = \lim_{x \to +\infty} \left[\frac{x^{1+x}}{(1+x)^x} - \frac{x}{e} \right] = \lim_{x \to +\infty} \frac{ex^{1+x} - x(1+x)^x}{e(1+x)^x}$$

$$= \lim_{x \to +\infty} \frac{ex - x\left(1 + \dfrac{1}{x}\right)^x}{e\left(1 + \dfrac{1}{x}\right)^x} = \frac{1}{e^2} \lim_{x \to +\infty} \left[ex - xe^{x\ln\left(1 + \frac{1}{x}\right)} \right]$$

$$= \frac{1}{e} \lim_{x \to +\infty} x\left[1 - e^{x\ln\left(1 + \frac{1}{x}\right) - 1} \right] = -\frac{1}{e} \lim_{x \to +\infty} x\left[x\ln\left(1 + \frac{1}{x}\right) - 1 \right]$$

$$= -\frac{1}{e} \lim_{x \to +\infty} x\left[x\left(\frac{1}{x} - \frac{1}{2x^2} + o\left(\frac{1}{x^2}\right) \right) - 1 \right]$$

$$= -\frac{1}{e} \lim_{x \to +\infty} \left[-\frac{1}{2} + x^2 \cdot o\left(\frac{1}{x^2}\right) \right] = \frac{1}{2e}.$$

斜渐近线为 $y = \dfrac{1}{e}x + \dfrac{1}{2e}.$

例 29 已知 $f(x) = \dfrac{x|x|}{1+x}$,求曲线 $y = f(x)$ 的凹凸区间及渐近线.

解 定义域为 $x \neq -1$. $f(x) = \begin{cases} \dfrac{x^2}{1+x}, & x \geqslant 0, \\[3mm] -\dfrac{x^2}{1+x}, & x < 0 \text{ 且 } x \neq -1. \end{cases}$

当 $x \neq 0$ 时,$f'(x) = \begin{cases} \dfrac{x(x+2)}{(1+x)^2}, & x > 0, \\[3mm] -\dfrac{x(x+2)}{(1+x)^2}, & x < 0 \text{ 且 } x \neq -1, \end{cases}$

$$f''(x) = \begin{cases} \dfrac{2}{(1+x)^3}, & x > 0, \\[3mm] -\dfrac{2}{(1+x)^3}, & x < 0 \text{ 且 } x \neq -1. \end{cases}$$

凹区间为 $(-\infty, -1), (0, +\infty)$;凸区间为 $(-1, 0)$.

$\lim\limits_{x \to \infty} f(x) = \infty$,无水平渐近线;$\lim\limits_{x \to -1} f(x) = \infty$,$x = -1$ 为垂直渐近线.

$k_1 = \lim\limits_{x \to +\infty} \dfrac{f(x)}{x} = \lim\limits_{x \to +\infty} \dfrac{x}{1+x} = 1$,$b_1 = \lim\limits_{x \to +\infty} [f(x) - x] = \lim\limits_{x \to +\infty} \dfrac{-x}{1+x} = -1$,

斜渐近线为 $y = x - 1$.

$k_2 = \lim\limits_{x \to -\infty} \dfrac{f(x)}{x} = \lim\limits_{x \to +\infty} \dfrac{-x}{1+x} = -1$,$b_2 = \lim\limits_{x \to +\infty} [f(x) + x] = \lim\limits_{x \to +\infty} \dfrac{x}{1+x} = 1$,

斜渐近线为 $y = -x + 1$.

综上,渐近线为 $x = -1, y = x - 1, y = -x + 1$.

(5) 方程求根

【方法点拨】

① 根的存在性:构造辅助函数法,利用零点定理或罗尔定理.

零点定理:(ⅰ)移项或先恒等变形再移项,使方程一端为零,另一端作为辅助函数 $F(x)$.

(ⅱ)找一个子区间 $[x_1, x_2]$,使 $F(x_1)F(x_2) < 0$.

(ⅲ)对辅助函数 $F(x)$,在区间 $[x_1, x_2]$ 上使用零点定理.

罗尔定理:(ⅰ)移项或先恒等变形再移项,使方程一端为零,另一端的原函数作为 $F(x)$.

(ⅱ)找一个子区间 $[x_1, x_2]$,使 $F(x_1) = F(x_2)$.

(ⅲ)对辅助函数 $F(x)$,在区间 $[x_1, x_2]$ 上使用罗尔定理.

② 根的唯一性:利用单调性或反证法.

③ 根的个数:构造辅助函数,将问题转化为辅助函数的零点问题.

求解步骤:(ⅰ)移项或先恒等变形再移项,使方程一端为零,另一端作为辅助函数 $f(x)$.

(ⅱ)求 $f'(x)$,得 $f(x)$ 的可能极值点,用这些点将定义域分为若干个区间.

(ⅲ)在每个区间上考察单调性,得到 $f(x)$ 的极值或最值.

(ⅳ)分析极值或最值与 x 轴的相对位置,得出结论.

例 30　设函数 $f(x) = ax - b\ln x (a > 0)$ 有 2 个零点,则 $\dfrac{b}{a}$ 的取值范围是

$$(\qquad)$$

(A) $(e, +\infty)$　　(B) $(0, e)$　　(C) $\left(0, \dfrac{1}{e}\right)$　　(D) $\left(\dfrac{1}{e}, +\infty\right)$

解　定义域为 $x > 0, f'(x) = a - \dfrac{b}{x} = 0$,得唯一驻点 $x_0 = \dfrac{b}{a}$. 由题设知,

$b > 0, f''(x) = \dfrac{b}{x^2} > 0, x_0 = \dfrac{b}{a}$ 为唯一极小值点,即最小值点. 当 $f\left(\dfrac{b}{a}\right) = b -$

$b\ln \dfrac{b}{a} < 0$ 时,即 $\ln \dfrac{b}{a} > 1, \dfrac{b}{a} > e$ 时,$f(x)$ 有 2 个零点,选 (A).

例 31　设方程 $\dfrac{1}{\ln(1+x)} - \dfrac{1}{x} = k$ 在 $(0,1)$ 内有实根,求常数 k 的取值范围.

解　令 $f(x) = \dfrac{1}{\ln(1+x)} - \dfrac{1}{x}, f'(x) = -\dfrac{1}{(1+x)\ln^2(1+x)} + \dfrac{1}{x^2}$

$= \dfrac{(1+x)\ln^2(1+x) - x^2}{x^2(1+x)\ln^2(1+x)}$.

令 $g(x) = (1+x)\ln^2(1+x) - x^2, g(0) = 0, g'(x) = \ln^2(1+x) + 2\ln(1+$

$x) - 2x, g'(0) = 0, g''(x) = \dfrac{2\ln(1+x)}{1+x} + \dfrac{2}{1+x} - 2 = \dfrac{2[\ln(1+x) - x]}{1+x} < 0$. 当

$0 < x < 1$ 时,由 $\begin{cases} g'(0) = 0, \\ g''(x) < 0 \end{cases}$ 得 $g'(x) < 0$.

由 $\begin{cases} g(0) = 0, \\ g'(x) < 0 \end{cases}$ 得 $g(x) < 0$,则当 $0 < x < 1$ 时,$f'(x) < 0$. $\lim\limits_{x \to 0^+} f(x) =$

$\lim\limits_{x \to 0^+} \dfrac{x - \ln(1+x)}{x\ln(1+x)} = \dfrac{1}{2}$,则 $\dfrac{1}{\ln 2} - 1 = f(1) < f(x) < \dfrac{1}{2}, \dfrac{1}{\ln 2} - 1 < k < \dfrac{1}{2}$.

(6) 不等式

【方法点拨】

① 利用拉格朗日中值定理.

② 利用单调性、极值最值、凹凸性.

③ 利用泰勒公式.

④ 利用常数变易法转化为函数性态问题.

例 32　设 $e < a < b < e^2$,证明:$\ln^2 b - \ln^2 a > \dfrac{4}{e^2}(b-a)$.

证法一 利用单调性，令 $f(x) = \ln^2 x - \ln^2 a - \dfrac{4}{e^2}(x-a), e < x < e^2$，则 $f(a) = 0$，当 $x > e$ 时，$f''(x) = \dfrac{2(1-\ln x)}{x^2} < 0, f'(x)$ 在 $e < x < e^2$ 时单调减少，从而 $f'(x) > f'(e^2) = 0; f(x)$ 在 $e < x < e^2$ 时单调增加，由 $e < a < b < e^2$，得 $f(b) > f(a) = 0$，即有 $\ln^2 b - \ln^2 a > \dfrac{4}{e^2}(b-a)$.

证法二 即证 $\dfrac{\ln^2 b - \ln^2 a}{b-a} > \dfrac{4}{e^2}$. 令 $f(x) = \ln^2 x, e < a < b < e^2, f'(x) = \dfrac{2\ln x}{x}$. 由拉格朗日中值定理得，$\dfrac{\ln^2 b - \ln^2 a}{b-a} = \dfrac{2\ln \xi}{\xi}, a < \xi < b$. 令 $\varphi(x) = \dfrac{2\ln x}{x}$，则当 $x > e$ 时，$\varphi'(x) = \dfrac{2(1-\ln x)}{x^2} < 0, \varphi(x)$ 在 $e < x < e^2$ 时单调减少，当 $e < a < \xi < b < e^2$ 时，有 $\dfrac{\ln^2 b - \ln^2 a}{b-a} = \dfrac{2\ln \xi}{\xi} = \varphi(\xi) > \varphi(e^2) = \dfrac{4}{e^2}$，得证.

例 33 证明：当 $0 < x < \dfrac{\pi}{2}$ 时，$\tan x > x + \dfrac{x^3}{3} + \dfrac{2}{15}x^5 + \dfrac{1}{63}x^7$.

证 令 $f(x) = \tan x - \left(x + \dfrac{1}{3}x^3 + \dfrac{2}{15}x^5 + \dfrac{1}{63}x^7 \right)$，则 $f(0) = 0$.

$$f'(x) = \sec^2 x - \left(1 + x^2 + \dfrac{2}{3}x^4 + \dfrac{1}{9}x^6 \right) = \tan^2 x - \left(1 + \dfrac{2}{3}x^2 + \dfrac{1}{9}x^4 \right)x^2$$

$$= \tan^2 x - \left(1 + \dfrac{1}{3}x^2 \right)^2 x^2 = \tan^2 x - \left(x + \dfrac{1}{3}x^3 \right)^2$$

$$= \left[\tan x - \left(x + \dfrac{1}{3}x^3 \right) \right] \left[\tan x + \left(x + \dfrac{1}{3}x^3 \right) \right].$$

当 $0 < x < \dfrac{\pi}{2}$ 时，$\tan x + x + \dfrac{1}{3}x^3 > 0$；令 $g(x) = \tan x - x - \dfrac{1}{3}x^3, 0 < x < \dfrac{\pi}{2}$，则 $g'(x) = \sec^2 x - 1 - x^2 = \tan^2 x - x^2 = (\tan x - x)(\tan x + x) > 0, g(x)$ 单调递增，$g(x) > g(0) = 0$，则 $f'(x) > 0, f(x)$ 单调递增，$f(x) > f(0) = 0$，得证.

例 34 设 $f(x)$ 是二次可微的函数，满足 $f(0) = 1, f'(0) = 0$，且对任意的 $x \geqslant 0$，均有 $f''(x) - 5f'(x) + 6f(x) \geqslant 0$. 证明：对每个 $x \geqslant 0$，都有 $f(x) \geqslant 3e^{2x} - 2e^{3x}$.

证 令 $g(x) = f'(x) - 2f(x)$，则 $g'(x) - 3g(x) = f''(x) - 5f'(x) + 6f(x) \geqslant 0$. 令 $F(x) = e^{-3x}g(x)$，则 $F'(x) \geqslant 0, F(x)$ 单调增加. 当 $x \geqslant 0$ 时，$F(x) \geqslant F(0) = -2$，则有 $e^{-2x}[f'(x) - 2f(x)] \geqslant -2e^x$. 令 $G(x) = e^{-2x}f(x) + 2e^x$，则 $G'(x) \geqslant 0$，

$G(x)$ 单调增加，$G(x) \geqslant G(0) = 3$，整理得证.

三、进阶精练

习题 2

【保分基础练】

1. 填空题

(1) 设 $g(x)$ 满足 $g'(x) + g(x)\sin x = \cos x$，且 $g(0) = 0$，则 $\lim\limits_{x \to 0} \dfrac{g'(x) - 1}{x} =$ _____.

(2) 设 $y = f(x)$ 由方程 $y - x = e^{x(1-y)}$ 确定，则 $\lim\limits_{n \to \infty} n\left[f\left(\dfrac{1}{n}\right) - 1 \right] =$ _____.

(3) 函数 $f(x) = |x^3 + 2x^2 - 3x|\arctan x$ 的不可导点的个数为 _____.

(4) 设 $y = f(x)$ 满足 $\Delta y = -\dfrac{2y}{x}\Delta x + o(\Delta x)$，且 $f(1) = 3$，则 $f(x) =$ _____.

(5) 已知 $\dfrac{\mathrm{d}}{\mathrm{d}x}[f(x^2)] = \dfrac{1}{x}$，则 $f'(x) =$ _____.

2. 选择题

(1) 设函数 $f(x) = (e^x - 1)(e^{2x} - 2)\cdots(e^{nx} - n)$，其中 n 为正整数，则 $f'(0) =$ (　　).

    (A) $(-1)^{n-1}(n-1)!$ (B) $(-1)^n(n-1)!$

    (C) $(-1)^{n-1}n!$ (D) $(-1)^n n!$

(2) 下列函数中，在 $x = 0$ 处不可导的是(　　).

    (A) $f(x) = |x|\sin|x|$ (B) $f(x) = |x|\sin\sqrt{|x|}$

    (C) $f(x) = \cos|x|$ (D) $f(x) = \cos\sqrt{|x|}$

(3) 设 $f(x)$ 在 $[-2,2]$ 上可导，且 $f'(x) > f(x) > 0$，则(　　).

    (A) $\dfrac{f(-2)}{f(-1)} > 1$ (B) $\dfrac{f(0)}{f(-1)} > e$

    (C) $\dfrac{f(1)}{f(-1)} < e^2$ (D) $\dfrac{f(2)}{f(-1)} < e^3$

3. 已知函数 $y = f(x)$ 在 $x = 2$ 处连续，且 $\lim\limits_{x \to 2} \dfrac{f(x) - 3x + 2}{x - 2} = 2$. 试证：$f(x)$

在 $x = 2$ 处可导.

4. 设函数 $f(x)$ 四阶可导, $f(0) = 0, f'(0) = -1, f''(0) = 2, f'''(0) = -3$,
$f^{(4)}(0) = 6$, 求 $\lim\limits_{x \to 0} \dfrac{f(x) + x[1 - \ln(1 + x)]}{x^4}$.

5. 设 $f(x)$ 连续, 且 $f(x) = (x-1)^2 + 3\int_0^x f(x-t)\mathrm{d}t$, 求 $f^{(100)}(0)$.

6. 设 $y = y(x)$ 由方程 $x\mathrm{e}^{f(y)} = \mathrm{e}^y \ln 29$ 确定, f 具有二阶导数, 且 $f' \neq 1$,
求 $\dfrac{\mathrm{d}^2 y}{\mathrm{d}x^2}$.

7. 设函数的参数方程为 $\begin{cases} x = t\mathrm{e}^t, \\ \mathrm{e}^t + \mathrm{e}^y = 2, \end{cases}$ 求 $\dfrac{\mathrm{d}y}{\mathrm{d}x}, \dfrac{\mathrm{d}^2 y}{\mathrm{d}x^2}$.

8. 设 $0 < |x| \leqslant 1$. (1) 证明: 存在介于 $0, x$ 之间的 ξ, 使得 $\arcsin x = \dfrac{x}{\sqrt{1 - \xi^2}}$. (2) 对 (1) 中的 ξ, 求 $\lim\limits_{x \to 0} \dfrac{\xi}{x}$.

9. 已知 $f(x) = \int_1^x \mathrm{e}^{t^2}\mathrm{d}t$. 证明: (1) $\exists \xi \in (1, 2)$, 使得 $f(\xi) = (2 - \xi)\mathrm{e}^{\xi^2}$.

(2) $\exists \eta \in (1, 2)$, 使得 $f(2) = \ln 2 \cdot \eta \cdot \mathrm{e}^{\eta^2}$.

10. 求函数 $f(x) = x\ln(x-1)$ 在 $x = 2$ 处的泰勒公式中带 $(x-2)^{10}$ 的项.

11. 设 $b > a > 0$, 证明不等式: $\dfrac{2a}{a^2 + b^2} < \dfrac{\ln b - \ln a}{b - a}$.

12. 设函数 $f(x), g(x)$ 均定义在 $\mathbf{R}$ 上, 且满足: (1) $f(x + y) = f(x)g(y) + f(y)g(x)$. (2) $f(x), g(x)$ 在 $x = 0$ 处可导. (3) $f(0) = 0, g(0) = 1$, $f'(0) = 1, g'(0) = 0$. 证明: $f(x)$ 可导, 且 $f'(x) = g(x)$.

13. 设 $f(x) = x\mathrm{e}^x$, 求 $f^{(n)}(x)$ 的极小值.

14. 设 $y = y(x)$ 是由 $y^3 + xy + x^2 - 2x + 1 = 0$ 及 $y(1) = 0$ 所确定, 求
$$\lim_{x \to 1} \dfrac{\int_1^x y(t)\mathrm{d}t}{(x-1)^3}.$$

15. 试证明函数 $f(x) = \left(1 + \dfrac{1}{x}\right)^x$ 在区间 $(0, +\infty)$ 内单调增加.

16. 证明: 方程 $4\arctan x - x + \dfrac{4}{3}\pi - \sqrt{3} = 0$ 恰有两个实根.

【争分提能练】

1. 填空题

(1) 设 $f(x) = \dfrac{1}{1+x^2}$,则 $f^{(3)}(0) = $ _____.

(2) 设 $y = y(x)$ 是由 $\begin{cases} x = 3t^2 + 2t + 3, \\ y = \mathrm{e}^y \sin t + 1 \end{cases}$ 所确定,则曲线 $y = y(x)$ 在 $t = 0$ 对

应的点处的曲率 $k = $ _____.

2. 选择题

(1) 设函数 $f(x)$ 在 $x = 0$ 处连续,则下列命题错误的是(　　).

(A) 若 $\lim\limits_{x \to 0} \dfrac{f(x)}{x}$ 存在,则 $f(0) = 0$

(B) 若 $\lim\limits_{x \to 0} \dfrac{f(x) + f(-x)}{x}$ 存在,则 $f(0) = 0$

(C) 若 $\lim\limits_{x \to 0} \dfrac{f(x)}{x}$ 存在,则 $f'(0)$ 存在

(D) 若 $\lim\limits_{x \to 0} \dfrac{f(x) - f(-x)}{x}$ 存在,则 $f'(0)$ 存在

(2) 函数 $y = x[x]$ 在 $(-2, 2)$ 上的不可导点的个数为(　　).

(A) 1 　　　　(B) 2 　　　　(C) 3 　　　　(D) 4

(3) 设周期函数 $f(x)$ 在 $(-\infty, +\infty)$ 内可导,周期为 4,又

$$\lim_{x \to 0} \frac{f(1) - f(1-x)}{2x} = -1,$$

则曲线 $y = f(x)$ 在点 $(5, f(5))$ 处的切线的斜率为(　　).

(A) $\dfrac{1}{2}$ 　　　　(B) 0 　　　　(C) -1 　　　　(D) -2

(4) 设 $g(x)$ 在 **R** 内有二阶导数,$g''(x) < 0$. 令 $f(x) = g(x) + g(-x)$,则当 $x \neq 0$ 时,(　　).

(A) $f'(x) > 0$ 　　　　　　　　(B) $f'(x) < 0$

(C) $f'(x)$ 与 x 同号 　　　　　(D) $f'(x)$ 与 x 异号

(5) 若 $f''(x)$ 不变号,曲线 $y = f(x)$ 在点 $(1, 1)$ 处的曲率圆为 $x^2 + y^2 = 2$,则函数 $f(x)$ 在区间 $(1, 2)$ 内(　　).

(A) 有极值点,无零点 　　　　　(B) 无极值点,有零点

(C) 有极值点,有零点 　　　　　(D) 无极值点,无零点

3. 设微分方程 $xf''(x)-f'(x)=2x$. (1) 求微分方程的通解. (2) 求得的解在 $x=0$ 处是否连续?若不是,能否对每一个解补充定义,使其在 $x=0$ 处连续,并讨论补充定义后的 $f(x)$ 在 $x=0$ 处的 $f'(0)$ 及 $f''(0)$ 的存在性,要求写出推理过程.

4. 已知 $f(1)=1$,(1) 若对任意的 x,均有 $xf'(x)+f(x)\equiv 0$,求 $f(2)$. (2) 若对任意的 x,均有 $xf'(x)-f(x)\equiv 0$,求 $f(2)$.

5. 求常数 a,b,使 $f(x)=\ln(1-ax)+\dfrac{x}{1+bx}$ 在 $x\to 0$ 时关于 x 的无穷小的阶数最高.

6. 设 $f(x)$ 有二阶连续导数,且 $f'(0)=0$,$\lim\limits_{x\to 0}\dfrac{f''(x)}{|x|}=1$. 证明:$f(0)$ 是 $f(x)$ 的极小值.

7. 设 $f(x)$ 的二阶导数连续,且 $(x-1)f''(x)-2(x-1)f'(x)=1-\mathrm{e}^{1-x}$. 试问:(1) 若 $x=a\neq 1$ 是极值点,则它是极小值点还是极大值点?(2) 若 $x=1$ 是极值点,则它是极小值点还是极大值点?

8. 设 $f(x)$ 在 $[0,1]$ 上具有三阶导数,且 $f(0)=1$,$f(1)=2$,$f'\left(\dfrac{1}{2}\right)=0$. 证明至少存在一点 $\xi\in(0,1)$,使 $|f'''(\xi)|\geqslant 24$.

9. 证明:当 $0<a<b<\pi$ 时,$b\sin b+2\cos b+\pi b>a\sin a+2\cos a+\pi a$.

10. 确定常数 k 的取值范围,使对任意正整数 n,都满足 $\left(1+\dfrac{1}{n}\right)^{n+k}>\mathrm{e}$.

11. 设 $f(x)$ 在 $[0,1]$ 上二阶可导,$f(0)=0$,$f(x)$ 在 $(0,1)$ 内取得最大值 2,在 $(0,1)$ 内取得最小值. 证明:(1) $\exists\,\xi\in(0,1)$,使 $f'(\xi)>2$. (2) $\exists\,\eta\in(0,1)$,使 $f''(\eta)<-4$.

12. 判断下列命题是否成立?若判断成立,给出证明;若判断不成立,举一反例,做出说明.

命题:若函数 $f(x)$ 在 $x=0$ 处连续,$\lim\limits_{x\to 0}\dfrac{f(2x)-f(x)}{x}=a$,$a\in\mathbf{R}$,则 $f(x)$ 在 $x=0$ 处可导,且 $f'(0)=a$.

【实战真题练】

1. 填空题

(1) 设 $y=y(x)$ 是由方程 $\mathrm{e}^y-x(y+1)-1=0$ 确定的函数,若 $x\to 0$ 时,$y(x)$

$-x$ 与 x^k 是同阶无穷小,则常数 $k=$ _____.(2021 江苏省赛)

(2) 设曲线 $y=y(x)$ 由 $\begin{cases} x-4y=3t^2+2t \\ e^{y-1}+ty=\cos t \end{cases}$ 确定,则该曲线在 $t=0$ 处的切线

的方程是_____.(2020 江苏省赛)

(3) 设 $f(x)=(x^2+2x-3)^n\arctan^2\dfrac{x}{3}$,$n$ 为正整数,则 $f^{(n)}(-3)=$ _____.

(2021 国赛决赛)

(4) 设 $f(x)$ 满足 $f(x+\Delta x)-f(x)=2xf(x)\Delta x+o(\Delta x)(\Delta x\to 0)$ 且 $f(0)$ $=2$,则 $f(1)=$ _____.(2018 考研)

2. 选择题

(1) 设函数 $f(x)$ 在区间 $(-1,1)$ 内有定义,且 $\lim\limits_{x\to 0}f(x)=0$,则(　　).(2020 考研)

(A) 当 $\lim\limits_{x\to 0}\dfrac{f(x)}{\sqrt{|x|}}=0$,$f(x)$ 在 $x=0$ 处可导

(B) 当 $\lim\limits_{x\to 0}\dfrac{f(x)}{\sqrt{x^2}}=0$,$f(x)$ 在 $x=0$ 处可导

(C) 当 $f(x)$ 在 $x=0$ 处可导时,$\lim\limits_{x\to 0}\dfrac{f(x)}{\sqrt{|x|}}=0$

(D) 当 $f(x)$ 在 $x=0$ 处可导时,$\lim\limits_{x\to 0}\dfrac{f(x)}{\sqrt{x^2}}=0$

(2) 设函数 $f(x)=\begin{cases} x|x|, & x\leqslant 0 \\ x\ln x, & x>0 \end{cases}$,则 $x=0$ 是(　　).(2019 考研)

(A) 可导点,极值点 　　　　 (B) 不可导点,极值点

(C) 可导点,非极值点 　　　 (D) 不可导点,非极值点

3. 若 $f(1)=0$,$f'(1)$ 存在,求极限 $I=\lim\limits_{x\to 0}\dfrac{f(\sin^2 x+\cos x)\tan 3x}{(e^{x^2}-1)\sin x}$.(2016 国赛

预赛)

4. 设 $f(x)$ 连续,且 $\lim\limits_{x\to 0}\dfrac{f(x)}{x}=1$,$g(x)=\displaystyle\int_0^1 f(xt)\mathrm{d}t$,求 $g'(x)$,并证明 $g'(x)$

在 $x=0$ 处连续.(2020 考研)(2009 国赛预赛)

5. 设函数 $f(x)$ 在区间 $[0,1]$ 上连续,且 $I=\displaystyle\int_0^1 f(x)\mathrm{d}x\neq 0$.证明:在 $(0,1)$ 内

存在不同的两点 x_1, x_2，使得 $\dfrac{1}{f(x_1)} + \dfrac{1}{f(x_2)} = \dfrac{2}{I}$. (2016 国赛预赛)

6. 设 $f(x)$ 在 $[0,1]$ 上连续，在 $(0,1)$ 内可导，且 $f(0) = 0, f(1) = 1$. 证明：(1) 存在 $x_0 \in (0,1)$，使得 $f(x_0) = 2 - 3x_0$. (2) 存在 $\xi, \eta \in (0,1)$，且 $\xi \neq \eta$，使得 $[1 + f'(\xi)][1 + f'(\eta)] = 4$. (2020 国赛预赛)

7. 设函数 $f(x)$ 在 $[a,b]$ 上连续，在 (a,b) 内二阶可导，且 $f(a) = f(b) = 0$，$\displaystyle\int_a^b f(x)\mathrm{d}x = 0$. 证明：(1) 存在互不相同的点 $x_1, x_2 \in (a,b)$，使得 $f'(x_i) = f(x_i), i = 1, 2$. (2) 存在 $\xi \in (a,b), \xi \neq x_i, i = 1, 2$，使得 $f''(\xi) = f(\xi)$. (2021 国赛决赛)

8. 设 $f(x)$ 在 $[0, +\infty)$ 上可微，$f(0) = 0$，且存在常数 $A > 0$，使得 $|f'(x)| \leq A|f(x)|$ 在 $[0, +\infty)$ 上成立. 证明：在 $(0, +\infty)$ 上有 $f(x) \equiv 0$. (2019 国赛预赛)

9. 设 $f(x)$ 在 (a,b) 内二次可导，存在常数 α, β，使得对 $\forall x \in (a,b)$，有 $f'(x) = \alpha f(x) + \beta f''(x)$，则 $f(x)$ 在 (a,b) 内无穷次可导. (2015 国赛预赛)

10. 设函数 $f(x)$ 在 $x = 0$ 的某邻域内具有二阶连续导数，且 $f(0), f'(0), f''(0)$ 均不为 0. 证明：存在唯一一组实数 k_1, k_2, k_3，使得
$$\lim_{h \to 0} \frac{k_1 f(h) + k_2 f(2h) + k_3 f(3h) - f(0)}{h^2} = 0.$$ (2011 国赛决赛)

11. 设函数 $f(x)$ 在 $x = 0$ 处可导，$f(0) = 0$，数列 $\{x_n\}, \{y_n\}$ 满足：$x_n \in (-\delta, 0), y_n \in (0, \delta)(\delta > 0)$，且 $\lim\limits_{n \to \infty} x_n = 0, \lim\limits_{n \to \infty} y_n = 0$，试求：
(1) $\lim\limits_{n \to \infty} \dfrac{x_n f(y_n) + y_n f(x_n)}{x_n y_n}$. (2) $\lim\limits_{n \to \infty} \dfrac{f(y_n) - f(x_n)}{y_n - x_n}$. (2018 江苏省赛)

12. 判断命题：若成立，试证明；若不成立，举一反例. (2017 江苏省赛)
命题1：若函数 $f(x), g(x)$ 在 $x = a$ 处皆不连续，则 $f(x) + g(x)$ 在 $x = a$ 处不连续.
命题2：若 $f(x), g(x)$ 在 $x = a$ 处皆连续，不可导，则 $f(x) + g(x)$ 在 $x = a$ 处不可导.

习题 2 参考答案

【保分基础练】

1. (1) 0；(2) 1；(3) 2；(4) $\dfrac{3}{x^2}$；(5) $\dfrac{1}{2x}$.

2. (1) A; (2) D; (3)B.

3. 由题设知，$\lim\limits_{x\to2}[f(x)-3x+2]=0,f(2)=4$,

则 $f'(2)=\lim\limits_{x\to2}\dfrac{f(x)-f(2)}{x-2}=\lim\limits_{x\to2}\dfrac{[f(x)-3x+2]+3x-6}{x-2}=5.$

4. 由麦克劳林公式得 $f(x)=-x+x^2-\dfrac{1}{2}x^3+\dfrac{1}{4}x^4+o(x^4)$,而 $\ln(1+x)=$

$x-\dfrac{x^2}{2}+\dfrac{x^3}{3}+o(x^3)$,则原式 $=\lim\limits_{x\to0}\dfrac{-\dfrac{1}{12}x^4+o(x^4)}{x^4}=-\dfrac{1}{12}.$

5. 令 $u=x-t$,则 $f(x)=(x-1)^2+3\displaystyle\int_0^x f(u)\mathrm{d}u.$ $f'(x)=2(x-1)+3f(x)$,

$f'(0)=-2+3f(0)=1.$ $f''(x)=2+3f'(x),f''(0)=2+3f'(0)=5.$ $f'''(x)=$

$3f''(x),f'''(0)=3f''(0)=3\times5.$ $f^{(4)}(x)=3f'''(x),f^{(4)}(0)=3f'''(0)=3^2\times5,$

所以 $f^{(100)}(0)=5\cdot3^{98}.$

6. 由题设知 $x>0$,取对数得 $\ln x+f(y)=y+\ln(\ln 29)$. 两边关于 x 求导,得

$\dfrac{1}{x}+f'(y)y'=y'$,整理得 $y'=\dfrac{1}{x[1-f'(y)]}.$

再求导,得

$$-\dfrac{1}{x^2}+f''(y)y'^2+f'(y)y''=y''.$$

将 $y'=\dfrac{1}{x[1-f'(y)]}$ 代入并整理得

$$y''=\dfrac{-\dfrac{1}{x^2}+f''(y)y'^2}{1-f'(y)}=\dfrac{f''(y)-[1-f'(y)]^2}{x^2[1-f'(y)]^3}.$$

7. 由题设知 $x_t'=(1+t)\mathrm{e}^t.$ 对 $\mathrm{e}^t+\mathrm{e}^y=2$ 两边关于 t 求导得

$$\mathrm{e}^t+\mathrm{e}^y\cdot y_t'=0\Rightarrow y_t'=-\dfrac{\mathrm{e}^t}{\mathrm{e}^y}=\dfrac{\mathrm{e}^t}{\mathrm{e}^t-2}.$$

$$\dfrac{\mathrm{d}y}{\mathrm{d}x}=\dfrac{y_t'}{x_t'}=-\dfrac{1}{\mathrm{e}^y(1+t)}=\dfrac{1}{(t+1)(\mathrm{e}^t-2)}\triangleq F(t).$$

$$\dfrac{\mathrm{d}^2y}{\mathrm{d}x^2}=\dfrac{F'(t)}{x_t'}=\dfrac{2-2\mathrm{e}^t-t\mathrm{e}^t}{(t+1)^3\mathrm{e}^t(\mathrm{e}^t-2)^2}.$$

8. (1) 对 $f(x)=\arcsin x$ 在以 $0,x$ 为端点的区间上使用拉格朗日中值定理,

可得在 $0,x$ 之间存在 ξ,使 $\arcsin x-\arcsin 0=\dfrac{x}{\sqrt{1-\xi^2}}$,则 $\arcsin x=\dfrac{x}{\sqrt{1-\xi^2}}.$

(2) 由(1)得 $\xi^2 = \dfrac{\arcsin^2 x - x^2}{\arcsin^2 x}$，则

$$\lim_{x \to 0} \frac{\xi^2}{x^2} = \lim_{x \to 0} \frac{\arcsin^2 x - x^2}{x^2 \arcsin^2 x} = \lim_{x \to 0} \frac{\arcsin x + x}{x} \cdot \lim_{x \to 0} \frac{\arcsin x - x}{x^3}$$

$$= 2\lim_{x \to 0} \frac{\dfrac{1}{\sqrt{1-x^2}} - 1}{3x^2} = 2\lim_{x \to 0} \frac{1}{3\sqrt{1-x^2}\,(1+\sqrt{1-x^2})} = \frac{1}{3}.$$

注意到 ξ 与 x 同号，得 $\lim\limits_{x \to 0} \dfrac{\xi}{x} = \dfrac{1}{\sqrt{3}}$.

9. 由题设知，$f(1) = 0, f'(x) = \mathrm{e}^{x^2}$. 当 $x > 1$ 时，$f(x) > 0$. (1) 令 $F(x) = f(x) - (2-x)\mathrm{e}^{x^2}$，则 $F(x)$ 在 $[1,2]$ 上连续，$F(1) = -\mathrm{e} < 0, F(2) = f(2) > 0$. 由零点定理得，$\exists\, \xi \in (1,2)$，使得 $F(\xi) = 0$，即 $f(\xi) = (2-\xi)\mathrm{e}^{\xi^2}$. (2) 取 $g(x) = \ln x$，$x \in [1,2]$，则 $f(x), g(x)$ 在 $(1,2)$ 上可导. 由柯西中值定理得，$\exists\, \eta \in (1,2)$，使得 $\dfrac{f(2) - f(1)}{g(2) - g(1)} = \dfrac{f'(\eta)}{g'(\eta)}$，即 $\dfrac{f(2)}{\ln 2} = \eta \mathrm{e}^{\eta^2}$.

10. 由 $\ln(1+x) = x - \dfrac{x^2}{2} + \dfrac{x^3}{3} - \cdots + (-1)^n \dfrac{x^{n+1}}{n+1} + o(x^{n+1})$，得

$$f(x) = x\ln(x-1) = [(x-2)+2]\ln[1+(x-2)]$$

$$= 2\ln[1+(x-2)] + (x-2)\ln[1+(x-2)]$$

$$= 2(x-2) - (x-2)^2 + \frac{2}{3}(x-2)^3 + \cdots + \frac{2(-1)^9}{9+1}(x-2)^{9+1} + o[(x-2)^{10}] +$$

$$(x-2)^2 - \frac{1}{2}(x-2)^3 + \cdots + \frac{(-1)^8}{8+1}(x-2)^{10} + o[(x-2)^{10}]$$

$$= 2(x-2) + \frac{1}{6}(x-2)^3 + \cdots - \frac{4}{45}(x-2)^{10} + o[(x-2)^{10}].$$

所求项为 $-\dfrac{4}{45}(x-2)^{10}$.

11. 设 $f(x) = \ln x, x \in [a,b]$. 由拉格朗日中值定理得，$\dfrac{\ln b - \ln a}{b - a} = f'(\xi) = \dfrac{1}{\xi}$，其中 $0 < a < \xi < b$，则 $\dfrac{1}{a} > \dfrac{1}{\xi} > \dfrac{1}{b} > \dfrac{2a}{a^2+b^2}$，得证.

12. $f'(x) = \lim\limits_{\Delta x \to 0} \dfrac{f(x+\Delta x) - f(x)}{\Delta x} = \lim\limits_{\Delta x \to 0} \dfrac{f(x)g(\Delta x) + f(\Delta x)g(x) - f(x)}{\Delta x}$

$$= \lim_{\Delta x \to 0} f(x) \cdot \frac{g(\Delta x) - g(0)}{\Delta x} + \lim_{\Delta x \to 0} g(x) \cdot \frac{f(\Delta x) - f(0)}{\Delta x}$$

$$= f(x)g'(0) + g(x)f'(0) = g(x).$$

13. 归纳得 $f^{(n)}(x) = (x+n)\mathrm{e}^x$. 令 $f^{(n+1)}(x) = (x+n+1)\mathrm{e}^x = 0$, 得驻点 $x = -(n+1)$. 当 $x < -(n+1)$ 时, $f^{(n+1)}(x) < 0$; 当 $x > -(n+1)$ 时, $f^{(n+1)}(x) > 0$, 则当 $x = -(n+1)$ 时, $f^{(n)}(x)$ 取极小值 $f^{(n)}(-n-1) = -\dfrac{1}{\mathrm{e}^{n+1}}$.

14. 由题设知, $y^3 + xy + x^2 - 2x + 1 = 0$, $\lim\limits_{x \to 1} y(x) = 0$. 两边关于 x 求导数, 有 $3y^2 y' + xy' + y + 2x - 2 = 0$, 得 $y'(x) = \dfrac{2 - 2x - y}{3y^2 + x}$, $\lim\limits_{x \to 1} y'(x) = 0$.

$$y''(x) = \frac{(3y^2 + x)(-2 - y') - (2 - 2x - y)(6yy' + 1)}{(3y^2 + x)^2}, \lim\limits_{x \to 1} y''(x) = -2.$$

$$\lim\limits_{x \to 1} \frac{\int_1^x y(t)\,\mathrm{d}t}{(x-1)^3} = \lim\limits_{x \to 1} \frac{y(x)}{3(x-1)^2} = \lim\limits_{x \to 1} \frac{y'(x)}{6(x-1)} = \lim\limits_{x \to 1} \frac{y''(x)}{6} = -\frac{1}{3}.$$

15. $f'(x) = \mathrm{e}^{x\ln\left(1 + \frac{1}{x}\right)} \left[\ln\left(1 + \frac{1}{x}\right) + \dfrac{x}{1 + \dfrac{1}{x}} \cdot \left(-\dfrac{1}{x^2}\right) \right]$

$$= \left(1 + \frac{1}{x}\right)^x \cdot \frac{(x+1)\ln\left(1 + \dfrac{1}{x}\right) - 1}{x+1}.$$

当 $x > 0$ 时, $\ln(1+x) < x$, 所以当 $x > 0$ 时, $(x+1)\ln\left(1 + \dfrac{1}{x}\right) - 1 > \dfrac{x+1}{x} - 1 = \dfrac{1}{x} > 0$, 则当 $x > 0$ 时, $f'(x) > 0$, 即函数 $f(x) = \left(1 + \dfrac{1}{x}\right)^x$ 在 $(0, +\infty)$ 内单调增加.

16. 设 $f(x) = 4\arctan x - x + \dfrac{4\pi}{3} - \sqrt{3}$, 令 $f'(x) = \dfrac{4}{1+x^2} - 1 = 0$, 得 $x_{1,2} = \pm\sqrt{3}$.

当 $x \in (-\infty, -\sqrt{3})$ 时, $f'(x) < 0$, 即 $f(x)$ 在 $(-\infty, -\sqrt{3})$ 上单调减少.

当 $x \in [-\sqrt{3}, \sqrt{3})$ 时, $f'(x) > 0$, 即 $f(x)$ 在 $[-\sqrt{3}, \sqrt{3})$ 上单调增加.

当 $x \in [\sqrt{3}, +\infty)$ 时, $f'(x) < 0$, 即 $f(x)$ 在 $[\sqrt{3}, +\infty)$ 上单调减少.

$f(-\sqrt{3}) = 0$, $f(\sqrt{3}) = 2\left(\dfrac{4\pi}{3} - \sqrt{3}\right) > 0$, $\lim\limits_{x \to +\infty} f(x) = -\infty$, 则 $f(x)$ 在 $(-\infty, +\infty)$ 内有且仅有两个零点, 一个为 $x = -\sqrt{3}$, 另一个位于 $(\sqrt{3}, +\infty)$ 内.

【争分提能练】

1. (1) 0; (2) $\dfrac{2\mathrm{e}(2\mathrm{e} - 3)}{\sqrt{(4 + \mathrm{e}^2)^3}}$.

2. (1) D;(2) C;(3) D;(4) D;(5) B.

3. (1) 当 $x \neq 0$ 时,微分方程可化为 $f''(x) - \dfrac{1}{x}f'(x) = 2$. 由一阶线性微分方程的通解公式,得 $f'(x) = e^{\int \frac{1}{x}dx} \left(\int 2e^{-\int \frac{1}{x}dx} dx + C \right) = 2x\ln|x| + Cx$. 积分,得 $f(x)$

$= \displaystyle\int 2x\ln|x| dx + \dfrac{C}{2}x^2 + C_2 = x^2\ln|x| + C_1 x^2 + C_2$,其中 C_1, C_2 为任意常数.

(2) $f(x) = \begin{cases} x^2\ln|x| + C_1 x^2 + C_2, & x \neq 0, \\ C_2, & x = 0 \end{cases}$ 在 $x = 0$ 处不连续. 由

$\lim\limits_{x \to 0} x^2\ln|x| = 0$,补充定义 $f(0) = C_2$,则 $f(x)$ 连续. $\lim\limits_{x \to 0} \dfrac{f(x) - f(0)}{x - 0} =$

$\lim\limits_{x \to 0} \dfrac{x^2\ln|x| + C_1 x^2}{x} = 0$,则 $f'(0) = 0$ 存在.

$f'(x) = \begin{cases} 2x\ln|x| + (2C_1 + 1)x, & x \neq 0, \\ 0, & x = 0. \end{cases}$ $\lim\limits_{x \to 0} \dfrac{f'(x) - f'(0)}{x - 0} = -\infty$,所以

$f''(0)$ 不存在.

4. (1) 令 $F(x) = xf(x)$,则 $F'(x) = xf'(x) + f(x) \equiv 0$,从而 $F(x) \equiv C$. 又

$F(1) = f(1) = 1$,则 $C = 1, F(2) = 2f(2) = 1, f(2) = \dfrac{1}{2}$. (2) 令 $G(x) = \dfrac{f(x)}{x}$,

则 $G'(x) = \dfrac{xf'(x) - f(x)}{x^2} \equiv 0, G(x) \equiv C$. 又 $G(1) = f(1) = 1$,则 $C = 1, G(2)$

$= \dfrac{f(2)}{2} = 1, f(2) = 2$.

5. 由麦克劳林公式得

$$\ln(1 - ax) = -ax - \dfrac{1}{2}(-ax)^2 + \dfrac{1}{3}(-ax)^3 + o(x^3),$$

$$\dfrac{1}{1 + bx} = 1 - bx + (-bx)^2 + (-bx)^3 + o(x^3),$$

则 $f(x) = (1 - a)x - \left(\dfrac{a^2}{2} + b \right)x^2 + \left(b^2 - \dfrac{a^3}{3} \right)x^3 + o(x^3)$. 由题设,令

$\begin{cases} 1 - a = 0, \\ \dfrac{a^2}{2} + b = 0, \end{cases}$ 解得 $a = 1, b = -\dfrac{1}{2}$,此时无穷小的阶数最高,为 3 阶.

6. $x = 0$ 为驻点,又 $\lim\limits_{x \to 0} \dfrac{f''(x)}{|x|} = 1 > 0$,由局部保号性得,存在 $\delta > 0$,当 $x \in$

$(-\delta,\delta)$ 时,有 $\dfrac{f''(x)}{|x|}>0,f''(x)>0$,则 $f'(x)$ 在区间 $(-\delta,\delta)$ 内单调递增;当 $x\in$ $(-\delta,0)$ 时,$f'(x)<f'(0)=0$;当 $x\in(0,\delta)$ 时,$f'(x)>f'(0)=0$. 故 $f(0)$ 是 $f(x)$ 的极小值.

7. (1) 若 $x=a$ 为极值点,则 $f'(a)=0$,在等式中取 $x=a$,得 $(a-1)f''(a)=$ $1-\mathrm{e}^{1-a}$. 当 $a\neq 1$ 时,有 $f''(a)=\dfrac{1-\mathrm{e}^{1-a}}{a-1}>0$,则 $x=a$ 为 $f(x)$ 的极小值点.

(2) 由等式得 $f''(x)-2f'(x)=\dfrac{1-\mathrm{e}^{1-x}}{1-x}$.

$\lim\limits_{x\to 1}f''(x)-2\lim\limits_{x\to 1}f'(x)=\lim\limits_{x\to 1}\dfrac{1-\mathrm{e}^{1-x}}{1-x}=1$. 由 $f'(1)=0$,得 $f''(1)=1>0$,则 $x=1$ 为极小值点.

8. 将 $f(x)$ 在 $x=\dfrac{1}{2}$ 处展开成泰勒公式,并将 $x=0,1$ 分别代入,得

$$f(x)=f\left(\frac{1}{2}\right)+f'\left(\frac{1}{2}\right)\left(x-\frac{1}{2}\right)+\frac{1}{2!}f''\left(\frac{1}{2}\right)\left(x-\frac{1}{2}\right)^2+\frac{1}{3!}f'''(\xi)\left(x-\frac{1}{2}\right)^3.$$

$$f(0)=f\left(\frac{1}{2}\right)+\frac{1}{8}f''\left(\frac{1}{2}\right)-\frac{1}{48}f'''(\xi_1),0<\xi_1<\frac{1}{2}.$$

$$f(1)=f\left(\frac{1}{2}\right)+\frac{1}{8}f''\left(\frac{1}{2}\right)+\frac{1}{48}f'''(\xi_2),\frac{1}{2}<\xi_2<1.$$

两式相减,得 $1=|f(1)-f(0)|=\dfrac{1}{48}|f'''(\xi_1)+f'''(\xi_2)|\leqslant\dfrac{1}{48}(|f'''(\xi_2)|+|f'''(\xi_2)|)$.

设 $|f'''(\xi)|=\max\{|f'''(\xi_1)|,|f'''(\xi_2)|\}$,有 $1\leqslant\dfrac{2}{48}|f'''(\xi)|$,即 $|f'''(\xi)|\geqslant 24$.

9. 令 $f(x)=x\sin x+2\cos x+\pi x-a\sin a-2\cos a-\pi a,f(a)=0$,则 $f'(x)=x\cos x-\sin x+\pi,f''(x)=\cos x-x\sin x-\cos x=-x\sin x<0(0<x<\pi)$,

则 $f'(x)$ 单调减少. 又 $f'(\pi)=0$,所以 $f'(x)>0(0<x<\pi)$,所以 $f(x)$ 在 $[0,\pi]$ 上单调增加.

由 $b>a$ 且 $f(a)=0$,得 $f(b)>0$,即 $b\sin b+2\cos b+\pi b>a\sin a+2\cos a+\pi a$.

10. $\left(1+\dfrac{1}{n}\right)^{n+k}>\mathrm{e}$ 等价于 $(n+k)\ln\left(1+\dfrac{1}{n}\right)>1$,即 $k>\dfrac{1}{\ln\left(1+\dfrac{1}{n}\right)}-n$. 令

$f(x)=\dfrac{1}{\ln(1+x)}-\dfrac{1}{x},x\in(0,1]$,则 $f'(x)=\dfrac{(1+x)\ln^2(1+x)-x^2}{(1+x)x^2\ln^2(1+x)}$.

令 $g(x)=(1+x)\ln^2(1+x)-x^2$,则 $g'(x)=\ln^2(1+x)+2\ln(1+x)-2x$,

$g''(x) = \dfrac{2\ln(1+x) - 2x}{1+x}$. 在 $(0,1]$ 上，$\ln(1+x) < x$，$g''(x) < 0$，$g'(x) < g'(0) = 0$，$g(x) < g(0) = 0$，则 $f'(x) < 0$，

从而

$$f(x) < \lim_{x \to 0^+}\left[\frac{1}{\ln(1+x)} - \frac{1}{x}\right] = \lim_{x \to 0^+}\frac{x - \ln(1+x)}{x\ln(1+x)} = \lim_{x \to 0^+}\frac{1 - \dfrac{1}{1+x}}{2x} = \frac{1}{2},$$

所以 $k \in \left[\dfrac{1}{2}, +\infty\right)$.

11. (1) 设 $f(x)$ 在 $x_1 \in (0,1)$ 处取得最大值，即 $f(x_1) = 2$. 由拉格朗日中值定理得，$\exists \xi \in (0, x_1)$，使得 $f(x_1) - f(0) = f'(\xi) \cdot (x_1 - 0)$，即 $f'(\xi) \cdot x_1 = 2$. 又 $0 < x_1 < 1$，则 $\dfrac{1}{x_1} > 1$，$f'(\xi) = \dfrac{2}{x_1} > 2$. (2) 由题设及 (1) 知，$x_1$ 为最大且极大值点，由费马引理得，$f'(x_1) = 0$. 又设 $f(x)$ 在 x_2 处取得最小值，即 $f(x_2) = m$，则 $m = f(x_2) \leqslant f(0) = 0$. 将 $f(x)$ 在 $x = x_1$ 处展开，$f(x) = f(x_1) + \dfrac{f''(\eta_1)}{2!} \cdot (x - x_1)^2$，$\eta_1$ 介于 x 与 x_1 之间. 取 $x = x_2$，则 $f(x_2) = f(x_1) + \dfrac{f''(\eta)}{2!}(x_2 - x_1)^2 = 2 + \dfrac{f''(\eta)}{2!}(x_2 - x_1)^2 \leqslant 0$，$\eta$ 介于 x_1 与 x_2 之间. 于是 $\dfrac{f''(\eta)}{2!}(x_2 - x_1)^2 \leqslant -2$. 又 $(x_2 - x_1)^2 < 1$，则 $f''(\eta) \leqslant \dfrac{-4}{(x_2 - x_1)^2} < -4$.

12. 命题成立. 由题设可得 $\lim\limits_{x \to 0}\dfrac{f(x) - f\left(\dfrac{x}{2}\right)}{x} = \dfrac{a}{2}$. 类似地，

$$\lim_{x \to 0}\frac{f\left(\dfrac{x}{2}\right) - f\left(\dfrac{x}{2^2}\right)}{x} = \frac{a}{2^2}, \cdots, \lim_{x \to 0}\frac{f\left(\dfrac{x}{2^{n-1}}\right) - f\left(\dfrac{x}{2^n}\right)}{x} = \frac{a}{2^n}.$$

相加得

$$\lim_{x \to 0}\frac{f(x) - f\left(\dfrac{x}{2^n}\right)}{x} = \left(\frac{1}{2} + \frac{1}{2^2} + \cdots + \frac{1}{2^n}\right)a = \left(1 - \frac{1}{2^n}\right)a,$$

则

$$f(x) - f\left(\frac{x}{2^n}\right) = \left(1 - \frac{1}{2^n}\right)ax + o(x).$$

由 $f(x)$ 在 $x = 0$ 处连续，得 $\lim\limits_{n \to \infty}f\left(\dfrac{x}{2^n}\right) = f(0)$. 令 $n \to \infty$，取极限得 $f(x) - f(0) =$

$ax + o(x)$. 由导数的定义得，$f'(0) = \lim\limits_{x \to 0} \dfrac{f(x) - f(0)}{x} = \lim\limits_{x \to 0} \dfrac{ax + o(x)}{x} = a.$

【实战真题练】

1. (1) 2；(2) $x - 2y - 2 = 0$；(3) $(-1)^n 4^{n-2} n! \pi^2$；(4) 2e.

2. (1) C；(2) B.

3. $\dfrac{3}{2} f'(1).$

4. $g'(x) = \begin{cases} -\dfrac{1}{x^2} \displaystyle\int_0^x f(u)\,\mathrm{d}u + \dfrac{f(x)}{x}, & x \neq 0, \\[4mm] \dfrac{1}{2}, & x = 0 \end{cases}$ 连续.

5. 提示：令 $F(x) = \dfrac{1}{I} \displaystyle\int_0^x f(t)\,\mathrm{d}t$，利用介值定理和拉格朗日中值定理.

6. 提示：(1) 令 $F(x) = f(x) - 2 + 3x$，利用介值定理；(2) 利用拉格朗日中值定理.

7. 提示：利用罗尔定理. (1) 令 $F(x) = \mathrm{e}^{-x} \displaystyle\int_a^x f(t)\,\mathrm{d}t$；$G(x) = f(x) - \displaystyle\int_a^x f(t)\,\mathrm{d}t$；(2) 令 $\varphi(x) = \mathrm{e}^x [f'(x) - f(x)].$

8. 提示：利用闭区间上连续函数的最值性及拉格朗日中值定理.

9. 提示：分 $\beta = 0$ 和 $\beta \neq 0$ 两种情况讨论，利用归纳法.

10. $k_1 = 3,\ k_2 = -3,\ k_3 = 1.$

11. (1) $2f'(0)$；(2) $f'(0)$.

12. 不成立. 反例：(1) $f(x) = \begin{cases} 1, & x \geqslant a, \\ 0, & x < a, \end{cases}$ $g(x) = \begin{cases} 0, & x \geqslant a, \\ 1, & x < a. \end{cases}$

(2) $f(x) = |x|$，$g(x) = 1 - |x|$，$a = 0.$

第三讲

一元函数积分

一、内容提要

(一) 不定积分

1. 基本概念

(1) 原函数定义

如果对任意的 $x \in I$，都有 $F'(x) = f(x)$ 或 $\mathrm{d}F(x) = f(x)\mathrm{d}x$，则称 $F(x)$ 为 $f(x)$ 在区间 I 上的原函数.

(2) 不定积分定义

若 $F(x)$ 是 $f(x)$ 在区间 I 上的一个原函数，则称 $f(x)$ 在区间 I 上的全体原函数 $F(x) + C$（C 为任意常数）为 $f(x)$ 在区间 I 上的不定积分. 记作 $\int f(x)\mathrm{d}x$，即

$$\int f(x)\mathrm{d}x = F(x) + C.$$

2. 原函数的一些重要结论

(1) 当 $f(x)$ 连续时，则 $f(x)$ 一定有原函数，且可以写成 $F(x) = \int_a^x f(t)\mathrm{d}t$.

(2) 当 $f(x)$ 不连续时，$f(x)$ 也可能存在原函数.

(3) 如果一个函数存在一个原函数，那么它一定有无穷多个原函数，任何两个原函数之间只相差一个常数.

(4) 连续奇函数的原函数为偶函数；连续偶函数的原函数为奇函数与常数之和；连续周期函数的原函数不一定是周期函数.

3. 不定积分的性质

性质 1 $\left[\int f(x)\mathrm{d}x\right]' = f(x)$ 或 $\mathrm{d}\left[\int f(x)\mathrm{d}x\right] = f(x)\mathrm{d}x.$

性质 2 $\displaystyle\int f'(x)\mathrm{d}x = f(x) + C$ 或 $\displaystyle\int \mathrm{d}f(x) = f(x) + C.$

性质 3 $\displaystyle\int kf(x)\mathrm{d}x = k\int f(x)\mathrm{d}x (k \neq 0).$

性质 4 $\displaystyle\int [f(x) \pm g(x)]\mathrm{d}x = \int f(x)\mathrm{d}x \pm \int g(x)\mathrm{d}x.$

【注】不定积分与导数、微分互为逆运算,交替使用会相互抵消.最后一个运算决定结果的形式,若为不定积分,则结果不能忽略任意常数;若为微分运算,则结果不能缺少 $\mathrm{d}x$.

4. 基本积分公式

$$\int k\mathrm{d}x = kx + C(k \text{ 是常数});\qquad \int x^{a}\mathrm{d}x = \frac{1}{a+1}x^{a+1} + C(a \neq -1);$$

$$\int \frac{1}{x}\mathrm{d}x = \ln|x| + C(x \neq 0);\qquad \int \frac{1}{1+x^{2}}\mathrm{d}x = \arctan x + C;$$

$$\int \frac{1}{\sqrt{1-x^{2}}}\mathrm{d}x = \arcsin x + C;\qquad \int \cos x\mathrm{d}x = \sin x + C;$$

$$\int \sin x\mathrm{d}x = -\cos x + C;\qquad \int \sec^{2}x\mathrm{d}x = \tan x + C;$$

$$\int \csc^{2}x\mathrm{d}x = -\cot x + C;\qquad \int \sec x\tan x\mathrm{d}x = \sec x + C;$$

$$\int \csc x\cot x\mathrm{d}x = -\csc x + C;\qquad \int a^{x}\mathrm{d}x = \frac{a^{x}}{\ln a} + C(a > 0, a \neq 1);$$

$$\int \mathrm{e}^{x}\mathrm{d}x = \mathrm{e}^{x} + C;\qquad \int \mathrm{sh}x\mathrm{d}x = \mathrm{ch}x + C;$$

$$\int \mathrm{ch}x\mathrm{d}x = \mathrm{sh}x + C;\qquad \int \tan x\mathrm{d}x = -\ln|\cos x| + C;$$

$$\int \cot x\mathrm{d}x = \ln|\sin x| + C;\qquad \int \sec x\mathrm{d}x = \ln|\sec x + \tan x| + C;$$

$$\int \csc x\mathrm{d}x = \ln|\csc x - \cot x| + C;\qquad \int \csc x\mathrm{d}x = \ln\left|\tan \frac{x}{2}\right| + C;$$

$$\int \frac{1}{a^{2}+x^{2}}\mathrm{d}x = \frac{1}{a}\arctan \frac{x}{a} + C;\qquad \int \frac{1}{x^{2}-a^{2}}\mathrm{d}x = \frac{1}{2a}\ln\left|\frac{x-a}{x+a}\right| + C;$$

$$\int \frac{1}{\sqrt{a^{2}-x^{2}}}\mathrm{d}x = \arcsin \frac{x}{a} + C(a > 0);$$

$$\int \frac{1}{\sqrt{x^{2} \pm a^{2}}}\mathrm{d}x = \ln(x + \sqrt{x^{2} \pm a^{2}}) + C(a > 0).$$

5. 不定积分的计算

(1) **分项积分法** 利用不定积分的加(减)法运算性质,将函数和(减)的积分化为积分的和(减).

(2) **换元积分法**

定理 1(第一类换元积分法) 设 $f(u)$ 具有原函数 $F(u)$,$u = \varphi(x)$ 可导,则

$$\int f[\varphi(x)]\varphi'(x)\mathrm{d}x = \left[\int f(u)\mathrm{d}u\right]_{u=\varphi(x)} = F(u)\Big|_{u=\varphi(x)} + C = F(\varphi(x)) + C.$$

定理 2(第二类换元积分法) 设 $x = \varphi(t)$ 是单调、可导的函数且 $\varphi'(t) \neq 0$,又设 $f[\varphi(t)]\varphi'(t)$ 具有原函数 $F(t)$,则有

$$\int f(x)\mathrm{d}x = \left[\int f[\varphi(t)]\varphi'(t)\mathrm{d}t\right]_{t=\varphi^{-1}(x)} = F[\varphi^{-1}(x)] + C,$$

其中 $\varphi^{-1}(x)$ 是 $x = \varphi(t)$ 的反函数.

第二类换元积分法的实质是通过引入新变量,简化被积函数的形式. 通过引入新变量,简化被积函数的方法主要包括以下几种:

① 三角换元:包括三种形式 $\begin{cases} x = a\sin t, \\ x = a\tan t, \\ x = a\sec t, \end{cases}$ 分别处理被积函数中包含 $\begin{cases} \sqrt{a^2 - x^2}, \\ \sqrt{a^2 + x^2}, \\ \sqrt{x^2 - a^2} \end{cases}$ 的情形.

② 倒换元:若分母的次数较高,则可采用倒换元 $x = \dfrac{1}{t}$.

③ 指数(对数)代换:若被积函数为指数函数 e^x 的有理式或无理式,则可采用指数(对数)代换 $t = \mathrm{e}^x$,即 $x = \ln t$.

(3) **分部积分法**

定理 3(分部积分法) 设函数 $u = u(x), v = v(x)$ 具有连续的导数,则有

$$\int u\mathrm{d}v = uv - \int v\mathrm{d}u \text{ 或} \int uv'\mathrm{d}x = uv - \int vu'\mathrm{d}x$$

当选择适当的 $u = u(x), v = v(x)$,上面公式中右端积分 $\int v\mathrm{d}u$ 比左端积分 $\int u\mathrm{d}v$ 简单易积出,或经过若干次分部积分后还原为原积分时,常用分部积分法.

① 适用的情形:当被积函数含有幂函数、三角函数、指数函数、对数函数、反三角函数与其他类型函数的乘积时,可以考虑用分部积分法,但并不仅限于以上这些类型.

② 选取 u 和 v' 的原则:按照"反对幂三指"的顺序,前者为 u 后者为 v'.其中,"反对幂三指"分别是指反三角函数、对数函数、幂函数、三角函数和指数函数.

（ⅰ）通过对 $u(x)$ 的求导降低它的复杂程度,而 $v'(x)$ 与 $v(x)$ 类型相似或复杂程度相当.如形如 $\int p_n(x)\sin\alpha x\,\mathrm{d}x,\int p_n(x)\cos\beta x\,\mathrm{d}x,\int p_n(x)\mathrm{e}^{\lambda x}\,\mathrm{d}x$ 之类的不定积分（其中 $p_n(x)$ 是 n 次多项式）,通常总是取 $p_n(x)$ 作为 $u(x)$,而将另一函数看作 $v'(x)$,这时 $v(x)$ 很容易求出,通过分部积分,$p_n(x)$ 的次数逐步降低,直到最后成为常数.

（ⅱ）通过对 $u(x)$ 的求导使得它的类型与 $v(x)$ 的类型相近或相同,然后将它们作为一个统一的函数进行处理.如 $\int p_n(x)\arcsin x\,\mathrm{d}x,\int p_n(x)\arctan x\,\mathrm{d}x,$ $\int p_n(x)\ln x\,\mathrm{d}x$ 之类的不定积分,一般总是将 $p_n(x)$ 看作 $v'(x)$.

（ⅲ）利用有些函数经过数次求导后形式会还原的特点,通过若干次的分部积分,使得等式右边也出现 $\int u(x)v'(x)\,\mathrm{d}x$ 的项,只要它的系数不为 1,就可以通过解方程的方法求得积分 $\int u(x)v'(x)\,\mathrm{d}x$.

（ⅳ）对于某些形如 $\int f^n(x)\,\mathrm{d}x$ 类型的不定积分,利用分部积分法可以导出递推公式.

6. 重要结论

(1) 常用的凑微分形式

$$\int f(ax+b)\,\mathrm{d}x = \frac{1}{a}\int f(ax+b)\,\mathrm{d}(ax+b)\,(a\neq 0);$$

$$\int f(x^n)x^{n-1}\,\mathrm{d}x = \frac{1}{n}\int f(x^n)\,\mathrm{d}x^n;$$

$$\int f(\sin x)\cos x\,\mathrm{d}x = \int f(\sin x)\,\mathrm{d}\sin x;$$

$$\int f(\cos x)\sin x\,\mathrm{d}x = -\int f(\cos x)\,\mathrm{d}\cos x;$$

$$\int f(\mathrm{e}^x)\mathrm{e}^x\,\mathrm{d}x = \int f(\mathrm{e}^x)\,\mathrm{d}\mathrm{e}^x;$$

$$\int f(\ln x)\frac{1}{x}\,\mathrm{d}x = \int f(\ln x)\,\mathrm{d}\ln x;$$

$$\int f(\tan x)\frac{1}{\cos^2 x}\mathrm{d}x = \int f(\tan x)\mathrm{d}\tan x;$$

$$\int f(\cot x)\frac{1}{\sin^2 x}\mathrm{d}x = -\int f(\cot x)\mathrm{d}\cot x;$$

$$\int f(\arcsin x)\frac{1}{\sqrt{1-x^2}}\mathrm{d}x = \int f(\arcsin x)\mathrm{d}\arcsin x;$$

$$\int f(\arctan x)\frac{1}{1+x^2}\mathrm{d}x = \int f(\arctan x)\mathrm{d}\arctan x.$$

（2）有理函数的分解

当 $Q(x) = (x-a)^k\cdots(x^2+px+q)^m, p^2-4q<0, \dfrac{P(x)}{Q(x)}$ 为真分式时，有

$$\frac{P(x)}{Q(x)} = \frac{A_1}{x-a} + \frac{A_2}{(x-a)^2} + \cdots + \frac{A_k}{(x-a)^k} + \cdots + \frac{B_1 x+C_1}{x^2+px+q} +$$

$$\frac{B_2 x+C_2}{(x^2+px+q)^2} + \cdots + \frac{B_m x+C_m}{(x^2+px+q)^m}.$$

称分式 $\dfrac{A_1}{x-a},\cdots,\dfrac{A_k}{(x-a)^k},\dfrac{B_1 x+C_1}{x^2+px+q},\cdots,\dfrac{B_m x+C_m}{(x^2+px+q)^m}$ 为最简分式，由此，

$\dfrac{P(x)}{Q(x)}$ 的积分都可化为最简分式的积分.

7. 几种特殊类型函数的积分

（1）简单有理函数的积分

有理函数的积分问题可归结为求有理真分式的积分问题，而在实数范围内，任何有理真分式都可以分解成下列四类分式之和：

$$\frac{A}{x-a},\frac{A}{(x-a)^k},\frac{Ax+B}{x^2+px+q},\frac{Ax+B}{(x^2+px+q)^k}$$

（其中 k 是正整数，$k \geqslant 2, p^2-4q<0$）.各个分式的分子中的常数可用待定系数法等方法确定.

（2）简单无理函数的积分

① 对形如 $R(x,\sqrt[n]{ax+b})$（a,b 为常数）函数的积分，可作变量代换 $\sqrt[n]{ax+b} = t$，把无理函数积分转化为有理函数的积分；对既含有 $\sqrt[n]{ax+b}$，也含 $\sqrt[m]{ax+b}$ 的函数积分，一般取 m,n 的最小公倍数 l，令 $\sqrt[l]{ax+b} = t$.

② 对形如 $R\left(x,\sqrt[n]{\dfrac{ax+b}{cx+d}}\right)$（$a,b,c,d$ 为常数）函数的积分，可作变量代换

$\sqrt[n]{\dfrac{ax+b}{cx+d}}=t$，从而将原积分转化为有理函数的积分.

③ 对含 $\sqrt{ax^2+bx+c}\,(\Delta=b^2-4ac\neq0)$ 无理式的不定积分的常用方法：

（ⅰ）配方，$\sqrt{ax^2+bx+c}=\sqrt{a\left(x+\dfrac{b}{2a}\right)^2+\dfrac{4ac-b^2}{4a}}$，然后使用三角变换.

（ⅱ）若 $\Delta=b^2-4ac>0$，则

$$\sqrt{ax^2+bx+c}=\sqrt{(a_1x+b_1)(a_2x+b_2)}=|a_2x+b_2|\sqrt{\dfrac{a_1x+b_1}{a_2x+b_2}},$$

可令

$$t=\sqrt{\dfrac{a_1x+b_1}{a_2x+b_2}}.$$

（ⅲ）若 $a>0$，可令 $\sqrt{ax^2+bx+c}=\sqrt{a}x+t$，若 $c>0$，可令 $\sqrt{ax^2+bx+c}=tx+\sqrt{c}$.

（3）三角函数有理式的积分

三角有理函数可表示为 $R(\sin x,\cos x)$，$\displaystyle\int R(\sin x,\cos x)\mathrm{d}x$ 的基本方法：

① 利用三角恒等式化简，采用换元积分法或分部积分法.

② 采用万能变换将其化为有理函数的积分.

作变量代换 $\tan\dfrac{x}{2}=t$，则 $\displaystyle\int R(\sin x,\cos x)\mathrm{d}x=\int R\left(\dfrac{2t}{1+t^2},\dfrac{1-t^2}{1+t^2}\right)\dfrac{2}{1+t^2}\mathrm{d}t$，
上式右端是 t 的有理函数的积分.

③ 用特殊代换化三角函数有理式的积分为有理式的积分.

若 $R(\sin x,-\cos x)=-R(\sin x,\cos x)$，则可令 $t=\sin x$；

若 $R(-\sin x,\cos x)=-R(\sin x,\cos x)$，则可令 $t=\cos x$；

若 $R(-\sin x,-\cos x)=R(\sin x,\cos x)$，则可令 $t=\tan x$.

（二）定积分

1. 定积分的概念

（1）定积分定义

将 $[a,b]$ 内任意插入 $n-1$ 个分点 $a=x_0<x_1<x_2<\cdots<x_n=b$，把 $[a,b]$ 分成 n 个小区间 $[x_{i-1},x_i]$，其长度记作 $x_i-x_{i-1}=\Delta x_i(i=1,2,\cdots,n)$. 在每个小区间 $[x_{i-1},x_i]$ 上任取一点 ξ_i，作积 $f(\xi_i)\Delta x_i(i=1,2,\cdots,n)$，并作和 $\displaystyle\sum_{i=1}^{n}f(\xi_i)\Delta x_i$，记

$\lambda = \max\{\Delta x_1, \Delta x_2, \cdots, \Delta x_n\}$，则 $f(x)$ 在 $[a,b]$ 上的定积分定义为 $\displaystyle\int_a^b f(x)\mathrm{d}x =$

$\displaystyle\lim_{\lambda \to 0}\sum_{i=1}^n f(\xi_i)\Delta x_i$，这里右端的极限存在.

特别地，

$$\int_a^b f(x)\mathrm{d}x = \lim_{n \to \infty}\sum_{i=1}^n f\left(a + \frac{b-a}{n}i\right)\frac{b-a}{n};$$

$$\int_0^1 f(x)\mathrm{d}x = \lim_{n \to \infty}\sum_{i=1}^n f\left(\frac{i}{n}\right)\frac{1}{n};$$

$$\int_a^b f(x)\mathrm{d}x = \int_a^b f(u)\mathrm{d}u = \int_a^b f(t)\mathrm{d}t.$$

（2）可积条件

设函数 $f(x)$ 在区间 $[a,b]$ 上连续，或者函数 $f(x)$ 在区间 $[a,b]$ 上有界，且至多存在有限个间断点，则函数 $f(x)$ 在 $[a,b]$ 上可积.

（3）几何意义

$\displaystyle\int_a^b f(x)\mathrm{d}x$ 在几何上表示由曲线 $y = f(x)$、直线 $x = a$、$x = b$ 与 x 轴所围曲边梯形面积的代数和，即在 x 轴上方图形的面积和减去 x 轴下方图形的面积和.

特别地，

$$\int_0^a \sqrt{a^2 - x^2}\,\mathrm{d}x = \frac{\pi}{4}a^2\,(a > 0);$$

$$\int_0^a \sqrt{ax - x^2}\,\mathrm{d}x = \frac{\pi}{8}a^2\,(a > 0);$$

$$\int_a^b \left(x - \frac{a+b}{2}\right)\mathrm{d}x = 0.$$

2. 定积分的性质

（1）线性性　$\displaystyle\int_a^b [f(x) \pm g(x)]\mathrm{d}x = \int_a^b f(x)\mathrm{d}x \pm \int_a^b g(x)\mathrm{d}x.$

$$\int_a^b kf(x)\mathrm{d}x = k\int_a^b f(x)\mathrm{d}x\ (k\ \text{为常数}).$$

（2）区间可加性　$\displaystyle\int_a^b f(x)\mathrm{d}x = \int_a^c f(x)\mathrm{d}x + \int_c^b f(x)\mathrm{d}x.$

（3）不等式性质

保号性　如果在区间 $[a,b]$ 上 $f(x) \geqslant 0$，则 $\displaystyle\int_a^b f(x)\mathrm{d}x \geqslant 0\ (a < b).$

单调性　如果在区间 $[a,b]$ 上 $f(x) \leqslant g(x)$，则 $\int_a^b f(x)\mathrm{d}x \leqslant \int_a^b g(x)\mathrm{d}x$.

绝对值不等式　$\left| \int_a^b f(x)\mathrm{d}x \right| \leqslant \int_a^b |f(x)|\,\mathrm{d}x\ (a < b)$.

估值定理　设 M 和 m 分别是函数 $f(x)$ 在区间 $[a,b]$ 上的最大值和最小值，则

$$m(b-a) \leqslant \int_a^b f(x)\mathrm{d}x \leqslant M(b-a).$$

（4）积分中值定理

第一积分中值定理　设 $f(x)$ 在 $[a,b]$ 上连续，$g(x)$ 在 $[a,b]$ 上可积且不变号，则存在 $\xi \in [a,b]$，使得 $\int_a^b f(x)g(x)\mathrm{d}x = f(\xi)\int_a^b g(x)\mathrm{d}x$.

特别地，当 $g(x) \equiv 1$ 时，第一积分中值定理变为 $\int_a^b f(x)\mathrm{d}x = f(\xi)(b-a)(a \leqslant \xi \leqslant b)$，称为积分中值定理.

第二积分中值定理　设 $f(x)$ 在 $[a,b]$ 上可积，$g(x)$ 在 $[a,b]$ 上单调，则存在 $\xi \in [a,b]$，使得 $\int_a^b f(x)g(x)\mathrm{d}x = g(a)\int_a^\xi f(x)\mathrm{d}x + g(b)\int_\xi^b f(x)\mathrm{d}x$.

【注1】若 $g(x)$ 在 $[a,b]$ 上连续且不变号，则第一积分中值定理中的 ξ 在开区间 (a,b) 内取到.

【注2】第二积分中值定理有如下两种特殊形式：

① 若 $g(x)$ 在 $[a,b]$ 上单调递减且 $g(x) \geqslant 0$，则存在 $\xi \in [a,b]$，使得

$$\int_a^b f(x)g(x)\mathrm{d}x = g(a)\int_a^\xi f(x)\mathrm{d}x.$$

② 若 $g(x)$ 在 $[a,b]$ 上单调递增且 $g(x) \geqslant 0$，则存在 $\xi \in [a,b]$，使得

$$\int_a^b f(x)g(x)\mathrm{d}x = g(b)\int_\xi^b f(x)\mathrm{d}x.$$

3. 变限积分函数

（1）原函数存在定理

如果函数 $f(x)$ 在区间 I 上连续，那么在区间 I 上存在可导函数 $F(x)$，使对任一 $x \in I$ 都有 $F'(x) = f(x)$. 更进一步有，如果 $f(x)$ 在 $[a,b]$ 上连续，那么 $F(x) = \int_a^x f(x)\mathrm{d}x$ 在 $[a,b]$ 上可导，且有 $F'(x) = f(x)$.

（2）变限积分函数的导数

设函数 $f(x)$ 在 $[a,b]$ 上连续，$u(x),v(x)$ 在 $[a,b]$ 上可导，且

$$a \leqslant u(x), v(x) \leqslant b, x \in [a,b].$$

则积分限函数 $F(x) = \displaystyle\int_{v(x)}^{u(x)} f(t)\mathrm{d}t$ 在 $[a,b]$ 上可导,且

$$F'(x) = f[u(x)]u'(x) - f[v(x)]v'(x).$$

【注1】变上限积分函数的性质:若被积函数可积,则对应的变上限积分函数连续;若被积函数连续,则对应的变上限积分函数可导.

【注2】$f(t)$ 连续时,变上限积分函数 $\displaystyle\int_a^x f(t)\mathrm{d}t$ 是 $f(t)$ 的一个原函数.

【注3】变上限积分函数,当积分上下限相等时,积分为零.

4. 定积分的计算

(1) 微积分基本定理

定理1(牛顿-莱布尼茨公式) 设 $f(x)$ 在区间 $[a,b]$ 上连续,$F(x)$ 是 $f(x)$ 在 $[a,b]$ 上的一个原函数,则 $\displaystyle\int_a^b f(x)\mathrm{d}x = F(b) - F(a).$

该公式也称为微积分基本公式,它揭示了定积分与被积函数的原函数或不定积分之间的关系,即求一个连续函数在区间 $[a,b]$ 上的定积分只需求出它的任意一个原函数在区间 $[a,b]$ 上的增量.

【注1】可积未必具有原函数,例如 $f(x) = \mathrm{sgn}(x)$ 在区间 $[-1,1]$ 上可积,但由于 $f(x)$ 有第一类跳跃间断点,因此其在 $[-1,1]$ 没有原函数.

【注2】具有原函数未必可积,例如 $f(x) = \begin{cases} 2x\sin\dfrac{1}{x^2} - \dfrac{2}{x}\cos\dfrac{1}{x^2}, & x \neq 0, \\ 0, & x = 0 \end{cases}$ 在区间 $[-1,1]$ 上有原函数 $F(x) = \begin{cases} x^2\sin\dfrac{1}{x^2}, & x \neq 0, \\ 0, & x = 0, \end{cases}$ 但由于 $f(x)$ 在 $[-1,1]$ 上无界,因此不可积.

【注3】只有同时满足可积和具有原函数时,牛顿-莱布尼茨公式才成立.

(2) 换元积分法

定理2 设函数 $f(x)$ 在 $[a,b]$ 上连续,函数 $x = \varphi(t)$ 满足:

(1) $\varphi(\alpha) = a, \varphi(\beta) = b$,且 $a \leqslant \varphi(t) \leqslant b$;

(2) $\varphi(t)$ 在 $[\alpha,\beta]$(或 $[\beta,\alpha]$)上具有连续导数,

则有
$$\int_a^b f(x)\mathrm{d}x = \int_\alpha^\beta f[\varphi(t)]\varphi'(t)\mathrm{d}t.$$

【注1】定积分换元时注意换元要换限,换元后无需变量还原.

【注2】定积分换元时若不明确写出新的积分变量,则此时积分上下限不变.

（3）分部积分法

定理3　若 $u=u(x),v=v(x)$ 在 $[a,b]$ 上具有连续导数,则有

$$\int_a^b u\,\mathrm{d}v=\left[uv\right]_a^b-\int_a^b v\,\mathrm{d}u.$$

（4）引入参变量求定积分

在无法直接求出原函数的情况下,可以考虑通过引入参变量,将定积分看作含参量积分,从而求出定积分,主要有以下两种方式:

① 利用含参量积分求导公式

设 $\varphi(t)=\int_a^b f(x,t)\mathrm{d}x$,则 $\varphi'(t)=\int_a^b \dfrac{\partial f(x,t)}{\partial t}\mathrm{d}x$,对 $\varphi'(t)$ 关于 t 求原函数,得

到 $\varphi(t)=\int_a^b f(x,t)\mathrm{d}x$,确定 t 的值即可求出 $\int_a^b f(x)\mathrm{d}x$.

【注】引入参量的目的是对参量求导后简化被积函数.

② 利用矩形区域上二次积分交换积分次序

设　　　　　　　　　　　　$f(x)=\int_c^d \varphi(x,t)\mathrm{d}t,$

则　　　$\int_a^b f(x)\mathrm{d}x=\int_a^b\left[\int_c^d \varphi(x,t)\mathrm{d}t\right]\mathrm{d}x=\int_c^d\left[\int_a^b \varphi(x,t)\mathrm{d}x\right]\mathrm{d}t.$

【注】引入参量的目的是得到 $\varphi(x,t)$,其易于求出关于 x 的原函数.

（5）常用结论

① 奇偶函数在对称区间上的积分:设 $a>0$,若 $f(x)$ 在 $[-a,a]$ 上连续,则有

$$\int_{-a}^a f(x)\mathrm{d}x=\int_0^a\left[f(x)+f(-x)\right]\mathrm{d}x=\begin{cases}0, & f(x)=-f(-x),\\ 2\displaystyle\int_0^a f(x)\mathrm{d}x, & f(x)=f(-x).\end{cases}$$

② 周期函数的积分:若 $f(x)$ 在 $(-\infty,+\infty)$ 内连续且以 T 为周期,则有

$$\int_a^{a+T} f(x)\mathrm{d}x=\int_0^T f(x)\mathrm{d}x\ (T>0,a\in\mathbf{R});$$

$$\int_a^{a+nT} f(x)\mathrm{d}x=n\int_0^T f(x)\mathrm{d}x\ (n\in\mathbf{N},a\in\mathbf{R}).$$

③ 当 $f(x)$ 连续时,有

$$\int_0^{\frac{\pi}{2}} f(\sin x)\mathrm{d}x=\int_0^{\frac{\pi}{2}} f(\cos x)\mathrm{d}x;$$

$$\int_0^\pi x f(\sin x)\,\mathrm{d}x = \frac{\pi}{2}\int_0^\pi f(\sin x)\,\mathrm{d}x;$$

$$\int_0^\pi f(\sin x)\,\mathrm{d}x = 2\int_0^{\frac{\pi}{2}} f(\sin x)\,\mathrm{d}x;$$

$$I_n = \int_0^{\frac{\pi}{2}} \sin^n x\,\mathrm{d}x = \int_0^{\frac{\pi}{2}} \cos^n x\,\mathrm{d}x = \frac{n-1}{n}I_{n-2}$$

$$= \begin{cases} \dfrac{(n-1)\cdots 5\cdot 3\cdot 1}{n\cdots 6\cdot 4\cdot 2}\cdot\dfrac{\pi}{2}, & \text{当 } n \text{ 为正偶数时,} \\[2mm] \dfrac{(n-1)\cdots 6\cdot 4\cdot 2}{n\cdots 5\cdot 3\cdot 1}, & \text{当 } n \text{ 为正奇数时.} \end{cases}$$

④ 积分不等式

设 $f(x), g(x)$ 在 $[a,b]$ 上均连续,则

(i)$\left[\displaystyle\int_a^b f(x)g(x)\,\mathrm{d}x\right]^2 \leqslant \int_a^b f^2(x)\,\mathrm{d}x \cdot \int_a^b g^2(x)\,\mathrm{d}x$(柯西-施瓦兹不等式).

(ii)$\left[\displaystyle\int_a^b (f(x)+g(x))^2\,\mathrm{d}x\right]^{\frac{1}{2}} \leqslant \left[\int_a^b f^2(x)\,\mathrm{d}x\right]^{\frac{1}{2}} + \left[\int_a^b g^2(x)\,\mathrm{d}x\right]^{\frac{1}{2}}$(闵可夫斯基不等式).

⑤ 三角函数系的正交性

$$\int_0^{2\pi} \sin nx\,\mathrm{d}x = \int_0^{2\pi} \cos nx\,\mathrm{d}x = \int_0^{2\pi} \sin nx\cos mx\,\mathrm{d}x = 0;$$

$$\int_0^{2\pi} \sin nx\sin mx\,\mathrm{d}x = \int_0^{2\pi} \cos nx\cos mx\,\mathrm{d}x = 0\,(m \neq n);$$

$$\int_0^{2\pi} \sin^2 nx\,\mathrm{d}x = \int_0^{2\pi} \cos^2 nx\,\mathrm{d}x = \pi.$$

(三) 反常积分

1. 两类反常积分的定义

(1) 无穷限的反常积分

设函数 $f(x)$ 在 $[a, +\infty)$ 上连续,取 $t > a$,如果极限 $\displaystyle\lim_{t\to+\infty}\int_a^t f(x)\,\mathrm{d}x$ 存在,则称

此极限为函数 $f(x)$ 在无穷区间 $[a, +\infty)$ 上的反常积分,记作 $\displaystyle\int_a^{+\infty} f(x)\,\mathrm{d}x$,即

$$\int_a^{+\infty} f(x)\,\mathrm{d}x = \lim_{t\to+\infty}\int_a^t f(x)\,\mathrm{d}x,$$

也称反常积分 $\displaystyle\int_a^{+\infty} f(x)\,\mathrm{d}x$ 收敛;否则称为发散.

类似地,可以定义 $\int_{-\infty}^{b} f(x)\mathrm{d}x$ 的收敛与发散.

若 $\int_{-\infty}^{a} f(x)\mathrm{d}x$ 与 $\int_{a}^{+\infty} f(x)\mathrm{d}x$ 均收敛,则称反常积分 $\int_{-\infty}^{+\infty} f(x)\mathrm{d}x$ 收敛,且

$$\int_{-\infty}^{+\infty} f(x)\mathrm{d}x = \int_{-\infty}^{a} f(x)\mathrm{d}x + \int_{a}^{+\infty} f(x)\mathrm{d}x;否则称 \int_{-\infty}^{+\infty} f(x)\mathrm{d}x 发散.$$

上述反常积分统称为无穷限的反常积分.

【注】若 $\int_{-\infty}^{a} f(x)\mathrm{d}x, \int_{a}^{+\infty} f(x)\mathrm{d}x$ 中有一个发散,则称反常积分 $\int_{-\infty}^{+\infty} f(x)\mathrm{d}x$ 发散.

(2) 无界函数的反常积分

设函数 $f(x)$ 在 $(a,b]$ 上连续,点 a 为 $f(x)$ 的瑕点,取 $t>a$,若极限 $\lim\limits_{t\to a^+}\int_{t}^{b} f(x)\mathrm{d}x$ 存在,则称此极限为函数 $f(x)$ 在 $(a,b]$ 上的反常积分,也称瑕积分,记作 $\int_{a}^{b} f(x)\mathrm{d}x$,即

$$\int_{a}^{b} f(x)\mathrm{d}x = \lim\limits_{t\to a^+}\int_{t}^{b} f(x)\mathrm{d}x,也称反常积分 \int_{a}^{b} f(x)\mathrm{d}x 收敛;否则称为发散.$$

类似地,若 $x=b$ 为 $f(x)$ 的瑕点,则可定义 $\int_{a}^{b} f(x)\mathrm{d}x$ 的敛散性.

设函数 $f(x)$ 在 $[a,c),(c,b]$ 内连续,$\lim\limits_{x\to c} f(x)=\infty$,若 $\int_{a}^{c} f(x)\mathrm{d}x, \int_{c}^{b} f(x)\mathrm{d}x$ 均收敛,则称反常积分 $\int_{a}^{b} f(x)\mathrm{d}x$ 收敛,且 $\int_{a}^{b} f(x)\mathrm{d}x = \int_{a}^{c} f(x)\mathrm{d}x + \int_{c}^{b} f(x)\mathrm{d}x;否则称$ 反常积分 $\int_{a}^{b} f(x)\mathrm{d}x$ 发散.

上述反常积分统称为瑕积分.

【注】若 $\int_{a}^{c} f(x)\mathrm{d}x, \int_{c}^{b} f(x)\mathrm{d}x$ 中有一个发散,则称反常积分 $\int_{a}^{b} f(x)\mathrm{d}x$ 发散.

2. 两个基本结论

结论 1 反常积分 $\int_{1}^{+\infty} \dfrac{1}{x^p}\mathrm{d}x$,当 $p>1$ 时收敛于 $\dfrac{1}{p-1}$;当 $p\leqslant 1$ 时发散.

结论 2 反常积分 $\int_{0}^{1} \dfrac{1}{x^q}\mathrm{d}x$,当 $0<q<1$ 时收敛于 $\dfrac{1}{1-q}$;当 $q\geqslant 1$ 时发散.

推广可得

① 若 $a>0$,则 $\int_{a}^{+\infty} \dfrac{1}{x^p}\mathrm{d}x = \begin{cases} \dfrac{a^{1-p}}{p-1}, & p>1, \\ 发散, & p\leqslant 1. \end{cases}$

② 若 $a > 1$, 则 $\displaystyle\int_a^{+\infty} \dfrac{\mathrm{d}x}{x\ln^p x} = \begin{cases} \dfrac{\ln^{1-p} a}{p-1}, & p > 1, \\ \text{发散}, & p \leqslant 1. \end{cases}$

③ 反常积分 $\displaystyle\int_a^b \dfrac{1}{(x-a)^p}\mathrm{d}x$: 当 $0 < p < 1$ 时收敛, 当 $p \geqslant 1$ 时发散.

3. 两类反常积分的计算

(1) 广义牛顿-莱布尼茨公式

$$\int_a^{+\infty} f(x)\mathrm{d}x = \big[F(x)\big]_a^{+\infty} = F(+\infty) - F(a);$$

$$\int_a^b f(x)\mathrm{d}x = \big[F(x)\big]_a^b = F(b^-) - F(a),\ \text{其中 } x = b \text{ 为瑕点}.$$

(2) 广义换元积分法、分部积分法

反常积分的换元积分法、分部积分法与定积分的换元积分法、分部积分法相类似, 遇到瑕点或无穷远点处的函数值计算时, 转化为函数在对应变化过程中的极限.

4. 反常积分敛散性的判断

(1) 基本定理

定理 1 设 $f(x) \geqslant 0, x \in [a, +\infty)$, 则 $\displaystyle\int_a^{+\infty} f(x)\mathrm{d}x$ 收敛的充要条件是函数 $I(A) = \displaystyle\int_a^A f(x)\mathrm{d}x$ 在 $[a, +\infty)$ 上有上界.

(2) 比较判别法

定理 2(比较判别法) 设 $0 \leqslant f(x) \leqslant g(x), x \in [a, +\infty)$, 则

① 若 $\displaystyle\int_a^{+\infty} g(x)\mathrm{d}x$ 收敛, 则 $\displaystyle\int_a^{+\infty} f(x)\mathrm{d}x$ 收敛.

② 若 $\displaystyle\int_a^{+\infty} f(x)\mathrm{d}x$ 发散, 则 $\displaystyle\int_a^{+\infty} g(x)\mathrm{d}x$ 发散.

定理 3(比较判别法的极限形式) 设 $f(x) \geqslant 0, g(x) > 0, x \in [a, +\infty)$, 且 $\displaystyle\lim_{x \to +\infty} \dfrac{f(x)}{g(x)} = k$, 则

① 当 $0 < k < +\infty$ 时, $\displaystyle\int_a^{+\infty} f(x)\mathrm{d}x$ 与 $\displaystyle\int_a^{+\infty} g(x)\mathrm{d}x$ 敛散性一致.

② 当 $k = +\infty$ 时, 若 $\displaystyle\int_a^{+\infty} g(x)\mathrm{d}x$ 发散, 则 $\displaystyle\int_a^{+\infty} f(x)\mathrm{d}x$ 发散.

③ 当 $k = 0$ 时, 若 $\displaystyle\int_a^{+\infty} g(x)\mathrm{d}x$ 收敛, 则 $\displaystyle\int_a^{+\infty} f(x)\mathrm{d}x$ 收敛.

类似地,无界函数的反常积分也有上述类似的判别法,反常积分敛散性的比较判别法和正项级数的比较判别法类似.

(四) 定积分的应用

1. 平面图形的面积

(1) 若平面图形是由上下两条连续曲线 $y = f(x), y = g(x)$ 与直线 $x = a, x = b(a < b)$ 所围成的(如图 3-1),则其面积为

$$A = \int_a^b | f(x) - g(x) | \, \mathrm{d}x.$$

(2) 若平面图形是由左右两条连续曲线 $x = \psi(y), x = \varphi(y)$ 和直线 $y = c, y = d(c < d)$ 所围成的(如图 3-2),则其面积为

$$A = \int_c^d | \varphi(y) - \psi(y) | \, \mathrm{d}y.$$

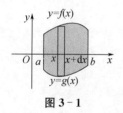

图 3-1

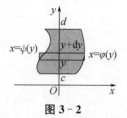

图 3-2

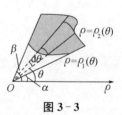

图 3-3

(3) 若平面图形是由极坐标下的两条连续曲线 $\rho = \rho_1(\theta), \rho = \rho_2(\theta)$ 与射线 $\theta = \alpha, \theta = \beta(\alpha < \beta)$ 所围成的(如图 3-3),则其面积为:

$$A = \frac{1}{2} \int_\alpha^\beta | \rho_2^2(\theta) - \rho_1^2(\theta) | \, \mathrm{d}\theta.$$

【注】若平面图形边界曲线为参数形式 $\begin{cases} x = x(t), \\ y = y(t), \end{cases}$ 则先将面积化为定积分,再将 $x = x(t), y = y(t)$ 代入定积分,即利用换元积分法计算定积分.

2. 几何体的体积

(1) 设立体图形介于 $x = a$、$x = b$ 且垂直于 x 轴的两平面之间,它被垂直于 x 轴的平面所截的截面面积为已知的连续函数 $A(x)$,该立体图形的体积为

$$V = \int_a^b A(x) \, \mathrm{d}x.$$

(2) 若平面图形是由连续曲线 $y = f(x), x$ 轴及 $x = a, x = b(a < b)$ 所围成,则该图形绕 x 轴旋转一周所形成的旋转体(如图 3-4)体积为

$$V = \pi \int_a^b [f^2(x)] \mathrm{d}x.$$

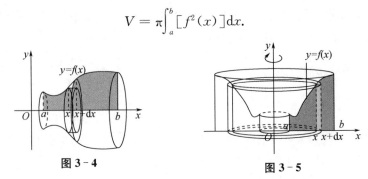

图 3 - 4　　　　　　　　　图 3 - 5

（3）由曲边梯形 $0 \leqslant y \leqslant f(x), 0 \leqslant a \leqslant x \leqslant b$ 绕 y 轴旋转一周所得旋转体（如图 3 - 5）的体积为

$$V = 2\pi \int_a^b x f(x) \mathrm{d}x \text{（柱壳法）}$$

【注1】若平面图形由连续曲线 $x = \varphi(y)$，y 轴及 $y = c, y = d(c < d)$ 所围成，该图形绕 y 轴或 x 轴旋转一周而得旋转体，则相应地将（2）（3）中的体积公式表示为 y 的积分.

【注2】若平面图形边界曲线为参数形式 $\begin{cases} x = x(t), \\ y = y(t), \end{cases}$ 则先将旋转体体积化为定积分，再将 $x = x(t), y = y(t)$ 代入定积分，即利用换元积分法计算定积分.

3. 平面曲线的弧长

（1）曲线 $y = f(x)(a \leqslant x \leqslant b)$，其中 $f(x)$ 在 $[a, b]$ 上具有一阶连续导数，则所求弧长为

$$s = \int_a^b \sqrt{1 + (y')^2} \, \mathrm{d}x = \int_a^b \sqrt{1 + [f'(x)]^2} \, \mathrm{d}x.$$

（2）曲线 $\begin{cases} x = \varphi(t), \\ y = \psi(t) \end{cases} t \in [\alpha, \beta]$，其中 $\varphi(t), \psi(t)$ 都是连续可导函数，则所求弧长为

$$s = \int_\alpha^\beta \sqrt{[\varphi'(t)]^2 + [\psi'(t)]^2} \, \mathrm{d}t.$$

（3）曲线 $r = r(\theta)(\alpha \leqslant \theta \leqslant \beta)$，其中 $r(\theta)$ 在 $[\alpha, \beta]$ 上具有连续导数，则所求弧长为

$$s = \int_\alpha^\beta \sqrt{r^2(\theta) + [r'(\theta)]^2} \, \mathrm{d}\theta.$$

4. 旋转曲面的面积

曲线 $y = f(x)$ 在 $[a, b]$ 上具有一阶连续导数，则曲线绕 x 轴旋转一周的旋转

曲面面积为

$$S = 2\pi \int_\alpha^\beta |f(x)| \sqrt{1 + [f'(x)]^2} \, dx.$$

若旋转轴不是坐标轴,计算旋转体的体积或侧面积时,可以使用古鲁金定理.

【注 1】古鲁金第一定理:一平面曲线绕此平面上不与其相交的轴(可以是它的边界)旋转一周,所得旋转曲面面积等于此曲线的质心绕同一轴旋转所产生的圆周长乘该曲线的弧长.若曲线的质心与旋转轴的距离为 r,曲线的弧长为 l,则旋转曲面面积为 $S = 2\pi r l$.

【注 2】古鲁金第二定理:一平面图形绕与其不相交的轴(可以是它的边界)旋转一周,所得旋转体的体积等于该平面图形面积与其质心绕轴旋转所产生的周长的乘积.若曲面的质心与旋转轴的距离为 r,平面图形面积为 S,则旋转体的体积为 $V = 2\pi r S$.

5. 物理应用

定积分在物理上可用于求变力在直线运动下所做的功、液体的侧压力以及引力等,这些应用均可用微元法解决.

6. 连续变量的平均值

(1) $\bar{f}[a,b] = \dfrac{1}{b-a} \displaystyle\int_a^b f(x) \, dx.$

(2) $\bar{f}[0 + \infty] = \lim\limits_{x \to +\infty} \dfrac{\displaystyle\int_0^x f(t) \, dt}{x}$(特别地,若 f 以 T 为周期,则 $\bar{f} = \dfrac{\displaystyle\int_0^T f(t) \, dt}{T}$).

二、例题精讲

1. 不定积分的概念及性质

> 【方法点拨】
>
> ① 不定积分运算与微分运算互为逆运算.
>
> ② 可导函数 $F(x)$ 求导后的函数 $f(x)$ 不一定是连续函数,但如果有间断点,一定是第二类间断点(振荡间断点).
>
> ③ 原函数与导函数在奇偶性方面的关系:若 $F'(x) = f(x)$,则当 $F(x)$ 是偶函数时,$f(x)$ 为奇函数,反之结论成立;当 $F(x)$ 是奇函数时,$f(x)$ 为偶函

数,反之结论不一定成立.

④ 原函数存在与定积分存在两者之间没有必然的逻辑关系.

例 1 在区间 $[-1,2]$ 上,有以下四个结论:

(1) $f(x)=\begin{cases}2, & x>0, \\ 1, & x=0, \\ -1, & x<0\end{cases}$ 有原函数,但其定积分不存在

(2) $f(x)=\begin{cases}2x\sin\dfrac{1}{x^2}-\dfrac{2}{x}\cos\dfrac{1}{x^2}, & x\neq 0, \\ 0, & x=0\end{cases}$ 有原函数,其定积分也存在

(3) $f(x)=\begin{cases}\dfrac{1}{x}, & x\neq 0, \\ 0, & x=0\end{cases}$ 没有原函数,其定积分也不存在

(4) $f(x)=\begin{cases}2x\cos\dfrac{1}{x}+\sin\dfrac{1}{x}, & x\neq 0, \\ 0, & x=0\end{cases}$ 有原函数,其定积分也存在

正确结论的个数为 ( )

(A) 1   (B) 2   (C) 3   (D) 4

解 (1) 中函数有第一类跳跃型间断点 $x=0$,故原函数不存在. 但 $\displaystyle\int_{-1}^{2}f(x)\mathrm{d}x$

$=\displaystyle\int_{-1}^{0}(-1)\mathrm{d}x+\int_{0}^{2}2\mathrm{d}x=3$,定积分存在(满足定积分存在定理),故(1) 错误.

(2) 中函数 $x=0$ 为第二类振荡型间断点,原函数存在,即 $F(x)=$

$\begin{cases}x^2\sin\dfrac{1}{x^2}, & x\neq 0, \\ 0, & x=0,\end{cases}$ 但由于被积函数 $f(x)$ 无界,因此定积分不存在,故(2) 错误.

(3) 中函数 $x=0$ 为第二类无穷型间断点,原函数不存在,此时被积函数无界,因此定积分也不存在,故(3)正确.

(4) 中函数的原函数为 $F(x)=\begin{cases}x^2\cos\dfrac{1}{x}, & x\neq 0, \\ 0, & x=0,\end{cases}$ 显然结论成立,故(4) 正确.

故答案选(B).

例 2 设函数 $f(x)$ 在 $[-1,3]$ 上的图形如图 3-6 所示，则 $F(x) = \int_0^x f(t)dt$ 的图形为 （ ）

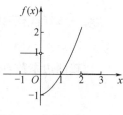

图 3-6

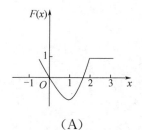

（A）

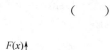

（B）

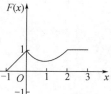

（C）

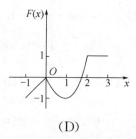

（D）

解 （A）函数 $f(x)$ 有两个第一类间断点，那么 $F(x) = \int_a^x f(t)dt$ 有两个不可导点，故（A）错误.

（B）函数 $F(x) = \int_a^x f(t)dt$ 不连续，故（B）错误.

（C）$F(0) = \int_0^0 f(t)dt = 0$，故（C）错误.

故答案选（D）.

例 3 设函数 $f(x)$ 连续，则下列函数中必为偶函数的是 （ ）

（A）$\int_0^x f(t^2)dt$ 　　　　　　　　（B）$\int_0^x f^2(t)dt$

（C）$\int_0^x t[f(t) - f(-t)]dt$ 　　　　（D）$\int_0^x t[f(t) + f(-t)]dt$

分析 即判断被积函数哪个是奇函数.

解 显然（A）（C）积分的被积函数为偶函数，（B）积分的被积函数奇偶性不确定，（D）积分的被积函数为奇函数，故答案选（D）.

例 4 求代数多项式 $F(x)$ 和 $G(x)$，使得

$$\int [(2x^4 - 1)\cos x + (8x^3 - x^2 - 1)\sin x]dx = F(x)\cos x + G(x)\sin x + C.$$

解 对所给等式两边求导,得

$$(2x^4-1)\cos x+(8x^3-x^2-1)\sin x=F'(x)\cos x-F(x)\sin x+G'(x)\sin x+G(x)\cos x,$$

比较两边系数,可得

$$F'(x)+G(x)=2x^4-1, \qquad\qquad ①$$

$$-F(x)+G'(x)=8x^3-x^2-1, \qquad\qquad ②$$

① 式两边求导,得

$$F''(x)+G'(x)=8x^3, \qquad\qquad ③$$

将 ② 式代入 ③ 式得 $\quad F''(x)+F(x)=x^2+1,$

设 $F(x)=ax^2+bx+c$,代入 ③ 式,比较系数可得 $F(x)=x^2-1,$

再由 ① 式可得 $G(x)=2x^4-2x-1.$

例5 $\displaystyle\int f'(\sqrt{x})\mathrm{d}x=x(e^{\sqrt{x}}+1)+C,$则 $f(x)=$ $\qquad$ ( )

(A) $x^2(e^x+1)+C$ $\qquad\qquad$ (B) $\dfrac{x^2}{2}(e^x+1)+C$

(C) $\dfrac{e^x}{2}(x+1)+x+C$ $\qquad\qquad$ (D) $\dfrac{e^x}{2}(x+1)-x+C$

解 $\quad f'(\sqrt{x})=(e^{\sqrt{x}}+1)+\dfrac{x}{2\sqrt{x}}e^{\sqrt{x}}=e^{\sqrt{x}}+1+\dfrac{\sqrt{x}}{2}e^{\sqrt{x}}.$

令 $\sqrt{x}=t$,则 $f'(t)=e^t+1+\dfrac{t}{2}e^t,$

所以 $f(t)=e^t+t+\dfrac{1}{2}\displaystyle\int te^t\mathrm{d}t=e^t+t+\dfrac{1}{2}(te^t-e^t)+C,$

从而 $f(x)=\dfrac{e^x}{2}(x+1)+x+C.$

故答案选(C).

2. 不定积分的计算

【方法点拨】

① 不定积分的基本公式.

② 两种求不定积分的方法 —— 换元法和分部积分法.

【注】不定积分的计算方法主要是换元法与分部积分法,但难点在于,如何选取合适的变量换元,如何处理分部,如何拆项,如何划分区间积分,都有一些技巧,因题而异,常用的技巧有:

（ⅰ）通过适当的变量代换或分部积分,得到一个与原积分相同的积分,建立了一个等式,从中解出要求计算的积分,如例 6.

（ⅱ）用三角恒等式变形然后再作变量变换或分部积分,如例 9.

（ⅲ）用分部积分法时,如何选取 u 与 $\mathrm{d}v$ 有适当的技巧,如例 7,例 8.

例 6 $\displaystyle\int \frac{x\mathrm{e}^{\arctan x}}{(1+x^2)^{\frac{3}{2}}}\mathrm{d}x.$

解法 1 设 $x=\tan t$,则

$$\int \frac{x\mathrm{e}^{\arctan x}}{(1+x^2)^{\frac{3}{2}}}\mathrm{d}x = \int \frac{\mathrm{e}^t \tan t}{(1+\tan^2 t)^{\frac{3}{2}}}\sec^2 t\,\mathrm{d}t = \int \mathrm{e}^t \sin t\,\mathrm{d}t.$$

又

$$\int \mathrm{e}^t \sin t\,\mathrm{d}t = \mathrm{e}^t \sin t - \mathrm{e}^t \cos t - \int \mathrm{e}^t \sin t\,\mathrm{d}t,$$

故

$$\int \mathrm{e}^t \sin t\,\mathrm{d}t = \frac{1}{2}\mathrm{e}^t(\sin t - \cos t)+C,$$

因此

$$\int \frac{x\mathrm{e}^{\arctan x}}{(1+x^2)^{\frac{3}{2}}}\mathrm{d}x = \frac{1}{2}\mathrm{e}^{\arctan x}\left(\frac{x}{\sqrt{1+x^2}} - \frac{1}{\sqrt{1+x^2}}\right)+C.$$

解法 2 $\displaystyle\int \frac{x\mathrm{e}^{\arctan x}}{(1+x^2)^{\frac{3}{2}}}\mathrm{d}x = \int \frac{x}{(1+x^2)^{\frac{1}{2}}}\,\mathrm{d}\mathrm{e}^{\arctan x} = \frac{x\mathrm{e}^{\arctan x}}{\sqrt{1+x^2}} - \int \frac{\mathrm{e}^{\arctan x}}{(1+x^2)^{\frac{3}{2}}}\mathrm{d}x$

$$= \frac{x\mathrm{e}^{\arctan x}}{\sqrt{1+x^2}} - \int \frac{1}{\sqrt{1+x^2}}\,\mathrm{d}\mathrm{e}^{\arctan x} = \frac{x\mathrm{e}^{\arctan x}}{\sqrt{1+x^2}} - \frac{\mathrm{e}^{\arctan x}}{\sqrt{1+x^2}} - \int \frac{x\mathrm{e}^{\arctan x}}{(1+x^2)^{\frac{3}{2}}}\mathrm{d}x,$$

移项得

$$\int \frac{x\mathrm{e}^{\arctan x}}{(1+x^2)^{\frac{3}{2}}}\mathrm{d}x = \frac{1}{2}\mathrm{e}^{\arctan x}\left(\frac{x}{\sqrt{1+x^2}} - \frac{1}{\sqrt{1+x^2}}\right)+C.$$

例 7 $\displaystyle\int x\arctan x\ln(1+x^2)\mathrm{d}x.$

解 令 $x\ln(1+x^2)\mathrm{d}x = \mathrm{d}v$,则

$$v = \int x\ln(1+x^2)\mathrm{d}x = \frac{1}{2}\int \ln(1+x^2)\mathrm{d}(1+x^2)$$

$$= \frac{1}{2}\left[(1+x^2)\ln(1+x^2) - \int \frac{1+x^2}{1+x^2}\mathrm{d}x^2\right]$$

$$= \frac{1}{2}\left[(1+x^2)\ln(1+x^2) - x^2\right]+C,$$

应用分部积分法,有

$$原式 = \frac{1}{2}\int \arctan x\,\mathrm{d}\left[(1+x^2)\ln(1+x^2) - x^2\right]$$

$$= \frac{1}{2}\left[(1+x^2)\ln(1+x^2) - x^2\right]\arctan x - \frac{1}{2}\int \left[\ln(1+x^2) - \frac{x^2}{1+x^2}\right]\mathrm{d}x$$

$$= \frac{1}{2}\left[(1+x^2)\ln(1+x^2)-x^2\right]\arctan x - \frac{1}{2}\left[x\ln(1+x^2)-3x+3\arctan x\right]+C$$

$$= \frac{1}{2}\left[(1+x^2)\ln(1+x^2)-x^2-3\right]\arctan x - \frac{1}{2}x\ln(1+x^2)+\frac{3}{2}x+C.$$

【注】本题先令 $x\arctan x\mathrm{d}x=\mathrm{d}v$,求出 v 后再对原式分部积分,也可计算.

例 8 $\int \arcsin x \cdot \arccos x\mathrm{d}x.$

解 分部积分,得

$$原式 = x\arcsin x \cdot \arccos x - \int x \cdot \left(\frac{\arccos x}{\sqrt{1-x^2}}-\frac{\arcsin x}{\sqrt{1-x^2}}\right)\mathrm{d}x$$

$$= x\arcsin x \cdot \arccos x + \int(\arccos x-\arcsin x)\mathrm{d}\sqrt{1-x^2}$$

$$= x\arcsin x \cdot \arccos x + (\arccos x-\arcsin x)\sqrt{1-x^2} - $$

$$\int \sqrt{1-x^2}\left(\frac{-1}{\sqrt{1-x^2}}-\frac{1}{\sqrt{1-x^2}}\right)\mathrm{d}x$$

$$= x\arcsin x \cdot \arccos x + (\arccos x-\arcsin x)\sqrt{1-x^2} + 2x+C.$$

例 9 求不定积分 $\int \dfrac{\mathrm{e}^{-\sin x}\sin 2x}{\sin^4\left(\dfrac{\pi}{4}-\dfrac{x}{2}\right)}\mathrm{d}x.$

【分析】 利用三角公式并用分部积分计算之.

解 由三角公式得

$$\sin^4\left(\frac{\pi}{4}-\frac{x}{2}\right)=\frac{1}{4}\left(\cos\frac{x}{2}-\sin\frac{x}{2}\right)^4=\frac{1}{4}(1-\sin x)^2$$

所以

$$\int \frac{\mathrm{e}^{-\sin x}\sin 2x}{\sin^4\left(\dfrac{\pi}{4}-\dfrac{x}{2}\right)}\mathrm{d}x = \int \frac{8\mathrm{e}^{-\sin x}\sin x\cos x}{(1-\sin x)^2}\mathrm{d}x$$

$$\xlongequal{v=-\sin x} 8\int \mathrm{e}^v\frac{v\mathrm{d}v}{(1+v)^2} = 8\left[\int \frac{\mathrm{e}^v}{1+v}\mathrm{d}v-\int \frac{\mathrm{e}^v}{(1+v)^2}\mathrm{d}v\right]$$

$$= 8\left[\int \frac{1}{1+v}\mathrm{d}\mathrm{e}^v-\int \frac{\mathrm{e}^v}{(1+v)^2}\mathrm{d}v\right]$$

$$= 8\left[\frac{\mathrm{e}^v}{1+v}+\int \frac{\mathrm{e}^v}{(1+v)^2}\mathrm{d}v-\int \frac{\mathrm{e}^v}{(1+v)^2}\mathrm{d}v\right]$$

$$= \frac{8\mathrm{e}^v}{1+v}+C = \frac{8\mathrm{e}^{-\sin x}}{1-\sin x}+C.$$

例 10　$\int \dfrac{\mathrm{d}x}{\sin x \cos 2x}$.

【分析】利用三角公式整理化为 $R(-\sin x,\cos x)=-R(\sin x,\cos x)$,换元 $u=\cos x$.

解　原式 $=\displaystyle\int \dfrac{\mathrm{d}x}{\sin x(\cos^2 x-\sin^2 x)}$

$=\displaystyle\int \dfrac{-\mathrm{d}\cos x}{(1-\cos^2 x)(2\cos^2 x-1)}=\int \dfrac{-\mathrm{d}u}{(1-u^2)(2u^2-1)}$

$=-\displaystyle\int \dfrac{2(1-u^2)-(1-2u^2)}{(1-u^2)(2u^2-1)}\mathrm{d}u$

$=-2\displaystyle\int \dfrac{\mathrm{d}u}{2u^2-1}+\int \dfrac{\mathrm{d}u}{u^2-1}=-\dfrac{1}{\sqrt{2}}\ln\left|\dfrac{\sqrt{2}\,u-1}{\sqrt{2}\,u+1}\right|+\dfrac{1}{2}\ln\left|\dfrac{u-1}{u+1}\right|+C$

$=-\dfrac{1}{\sqrt{2}}\ln\left|\dfrac{\sqrt{2}\cos x-1}{\sqrt{2}\cos x+1}\right|+\dfrac{1}{2}\ln\left|\dfrac{\cos x-1}{\cos x+1}\right|+C.$

例 11　计算 $\displaystyle\int \dfrac{1}{a^2\sin^2 x+b^2\cos^2 x}\mathrm{d}x$,其中 a,b 是不全为 0 的非负常数.

【分析】本题的参数 a,b 是不全为 0 的非负常数,要求分情况讨论,主要考查三角函数的恒等变形和凑微分法.

解　当 $a\neq 0,b\neq 0$ 时,

$\displaystyle\int \dfrac{1}{a^2\sin^2 x+b^2\cos^2 x}\mathrm{d}x=\int \dfrac{1}{a^2\tan^2 x+b^2}\mathrm{d}(\tan x)=\dfrac{1}{ab}\arctan\left(\dfrac{a}{b}\tan x\right)+C_1.$

当 $a=0,b\neq 0$ 时,

$\displaystyle\int \dfrac{1}{a^2\sin^2 x+b^2\cos^2 x}\mathrm{d}x=\dfrac{1}{b^2}\int \dfrac{1}{\cos^2 x}\mathrm{d}x=\dfrac{1}{b^2}\tan x+C_2.$

当 $a\neq 0,b=0$ 时,

$\displaystyle\int \dfrac{1}{a^2\sin^2 x+b^2\cos^2 x}\mathrm{d}x=\dfrac{1}{a^2}\int \dfrac{1}{\sin^2 x}\mathrm{d}x=-\dfrac{1}{a^2}\cot x+C_3.$

【注】对于三角有理函数的积分,虽然使用万能公式将其化为有理函数积分都能解决,但过程过于烦琐,积分时要注意观察特点,进行适当的变形.

若 $R(\sin x,-\cos x)=-R(\sin x,\cos x)$,可令 $t=\sin x$,如例 9.

若 $R(-\sin x,\cos x)=-R(\sin x,\cos x)$,可令 $t=\cos x$,如例 10.

若 $R(-\sin x,-\cos x)=R(\sin x,\cos x)$,可令 $t=\tan x$,如例 11.

例 12　已知 $\displaystyle\int f(x)\mathrm{d}x=x\arctan x+C$,求 $\displaystyle\int \dfrac{f(x)}{1+x^2}\mathrm{d}x$.

解 对已知等式求导,可得 $f(x) = \arctan x + \dfrac{x}{1+x^2}$,因此

$$\int \frac{f(x)}{1+x^2}dx = \int \frac{\arctan x}{1+x^2}dx + \int \frac{x}{(1+x^2)^2}dx$$

$$= \int \arctan x\, d\arctan x + \frac{1}{2}\int \frac{1}{(1+x^2)^2}d(1+x^2)$$

$$= \frac{1}{2}(\arctan x)^2 - \frac{1}{2(1+x^2)} + C.$$

例 13 计算不定积分 $\displaystyle\int \frac{3x+6}{(x-1)^2(x^2+x+1)}dx$.

【分析】有理函数的积分,分解为简单部分分式的积分.

解 设 $\dfrac{3x+6}{(x-1)^2(x^2+x+1)} = \dfrac{ax+b}{x^2+x+1} + \dfrac{c}{x-1} + \dfrac{d}{(x-1)^2}$,

解得 $a=2, b=1, c=-2, d=3$.

则原式 $= \displaystyle\int \frac{2x+1}{x^2+x+1}dx - \int \frac{2}{x-1}dx + \int \frac{3}{(x-1)^2}dx$

$$= \ln|x^2+x+1| - 2\ln|x-1| - \frac{3}{x-1} + C.$$

【注】有理函数积分的 5 种常用方法:

① 最简分式积分的一个特例,如 $\displaystyle\int \frac{dx}{(x^2+a^2)^2}$,令 $x = a\tan t, t \in \left(-\dfrac{\pi}{2}, \dfrac{\pi}{2}\right)$,这一换元很常用;

② 凑微分,分项积分是最简分式积分的一个典型方法,如 $\displaystyle\int \frac{x+1}{(x^2+x+1)^2}dx$;

③ 真分式分解的待定系数法,如例 13;

④ 将真分式的分子适当配项后分解为可积出来的最简分式,这也是常用方法,如 $\displaystyle\int \frac{x^2+1}{(x^2-2x+2)^2}dx$;

⑤ 将假分式化为多项式与最简分式之和的一般方法,称为长除法,如 $\displaystyle\int \frac{x^5+x^4-2x^3-x+3}{x^2-x+2}dx$.

将有理函数分解为一系列可积出来的函数的线性组合,这是有理函数积分的要点.至于如何分解,可不拘一格.

例 14 求 $\displaystyle\int \frac{1}{x^2\sqrt{2x-4}}dx$.

【分析】这是一道综合题,涉及换元法、凑微分法、分部积分以及有理函数的积分.

解 $\int \dfrac{1}{x^2\sqrt{2x-4}}\mathrm{d}x = -\int \dfrac{1}{\sqrt{2x-4}}\mathrm{d}\left(\dfrac{1}{x}\right) = -\dfrac{1}{x\sqrt{2x-4}} - \int \dfrac{1}{x\sqrt{(2x-4)^3}}\mathrm{d}x,$

对上式的第二项换元,令 $t = \sqrt{2x-4}$,则 $x = \dfrac{t^2+4}{2}$,$\mathrm{d}x = t\mathrm{d}t$,

于是

$$\int \dfrac{1}{x\sqrt{(2x-4)^3}}\mathrm{d}x = \int \dfrac{2t}{t^3(t^2+4)}\mathrm{d}t = \dfrac{1}{2}\int \dfrac{t^2+4-t^2}{t^2(t^2+4)}\mathrm{d}t = \dfrac{1}{2}\int\left(\dfrac{1}{t^2} - \dfrac{1}{t^2+4}\right)\mathrm{d}t$$

$$= -\dfrac{1}{2}\left(\dfrac{1}{t} + \dfrac{1}{2}\arctan\dfrac{t}{2}\right) - C$$

$$= -\dfrac{1}{2}\left(\dfrac{1}{\sqrt{2x-4}} + \dfrac{1}{2}\arctan\dfrac{\sqrt{2x-4}}{2}\right) - C.$$

例 15 求积分 $\displaystyle\int \dfrac{1}{x+\sqrt{x^2-x+1}}\mathrm{d}x.$

【分析】由于被积函数中含有 $\sqrt{x^2-x+1}$,因此可以考虑无理函数积分的欧拉变换.

解 令 $\sqrt{x^2-x+1} = t-x$,则 $x = \dfrac{t^2-1}{2t-1}$,$\mathrm{d}x = \dfrac{2(t^2-t+1)}{(2t-1)^2}\mathrm{d}t$,从而

$$\int \dfrac{1}{x+\sqrt{x^2-x+1}}\mathrm{d}x = \int \dfrac{2(t^2-t+1)}{t(2t-1)^2}\mathrm{d}t = \int\left[\dfrac{2}{t} - \dfrac{3}{2t-1} + \dfrac{3}{(2t-1)^2}\right]\mathrm{d}t$$

$$= -\dfrac{3}{2(2t-1)} + 2\ln|t| - \dfrac{3}{2}\ln|2t-1| + C$$

$$= -\dfrac{3}{2(2x+2\sqrt{x^2-x+1}-1)} + 2\ln\left|x+\sqrt{x^2-x+1}\right| -$$

$$\dfrac{3}{2}\ln\left|2x+2\sqrt{x^2-x+1}-1\right| + C.$$

【注】这道积分计算也可以作欧拉变换 $\sqrt{x^2-x+1} = tx-1$.

例 16 求积分 $I_n = \displaystyle\int \dfrac{\mathrm{d}x}{\sin^n x}$($n>2$)的递推公式,并计算 $I_5 = \displaystyle\int \dfrac{\mathrm{d}x}{\sin^5 x}$.

解 $I_n = -\displaystyle\int \dfrac{\mathrm{d}(\cot x)}{\sin^{n-2}x} = -\dfrac{\cot x}{\sin^{n-2}x} - (n-2)\displaystyle\int \dfrac{\cot x\cos x\mathrm{d}x}{\sin^{n-1}x}$

$$= -\dfrac{\cos x}{\sin^{n-1}x} - (n-2)\int \dfrac{1-\sin^2 x\,\mathrm{d}x}{\sin^n x}$$

$$= -\frac{\cos x}{\sin^{n-1} x} - (n-2)(I_n - I_{n-2}),$$

移项得
$$I_n = -\frac{\cos x}{(n-1)\sin^{n-1} x} + \frac{n-2}{n-1} I_{n-2},$$

$$I_5 = \int \frac{\mathrm{d}x}{\sin^5 x} = -\frac{\cos x}{4\sin^4 x} + \frac{3}{4} I_3 = -\frac{\cos x}{4\sin^4 x} + \frac{3}{4}\left(-\frac{\cos x}{2\sin^2 x} + \frac{1}{2} I_1\right)$$

$$= -\frac{\cos x}{4\sin^4 x} - \frac{3\cos x}{8\sin^2 x} + \frac{3}{8}\ln\left|\tan\frac{x}{2}\right| + C.$$

【注】对于 $I_n = \int f(x,n)\mathrm{d}x$，应设法找到 I_n 与 I_{n-1} 或 I_{n-2} 之间的关系，算出 I_1，I_0，就可求得 I_n；对于 $I_n = \int f^n(x)\mathrm{d}x$，常利用分解 $f^n(x) = f^{n-1}(x)[1+g(x)]$ 或 $f^n(x) = f^{n-2}(x)[1+g(x)]$ 作分部积分以获得递推关系．例如 $J_n = \int \sin^n x\,\mathrm{d}x$，利用 $\sin^n x = \sin^{n-2} x(1-\cos^2 x)$ 及分部积分可得 $J_n = \frac{n-1}{n} J_{n-2} - \frac{1}{n}\sin^{n-1} x\cos x$．

例 17　设 y 是由方程 $y^3(x+y) = x^3$ 所确定的隐函数，求 $\int \frac{1}{y^3}\mathrm{d}x$．

解　令 $t = \frac{x}{y}$，则 $x = ty$，故 $y + ty = t^3$，

从而
$$\begin{cases} x = \dfrac{t^4}{1+t}, \\[2mm] y = \dfrac{t^3}{1+t}, \end{cases}$$

所以
$$\int \frac{1}{y^3}\mathrm{d}x = \int \frac{4+7t+3t^2}{t^6}\mathrm{d}t = -\left[\left(\frac{y}{x}\right)^3 + \frac{7}{4}\left(\frac{y}{x}\right)^4 + \frac{4}{5}\left(\frac{y}{x}\right)^5\right] + C.$$

例 18　设 $y = y(x)$ 满足 $\int y\mathrm{d}x \cdot \int \frac{1}{y}\mathrm{d}x = -1$，且 $x \to +\infty$ 时有 $y \to 0$，又 $y(0) = 1$，求 y 的表达式．

解　因为 $\int y\mathrm{d}x \cdot \int \frac{1}{y}\mathrm{d}x = -1$，所以 $\int \frac{1}{y}\mathrm{d}x = -\frac{1}{\int y\mathrm{d}x}$，

等式两边求导，得到
$$\frac{1}{y} = \frac{y}{\left[\int y\mathrm{d}x\right]^2},$$

所以
$$y^2 = \left[\int y\mathrm{d}x\right]^2,$$

故
$$y = \pm \int y \mathrm{d}x,$$

两边求导得到
$$\pm y' = y,$$

故 $y = Ce^{\pm x}$. 又 $x \to +\infty$ 时有 $y \to 0, y(0) = 1$, 所以 $y = e^{-x}$.

3. 定积分的概念及性质

（1）利用定积分求极限

【方法点拨】

① $\int_a^b f(x)\mathrm{d}x = \lim\limits_{n\to\infty} \sum\limits_{i=1}^{n} f\left(a + \dfrac{b-a}{n}i\right) \dfrac{b-a}{n}$，将此式中的 a, b 特殊化为 0，

1，于是得到 $\int_0^1 f(x)\mathrm{d}x = \lim\limits_{n\to\infty} \sum\limits_{i=1}^{n} f\left(\dfrac{i}{n}\right)\dfrac{1}{n}$.

② 均分积分区间的情形，以 $\int_0^1 f(x)\mathrm{d}x = \lim\limits_{n\to\infty} \sum\limits_{i=1}^{n} f\left(\dfrac{i}{n}\right)\dfrac{1}{n}$ 为例，先提出 $\dfrac{1}{n}$，

再凑出 $\dfrac{i}{n}$，确定出区间 $[0,1]$ 和被积函数 $f(x)$，写出定积分.

③ 不均分积分区间的情形，对于 $\int_0^1 f(x)\mathrm{d}x = \lim\limits_{\lambda\to 0} \sum\limits_{i=1}^{n} f(\xi_i)(x_i - x_{i-1})$，当 i

$= 1$ 时，x_{i-1} 值为区间左端点；当 $i = n$ 时，x_i 值为区间右端点，从而确定出积分

区间. 观察 $f(\xi_i)$ 确定被积函数 $f(x)$，写出定积分.

例 19 求极限 $\lim\limits_{n\to\infty} \sum\limits_{i=1}^{n} \dfrac{\sin\dfrac{i\pi}{n}}{n + \dfrac{1}{i}}$.

解 因为 $\lim\limits_{n\to\infty} \sum\limits_{i=1}^{n} \dfrac{\sin\dfrac{i\pi}{n}}{n} = \lim\limits_{n\to\infty} \dfrac{1}{n} \sum\limits_{i=1}^{n} \sin\dfrac{i}{n}\pi = \int_0^1 \sin\pi x \mathrm{d}x$,

所以，先对 $\sum\limits_{i=1}^{n} \dfrac{\sin\dfrac{i\pi}{n}}{n + \dfrac{1}{i}}$ 进行放缩得

$$\sum_{i=1}^{n} \frac{\sin\dfrac{i\pi}{n}}{n+1} \leqslant \sum_{i=1}^{n} \frac{\sin\dfrac{i\pi}{n}}{n + \dfrac{1}{i}} \leqslant \sum_{i=1}^{n} \frac{\sin\dfrac{i\pi}{n}}{n},$$

由于
$$\lim_{n\to\infty}\sum_{i=1}^{n}\frac{\sin\frac{i\pi}{n}}{n}=\lim_{n\to\infty}\frac{1}{n}\sum_{i=1}^{n}\sin\frac{i}{n}\pi=\int_0^1\sin\pi x\mathrm{d}x=\frac{2}{\pi},$$

$$\lim_{n\to\infty}\sum_{i=1}^{n}\frac{\sin\frac{i\pi}{n}}{n+1}=\lim_{n\to\infty}\frac{n}{n+1}\cdot\frac{1}{n}\sum_{i=1}^{n}\sin\frac{i}{n}\pi=1\cdot\int_0^1\sin\pi x\mathrm{d}x=\frac{2}{\pi},$$

由夹逼准则即得   原式 $=\dfrac{2}{\pi}$.

例 20   计算 $\lim\limits_{n\to\infty}(b^{\frac{1}{n}}-1)\sum\limits_{i=0}^{n-1}b^{\frac{i}{n}}\sin b^{\frac{2i+1}{2n}}$ $(b>1)$.

解   原式 $=\lim\limits_{n\to\infty}\sum\limits_{i=0}^{n-1}(b^{\frac{i+1}{n}}-b^{\frac{i}{n}})\sin b^{\frac{2i+1}{2n}}$,

可以看成函数 $\sin x$ 在 $[1,b]$ 上按照下列方式划分
$$1=b^{\frac{0}{n}}<b^{\frac{1}{n}}<b^{\frac{2}{n}}<\cdots<b^{\frac{n}{n}}=b,$$
其中 $\Delta x_i=b^{\frac{i+1}{n}}-b^{\frac{i}{n}}$, $\xi_i=b^{\frac{2i+1}{2n}}\in[b^{\frac{i}{n}},b^{\frac{i+1}{n}}]$.

故
$$\lim_{n\to\infty}(b^{\frac{1}{n}}-1)\sum_{i=0}^{n-1}b^{\frac{i}{n}}\sin b^{\frac{2i+1}{2n}}=\int_1^b\sin x\mathrm{d}x=\cos 1-\cos b.$$

(2) 定积分的性质

【方法点拨】

① 定积分不等式性质、估值定理可以用来比较定积分的大小;

② 定积分的几何意义可用于计算几何图形的面积,物理意义可用于解决变速物体的行程问题,经济学意义可用于求解总需求、总成本、总收入以及总利润等;

③ 当极限的表达式里含有积分函数时,可以考虑使用积分中值定理.

例 21   甲、乙两人赛跑,计时开始时,甲在乙前方 10(单位:m) 处,如图 3-7,实线表示甲的速度曲线 $v=v_1(t)$(单位:m/s),虚线表示乙的速度曲线 $v=v_2(t)$(单位:m/s),三块阴影部分面积的数值依次为 10、20、3,计时开始后乙追上甲的时刻记为 t_0(单位:s),则   (   )

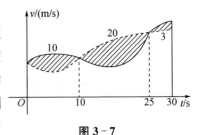

图 3-7

(A) $t_0=10$

(B) $15<t_0<20$

(C) $t_0=25$

(D) $t_0>25$

解 从 0 到 t_0 这段时间内,甲、乙的位移分别为 $\int_0^{t_0} v_1(t)\,\mathrm{d}t$,$\int_0^{t_0} v_2(t)\,\mathrm{d}t$,当乙追上甲时有 $\int_0^{t_0}[v_2(t)-v_1(t)]\,\mathrm{d}t = 10$,当 $t_0 = 25$ 时满足要求.

故答案选(C).

例 22 求极限(1) $\lim\limits_{n\to\infty}\int_0^1 \dfrac{x^n}{1+\sqrt{x}}\,\mathrm{d}x$;(2) $\lim\limits_{n\to\infty}\int_0^{\frac{\pi}{2}} \sin^n x\,\mathrm{d}x$.

解 (1) 因为 $0 \leqslant \int_0^1 \dfrac{x^n}{1+\sqrt{x}}\,\mathrm{d}x \leqslant \int_0^1 x^n\,\mathrm{d}x = \dfrac{1}{n+1}$,

又因为
$$\lim_{n\to\infty}\frac{1}{n+1}=0,$$

所以
$$\lim_{n\to\infty}\int_0^1 \frac{x^n}{1+\sqrt{x}}\,\mathrm{d}x = 0.$$

(2) $\forall \varepsilon > 0$(不妨设 $0 < \varepsilon < \dfrac{\pi}{2}$),

$$0 \leqslant \int_0^{\frac{\pi}{2}} \sin^n x\,\mathrm{d}x = \int_0^{\frac{\pi}{2}-\frac{\varepsilon}{2}} \sin^n x\,\mathrm{d}x + \int_{\frac{\pi}{2}-\frac{\varepsilon}{2}}^{\frac{\pi}{2}} \sin^n x\,\mathrm{d}x \leqslant \int_0^{\frac{\pi}{2}-\frac{\varepsilon}{2}} \sin^n\left(\frac{\pi}{2}-\frac{\varepsilon}{2}\right)\mathrm{d}x + \int_{\frac{\pi}{2}-\frac{\varepsilon}{2}}^{\frac{\pi}{2}} 1\,\mathrm{d}x$$

$$\leqslant \left(\frac{\pi}{2}-\frac{\varepsilon}{2}\right)\sin^n\left(\frac{\pi}{2}-\frac{\varepsilon}{2}\right) + \frac{\varepsilon}{2}$$

因为
$$0 < \sin\left(\frac{\pi}{2}-\frac{\varepsilon}{2}\right) < 1,$$

所以
$$\lim_{n\to\infty}\left(\frac{\pi}{2}-\frac{\varepsilon}{2}\right)\sin^n\left(\frac{\pi}{2}-\frac{\varepsilon}{2}\right) = 0.$$

故 $\exists N > 0$,当 $n > N$ 时,$\left(\dfrac{\pi}{2}-\dfrac{\varepsilon}{2}\right)\sin^n\left(\dfrac{\pi}{2}-\dfrac{\varepsilon}{2}\right) < \dfrac{\varepsilon}{2}$.

从而,$0 \leqslant \int_0^{\frac{\pi}{2}} \sin^n x\,\mathrm{d}x < \dfrac{\varepsilon}{2}+\dfrac{\varepsilon}{2} = \varepsilon$. 由夹逼准则可知,$\lim\limits_{n\to\infty}\int_0^{\frac{\pi}{2}} \sin^n x\,\mathrm{d}x = 0$.

例 23 设 $|f(x)| \leqslant \pi$,$f'(x) \geqslant m > 0$($a \leqslant x \leqslant b$),证明 $\left|\displaystyle\int_a^b \sin f(x)\,\mathrm{d}x\right| \leqslant \dfrac{2}{m}$.

解 因为 $f'(x) \geqslant m > 0$($a \leqslant x \leqslant b$),所以 $f(x)$ 在 $[a,b]$ 上严格单调,从而有反函数.

设 $\alpha = f(a)$,$\beta = f(b)$,φ 是 f 的反函数,则 $0 \leqslant \varphi'(y) = \dfrac{1}{f'(x)} \leqslant \dfrac{1}{m}$,

又 $|f(x)| \leqslant \pi$,则 $-\pi \leqslant \alpha < \beta \leqslant \pi$,

所以
$$\left|\int_a^b \sin f(x)\,\mathrm{d}x\right| \xlongequal{x=\varphi(y)} \left|\int_\alpha^\beta \sin y\,\mathrm{d}\varphi(y)\right| = \left|\int_\alpha^\beta \varphi'(y)\sin y\,\mathrm{d}y\right|$$

$$\leqslant \max\left\{ \left| \int_0^\pi \sin y \varphi'(y)\mathrm{d}y \right|, \left| \int_{-\pi}^0 \sin y \varphi'(y)\mathrm{d}y \right| \right\}$$

$$\leqslant \frac{1}{m}\int_0^\pi \sin y\mathrm{d}y = -\frac{1}{m}\cos y\Big|_0^\pi = \frac{2}{m}.$$

（3）积分函数的相关问题

【方法点拨】

变限积分本质上是函数,而微积分的研究对象为函数,所以积分函数考题类型非常丰富,变化较多,其要点主要有以下三方面:

① 若函数 $f(x)$ 在 $[a,b]$ 上可积,则 $F(x)=\int_a^x f(t)\mathrm{d}t$ 在 $[a,b]$ 上连续;

若函数 $f(x)$ 在 $[a,b]$ 上连续,则 $F(x)=\int_a^x f(t)\mathrm{d}t$ 在 $[a,b]$ 上可导,且 $F'(x)=f(x)$.

② 在区间 I 上,若函数 $f(t)$ 连续,$u(x)$ 和 $v(x)$ 可导,则 $F(x)=\int_{v(x)}^{u(x)} f(t)\mathrm{d}t$ 在 I 上也可导,且 $F'(x)=f[u(x)]u'(x)-f[v(x)]v'(x)(x\in I)$.

③ 对于形如 $F(x)=\int_{\varphi(x)}^{\Phi(x)} f(t,x)\mathrm{d}t$ 的变限积分函数求导,常有以下两种方式:

（ⅰ）作积分变量替换,使被积函数中不含有参变量 x,再求导;

（ⅱ）若 $f(t,x)$ 与 $f_x(t,x)$ 在所讨论的区域内连续,则有

$$F'(x)=\int_{\varphi(x)}^{\Phi(x)} f_x(t,x)\mathrm{d}t+f[\Phi(x),x]\Phi'(x)-f[\varphi(x),x]\varphi'(x).$$

例24 设函数 $f(x)$ 连续,且 $\lim\limits_{x\to 0}\dfrac{f(x)}{x}=1,g(x)=\int_0^1 f(xt)\mathrm{d}t$,求 $g'(x)$,并证明 $g'(x)$ 在 $x=0$ 处连续.

解 因为 $\lim\limits_{x\to 0}\dfrac{f(x)}{x}=1$,且 $f(x)$ 连续,

则 $\qquad f(0)=\lim\limits_{x\to 0}f(x)=0,f'(0)=\lim\limits_{x\to 0}\dfrac{f(x)}{x}=1.$

令 $xt=u$,则 $g(x)=\int_0^1 f(xt)\mathrm{d}t=\dfrac{1}{x}\int_0^x f(u)\mathrm{d}u,$

当 $x\neq 0$ 时,$g'(x)=\dfrac{1}{x}f(x)-\dfrac{1}{x^2}\int_0^x f(u)\mathrm{d}u,$

当 $x = 0$ 时，$g(0) = 0$，此时

$$g'(0) = \lim_{x \to 0} \frac{g(x) - g(0)}{x} = \lim_{x \to 0} \frac{\displaystyle\int_0^x f(u)\,du}{x^2} = \lim_{x \to 0} \frac{f(x)}{2x} = \frac{1}{2},$$

于是

$$g'(x) = \begin{cases} \dfrac{1}{x} f(x) - \dfrac{1}{x^2} \displaystyle\int_0^x f(u)\,du, & x \neq 0, \\[3mm] \dfrac{1}{2}, & x = 0. \end{cases}$$

所以

$$\lim_{x \to 0} g'(x) = \lim_{x \to 0}\left[\frac{1}{x} f(x) - \frac{1}{x^2} \int_0^x f(u)\,du \right] = \lim_{x \to 0} \frac{f(x)}{x} - \lim_{x \to 0} \frac{\displaystyle\int_0^x f(u)\,du}{x^2}$$

$$= 1 - \lim_{x \to 0} \frac{f(x)}{2x} = 1 - \frac{1}{2} = \frac{1}{2} = g(0),$$

故 $g'(x)$ 在 $x = 0$ 处连续.

例 25　设函数 $f(x)$ 连续，且满足 $\displaystyle\int_0^x f(x - t)\,dt = \int_0^x (x - t) f(t)\,dt + e^{-x} - 1$，求 $f(x)$.

【分析】 先整理积分方程中的变限积分函数，然后对积分方程两边同时求导转化为求微分方程的初值问题. 需要指出的是，积分方程求导的过程可以连续进行.

解　因为 $\displaystyle\int_0^x f(x - t)\,dt = \int_0^x f(u)\,du$（令 $x - t = u$），

所以 $\displaystyle\int_0^x (x - t) f(t)\,dt = x \int_0^x f(t)\,dt - \int_0^x t f(t)\,dt.$

从而 $\displaystyle\int_0^x f(u)\,du = x \int_0^x f(t)\,dt - \int_0^x t f(t)\,dt + e^{-x} - 1,$

两边求导得 $f(x) = \displaystyle\int_0^x f(t)\,dt - e^{-x},$

两边再求导得 $f'(x) = f(x) + e^{-x},$

即 $y' - y = e^{-x}.$

又由初始条件 $f(0) = -1,$

解得 $f(x) = -\dfrac{1}{2} e^x - \dfrac{e^{-x}}{2}.$

例 26　求极限 $\displaystyle\lim_{x \to 0}\left(\frac{1 + \displaystyle\int_0^x e^{t^2}\,dt}{e^x - 1} - \frac{1}{\sin x} \right).$

解
$$\lim_{x \to 0} \left(\frac{1 + \int_0^x e^{t^2} dt}{e^x - 1} - \frac{1}{\sin x} \right) = \lim_{x \to 0} \frac{\sin x + \sin x \int_0^x e^{t^2} dt - e^x + 1}{(e^x - 1)x}$$

$$= \lim_{x \to 0} \frac{\sin x \int_0^x e^{t^2} dt}{x^2} + \lim_{x \to 0} \frac{\left[x - \frac{x^3}{3!} + o(x^3) \right] + 1 - \left[1 + x + \frac{x^2}{2!} + o(x^2) \right]}{x^2}$$

$$= \lim_{x \to 0} \frac{\int_0^x e^{t^2} dt}{x} + \lim_{x \to 0} \frac{-\frac{x^2}{2!} + o(x^2)}{x^2} = 1 - \frac{1}{2} = \frac{1}{2}.$$

例 27   设 $f(t) = t \mid \sin t \mid$,(1) 求 $\int_0^{2\pi} f(t) dt$;(2) 求 $\lim_{x \to +\infty} \frac{\int_0^x f(t) dt}{x^2}$.

【分析】(1) 此题为分段函数的定积分,以被积函数在积分区间内的零点为分段点,分段积分;(2) 由于被积函数中含有 $\mid \sin t \mid$,在无穷区间上分段积分可以考虑将 x 变为 n,将函数极限问题转化为数列极限利用夹逼准则解决.

解   (1) $\int_0^{2\pi} f(t) dt = \int_0^{\pi} t \sin t \, dt + \int_{\pi}^{2\pi} (-t \sin t) dt$

$$= \left[-t \cos t + \sin t \right]_0^{\pi} + \left[t \cos t - \sin t \right]_{\pi}^{2\pi} = \pi + 3\pi = 4\pi.$$

(2) $\int_0^{n\pi} f(t) dt = \sum_{k=1}^{n} (-1)^{k-1} \int_{(k-1)\pi}^{k\pi} t \sin t \, dt = \sum_{k=1}^{n} (-1)^{k-1} \left[-t \cos t + \sin t \right]_{(k-1)\pi}^{k\pi}$

$= n^2 \pi$,

设 $n\pi \leqslant x < (n+1)\pi$,则

$$n^2 \pi = \int_0^{n\pi} f(t) dt \leqslant \int_0^x f(t) dt \leqslant \int_0^{(n+1)\pi} f(t) dt = (n+1)^2 \pi,$$

从而
$$\frac{n^2 \pi}{(n+1)^2 \pi^2} \leqslant \frac{\int_0^x f(t) dt}{x^2} \leqslant \frac{(n+1)^2 \pi}{n^2 \pi^2},$$

于是由夹逼准则得
$$\lim_{x \to +\infty} \frac{\int_0^x f(t) dt}{x^2} = \frac{1}{\pi}.$$

例 28   求极限 $\lim_{x \to +\infty} \sqrt[3]{x} \int_x^{x+1} \frac{\sin t}{\sqrt{t} + \cos t} dt$.

解   因为当 $x > 1$ 时,

$$\left| \sqrt[3]{x} \int_x^{x+1} \frac{\sin t}{\sqrt{t} + \cos t} dt \right| \leqslant \sqrt[3]{x} \int_x^{x+1} \frac{1}{\sqrt{t} - 1} dt \leqslant 2 \sqrt[3]{x} \left(\sqrt{x} - \sqrt{x-1} \right)$$

$$= 2\frac{\sqrt[3]{x}}{\sqrt{x}+\sqrt{x-1}}.$$

又

$$\lim_{x\to+\infty}2\frac{\sqrt[3]{x}}{\sqrt{x}+\sqrt{x-1}}=0,$$

所以

$$\lim_{x\to+\infty}\sqrt[3]{x}\int_x^{x+1}\frac{\sin t}{\sqrt{t}+\cos t}\mathrm{d}t=0.$$

【注】涉及积分变限函数的极限问题,通常有以下三种处理方式:

① 用洛必达法则计算极限;

② 用积分中值定理去掉积分号求极限;

③ 将积分作放大与缩小,利用夹逼准则求极限.

4. 定积分的计算

┌───┐
【方法点拨】

　　① 定积分的几何意义;

　　② 两种求定积分的方法 —— 换元法和分部积分法;

　　③ 定积分的几个特殊结论.
└───┘

【注】定积分的计算方法无外乎换元法与分部积分法,但其难点是,如何选取换元,如何处理分部,如何拆项,如何划分区间积分,都有一些技巧,常因题而异,常用的技巧如下:

① 用换元法积分时,注意利用积分区间再现的技巧,如例 29.

② 将积分区间拆成两个,再经适当的变换将两个区间上的积分合并以化简,如例 30.

③ 化成二重积分,通过交换累次积分的积分次序来转化问题,如例 31.

④ 要划分积分区间以处理绝对值号,或划分之后才能作适当的变量变换,如例 32.

⑤ 用分部积分法时,注意利用积分还原的技巧,如例 33.

⑥ 涉及与 n 有关的积分运算,注意利用分部积分找递推关系,如例 34.

例 29　计算 $\displaystyle\int_0^{\frac{\pi}{4}}\frac{x}{\cos\left(\frac{\pi}{4}-x\right)\cos x}\mathrm{d}x.$

【分析】被积函数特点显示求原函数有困难,不妨进行积分换元,使用区间再现的技巧解决问题.

解 令 $x = \dfrac{\pi}{4} - t$，则 $\displaystyle\int_0^{\frac{\pi}{4}} \dfrac{x}{\cos\left(\dfrac{\pi}{4} - x\right)\cos x}\mathrm{d}x = \int_0^{\frac{\pi}{4}} \dfrac{\left(\dfrac{\pi}{4} - t\right)}{\cos\left(\dfrac{\pi}{4} - t\right)\cos t}\mathrm{d}t$

所以 $\quad I = \dfrac{\pi}{8}\displaystyle\int_0^{\frac{\pi}{4}} \dfrac{1}{\cos\left(\dfrac{\pi}{4} - t\right)\cos t}\mathrm{d}t = \dfrac{\sqrt{2}}{8}\pi\int_0^{\frac{\pi}{4}} \dfrac{1}{(\sin t + \cos t)\cos t}\mathrm{d}t$

$$= \dfrac{\sqrt{2}}{8}\pi\int_0^{\frac{\pi}{4}} \dfrac{1}{1 + \tan t}\mathrm{d}(\tan t) = \dfrac{\sqrt{2}}{8}\pi\ln 2.$$

例 30 计算 $\displaystyle\int_{-1}^{1} x\ln(1 + \mathrm{e}^x)\mathrm{d}x$.

【分析】 对称区间上的积分常想到利用奇、偶性将其进行化简. 若不能直接利用奇、偶性，可将积分区间划分为 $\displaystyle\int_{-1}^{0}\cdots\mathrm{d}x$，$\displaystyle\int_{0}^{1}\cdots\mathrm{d}x$ 试之.

解 $\displaystyle\int_{-1}^{1} x\ln(1 + \mathrm{e}^x)\mathrm{d}x = \int_{-1}^{0} x\ln(1 + \mathrm{e}^x)\mathrm{d}x + \int_{0}^{1} x\ln(1 + \mathrm{e}^x)\mathrm{d}x$

$$= \int_{1}^{0} (-x)\ln(1 + \mathrm{e}^{-x})(-\mathrm{d}x) + \int_{0}^{1} x\ln(1 + \mathrm{e}^x)\mathrm{d}x$$

$$= \int_{0}^{1} x\ln\left(\dfrac{1 + \mathrm{e}^x}{1 + \mathrm{e}^{-x}}\right)\mathrm{d}x = \int_{0}^{1} x^2\mathrm{d}x = \dfrac{1}{3}.$$

例 31 设常数 $a > 0, b > 0$，求 $\displaystyle\int_0^1 \dfrac{x^b - x^a}{\ln x}\mathrm{d}x$.

【分析】 表面上这是一个反常积分，但由于 $\lim\limits_{x\to 0^+}\dfrac{x^b - x^a}{\ln x} = 0$，$\lim\limits_{x\to 1^-}\dfrac{x^b - x^a}{\ln x} = b - a$，

因此实际上，它是连续函数 $f(x) = \begin{cases} \dfrac{x^b - x^a}{\ln x}, & 0 < x < 1, \\ 0, & x = 0, \\ b - a, & x = 1 \end{cases}$ 在闭区间 $[0, 1]$ 上

的定积分. 由于 $f(x) = \displaystyle\int_a^b x^t\mathrm{d}t, x \in [0, 1]$，因此可以将定积分化为一个二次积分来处理.

解 $\displaystyle\int_0^1 \dfrac{x^b - x^a}{\ln x}\mathrm{d}x = \int_0^1\left[\int_a^b x^t\mathrm{d}t\right]\mathrm{d}x = \int_a^b\left[\int_0^1 x^t\mathrm{d}x\right]\mathrm{d}t = \int_a^b \dfrac{x^{t+1}}{t + 1}\bigg|_0^1 \mathrm{d}t$

$$= \int_a^b \dfrac{1}{t + 1}\mathrm{d}t = \ln\dfrac{b + 1}{a + 1}.$$

例 32　计算 $\displaystyle\int_1^3 \frac{\sqrt{|\,2x-x^2\,|}}{x}\,\mathrm{d}x$.

解　$\displaystyle\int_1^3 \frac{\sqrt{|\,2x-x^2\,|}}{x}\,\mathrm{d}x = \int_1^2 \frac{\sqrt{2x-x^2}}{x}\,\mathrm{d}x + \int_2^3 \frac{\sqrt{x^2-2x}}{x}\,\mathrm{d}x$

$$= \int_1^2 \frac{\sqrt{1-(x-1)^2}}{(x-1)+1}\,\mathrm{d}x + \int_2^3 \frac{\sqrt{(x-1)^2-1}}{(x-1)+1}\,\mathrm{d}x$$

$$= \int_0^1 \frac{\sqrt{1-t^2}}{t+1}\,\mathrm{d}t + \int_1^2 \frac{\sqrt{t^2-1}}{t+1}\,\mathrm{d}t,$$

其中　$\displaystyle\int_0^1 \frac{\sqrt{1-t^2}}{t+1}\,\mathrm{d}t = \int_0^1 \sqrt{\frac{1-t}{t+1}}\,\mathrm{d}t = \int_0^1 \frac{1-t}{\sqrt{1-t^2}}\,\mathrm{d}t$

$$= \arcsin t\,\big|_0^1 + \sqrt{1-t^2}\,\big|_0^1 = \frac{\pi}{2} - 1,$$

$$\int_1^2 \frac{\sqrt{t^2-1}}{t+1}\,\mathrm{d}t = \int_1^2 \sqrt{\frac{t-1}{t+1}}\,\mathrm{d}t = \int_1^2 \frac{t-1}{\sqrt{t^2-1}}\,\mathrm{d}t$$

$$= \sqrt{t^2-1}\,\Big|_1^2 - \ln\big|\,t + \sqrt{t^2-1}\,\big|\,\Big|_1^2 = \sqrt{3} - \ln(2+\sqrt{3}),$$

故　$\displaystyle\int_1^3 \frac{\sqrt{|\,2x-x^2\,|}}{x}\,\mathrm{d}x = \frac{\pi}{2} - 1 + \sqrt{3} - \ln(2+\sqrt{3}).$

例 33　计算 $\displaystyle\int_0^1 \frac{\ln(1+x)}{1+x^2}\,\mathrm{d}x$.

解

$$\int_0^1 \frac{\ln(1+x)}{1+x^2}\,\mathrm{d}x \xlongequal{x=\tan t} \int_0^{\frac{\pi}{4}} \ln(1+\tan t)\,\mathrm{d}t = \int_0^{\frac{\pi}{4}} \ln\Big(1 + \frac{1-\tan u}{1+\tan u}\Big)\,\mathrm{d}u\Big(t = \frac{\pi}{4} - u\Big)$$

$$= \int_0^{\frac{\pi}{4}} \ln\frac{2}{1+\tan u}\,\mathrm{d}u = \frac{\pi}{4}\ln 2 - \int_0^{\frac{\pi}{4}} \ln(1+\tan u)\,\mathrm{d}u = \frac{\pi}{8}\ln 2.$$

例 34　设 $a_n = \displaystyle\int_0^1 x^n \sqrt{1-x^2}\,\mathrm{d}x\,(n=1,2,3,\cdots)$,(1) 证明:数列 $\{a_n\}$ 单调递

减,且 $a_n = \dfrac{n-1}{n+2}a_{n-2}\,(n=2,3,\cdots)$;(2) 求极限 $\displaystyle\lim_{n\to\infty}\frac{a_n}{a_{n-1}}$.

【分析】(1) 可用积分不等式,$x \in (0,1)$ 时,$x^n \sqrt{1-x^2}$ 单调减小即可证明;或
换元计算出 a_n;(2) 由(1) 的结论和夹逼准则即可解决.

证　(1) $a_{n+1} - a_n = \displaystyle\int_0^1 x^n(x-1)\sqrt{1-x^2}\,\mathrm{d}x < 0$,所以数列 $\{a_n\}$ 单调递减.

$n \geqslant 2$ 时,

$$a_n = -\frac{1}{3}\int_0^1 x^{n-1}\mathrm{d}(1-x^2)^{\frac{3}{2}} = -\frac{1}{3}x^{n-1}(1-x^2)^{\frac{3}{2}}\Big|_0^1 + \frac{n-1}{3}\int_0^1 x^{n-2}(1-x^2)^{\frac{3}{2}}\mathrm{d}x$$

$$= \frac{n-1}{3}\int_0^1 x^{n-2}(1-x^2)^{\frac{1}{2}}(1-x^2)\mathrm{d}x = \frac{n-1}{3}a_{n-2} - \frac{n-1}{3}a_n.$$

所以 $\qquad\qquad\qquad a_n = \dfrac{n-1}{n+2}a_{n-2}(n=2,3,\cdots).$

(2) 因为 $\dfrac{n-1}{n+2} < \dfrac{a_{n-1}}{a_{n-2}} < 1$，由夹逼准则可得 $\lim\limits_{n\to\infty}\dfrac{a_n}{a_{n-1}} = \lim\limits_{n\to\infty}\dfrac{a_{n-1}}{a_{n-2}} = 1.$

5. 关于积分的证明

（1）积分等式的证明

> 【方法点拨】
> ① 通过积分性质建立等式,利用介值定理证明零点的存在性.
> ② 利用积分中值定理.
> ③ 使用积分法,一般借助牛顿-莱布尼茨公式、分部积分公式等.
> ④ 利用微分中值定理,证明 ξ 的存在性.

例35 设函数 $f(x)$ 在 $[0,\pi]$ 上连续,且 $\int_0^\pi f(x)\mathrm{d}x = 0, \int_0^\pi f(x)\cos x\mathrm{d}x = 0.$
试证在 $(0,\pi)$ 内至少存在两个不同的点 ξ_1,ξ_2,使得 $f(\xi_1)=f(\xi_2)=0.$

【分析】 本题运用罗尔定理,需要构造函数 $F(x)=\int_0^x f(t)\mathrm{d}t$,找出 $F(x)$ 的三个零点,由已知条件易知 $F(0)=F(\pi)=0$,则 $x=0,x=\pi$ 为 $F(x)$ 的两个零点,第三个零点的存在性是本题的难点.

证 令 $F(x)=\int_0^x f(t)\mathrm{d}t, x\in[0,\pi]$,显然 $F(0)=F(\pi).$

因为 $\int_0^\pi f(x)\cos x\mathrm{d}x = \int_0^\pi \cos x\mathrm{d}F(x) = \cos x \cdot F(x)\Big|_0^\pi + \int_0^\pi F(x)\sin x\mathrm{d}x$

$$= \int_0^\pi F(x)\sin x\mathrm{d}x = F(\xi)\sin\xi\cdot\pi = 0, \xi\in(0,\pi),$$

故存在 $\xi\in(0,\pi)$,使得 $F(\xi)=0.$

对 $F(x)$ 分别在 $[0,\xi],[\xi,\pi]$ 上运用罗尔定理,

即得在 $(0,\pi)$ 内至少存在两个不同的点 ξ_1,ξ_2,使得 $f(\xi_1)=f(\xi_2)=0.$

例36 设 $f(x)$ 在 $[a,b]$ 上可导,且 $f'(x)\neq 0.$（1）证明:至少存在一点 $\xi\in$

(a,b)，使得 $\int_a^b f(x)\mathrm{d}x = f(b)(\xi-a)+f(a)(b-\xi)$；(2) 对(1) 的 ξ，求 $\lim\limits_{b\to a^+}\dfrac{\xi-a}{b-a}$.

【分析】分析等式(1)的特点发现 $\xi=a$ 和 $\xi=b$ 时为特殊情形，可以考虑用零点定理证明 ξ 的存在性；(2)的极限计算，可通过结论(1)整理出 $\dfrac{\xi-a}{b-a}$，然后对等式两边取极限即可.

证 (1) 由 $f'(x)\neq 0$，不妨设 $f'(x)>0$.

令 $F(x)=\displaystyle\int_a^b f(x)\mathrm{d}x - f(b)(x-a)-f(a)(b-x)$，则 $F(x)$ 在区间 $[a,b]$ 上连续，

且
$$F(a)=\int_a^b f(x)\mathrm{d}x - f(a)(b-a)=\int_a^b [f(x)-f(a)]\mathrm{d}x,$$

$$F(b)=\int_a^b f(x)\mathrm{d}x - f(b)(b-a)=\int_a^b [f(x)-f(b)]\mathrm{d}x,$$

又 $f(a)<f(x)<f(b),x\in(a,b)$，故由积分的保号性可得 $F(a)F(b)<0$，
由零点定理可得结论成立.

(2) 由(1)可得 $\displaystyle\int_a^b f(x)\mathrm{d}x - f(a)(b-a)=[f(b)-f(a)](\xi-a)$，等式两端除以 $(b-a)^2$ 得

$$\frac{\displaystyle\int_a^b f(x)\mathrm{d}x - f(a)(b-a)}{(b-a)^2}=\frac{f(b)-f(a)}{b-a}\cdot\frac{\xi-a}{b-a},$$

两边取 $b\to a^+$ 的极限，得

$$f'_+(a)\cdot\lim_{b\to a^+}\frac{\xi-a}{b-a}=\lim_{b\to a^+}\frac{\displaystyle\int_a^b f(x)\mathrm{d}x - f(a)(b-a)}{(b-a)^2}=\lim_{b\to a^+}\frac{f(b)-f(a)}{2(b-a)}=\frac{1}{2}f'_+(a),$$

故
$$\lim_{b\to a^+}\frac{\xi-a}{b-a}=\frac{1}{2}.$$

例 37 设 $f(x)$ 在区间 $[-a,a]$ 上连续，在 $x=0$ 处可导，且 $f'(0)\neq 0$，(1) 证明：对 $\forall x\in[-a,a]$，$\exists\theta\in(0,1)$，使得 $\displaystyle\int_0^x f(t)\mathrm{d}t+\int_0^{-x}f(t)\mathrm{d}t=x[f(\theta x)-f(-\theta x)]$；
(2) 求极限 $\lim\limits_{x\to 0}\theta$.

证 (1) $\displaystyle\int_0^{-x}f(t)\mathrm{d}t=-\int_0^x f(-s)\mathrm{d}s=-\int_0^x f(-t)\mathrm{d}t,$

根据积分中值定理可知，$\exists\theta\in(0,1)$，使得

$$\int_0^x f(t)\mathrm{d}t + \int_0^{-x} f(t)\mathrm{d}t = \int_0^x [f(t) - f(-t)]\mathrm{d}t = x[f(\theta x) - f(-\theta x)].$$

(2) 因为 $f(x)$ 在 $x = 0$ 处可导,所以

$$f'(0) = \lim_{x \to 0} \frac{f(x) - f(0)}{x} = -\lim_{x \to 0} \frac{f(-x) - f(0)}{x} = \frac{1}{2} \lim_{x \to 0} \frac{f(x) - f(-x)}{x},$$

于是
$$\lim_{x \to 0} \frac{f(\theta x) - f(-\theta x)}{\theta x} = 2f'(0),$$

同时根据(1) 可得

$$\lim_{x \to 0} \frac{f(\theta x) - f(-\theta x)}{\theta x} = \lim_{x \to 0} \frac{\int_0^x f(t)\mathrm{d}t + \int_0^{-x} f(t)\mathrm{d}t}{\theta x^2}$$

$$= \lim_{x \to 0} \frac{1}{\theta} \lim_{x \to 0} \frac{\int_0^x f(t)\mathrm{d}t + \int_0^{-x} f(t)\mathrm{d}t}{x^2},$$

而
$$\lim_{x \to 0} \frac{\int_0^x f(t)\mathrm{d}t + \int_0^{-x} f(t)\mathrm{d}t}{x^2} = \lim_{x \to 0} \frac{f(x) - f(-x)}{2x} = f'(0),$$

由 $f'(0) \neq 0$ 得

$$\lim_{x \to 0} \theta = \lim_{x \to 0} \frac{\displaystyle\lim_{x \to 0} \frac{\int_0^x f(t)\mathrm{d}t + \int_0^{-x} f(t)\mathrm{d}t}{x^2}}{\displaystyle\lim_{x \to 0} \frac{f(\theta x) - f(-\theta x)}{\theta x}} = \frac{1}{2}.$$

【注】所有中值定理中出现的特定点(如 ξ 等) 都是与区间端点有关的变量,那么如何求涉及其与区间端点有关的极限呢?关键是要借助特定点所满足的等式. 由于等式中一般包含函数的增量,因此导数定义就成为求此类极限的重要工具.

例 38 设 $f(x)$ 在区间 $[0, c]$ 上二阶可导,证明:$\exists \xi \in (0, c)$,使得

$$\int_0^c f(x)\mathrm{d}x = \frac{c}{2}[f(0) + f(c)] - \frac{c^3}{12} f''(\xi).$$

证 记

$$A = \frac{6}{c^2}[f(0) + f(c)] - \frac{12}{c^3} \int_0^c f(x)\mathrm{d}x,$$

令

$$F(x) = \int_0^x f(x)\mathrm{d}x - \frac{x}{2}[f(0) + f(x)] + \frac{A}{12} x^3,$$

显然 $F(0) = 0$,由 A 的定义可知 $F(c) = 0$,根据罗尔定理得 $\exists \eta \in (0, c)$,使得

$$F'(\eta) = 0.$$

由于 $F'(x) = f(x) - \dfrac{x}{2}f'(x) - \dfrac{1}{2}[f(0) + f(x)] + \dfrac{A}{4}x^2$，因此 $F'(0) = 0$，

注意到 $F'(\eta) = 0$，在 $(0, \eta)$ 上对 $F'(x)$ 使用罗尔定理，存在 $\xi \in (0, \eta)$，使得 $F''(\xi) = 0$。

而 $F''(x) = f'(x) - \dfrac{x}{2}f''(x) - \dfrac{1}{2}f'(x) - \dfrac{1}{2}f'(x) + \dfrac{A}{2}x = -\dfrac{x}{2}f''(x) + \dfrac{A}{2}x$，

由 $F''(\xi) = 0$ 可得 $A = f''(\xi)$，由 A 的定义得证.

【注】此题虽然涉及高阶导数的等式问题，但并不适合使用泰勒定理，构造合适的辅助函数，连续使用罗尔定理可以较容易地得出结论. 使用罗尔定理的关键是要满足函数值在两端点相等这一条件，因此，在构造辅助函数时要充分考虑到这一点.

（2）积分不等式的证明

【方法点拨】

①利用定积分单调性或估值定理，首先得到被积函数的相关不等式，然后对不等式各项同时积分，得到积分不等式.

②使用积分中值定理，可以将积分不等式问题直接化为被积函数的不等式问题.

③若被积函数在这个积分区间上不满足相关不等式，则可以将积分区间分割后，利用定积分换元法将分割后的积分区间进行统一，然后使用 ① 或 ② 的方法证明.

④使用分部积分，可以利用导函数的性质证明积分不等式.

⑤将定积分的上限（或下限）变易后，化为函数不等式.

⑥借助牛顿-莱布尼茨公式，处理关于导函数的积分不等式问题.

⑦使用柯西不等式，证明涉及函数乘积的积分不等式.

例39　设正值函数 $f(x)$ 在闭区间 $[a, b]$ 上连续，$\displaystyle\int_a^b f(x)\,\mathrm{d}x = A$.

证明：$\displaystyle\int_a^b f(x)\mathrm{e}^{f(x)}\,\mathrm{d}x \int_a^b \dfrac{1}{f(x)}\,\mathrm{d}x \geqslant (b-a)(b-a+A)$.

【分析】根据不等式左边积分区间的一致性及被积函数的对称性特点，考虑将左边积分化为二重积分.

证　记 $D = \{(x,y) \mid a \leqslant x \leqslant b, a \leqslant y \leqslant b\}$，则

$$左式 = \int_a^b f(x) e^{f(x)} dx \int_a^b \frac{1}{f(y)} dy = \iint\limits_D \frac{f(x)}{f(y)} e^{f(x)} dx dy$$

$$= \iint\limits_D \frac{f(y)}{f(x)} e^{f(y)} dx dy$$

$$= \frac{1}{2} \iint\limits_D \left[\frac{f(y)}{f(x)} e^{f(y)} + \frac{f(x)}{f(y)} e^{f(x)} \right] dx dy \geqslant \iint\limits_D e^{\frac{f(x)+f(y)}{2}} dx dy$$

$$\geqslant \iint\limits_D \left[1 + \frac{f(x)}{2} + \frac{f(y)}{2} \right] dx dy$$

$$= (b-a)^2 + \int_a^b dy \int_a^b f(x) dx = (b-a)(b-a+A).$$

【注】本题在证明过程中利用了不等式 $e^x \geqslant 1 + x \Rightarrow e^{\frac{f(x)+f(y)}{2}} \geqslant 1 + \frac{f(x)+f(y)}{2}$.

例 40　设函数 $f(x)$ 在 $[0,1]$ 内有连续的二阶导函数.

(1) 证明：$\int_0^1 x(1-x) f''(x) dx = f(0) + f(1) - 2\int_0^1 f(x) dx$；

(2) 当 $f(0) = 1, f(1) = -1$ 且 $|f''(x)| \leqslant M$ 时，试证：$\left| \int_0^1 f(x) dx \right| \leqslant \frac{M}{12}$.

证　(1)　$\int_0^1 x(1-x) f''(x) dx = \int_0^1 x(1-x) df'(x)$

$$= x(1-x) f'(x) \Big|_0^1 - \int_0^1 f'(x)(1-2x) dx$$

$$= -\int_0^1 f'(x) dx + 2\int_0^1 x f'(x) dx$$

$$= f(0) - f(1) + 2x f(x) \Big|_0^1 - 2\int_0^1 f(x) dx$$

$$= f(0) + f(1) - 2\int_0^1 f(x) dx.$$

(2) $\left| \int_0^1 f(x) dx \right| = \frac{1}{2} \left| \int_0^1 (x - x^2) f''(x) dx \right| \leqslant \frac{1}{2} \int_0^1 |(x-x^2) f''(x)| dx$

$$\leqslant \frac{1}{2} M \int_0^1 (x - x^2) dx = \frac{1}{12} M.$$

例 41　设 $f(x), g(x)$ 在 $[a,b]$ 上连续，且 $f(x)$ 单调递增，$0 \leqslant g(x) \leqslant 1$.

证　(1) $0 \leqslant \int_a^x g(t) dt \leqslant x - a, x \in [a,b]$；

(2) $\displaystyle\int_a^{a+\int_a^p g(t)\mathrm{d}t} f(x)\mathrm{d}x \leqslant \int_a^b f(x)g(x)\mathrm{d}x.$

证 (1) 由题设条件可知 $0 \leqslant g(x) \leqslant 1$，所以 $0 \leqslant \displaystyle\int_a^x g(t)\mathrm{d}t$ 显然成立.

又 $$\int_a^x g(t)\mathrm{d}t = g(\xi)\cdot(x-a) \leqslant x-a,$$

所以 $$0 \leqslant \int_a^x g(t)\mathrm{d}t \leqslant x-a.$$

(2) 设 $F(p) = \displaystyle\int_a^p f(x)g(x)\mathrm{d}x - \int_a^{a+\int_a^p g(t)\mathrm{d}t} f(x)\mathrm{d}x$，显然 $F(a) = 0$.
下面证明 $F(p)$ 在 $[a,b]$ 上单调递增.

因为 $$F'(p) = f(p)g(p) - f\left[a+\int_a^p g(t)\mathrm{d}t\right]\cdot g(p) \qquad (\star)$$

由 (1) 可知 $a+\displaystyle\int_a^p g(t)\mathrm{d}t \leqslant p$，而 $f(x)$ 单调递增，

故 $(\star)$ 式为 $$F'(p) = f(p)g(p) - f\left[a+\int_a^p g(t)\mathrm{d}t\right]\cdot g(p)$$
$$\geqslant f(p)g(p) - f(p)g(p) = 0,$$

即 $F'(p) \geqslant 0$，故 $F(b) \geqslant F(a) = 0$.

所以原不等式 $\displaystyle\int_a^{a+\int_a^p g(t)\mathrm{d}t} f(x)\mathrm{d}x \leqslant \int_a^b f(x)g(x)\mathrm{d}x$ 成立.

例 42 设函数 $f(x) > 0$ 且在实轴上连续，若对任意实数 t，有
$\displaystyle\int_{-\infty}^{+\infty} \mathrm{e}^{-|t-x|} f(x)\mathrm{d}x \leqslant 1$.

证明：$\forall a,b(a < b)$，有 $\displaystyle\int_a^b f(x)\mathrm{d}x \leqslant \dfrac{b-a+2}{2}$.

证 对 $\forall a,b(a<b)$，有 $\displaystyle\int_a^b \mathrm{e}^{-|t-x|} f(x)\mathrm{d}x \leqslant \int_{-\infty}^{+\infty} \mathrm{e}^{-|t-x|} f(x)\mathrm{d}x \leqslant 1$,

因此 $$\int_a^b \mathrm{d}t \int_a^b \mathrm{e}^{-|t-x|} f(x)\mathrm{d}x \leqslant b-a,$$

又 $$\int_a^b \mathrm{d}t \int_a^b \mathrm{e}^{-|t-x|} f(x)\mathrm{d}x = \int_a^b f(x)\mathrm{d}x \int_a^b \mathrm{e}^{-|t-x|}\,\mathrm{d}t,$$

其中 $$\int_a^b \mathrm{e}^{-|t-x|}\,\mathrm{d}t = \int_a^x \mathrm{e}^{t-x}\mathrm{d}t + \int_x^b \mathrm{e}^{x-t}\mathrm{d}t = 2 - \mathrm{e}^{a-x} - \mathrm{e}^{x-b},$$

故 $$\int_a^b \mathrm{d}t \int_a^b \mathrm{e}^{-|t-x|} f(x)\mathrm{d}x = \int_a^b f(x)(2 - \mathrm{e}^{a-x} - \mathrm{e}^{x-b})\mathrm{d}x$$
$$= 2\int_a^b f(x)\mathrm{d}x - \int_a^b f(x)\mathrm{e}^{a-x}\mathrm{d}x - \int_a^b f(x)\mathrm{e}^{x-b}\mathrm{d}x \leqslant b-a.$$

注意到 $\int_a^b f(x)\mathrm{e}^{a-x}\mathrm{d}x = \int_a^b f(x)\mathrm{e}^{-|a-x|}\,\mathrm{d}x \leqslant 1$，$\int_a^b f(x)\mathrm{e}^{x-b}\mathrm{d}x \leqslant 1$，

因此 $\int_a^b f(x)\mathrm{d}x \leqslant \dfrac{b-a}{2} + \dfrac{1}{2}\int_a^b f(x)\mathrm{e}^{a-x}\mathrm{d}x + \dfrac{1}{2}\int_a^b f(x)\mathrm{e}^{x-b}\mathrm{d}x \leqslant \dfrac{b-a+2}{2}$．

例 43　设 $f(x)$ 在 $[0,1]$ 上连续可导，$0 < f'(x) \leqslant 1, f(0) = 0$. 证明：

$\left[\int_0^1 f(x)\mathrm{d}x\right]^2 \geqslant \int_0^1 f^3(x)\mathrm{d}x$.

【分析】即证 $\dfrac{\left[\int_0^1 f(x)\mathrm{d}x\right]^2}{\int_0^1 f^3(x)\mathrm{d}x} \geqslant 1$，整理可得即证 $\dfrac{\left[\int_0^1 f(x)\mathrm{d}x\right]^2 - \left[\int_0^0 f(x)\mathrm{d}x\right]^2}{\int_0^1 f^3(x)\mathrm{d}x - \int_0^0 f^3(x)\mathrm{d}x}$

$\geqslant 1$，考虑用柯西中值定理证明.

证　令 $F(x) = \left[\int_0^x f(t)\mathrm{d}t\right]^2, G(x) = \int_0^x f^3(t)\mathrm{d}t$，

对 $F(x), G(x)$ 在 $[0,1]$ 上使用柯西中值定理，得

$$\frac{\left[\int_0^1 f(x)\mathrm{d}x\right]^2}{\int_0^1 f^3(x)\mathrm{d}x} = \frac{F'(\xi)}{G'(\xi)} = \frac{2\int_0^\xi f(x)\mathrm{d}x}{f^2(\xi)}, \xi \in (0,1).$$

对 $P(x) = \int_0^x f(t)\mathrm{d}t, Q(x) = f^2(x)$ 在 $[0,\xi]$ 上使用柯西中值定理，得

$$\frac{2\int_0^\xi f(x)\mathrm{d}x}{f^2(\xi)} = \frac{2\left[\int_0^\xi f(x)\mathrm{d}x - \int_0^0 f(x)\mathrm{d}x\right]}{f^2(\xi) - f^2(0)} = \frac{2f(\theta)}{2f(\theta)f'(\theta)} = \frac{1}{f'(\theta)}, \theta \in (0,\xi),$$

因为
$$0 < f'(x) \leqslant 1,$$

所以
$$\frac{\left[\int_0^1 f(x)\mathrm{d}x\right]^2}{\int_0^1 f^3(x)\mathrm{d}x} = \frac{1}{f'(\theta)} \geqslant 1,$$

即原积分不等式成立.

例 44　设 $f(x)$ 在 $[a,b]$ 上二阶连续可导，$f(a) = f(b) = 0, |f''(x)| \leqslant M$. 证明：$\left|\int_a^b f(x)\mathrm{d}x\right| \leqslant \dfrac{M}{12}(b-a)^3$.

【分析】由题目已知函数及其高阶导数满足的条件，可考虑使用 $f(x)$ 的二阶泰勒展开式.

证　由 $f(x)$ 的二阶泰勒展开式可知

$$f(a) = f(x) + f'(x)(a-x) + \frac{f''(\xi)}{2!}(a-x)^2, \xi \in (a,x).$$

又 $f(a) = 0$,从而

$$f(x) + f'(x)(a-x) + \frac{f''(\xi)}{2!}(a-x)^2 = 0,$$

上式两边在 $[a,b]$ 上求定积分,得

$$\int_a^b f(x)\mathrm{d}x + \int_a^b f'(x)(a-x)\mathrm{d}x + \int_a^b \frac{f''(\xi)}{2!}(a-x)^2\mathrm{d}x = 0.$$

又

$$\int_a^b f(x)\mathrm{d}x + \int_a^b f'(x)(a-x)\mathrm{d}x + \int_a^b \frac{f''(\xi)}{2!}(a-x)^2\mathrm{d}x$$

$$= \int_a^b f(x)\mathrm{d}x + \int_a^b (a-x)\mathrm{d}f(x) + \int_a^b \frac{f''(\xi)}{2!}(a-x)^2\mathrm{d}x$$

$$= \int_a^b f(x)\mathrm{d}x + \int_a^b f(x)\mathrm{d}x + \int_a^b \frac{f''(\xi)}{2!}(a-x)^2\mathrm{d}x,$$

所以

$$\left| \int_a^b f(x)\mathrm{d}x \right| = \frac{1}{2}\left| \int_a^b \frac{f''(\xi)}{2!}(a-x)^2\mathrm{d}x \right| \leqslant \frac{M}{4}\int_a^b (a-x)^2\mathrm{d}x$$

$$= \frac{M}{12}(b-a)^3.$$

例 45 设 $f(x)$ 在 $[0,1]$ 上具有连续的导函数,$f(0) = 0$. 证明:$\int_0^1 f^2(x)\mathrm{d}x \leqslant \frac{1}{2}\int_0^1 [f'(x)]^2\mathrm{d}x$.

【分析】 若 $\int_a^b f^2(x)\mathrm{d}x$,$\left[\int_a^b f'(x)\mathrm{d}x\right]^2$ 同时出现,不妨设 $f(x) = \int_a^x f'(x)\mathrm{d}x$,两边平方后考虑柯西不等式.

证 设 $f(x) = \int_0^x f'(t)\mathrm{d}t, x \in [a,b]$,

那么 $f^2(x) = \left[\int_0^x f'(t)\mathrm{d}t\right]^2 = \left[\int_0^x f'(t) \cdot 1\mathrm{d}t\right]^2 \leqslant \int_0^x [f'(t)]^2\mathrm{d}t \cdot \int_0^x 1^2\mathrm{d}t$(柯西不等式)

$$= x \cdot \int_0^x [f'(t)]^2\mathrm{d}t \leqslant x \cdot \int_0^1 [f'(t)]^2\mathrm{d}t,$$

上述不等式两边同时在 $[0,1]$ 上积分,得到

$$\int_0^1 f^2(x)\mathrm{d}x \leqslant \frac{1}{2}\int_0^1 [f'(x)]^2\mathrm{d}x.$$

【注 1】 柯西不等式:

设 $f(x), g(x)$ 在 $[a,b]$ 上可积,则

$$\int_a^b f^2(x)\mathrm{d}x \cdot \int_a^b g^2(x)\mathrm{d}x \geqslant \left[\int_a^b f(x)g(x)\mathrm{d}x\right]^2.$$

【注2】积分不等式中出现下列几种情形可以考虑使用柯西不等式:

① 积分不等式中有积分相乘的形式;

② 积分不等式中有积分的平方形式;

③ 被积函数为某个函数的平方形式;

④ $\int_a^b f^2(x)\mathrm{d}x$, $\left[\int_a^b f'(x)\mathrm{d}x\right]^2$ 同时出现的情形.

6. 反常积分

(1) 计算反常积分的三大基本方法:推广后的牛顿-莱布尼茨公式、换元法、分部积分法.

(2) 反常积分敛散性的判断

【方法点拨】

以 $\int_a^{+\infty} f(x)\mathrm{d}x$ 为例,无界函数反常积分有类似结论.

① 计算反常积分的三大基本方法.

② 若 $f(x) \geqslant 0$,且 $\lim\limits_{x\to+\infty} f(x) = 0$,则可考虑 $x\to+\infty$ 时无穷小量 $f(x)$ 的阶;若阶数 $\lambda > 1$,则反常积分 $\int_a^{+\infty} f(x)\mathrm{d}x$ 收敛;若阶数 $\lambda \leqslant 1$,则反常积分 $\int_a^{+\infty} f(x)\mathrm{d}x$ 发散.

③ 若 $f(x) \geqslant 0$,则可用比较判别法或比较判别法的极限形式进行判断.

④ 若 $f(x) \geqslant 0$,则可考虑 $\int_a^A f(x)\mathrm{d}x(A > a)$ 是否有界.

⑤ 用定义看极限 $\lim\limits_{A\to+\infty}\int_a^A f(x)\mathrm{d}x$ 是否存在.

【注】因为 $\int_a^{+\infty} f(x)\mathrm{d}x$ 与 $\int_a^{+\infty} -f(x)\mathrm{d}x$ 的敛散性相同,所以 $f(x) \leqslant 0$ 时,有类似②③④的判别法.

例 46 判别反常积分 $\int_1^{+\infty} \dfrac{\left(\arctan\dfrac{1}{x}\right)^\alpha}{\left[\ln\left(1+\dfrac{1}{x}\right)\right]^{2\beta}}\mathrm{d}x$ 的敛散性($\alpha,\beta > 0$).

【分析】观察可知被积函数中含有已知等价无穷小的因式,故选择比较判别法判断敛散性.

解　因为 $\dfrac{1}{x} \sim \arctan\dfrac{1}{x}$ $(x\to +\infty)$，$\ln\left(1+\dfrac{1}{x}\right) \sim \dfrac{1}{x}$ $(x\to +\infty)$，

所以
$$\frac{\left(\arctan\dfrac{1}{x}\right)^{\alpha}}{\left[\ln\left(1+\dfrac{1}{x}\right)\right]^{2\beta}} \sim \frac{\left(\dfrac{1}{x}\right)^{\alpha}}{\left(\dfrac{1}{x}\right)^{2\beta}} = \left(\frac{1}{x}\right)^{\alpha-2\beta}.$$

又当 $p>1$ 时,$\displaystyle\int_{a}^{+\infty}\dfrac{1}{x^{p}}\mathrm{d}x\,(a>0)$ 收敛,

所以 $\alpha-2\beta>1$ 时级数收敛;$\alpha-2\beta\leqslant 1$ 时级数发散.

例 47　若反常积分 $\displaystyle\int_{0}^{+\infty}\dfrac{1}{x^{a}(1+x)^{b}}\mathrm{d}x$ 收敛,则　　　　　　　（　　）

(A) $a<1$ 且 $b>1$ 　　　　　　(B) $a>1$ 且 $b>1$

(C) $a<1$ 且 $a+b>1$ 　　　　(D) $a>1$ 且 $a+b>1$

解　$\displaystyle\lim_{x\to 0^{+}}x^{a}\cdot\dfrac{1}{x^{a}(1+x)^{b}}=1$,又 $\displaystyle\int_{0}^{1}\dfrac{1}{x^{a}}\mathrm{d}x$ 收敛,故需要 $a<1$.

$\displaystyle\lim_{x\to +\infty}(1+x)^{a+b}\cdot\dfrac{1}{x^{a}(1+x)^{b}}=1$,又 $\displaystyle\int_{1}^{+\infty}\dfrac{1}{(1+x)^{a+b}}\mathrm{d}x$ 收敛,故需要 $a+b>1$.

故答案选(C).

7. 定积分的应用

(1) 平面图形的面积

【方法点拨】

①确定坐标系,直角坐标系或极坐标系;

②确定直接化定积分还是割补法;

③直角坐标系下确定积分变量 x 或 y,将定积分化为 x 或 y 的定积分;若曲线为参数方程,则将定积分化为以参数为积分变量的定积分;

④极坐标下大多以 θ 为积分变量;

⑤平面图形的面积也可化为二重积分来计算.

例 48　设 n 是正整数,记 S_{n} 是 $y=\mathrm{e}^{-x}\sin x\,(0\leqslant x\leqslant n\pi)$ 与 x 轴所围图形的面积,求 S_{n},并求 $\displaystyle\lim_{n\to\infty}S_{n}$.

解 所求图形的面积 $S_n = \int_0^{n\pi} |\mathrm{e}^{-x}\sin x| \mathrm{d}x$,

则
$$S_n = \sum_{k=0}^{n-1}\int_{k\pi}^{(k+1)\pi} \mathrm{e}^{-x}|\sin x|\mathrm{d}x = \sum_{k=0}^{n-1}\int_0^{\pi} \mathrm{e}^{-(k\pi+t)}|\sin(k\pi+t)|\mathrm{d}t$$

$$= \sum_{k=0}^{n-1}\int_0^{\pi} \mathrm{e}^{-(k\pi+t)}\sin t\,\mathrm{d}t = \frac{1}{2}(1+\mathrm{e}^{\pi})\sum_{k=0}^{n-1}\mathrm{e}^{-(k+1)\pi} = \frac{1+\mathrm{e}^{\pi}}{2(\mathrm{e}^{\pi}-1)}(1-\mathrm{e}^{-n\pi}),$$

所以
$$\lim_{n\to\infty} S_n = \frac{1+\mathrm{e}^{\pi}}{2(\mathrm{e}^{\pi}-1)}.$$

例 49 过曲线 $y = \sqrt[3]{x}\,(x \geqslant 0)$ 上的点 A 作切线, 使该切线与曲线及 x 轴所围成的平面图形的面积为 $\frac{3}{4}$, 求点 A 的坐标.

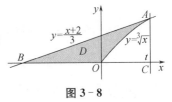

图 3-8

解 设切点 $A(t, \sqrt[3]{t})$, 曲线上过点 A 的切线方程为
$$y - \sqrt[3]{t} = \frac{1}{3\sqrt[3]{t^2}}(x-t),$$

令 $y = 0$, 得切线与 x 轴交点的横坐标为 $x_0 = -2t$, 由图 3-8 可知, 所求平面图形的面积为
$$S = \frac{1}{2}\sqrt[3]{t}\,[t-(-2t)] - \int_0^t \sqrt[3]{x}\,\mathrm{d}x = \frac{3}{4}t\sqrt[3]{t},$$

又 $S = \frac{3}{4}$, 故 $t = 1$,

从而点 A 的坐标为 $(1,1)$.

(2) 旋转体的体积

【方法点拨】

① 若几何体为旋转体且旋转轴为坐标轴, 则确定积分变量, 化为定积分. 若曲线为参数方程, 则化为以参数为积分变量的定积分.

② 若几何体是旋转体但旋转轴不是坐标轴, 则用微元法或古鲁金第二定理.

③ 若几何体不是旋转体, 则化为已知截面求体积或利用重积分求体积.

例 50 设抛物线 $y = ax^2 + bx + 2\ln c$ 过原点. 当 $0 \leqslant x \leqslant 1$ 时, $y \geqslant 0$, 又已知该抛物线与 x 轴及直线 $x = 1$ 所围图形的面积为 $\frac{1}{3}$. 试确定 a, b, c, 使此图形绕 x 轴

旋转一周而成的旋转体的体积最小.

解 因为抛物线 $y = ax^2 + bx + 2\ln c$ 过原点,所以 $c = 1$,

于是 $\dfrac{1}{3} = \displaystyle\int_0^1 (ax^2 + bx)\,\mathrm{d}x = \left[\dfrac{a}{3}x^3 + \dfrac{b}{2}x^2\right]_0^1 = \dfrac{a}{3} + \dfrac{b}{2}$,即 $b = \dfrac{2}{3}(1-a)$,

此图形绕 x 轴旋转一周而成的旋转体的体积为

$$V(a) = \pi\int_0^1 (ax^2 + bx)^2\,\mathrm{d}x = \pi\int_0^1 \left[ax^2 + \frac{2}{3}(1-a)x\right]^2\,\mathrm{d}x$$

$$= \pi a^2\int_0^1 x^4\,\mathrm{d}x + \frac{4}{3}\pi a(1-a)\int_0^1 x^3\,\mathrm{d}x + \frac{4}{9}\pi(1-a)^2\int_0^1 x^2\,\mathrm{d}x$$

$$= \frac{1}{5}\pi a^2 + \frac{1}{3}\pi a(1-a) + \frac{4}{27}\pi(1-a)^2,$$

即

$$V(a) = \frac{1}{5}\pi a^2 + \frac{1}{3}\pi a(1-a) + \frac{4}{27}\pi(1-a)^2.$$

令

$$V'(a) = \frac{2}{5}\pi a + \frac{1}{3}\pi(1-2a) - \frac{8}{27}\pi(1-a) = 0,$$

则

$$54a + 45 - 90a - 40 + 40a = 0, \text{即 } 4a + 5 = 0,$$

因此

$$a = -\frac{5}{4}, b = \frac{3}{2}, c = 1.$$

例 51 已知直线 $L: x + y = 1$,$S: \sqrt{x} + \sqrt{y} = 1$,求由 L 与 S 所围平面图形 D 绕直线 L 旋转一周所得旋转体的体积.

解 如图 $3 - 9$,在直线 L 上任取点 $P(x, 1-x)$ 和 $Q(x + \mathrm{d}x, 1 - x - \mathrm{d}x)(0 < x < 1)$,则线段 PQ 的长为 $|PQ| = \sqrt{2}\,\mathrm{d}x$. 再作 $PM \perp$ 直线 L,并交曲线 S 于点 M,求得点 M 的横坐标为 x^2,因此线段 PM 的长为 $d(x) = |PM| = \sqrt{2}\,|x - x^2|$. 取体积微元 $\mathrm{d}V = \pi d^2(x)\sqrt{2}\,\mathrm{d}x$,于是所求旋转体的体积为

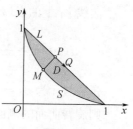

图 3 - 9

$$V = \pi\int_0^1 d^2(x)\sqrt{2}\,\mathrm{d}x = \pi\int_0^1 2\sqrt{2}(x - x^2)^2\,\mathrm{d}x$$

$$= 2\sqrt{2}\,\pi\int_0^1 (x^2 - 2x^3 + x^4)\,\mathrm{d}x = \frac{\sqrt{2}}{15}\pi.$$

(3) 旋转体的侧面积

例 52 设 $f(x)$ 满足 $\displaystyle\int \frac{f(x)}{\sqrt{x}}\,\mathrm{d}x = \frac{1}{6}x^2 - x + C$,$L$ 为曲线 $y = f(x)(4 \leqslant x \leqslant 9)$,$L$ 的弧长为 s,L 绕 x 轴旋转一周所形成的曲面侧面积为 A,求 s 和 A.

解　对等式两端求导，得 $\dfrac{f(x)}{\sqrt{x}} = \dfrac{1}{3}x - 1$，即 $f(x) = \dfrac{1}{3}x^{\frac{3}{2}} - x^{\frac{1}{2}}$.

由弧长计算公式，可得 $s = \displaystyle\int_4^9 \sqrt{1 + y'^2}\, \mathrm{d}x = \int_4^9 \sqrt{\dfrac{1}{2} + \dfrac{x}{4} + \dfrac{1}{4x}}\, \mathrm{d}x = \dfrac{22}{3}$.

曲面的侧面积为

$$A = 2\pi \int_4^9 y\, \sqrt{1 + y'^2}\, \mathrm{d}x = \pi \int_4^9 \left(\dfrac{1}{3}x^{\frac{3}{2}} - x^{\frac{1}{2}} \right) \sqrt{x + \dfrac{1}{x} + 2}\, \mathrm{d}x = \dfrac{425\pi}{9}.$$

例 53　求曲线 $L_1: y = \dfrac{1}{3}x^3 + 2x\,(0 \leqslant x \leqslant 1)$ 绕直线 $y = \dfrac{4}{3}x$ 旋转一周生成的旋转曲面的侧面积.

解　令　　$f(x) = \dfrac{1}{3}x^3 + 2x - \dfrac{4}{3}x = \dfrac{1}{3}x^3 + \dfrac{2}{3}x,$

则　　　　　$f'(x) = x^2 + \dfrac{2}{3} > 0\,(0 < x \leqslant 1),$

故 $f(x)$ 在 $(0,1]$ 上单调增加，$f(x) > f(0) = 0$，即曲线 L_1 在直线 $y = \dfrac{4}{3}x$ 的上方.

又对于曲线 L_1，有 $y'' = 2x > 0\,(0 < x \leqslant 1)$，所以曲线 L_1 在区间 $[0,1]$ 上是凹的（如图 3-10 所示）.

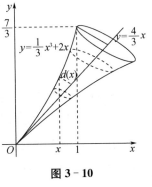

图 3-10

曲线 L_1 上的点 (x,y) 到直线 $y = \dfrac{4}{3}x$ 的距离为

$$d(x) = \dfrac{3y - 4x}{\sqrt{3^2 + (-4)^2}} = \dfrac{x(x^2 + 2)}{5},$$

弧长微元为 $\mathrm{d}s = \sqrt{1 + (y')^2}\, \mathrm{d}x = \sqrt{1 + (x^2 + 2)^2}\, \mathrm{d}x,$

则旋转曲面的侧面积为

$$S = 2\pi \int_0^1 d(x)\, \sqrt{1 + (y')^2}\, \mathrm{d}x = \dfrac{\pi}{5} \int_0^1 2x(x^2 + 2)\, \sqrt{1 + (x^2 + 2)^2}\, \mathrm{d}x$$

（令 $x^2 + 2 = \tan t, \tan\alpha = 2, \tan\beta = 3$）

$$= \dfrac{\pi}{5} \int_\alpha^\beta \tan t \cdot \sec^3 t\, \mathrm{d}t = \dfrac{\pi}{5} \int_\alpha^\beta \sec^2 t\, \mathrm{d}\sec t = \dfrac{\pi}{15} \sec^3 t \Big|_\alpha^\beta$$

由 $\tan\alpha = 2, \tan\beta = 3$ 得 $\sec\alpha = \sqrt{5}, \sec\beta = \sqrt{10}$，故所求曲面的侧面积为

$$S = \dfrac{\pi}{15}(\sec^3\beta - \sec^3\alpha) = \dfrac{\sqrt{5}}{3}(2\sqrt{2} - 1)\pi.$$

（4）曲线的弧长

例 54　设 D 是由 $y = 2x - x^2$ 与 x 轴所围的平面图形，直线 $y = kx$ 将 D 分成如图 3-11 所示的两部分，若 D_1 与 D_2 的面积分别为 S_1 与 S_2，$S_1 : S_2 = 1 : 7$，求平面图形 D_1 的周长及 D_1 绕 y 轴旋转一周的旋转体的体积.

解　曲线 $y = 2x - x^2$ 与直线 $y = kx$ 的交点为 $O(0,0)$，$A(2-k, k(2-k))(0 < k < 2)$，于是

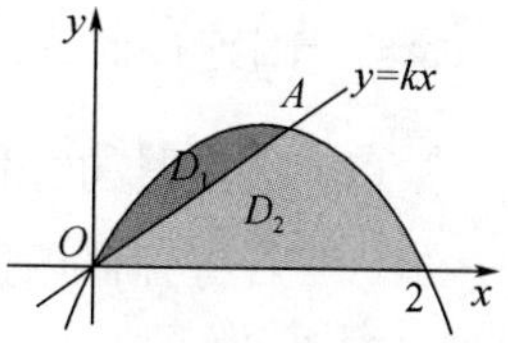

$$S_1 = \int_0^{2-k} (2x - x^2 - kx)\,\mathrm{d}x = \frac{1}{6}(2-k)^3,$$

$$S_1 + S_2 = \int_0^2 (2x - x^2)\,\mathrm{d}x = \frac{4}{3},$$

$$S_2 = (S_1 + S_2) - S_1 = \frac{4}{3} - \frac{1}{6}(2-k)^3,$$

图 3-11

由 $S_1 : S_2 = 1 : 7$ 得 $S_2 = 7S_1$，即 $\dfrac{4}{3} - \dfrac{1}{6}(2-k)^3 = \dfrac{7}{6}(2-k)^3$，

由此解得 $k = 1$，于是点 A 的坐标为 $(1,1)$.

区域 D_1 的周长为

$$l = \sqrt{2} + \int_0^1 \sqrt{1 + (y')^2}\,\mathrm{d}x = \sqrt{2} + \int_0^1 \sqrt{1 + 4(1-x)^2}\,\mathrm{d}x$$

$$= \sqrt{2} + \frac{1}{2}\int_0^2 \sqrt{1 + t^2}\,\mathrm{d}t\,[\text{设 } t = 2(1-x)],$$

因为

$$I = \int_0^2 \sqrt{1 + t^2}\,\mathrm{d}t = t\sqrt{1 + t^2}\,\Big|_0^2 - \int_0^2 \frac{t^2}{\sqrt{1 + t^2}}\,\mathrm{d}t$$

$$= 2\sqrt{5} - \int_0^2 \sqrt{1 + t^2}\,\mathrm{d}t + \int_0^2 \frac{1}{\sqrt{1 + t^2}}\,\mathrm{d}t$$

$$= 2\sqrt{5} - I + \ln(t + \sqrt{1 + t^2})\,\Big|_0^2 = 2\sqrt{5} - I + \ln(2 + \sqrt{5}),$$

所以

$$I = \sqrt{5} + \frac{1}{2}\ln(2 + \sqrt{5}),$$

于是

$$l = \sqrt{2} + \frac{1}{2}\sqrt{5} + \frac{1}{4}\ln(2 + \sqrt{5}).$$

区域 D_1 绕 y 轴旋转一周的立体体积为

$$V = \frac{1}{3}(\pi \cdot 1^2) \cdot 1 - \pi \int_0^1 x^2\,\mathrm{d}y = \frac{\pi}{3} - \pi \int_0^1 (1 - \sqrt{1-y})^2\,\mathrm{d}y$$

$$= \frac{\pi}{3} - \pi \int_0^1 [1 - 2\sqrt{1-y} + 1 - y]\,\mathrm{d}y$$

$$= \frac{\pi}{3} - \pi \left[2y + \frac{4}{3}(1-y)^{\frac{3}{2}} - \frac{1}{2}y^2\right]\Big|_0^1 = \frac{\pi}{6}.$$

（5）物理应用

例 55 一容器的内侧是由图中曲线绕 y 轴旋转一周而

成的曲面，该曲线由 $x^2 + y^2 = 2y\left(y \geqslant \dfrac{1}{2}\right)$ 与 $x^2 + y^2 =$

$1\left(y \leqslant \dfrac{1}{2}\right)$ 连接而成.

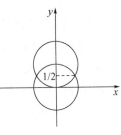

图 3 - 12

（1）求容器的容积；

（2）若将容器内盛满的水从容器顶部全部抽出，至少需

要做多少功？

（重力加速度为 g，水的密度为 ρ）

解 （1） $V = 2\displaystyle\int_{-1}^{\frac{1}{2}} \pi x^2 \,\mathrm{d}y = 2\int_{-1}^{\frac{1}{2}} \pi(1 - y^2)\,\mathrm{d}y = \dfrac{9}{4}\pi.$

（2） $W = \pi\rho g\displaystyle\int_{-1}^{\frac{1}{2}}(1 - y^2)(2 - y)\,\mathrm{d}y + \pi\rho g\int_{\frac{1}{2}}^{2}(2y - y^2)(2 - y)\,\mathrm{d}y = \dfrac{27\pi\rho g}{8}.$

三、进阶精练

习题 3

【保分基础练】

1. 选择题

（1）设 $M = \displaystyle\int_{-\frac{\pi}{2}}^{\frac{\pi}{2}} \dfrac{(1 + x)^2}{1 + x^2}\,\mathrm{d}x, N = \int_{-\frac{\pi}{2}}^{\frac{\pi}{2}} \dfrac{1 + x}{\mathrm{e}^x}\,\mathrm{d}x, K = \int_{-\frac{\pi}{2}}^{\frac{\pi}{2}}(1 + \sqrt{\cos x})\,\mathrm{d}x,$

则（　　）.

(A) $M > N > K$ 　　　　　　　　(B) $M > K > N$

(C) $K > M > N$ 　　　　　　　　(D) $K > N > M$

（2）当 $x \to 0$ 时，$\displaystyle\int_0^{x^2}(\mathrm{e}^{t^3} - 1)\,\mathrm{d}t$ 是 x^7 的（　　）.

(A) 低阶无穷小　　　　　　　　(B) 等价无穷小

(C) 高阶无穷小　　　　　　　　(D) 同阶但非等价无穷小

（3）下列反常积分发散的是（　　）.

(A) $\displaystyle\int_0^{+\infty} x\mathrm{e}^{-x}\,\mathrm{d}x$ 　　　　　　　(B) $\displaystyle\int_0^{+\infty} x\mathrm{e}^{-x^2}\,\mathrm{d}x$

(C) $\displaystyle\int_0^{+\infty} \dfrac{\arctan x}{1 + x^2}\,\mathrm{d}x$ 　　　　(D) $\displaystyle\int_0^{+\infty} \dfrac{x}{1 + x^2}\,\mathrm{d}x$

2. 填空题

(1) 设函数 $f(x) = \displaystyle\int_{-1}^{x} \sqrt{1-\mathrm{e}^t}\,\mathrm{d}t$，则 $y = f(x)$ 的反函数 $x = f^{-1}(y)$ 在 $y =$

　　0 处的导数 $\dfrac{\mathrm{d}x}{\mathrm{d}y}\Big|_{y=0} = $ _____.

(2) $\displaystyle\int_{-\frac{\pi}{2}}^{\frac{\pi}{2}} \Big[\cos^2 x + \int_0^x \mathrm{e}^{-t^2}\,\mathrm{d}t \Big] \sin^2 x\,\mathrm{d}x = $ _____.

(3) $\displaystyle\lim_{n\to\infty} \int_0^1 x^n \mathrm{e}^x\,\mathrm{d}x = $ _____.

(4) $\displaystyle\lim_{n\to\infty} \Big(\dfrac{n+1}{n^2+1} + \dfrac{n+2}{n^2+4} + \dfrac{n+3}{n^2+9} + \cdots + \dfrac{n+n}{n^2+n^2} \Big) = $ _____.

(5) 设 $f(x)$ 定义在 $\mathbf{R}$ 上，且满足 $f'(\ln x) = \begin{cases} 1, & x \in (0,1], \\ x, & x \in (1,+\infty), \end{cases}$ $f(0) = 1$，则

　　$f(x) = $ _____.

3. 计算下列积分

(1) $\displaystyle\int \dfrac{\mathrm{e}^{\arctan x}}{(\sqrt{1+x^2})^3}\,\mathrm{d}x$;

(2) $\displaystyle\int \dfrac{1}{x\sqrt{x^2+4x-4}}\,\mathrm{d}x$;

(3) $\displaystyle\int \dfrac{x^2}{(1+x^2)^2}\,\mathrm{d}t$;

(4) $\displaystyle\int \mathrm{e}^{2x} \arctan\sqrt{\mathrm{e}^x-1}\,\mathrm{d}x$;

(5) $f(x) = \begin{cases} x\mathrm{e}^{-x^2}, & x \geqslant 0, \\ \dfrac{1}{1+\cos x}, & -1 < x < 0, \end{cases}$ 计算 $\displaystyle\int_1^4 f(x-2)\,\mathrm{d}x$;

(6) 设 $f(x) = \displaystyle\int_1^{x^2} \dfrac{\sin t}{t}\,\mathrm{d}t$，求 $\displaystyle\int_0^1 x f(x)\,\mathrm{d}x$.

4. 求极限 $\displaystyle\lim_{x\to 0} \dfrac{\displaystyle\int_0^x \Big[\int_0^{u^2} \arctan(1+t)\,\mathrm{d}t \Big]\mathrm{d}u}{\sin x \displaystyle\int_0^1 \tan(xt)^2\,\mathrm{d}t}$.

5. 设函数 $f(x) = \displaystyle\int_0^1 |t^2 - x^2|\,\mathrm{d}t\,(x>0)$，求 $f'(x)$ 并求 $f(x)$ 的最小值.

6. 证明：若函数 $f(x)$ 在区间 $[a,b]$ 上连续且单调增加，则有

$$\int_a^b x f(x)\,\mathrm{d}x \geqslant \dfrac{a+b}{2} \int_a^b f(x)\,\mathrm{d}x.$$

7. 已知 $f(x) = \displaystyle\int_1^x \mathrm{e}^{t^2}\,\mathrm{d}t$.

(1) 证明：$\exists\, \xi \in (1,2)$，使得 $f(\xi) = (2-\xi)\mathrm{e}^{\xi^2}$;

(2) 证明：$\exists \eta \in (1,2)$，使得 $f(2) = \ln2 \cdot \eta \cdot e^{\eta^2}$．

8. 设函数 $f(x)$ 在 $[0,1]$ 上具有二阶导数，且 $f(0) = 0$，$f(1) = 1$，$\int_0^1 f(x)dx = 1$．证明：(1) 存在 $\xi \in (0,1)$，使得 $f'(\xi) = 0$；(2) 存在 $\eta \in (0,1)$，使得 $f''(\eta) < -2$．

9. 已知函数 $f(x) = 3x - \sqrt{1-x^2}\int_0^1 f^2(x)dx$，求 $f(x)$．

10. 设函数 $f(x)$ 在定义域 I 上的导数大于零，若对任意的 $x_0 \in I$，曲线 $y = f(x)$ 在点 $(x_0, f(x_0))$ 处的切线与直线 $x = x_0$ 及 x 轴所围成区域的面积恒为 4，且 $f(0) = 2$，求 $f(x)$ 的表达式．

11. 证明：$\int_0^\pi xa^{\sin x}dx \cdot \int_0^{\frac{\pi}{2}} a^{-\cos x}dx \geqslant \dfrac{\pi^3}{4} (a > 0)$．

12. 设 D 是由曲线 $y = \sqrt[3]{x}$，直线 $x = a(a > 0)$ 及 x 轴所围成的平面图形，V_x，V_y 分别是 D 绕 x 轴和 y 轴旋转一周所形成的立体的体积，若 $10V_x = V_y$，求 a 的值．

13. 设 D 是由曲线 $y = \sqrt{1-x^2} (0 \leqslant x \leqslant 1)$ 与 $\begin{cases} x = \cos^3 t, \\ y = \sin^3 t \end{cases} \left(0 \leqslant t \leqslant \dfrac{\pi}{2}\right)$ 围成的平面区域，求 D 绕 x 轴旋转一周所得旋转体的体积和表面积．

14. 设函数 $f(x)$ 在 $[0,\pi]$ 上连续，证明：$\displaystyle\lim_{n\to\infty}\int_0^\pi |\sin nx|f(x)dx = \dfrac{2}{\pi}\int_0^\pi f(x)dx$．

15. 设 $a_n = \displaystyle\int_{(n-1)\pi}^{(n+1)\pi} \dfrac{\sin x}{x}dx (n = 1,2,3,\cdots)$，试比较 $|a_n|$，$|a_{n+1}|$ 的大小．

【争分提能练】

1. 选择题

(1) 设函数 $f(x)$ 在 $[0,1]$ 上二阶可导，且 $\int_0^1 f(x)dx = 0$，则（   ）．

(A) 当 $f'(x) < 0$ 时，$f\left(\dfrac{1}{2}\right) < 0$ (B) 当 $f''(x) < 0$ 时，$f\left(\dfrac{1}{2}\right) < 0$

(C) 当 $f'(x) > 0$ 时，$f\left(\dfrac{1}{2}\right) < 0$ (D) 当 $f''(x) > 0$ 时，$f\left(\dfrac{1}{2}\right) < 0$

(2) 已知 $f(x) = a^{x^3}$，则 $\lim\limits_{n\to\infty}\dfrac{1}{n^4}\ln[f(1)\cdot f(2)\cdots f(n)] = ($　　$)$.

　(A) -1　　　　(B) $\dfrac{1}{3}a$　　　　(C) 1　　　　(D) $\dfrac{1}{4}\ln a$

(3) 若函数 $\displaystyle\int_{-\pi}^{\pi}(x - a_1\cos x - b_1\sin x)^2\mathrm{d}x = \min\limits_{a,b\in\mathbf{R}}\left\{\int_{-\pi}^{\pi}(x - a\cos x - b\sin x)^2\mathrm{d}x\right\}$，则

　$a_1\cos x + b_1\sin x = ($　　$)$.

　(A) $2\sin x$　　(B) $2\cos x$　　(C) $2\pi\sin x$　　(D) $2\pi\cos x$

2. 填空题

(1) 设 $f(x)$ 为周期是 4 的可导奇函数，且 $f'(x) = 2(x-1), x\in[0,2]$，则 $f(7) = $ _____.

(2) $\lim\limits_{x\to+\infty}\dfrac{1}{x}\displaystyle\int_0^x(t-[t])\mathrm{d}t = $ _____，其中 $[t]$ 为不超过 t 的最大整数.

(3) 设函数 $f(x)$ 具有二阶连续导数，若曲线 $y = f(x)$ 过点 $(0,0)$ 且与曲线 $y = 2^x$ 在点 $(1,2)$ 处相切，则 $\displaystyle\int_0^1 xf''(x)\mathrm{d}x = $ _____.

(4) 已知 $f(x) = x\displaystyle\int_1^x\dfrac{\sin t^2}{t}\mathrm{d}t$，则 $\displaystyle\int_0^1 f(x)\mathrm{d}x = $ _____.

(5) 已知 $\lim\limits_{x\to\infty}\left(\dfrac{x-a}{x+a}\right)^x = \displaystyle\int_a^{+\infty}4x^2\mathrm{e}^{-2x}\mathrm{d}x$，则常数 $a = $ _____.

3. 计算下列积分

(1) $\displaystyle\int\mathrm{e}^{2x}\sin^2 x\mathrm{d}x$;

(2) $\displaystyle\int_0^2 x\sqrt{2x - x^2}\mathrm{d}x$;

(3) $\displaystyle\int_0^2\dfrac{x}{\mathrm{e}^x + \mathrm{e}^{2-x}}\mathrm{d}x$;

(4) $\displaystyle\int_0^{2\pi}\sqrt{1+\sin x}\sin x\mathrm{d}x$;

(5) $\displaystyle\int_0^{+\infty}\dfrac{1}{(1+x^2)(1+x^\alpha)}\mathrm{d}x$.

4. 已知 $f(x) = x - \displaystyle\int_0^\pi f(x)\cos x\mathrm{d}x$，求 $\displaystyle\int_0^\pi f(x)\sin^4 x\mathrm{d}x$.

5. 设 $f(x)$ 为非负连续函数，且 $f(x)\displaystyle\int_0^x f(x-t)\mathrm{d}t = \sin^4 x$，求 $f(x)$ 在 $\left[0,\dfrac{\pi}{2}\right]$ 上的平均值.

6. 已知函数 $f(x) = \displaystyle\int_x^1\sqrt{1+t^2}\mathrm{d}t + \int_1^{x^2}\sqrt{1+t}\mathrm{d}t$，求 $f(x)$ 的零点的个数.

7. 设函数 $f(x)$ 是连续的偶函数，$f(x) > 0$，且 $g(x) = \displaystyle\int_{-a}^a|x-t|f(t)\mathrm{d}t, -a$

$\leqslant x \leqslant a.$

(1) 证明:$g'(x)$ 在 $[-a,a]$ 上严格单调递增;

(2) 求使 $g(x)$ 在 $[-a,a]$ 上取得最小值的点;

(3) 若对任意的 $a > 0$,均有 $\min\limits_{-a \leqslant x \leqslant a}\{g(x)\} = f(a) - a^2 - 1$,求 $f(x)$.

8. 设函数 $y(x)$ 满足方程 $y'' + 2y' + ky = 0$,其中 $0 < k < 1$.

(1) 证明:反常积分 $\int_0^{+\infty} y(x)\mathrm{d}x$ 收敛;

(2) 若 $y(0) = 1, y'(0) = 1$,求 $\int_0^{+\infty} y(x)\mathrm{d}x$ 的值.

9. 证明:$\dfrac{5\pi}{2} < \int_0^{2\pi} \mathrm{e}^{\sin x}\mathrm{d}x < 2\pi\mathrm{e}^{\frac{1}{4}}$.

10. 已知函数 $f(x,y)$ 满足 $f(x) = \dfrac{x}{1+x}, x \in [0,1]$,定义函数列

$$f_1(x) = f(x), f_2(x) = f(f_1(x)), \cdots, f_n(x) = f(f_{n-1}(x)), \cdots$$

设 S_n 是由曲线 $y = f_n(x)$,直线 $x = 1, y = 0$ 所围图形的面积,求极限 $\lim\limits_{n \to \infty} nS_n$.

11. 已知函数 $f(x,y)$ 满足 $\dfrac{\partial f}{\partial y} = 2(y+1)$,且 $f(y,y) = (y+1)^2 - (2-y)\ln y$,求曲线 $f(x,y) = 0$ 绕直线 $y = -1$ 旋转所成的旋转体的体积.

12. 设曲线 $y = \int_0^x \mathrm{e}^{-t^2}\mathrm{d}t$,求:

(1) 上述曲线沿 $x \to +\infty$ 方向的水平渐近线的方程;

(2) 上述曲线与其 $x \to +\infty$ 方向的水平渐近线之间在区间 $[0, +\infty)$ 内无限伸展的图形的面积.

13. 求 $\sum\limits_{n=1}^{100} n^{-\frac{1}{2}}$ 的整数部分.

14. 已知函数 $f(x)$ 在 $[a,b]$ 上连续 $(a > 0)$,且 $\int_a^b f(x)\mathrm{d}x = 0$,求证:存在 $\xi \in (a,b)$,使得 $\int_a^\xi f(x)\mathrm{d}x = \xi f(\xi)$.

15. 设函数 $f(x)$ 在 $[0,1]$ 上连续,且 $I = \int_0^1 f(x)\mathrm{d}x \neq 0$,证明:在 $[0,1]$ 上存在不同的两点 x_1, x_2,使得 $\dfrac{1}{f(x_1)} + \dfrac{1}{f(x_2)} = \dfrac{2}{I}$.

【实战真题练】

1. $\displaystyle\int \max\{x, x^2 - x\}\mathrm{d}x =$ _____ . (2019 江苏省赛)

2. 设 $f(x) = \displaystyle\int_0^1 |x - 2t|\,\mathrm{d}t$,则 $\displaystyle\int_0^3 f(x)\mathrm{d}x =$ _____ . (2019 江苏省赛)

3. 已知函数 $f(x) = x^2 \displaystyle\int_1^x \frac{1}{x^3 - 3t^2 + 3t}\mathrm{d}t$,求 $f^{(2\,019)}(1)$. (2019 江苏省赛)

4. 不定积分 $I = \displaystyle\int \frac{\mathrm{e}^{-\sin x}\sin 2x}{(1 - \sin x)^2}\mathrm{d}x =$ _____ . (2017 国赛预赛)

5. 设函数 $y = y(x)$ 由方程 $x = \displaystyle\int_1^{y-x} \sin^2\left(\frac{\pi t}{4}\right)\mathrm{d}t$ 所确定,则 $\dfrac{\mathrm{d}y}{\mathrm{d}x}\Big|_{x=0} =$ _____ . (2014 国赛预赛)

6. 设区间 $(0, +\infty)$ 上的函数 $u(x) = \displaystyle\int_0^{+\infty} \mathrm{e}^{-xt^2}\mathrm{d}t$,则 $u(x)$ 的初等函数表达式是 _____ . (2015 国赛预赛)

7. 已知可导函数 $f(x)$ 满足 $f(x)\cos x + 2\displaystyle\int_0^x f(t)\sin t\mathrm{d}t = x + 1$,则 $f(x) =$ _____ . (2017 国赛预赛)

8. 设曲线 $y = 2\sqrt{x}$ 与直线 $y = kx$ 围成的平面图形为 D,若 D 的面积为 $\dfrac{1}{3}$,则 D 绕 y 轴旋转一周所得的立体的体积 $V_y =$ _____ . (2020 江苏省赛)

9. 圆 $(x - 2)^2 + (y - \sqrt{2})^2 = 1$ 绕直线 $x + y - 2 = 0$ 旋转一周所得立体的体积是 _____ . (2021 江苏省赛)

10. $\displaystyle\int_0^2 \frac{2x + \mathrm{e}^{x+1} - \mathrm{e}^{3-x}}{x^2 - 2x - 3}\mathrm{d}x =$ _____ . (2021 江苏省赛)

11. $\displaystyle\int \ln\left[(x+a)^{x+a} \cdot (x+b)^{x+b}\right] \frac{1}{(x+a)(x+b)}\mathrm{d}x =$ _____ . (2006 江苏省赛)

12. 设 $[x]$ 表示实数 x 的整数部分,试求定积分 $\displaystyle\int_{\frac{1}{6}}^6 \frac{1}{x} \cdot \left[\frac{1}{\sqrt{x}}\right]\mathrm{d}x$. (2017 江苏省赛)

13. 计算定积分 $I = \displaystyle\int_{-\pi}^{\pi} \frac{x\sin x \cdot \arctan\mathrm{e}^x}{1 + \cos^2 x}\mathrm{d}x$. (2013 国赛预赛)

14. 求 $I = \int_{e^{-2n\pi}}^{1} \left| \dfrac{\mathrm{d}}{\mathrm{d}x} \cos\left(\ln \dfrac{1}{x}\right) \right| \mathrm{d}x, n \in \mathbf{N}.$ (2014 国赛预赛)

15. 设 $s > 0$，求 $I_n = \int_0^{+\infty} e^{-sx} x^n \mathrm{d}x (n = 1, 2, \cdots).$ (2010 国赛预赛)

16. 设 $f(x) = x, g(x) = \begin{cases} \sin x, & 0 \leqslant x \leqslant \dfrac{\pi}{2}, \\ 0, & x > \dfrac{\pi}{2}, \end{cases}$ 求 $F(x) = \int_0^x f(t)g(x-t)\mathrm{d}t.$

(2000 江苏省赛)

17. 设抛物线 $y = ax^2 + bx + 2\ln c$ 过原点. 当 $0 \leqslant x \leqslant 1$ 时，$y \geqslant 0$，又已知该抛物线与 x 轴及直线 $x = 1$ 所围图形的面积为 $\dfrac{1}{3}$. 试确定 a, b, c，使此图形绕 x 轴旋转一周所得的旋转体的体积最小. (2009 国赛预赛)

18. 在平面上，有一条从点 $(a, 0)$ 向右的射线，线密度为 ρ，在点 $(0, h)$ 处（其中 $h > 0$）有一质量为 m 的质点. 求射线对该质点的引力. (2011 国赛预赛)

19. 计算 $\int_0^{+\infty} e^{-2x} |\sin x| \mathrm{d}x.$ (2012 国赛预赛)

20. 求最小实数 C，使得满足 $\int_0^1 |f(x)| \mathrm{d}x = 1$ 的连续函数 $f(x)$ 都有 $\int_0^1 f(\sqrt{x}) \mathrm{d}x \leqslant C.$ (2012 国赛预赛)

21. 设 $f(x)$ 在 $[a, b]$ 上具有连续的二阶导数，求证：

$$\max_{a \leqslant x \leqslant b} |f(x)| \leqslant \frac{1}{b-a} \left| \int_a^b f(x)\mathrm{d}x \right| + \int_a^b |f'(x)| \mathrm{d}x.$$ (2008 江苏省赛)

22. 设函数 $f(x)$ 在 $[0, 1]$ 上连续，且 $\int_0^1 f(x)\mathrm{d}x = 0, \int_0^1 xf(x)\mathrm{d}x = 1.$ 试证：(1) $\exists x_0 \in [0, 1]$，使得 $|f(x_0)| > 4$；(2) $\exists x_1 \in [0, 1]$，使得 $|f(x_1)| = 4.$ (2015 国赛预赛)

23. 设 $f(x)$ 在 $[0, 1]$ 上可导，$f(0) = 0$，且当 $x \in (0, 1)$ 时，$0 < f'(x) < 1.$ 试证：当 $a \in (0, 1)$ 时，$\left(\int_0^a f(x)\mathrm{d}x \right)^2 > \int_0^a f^3(x)\mathrm{d}x.$ (2016 国赛预赛)

24. 设曲线 $y = \dfrac{1}{1 + x^2} (x \geqslant 0)$ 的拐点的横坐标为 $x = a$，若 $D = \left\{ (x, y) \,\middle|\, 0 \leqslant x < a, 0 \leqslant y \leqslant \dfrac{1}{1 + x^2} \right\}$，试求常数 a 的值，并求区域 D 绕 x 轴旋转一周所得的旋转体的体积. (2017 江苏省赛)

25. 设当 $x > -1$ 时,可微函数 $f(x)$ 满足条件 $f'(x) + f(x) - \dfrac{1}{1+x}\displaystyle\int_0^x f(t)\,\mathrm{d}t$
$= 0$ 且 $f(0) = 1$. 试证:当 $x \geqslant 0$ 时,有 $\mathrm{e}^{-x} \leqslant f(x) \leqslant 1$. (2014 国赛决赛)

习题 3 参考答案

【保分基础练】

1. (1) C;(2) C;(3) D.

2. (1) 显然 $x = -1$ 时 $y = 0$,因为 $f'(-1) = \sqrt{1 - \mathrm{e}^{-1}}$,所以 $\dfrac{\mathrm{d}x}{\mathrm{d}y}\Big|_{y=0} =$

$\dfrac{1}{\sqrt{1 - \mathrm{e}^{-1}}}$.

(2) 因为 e^{-t^2} 偶函数,所以 $\displaystyle\int_0^x \mathrm{e}^{-t^2}\,\mathrm{d}t$ 为奇函数. 原式 $= 2\displaystyle\int_0^{\frac{\pi}{2}} \cos^2 x \sin^2 x\,\mathrm{d}x = \dfrac{\pi}{8}$.

(3) 原式 $= \lim\limits_{n\to\infty} \xi^n \mathrm{e}^{\xi} = 0, \xi \in (0,1)$.

(4) 原式 $= \lim\limits_{n\to\infty} \sum\limits_{i=1}^{n} \dfrac{1 + \dfrac{i}{n}}{1 + \left(\dfrac{i}{n}\right)^2} \cdot \dfrac{1}{n} = \displaystyle\int_0^1 \dfrac{1+x}{1+x^2}\,\mathrm{d}x = \dfrac{\pi}{4} + \dfrac{1}{2}\ln 2$.

(5) 令 $\ln x = t$,则 $f'(t) = \begin{cases} 1, & t \in (-\infty, 0], \\ \mathrm{e}^t, & t \in (0, +\infty), \end{cases}$ 又 $f(0) = 1$,故

$$f(x) = \begin{cases} x + 1, & x > 0, \\ \mathrm{e}^x, & x \leqslant 0. \end{cases}$$

3. (1) 令 $t = \arctan x, t \in \left(-\dfrac{\pi}{2}, \dfrac{\pi}{2}\right)$,则

$$原式 = \int \dfrac{\mathrm{e}^t}{\sec^3 t} \cdot \sec^2 t\,\mathrm{d}t = \int \mathrm{e}^t \cdot \cos t\,\mathrm{d}t$$

$$= \dfrac{1}{2}\mathrm{e}^t(\sin t + \cos t) + C = \dfrac{1}{2}\mathrm{e}^{\arctan x}(\sin \arctan x + \cos \arctan x) + C.$$

(2) 令 $x = \dfrac{1}{t}$,当 $t > 0$ 时,

$$原式 = \int \dfrac{t}{\sqrt{\dfrac{1}{t^2} + \dfrac{4}{t} - 4}}\left(-\dfrac{1}{t^2}\right)\mathrm{d}t = -\dfrac{1}{2}\int \dfrac{1}{\sqrt{2 - (2t-1)^2}}\,\mathrm{d}(2t-1)$$

$$=-\frac{1}{2}\arcsin\frac{2t-1}{\sqrt{2}}+C=-\frac{1}{2}\arcsin\frac{2-x}{\sqrt{2}\,x}+C.$$

当 $t<0$ 时同理可得.

(3) 令 $x=\tan t$，则

$$原式=\int\frac{\tan^2 t}{\sec^4 t}\cdot\sec^2 t\mathrm{d}t=\int\frac{1-\cos 2t}{2}\mathrm{d}t=\frac{1}{2}\arctan x-\frac{1}{2}\frac{x}{1+x^2}+C.$$

(4) $原式=\frac{1}{2}\int\arctan\sqrt{\mathrm{e}^x-1}\,\mathrm{d}\mathrm{e}^{2x}=\frac{1}{2}\mathrm{e}^{2x}\arctan\sqrt{\mathrm{e}^x-1}-\frac{1}{4}\int\frac{\mathrm{e}^{2x}}{\sqrt{\mathrm{e}^x-1}}\mathrm{d}x$

$$=\frac{1}{2}\mathrm{e}^{2x}\arctan\sqrt{\mathrm{e}^x-1}-\frac{1}{4}\int\frac{\mathrm{e}^x-1+1}{\sqrt{\mathrm{e}^x-1}}\mathrm{d}\mathrm{e}^x$$

$$=\frac{1}{2}\mathrm{e}^{2x}\arctan\sqrt{\mathrm{e}^x-1}-\frac{1}{2}\sqrt{\mathrm{e}^x-1}-\frac{1}{6}(\mathrm{e}^x-1)^{\frac{3}{2}}+C.$$

(5) 令 $x-2=t$，则

$$原式=\int_{-1}^{2}f(t)\mathrm{d}t=\int_{-1}^{0}\frac{1}{1+\cos t}\mathrm{d}t+\int_{0}^{2}t\mathrm{e}^{-t^2}\mathrm{d}t$$

$$=\int_{-1}^{0}\frac{1}{2}\sec^2\frac{t}{2}\mathrm{d}t-\frac{1}{2}\int_{0}^{2}\mathrm{e}^{-t^2}\mathrm{d}(-t^2)=\tan\frac{1}{2}-\frac{1}{2}\mathrm{e}^{-4}+\frac{1}{2}.$$

(6) $\displaystyle\int_{0}^{1}xf(x)\mathrm{d}x=\frac{1}{2}\int_{0}^{1}f(x)\mathrm{d}(x^2)=-\frac{1}{2}\int_{0}^{1}x^2\mathrm{d}f(x)$

$$=-\frac{1}{2}\int_{0}^{1}2x\sin x^2\mathrm{d}x=\frac{1}{2}(\cos 1-1).$$

4. $原式=\displaystyle\lim_{x\to 0}\frac{\int_0^x\left[\int_0^{u^2}\arctan(1+t)\mathrm{d}t\right]\mathrm{d}u}{\dfrac{\sin x}{x}\int_0^x\tan v^2\mathrm{d}v}=\lim_{x\to 0}\frac{\int_0^x\left[\int_0^{u^2}\arctan(1+t)\mathrm{d}t\right]\mathrm{d}u}{\int_0^x\tan v^2\mathrm{d}v}$

$$=\lim_{x\to 0}\frac{\int_0^{x^2}\arctan(1+t)\mathrm{d}t}{\tan x^2}=\lim_{x\to 0}\frac{\int_0^{x^2}\arctan(1+t)\mathrm{d}t}{x^2}$$

$$=\lim_{x\to 0}\frac{2x\arctan(1+x^2)}{2x}=\frac{\pi}{4}.$$

5. (1) $0<x<1$ 时，$f(x)=\int_0^x(x^2-t^2)\mathrm{d}t+\int_x^1(t^2-x^2)\mathrm{d}t=\frac{4x^3}{3}-x^2+\frac{1}{3}$，

故 $f'(x)=4x^2-2x(0<x<1).$

$x\geqslant 1$ 时，$f(x)=\int_0^1(x^2-t^2)\mathrm{d}t=x^2-\frac{1}{3}$，故 $f'(x)=2x(x>1).$

$x = 1$ 时，$f'_+(1) = \lim\limits_{x \to 1^+} \dfrac{\left(x^2 - \dfrac{1}{3}\right) - \dfrac{2}{3}}{x - 1} = 2$，

$f'_-(1) = \lim\limits_{x \to 1^-} \dfrac{\left(\dfrac{4x^3}{3} - x^2 + \dfrac{1}{3}\right) - \dfrac{2}{3}}{x - 1} = \lim\limits_{x \to 1^-} \dfrac{\dfrac{4x^3}{3} - x^2 - \dfrac{1}{3}}{x - 1} = 2$，所以 $f'(1) = 2$.

(2) 令 $f'(x) = 0$ 得 $f'(x) = 4x^2 - 2x = 0 (0 < x < 1)$，解得 $x_0 = \dfrac{1}{2}$.

又 $f''(x_0) = (8x_0 - 2)|_{x_0 = \frac{1}{2}} > 0$，

故 $x_0 = \dfrac{1}{2}$ 为极小值点，唯一的极值点即为最小值点 $f\left(\dfrac{1}{2}\right) = \dfrac{1}{4}$.

6. 设 $F(t) = \displaystyle\int_a^t x f(x) \mathrm{d}x - \dfrac{a+t}{2} \displaystyle\int_a^t f(x) \mathrm{d}x$，则

$$F'(t) = t f(t) - \dfrac{1}{2}\int_a^t f(x)\mathrm{d}x - \dfrac{a+t}{2} f(t) = \dfrac{t-a}{2} f(t) - \dfrac{1}{2}\int_a^t f(x)\mathrm{d}x$$

$$= \dfrac{t-a}{2} f(t) - \dfrac{t-a}{2} f(\xi) \ (a < \xi < t),$$

因为 $f(x)$ 在 $[a,b]$ 上单调增加，从而 $f(\xi) < f(t)$，所以 $F'(t) > 0$，则 $F(b) > F(a) = 0$，得证.

7. 提示：(1) 设 $F(x) = (x-2)f(x)$，对 $F(x)$ 在区间 $[1,2]$ 上使用罗尔中值定理即可证明.

(2) 对 $f(x)$，$g(x) = \ln x$ 在区间 $[1,2]$ 上使用柯西中值定理即可证明.

8. (1) 由中值定理可知 $\displaystyle\int_0^1 f(x)\mathrm{d}x = f(x_0) = 1$，$x_0 \in (0,1)$.

对 $f(x)$ 在区间 $[x_0, 1]$ 上使用罗尔中值定理，存在 $\xi \in (0,1)$，使得 $f'(\xi) = 0$.

(2) 令 $g(x) = f(x) + x^2$，下面证明存在 $\eta \in (0,1)$，使得 $g''(\eta) < 0$.

$g(0) = f(0) + 0 = 0$，$g(1) = f(1) + 1 = 2$，$g(x_0) = 1 + x_0^2$，对 $g(x)$ 分别在区间 $[0, x_0]$ $[x_0, 1]$ 上使用拉格朗日中值定理，有

$$\exists \xi_1 \in (0, x_0), g'(\xi_1) = \dfrac{1 + x_0^2 - g(0)}{x_0 - 0} = \dfrac{1 + x_0^2}{x_0},$$

$$\exists \xi_2 \in (x_0, 1), g'(\xi_2) = \dfrac{g(1) - (1 + x_0^2)}{1 - x_0} = 1 + x_0.$$

再在 $[\xi_1, \xi_2]$ 上对 $g'(x)$ 应用拉格朗日中值定理，可知存在 $\eta \in (\xi_1, \xi_2) \subset (0,1)$，

使得 $g''(\eta) = \dfrac{g'(\xi_2) - g'(\xi_1)}{\xi_2 - \xi_1} = \dfrac{1 + x_0 - \left(\dfrac{1 + x_0^2}{x_0}\right)}{\xi_2 - \xi_1} = \dfrac{\dfrac{x_0 - 1}{x_0}}{\xi_2 - \xi_1} < 0$,

故存在 $\eta \in (0,1)$, 使得 $f''(\eta) < -2$.

9. 设 $k = \displaystyle\int_0^1 f^2(x)\mathrm{d}x, f(x) = 3x - k\sqrt{1-x^2}$, 两边平方后在 $[0,1]$ 上积分,

$k = \displaystyle\int_0^1 (3x - k\sqrt{1-x^2})^2 \mathrm{d}x$, 得 $k = 3$ 或 $k = \dfrac{3}{2}$, 故 $f(x) = 3x - 3\sqrt{1-x^2}$ 或 $f(x)$

$= 3x - \dfrac{3}{2}\sqrt{1-x^2}$.

10. $y = f(x)$ 在 $(x_0, f(x_0))$ 处的切线方程为 $y - f(x_0) = f'(x_0)(x - x_0)$.

令 $y = 0$ 解得 $x = x_0 - \dfrac{f(x_0)}{f'(x_0)}$, 则 $S = \dfrac{1}{2} f(x_0)\left[x_0 - \left(x_0 - \dfrac{f(x_0)}{f'(x_0)}\right)\right] = 4$,

即 $\dfrac{1}{2} y^2 = 4y'$. 又 $f(0) = 2$, 解得 $f(x) = \dfrac{8}{4-x}$.

11. $\displaystyle\int_0^\pi xa^{\sin x}\mathrm{d}x = \pi\int_0^{\frac{\pi}{2}} a^{\sin x}\mathrm{d}x, \int_0^{\frac{\pi}{2}} a^{-\cos x}\mathrm{d}x = \int_0^{\frac{\pi}{2}} a^{-\sin x}\mathrm{d}x$,

由积分不等式可得, 左边 $= \pi\displaystyle\int_0^{\frac{\pi}{2}} a^{\sin x}\mathrm{d}x \cdot \int_0^{\frac{\pi}{2}} a^{-\sin x}\mathrm{d}x \geqslant \pi\left(\int_0^{\frac{\pi}{2}} 1\mathrm{d}x\right)^2 = \dfrac{\pi^3}{4}$, 不等

式成立.

12. $V_x = \pi\displaystyle\int_0^a x^{\frac{2}{3}}\mathrm{d}x = \dfrac{3}{5} a^{\frac{5}{3}}\pi, V_y = 2\pi\int_0^a x^{\frac{4}{3}}\mathrm{d}x = \dfrac{6}{7} a^{\frac{7}{3}}\pi$, 由 $10V_x = V_y$ 得 $a =$

$7\sqrt{7}$.

13. (1) $V_x = \dfrac{2}{3}\pi - \pi\displaystyle\int_0^1 y^2\mathrm{d}x = \dfrac{2}{3}\pi - \pi\int_0^{\frac{\pi}{2}} \sin^6 t\mathrm{d}(\cos^3 t) = \dfrac{2}{3}\pi - \dfrac{16\pi}{105} = \dfrac{18\pi}{35}$.

(2) $S = 2\pi + \displaystyle\int_0^1 2\pi y\sqrt{1 + y'^2}\mathrm{d}x = 2\pi + \int_0^1 2\pi\sin^3 t\sqrt{[x'(t)]^2 + [y'(t)]^2}\mathrm{d}t =$

$\dfrac{16\pi}{5}$.

14. 把区间 $[0,\pi]$ n 等分, 由 $f(x)$ 的连续性及积分中值定理得, 存在 $\xi_i \in$

$\left[\dfrac{i\pi}{n}, \dfrac{(i+1)\pi}{n}\right]$, 使得 $\displaystyle\int_{\frac{i\pi}{n}}^{\frac{(i+1)\pi}{n}} |\sin nx| f(x)\mathrm{d}x = f(\xi_i)\int_{\frac{i\pi}{n}}^{\frac{(i+1)\pi}{n}} |\sin nx|\mathrm{d}x (i = 0,1,\cdots,n$

$-1)$.

又 $\displaystyle\int_{\frac{i\pi}{n}}^{\frac{(i+1)\pi}{n}} |\sin nx|\mathrm{d}x = \dfrac{1}{n}\int_{i\pi}^{(i+1)\pi} |\sin t|\mathrm{d}t = \dfrac{1}{n}\int_0^\pi |\sin t|\mathrm{d}t = \dfrac{2}{n}$, 于是

$$\int_0^\pi |\sin nx|\,f(x)\,\mathrm{d}x = \frac{2}{n}\sum_{i=0}^{n-1} f(\xi_i) = \frac{2}{\pi}\sum_{i=0}^{n-1} f(\xi_i)\,\frac{\pi}{n}.\ \text{两边取极限,得证.}$$

15. 令 $x = (n+1)\pi - t$,则

$$a_n = \int_{(n-1)\pi}^{(n+1)\pi} \frac{\sin x}{x}\,\mathrm{d}x = \int_0^{2\pi} \frac{(-1)^n \sin t}{(n+1)\pi - t}\,\mathrm{d}t = \int_0^\pi \frac{(-1)^n \sin t}{(n+1)\pi - t}\,\mathrm{d}t + \int_\pi^{2\pi} \frac{(-1)^n \sin t}{(n+1)\pi - t}\,\mathrm{d}t$$

$$= \int_0^\pi \frac{(-1)^n \sin t}{(n+1)\pi - t}\,\mathrm{d}t + \int_0^\pi \frac{(-1)^{n+1} \sin u}{(n-1)\pi + u}\,\mathrm{d}u$$

$$= (-1)^n \int_0^\pi \sin x\Big[\frac{1}{(n+1)\pi - x} - \frac{1}{(n-1)\pi + x}\Big]\,\mathrm{d}x,$$

所以　　　$|a_n| = \displaystyle\int_0^\pi \sin x\Big[\frac{1}{(n-1)\pi + x} - \frac{1}{(n+1)\pi - x}\Big]\,\mathrm{d}x,$

　　　　　$|a_{n+1}| = \displaystyle\int_0^\pi \sin x\Big[\frac{1}{n\pi + x} - \frac{1}{(n+2)\pi - x}\Big]\,\mathrm{d}x,$

由　$\dfrac{1}{(n-1)\pi + x} - \dfrac{1}{(n+1)\pi - x} = \dfrac{2\pi - 2x}{[(n-1)\pi + x][(n+1)\pi - x]},$

　　　$\dfrac{1}{n\pi + x} - \dfrac{1}{(n+2)\pi - x} = \dfrac{2\pi - 2x}{[n\pi + x][(n+2)\pi - x]},$

不难得到 $|a_n| > |a_{n+1}|$.

【争分提能练】

1. (1) D;(2) D;(3) A.

2. (1) 因为 $f'(x) = 2(x-1), x \in [0,2]$,所以 $f(x) = (x-1)^2 + C, x \in [0, 2]$.

又因为 $f(x)$ 为奇函数,所以 $f(x) = 0$,所以 $f(x) = x^2 - 2x$,故 $f(7) = f(-1) = -f(1) = 1$.

(2) 因为

$$\frac{1}{n+1}\int_0^n (t - [t])\,\mathrm{d}t \leqslant \frac{1}{x}\int_0^x (t - [t])\,\mathrm{d}t \leqslant \frac{1}{n}\int_0^{n+1} (t - [t])\,\mathrm{d}t,$$

又

$$\int_0^n (t - [t])\,\mathrm{d}t = n\int_0^1 (t - [t])\,\mathrm{d}t = n\int_0^1 t\,\mathrm{d}t = \frac{n}{2},$$

于是有 $\displaystyle\lim_{n\to\infty} \frac{1}{n+1}\int_0^n (t - [t])\,\mathrm{d}t = \frac{1}{2}$,

同理 $\displaystyle\lim_{n\to\infty} \frac{1}{n}\int_0^{n+1} (t - [t])\,\mathrm{d}t = \frac{1}{2}$,故 $\displaystyle\lim_{x\to+\infty} \frac{1}{x}\int_0^x (t - [t])\,\mathrm{d}t = \frac{1}{2}$.

(3) $\int_0^1 xf''(x)\mathrm{d}x = \int_0^1 x\mathrm{d}f'(x) = \left[xf'(x)\right]\big|_0^1 - \int_0^1 f'(x)\mathrm{d}x = 2\ln2 - 2.$

(4) $I = \int_0^1 f(x)\mathrm{d}x = \left[xf(x)\right]\big|_0^1 - \int_0^1 xf'(x)\mathrm{d}x$

$\qquad = -\int_0^1 \left(x\int_1^x \dfrac{\sin t^2}{t}\mathrm{d}t + x\sin x^2\right)\mathrm{d}x$

$\qquad = -I - \int_0^1 x\sin x^2\mathrm{d}x = -I + \dfrac{1}{2}(\cos1 - 1)$，所以 $I = \dfrac{1}{4}(\cos1 - 1).$

(5) 右边 $= -2\int_a^{+\infty} x^2\,\mathrm{d}(\mathrm{e}^{-2x}) = -2x^2\mathrm{e}^{-2x}\big|_a^{+\infty} + 4\int_a^{+\infty} x\mathrm{e}^{-2x}\mathrm{d}x$

$\qquad = 2a^2\mathrm{e}^{-2a} + 2a\mathrm{e}^{-2a} + \mathrm{e}^{-2a},$

左边 $= \lim\limits_{x\to\infty}\left(1 - \dfrac{2a}{x+a}\right)^x = \mathrm{e}^{-2a}$，解得 $a = 0$ 或 $a = -1.$

3. (1) 设 $I_1 = \displaystyle\int \mathrm{e}^{2x}\sin^2 x\mathrm{d}x, I_2 = \int \mathrm{e}^{2x}\cos^2 x\mathrm{d}x,$

由 $I_1 + I_2 = \displaystyle\int \mathrm{e}^{2x}\mathrm{d}x = \dfrac{1}{2}\mathrm{e}^{2x} + C_1$，$I_1 - I_2 = \dfrac{1}{4}\mathrm{e}^{2x}(\cos2x + \sin2x) + C_2.$

解得原式 $= \dfrac{1}{4}\mathrm{e}^{2x} - \dfrac{1}{8}\mathrm{e}^{2x}(\cos2x + \sin2x) + C.$

(2) 原式 $= \displaystyle\int_0^2 x\sqrt{1 - (x-1)^2}\,\mathrm{d}x \xrightarrow{x-1=\sin t} \int_{-\frac{\pi}{2}}^{\frac{\pi}{2}}(1 + \sin t)\cos^2 t\mathrm{d}t$

$\qquad = 2\displaystyle\int_0^{\frac{\pi}{2}}\cos^2 t\mathrm{d}t = \dfrac{\pi}{2}.$

(3) $\displaystyle\int_0^2 \dfrac{x}{\mathrm{e}^x + \mathrm{e}^{2-x}}\mathrm{d}x \xrightarrow{\diamondsuit\, x=2-t} \int_0^2 \dfrac{2-t}{\mathrm{e}^t + \mathrm{e}^{2-t}}\mathrm{d}t = \dfrac{1}{2}\int_0^2 \dfrac{2\mathrm{d}x}{\mathrm{e}^x + \mathrm{e}^{2-x}}$

$\qquad = \dfrac{1}{\mathrm{e}}\left[\arctan\mathrm{e} - \arctan\dfrac{1}{\mathrm{e}}\right].$

(4) 原式 $= \displaystyle\int_{-\frac{\pi}{2}}^{\frac{3\pi}{2}}\left|\sin\dfrac{x}{2} + \cos\dfrac{x}{2}\right|\sin x\mathrm{d}x$

$\qquad = 2\displaystyle\int_{-\frac{\pi}{4}}^{\frac{3\pi}{4}}(\sin t + \cos t)\sin2t\mathrm{d}t = \dfrac{4\sqrt2}{3}.$

(5) 由于 $0 \leqslant \dfrac{1}{(1+x^2)(1+x^a)} \leqslant \dfrac{1}{1+x^2}(x \geqslant 0)$，因此无穷积分

$\displaystyle\int_0^{+\infty}\dfrac{1}{(1+x^2)(1+x^a)}\mathrm{d}x$ 收敛.

又原式 $= \displaystyle\int_0^1 \dfrac{1}{(1+x^2)(1+x^a)}\mathrm{d}x + \int_1^{+\infty}\dfrac{1}{(1+x^2)(1+x^a)}\mathrm{d}x = I_1 + I_2.$

令 $t = \dfrac{1}{x}$ ，有 $I_1 = \displaystyle\int_1^{+\infty} \dfrac{t^a}{(1+t^2)(1+t^a)} \mathrm{d}t$，

于是原式 $= I_1 + I_2 = \displaystyle\int_1^{+\infty} \dfrac{1}{1+x^2} \mathrm{d}x = \dfrac{\pi}{4}$.

4. 因为 $\displaystyle\int_0^\pi f(x)\cos x\mathrm{d}x = \int_0^\pi x\cos x\mathrm{d}x - \int_0^\pi \cos x\mathrm{d}x \int_0^\pi f(x)\cos x\mathrm{d}x$

$$= \int_0^\pi x\mathrm{d}\sin x = -2,$$

所以 $\displaystyle\int_0^\pi f(x)\sin^4 x\mathrm{d}x = \int_0^\pi (x+2)\sin^4 x\mathrm{d}x = \left(\dfrac{\pi}{2} + 2\right) \cdot 2\int_0^{\frac{\pi}{2}} \sin^4 x\mathrm{d}x$

$$= \left(\dfrac{\pi}{2} + 2\right) \cdot \dfrac{3\pi}{8}.$$

5. 令 $u = x - t$，则 $f(x)\displaystyle\int_0^x f(u)\mathrm{d}u = \sin^4 x$，故

$$\int_0^{\frac{\pi}{2}} \left[f(x)\int_0^x f(u)\mathrm{d}u \right] \mathrm{d}x = \int_0^{\frac{\pi}{2}} \sin^4 x\mathrm{d}x.$$

积分得 $\displaystyle\int_0^{\frac{\pi}{2}} f(x)\mathrm{d}x = \dfrac{1}{2}\sqrt{\dfrac{3\pi}{2}}$，则 $f(x)$ 在 $\left[0, \dfrac{\pi}{2}\right]$ 上的平均值为 $\dfrac{\displaystyle\int_0^{\frac{\pi}{2}} f(x)\mathrm{d}x}{\dfrac{\pi}{2}}$

$= \sqrt{\dfrac{3}{2\pi}}$.

6. 由 $f'(x) = 0$ 解得 $x_0 = \dfrac{1}{2}$. 当 $x < \dfrac{1}{2}$ 时，$f'(x) < 0$；当 $x > \dfrac{1}{2}$ 时，$f'(x)$

> 0，故 $x_0 = \dfrac{1}{2}$ 为最小值点.

又

$$f\left(\dfrac{1}{2}\right) = \int_{\frac{1}{2}}^1 \sqrt{1+t^2}\mathrm{d}t - \int_{\frac{1}{4}}^1 \sqrt{1+t}\mathrm{d}t < 0, f(-1) = \int_{-1}^1 \sqrt{1+t^2}\mathrm{d}t > 0,$$

$\displaystyle\lim_{x\to-\infty} f(x) > 0$，显然 $f(1) = 0$，故 $f(x)$ 有两个零点.

7. (1) 因为 $g'(x) = \displaystyle\int_{-a}^x f(t)\mathrm{d}t + \int_a^x f(t)\mathrm{d}t$, $g''(x) = 2f(x) > 0$，故 $g'(x)$ 在

$[-a, a]$ 上严格单调递增.

(2) 由于 $g'(-a) = -\displaystyle\int_{-a}^a f(t)\mathrm{d}t < 0, g'(a) = \int_{-a}^a f(t)\mathrm{d}t > 0, g'(x)$ 在

$[-a, a]$ 上严格单调递增，所以 $g'(x)$ 在 $[-a, a]$ 上有唯一的根.

又 $g'(0) = \int_{-a}^{0} f(t)\mathrm{d}t + \int_{a}^{0} f(t)\mathrm{d}t = 0$，故 $x = 0$ 为 $g(x)$ 的唯一驻点，所以 $x = 0$ 是 $g(x)$ 在 $[-a, a]$ 上取得最小值的点.

(3) 由(2)知，$g(0) = f(a) - a^2 - 1 = 2\int_{0}^{a} tf(t)\mathrm{d}t$，所以 $2\int_{0}^{a} tf(t)\mathrm{d}t = f(a) - a^2 - 1$，从而 $2af(a) = f'(a) - 2a$.

又 $f(0) = 1$，代入得 $C = 2$，从而 $f(x) = 2\mathrm{e}^{x^2} - 1$.

8. (1) 解微分方程 $y'' + 2y' + ky = 0$ 得 $y(x) = C_1 \mathrm{e}^{r_1 x} + C_2 \mathrm{e}^{r_2 x}$，$r_{1,2} = -1 \pm \sqrt{1-k}$.

$$\int_{0}^{+\infty} y(x)\mathrm{d}x = \int_{0}^{+\infty} (C_1 \mathrm{e}^{r_1 x} + C_2 \mathrm{e}^{r_2 x})\mathrm{d}x = -\frac{C_1}{r_1} - \frac{C_2}{r_2}，反常积分 \int_{0}^{+\infty} y(x)\mathrm{d}x 收敛.$$

(2) 由 $y(0) = 1$，$y'(0) = 1$ 可知 $\begin{cases} C_1 + C_2 = 1, \\ C_1 r_1 + C_2 r_2 = 1, \end{cases}$ 解得 $C_1 = \dfrac{1 - r_2}{r_1 - r_2} =$

$\dfrac{2 + \sqrt{1-k}}{2\sqrt{1-k}}$，$C_2 = \dfrac{r_1 - 1}{r_1 - r_2} = \dfrac{-2 + \sqrt{1-k}}{2\sqrt{1-k}}$，故 $\int_{0}^{+\infty} y(x)\mathrm{d}x = -\left(\dfrac{C_1}{r_1} + \dfrac{C_2}{r_2}\right) = \dfrac{3}{k}$.

9. 因为 $\int_{0}^{2\pi} \mathrm{e}^{\sin x}\mathrm{d}x = 2\int_{0}^{\pi} \dfrac{\mathrm{e}^{\sin x} + \mathrm{e}^{-\sin x}}{2}\mathrm{d}x$，

又 $\dfrac{\mathrm{e}^{\sin x} + \mathrm{e}^{-\sin x}}{2} = 1 + \dfrac{\sin^2 x}{2!} + \dfrac{\sin^4 x}{4!} + \cdots + \dfrac{\sin^{2n} x}{(2n)!} + \cdots$，所以 $\dfrac{\mathrm{e}^{\sin x} + \mathrm{e}^{-\sin x}}{2} > 1 + \dfrac{\sin^2 x}{2!}$，

从而 $\int_{0}^{2\pi} \mathrm{e}^{\sin x}\mathrm{d}x > 2\int_{0}^{\pi} \left(1 + \dfrac{\sin^2 x}{2!}\right)\mathrm{d}x = \dfrac{5\pi}{2}$.

另外，$\int_{0}^{\pi} \sin^{2n} x\,\mathrm{d}x = \dfrac{(2n-1)!!}{(2n)!!}\pi$，

所以 $\int_{0}^{2\pi} \mathrm{e}^{\sin x}\mathrm{d}x = 2\int_{0}^{\pi} \left(1 + \dfrac{\sin^2 x}{2!} + \cdots + \dfrac{\sin^{2n} x}{(2n)!} + \cdots\right)\mathrm{d}x = 2\pi\sum_{n=0}^{\infty} \dfrac{(2n-1)!!}{(2n)!(2n)!!}$

$$= 2\pi\sum_{n=0}^{\infty} \dfrac{1}{4^n (n!)^2} < 2\pi\sum_{n=0}^{\infty} \dfrac{1}{4^n n!} = 2\pi\mathrm{e}^{\frac{1}{4}}.$$

10. 由条件得 $f_n(x) = \dfrac{x}{1 + nx}$，所以

$$S_n = \int_{0}^{1} f_n(x)\mathrm{d}x = \int_{0}^{1} \dfrac{x}{1 + nx}\mathrm{d}x = \dfrac{1}{n} - \dfrac{1}{n^2}\ln(1+n)，$$

所以 $\lim_{n\to\infty} nS_n = \lim_{n\to\infty} \left[1 - \dfrac{1}{n}\ln(1+n)\right] = 1$.

11. 由 $\dfrac{\partial f}{\partial y} = 2(y+1)$ 得 $f(x,y) = (y+1)^2 + g(x)$，又 $f(y,y) = (y+1)^2 - (2-y)\ln y$，所以 $g(x) = (x-2)\ln x$. 故 $f(x,y) = (y+1)^2 + (x-2)\ln x$. 曲线为 $(y+1)^2 = (2-x)\ln x$.

故旋转体的体积为

$$V\big|_{y=-1} = \pi \int_1^2 (y+1)^2 \mathrm{d}x = \pi \int_1^2 (2-x)\ln x\,\mathrm{d}x = \left(2\ln 2 - \frac{5}{4}\right)\pi.$$

12. (1) $\displaystyle\lim_{x\to+\infty} y = \lim_{x\to+\infty} \int_0^x \mathrm{e}^{-t^2}\mathrm{d}t = \frac{\sqrt{\pi}}{2}$，所以水平渐近线的方程为 $y = \dfrac{\sqrt{\pi}}{2}$.

(2) 所求面积 $\displaystyle S = \int_0^{+\infty}\left(\frac{\sqrt{\pi}}{2} - \int_0^x \mathrm{e}^{-t^2}\mathrm{d}t\right)\mathrm{d}x = \lim_{t\to+\infty}\int_0^t\left(\frac{\sqrt{\pi}}{2} - \int_0^x \mathrm{e}^{-u^2}\mathrm{d}u\right)\mathrm{d}x$

$$= \lim_{t\to+\infty}\left[\left(\frac{\sqrt{\pi}}{2} - \int_0^t \mathrm{e}^{-u^2}\mathrm{d}u\right)\cdot t - \frac{1}{2}(\mathrm{e}^{-t^2} - 1)\right]$$

$$= \lim_{t\to+\infty}\frac{\dfrac{\sqrt{\pi}}{2} - \displaystyle\int_0^t \mathrm{e}^{-u^2}\mathrm{d}u}{\dfrac{1}{t}} + \frac{1}{2} = \frac{1}{2}.$$

13. 记 $\displaystyle\sigma = \sum_{n=1}^{100} n^{-\frac{1}{2}}$，由图(a)可知，曲线 $y = \dfrac{1}{\sqrt{x}}$ 与 $x=1,x=100,y=0$ 所围

曲边梯形的面积大于它下方的 99 个长条矩形的面积之和 $\displaystyle\sum_{n=2}^{100}(n^{-\frac{1}{2}}\cdot 1)$，于是

$$\sigma = 1 + \sum_{n=2}^{100}(n^{-\frac{1}{2}}\cdot 1) < 1 + \int_1^{100}\frac{1}{\sqrt{x}}\mathrm{d}x = 19.$$

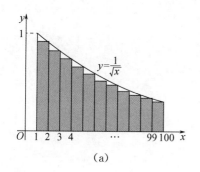

(a)

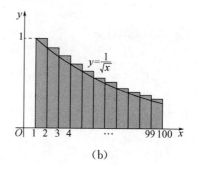

(b)

由图(b)可知，图中 99 个长条矩形的面积之和 $\displaystyle\sum_{n=1}^{99}(n^{-\frac{1}{2}}\cdot 1)$ 大于它下方的曲线

$y = \dfrac{1}{\sqrt{x}}$ 与 $x=1,x=100,y=0$ 所围曲边梯形的面积，于是

$$\sigma = \sum_{n=1}^{99} (n^{-\frac{1}{2}} \cdot 1) + \frac{1}{10} > \int_{1}^{100} \frac{1}{\sqrt{x}} \mathrm{d}x + \frac{1}{10} = 18.1,$$

因此 $18.1 < \sigma < 19$,所以$[\sigma] = \left[\sum_{n=1}^{100} n^{-\frac{1}{2}}\right] = 18.$

14. 令 $F(x) = \frac{1}{x} \int_{a}^{x} f(t)\mathrm{d}t$,由于 $f(x)$ 在$[a,b]$上连续,故 $F(x)$ 在$[a,b]$上可导,且 $F(a) = F(b) = 0.$ 由罗尔定理可知,$\exists \xi \in (a,b)$,使得 $F'(\xi) = 0$,

而 $F'(x) = \dfrac{xf(x) - \int_{a}^{x} f(t)\mathrm{d}t}{x^2}$,故 $\int_{a}^{\xi} f(t)\mathrm{d}t = \int_{a}^{\xi} f(x)\mathrm{d}x = \xi f(\xi).$

15. 令 $F(x) = \int_{0}^{x} f(x)\mathrm{d}x$,则 $F(0) = 0, F(1) = I \neq 0.$ 因为 $f(x)$ 在$[0,1]$上连续,由介值定理可知,存在 $c \in (0,1)$,使得 $F(c) = \dfrac{I}{2}.$ 分别在$[0,c], [c,1]$上使用拉格朗日中值定理,存在 $x_1 \in (0,c), x_2 \in (c,1)$,使得

$$F'(x_1) = f(x_1) = \frac{F(c) - F(0)}{c} = \frac{I}{2c} \neq 0,$$

从而解得 $\dfrac{1}{f(x_1)} = \dfrac{2c}{I}.$

$$F'(x_2) = f(x_2) = \frac{F(1) - F(c)}{1 - c} = \frac{I}{2(1-c)} \neq 0,从而解得 \frac{1}{f(x_2)} = \frac{2(1-c)}{I}.$$

右端两式相加得

$$\frac{1}{f(x_1)} + \frac{1}{f(x_2)} = \frac{2}{I}.$$

【实战真题练】

1. $\begin{cases} \dfrac{1}{3}x^3 - \dfrac{1}{2}x^2 + C, & x < 0, \\[2mm] \dfrac{1}{2}x^2 + C, & 0 \leqslant x \leqslant 2, \\[2mm] \dfrac{1}{3}x^3 - \dfrac{1}{2}x^2 + C + \dfrac{4}{3}, & x > 2. \end{cases}$

2. $\dfrac{17}{6}.$ **3.** $f^{(2019)}(1) = \dfrac{2019!}{2017}.$ **4.** $\dfrac{2\mathrm{e}^{-\sin x}}{1 - \sin x} + C.$ **5.** 3.

6. $u(x) = \dfrac{\sqrt{\pi}}{2\sqrt{x}}.$ **7.** $\sin x + \cos x.$ **8.** $\dfrac{4}{15}\pi.$ **9.** $2\pi^2.$ **10.** $-\ln 3.$

11. $\ln(x+a)\ln(x+b)+C.$　**12.** $2\ln3.$　**13.** $\dfrac{\pi^3}{8}.$　**14.** $4n.$　**15.** $\dfrac{n!}{s^{n+1}}.$

16. $F(x)=\begin{cases}x-\sin x,\ 0\leqslant x\leqslant\dfrac{\pi}{2},\\[2mm]x-1,\qquad x>\dfrac{\pi}{2}.\end{cases}$

17. $a=-\dfrac{5}{4},b=\dfrac{3}{2},c=1.$

18. $\vec{F}=(F_x,F_y)=\left(\dfrac{Gm\rho}{\sqrt{h^2+a^2}},\dfrac{Gm\rho}{h}\left(1-\dfrac{a}{\sqrt{a^2+h^2}}\right)\right).$

19. $\dfrac{\mathrm{e}^{2\pi}+1}{5(\mathrm{e}^{2\pi}-1)}.$

20. $C=2.$

21. 提示：由积分中值定理得，$f(\xi)=\dfrac{\displaystyle\int_a^b f(x)\mathrm{d}x}{b-a}(\xi\in(a,b))$ 及 $\displaystyle\int_\xi^x f'(t)\mathrm{d}t=f(x)-f(\xi)$，利用定积分的不等式性质证明即可.

22. （1）提示：反证法. 若结论不成立，则可推出 $\displaystyle\int_0^1\left|x-\dfrac{1}{2}\right|\cdot(4-|f(x)|)\mathrm{d}x$ $=0$ 与已知条件 $\displaystyle\int_0^1 f(x)\mathrm{d}x=0$ 矛盾.

（2）提示：先证 $\exists x_2\in[0,1]$，使得 $|f(x_2)|<4$. 由 $f(x)$ 的连续性及（1）的结论，利用介值定理可得结论成立.

23. 提示：利用函数 $F(x)=\left(\displaystyle\int_0^x f(t)\mathrm{d}t\right)^2-\int_0^x f^3(t)\mathrm{d}t$ 的单调性证明积分不等式.

24. $\dfrac{\pi^2}{12}+\dfrac{\sqrt{3}}{8}\pi.$

25. 提示：由题设得 $f'(x)=-\dfrac{\mathrm{e}^{-x}}{1+x}$，根据函数单调性及积分不等式可证得结论.

第四讲

空间解析几何

一、内容提要

(一) 向量代数

1. 向量的概念

(1) 两点间的距离公式：$d = \sqrt{(x_1 - x_2)^2 + (y_1 - y_2)^2 + (z_1 - z_2)^2}$.

(2) 空间直角坐标系：在空间内取一定点 O 和三个两两垂直的单位向量 $\boldsymbol{i}, \boldsymbol{j}$, $\boldsymbol{k}$，就确定了三条以 O 为原点的两两垂直的数轴，依次记为 x 轴(横轴)、y 轴(纵轴)、z 轴(竖轴)，统称为坐标轴. 它们构成一个空间直角坐标系，称为 $O\text{-}xyz$ 坐标系.

(3) 向量的表示：$\boldsymbol{a} = (a_1, a_2, a_3) = a_1 \boldsymbol{i} + a_2 \boldsymbol{j} + a_3 \boldsymbol{k}$.

(4) 向量的模：$|\boldsymbol{a}| = \sqrt{a_1^2 + a_2^2 + a_3^2}$.

(5) 向量的方向角与方向余弦：$\cos\alpha = \dfrac{a_1}{|\boldsymbol{a}|}, \cos\beta = \dfrac{a_2}{|\boldsymbol{a}|}, \cos\gamma = \dfrac{a_3}{|\boldsymbol{a}|}$,

其中 α, β, γ 是向量的方向角，并且 $\cos^2\alpha + \cos^2\beta + \cos^2\gamma = 1$.

(6) 向量的单位化：$\boldsymbol{e}_a = \dfrac{1}{|\boldsymbol{a}|}(a_1, a_2, a_3) = (\cos\alpha, \cos\beta, \cos\gamma)$.

(7) 基本单位向量：$\boldsymbol{i} = (1, 0, 0), \boldsymbol{j} = (0, 1, 0), \boldsymbol{k} = (0, 0, 1)$.

2. 向量的运算及应用

设 $\boldsymbol{a} = (a_1, a_2, a_3), \boldsymbol{b} = (b_1, b_2, b_3)$.

(1) 向量的加减法：$\boldsymbol{a} \pm \boldsymbol{b} = (a_1 \pm b_1, a_2 \pm b_2, a_3 \pm b_3)$.

(2) 向量的数乘：$\lambda \boldsymbol{a} = (\lambda a_1, \lambda a_2, \lambda a_3)$.

(3) 向量的数量积：$\boldsymbol{a} \cdot \boldsymbol{b} = |\boldsymbol{a}||\boldsymbol{b}|\cos(\boldsymbol{a} \overset{\wedge}{,} \boldsymbol{b}) = a_1 b_1 + a_2 b_2 + a_3 b_3$.

（4）向量的向量积：$a \times b$ 表示与 a,b 同时垂直的向量，方向符合右手法则，其模

$$|a \times b| = |a| |b| \sin(a \widehat{,} b).$$

$$a \times b = \begin{vmatrix} i & j & k \\ a_1 & a_2 & a_3 \\ b_1 & b_2 & b_3 \end{vmatrix} = \left(\begin{vmatrix} a_2 & a_3 \\ b_2 & b_3 \end{vmatrix}, \begin{vmatrix} a_3 & a_1 \\ b_3 & b_1 \end{vmatrix}, \begin{vmatrix} a_1 & a_2 \\ b_1 & b_2 \end{vmatrix} \right).$$

（5）向量的混合积：$[a\,b\,c] = (a \times b) \cdot c = \begin{vmatrix} a_1 & a_2 & a_3 \\ b_1 & b_2 & b_3 \\ c_1 & c_2 & c_3 \end{vmatrix} = [b\,c\,a] = [c\,a\,b].$

（6）两向量的夹角：$\cos(a \widehat{,} b) = \dfrac{a \cdot b}{|a| |b|} = \dfrac{a_1 b_1 + a_2 b_2 + a_3 b_3}{\sqrt{a_1^2 + a_2^2 + a_3^2}\sqrt{b_1^2 + b_2^2 + b_3^2}}.$

（7）向量在轴上的投影：$\mathrm{Prj}_a b = (b)_a = \dfrac{a \cdot b}{|a|} = |b| \cos\theta.$

（8）两向量垂直：$a \perp b \Leftrightarrow a \cdot b = 0 \Leftrightarrow a_1 b_1 + a_2 b_2 + a_3 b_3 = 0.$

（9）两向量平行：$a /\!/ b \Leftrightarrow a \times b = 0 \Leftrightarrow \dfrac{a_1}{b_1} = \dfrac{a_2}{b_2} = \dfrac{a_3}{b_3} \Leftrightarrow a = \lambda b.$

（10）三向量共面：a, b, c 共面 $\Leftrightarrow [a\,b\,c] = 0 \Leftrightarrow \begin{vmatrix} a_1 & a_2 & a_3 \\ b_1 & b_2 & b_3 \\ c_1 & c_2 & c_3 \end{vmatrix} = 0.$

（11）以 a,b 为邻边的平行四边形的面积：$S = |a \times b| = |a| |b| \sin(a \widehat{,} b).$

（12）以 a,b,c 为棱的平行六面体的体积：$V = |[a\,b\,c]| = |(a \times b) \cdot c|.$

（二）平面方程与直线方程

1. 平面及其方程

（1）平面的点法式方程：过点 $M_0(x_0, y_0, z_0)$，法向量为 $n = (A, B, C)$ 的平面方程

$$A(x - x_0) + B(y - y_0) + C(z - z_0) = 0.$$

（2）平面的一般式方程：$Ax + By + Cz + D = 0$，这里 A, B, C 不全为 0.

系数讨论	平面方程	平面的特殊位置
$D = 0$	$Ax + By + Cz = 0$	坐标原点在平面上
$A = 0$	$By + Cz + D = 0$	平面平行于 x 轴
$A = 0$ 且 $D = 0$	$By + Cz = 0$	平面通过 x 轴
$B = C = 0$	$Ax + D = 0$	平面平行于 yOz 面

（3）平面的三点式方程：过不共线的三点 $M_k(x_k, y_k, z_k)(k = 1, 2, 3)$ 的平面方程

$$\begin{vmatrix} x - x_1 & y - y_1 & z - z_1 \\ x_2 - x_1 & y_2 - y_1 & z_2 - z_1 \\ x_3 - x_1 & y_3 - y_1 & z_3 - z_1 \end{vmatrix} = 0.$$

（4）平面的截距式方程：$\dfrac{x}{a} + \dfrac{y}{b} + \dfrac{z}{c} = 1$，其中 a, b, c 依次称为平面在 x, y, z 轴上的截距.

（5）两平面的夹角：

$$\cos\theta = \left| \cos(\boldsymbol{n}_1 \overset{\wedge}{,} \boldsymbol{n}_2) \right| = \frac{\left| A_1 A_2 + B_1 B_2 + C_1 C_2 \right|}{\sqrt{A_1^2 + B_1^2 + C_1^2} \cdot \sqrt{A_2^2 + B_2^2 + C_2^2}}, 0 \leqslant \theta \leqslant \frac{\pi}{2}.$$

其中 $\boldsymbol{n}_1 = (A_1, B_1, C_1)$ 和 $\boldsymbol{n}_2 = (A_2, B_2, C_2)$ 为两平面的法向量.

（6）面面关系：$\Pi_1 \perp \Pi_2 \Leftrightarrow \boldsymbol{n}_1 \perp \boldsymbol{n}_2 \Leftrightarrow A_1 A_2 + B_1 B_2 + C_1 C_2 = 0.$

$\Pi_1 /\!/ \Pi_2 \Leftrightarrow \dfrac{A_1}{A_2} = \dfrac{B_1}{B_2} = \dfrac{C_1}{C_2} \neq \dfrac{D_1}{D_2}$，此时 $\boldsymbol{n}_1 /\!/ \boldsymbol{n}_2.$

Π_1 与 Π_2 重合 $\Leftrightarrow \dfrac{A_1}{A_2} = \dfrac{B_1}{B_2} = \dfrac{C_1}{C_2} = \dfrac{D_1}{D_2}$，此时 $\boldsymbol{n}_1 /\!/ \boldsymbol{n}_2.$

2. 空间直线及其方程

（1）空间直线的一般式方程：$\begin{cases} A_1 x + B_1 y + C_1 z + D_1 = 0, \\ A_2 x + B_2 y + C_2 z + D_2 = 0. \end{cases}$

（2）空间直线的对称式方程（或点向式、标准式方程）：

$$\frac{x - x_0}{m} = \frac{y - y_0}{n} = \frac{z - z_0}{p},$$

其中直线通过点 $M_0(x_0, y_0, z_0)$，方向向量为 $\boldsymbol{s} = (m, n, p)$.

（3）空间直线的参数式方程：$\begin{cases} x = x_0 + mt, \\ y = y_0 + nt, \text{ 其中 } t \text{ 为参数.} \\ z = z_0 + pt, \end{cases}$

(4) 两直线的夹角：

$$\cos\varphi = |\cos(s_1 \overset{\wedge}{,} s_2)| = \frac{|m_1 m_2 + n_1 n_2 + p_1 p_2|}{\sqrt{m_1^2 + n_1^2 + p_1^2} \cdot \sqrt{m_2^2 + n_2^2 + p_2^2}}, 0 \leqslant \varphi \leqslant \frac{\pi}{2},$$

其中 $s_1 = (m_1, n_1, p_1), s_2 = (m_2, n_2, p_2)$ 为两直线的方向向量.

(5) 线线关系：$L_1 \perp L_2 \Leftrightarrow s_1 \perp s_2 \Leftrightarrow s_1 \cdot s_2 = 0 \Leftrightarrow m_1 m_2 + n_1 n_2 + p_1 p_2 = 0.$

$$L_1 /\!/ L_2 \Leftrightarrow s_1 /\!/ s_2 \Leftrightarrow s_1 \times s_2 = \boldsymbol{0} \Leftrightarrow \frac{m_1}{m_2} = \frac{n_1}{n_2} = \frac{p_1}{p_2}.$$

L_1 与 L_2 共面 $\Leftrightarrow \boldsymbol{P_1 P_2}, s_1, s_2$ 共面，其中 $P_1(x_1, y_1, z_1) \in L_1, P_2(x_2, y_2, z_2) \in L_2.$

$\Leftrightarrow [\boldsymbol{P_1 P_2} \quad s_1 \quad s_2] = 0.$

$$\Leftrightarrow \begin{vmatrix} x_2 - x_1 & y_2 - y_1 & z_2 - z_1 \\ m_1 & n_1 & p_1 \\ m_2 & n_2 & p_2 \end{vmatrix} = 0.$$

$$L_1 \text{ 与 } L_2 \text{ 异面} \Leftrightarrow \begin{vmatrix} x_2 - x_1 & y_2 - y_1 & z_2 - z_1 \\ m_1 & n_1 & p_1 \\ m_2 & n_2 & p_2 \end{vmatrix} \neq 0.$$

(6) 直线与平面的夹角公式：$\sin\varphi = \dfrac{|Am + Bn + Cp|}{\sqrt{A^2 + B^2 + C^2} \cdot \sqrt{m^2 + n^2 + p^2}}, 0 \leqslant \varphi$

$\leqslant \dfrac{\pi}{2}$，其中 $\boldsymbol{n} = (A, B, C)$ 和 $\boldsymbol{s} = (m, n, p)$ 分别为平面的法向量、直线的方向向量.

(7) 线面关系：$L \perp \Pi \Leftrightarrow s /\!/ \boldsymbol{n} \Leftrightarrow \dfrac{A}{m} = \dfrac{B}{n} = \dfrac{C}{p}.$

$L /\!/ \Pi \Leftrightarrow s \perp \boldsymbol{n} \Leftrightarrow Am + Bn + Cp = 0$ 且直线 L 上的点不满足平面方程.

L 在平面 Π 上 $\Leftrightarrow Am + Bn + Cp = 0$ 且直线 L 上的点满足平面方程.

(8) 点到平面的距离公式：点 $P_0(x_0, y_0, z_0)$ 到平面 $Ax + By + Cz + D = 0$ 的距离

$$d = \frac{|Ax_0 + By_0 + Cz_0 + D|}{\sqrt{A^2 + B^2 + C^2}}.$$

(9) 点到直线的距离：设直线 L 通过点 P，方向向量为 s，则点 M 到直线 L 的距离

$$d = \frac{|\boldsymbol{PM} \times s|}{|s|}.$$

(10) 异面直线的距离：设直线 L_1 过点 P_1，方向向量为 s_1，直线 L_2 过点 P_2，方

向向量为 s_2 ,则距离

$$d = \frac{|\boldsymbol{P_1P_2} \cdot (\boldsymbol{s_1} \times \boldsymbol{s_2})|}{|\boldsymbol{s_1} \times \boldsymbol{s_2}|}.$$

(三) 曲面方程与曲线方程

1. 曲面及其方程

(1) 曲面的一般方程:$F(x,y,z) = 0$ 或 $z = f(x,y)$.

(2) 曲面的参数方程:$x = x(u,v), y = y(u,v), z = z(u,v)$,其中 $(u,v) \in D$.

(3) 球面的一般方程:$x^2 + y^2 + z^2 + Dx + Ey + Fz + G = 0$.

(4) 球面的标准方程:$(x-a)^2 + (y-b)^2 + (z-c)^2 = R^2$,这里 (a,b,c) 为球心,R 为半径.

(5) 柱面:动直线沿定曲线平行移动所形成的曲面,其中定曲线为柱面的准线,动直线为柱面的母线.

方程 $F(x,y) = 0$ 表示准线为 C: $\begin{cases} F(x,y) = 0, \\ z = 0, \end{cases}$ 母线平行于 z 轴的柱面;

方程 $G(x,z) = 0$ 表示准线为 C: $\begin{cases} G(x,z) = 0, \\ y = 0, \end{cases}$ 母线平行于 y 轴的柱面;

方程 $H(y,z) = 0$ 表示准线为 C: $\begin{cases} H(y,z) = 0, \\ x = 0, \end{cases}$ 母线平行于 x 轴的柱面.

(6) 锥面:过定点 O 的动直线 L 沿定曲线 C 移动所形成的曲面,其中 L 为锥面的母线,C 为锥面的准线,定点 O 为锥面的顶点.

(7) 旋转曲面

yOz 坐标面上曲线 C:$f(y,z) = 0$ 绕 z 轴旋转一周,所得旋转曲面方程为 $f(\pm \sqrt{x^2 + y^2}, z) = 0$;

绕 y 轴旋转一周,则旋转曲面方程为 $f(y, \pm \sqrt{x^2 + z^2}) = 0$.

xOy 坐标面上曲线 C:$g(x,y) = 0$ 绕 x 轴旋转一周,所得旋转曲面方程为 $g(x, \pm \sqrt{y^2 + z^2}) = 0$;

绕 y 轴旋转一周,则旋转曲面方程为 $g(\pm \sqrt{x^2 + z^2}, y) = 0$.

xOz 坐标面上曲线 C:$h(x,z) = 0$ 绕 x 轴旋转一周,所得旋转曲面方程为 $h(x, \pm \sqrt{y^2 + z^2}) = 0$;

绕 z 轴旋转一周,则旋转曲面方程为 $h(\pm\sqrt{x^2+y^2},z)=0$.

(8) 常见二次曲面:单叶双曲面: $\dfrac{x^2}{a^2}+\dfrac{y^2}{b^2}-\dfrac{z^2}{c^2}=1$;双叶双曲面: $\dfrac{x^2}{a^2}-\dfrac{y^2}{b^2}-\dfrac{z^2}{c^2}=1$;

椭球面: $\dfrac{x^2}{a^2}+\dfrac{y^2}{b^2}+\dfrac{z^2}{c^2}=1$;　　椭圆锥面: $\dfrac{x^2}{a^2}+\dfrac{y^2}{b^2}-\dfrac{z^2}{c^2}=0$;

椭圆抛物面: $\dfrac{x^2}{a^2}+\dfrac{y^2}{b^2}=z$;　　双曲抛物面: $\dfrac{x^2}{a^2}-\dfrac{y^2}{b^2}=z$;

椭圆柱面: $\dfrac{x^2}{a^2}+\dfrac{y^2}{b^2}=1$;　　双曲柱面: $\dfrac{x^2}{a^2}-\dfrac{y^2}{b^2}=1$;

抛物柱面: $y=ax^2$.

2. 空间曲线及其方程

(1) 空间曲线的一般方程: $\begin{cases} F(x,y,z)=0, \\ G(x,y,z)=0. \end{cases}$

(2) 空间曲线的参数方程: $\begin{cases} x=x(t), \\ y=y(t), \\ z=z(t), \end{cases}$ 其中 t 为参数.

(3) 空间曲线在坐标面上的投影:设空间曲线 Γ 的一般方程为 $\begin{cases} F(x,y,z)=0, \\ G(x,y,z)=0, \end{cases}$ 两方程联立消去相应的变量,得到对应坐标面上的投影柱面,从而求出投影曲线方程.

空间曲线 Γ 在 xOy 面上的投影曲线为: $\begin{cases} H(x,y)=0, \\ z=0, \end{cases}$ 投影柱面为: $H(x,y)=0$.

空间曲线 Γ 在 yOz 面上的投影曲线为: $\begin{cases} R(y,z)=0, \\ x=0, \end{cases}$ 投影柱面为: $R(y,z)=0$.

空间曲线 Γ 在 xOz 面上的投影曲线为: $\begin{cases} T(x,z)=0, \\ y=0, \end{cases}$ 投影柱面为: $T(x,z)=0$.

二、例题精讲

1. 向量问题

【方法点拨】

① 利用向量的基本运算法则如结合律、分配律等计算向量之间的一些运算式.

② 两向量垂直或者平行的充要条件及三向量共面的充要条件是考察的重点.

③ 利用公式求向量的模、单位向量及方向余弦,两向量的夹角,一个向量在另一个向量上的投影.

④ 求一个向量与两个已知向量都垂直时,构造向量积是最直接的方法.

⑤ 利用向量运算的几何意义计算三角形的面积、平行四边形的面积及四面体的体积.

例 1 (1) 设 $(a \times b) \cdot c = -2$,则 $[(a+b) \times (b+c)] \cdot (c+a) = \underline{\qquad}$.

(2) 已知 a, b, c 均为单位向量,且满足 $a+b+c = 0$,则 $a \cdot b + b \cdot c + c \cdot a = $

$\underline{\qquad}$.

解 (1) $[(a+b) \times (b+c)] \cdot (c+a)$

$= (a \times b + a \times c + b \times b + b \times c) \cdot (c+a)$

$= (a \times b) \cdot c + (a \times c) \cdot c + (b \times c) \cdot c + (a \times b) \cdot a +$

$\quad (a \times c) \cdot a + (b \times c) \cdot a$

$= 2(a \times b) \cdot c$

$= -4$

(2) 由条件可知,$(a+b+c) \cdot (a+b+c) = 0$,则

$(a \cdot a + b \cdot b + c \cdot c) + 2(a \cdot b + b \cdot c + c \cdot a) = 0$,

且 $|a| = |b| = |c| = 1$,故

$$a \cdot b + b \cdot c + c \cdot a = -\frac{3}{2}.$$

【注】向量的数量积满足交换律,但向量积不满足交换律,实际上 $a \times b = -b \times a$,计算时需注意.

例 2 设 a,b 为单位向量,且两向量的夹角为 $\dfrac{\pi}{3}$,则 $\lim\limits_{x\to 0} \dfrac{|a+xb|-1}{x} =$

_____.

解
$$\lim_{x\to 0}\frac{|a+xb|-1}{x} = \lim_{x\to 0}\frac{\sqrt{(a+xb)\cdot(a+xb)}-1}{x}$$

$$= \lim_{x\to 0}\frac{\sqrt{(a\cdot a+2xa\cdot b+x^2 b\cdot b)}-1}{x}$$

$$= \lim_{x\to 0}\frac{\sqrt{1+x+x^2}-1}{x} = \lim_{x\to 0}\frac{x+x^2}{x(\sqrt{1+x+x^2}+1)}$$

$$= \frac{1}{2}.$$

【注】向量的模的平方等于向量与自身的数量积,是处理此类问题的常用手段.

例 3 设 a,b,c 为非零向量,则与 a 不垂直的向量是 ( )

(A) $(a\cdot c)b-(a\cdot b)c$ \qquad (B) $b-\dfrac{a\cdot b}{|a|^2}a$

(C) $a\times b$ \qquad\qquad\qquad (D) $a+(a\times b)\times a$

解 $[(a\cdot c)b-(a\cdot b)c]\cdot a = (a\cdot c)(b\cdot a)-(a\cdot b)(c\cdot a) = 0$;

$$\left[b-\frac{a\cdot b}{|a|^2}a\right]\cdot a = b\cdot a-\frac{a\cdot b}{|a|^2}a\cdot a = 0;$$

$$(a\times b)\cdot a = [a\ b\ a] = 0;$$

$$[a+(a\times b)\times a]\cdot a = a\cdot a+[(a\times b)\times a]\cdot a \neq 0.$$

故答案选(D).

【注】两向量垂直的充要条件是数量积为 0,所以利用数量积的运算分析两向量之间的垂直关系.

例 4 设向量 a,b,c 共面,$a=(-1,2,-2)$,$b=(0,4,-3)$,c 在 a 上的投影为 -1,c 在 b 上的投影是 1,求向量 c.

解 令 $c=(x,y,z)$,则由投影公式可得

$$\mathrm{Prj}_a c = \frac{a\cdot c}{|a|} = -1, \mathrm{Prj}_b c = \frac{b\cdot c}{|b|} = 1,$$

即

$$\begin{cases} -x+2y-2z=-3, \\ 4y-3z=5. \end{cases}$$

且三向量 a,b,c 共面,所以 $(a\times b)\cdot c = 0$,即

$$\begin{vmatrix} -1 & 2 & -2 \\ 0 & 4 & -3 \\ x & y & z \end{vmatrix} = 0.$$

由以上三个方程解得

$$x = 5, y = 2, z = 1.$$

即所求向量 $\boldsymbol{c} = (5, 2, 1)$.

【注】三向量共面的充要条件是混合积为 0，所以可以利用混合积的计算建立等量关系.

例 5　设三向量 $\boldsymbol{a}, \boldsymbol{b}, \boldsymbol{c}$ 不共面，且有公共起点 O，并设 $\overrightarrow{OM} = \lambda \boldsymbol{a} + \mu \boldsymbol{b} + \gamma \boldsymbol{c}$，则向量 $\boldsymbol{a}, \boldsymbol{b}, \boldsymbol{c}, \overrightarrow{OM}$ 的终点 A, B, C, M 共面的充要条件为_____.

解　由四向量的终点共面可得 $(\overrightarrow{MA} \times \overrightarrow{MB}) \cdot \overrightarrow{MC} = 0$，其中

$$\overrightarrow{MA} = \boldsymbol{a} - \overrightarrow{OM} = (1 - \lambda)\boldsymbol{a} - \mu \boldsymbol{b} - \gamma \boldsymbol{c},$$
$$\overrightarrow{MB} = \boldsymbol{b} - \overrightarrow{OM} = -\lambda \boldsymbol{a} + (1 - \mu)\boldsymbol{b} - \gamma \boldsymbol{c},$$
$$\overrightarrow{MC} = \boldsymbol{c} - \overrightarrow{OM} = -\lambda \boldsymbol{a} - \mu \boldsymbol{b} + (1 - \gamma)\boldsymbol{c},$$

代入得

$$(\overrightarrow{MA} \times \overrightarrow{MB}) \cdot \overrightarrow{MC} = \left[((1-\lambda)\boldsymbol{a} - \mu \boldsymbol{b} - \gamma \boldsymbol{c}) \times (-\lambda \boldsymbol{a} + (1-\mu)\boldsymbol{b} - \gamma \boldsymbol{c}) \right] \cdot$$
$$(-\lambda \boldsymbol{a} - \mu \boldsymbol{b} + (1-\gamma)\boldsymbol{c})$$
$$= (1 - \lambda - \mu - \gamma)(\boldsymbol{a} \times \boldsymbol{b}) \cdot \boldsymbol{c}.$$

又由于向量 $\boldsymbol{a}, \boldsymbol{b}, \boldsymbol{c}$ 不共面，因此 $(\boldsymbol{a} \times \boldsymbol{b}) \cdot \boldsymbol{c} \neq 0$，所以

$$\lambda + \mu + \gamma = 1.$$

例 6　设已知正方体 $ABCD\text{-}A_1 B_1 C_1 D_1$ 的边长为 2，E 为 $D_1 C_1$ 的中点，F 为侧面正方形 $BCC_1 B_1$ 的中点，如图所示，(1) 试求过点 A_1, E, F 的平面与底面 $ABCD$ 所成二面角的值；(2) 试求过点 A_1, E, F 的平面截正方体所得的截面面积.

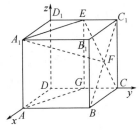

解　(1) 由坐标系可知，$A_1(2, 0, 2), D_1(0, 0, 2), B(2, 2, 0), C_1(0, 2, 2)$.

由中点坐标公式得 $E(0, 1, 2), F(1, 2, 1)$，故 $\overrightarrow{A_1 E} = (-2, 1, 0), \overrightarrow{A_1 F} = (-1, 2, -1)$.

$\triangle A_1 EF$ 所在平面的法向量 $\boldsymbol{n}_1 = \overrightarrow{A_1 E} \times \overrightarrow{A_1 F} = \begin{vmatrix} \boldsymbol{i} & \boldsymbol{j} & \boldsymbol{k} \\ -2 & 1 & 0 \\ -1 & 2 & -1 \end{vmatrix} = (-1, -2, -3)$,

底面 $ABCD$ 的法向量 $\boldsymbol{n}_2 = (0,0,1)$,

则所求二面角的余弦 $\cos\theta = \dfrac{|\boldsymbol{n}_1 \cdot \boldsymbol{n}_2|}{|\boldsymbol{n}_1| \cdot |\boldsymbol{n}_2|} = \dfrac{3}{\sqrt{14}}$, 故 $\theta = \arccos\dfrac{3}{\sqrt{14}}$.

（2）$\triangle A_1EF$ 所在平面截正方体所得截面在 xOy 面上的投影为四边形 $ABCG$, 其中 G 为 DC 中点. 令 S_1 为四边形 $ABCG$ 的面积, 由于 $S = \dfrac{S_1}{\cos\theta}$, 而 $S_1 = 4 - 1 = 3$,

所以所求截面面积 $S = \sqrt{14}$.

2. 平面与直线问题

【方法点拨】

①平面方程建立的关键是寻找法向量, 直线方程建立的关键是寻找方向向量.

②投影点与对称点的问题需要充分利用点、线、面之间的几何关系（垂直及距离相等）.

③对于经过已知直线的平面, 其方程的建立非常适合平面束解法.

例 7　在平面 $\Pi: x + 2y - z = 20$ 内作一直线 Γ, 使直线 Γ 过另一直线 $L: \begin{cases} x - 2y + 2z = 1, \\ 3x + y - 4z = 3 \end{cases}$ 与平面 Π 的交点, 且 Γ 与 L 垂直, 求直线 Γ 的参数方程.

解　直线 L 的方向向量

$$\boldsymbol{s}_1 = \begin{vmatrix} \boldsymbol{i} & \boldsymbol{j} & \boldsymbol{k} \\ 1 & -2 & 2 \\ 3 & 1 & -4 \end{vmatrix} = (6, 10, 7).$$

求出直线 L 上一点坐标, 令 $x = 1$, 则 $y = 0, z = 0$.

则可得到直线 L 的参数式方程为

$$\frac{x-1}{6} = \frac{y}{10} = \frac{z}{7}.$$

令直线 Γ 与 L 的交点为 $(6t+1, 10t, 7t)$, 由于交点在平面 Π 上, 因此

$$6t + 1 + 20t - 7t = 20,$$

解得 $t = 1$, 从而交点为 $(7, 10, 7)$.

所求直线 Γ 的方向向量 $\boldsymbol{s} = \begin{vmatrix} \boldsymbol{i} & \boldsymbol{j} & \boldsymbol{k} \\ 6 & 10 & 7 \\ 1 & 2 & -1 \end{vmatrix} = (-24, 13, 2)$,

则直线 Γ 的点向式方程为

$$\frac{x-7}{-24} = \frac{y-10}{13} = \frac{z-7}{2}.$$

其参数式为

$$x = 7 + 24t, y = 10 - 13t, z = 7 - 2t.$$

例8 求通过直线 $L: \begin{cases} 2x+y-3z+2=0, \\ 5x+5y-4z+3=0 \end{cases}$ 的两个相互垂直的平面 Π_1 和 Π_2,使其中一个平面过点 $(4,-3,1)$.

解 设经过直线 L 的平面束方程为 $(2x+y-3z+2)+\lambda(5x+5y-4z+3)=0$.

令 $\Pi_1: (2x+y-3z+2)+\lambda_1(5x+5y-4z+3)=0$.

由于其过点 $(4,-3,1)$,代入方程得

$$(8-3-3+2)+\lambda_1(20-15-4+3)=0.$$

解得

$$\lambda_1 = -1.$$

所求平面 Π_1 的方程为:$3x+4y-z+1=0$.

令 $\Pi_2: (2x+y-3z+2)+\lambda_2(5x+5y-4z+3)=0$.

由于 Π_1 和 Π_2 垂直,因此

$$(2+5\lambda_2, 1+5\lambda_2, -3-4\lambda_2) \cdot (3,4,-1) = 0.$$

解得

$$\lambda_2 = -\frac{1}{3}.$$

所求平面 Π_2 的方程为:$x-2y-5z+3=0$.

例9 设直线 $l: \begin{cases} x+y+b=0, \\ x+ay-z-3=0 \end{cases}$ 在平面 Π 上,而平面 Π 与曲面 $z = x^2 + y^2$ 相切于点 $(1,-2,5)$,求 a,b 的值.

解 设平面 Π 的方程为 $x+y+b+\lambda(x+ay-z-3)=0$,化简得

$$(1+\lambda)x+(1+a\lambda)y-\lambda z+b-3\lambda=0.$$

由于平面 Π 与曲面 $z=x^2+y^2$ 相切于点 $(1,-2,5)$,因此

$$(1+\lambda)-2(1+a\lambda)-5\lambda+b-3\lambda=0,$$

且曲面 $z=x^2+y^2$ 在点 $(1,-2,5)$ 处的法向量为 $\boldsymbol{n}=(2,-4,-1)$,

从而有

$$\frac{1+\lambda}{2}=\frac{1+a\lambda}{-4}=\frac{-\lambda}{-1},$$

解得

$$\lambda=1,a=-5,b=-2.$$

例 10 求平面 $x+2y-2z+6=0$ 和平面 $4x-y+8z-8=0$ 所构成的二面角的平分面方程.

解法一 设所求平分面上任意一点的坐标为 (x,y,z),

由于平分面上的点到两平面的距离相等,因此可得

$$\frac{|x+2y-2z+6|}{\sqrt{1+2^2+(-2)^2}}=\frac{|4x-y+8z-8|}{\sqrt{4^2+(-1)^2+8^2}},$$

即

$$x-7y+14z-26=0 \text{ 或 } 7x+5y+2z+10=0.$$

解法二 令所求平分面为 $x+2y-2z+6+\lambda(4x-y+8z-8)=0$,
则所求平分面的法向量

$$\boldsymbol{n}=(1+4\lambda,2-\lambda,-2+8\lambda).$$

取 $\boldsymbol{n}_1=(1,2,-2)$,$\boldsymbol{n}_2=(4,-1,8)$,所以

$$\frac{|\boldsymbol{n}\cdot\boldsymbol{n}_1|}{|\boldsymbol{n}||\boldsymbol{n}_1|}=\frac{|\boldsymbol{n}\cdot\boldsymbol{n}_2|}{|\boldsymbol{n}||\boldsymbol{n}_2|},$$

解得

$$\lambda=\pm\frac{1}{3}.$$

故所求平面方程为

$$x-7y+14z-26=0 \text{ 或 } 7x+5y+2z+10=0.$$

【注】二面角的平分面上的任一点到两张平面的距离相等.

例 11 已知点 $A(-1,0,4)$,平面 $\Pi:3x-4y+z+10=0$,直线 $L:\dfrac{x+1}{1}=\dfrac{y-3}{1}=\dfrac{z}{2}$,求一条过点 A 与平面 Π 平行,且与直线 L 相交的直线方程.

解 令所求直线与直线 L 的交点坐标为 $P(t-1,t+3,2t)$,则

$$\overrightarrow{AP}=(t,t+3,2t-4).$$

由于所求直线与平面 Π 平行,因此

161

$$\overrightarrow{AP} \perp \boldsymbol{n}.$$

其中 $\boldsymbol{n} = (3, -4, 1)$ 为平面 $\varPi$ 的法向量.

所以

$$3t - 4(t+3) + (2t-4) = 0.$$

解得 $t = 16$.

故

$$\overrightarrow{AP} = (16, 19, 28).$$

所求直线为

$$\frac{x+1}{16} = \frac{y}{19} = \frac{z-4}{28}.$$

【注】此题是一道非常典型的已知点线面之间的关系,构建直线方程的问题,其中垂直和平行能够利用向量工具建立相应的等量关系,但若是两直线相交,则其等量关系的寻找比较麻烦,一般从交点入手,由于交点在已知直线上,只需要利用直线的参数方程设出交点坐标再利用其他位置关系就能解决问题.

例 12 试求点 $M_1(3, 1, -4)$ 关于直线 $L:\begin{cases} x - y - 4z + 9 = 0, \\ 2x + y - 2z = 0 \end{cases}$ 的对称点 M_2 的坐标.

解 令 M_0 是线段 $M_1 M_2$ 的中点,则 $M_0 \in L$.

直线 L 的方向向量为

$$s = \begin{vmatrix} \boldsymbol{i} & \boldsymbol{j} & \boldsymbol{k} \\ 1 & -1 & -4 \\ 2 & 1 & -2 \end{vmatrix} = (6, -6, 3).$$

求直线 L 上一点,令 $z = 0$,则有

$$\begin{cases} x - y + 9 = 0, \\ 2x + y = 0. \end{cases}$$

得到直线 L 上一点的坐标为 $(-3, 6, 0)$.

故直线 L 的对称式为

$$\frac{x+3}{2} = \frac{y-6}{-2} = \frac{z}{1}.$$

从而,令 $M_0(2t - 3, -2t + 6, t) \in L$.

由于 $\overrightarrow{M_1 M_0} \perp s$,因此

$$2(2t - 3 - 3) - 2(-2t + 6 - 1) + (t + 4) = 0.$$

解得 $t = 2$. 故点 M_0 的坐标为 $(1, 2, 2)$.

令 $M_2(x, y, z)$, 利用中点坐标公式有

$$\frac{3 + x}{2} = 1, \frac{1 + y}{2} = 2, \frac{-4 + z}{2} = 2.$$

所以, 对称点 M_2 的坐标为 $(-1, 3, 8)$.

【注】求一点关于已知直线的对称点, 需充分利用其中的几何关系, 该点与其对称点的连线垂直于已知直线, 并且与已知直线的交点是这两点确定的线段的中点.

例 13 已知点 $P(1, 0, -1)$ 与 $Q(3, 1, 2)$, 在平面 $x - 2y + z = 12$ 上求一点 M, 使得 $|PM| + |MQ|$ 最小.

解 由于 $1 - 0 - 1 = 0 < 12, 3 - 2 + 2 = 3 < 12$, 因此 P, Q 在平面 $x - 2y + z = 12$ 的同侧.

作 Q 关于平面的对称点 $Q'(x_1, y_1, z_1)$, 则 $\overrightarrow{QQ'} /\!/ \boldsymbol{n}$, 有

$$\frac{x_1 - 3}{1} = \frac{y_1 - 1}{-2} = \frac{z_1 - 2}{1} = t_1,$$

且 QQ' 的中点 $\left(\frac{t_1 + 6}{2}, \frac{-2t_1 + 2}{2}, \frac{t_1 + 4}{2} \right)$ 在平面 $x - 2y + z = 12$ 上, 故

$$\frac{t_1 + 6}{2} - 2 \cdot \frac{-2t_1 + 2}{2} + \frac{t_1 + 4}{2} = 12,$$

解得 $t_1 = 3$, 从而得到 $Q'(6, -5, 5)$.

故直线 PQ' 的方程为

$$\frac{x - 1}{5} = \frac{y}{-5} = \frac{z + 1}{6}.$$

与平面方程 $x - 2y + z = 12$ 联立, 求得交点 $M = \left(\frac{27}{7}, -\frac{20}{7}, \frac{17}{7} \right)$, 可使 $|PM| + |MQ|$ 最小.

例 14 设直线 $\begin{cases} x + 2y - 3z = 2, \\ 2x - y + z = 3 \end{cases}$ 在平面 $z = 1$ 上的投影为直线 L, 求点 $P(1, 2, 1)$ 到直线 L 的距离.

解 设经过直线的平面束为 $\lambda(x + 2y - 3z - 2) + \mu(2x - y + z - 3) = 0$, 则其法向量

$$\boldsymbol{n} = (\lambda + 2\mu, 2\lambda - \mu, -3\lambda + \mu).$$

而平面 $z=1$ 的法向量为 $\boldsymbol{n}_1=(0,0,1)$，令 $\boldsymbol{n}\perp\boldsymbol{n}_1$，可得 $\boldsymbol{n}\cdot\boldsymbol{n}_1=0$，解得 $\mu=3\lambda$. 可求得投影柱面

$$7x-y-11=0.$$

从而投影直线 L 为 $\begin{cases}7x-y-11=0,\\z=1,\end{cases}$ 其方向向量为 $\boldsymbol{s}=\begin{vmatrix}\boldsymbol{i}&\boldsymbol{j}&\boldsymbol{k}\\7&-1&0\\0&0&1\end{vmatrix}=(-1,-7,0).$

在直线 L 上取一点 $M(1,-4,1)$，则

$$\overrightarrow{PM}\times\boldsymbol{s}=\begin{vmatrix}\boldsymbol{i}&\boldsymbol{j}&\boldsymbol{k}\\0&-6&0\\-1&-7&0\end{vmatrix}=(0,0,-6).$$

所以点 P 到直线 L 的距离为

$$d=\frac{|\overrightarrow{PM}\times\boldsymbol{s}|}{|\boldsymbol{s}|}=\frac{6}{\sqrt{50}}=\frac{3}{5}\sqrt{2}.$$

例 15 已知直线 $L:\begin{cases}x+2y-z+1=0,\\3x-2y+z-1=0\end{cases}$ 和平面 $\Pi:x+y+z=3$，求：

(1) 直线 L 在平面 Π 上的投影直线 L_0；(2) 直线 L 与直线 L_0 的夹角.

解 (1) 设经过直线的平面束为 $(x+2y-z+1)+\lambda(3x-2y+z-1)=0$，则其法向量

$$\boldsymbol{n}=(1+3\lambda,2-2\lambda,\lambda-1).$$

而平面 $x+y+z=3$ 的法向量为 $\boldsymbol{n}_1=(1,1,1)$，令 $\boldsymbol{n}\perp\boldsymbol{n}_1$，可得 $\boldsymbol{n}\cdot\boldsymbol{n}_1=0$，解得 $\lambda=-1$.

所以 $x-2y+z-1=0$ 即为投影柱面.

从而直线 L 在平面 Π 上的投影直线 L_0 为 $\begin{cases}x+y+z-3=0,\\x-2y+z-1=0.\end{cases}$

(2) 直线 L_0 的方向向量为

$$\boldsymbol{s}_0=\begin{vmatrix}\boldsymbol{i}&\boldsymbol{j}&\boldsymbol{k}\\1&1&1\\1&-2&1\end{vmatrix}=(3,0,-3).$$

直线 L 的方向向量为

$$s = \begin{vmatrix} \boldsymbol{i} & \boldsymbol{j} & \boldsymbol{k} \\ 1 & 2 & -1 \\ 3 & -2 & 1 \end{vmatrix} = (0, -4, -8).$$

所以直线 L 与直线 L_0 的夹角的余弦

$$\cos\theta = \frac{|\boldsymbol{s}_0 \cdot \boldsymbol{s}|}{|\boldsymbol{s}_0| \cdot |\boldsymbol{s}|} = \frac{\sqrt{10}}{5}.$$

即两直线的夹角为 $\arccos \dfrac{\sqrt{10}}{5}$.

【注】此题的平面束方程采用的是一个参数的设定,此时该平面束不包含第一张平面,所以在有些问题中需注意单独判别第一张平面是否满足题目的要求.

例 16　设直线 $L_1: \dfrac{x}{1} = \dfrac{y}{0} = \dfrac{z}{-1}, L_2: \dfrac{x-1}{2} = \dfrac{y}{-1} = \dfrac{z-1}{1}$,判断两直线是否为异面直线,若是,求两条直线之间的距离.

解　令 $\boldsymbol{s}_1 = (1, 0, -1), \boldsymbol{s}_2 = (2, -1, 1), P_1(0,0,0) \in L_1, P_2(1,0,1) \in L_2$,$\overrightarrow{P_1P_2} = (1,0,1)$,则

$$\begin{bmatrix} \boldsymbol{s}_1 & \boldsymbol{s}_2 & \overrightarrow{P_1P_2} \end{bmatrix} = \begin{vmatrix} 1 & 0 & -1 \\ 2 & -1 & 1 \\ 1 & 0 & 1 \end{vmatrix} = -1 - 1 = -2 \neq 0,$$

从而两直线异面.

构造平面,使其经过其中一条直线且与另一条直线平行,其法向量

$$\boldsymbol{n} = \boldsymbol{s}_1 \times \boldsymbol{s}_2 = \begin{vmatrix} \boldsymbol{i} & \boldsymbol{j} & \boldsymbol{k} \\ 1 & 0 & -1 \\ 2 & -1 & 1 \end{vmatrix} = (-1, -3, -1) /\!/ (1, 3, 1).$$

所构造平面为 $x + 3y + z - 2 = 0$.

故此异面直线距离为

$$d = \frac{|0 + 0 + 0 - 2|}{\sqrt{1 + 9 + 1}} = \frac{2}{\sqrt{11}}.$$

【注 1】两直线的方向向量与两直线上任取两点构成的向量异面,则两直线异面.

【注 2】异面直线距离可转化为点到平面的距离.

3. 曲面与曲线问题

【方法点拨】

① 旋转曲面、柱面、锥面方程的建立围绕曲面形成的方式及几何特征,利用轨迹法建立方程.

② 曲线的参数式方程在多元函数微积分学中有着重要的应用,将曲线的一般式方程化为参数式的常用方法是寻找经过曲线的椭圆柱面或圆柱面,利用椭圆柱面或圆柱面的参数式构造相应曲线的参数式方程.

③ 曲线和曲面的投影研究对于降维考察图形特征非常有用,故研究其在坐标面上的投影是常见问题.

(1) 曲面方程的建立

例 17 求直线 $L:\begin{cases} x-y+2z-1=0, \\ x-3y-2z+1=0 \end{cases}$ 绕 y 轴旋转一周所成的曲面方程.

解法一 纬圆法

令旋转曲面上任意一点 $M(x,y,z)$,由曲线 l 上某一点 $M_1(x_1,y_1,z_1)$ 旋转得到,则 M,M_1 同在一个纬度圆上,令此旋转圆圆心为 $O_1(0,y_1,0)$.

绕 y 轴旋转,同一纬度圆上三点 M,M_1,O_1 的 y 轴坐标相同,故

$$y = y_1. \qquad\qquad ①$$

同一纬度圆上半径相同,故

$$|MO_1| = |M_1O_1|,$$

即

$$x^2 + z^2 = x_1^2 + z_1^2, \qquad\qquad ②$$

且 $M_1(x_1,y_1,z_1) \in l$,故

$$x_1 - y_1 + 2z_1 - 1 = 0, \qquad\qquad ③$$
$$x_1 - 3y_1 - 2z_1 + 1 = 0. \qquad\qquad ④$$

由方程 ①②③④ 联立消去 x_1,y_1,z_1,得到旋转曲面方程

$$4x^2 - 17y^2 + 4z^2 + 2y - 1 = 0.$$

解法二 参数法

令 $y=t$,则直线方程可化为

$$\begin{cases} x = 2t, \\ z = \dfrac{1}{2}(1-t), \end{cases}$$

166

则

$$x^2 + z^2 = 4t^2 + \frac{1}{4}(1-t)^2.$$

绕 y 轴旋转,轨迹点 y 坐标不变且到 y 轴的距离的平方 $x^2 + z^2$ 不变,即得到旋转曲面方程

$$x^2 + z^2 = 4y^2 + \frac{1}{4}(1-y)^2.$$

【注】旋转曲面方程建立的关键在于把握旋转曲面的几何特征,即利用垂直于旋转轴的平面截旋转曲面的截痕是圆周,从而形成一系列纬度圆,此为解法一的纬圆法.而解法二中利用母线上的点绕 y 轴旋转,此时 y 坐标不变,且到 y 轴的距离也不变,从而构造出旋转曲面的轨迹方程.

例 18 xOy 平面上的曲线 $x^2 + (y-b)^2 = a^2(0 < a < b)$ 绕 x 轴旋转一周得到旋转曲面 Σ,求该旋转曲面 Σ 的方程.

解　设曲面上任一点 $M(x,y,z)$ 由曲线上一点 $M_0(x_1,y_1,z_1)$ 旋转而来,其所在旋转圆圆心坐标设为 $O_1(x_1,0,0)$,则

$$x = x_1.$$

由于 $M_0 \in$ 曲线,因此 $y_1 > 0, z_1 = 0$,从而

$$y_1 = \sqrt{y^2 + z^2}.$$

又 $$x_1^2 + (y_1 - b)^2 = a^2,$$

所以所求旋转曲面 Σ 的方程为

$$x^2 + \left(\sqrt{y^2 + z^2} - b\right)^2 = a^2.$$

【注】此题若直接用坐标面上的曲线绕坐标轴旋转所得旋转曲面的结论,则会有 $\sqrt{y_1^2} = \sqrt{y^2 + z^2}$,这里如果不结合曲线的实际图形,会出现 $y_1 = \pm\sqrt{y^2 + z^2}$ 导致错误.

例 19 若柱面的准线方程为 $\begin{cases} x + y - z - 2 = 0, \\ x - y + z = 0, \end{cases}$ 其母线平行于直线 $x = y = z$,求此柱面方程.

解　设柱面上任一点 $P(x,y,z)$,存在 $P_0(x_0,y_0,z_0) \in$ 准线,有母线 $PP_0 /\!/$ 定直线.
从而

$$\frac{x - x_0}{1} = \frac{y - y_0}{1} = \frac{z - z_0}{1}.$$

设该比值为 t,则有

$$x_0 = x - t, y_0 = y - t, z_0 = z - t.$$

代入准线方程得

$$\begin{cases} (x - t) + (y - t) - (z - t) - 2 = 0, \\ (x - t) - (y - t) + (z - t) = 0. \end{cases}$$

消去 t 后化简得到所求柱面方程为

$$y - z - 1 = 0.$$

【注】柱面方程建立的关键在于理解柱面形成的方式,母线沿着准线平行移动, 始终平行于定直线,所以准线决定柱面的形状,定直线决定柱面延伸的方向.

例 20 求以点 $A(0,0,1)$ 为顶点,以椭圆 $\begin{cases} \dfrac{x^2}{25} + \dfrac{y^2}{9} = 1, \\ z = 3 \end{cases}$ 为准线的锥面方程.

解 令锥面上任意一点 $M(x,y,z)$,存在 $M_1(x_1, y_1, z_1) \in$ 椭圆,有 A, M, M_1 三点共线,则

$$\frac{x}{x_1} = \frac{y}{y_1} = \frac{z - 1}{z_1 - 1},$$

且 $M_1 \in$ 椭圆,故

$$\begin{cases} \dfrac{x_1^2}{25} + \dfrac{y_1^2}{9} = 1, \\ z_1 = 3. \end{cases}$$

以上方程联立消去 x_1, y_1, z_1 得到锥面方程

$$\frac{x^2}{25} + \frac{y^2}{9} - \frac{(z - 1)^2}{4} = 0.$$

例 21 椭球面 S_1 是椭圆 $\dfrac{x^2}{4} + \dfrac{y^2}{3} = 1$ 绕 x 轴旋转而成,圆锥面 S_2 是由过点 $(4,0)$ 且与椭圆 $\dfrac{x^2}{4} + \dfrac{y^2}{3} = 1$ 相切的直线绕 x 轴旋转而成,求 S_1 及 S_2 的方程.

解 由旋转曲面的结论可知,S_1 的方程为

$$\frac{x^2}{4} + \frac{y^2 + z^2}{3} = 1.$$

令直线与椭圆的切点为 (x_0, y_0),对等式 $\dfrac{x^2}{4} + \dfrac{y^2}{3} = 1$ 两边求导得

$$\frac{2x}{4} + \frac{2y}{3} y' = 0,$$

即

$$y' = -\frac{3x}{4y}.$$

则切线方程为

$$y - y_0 = -\frac{3x_0}{4y_0}(x - x_0),$$

且 $\frac{x_0^2}{4} + \frac{y_0^2}{3} = 1$，所以切线为 $\frac{x_0 x}{4} + \frac{y_0 y}{3} = 1$，代入点 $(4, 0)$，得切线

$$y = -\frac{1}{2}(x - 4) \text{ 或 } y = \frac{1}{2}(x - 4).$$

故所求锥面 S_2 的方程为

$$y^2 + z^2 = \left(\frac{1}{2}x - 2\right)^2.$$

例 22　设 P 为椭球面 $S: x^2 + y^2 + z^2 - yz = 1$ 上的一动点，若 S 在点 P 处的切平面与 xOy 面垂直，求点 P 的轨迹 C.

解　令 $P(x, y, z)$，则椭球面 S 在点 P 处的切平面的法向量为

$$\boldsymbol{n} = (2x, 2y - z, 2z - y),$$

而 xOy 面的法向量为 $\boldsymbol{k} = (0, 0, 1)$，$\boldsymbol{n} \perp \boldsymbol{k}$，所以

$$2z - y = 0,$$

故点 P 的轨迹 C 为

$$\begin{cases} x^2 + y^2 + z^2 - yz = 1, \\ 2z - y = 0. \end{cases}$$

【注】此题得到的轨迹为椭球面和平面的交线，此时的方程不容易分析出该空间曲线的形状，如果将方程组消去变量 z，得到 $x^2 + \frac{3}{4}y^2 = 1$，这是一个椭圆柱面，从而可以发现曲线是平面与椭圆柱面的交线，即为一条空间椭圆曲线.

例 23　设一球面的方程为 $x^2 + y^2 + (z + 1)^2 = 4$，从原点向球面上任一点 P 处的切平面作垂线，垂足为 Q. 当点 P 在球面上连续变动时，点 Q 的轨迹形成一个封闭曲面 Σ，试写出曲面 Σ 的方程.

解　令点 $P(x_0, y_0, z_0)$，点 $Q(x, y, z)$，则球面在点 P 处的切平面的法向量 $\boldsymbol{n} = (2x_0, 2y_0, 2z_0 + 2)$.

所以球面在点 P 处的切平面为

$$x_0(X - x_0) + y_0(Y - y_0) + (z_0 + 1)(Z - z_0) = 0.$$

而 $\overrightarrow{OQ} = (x, y, z) /\!/ \boldsymbol{n}, Q \in$ 切平面,故

$$\frac{x}{x_0} = \frac{y}{y_0} = \frac{z}{z_0 + 1} = t, \qquad ①$$

$$x_0(x - x_0) + y_0(y - y_0) + (z_0 + 1)(z - z_0) = 0, \qquad ②$$

$$x_0^2 + y_0^2 + (z_0 + 1)^2 = 4, \qquad ③$$

上述方程①②③联立消去 x_0, y_0, z_0, t,得到所求曲面 Σ 的方程为

$$(x^2 + y^2 + z^2 + z)^2 = 4(x^2 + y^2 + z^2).$$

(2) 曲线的投影问题

【方法点拨】

① 若曲线 C 由参数式 $x = x(t), y = y(t), z = z(t)$ 给出,则其在坐标面 xOy 上的投影曲线方程为

$$x = x(t), y = y(t), z = 0.$$

② 若曲线 C 由一般式 $\begin{cases} F(x, y, z) = 0, \\ G(x, y, z) = 0 \end{cases}$ 给出,消去变量 z,得到方程 $H(x, y) = 0$,其在坐标面 xOy 上的投影曲线方程为 $\begin{cases} H(x, y) = 0, \\ z = 0. \end{cases}$

③ 若曲线 C 由参数式 $x = x(t), y = y(t), z = z(t)$ 给出,则其在平面 Π: $Ax + By + Cz + D = 0$ 上的投影曲线为

$$\begin{cases} H(x, y, z) = 0, \\ Ax + By + Cz + D = 0, \end{cases}$$

其中投影柱面 $H(x, y, z) = 0$ 以 C 为准线,母线平行于 (A, B, C) 的柱面方程为

$$\frac{x - x(t)}{A} = \frac{y - y(t)}{B} = \frac{z - z(t)}{C}.$$

消去 t,得到 $H(x, y, z) = 0$.

④ 若曲线 C 由一般式 $\begin{cases} F(x, y, z) = 0, \\ G(x, y, z) = 0 \end{cases}$ 给出,则其在平面 Π: $Ax + By + Cz + D = 0$ 上的投影曲线为

$$\begin{cases} H(x, y, z) = 0, \\ Ax + By + Cz + D = 0. \end{cases}$$

这里,设 (X, Y, Z) 是曲线上任意一点,则

$$\begin{cases} F(X,Y,Z) = 0, \\ G(X,Y,Z) = 0, \\ \dfrac{x-X}{A} = \dfrac{y-Y}{B} = \dfrac{z-Z}{C}, \end{cases}$$

消去 X,Y,Z,得到投影柱面 $H(x,y,z) = 0$.

例 24　求空间曲线 C:$\begin{cases} x^2 + y^2 + z^2 = 2, \\ z = x^2 + y^2 \end{cases}$ 在三个坐标面上的投影曲线及投影柱面.

解　消去变量 z,得到 xOy 面上的投影柱面

$$x^2 + y^2 = 1.$$

xOy 面上的投影曲线为圆:

$$x^2 + y^2 = 1, z = 0.$$

消去变量 y,得到 xOz 面上的投影柱面

$$z = 1, -1 \leqslant x \leqslant 1.$$

xOz 面上的投影曲线为直线段:

$$z = 1(-1 \leqslant x \leqslant 1), y = 0.$$

消去变量 x,得到 yOz 面上的投影柱面

$$z = 1, -1 \leqslant y \leqslant 1.$$

yOz 面上的投影曲线为直线段:

$$z = 1(-1 \leqslant y \leqslant 1), x = 0.$$

例 25　求曲线 Γ:$\begin{cases} x^2 + z^2 = y, \\ x + y + 2z = 1 \end{cases}$ 在平面 Π:$x + y + z = 0$ 上的投影柱面及投影曲线方程.

解　先求投影柱面,以 Γ 为准线,母线平行于平面 Π 的法向量 $\boldsymbol{n} = (1,1,1)$.令投影柱面上任一点的坐标为 $M(x,y,z)$,存在点 $M_0(x_0,y_0,z_0) \in \Gamma$,有 $\overrightarrow{MM_0} \,/\!/\, \boldsymbol{n}$,则

$$\begin{cases} \dfrac{x-x_0}{1} = \dfrac{y-y_0}{1} = \dfrac{z-z_0}{1}, \\ x_0^2 + z_0^2 = y_0, \\ x_0 + y_0 + 2z_0 = 1. \end{cases}$$

以上方程联立消去 x_0,y_0,z_0,得到投影柱面为

$$(3x - y - 2z + 1)^2 + (x + y - 2z - 1)^2 = 12y - 4x - 8z + 4.$$

所求投影曲线为

$$\begin{cases} (3x - y - 2z + 1)^2 + (x + y - 2z - 1)^2 = 12y - 4x - 8z + 4, \\ x + y + z = 0, \end{cases}$$

可化简为

$$\begin{cases} 17x^2 + 5y^2 + 14xy - 12y - 1 = 0, \\ x + y + z = 0. \end{cases}$$

例 26 求直线 $\dfrac{x - 3}{-1} = \dfrac{y + 1}{2} = \dfrac{2z - 5}{8}$ 在平面 $x - y + 3z + 8 = 0$ 上的投影直线方程.

解 设经过直线的平面束方程为 $\lambda(2x + y - 5) + \mu(4y - 2z + 9) = 0.$

令 $\boldsymbol{n} = (2\lambda, \lambda + 4\mu, -2\mu), \boldsymbol{n}_1 = (1, -1, 3),$ 则 $\boldsymbol{n} \perp \boldsymbol{n}_1,$ 故有

$$2\lambda - (\lambda + 4\mu) - 6\mu = 0,$$

化简得

$$\lambda - 10\mu = 0.$$

所求投影柱面为 $\qquad 20x + 14y - 2z - 41 = 0.$

所求投影直线为

$$\begin{cases} 20x + 14y - 2z - 41 = 0, \\ x - y + 3z + 8 = 0. \end{cases}$$

(3) 曲线的参数式方程构造

【方法点拨】

　① 求曲线 C 的参数式,可寻找经过曲线的椭圆柱面或圆柱面,利用椭圆柱面或圆柱面的参数式构造相应的参数式方程.

　② 曲线的参数式方程的表示方式不唯一.

例 27 若 Γ 为曲面 $x^2 + y^2 + z^2 = 8 + 2xy$ 与平面 $x + y + z = 2$ 的交线,求曲线 Γ 的参数方程.

解 两个方程联立,消去变量 z 得

$$x^2 + y^2 + (2 - x - y)^2 = 8 + 2xy,$$

可化为

$$(x - 1)^2 + (y - 1)^2 = 4.$$

令 $x = 2\cos t + 1, y = 2\sin t + 1,$ 则 $z = -2\cos t - 2\sin t,$ 故曲线 Γ 的参数方程为

$$x = 2\cos t + 1, y = 2\sin t + 1, z = -2\cos t - 2\sin t.$$

例 28　求曲线 $\Gamma : \begin{cases} z = x^2 + y^2 + 2, \\ x^2 + y^2 + z^2 = 18 \end{cases}$ 的参数式方程.

解　由 Γ 的方程消去 z,得到

$$x^2 + y^2 + (x^2 + y^2 + 2)^2 = 18,$$

可化为

$$(x^2 + y^2 + 2)^2 + (x^2 + y^2 + 2) - 20 = 0,$$

从而有

$$(x^2 + y^2 + 2 - 4)(x^2 + y^2 + 2 + 5) = 0,$$

所以 Γ 在 xOy 坐标面上的投影柱面为

$$x^2 + y^2 = 2,$$

化为参数式

$$x = \sqrt{2}\cos t, y = \sqrt{2}\sin t.$$

再将上述 x, y 代入曲线 Γ 中,得到 Γ 的参数式

$$x = \sqrt{2}\cos t, y = \sqrt{2}\sin t, z = 4.$$

4. 综合类问题

例 29　设曲线 $\Gamma : \begin{cases} x^2 + y^2 + z^2 + 4x - 4y + 2z = 0, \\ 2x + y - 2z = k. \end{cases}$

(1) 当 k 为何值时,Γ 是一个圆?

(2) 当 $k = 6$ 时,求 Γ 的圆心和半径.

解　(1) 球面方程 $x^2 + y^2 + z^2 + 4x - 4y + 2z = 0$ 可化为

$$(x + 2)^2 + (y - 2)^2 + (z + 1)^2 = 9.$$

故可得球心坐标为 $(-2, 2, -1)$,则球心到平面 $2x + y - 2z = k$ 的距离

$$d = \frac{|-4 + 2 + 2 - k|}{\sqrt{4 + 1 + 4}} = \frac{|k|}{3}.$$

所以 $\dfrac{|k|}{3} < 3$,即 $|k| < 9$ 时,Γ 是一个圆.

(2) 当 $k = 6$ 时,$d = 2$,此时圆的半径 $r = \sqrt{9 - 4} = \sqrt{5}$. 过球心且与平面 $2x + y - 2z = 6$ 垂直的直线方程为

$$\frac{x+2}{2} = \frac{y-2}{1} = \frac{z+1}{-2}.$$

该直线方程与平面 $2x+y-2z=6$ 联立求得交点 $\left(-\frac{2}{3}, \frac{8}{3}, -\frac{7}{3}\right)$，即为所求的圆心坐标.

例 30 已知椭球面 Σ 的方程为 $\frac{x^2}{a^2} + \frac{y^2}{b^2} + \frac{z^2}{c^2} = 1(a,b,c>0)$，平面 $\Pi: Ax+By+Cz+1=0$，试求椭球面 Σ 和平面 Π 相交、相切和相离的条件.

解 先求椭球面 Σ 的切平面 Π_1，使 $\Pi_1 // \Pi$. 令切点 $M(x_0, y_0, z_0)$，则切平面方程为

$$\frac{x_0}{a^2}(x-x_0) + \frac{y_0}{b^2}(y-y_0) + \frac{z_0}{c^2}(z-z_0) = 0.$$

由 $\Pi_1 // \Pi$ 可得

$$\frac{x_0}{a^2 \cdot A} = \frac{y_0}{b^2 \cdot B} = \frac{z_0}{c^2 \cdot C} = t.$$

由于切点在椭球面上，因此 $t = \sqrt{\dfrac{1}{A^2a^2 + B^2b^2 + C^2c^2}}$.

椭球面中心原点到平面 Π_1 的距离

$$d_1 = \frac{1}{\sqrt{\left(\frac{x_0}{a^2}\right)^2 + \left(\frac{y_0}{b^2}\right)^2 + \left(\frac{z_0}{c^2}\right)^2}} = \frac{1}{t\sqrt{A^2 + B^2 + C^2}}.$$

椭球面中心原点到平面 Π 的距离

$$d = \frac{1}{\sqrt{A^2 + B^2 + C^2}}.$$

(1) 当 $d_1 > d$，即 $A^2a^2 + B^2b^2 + C^2c^2 > 1$ 时，椭球面 Σ 和平面 Π 相交.

(2) 当 $d_1 = d$，即 $A^2a^2 + B^2b^2 + C^2c^2 = 1$ 时，椭球面 Σ 和平面 Π 相切.

(3) 当 $d_1 < d$，即 $A^2a^2 + B^2b^2 + C^2c^2 < 1$ 时，椭球面 Σ 和平面 Π 相离.

例 31 设有一束平行于直线 $L: x = y = -z$ 的平行光束照射不透明球面 $S: x^2 + y^2 + z^2 - 2z = 0$，求球面在 xOy 面上留下的阴影部分的边界线方程.

解 首先构建过球面的球心且垂直于直线 L 的平面 Π 的方程. 由球面 $x^2 + y^2 + z^2 - 2z = 0$ 可知球心坐标为 $(0,0,1)$，令直线的方向向量 $\boldsymbol{s} = (1,1,-1)$，则平面 Π 的方程为

$$x + y - z + 1 = 0.$$

故平面 Π 与球面的交线为

$$\Gamma:\begin{cases}x^2+y^2+z^2-2z=0,\\ x+y-z+1=0.\end{cases}$$

接下来建立以 Γ 为准线,母线平行于 L 的柱面方程.令柱面上任意一点 $M(x,y,z)$,存在准线上一点 $M_0(x_0,y_0,z_0)$,使 $MM_0\parallel L$,即

$$\frac{x-x_0}{1}=\frac{y-y_0}{1}=\frac{z-z_0}{-1},$$

且 $M_0(x_0,y_0,z_0)\in\Gamma$,则

$$\begin{cases}x_0^2+y_0^2+z_0^2-2z_0=0,\\ x_0+y_0-z_0+1=0.\end{cases}$$

以上方程联立消去 x_0,y_0,z_0 得到柱面方程

$$x^2+y^2+z^2-xy+yz+xz-x-y-2z-\frac{1}{2}=0.$$

所以柱面与 xOy 面的交线为所求阴影部分的边界线,即

$$\begin{cases}x^2+y^2-xy-x-y-\frac{1}{2}=0,\\ z=0.\end{cases}$$

例 32　某建筑物屋顶为曲面 $z=6-\dfrac{x^2}{2}-y^2$,假设其表面光滑无摩擦,在 $(2,1,3)$ 处有一小球,求在重力作用下小球下落的空间曲线方程.

解　设小球下落的空间曲线方程在 xOy 面上的投影曲线为 $y=y(x)$,令 (x,y) 是投影曲线上任一点.

由于小球在重力作用下沿高度减小最快的方向运动,即沿着曲面 $z=6-\dfrac{x^2}{2}-y^2$ 的负梯度方向运动,因此

$$\mathbf{grad}\,z(x,y)=-\left(\frac{\partial z}{\partial x},\frac{\partial z}{\partial y}\right)=(x,2y).$$

可建立微分方程 $\dfrac{\mathrm{d}y}{\mathrm{d}x}=\dfrac{2y}{x}$,解得 $y=Cx^2$.由初始位置 $(2,1,3)$,可得 $C=\dfrac{1}{4}$,故 $y=\dfrac{1}{4}x^2$.

小球下落的空间曲线方程可以视为屋顶曲面与投影柱面的交线,所以所求曲线方程为

$$\begin{cases} z = 6 - \dfrac{x^2}{2} - y^2, \\ y = \dfrac{1}{4}x^2. \end{cases}$$

例 33 已知直线 $L_1: \dfrac{x-a_2}{a_1} = \dfrac{x-b_2}{b_1} = \dfrac{x-c_2}{c_1}$ 与直线 $L_2: \dfrac{x-a_3}{a_2} = \dfrac{x-b_3}{b_2} =$

$\dfrac{x-c_3}{c_2}$ 相交于一点，令 $\boldsymbol{\alpha}_i = (a_i, b_i, c_i)^{\mathrm{T}} (i = 1, 2, 3)$，则 （　　）

(A) $\boldsymbol{\alpha}_1$ 可由 $\boldsymbol{\alpha}_2, \boldsymbol{\alpha}_3$ 线性表示　　　 (B) $\boldsymbol{\alpha}_2$ 可由 $\boldsymbol{\alpha}_1, \boldsymbol{\alpha}_3$ 线性表示

(C) $\boldsymbol{\alpha}_3$ 可由 $\boldsymbol{\alpha}_1, \boldsymbol{\alpha}_2$ 线性表示　　　 (D) $\boldsymbol{\alpha}_1, \boldsymbol{\alpha}_2, \boldsymbol{\alpha}_3$ 线性无关

解法一 利用直线的参数方程，令交点坐标为 (x_0, y_0, z_0)，则

$$L_1: \begin{cases} x_0 = a_1 t_1 + a_2, \\ y_0 = b_1 t_1 + b_2, \\ z_0 = c_1 t_1 + c_2, \end{cases} \quad L_2: \begin{cases} x_0 = a_2 t_2 + a_3, \\ y_0 = b_2 t_2 + b_3, \\ z_0 = c_2 t_2 + c_3. \end{cases}$$

由于两直线交于一点，因此

$$\begin{cases} a_1 t_1 + a_2 = a_2 t_2 + a_3, \\ b_1 t_1 + b_2 = b_2 t_2 + b_3, \\ c_1 t_1 + c_2 = c_2 t_2 + c_3. \end{cases}$$

所以 $\boldsymbol{\alpha}_3$ 可由 $\boldsymbol{\alpha}_1, \boldsymbol{\alpha}_2$ 线性表示.

解法二 由直线 L_1, L_2 相交于一点，可推出三向量共面，则有

$$\begin{vmatrix} a_1 & b_1 & c_1 \\ a_2 & b_2 & c_2 \\ a_3 - a_2 & b_3 - b_2 & c_3 - c_2 \end{vmatrix} = 0.$$

可化简为

$$\begin{vmatrix} a_1 & b_1 & c_1 \\ a_2 & b_2 & c_2 \\ a_3 & b_3 & c_3 \end{vmatrix} = 0.$$

故 $\boldsymbol{\alpha}_1, \boldsymbol{\alpha}_2, \boldsymbol{\alpha}_3$ 线性相关，且由于两直线不平行，故 $\boldsymbol{\alpha}_1, \boldsymbol{\alpha}_2$ 线性无关，所以 $\boldsymbol{\alpha}_3$ 可由 $\boldsymbol{\alpha}_1, \boldsymbol{\alpha}_2$ 线性表示.

【注】此题属于空间解析几何与线性代数的知识点结合性问题，一方面解析几何中有空间直线的方程表示，另一方面又可以利用向量组线性相关和线性无关的概念，从而解决此类问题.

例 34　试讨论三平面 $a_m x + b_m y + c_m z = d_m (m = 1, 2, 3)$ 的位置关系.

解　利用三平面方程构成线性方程组

$$\begin{cases} a_1 x + b_1 y + c_1 z = d_1, \\ a_2 x + b_2 y + c_2 z = d_2, \\ a_3 x + b_3 y + c_3 z = d_3. \end{cases}$$

记 $\boldsymbol{A} = \begin{pmatrix} a_1 & b_1 & c_1 \\ a_2 & b_2 & c_2 \\ a_3 & b_3 & c_3 \end{pmatrix}, \boldsymbol{B} = \begin{pmatrix} a_1 & b_1 & c_1 & d_1 \\ a_2 & b_2 & c_2 & d_2 \\ a_3 & b_3 & c_3 & d_3 \end{pmatrix}, \boldsymbol{\alpha}_m = (a_m, b_m, c_m), m = 1, 2, 3.$

(1) 当 $r(\boldsymbol{A}) = r(\boldsymbol{B}) = 3$ 时,线性方程组有唯一解,此时三平面交于一点.

(2) 当 $r(\boldsymbol{A}) = r(\boldsymbol{B}) = 2$ 时,线性方程组有无穷多组解,此时三平面交于一条直线. 可进一步讨论三平面的位置关系,存在 $l_1 \boldsymbol{\alpha}_1 + l_2 \boldsymbol{\alpha}_2 + l_3 \boldsymbol{\alpha}_3 = \boldsymbol{0}.$

① 若 l_1, l_2, l_3 均不为 0,则此时三平面互异.

② 若 l_1, l_2, l_3 中有一个为 0,则此时三平面中有两个平面重合,与第三个平面相交.

(3) 当 $r(\boldsymbol{A}) = r(\boldsymbol{B}) = 1$ 时,线性方程组有无穷多组解,此时三平面重合.

(4) 当 $r(\boldsymbol{A}) \neq r(\boldsymbol{B})$ 时,线性方程组无解,此时三平面的位置关系可以进一步讨论.

① 当 $r(\boldsymbol{A}) = 2, r(\boldsymbol{B}) = 3$ 时,存在 $k_1 \boldsymbol{\alpha}_1 + k_2 \boldsymbol{\alpha}_2 + k_3 \boldsymbol{\alpha}_3 = \boldsymbol{0}.$

若 k_1, k_2, k_3 均不为 0,则此时三平面两两相交,且三条交线平行.

若 k_1, k_2, k_3 中有一个为 0,则此时三平面中有两个平面平行,第三个平面与这两个平面相交.

② 当 $r(\boldsymbol{A}) = 1, r(\boldsymbol{B}) = 2$ 时,此时三平面平行,且至少有两个平面不重合.

三、进阶精练

习题 4

【保分基础练】

1. 填空题

(1) 已知 $\boldsymbol{a} = \boldsymbol{i}, \boldsymbol{b} = \boldsymbol{j} - 2\boldsymbol{k}, \boldsymbol{c} = 2\boldsymbol{i} - 2\boldsymbol{j} + \boldsymbol{k}$,若存在单位向量 $\boldsymbol{m}$,使 $\boldsymbol{m} \perp \boldsymbol{c}$,且 $\boldsymbol{m}$ 与 $\boldsymbol{a}, \boldsymbol{b}$ 共面,则 $\boldsymbol{m} = $ _____.

(2) 直线 $L: x = 1 + t, y = -2 + 2t, z = 1 + t$ 在 xOy 平面上的投影方程为 _____ ，在平面 $x - y + z = 2$ 上的投影方程为 _____ ．

(3) 空间一动点到 x 轴的距离与到 yOz 平面的距离相等，则其轨迹方程为 _____ ，该曲面又称为 _____ 面．

(4) 通过直线 $L_1: \begin{cases} x = 2t - 1, \\ y = 3t + 2, \\ z = 2t - 3 \end{cases}$ 和直线 $L_2: \begin{cases} x = 2t + 3, \\ y = 3t - 1, \\ z = 2t + 1 \end{cases}$ 的平面方程是 _____ ．

(5) 已知直线 l 过点 $M(1, -2, 0)$ 且与两条直线 $l_1: \begin{cases} 2x + z = 1, \\ x - y + 3z = 5 \end{cases}$ 和 $l_2: \begin{cases} x = -2 + t, \\ y = 1 - 4t, \\ z = 3 \end{cases}$ 垂直，则直线 l 的参数方程为 _____ ．

2. 求直线 $L_1: \begin{cases} x + 2y + 5 = 0, \\ 2y - z - 4 = 0 \end{cases}$ 与直线 $L_2: \begin{cases} y = 0, \\ x + 2z + 4 = 0 \end{cases}$ 的公垂线方程．

3. 求曲面 $z = 2x^2 + y^2$ 与平面 $4x - 2y + z = 1$ 的交线 C 的参数方程．

4. 设圆锥面 $z = \sqrt{x^2 + y^2}$ 与柱面 $z^2 = 2x$ 的交线为 C，求 C 在 xOy 平面上的投影曲线方程．

5. 求直线 $\dfrac{x}{a} = \dfrac{y - b}{0} = \dfrac{z}{1}$ 绕 z 轴旋转而成的旋转曲面方程，并讨论当 a, b 不同时为 0 时曲面的名称．

6. 求经过点 $A(1, 0, 0)$ 与 $B(0, 0, 1)$ 的直线绕直线 $\begin{cases} x = 1, \\ y = 1 \end{cases}$ 旋转一周所成的旋转曲面方程，并指出该旋转曲面的名称．

7. 若柱面的准线方程为 $\begin{cases} x^2 + y^2 + z^2 = 1, \\ x + y + z = 1, \end{cases}$ 其母线平行于 z 轴，求此柱面方程．

8. 求平行于平面 $6x + y - 6z + 5 = 0$，且与三坐标面所成的四面体体积为 1 的平面方程．

9. 已知直线 $L_1: \dfrac{x}{1} = \dfrac{y}{1} = \dfrac{z + 1}{-1}$ 与 $L_2: \dfrac{x + 2}{2} = \dfrac{y + 1}{1} = \dfrac{z}{-2}$．(1) 证明直线

L_1, L_2 异面；(2) 求直线 L_1, L_2 之间的距离.

10. 设直线 $L: \begin{cases} x + y - 3 = 0, \\ x + z - 1 = 0 \end{cases}$ 及平面 $\Pi : x + y + z + 2 = 0$，光线沿直线 L 投

射到平面 Π 上，求反射线所在的直线方程.

【争分提能练】

1. 填空题

(1) 设 $\boldsymbol{\alpha}$ 与 $\boldsymbol{\beta}$ 均为单位向量，其夹角为 $\dfrac{\pi}{6}$，则以 $\boldsymbol{\alpha} + 2\boldsymbol{\beta}$ 与 $3\boldsymbol{\alpha} + \boldsymbol{\beta}$ 为邻边的平行

四边形的面积为_____.

(2) 曲线 $\Gamma : \begin{cases} x^2 + y^2 + z^2 = 5, \\ z = 1 + x^2 + y^2 \end{cases}$ 化为参数方程为_____.

(3) 曲线 $\begin{cases} \dfrac{x^2}{a^2} + \dfrac{y^2}{b^2} = 1, \\ Ax + By + Cz = 0 \end{cases}$ $(C \neq 0)$ 所围平面区域的面积为_____.

(4) 点 $(2, 1, -1)$ 关于平面 $x - y + 2z = 5$ 对称的点的坐标为_____.

(5) 直线 $\begin{cases} x = 2z, \\ y = 1 \end{cases}$ 绕 z 轴旋转一周所得旋转曲面的方程为_____.

2. 已知非零向量 $\boldsymbol{a}, \boldsymbol{b}$ 不共线，且 $\boldsymbol{c} = \lambda \boldsymbol{a} + \boldsymbol{b}, \lambda$ 是实数，证明：$|\boldsymbol{c}|$ 最小的向量 $\boldsymbol{c}$ 垂直于 $\boldsymbol{a}$，并求当 $\boldsymbol{a} = (1, 2, -2), \boldsymbol{b} = (1, -1, 1)$ 时，使 $|\boldsymbol{c}|$ 最小的向量 $\boldsymbol{c}$.

3. 求平面 $3x - z + 12 = 0$ 与平面 $2x + 6y + 17 = 0$ 所构成的二面角的平分面方程.

4. 求经过点 $(-2, 0, 0)$ 与 $(0, -2, 0)$ 且与锥面 $x^2 + y^2 = z^2$ 相交成抛物线的平面方程.

5. 求曲线 $C : \begin{cases} x^2 + y^2 + z^2 = a^2, \\ y = c(|c| < a) \end{cases}$ 在平面 $\Pi : x + y + z = 0$ 上的投影曲线方程.

6. 求上半球 $0 \leqslant z \leqslant \sqrt{a^2 - x^2 - y^2}$ 与圆柱体 $x^2 + y^2 \leqslant ax(a > 0)$ 所围成的公共部分在 xOy 面和 xOz 面上的投影.

7. 求曲线 $l : x = x(t), y = y(t), z = z(t)$ 在平面 $\Pi : Ax + By + Cz + D = 0$ 上的投影线 l_0 的方程.

8. 设曲面 $(1-a)x^2 + (1-a)y^2 + 2z^2 + 2(1+a)xy = 1$，试讨论 a 的值，并说

明曲面为何种曲面.

9. 设 $k>0$, 已知曲线 $\begin{cases} z=ky, \\ \dfrac{x^2}{2}+z^2=2y, \end{cases}$ 当 k 为何值时该曲线为圆? 并求此圆的

圆心坐标以及该圆在 xOz 面和 yOz 面上的投影.

10. 已知直线 $L_1: x=y=z$ 和 $L_2: \dfrac{x}{1}=\dfrac{y}{a}=\dfrac{z-b}{1}$.

(1) 当 a,b 为何值时, 直线 L_1 与 L_2 异面?

(2) 当直线 L_1 与 L_2 不重合时, 求 L_2 绕 L_1 旋转生成的旋转曲面方程.

【实战真题练】

1. 点 $(-1,6,1)$ 关于直线 $\dfrac{x-4}{3}=\dfrac{y+1}{1}=\dfrac{z+2}{-2}$ 的对称点坐标为 _____.

(2019 江苏省赛)

2. 过单叶双曲面 $\dfrac{x^2}{4}+\dfrac{y^2}{2}-2z^2=1$ 与球面 $x^2+y^2+z^2=4$ 的交线且与直线

$\begin{cases} x=0, \\ 3y+z=0 \end{cases}$ 垂直的平面方程为 _____. (2017 国赛决赛)

3. 已知点 $P(3,2,1)$ 与平面 $\Pi: 2x-2y+3z=1$, 在直线 $\begin{cases} x+2y+z=1, \\ x-y+2z=4 \end{cases}$ 上

求一点 Q, 使得线段 PQ 平行于平面 Π, 试写出点 Q 的坐标. (2016 江苏省赛)

4. 若直线 L 过点 $P(2,3,12)$, 与已知直线 $L_1: \begin{cases} 2x-y-z=3, \\ x+y-z=0 \end{cases}$ 垂直且相交,

试求直线 L 的方程, 并求点 P 到直线 L_1 的距离. (2017 江苏省赛)

5. 已知直线 $L_1: \dfrac{x-5}{1}=\dfrac{y+1}{0}=\dfrac{z-3}{2}$ 与直线 $L_2: \dfrac{x-8}{2}=\dfrac{y-1}{-1}=\dfrac{z-1}{1}$.

(1) 证明 L_1 与 L_2 是异面直线;

(2) 若直线 L 与 L_1, L_2 皆垂直且相交, 交点分别为 P,Q, 试求点 P 与 Q 的坐标;

(3) 求异面直线 L_1 与 L_2 的距离. (2017 江苏省赛)

6. 设点 $A(2,-1,1)$, 直线 $L_1: \begin{cases} x+2z+7=0, \\ y-1=0, \end{cases}$ 直线 $L_2: \dfrac{x-1}{2}=\dfrac{y+2}{k}=$

$\frac{z}{-1}$. 试判断是否存在过点 A 的直线 L, 使它与两条已知直线 L_1, L_2 都相交? 如果存在, 请求出此直线 L 的方程; 如果不存在, 请说明理由. (2020 江苏省赛)

7. 已知直线 $L: \dfrac{x-1}{1} = \dfrac{y}{1} = \dfrac{z-1}{-1}$ 在平面 $\Pi: x+y+z-2=0$ 上的投影为直线 L_1.

(1) 求直线 L_1 的方程;

(2) 求直线 L_1 绕着直线 L 旋转所得到的圆锥面的方程. (2021 江苏省赛)

8. 已知曲面 $x^2+2y^2+4z^2=8$ 与平面 $x+2y+2z=0$ 的交线 Γ 是椭圆, Γ 在 xOy 平面上的投影 Γ_1 也是椭圆. (1) 试求椭圆 Γ 的四个顶点 A_1, A_2, A_3, A_4 的坐标 (A_i 位于第 i 象限, $i=1,2,3,4$); (2) 判断椭圆 Γ 的四个顶点在 xOy 平面上的投影是否是 A_1, A_2, A_3, A_4, 写出理由. (2018 江苏省赛)

9. 已知二次锥面 $4x^2+\lambda y^2-3z^2=0$ 与平面 $x-y+z=0$ 的交线是一条直线 L, (1) 试求常数 λ 的值, 并求直线 L 的标准方程; (2) 平面 Π 通过直线 L, 且与球面 $x^2+y^2+z^2+6x-2y-2z+10=0$ 相切, 试求平面 Π 的方程. (2018 江苏省赛)

10. 已知点 $A(1,2,-1), B(5,-2,3)$ 在平面 $\Pi: 2x-y-2z=3$ 的两侧, 过点 A, B 作球面 Σ 使其在平面 Π 上截得的圆 Γ 最小. (1) 求球面 Σ 的球心坐标与该球面的方程; (2) 证明: 直线 AB 与平面 Π 的交点是圆 Γ 的圆心. (2012 江苏省赛)

习题 4 参考答案

【保分基础练】

1. (1) $\boldsymbol{m} = \pm\left(\dfrac{2}{3}, \dfrac{1}{3}, -\dfrac{2}{3}\right)$; (2) $\begin{cases} 2x-y-4=0, \\ z=0, \end{cases}$ $\begin{cases} x-z=0, \\ x-y+z=2; \end{cases}$

(3) $x^2=y^2+z^2$, 圆锥; (4) $x-z=2$; (5) $x=1+8t, y=-2+2t, z=-t$.

2. $\begin{cases} 2x+2y+z+14=0, \\ 2x+5y+4z+8=0. \end{cases}$

3. $\begin{cases} x = \sqrt{2}\cos t - 1, \\ y = 2\sin t + 1, \qquad\qquad t \in [0, 2\pi]. \\ z = -4\sqrt{2}\cos t + 4\sin t + 7, \end{cases}$

4. $\begin{cases} (x-1)^2 + y^2 = 1, \\ z = 0. \end{cases}$

5. $x^2 + y^2 = a^2 z^2 + b^2$. 当 $a \neq 0, b \neq 0$ 时为旋转的单叶双曲面;当 $a \neq 0, b = 0$ 时为圆锥面;当 $a = 0, b \neq 0$ 时为圆柱面.

6. 锥面:$xy + yz + zx = 0$.

7. $x^2 + y^2 + xy - x - y = 0$.

8. $6x + y - 6z = \pm 6$.

9. (1) 提示:L_1 的方向向量为 $\boldsymbol{s}_1 = (1,1,-1)$,$L_2$ 的方向向量为 $\boldsymbol{s}_2 = (2,1,-2)$,$L_1$ 过点 $P_1(0,0,-1)$,L_2 过点 $P_2(-2,-1,0)$,取向量 $\overrightarrow{P_1 P_2} = (-2,-2,1)$,证明三向量的混合积 $[\overrightarrow{P_1 P_2}\ \boldsymbol{s}_1\ \boldsymbol{s}_2] \neq 0$,可得两直线异面.

(2) $\dfrac{\sqrt{2}}{2}$.

10. $\dfrac{x+4}{5} = \dfrac{y+1}{-1} = \dfrac{z+3}{-1}$.

【争分提能练】

1. (1) $\dfrac{5}{2}$;(2) $\begin{cases} x = \cos t, \\ y = \sin t, t \in [0, 2\pi]; (3)\ \dfrac{\pi ab}{|C|}\sqrt{A^2 + B^2 + C^2}; \\ z = 2, \end{cases}$

(4) $(4, -1, 3)$;(5) $x^2 + y^2 - 4z^2 = 1$.

2. $\dfrac{4}{3}\boldsymbol{i} - \dfrac{1}{3}\boldsymbol{j} + \dfrac{1}{3}\boldsymbol{k}$.

3. $4x - 6y - 2z + 7 = 0$ 或 $8x + 6y - 2z + 41 = 0$.

4. $x + y \pm \sqrt{2}z + 2 = 0$. 提示:利用该平面与 z 轴夹角为 $\dfrac{\pi}{4}$.

5. $\begin{cases} (x - y + c)^2 + c^2 + (z - y + c)^2 = a^2, \\ x + y + z = 0. \end{cases}$

提示:所求投影柱面是以 C 为准线,母线平行于平面 Π 的法向量.

6. 提示：该题是立体在坐标面上的投影问题. 所求立体在 xOy 面上的投影为 $x^2 + y^2 \leqslant ax(z > 0)$，在 xOz 面上的投影为 $x^2 + z^2 \leqslant a^2(x \geqslant 0, z \geqslant 0)$.

7. 提示：构建曲线上任意一点在平面上的投影点的轨迹方程.

$$x = x(t) + \lambda A, \quad y = y(t) + \lambda B, \quad z = z(t) + \lambda C,$$

其中
$$\lambda = -\frac{Ax(t) + By(t) + Cz(t) + D}{A^2 + B^2 + C^2}.$$

8. $a = 0$ 时为椭圆柱面；$a > 0$ 时为单叶双曲面；$a = -1$ 时为球面；$a < 0$ 且 $a \neq -1$ 时为椭球面.

9. 提示：利用投影的中心和曲线中心的关系. $k = 1$，圆心 $(0, 1, 1)$，圆在 xOz 面上的投影为

$$\begin{cases} x + 2z^2 - 4z = 0, \\ y = 0. \end{cases}$$

圆在 yOz 面上的投影为 $\begin{cases} y = z, \\ x = 0 \end{cases} (0 \leqslant z \leqslant 2)$.

10. (1) 当 $a \neq 1$ 且 $b \neq 0$ 时，两直线异面；

(2) 当 $a \neq -2$ 时，L_1 与 L_2 不垂直，此时旋转曲面方程为

$$x^2 + y^2 + z^2 - \frac{a^2 + 2}{(a+2)^2}(x + y + z - b)^2 - \frac{2b}{a+2}(x + y + z - b) - b^2 = 0.$$

当 $a = -2, b = 0$ 时，L_1 与 L_2 垂直相交，此时旋转曲面为平面 $x + y + z = 0$.

当 $a = -2, b \neq 0$ 时，L_1 与 L_2 垂直异面，此时旋转曲面为

$$\begin{cases} x + y + z = b, \\ x^2 + y^2 + z^2 \geqslant \dfrac{5}{6}b^2. \end{cases}$$

【实战真题练】

1. $(3, -10, -1)$.

2. $y - 3z = 0$.

3. $Q(-2, 0, 3)$.

4. $L: \dfrac{x - 2}{5} = \dfrac{y - 3}{-1} = \dfrac{z - 12}{-3}; d = \sqrt{35}$.

5. (1) 证明略；(2) $P(4, -1, 1), Q(6, 2, 0)$；(3) $d = \sqrt{14}$.

6. 直线 $L: \dfrac{x - 2}{34 - 11k} = \dfrac{y + 1}{6k} = \dfrac{z - 1}{-11k - 17}$.

7. (1) 直线 $L_1: \begin{cases} x - y - 1 = 0, \\ x + y + z - 2 = 0; \end{cases}$ (2) 圆锥面：$5x^2 + 5y^2 + 5z^2 - 6xy + 6xz + 6yz - 16x - 16z + 16 = 0.$

8. $A_1(-1+\sqrt{2}, 1), A_2(-1-\sqrt{2}, 1), A_3(1-\sqrt{2}, -1), A_4(1+\sqrt{2}, -1).$

9. (1) $\lambda = 12$，直线 $L: \dfrac{x}{-3} = \dfrac{y}{1} = \dfrac{z}{4}$；(2) 平面 $\Pi: 2x + 2y + z = 0$ 或 $2x - 14y + 5z = 0.$

10. (1) $O(8, -2, -6)$；$(x-8)^2 + (y+2)^2 + (z+6)^2 = 90$；(2) 证明略.

第五讲

多元函数微分

一、内容提要

（一）多元函数的概念、极限与连续

1. 多元函数

设 D 为某平面点集，f 为对应法则，如果对于 D 上的每一个点 $P(x, y)$ 都有唯一确定的实数 z 与之对应，则称 z 为定义在 D 上的二元函数，记作 $z = f(x, y)$（或 $z = f(P)$），其中 x, y 称为自变量，函数 z 称为因变量，D 称为该函数的定义域.

类似地，可定义三元及三元以上的函数，二元及二元以上的函数统称为多元函数.

从几何上看，二元函数的几何图形是一张空间曲面.

若方程组 $\begin{cases} z = f(x, y), \\ z = g(x, y) \end{cases}$ 有解，则方程组的几何图形是一条空间曲线.

2. 二元函数的极限

（1）二重极限的定义

设函数 $z = f(x, y)$ 在点 $P_0(x_0, y_0)$ 的去心邻域内有定义，当点 $P(x, y)$ 以任意方式趋于 P_0 时，函数 $f(x, y)$ 都趋于同一个确定的常数 A，则称 A 为函数 $f(x, y)$ 当 $(x, y) \to (x_0, y_0)$ 时的极限，记作

$$\lim_{(x, y) \to (x_0, y_0)} f(x, y) = A.$$

二元函数的极限也称二重极限.

【注1】$\lim\limits_{(x, y) \to (x_0, y_0)} f(x, y) = A$ 要求点 $P(x, y)$ 以任意方式趋于点 $P_0(x_0, y_0)$ 时，函数 $f(x, y)$ 都趋于 A.

【注2】若当点 $P(x, y)$ 以某些特殊方式趋于点 $P_0(x_0, y_0)$ 时，即使函数 $f(x, y)$

都趋于 A,也不能断言 $\lim\limits_{(x,y)\to(x_0,y_0)} f(x,y)=A$.

【注3】若当 $P(x,y)$ 以不同方式趋于 $P_0(x_0,y_0)$ 时,函数 $f(x,y)$ 趋于不同的常数;或者当 $P(x,y)$ 以某种方式趋于 $P_0(x_0,y_0)$ 时,函数 $f(x,y)$ 不趋于任何常数,则可以断言 $\lim\limits_{(x,y)\to(x_0,y_0)} f(x,y)$ 不存在.

(2) 累次极限

设函数 $z=f(x,y)$ 在点 $P_0(x_0,y_0)$ 的去心邻域内有定义,若 $\lim\limits_{x\to x_0} f(x,y)=\varphi(y)$,$\lim\limits_{y\to y_0}\varphi(y)=L$ 存在或 $\lim\limits_{y\to y_0} f(x,y)=\psi(x)$,$\lim\limits_{x\to x_0}\psi(x)=K$ 存在,则称 L,K 分别为累次极限,记为

$$\lim_{y\to y_0}\lim_{x\to x_0} f(x,y)=L,\quad \lim_{x\to x_0}\lim_{y\to y_0} f(x,y)=K.$$

二元函数的累次极限也称二次极限.

【注1】$\lim\limits_{y\to y_0}\lim\limits_{x\to x_0} f(x,y)$ 与 $\lim\limits_{x\to x_0}\lim\limits_{y\to y_0} f(x,y)$ 都存在,但它们不一定相等.若它们分别存在而不相等,则立即可推得二重极限 $\lim\limits_{(x,y)\to(x_0,y_0)} f(x,y)$ 一定不存在.

【注2】若 $\lim\limits_{y\to y_0}\lim\limits_{x\to x_0} f(x,y)$ 与 $\lim\limits_{x\to x_0}\lim\limits_{y\to y_0} f(x,y)$ 都存在且相等,并不能得到二重极限 $\lim\limits_{(x,y)\to(x_0,y_0)} f(x,y)$ 一定存在.

【注3】若 $\lim\limits_{(x,y)\to(x_0,y_0)} f(x)$ 存在,则两个累次极限 $\lim\limits_{y\to y_0}\lim\limits_{x\to x_0} f(x,y)$ 与 $\lim\limits_{x\to x_0}\lim\limits_{y\to y_0} f(x,y)$ 也可能都不存在.

3. 二元函数的连续性

(1) 二元函数连续的定义

若 $\lim\limits_{(x,y)\to(x_0,y_0)} f(x,y)=f(x_0,y_0)$,则称二元函数 $z=f(x,y)$ 在点 $P_0(x_0,y_0)$ 处连续.若 $f(x,y)$ 在区域 D 内的每一点处都连续,则称 $f(x,y)$ 在区域 D 内连续.

若 $f(x,y)$ 在点 $P_0(x_0,y_0)$ 处不连续,则称点 $P_0(x_0,y_0)$ 是二元函数 $z=f(x,y)$ 的不连续点或间断点.二元函数的间断点可能是曲面上的洞,也可能是曲面上的一条缝.

(2) 性质

性质 1 若 $f(x,y)$ 在有界闭区域 D 上连续,则在 D 上必有最大值 M 及最小值 m.

性质 2 若 $f(x,y)$ 在有界闭区域 D 上连续,则在 D 上必有界.

性质 3 若 $f(x,y)$ 在有界闭区域 D 上连续,则在 D 上能取到介于最大值与最

小值之间的一切值.

（二）多元函数偏导数与全微分

1. 偏导数

（1）偏导数的定义

设函数 $z = f(x,y)$ 在点 $P_0(x_0,y_0)$ 的某邻域内有定义,如果极限

$$\lim_{\Delta x \to 0} \frac{f(x_0 + \Delta x, y_0) - f(x_0, y_0)}{\Delta x} \text{ 或} \lim_{x \to x_0} \frac{f(x, y_0) - f(x_0, y_0)}{x - x_0}$$

存在,则称此极限为 $z = f(x,y)$ 在点 P_0 处对 x 的偏导数,记作

$$\frac{\partial z}{\partial x}\bigg|_{\substack{x=x_0 \\ y=y_0}}, \ \frac{\partial f}{\partial x}\bigg|_{\substack{x=x_0 \\ y=y_0}}, \ z_x\bigg|_{\substack{x=x_0 \\ y=y_0}}, \ f_x(x_0, y_0);$$

称极限

$$\lim_{\Delta y \to 0} \frac{f(x_0, y_0 + \Delta y) - f(x_0, y_0)}{\Delta y} \text{ 或} \lim_{y \to y_0} \frac{f(x_0, y) - f(x_0, y_0)}{y - y_0}$$

为 $f(x,y)$ 在点 P_0 处对 y 的偏导数,记作 $\dfrac{\partial z}{\partial y}\bigg|_{\substack{x=x_0 \\ y=y_0}}, \dfrac{\partial f}{\partial y}\bigg|_{\substack{x=x_0 \\ y=y_0}}, z_y\bigg|_{\substack{x=x_0 \\ y=y_0}}, \ f_y(x_0, y_0).$

特别地有

$$f_x(0,0) = \lim_{\Delta x \to 0} \frac{f(\Delta x, 0) - f(0,0)}{\Delta x} = \lim_{x \to 0} \frac{f(x, 0) - f(0,0)}{x} = \lim_{h \to 0} \frac{f(h, 0) - f(0,0)}{h};$$

$$f_y(0,0) = \lim_{\Delta y \to 0} \frac{f(0, \Delta y) - f(0,0)}{\Delta y} = \lim_{y \to 0} \frac{f(0, y) - f(0,0)}{y} = \lim_{h \to 0} \frac{f(0, h) - f(0,0)}{h}.$$

偏导函数

$$f_x(x,y) = \lim_{\Delta x \to 0} \frac{f(x + \Delta x, y) - f(x, y)}{\Delta x} = \lim_{h \to 0} \frac{f(x + h, y) - f(x, y)}{h};$$

$$f_y(x,y) = \lim_{\Delta y \to 0} \frac{f(x, y + \Delta y) - f(x, y)}{\Delta y} = \lim_{h \to 0} \frac{f(x, y + h) - f(x, y)}{h}.$$

（2）高阶偏导数

① 高阶偏导数的定义

一阶偏导数 $f_x(x,y)$, $f_y(x,y)$ 的偏导数,称为函数 $f(x,y)$ 的二阶偏导数,记为

$$\frac{\partial^2 z}{\partial x^2} = f_{xx}(x,y) = \frac{\partial}{\partial x}\left(\frac{\partial z}{\partial x}\right), \frac{\partial^2 z}{\partial x \partial y} = f_{xy}(x,y) = \frac{\partial}{\partial y}\left(\frac{\partial z}{\partial x}\right),$$

$$\frac{\partial^2 z}{\partial y^2} = f_{yy}(x,y) = \frac{\partial}{\partial y}\left(\frac{\partial z}{\partial y}\right), \frac{\partial^2 z}{\partial y \partial x} = f_{yx}(x,y) = \frac{\partial}{\partial x}\left(\frac{\partial z}{\partial y}\right),$$

其中 $f_{xy}(x,y)$, $f_{yx}(x,y)$ 称为 $f(x,y)$ 的二阶混合偏导数.

类似地, 可定义三阶及以上的偏导数, 二阶及以上的偏导数统称为高阶偏导数.

② 二阶混合偏导数的性质

若函数 $z = f(x,y)$ 的混合偏导数在点 (x,y) 处连续, 则在点 (x,y) 处有 $\frac{\partial^2 z}{\partial x \partial y}$ $= \frac{\partial^2 z}{\partial y \partial x}$.

2. 全微分

(1) 全微分的定义

如果函数 $z = f(x,y)$ 在点 $P_0(x_0,y_0)$ 处的全增量可表示为

$$\Delta z = A\Delta x + B\Delta y + o(\rho),$$

其中 A,B 为不依赖于 $\Delta x, \Delta y$ 的常数, $\rho = \sqrt{(\Delta x)^2 + (\Delta y)^2}$, 则称 $z = f(x,y)$ 在点 (x_0,y_0) 处可微. 其中的线性部分 $A\Delta x + B\Delta y$ 叫做函数 $f(x,y)$ 在 (x_0,y_0) 处的全微分, 记作 $\mathrm{d}z$, 即 $\mathrm{d}z|_{(x_0,y_0)} = A\Delta x + B\Delta y$ 或 $\mathrm{d}z|_{(x_0,y_0)} = A\mathrm{d}x + B\mathrm{d}y$.

函数 $z = f(x,y)$ 可微 $\Leftrightarrow \Delta z = A\Delta x + B\Delta y + o(\rho)$

$$\Leftrightarrow \Delta z - A\Delta x - B\Delta y = o(\rho)$$

$$\Leftrightarrow \lim_{\substack{\Delta x \to 0 \\ \Delta y \to 0}} \frac{\Delta z - z_x \Delta x - z_y \Delta y}{\sqrt{(\Delta x)^2 + (\Delta y)^2}} = 0.$$

(2) 二元函数的可微性、连续性、可偏导性之间的关系

① $z = f(x,y)$ 在点 (x,y) 处的可偏导性与连续性之间无必然联系.

② 若 $z = f(x,y)$ 在点 (x,y) 可微, 则在该点必连续, 反之不一定成立.

③ 若 $z = f(x,y)$ 在点 (x,y) 可微, 则在该点必可偏导, 且有全微分公式 $\mathrm{d}z = \frac{\partial z}{\partial x}\mathrm{d}x + \frac{\partial z}{\partial y}\mathrm{d}y$, 反之不一定成立.

④ 若 $z = f(x,y)$ 在点 (x,y) 有一阶连续偏导数, 则函数在该点必可微, 反之不一定成立.

(3) 全微分形式的不变性

若函数 $z = f(x,y)$ 在点 (x,y) 有一阶连续偏导数, 而函数 $x = \varphi(u,v)$, $y = \psi(u,v)$ 在相应的点 (u,v) 可微, 则 $z = f(\varphi(u,v), \psi(u,v))$ 在点 (u,v) 可微, 且有相

同的微分形式

$$\mathrm{d}z = \frac{\partial z}{\partial x}\mathrm{d}x + \frac{\partial z}{\partial y}\mathrm{d}y = \frac{\partial z}{\partial u}\mathrm{d}u + \frac{\partial z}{\partial v}\mathrm{d}v,$$

即不论 u, v 是自变量还是中间变量,全微分的形式都为同一形式,这一性质就是全微分形式的不变性.

3. 多元复合函数求导 —— 链式法则

(1) 中间变量为一元函数的情形

如果函数 $u = u(t)$ 及 $v = v(t)$ 都在点 t 可导,函数 $z = f(u, v)$ 在对应点(u, v) 可微,则复合函数 $z = f[u(t), v(t)]$ 在点 t 可导,且其导数计算公式为:

$$\frac{\mathrm{d}z}{\mathrm{d}t} = \frac{\partial z}{\partial u}\frac{\mathrm{d}u}{\mathrm{d}t} + \frac{\partial z}{\partial v}\frac{\mathrm{d}v}{\mathrm{d}t}.$$

(2) 中间变量为多元函数的情形

如果函数 $u = u(x, y)$ 及 $v = v(x, y)$ 在点(x, y) 的偏导数存在,函数 $z = f(u, v)$ 在对应点(u, v) 可微,则复合函数 $z = f[u(x, y), v(x, y)]$ 在点(x, y) 的两个偏导数均存在,且

$$\frac{\partial z}{\partial x} = \frac{\partial z}{\partial u}\frac{\partial u}{\partial x} + \frac{\partial z}{\partial v}\frac{\partial v}{\partial x},$$

$$\frac{\partial z}{\partial y} = \frac{\partial z}{\partial u}\frac{\partial u}{\partial y} + \frac{\partial z}{\partial v}\frac{\partial v}{\partial y}.$$

(3) 中间变量多样的情形

若 $z = f(u, x, y)$ 具有连续偏导数,$u = u(x, y)$ 具有偏导数,则

$$\frac{\partial z}{\partial x} = \frac{\partial f}{\partial u}\frac{\partial u}{\partial x} + \frac{\partial f}{\partial x}, \frac{\partial z}{\partial y} = \frac{\partial f}{\partial u}\frac{\partial u}{\partial y} + \frac{\partial f}{\partial y}.$$

注意:这里 $\frac{\partial z}{\partial x}$ 与 $\frac{\partial f}{\partial x}$ 是不同的,$\frac{\partial z}{\partial x}$ 是对二元函数 $z = f[u(x, y), x, y]$ 求 x 的偏导(y 不变);$\frac{\partial f}{\partial x}$ 是对三元函数 $z = f(u, x, y)$ 求 x 的偏导(u、y 都不变).

4. 隐函数求导法:对方程(组) 两边求自变量的(偏) 导数

(1) 一个方程的情形

一个方程在满足一定的条件下可确定一个单值、有一阶连续偏导数的隐函数,求隐函数的导数或偏导数的方法是:对方程两边求关于自变量的导数或偏导数,就可得到一个包含隐函数的导数或偏导数的方程,然后解出所求的隐函数的导数或偏导数.

① 二元方程确定一个一元隐函数

设二元函数 $F(x,y)$ 具有连续的偏导数,且 $F_y(x,y) \neq 0$,则方程 $F(x,y) = 0$ 唯一确定一个单值、有连续导数的隐函数 $y = y(x)$,且 $\dfrac{dy}{dx} = -\dfrac{F_x(x,y)}{F_y(x,y)}$.

② 三元方程确定一个二元隐函数

设三元函数 $F(x,y,z)$ 具有连续的偏导数,且 $F_z(x,y,z) \neq 0$,则方程 $F(x,y,z) = 0$ 唯一确定一个单值、有连续偏导数的隐函数 $z = z(x,y)$,且

$$\frac{\partial z}{\partial x} = -\frac{F_x(x,y,z)}{F_z(x,y,z)}, \frac{\partial z}{\partial y} = -\frac{F_y(x,y,z)}{F_z(x,y,z)}.$$

(2) 方程组的情形

对由两个方程组成的方程组,在满足一定的条件下可确定一个单值、有一阶连续偏导数的两个隐函数. 求隐函数的导数或偏导数的方法是:对方程组的每个方程的两边求关于自变量的导数或偏导数,就可得到一个包含隐函数的导数或偏导数的方程组,然后解出所求的隐函数的导数或偏导数.

例如:若方程组 $\begin{cases} F(x,y,z) = 0, \\ G(x,y,z) = 0 \end{cases}$ 确定了隐函数 $y = y(x), z = z(x)$,则方程组两边分别对 x 求导,就可得到关于 $\dfrac{dy}{dx}, \dfrac{dz}{dx}$ 的方程组,解出 $\dfrac{dy}{dx}, \dfrac{dz}{dx}$ 即可.

又如:若方程组 $\begin{cases} F(x,y,u,v) = 0, \\ G(x,y,u,v) = 0 \end{cases}$ 确定了隐函数 $u = u(x,y), v = v(x,y)$,则方程组两边分别对 x 与 y 求导,就可得到关于 $\dfrac{\partial u}{\partial x}, \dfrac{\partial v}{\partial x}, \dfrac{\partial u}{\partial y}, \dfrac{\partial v}{\partial y}$ 的线性方程组,利用消元法或克莱姆法则解出 $\dfrac{\partial u}{\partial x}, \dfrac{\partial v}{\partial x}, \dfrac{\partial u}{\partial y}, \dfrac{\partial v}{\partial y}$ 即可.

(三) 多元函数微分学的应用

1. 方向导数与梯度

(1) 方向导数

① 方向导数的定义

设函数 $z = f(x,y)$ 在点 $P(x,y)$ 的某一邻域内有定义,自点 P 引射线 l,$P_1(x + \Delta x, y + \Delta y)$ 为射线 l 上的一点,$\Delta\rho = \sqrt{(\Delta x)^2 + (\Delta y)^2}$,若极限

$$\lim_{\Delta\rho \to 0} \frac{f(x + \Delta x, y + \Delta y) - f(x,y)}{\Delta\rho}$$

存在,则称这个极限为函数 $z = f(x,y)$ 在点 $P(x,y)$ 沿射线 l 方向的方向导数,记作 $\dfrac{\partial f}{\partial l}$,即

$$\frac{\partial f}{\partial l} = \lim_{\Delta \rho \to 0} \frac{f(x + \Delta x, y + \Delta y) - f(x,y)}{\Delta \rho}$$

② 方向导数与可微的关系

如果函数 $z = f(x,y)$ 在点 $P(x,y)$ 可微,则函数在点 $P(x,y)$ 沿任一方向 l 的方向导数都存在,且有

$$\frac{\partial f}{\partial l} = \frac{\partial f}{\partial x}\cos\alpha + \frac{\partial f}{\partial y}\cos\beta,$$

其中 α,β 为方向 l 的方向角.

（2）梯度

① 梯度的定义

设函数 $z = f(x,y)$ 在点 $P(x,y)$ 的某邻域内可偏导,则向量 $\dfrac{\partial f}{\partial x}\boldsymbol{i} + \dfrac{\partial f}{\partial y}\boldsymbol{j}$ 称为 $z = f(x,y)$ 在点 $P(x,y)$ 处的梯度,记作 $\mathbf{grad}\ f(x,y)$,即

$$\mathbf{grad}\ f(x,y) = \frac{\partial f}{\partial x}\boldsymbol{i} + \frac{\partial f}{\partial y}\boldsymbol{j}.$$

② 梯度与方向导数的关系

$$\frac{\partial f}{\partial l} = (f_x, f_y) \cdot (\cos\alpha, \cos\beta) = \mathbf{grad}\ f \cdot \boldsymbol{l}^0 = |\mathbf{grad}\ f|\cos\theta,$$

其中 $\boldsymbol{l}^0 = (\cos\alpha, \cos\beta)$ 为与向量 $\boldsymbol{l}$ 同向的单位向量,θ 为梯度与向量 $\boldsymbol{l}$ 之间的夹角.

当 $\theta = 0$ 即 $\boldsymbol{l}$ 与 $\mathbf{grad}\ f$ 的方向一致时,$\dfrac{\partial f}{\partial l} = |\mathbf{grad}\ f|$ 为函数 f 在点 P 处方向导数的最大值;

当 $\theta = \pi$ 即 $\boldsymbol{l}$ 与 $\mathbf{grad}\ f$ 的方向相反时,$\dfrac{\partial f}{\partial l} = -|\mathbf{grad}\ f|$ 为函数 f 在点 P 处方向导数的最小值.

与二元函数类似,也可定义三元函数 $u = f(x,y,z)$ 的方向导数与梯度,相关结论与二元函数类似.

2. 二元函数微分学的几何应用

(1) 空间曲线的切线与法平面

① 设空间曲线的参数方程为 $\Gamma: x = \varphi(t), y = \psi(t), z = \omega(t)$，其指向 t 增大方向的切向量为

$$\boldsymbol{S}_{切线} = [\varphi'(t), \psi'(t), \omega'(t)],$$

则曲线上的点 (x_0, y_0, z_0) 处的切线方程为

$$\frac{x - x_0}{\varphi'(t_0)} = \frac{y - y_0}{\psi'(t_0)} = \frac{z - z_0}{\omega'(t_0)},$$

法平面方程为

$$\varphi'(t_0)(x - x_0) + \psi'(t_0)(y - y_0) + \omega'(t_0)(z - z_0) = 0.$$

② 设空间曲线的一般式方程为 $\Gamma: \begin{cases} F(x, y, z) = 0, \\ G(x, y, z) = 0, \end{cases}$ 则可将曲线看作由该方程组确定的隐函数，对应的参数方程 $\Gamma: x = x, y = y(x), z = z(x)$，其切向量为

$$\boldsymbol{S}_{切线} = [1, y'(x), z'(x)],$$

其中 $y'(x), z'(x)$ 由方程组 $\begin{cases} F_x + F_y \dfrac{\mathrm{d}y}{\mathrm{d}x} + F_z \dfrac{\mathrm{d}z}{\mathrm{d}x} = 0, \\ G_x + G_y \dfrac{\mathrm{d}y}{\mathrm{d}x} + G_z \dfrac{\mathrm{d}z}{\mathrm{d}x} = 0 \end{cases}$ 确定，则曲线上的点 $(x_0,$ $y_0, z_0)$ 处的切线方程为

$$\frac{x - x_0}{1} = \frac{y - y_0}{y'(x_0)} = \frac{z - z_0}{z'(x_0)},$$

法平面方程为

$$(x - x_0) + y'(x_0)(y - y_0) + z'(x_0)(z - z_0) = 0.$$

③ 若 L 为平面曲线，其参数方程为 $x = x(t), y = y(t)$，其指向 t 增大方向的切向量为

$$\boldsymbol{S}_{切线} = [x'(t), y'(t)],$$

则曲线 L 上的点 (x_0, y_0) 处的切线方程为

$$x'(t_0)(y - y_0) - y'(t_0)(x - x_0) = 0,$$

法线方程为

$$x'(t_0)(x - x_0) + y'(t_0)(y - y_0) = 0.$$

④ 若 L 为平面曲线，其一般式方程为 $F(x, y) = 0$，偏导数 F_x, F_y 连续且不同时为 0，其切向量为 $\boldsymbol{S}_{切线} = [F_y(x_0, y_0), -F_x(x_0, y_0)]$，则曲线 L 上的点 (x_0, y_0)

处的切线方程为
$$F_x(x_0,y_0)(x-x_0)+F_y(x_0,y_0)(y-y_0)=0,$$
法线方程为
$$-F_x(x_0,y_0)(y-y_0)+F_y(x_0,y_0)(x-x_0)=0.$$

（2）曲面的切平面与法线

① 过曲面 $F(x,y,z)=0$ 上的点 (x_0,y_0,z_0) 处的切平面的法向量为
$$\boldsymbol{n}_{切平面}=\left[F_x(x_0,y_0,z_0),F_y(x_0,y_0,z_0),F_z(x_0,y_0,z_0)\right],$$
切平面方程为
$$F_x(x_0,y_0,z_0)(x-x_0)+F_y(x_0,y_0,z_0)(y-y_0)+F_z(x_0,y_0,z_0)(z-z_0)=0,$$
法线方程为
$$\frac{x-x_0}{F_x(x_0,y_0,z_0)}=\frac{y-y_0}{F_y(x_0,y_0,z_0)}=\frac{z-z_0}{F_z(x_0,y_0,z_0)}.$$

② 设曲面方程为 $z=f(x,y)$，则切点 (x_0,y_0,z_0)（其中 $z_0=f(x_0,y_0)$）处向上的切平面的法向量为
$$\boldsymbol{n}_{切平面}=(-f_x(x_0,y_0),-f_y(x_0,y_0),1)$$
切平面方程为
$$z-z_0=f_x(x_0,y_0)(x-x_0)+f_y(x_0,y_0)(y-y_0)$$
法线方程为
$$\frac{x-x_0}{f_x(x_0,y_0)}=\frac{y-y_0}{f_y(x_0,y_0)}=\frac{z-z_0}{-1}.$$

3. 多元函数的极值及其求法

（1）极值点的必要条件

设函数 $z=f(x,y)$ 在点 (x_0,y_0) 具有偏导数，且在点 (x_0,y_0) 处有极值，则它在该点的偏导数必为零，即 $f_x(x_0,y_0)=0$，$f_y(x_0,y_0)=0$.

同时满足 $f_x(x,y)=0$，$f_y(x,y)=0$ 的点 (x_0,y_0) 称为 $z=f(x,y)$ 的驻点.

（2）极值点的充分条件（无条件极值的判别法）

设函数 $z=f(x,y)$ 在点 (x_0,y_0) 的某邻域内具有二阶连续偏导数，又 $f_x(x_0,y_0)=0$，$f_y(x_0,y_0)=0$，令
$$f_{xx}(x_0,y_0)=A,f_{xy}(x_0,y_0)=B,f_{yy}(x_0,y_0)=C,$$
则 $f(x,y)$ 在点 (x_0,y_0) 处是否取得极值的条件如下：

① 当 $AC-B^2>0$ 时具有极值，且当 $A<0$ 时有极大值，当 $A>0$ 时有极小值；

② 当 $AC-B^2 < 0$ 时没有极值；

③ 当 $AC-B^2 = 0$ 时可能有极值，也可能没有极值，还需另作讨论.

（3）条件极值

带有约束条件的极值问题，称为条件极值. 求条件极值常用的方法：一是化为无条件极值；二是运用拉格朗日乘数法. 若限制条件较简单易显化、易参数化，则通常可以选择化为无条件极值解决.

拉格朗日乘数法

问题：求函数 $u = f(x, y, z)$ 在条件 $\varphi(x, y, z) = 0$ 下的极值.

拉格朗日乘数法的解题步骤：

（ⅰ）先构造辅助函数 $F(x, y, z) = f(x, y, z) + \lambda \varphi(x, y, z)$，其中 λ 称为拉格朗日乘数.

（ⅱ）对辅助函数分别求 x, y, z, λ 的偏导数，得方程组

$$\begin{cases} F_x = f_x(x, y, z) + \lambda \varphi_x(x, y, z) = 0, \\ F_y = f_y(x, y, z) + \lambda \varphi_y(x, y, z) = 0, \\ F_z = f_z(x, y, z) + \lambda \varphi_z(x, y, z) = 0, \\ F_\lambda = \varphi(x, y, z) = 0, \end{cases}$$

解得 x, y, z, λ，求得的驻点 (x, y, z) 就是可能的极值点或最值点.

（ⅲ）若该问题的极值或最值确实存在，而所求驻点是唯一的，则求得的驻点 (x, y, z) 就是极值点或最值点.

上述方法可推广到多元函数在多于一个限制条件时的极值问题.

4. 二元函数的二阶泰勒公式

二元函数有与一元函数相仿的泰勒公式.

定理（泰勒定理）　若函数 $z = f(x, y)$ 在点 $P_0(x_0, y_0)$ 的某邻域 $U(P_0)$ 内具有直到 $n+1$ 阶的连续偏导数，则对 $U(P_0)$ 内任一点 $(x_0 + h, y_0 + k)$，存在相应的 $\theta \in (0, 1)$，使得

$$f(x_0 + h, y_0 + k) = f(x_0, y_0) + \left(h \frac{\partial}{\partial x} + k \frac{\partial}{\partial y} \right) f(x_0, y_0) +$$

$$\frac{1}{2!} \left(h \frac{\partial}{\partial x} + k \frac{\partial}{\partial y} \right)^2 f(x_0, y_0) + \cdots + \frac{1}{n!} \left(h \frac{\partial}{\partial x} + k \frac{\partial}{\partial y} \right)^n f(x_0, y_0) +$$

$$\frac{1}{(n+1)!} \left(h \frac{\partial}{\partial x} + k \frac{\partial}{\partial y} \right)^{n+1} f(x_0 + \theta h, y_0 + \theta k).$$

上式称为二元函数 $z = f(x,y)$ 在点 $P_0(x_0,y_0)$ 的 n 阶泰勒公式,其中

$$\left(h\frac{\partial}{\partial x} + k\frac{\partial}{\partial y}\right)^m f(x_0,y_0) = \sum_{i=0}^{m} C_m^i h^i k^{m-i} \frac{\partial^m f}{\partial x^i \partial y^{m-i}}\bigg|_{(x_0,y_0)}.$$

（1）二元函数的二阶泰勒公式

若函数 $z = f(x,y)$ 在点 $P_0(x_0,y_0)$ 的某邻域 $U(P_0)$ 内具有直到三阶的连续偏导数,则对 $U(P_0)$ 内任一点 (x_0+h,y_0+k),存在相应的 $\theta \in (0,1)$,使得

$$f(x_0+h,y_0+k) = f(x_0,y_0) + \left(h\frac{\partial}{\partial x}+k\frac{\partial}{\partial y}\right)f(x_0,y_0) + \frac{1}{2!}\left(h\frac{\partial}{\partial x}+k\frac{\partial}{\partial y}\right)^2 f(x_0,y_0) +$$

$$\frac{1}{3!}\left(h\frac{\partial}{\partial x}+k\frac{\partial}{\partial y}\right)^3 f(x_0+\theta h,y_0+\theta k).$$

上式称为二元函数 $z = f(x,y)$ 在点 $P_0(x_0,y_0)$ 的二阶泰勒公式.

（2）二元函数的零阶泰勒公式

若函数 $z = f(x,y)$ 在点 $P_0(x_0,y_0)$ 的某邻域 $U(P_0)$ 内具有直到一阶的连续偏导数,则对 $U(P_0)$ 内任一点 $(x_0+\Delta x,y_0+\Delta y)$,存在相应的 $\theta \in (0,1)$,使得

$$f(x_0+\Delta x,y_0+\Delta y) = f(x_0,y_0) + \Delta x\frac{\partial}{\partial x}f(x_0+\theta\Delta x,y_0+\theta\Delta y) +$$

$$\Delta y\frac{\partial}{\partial y}f(x_0+\theta\Delta x,y_0+\theta\Delta y)$$

上式称为二元函数 $z = f(x,y)$ 在点 $P_0(x_0,y_0)$ 的零阶泰勒公式（二元函数的微分中值定理）.

（3）二元函数的二阶麦克劳林公式

若函数 $z = f(x,y)$ 在原点 $O(0,0)$ 的某邻域 $U(O)$ 内具有直到三阶的连续偏导数,则对 $U(O)$ 内任一点 (x,y),存在相应的 $\theta \in (0,1)$,使得

$$f(x,y) = f(0,0) + \left(x\frac{\partial}{\partial x}+y\frac{\partial}{\partial y}\right)f(0,0) + \frac{1}{2!}\left(x\frac{\partial}{\partial x}+y\frac{\partial}{\partial y}\right)^2 f(0,0)$$

$$+ \frac{1}{3!}\left(x\frac{\partial}{\partial x}+y\frac{\partial}{\partial y}\right)^3 f(\theta x,\theta y).$$

上式称为二元函数 $z = f(x,y)$ 在点 $O(0,0)$ 的二阶麦克劳林公式,其中

$$\left(h\frac{\partial}{\partial x}+k\frac{\partial}{\partial y}\right)^m f(0,0) = \sum_{i=0}^{m} C_m^i h^i k^{m-i} \frac{\partial^m f}{\partial x^i \partial y^{m-i}}\bigg|_{(0,0)},$$

或

$$f(x,y) = f(0,0) + \left(x\frac{\partial}{\partial x}+y\frac{\partial}{\partial y}\right)f(0,0) + \frac{1}{2!}\left(x\frac{\partial}{\partial x}+y\frac{\partial}{\partial y}\right)^2 f(0,0) + o(\rho)$$

$(\rho = \sqrt{x^2 + y^2})$.

（4）二元函数的零阶麦克劳林公式

若函数 $z = f(x,y)$ 在原点 $O(0,0)$ 的某邻域 $U(O)$ 内具有一阶连续偏导数，则对 $U(O)$ 内任一点 (x,y)，存在相应的 $\theta \in (0,1)$，使得

$$f(x,y) = f(0,0) + x\,\frac{\partial}{\partial x}f(\theta x, \theta y) + y\,\frac{\partial}{\partial y}f(\theta x, \theta y).$$

上式称为二元函数 $z = f(x,y)$ 在点 $O(0,0)$ 的零阶泰勒公式（二元函数的微分中值定理）.

（四）齐次函数

1. 齐次函数的定义

若 n 元函数 $f(x_1, x_2, \cdots, x_n)$ 满足 $f(tx_1, tx_2, \cdots, tx_n) = t^k f(x_1, x_2, \cdots, x_n)$，则称 $f(x_1, x_2, \cdots, x_n)$ 为 k 次齐次函数.

例如：$f(x,y) = x^2 + y^2$，因为 $f(tx, ty) = (tx)^2 + (ty)^2 = t^2(x^2 + y^2) = t^2 f(x,y)$，所以函数 $f(x,y) = x^2 + y^2$ 为 2 次齐次函数.

又如：$f(x,y) = x^3 y^4$，因为 $f(tx, ty) = (tx)^3 \cdot (ty)^4 = t^7 f(x,y)$，所以函数 $f(x,y) = x^3 y^4$ 为 7 次齐次函数.

2. 齐次函数的性质

性质 1　二元 k 次齐次函数一定能化为形如 $z = x^k \cdot g\left(\dfrac{y}{x}\right)$ 的形式.

【注】性质 1 的逆命题也成立，即若 $f(x,y) = x^k \cdot g\left(\dfrac{y}{x}\right)$，则 $f(x,y)$ 为 k 次齐次函数.

性质 2（欧拉定理）　设 $f(x,y,z)$ 具有一阶连续偏导数，且 $f(tx,ty,tz) = t^k f(x,y,z)$，则

$$x \cdot \frac{\partial f}{\partial x} + y \cdot \frac{\partial f}{\partial y} + z \cdot \frac{\partial f}{\partial z} = k \cdot f(x,y,z).$$

【注 1】欧拉定理可以推广至一般情形，设 $f(x_1, \cdots, x_n)$ 是一个 n 元 k 次齐次函数，且有一阶连续偏导数，则 $x_1\dfrac{\partial f}{\partial x_1} + x_2\dfrac{\partial f}{\partial x_2} + \cdots + x_n\dfrac{\partial f}{\partial x_n} = k \cdot f(x_1, \cdots, x_n)$.

【注 2】若 $f(x,y,z)$ 满足 $x \cdot \dfrac{\partial f}{\partial x} + y \cdot \dfrac{\partial f}{\partial y} + z \cdot \dfrac{\partial f}{\partial z} = k \cdot f(x,y,z)$，则必有

$f(tx,ty,tz) = t^k f(x,y,z)$,此结论也可推广至一般情形.

二、例题精讲

1. 二元函数极限与连续

(1) 判断某点处二元函数极限不存在

【方法点拨】

① 证明沿直线方向的极限与直线斜率有关;

② 证明某个特殊路径的极限不存在;

③ 证明两个特殊路径的极限存在但不相等;

④ 若二元函数在该点某空心邻域里连续,而两个累次极限存在但不相等,则该点的二重极限不存在.

例 1 证明下列函数在 $(0,0)$ 处二重极限不存在.

(1) $f(x,y) = \dfrac{xy}{x+y}$;(2) $f(x,y) = \dfrac{x^3 - y^3}{x^3 + y^3}$.

证 (1) 考虑沿路径 $y = mx^2 - x(m \neq 0)$,

此时
$$\lim_{\substack{(x,y) \to (0,0) \\ y = mx^2 - x}} \frac{xy}{x+y} = \lim_{x \to 0} \frac{x(mx^2 - x)}{mx^2} = -\frac{1}{m},$$

因为在 $(0,0)$ 处二重极限与路径有关,所以 $\lim\limits_{(x,y) \to (0,0)} \dfrac{xy}{x+y}$ 不存在.

(2) 因为 $\lim\limits_{y \to 0} \lim\limits_{x \to 0} \dfrac{x^3 - y^3}{x^3 + y^3} = -1, \lim\limits_{x \to 0} \lim\limits_{y \to 0} \dfrac{x^3 - y^3}{x^3 + y^3} = 1$,

显然 $f(x,y)$ 在 $(0,0)$ 处二次极限不相等,所以 $\lim\limits_{(x,y) \to (0,0)} \dfrac{x^3 - y^3}{x^3 + y^3}$ 不存在.

【注】累次极限一般不是特殊路径的极限,但在某空心邻域里若函数连续,则累次极限实为沿坐标轴方向的极限.

(2) 多元函数极限的计算

【方法点拨】

① 利用不等式,使用夹逼准则;

② 变量替换化为已知极限,或化为一元函数极限;

③ 利用极坐标变换;

④ 利用初等函数的连续性以及极限的四则运算性质；

⑤ 利用初等恒等变形，如指数形式常可先求其对数的极限；

⑥ 若事先能看出极限值，则可用 $\varepsilon - \delta$ 方法进行证明．

总之，一元函数极限的处理方法（除洛必达法则外）基本都能用于多元函数极限的计算．

例 2 计算极限：

(1) $\lim\limits_{\substack{x \to \infty \\ y \to \infty}} \dfrac{|x| + |y|}{x^2 + y^2}$；

(2) $\lim\limits_{(x,y) \to (0,0)} (x^2 + y^2)^{x^2 y^2}$；

(3) $\lim\limits_{\substack{x \to \infty \\ y \to \infty}} \dfrac{x^2 + y^2}{x^4 + y^4}$；

(4) 设 $f'(0) = k$，求 $\lim\limits_{\substack{a \to 0^- \\ b \to 0^+}} \dfrac{f(b) - f(a)}{b - a}$．

解 (1) 因为 $0 \leqslant \dfrac{|x| + |y|}{x^2 + y^2} = \dfrac{|x|}{x^2 + y^2} + \dfrac{|y|}{x^2 + y^2}$

$$\leqslant \dfrac{|x|}{x^2} + \dfrac{|y|}{y^2} = \dfrac{1}{|x|} + \dfrac{1}{|y|},$$

又 $$\lim\limits_{\substack{x \to \infty \\ y \to \infty}} \left(\dfrac{1}{|x|} + \dfrac{1}{|y|} \right) = 0,$$

所以 $$\lim\limits_{\substack{x \to \infty \\ y \to \infty}} \dfrac{|x| + |y|}{x^2 + y^2} = 0.$$

(2) 先求取对数之后的极限

$$\lim\limits_{(x,y) \to (0,0)} \ln (x^2 + y^2)^{x^2 y^2} = \lim\limits_{(x,y) \to (0,0)} \dfrac{x^2 y^2}{x^2 + y^2}(x^2 + y^2) \ln(x^2 + y^2),$$

因为 $$0 \leqslant \dfrac{x^2 y^2}{x^2 + y^2} \leqslant \dfrac{(x^2 + y^2)^2}{x^2 + y^2} = x^2 + y^2,$$

又 $$\lim\limits_{(x,y) \to (0,0)} (x^2 + y^2) = 0,$$

所以 $$\lim\limits_{(x,y) \to (0,0)} \dfrac{x^2 y^2}{x^2 + y^2} = 0.$$

$$\lim\limits_{(x,y) \to (0,0)} (x^2 + y^2) \ln(x^2 + y^2) \xlongequal{\text{令}\, t = x^2 + y^2} \lim\limits_{t \to 0^+} t \ln t = 0,$$

从而 $$\lim\limits_{(x,y) \to (0,0)} \ln (x^2 + y^2)^{x^2 y^2} = 0,$$

所以 $$\lim\limits_{(x,y) \to (0,0)} (x^2 + y^2)^{x^2 y^2} = \mathrm{e}^0 = 1.$$

(3) 设 $\begin{cases} x = r\cos\theta, \\ y = r\sin\theta, \end{cases} \theta \in [0, 2\pi].$

从而 $\lim\limits_{\substack{x\to\infty\\y\to\infty}}\dfrac{x^2+y^2}{x^4+y^4}=\lim\limits_{r\to+\infty}\dfrac{r^2}{r^4(\cos^4\theta+\sin^4\theta)}=\lim\limits_{r\to+\infty}\dfrac{1}{r^2}\cdot\dfrac{1}{\cos^4\theta+\sin^4\theta}=0.$

（4）（用拟合法）因为

$$k=\frac{b}{b-a}\cdot k-\frac{a}{b-a}\cdot k,$$

所以

$$\frac{f(b)-f(a)}{b-a}=\frac{b}{b-a}\cdot\frac{f(b)-f(0)}{b-0}-\frac{a}{b-a}\cdot\frac{f(a)-f(0)}{a-0},$$

又由 $a<0<b$，得

$$\left|\frac{a}{b-a}\right|<1,\left|\frac{b}{b-a}\right|<1.$$

$$\left|\frac{f(b)-f(a)}{b-a}-k\right|\leqslant\left|\frac{b}{b-a}\right|\cdot\left|\frac{f(b)-f(0)}{b-0}-k\right|+\left|\frac{a}{b-a}\right|\cdot\left|\frac{f(a)-f(0)}{a-0}-k\right|$$

$$\leqslant\left|\frac{f(b)-f(0)}{b-0}-k\right|+\left|\frac{f(a)-f(0)}{a-0}-k\right|,$$

由条件 $f'(0)=k$ 可知，$\lim\limits_{\substack{a\to0^-\\b\to0^+}}\left[\left|\frac{f(b)-f(0)}{b-0}-k\right|+\left|\frac{f(a)-f(0)}{a-0}-k\right|\right]=0,$

所以

$$\lim_{\substack{a\to0^-\\b\to0^+}}\frac{f(b)-f(a)}{b-a}=k.$$

例3 设 $f(x,y)=\begin{cases}x\sin\dfrac{1}{y}+y\sin\dfrac{1}{x},&xy\neq0,\\0,&xy=0,\end{cases}$ 试讨论下列三种极限：

（1） $\lim\limits_{(x,y)\to(0,0)}f(x,y)$；（2） $\lim\limits_{y\to0}\lim\limits_{x\to0}f(x,y)$；（3） $\lim\limits_{x\to0}\lim\limits_{y\to0}f(x,y)$.

解　（1）因为 $\qquad 0\leqslant|f(x,y)|\leqslant|x|+|y|,$

而 $\qquad\qquad\qquad\lim\limits_{(x,y)\to(0,0)}(|x|+|y|)=0,$

所以 $\qquad\qquad\qquad\lim\limits_{(x,y)\to(0,0)}f(x,y)=0.$

（2） $\lim\limits_{x\to0}f(x,y)=\lim\limits_{x\to0}\left(x\sin\dfrac{1}{y}+y\sin\dfrac{1}{x}\right)$ 不存在，故 $\lim\limits_{y\to0}\lim\limits_{x\to0}f(x,y)$ 不存在.

（3） $\lim\limits_{y\to0}f(x,y)=\lim\limits_{y\to0}\left(x\sin\dfrac{1}{y}+y\sin\dfrac{1}{x}\right)$ 不存在，故 $\lim\limits_{x\to0}\lim\limits_{y\to0}f(x,y)$ 不存在.

【注】若二元函数的两个累次极限都存在但不相等，则二元函数在对应点的二重极限不存在；若二元函数的累次极限不存在，则不能确定二元函数在对应点的二重极限是否存在.

(3) 多元分段函数的连续性判断

> **【方法点拨】**
>
> 　由多元函数在某一点处连续的定义做出判定.

　　例 4　讨论函数 $f(x,y) = \begin{cases} (x^2+y^2)\ln(x^2+y^2), & x^2+y^2 \neq 0, \\ 0, & x^2+y^2 = 0 \end{cases}$ 在点 $(0,0)$

处的连续性.

　　解　令 $\begin{cases} x = r\cos\theta, \\ y = r\sin\theta, \end{cases}$ 则当 $(x,y) \to (0,0)$ 时,有 $r = \sqrt{x^2+y^2} \to 0$,

所以
$$\lim_{(x,y) \to (0,0)} f(x,y) = \lim_{(x,y) \to (0,0)} (x^2+y^2)\ln(x^2+y^2)$$
$$= \lim_{r \to 0}(r^2\cos^2\theta + r^2\sin^2\theta)\ln(r^2\cos^2\theta + r^2\sin^2\theta) = \lim_{r \to 0} r^2\ln r^2$$

$$= \lim_{r \to 0} \frac{\ln r^2}{r^{-2}} = \lim_{r \to 0} \frac{\frac{1}{r^2} \cdot 2r}{-2r^{-3}} = \lim_{r \to 0}(-r^2) = 0 = f(0,0),$$

所以函数 $f(x,y)$ 在点 $(0,0)$ 处连续.

　　【注】二元分段函数的情形较一元函数复杂,分段处可能是点,也可能是平面曲线.

2. 偏导数与全微分

(1) 连续性、可偏导性、可微性及其关系的判定

> **【方法点拨】**
>
> 　① 多元初等函数在其有定义的区域内连续、可偏导、可微;
>
> 　② 多元分段函数在分段处的连续性、可导性与可微性需用定义进行讨论;
>
> 　③ 利用二元函数的连续性、可导性与可微性之间的关系进行判定,它们之间的关系如图 5-1 所示.
>
>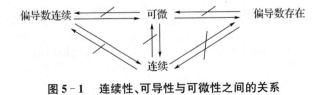
>
> **图 5-1　连续性、可导性与可微性之间的关系**

例 5　二元函数 $f(x,y) = \begin{cases} \dfrac{x^2 y}{x^2 + y^2}, & (x,y) \neq (0,0), \\ 0, & (x,y) = (0,0) \end{cases}$ 在点 $(0,0)$ 处 （　　）

(A) 不连续、偏导数存在　　　　(B) 连续、偏导数不存在

(C) 偏导数存在,但不可微　　　(D) 可微

【分析】多元分段函数在分段处的连续性、可微性、可导性等按照定义进行判断.

解　$0 \leqslant \left| \dfrac{x^2 y}{x^2 + y^2} \right| = \left| \dfrac{x^2}{x^2 + y^2} \right| |y| \leqslant |y|,$

由夹逼准则可知 $\lim\limits_{(x,y) \to (0,0)} f(x,y) = f(0,0)$,即函数在点 $(0,0)$ 处连续.

又 $\lim\limits_{x \to 0} \dfrac{f(x,0) - f(0,0)}{x} = 0$,故 $f_x(0,0) = 0$,同理 $f_y(0,0) = 0$,

即函数在点 $(0,0)$ 处可偏导.

而　　　　　$\lim\limits_{(\Delta x, \Delta y) \to (0,0)} \dfrac{f(\Delta x, \Delta y) - f(0,0) - 0 \cdot \Delta x - 0 \cdot \Delta y}{\sqrt{(\Delta x)^2 + (\Delta y)^2}}$

$$= \lim\limits_{(\Delta x, \Delta y) \to (0,0)} \frac{(\Delta x)^2 \Delta y}{\left[(\Delta x)^2 + (\Delta y)^2 \right]^{\frac{3}{2}}},$$

取特殊路径 $\Delta y = k \cdot \Delta x$,可知上式极限不存在,故函数在点 $(0,0)$ 处不可微.

例 6　如果函数 $f(x,y)$ 在点 $(0,0)$ 处连续,那么下列命题正确的是 （　　）

(A) 若极限 $\lim\limits_{\substack{x \to 0 \\ y \to 0}} \dfrac{f(x,y)}{|x| + |y|}$ 存在,则 $f(x,y)$ 在点 $(0,0)$ 处可微

(B) 若极限 $\lim\limits_{\substack{x \to 0 \\ y \to 0}} \dfrac{f(x,y)}{x^2 + y^2}$ 存在,则 $f(x,y)$ 在点 $(0,0)$ 处可微

(C) 若 $f(x,y)$ 在点 $(0,0)$ 处可微,则极限 $\lim\limits_{\substack{x \to 0 \\ y \to 0}} \dfrac{f(x,y)}{|x| + |y|}$ 存在

(D) 若 $f(x,y)$ 在点 $(0,0)$ 处可微,则极限 $\lim\limits_{\substack{x \to 0 \\ y \to 0}} \dfrac{f(x,y)}{x^2 + y^2}$ 存在

解　(A)(C)(D) 可举反例说明.

若 $f(x,y) = |x| + |y|$,则(A)错误.

若 $f(x,y) = 1$,则(C)(D)错误.

又 $\lim\limits_{\substack{x \to 0 \\ y \to 0}} \dfrac{f(x,y)}{x^2 + y^2} = \lim\limits_{\substack{x \to 0 \\ y \to 0}} \dfrac{f(x,y)}{\sqrt{x^2 + y^2}} \cdot \dfrac{1}{\sqrt{x^2 + y^2}}$ 存在,故

$$\lim\limits_{\substack{x \to 0 \\ y \to 0}} \frac{f(x,y)}{\sqrt{x^2 + y^2}} = 0, f(0,0) = 0,$$

即

$$f(x,y) - f(0,0) = 0\Delta x + 0\Delta y + o(\sqrt{x^2+y^2}),$$

所以若极限 $\lim\limits_{\substack{x \to 0 \\ y \to 0}} \dfrac{f(x,y)}{x^2+y^2}$ 存在，则 $f(x,y)$ 在点 $(0,0)$ 处可微，

故答案选(B).

(2) 偏导数与全微分计算

【方法点拨】

偏导数计算是多元函数微分的重要内容,关于偏导数计算有如下方法：

① 多元初等函数的偏导数在定义区域内用导数公式与求导法则计算,在分段点处用偏导数定义计算,高阶偏导数计算方法类同.

② 多元复合函数求偏导数时常用复合函数的链式法则(同线相乘、异线相加),注意理清复合关系,抽象复合函数的高阶偏导数与原函数具有相同的复合关系图.

③ 隐函数(组)的偏导数计算方法：一是利用隐函数(组)的偏导数公式；二是运用复合函数链式法则；三是利用全微分形式不变性.隐函数求高阶偏导数时,继续使用方法二,在等式两边同时对自变量求导.

④ 二阶混合偏导数连续时,混合偏导数和求导次序无关.

例7 设 $z = f(x,y)$ 在点 $(1,1)$ 处可微,且 $f(1,1) = 1, f_1'(1,1) = 2, f_2'(1,1) = 3, \varphi(x) = f(x, f(x,x))$,求 $\left. \dfrac{\mathrm{d}}{\mathrm{d}x}\varphi^3(x) \right|_{x=1}$.

解 $\dfrac{\mathrm{d}}{\mathrm{d}x}\varphi^3(x) = 3\varphi^2(x)\varphi'(x),$

而 $\varphi'(x) = f_1'(x, f(x,x)) + f_2'(x, f(x,x))(f_1'(x,x) + f_2'(x,x)),$

又 $\varphi(1) = f(1, f(1,1)) = f(1,1) = 1,$

$\varphi'(1) = f_1'(1,1) + f_2'(1,1)(f_1'(1,1) + f_2'(1,1)) = 2 + 3 \times (2+3) = 17,$

故 $\left. \dfrac{\mathrm{d}}{\mathrm{d}x}\varphi^3(x) \right|_{x=1} = 3\varphi^2(1)\varphi'(1) = 51.$

例8 已知函数 $f(x,y)$ 的二阶偏导数皆连续,且 $f_{xx}''(x,y) = f_{yy}''(x,y), f(x,2x) = x^2, f_x'(x,2x) = x$,试求 $f_{xx}''(x,2x)$ 与 $f_{xy}''(x,2x)$.

【分析】偏导数为沿坐标轴方向的变化率,实质为一个数,根据已知条件,得到关于偏导数的二元方程组是解决此题的关键.

解　在等式 $f(x,2x)=x^2$ 两边对 x 求全导数得
$$f'_x(x,2x)+2f'_y(x,2x)=2x,$$
两边再对 x 求全导数得
$$f''_{xx}(x,2x)+2f''_{xy}(x,2x)+2f''_{yx}(x,2x)+4f''_{yy}(x,2x)=2,$$
由条件得
$$5f''_{xx}(x,2x)+4f''_{xy}(x,2x)=2. \qquad ①$$

在 $f'_x(x,2x)=x$ 两边对 x 求全导数得
$$f''_{xx}(x,2x)+2f''_{xy}(x,2x)=1, \qquad ②$$
将①② 两式联立解得
$$f''_{xx}(x,2x)=0,f''_{xy}(x,2x)=\frac{1}{2}.$$

例9　设 $u=f(x,y,xyz)$，函数 $z=z(x,y)$ 由方程 $\mathrm{e}^{xyz}=\displaystyle\int_{xy}^{z}g(xy+z-t)\mathrm{d}t$ 确定，其中 f 具有一阶连续的偏导数，g 连续，求 $x\dfrac{\partial u}{\partial x}-y\dfrac{\partial u}{\partial y}$.

【分析】这个问题本质上为多元抽象复合函数求导，需注意其中 z 为 x,y 的隐函数.

解　由已知条件得 $\dfrac{\partial u}{\partial x}=f'_1+f'_3\left(yz+xy\dfrac{\partial z}{\partial x}\right),\dfrac{\partial u}{\partial y}=f'_2+f'_3\left(xz+xy\dfrac{\partial z}{\partial y}\right).$

令
$$F(x,y,z)=\mathrm{e}^{xyz}-\int_{xy}^{z}g(xy+z-t)\mathrm{d}t,$$
因为
$$\int_{xy}^{z}g(xy+z-t)\mathrm{d}t=-\int_{z}^{xy}g(u)\mathrm{d}u(令\ xy+z-t=u),$$
所以
$$F(x,y,z)=\mathrm{e}^{xyz}+\int_{z}^{xy}g(u)\mathrm{d}u,$$
则
$$F_x=yz\mathrm{e}^{xyz}+yg(xy),F_y=xz\mathrm{e}^{xyz}+xg(xy),F_z=xy\mathrm{e}^{xyz}-g(z),$$
所以
$$\frac{\partial z}{\partial x}=-\frac{yz\mathrm{e}^{xyz}+yg(xy)}{xy\mathrm{e}^{xyz}-g(z)},\frac{\partial z}{\partial y}=-\frac{xz\mathrm{e}^{xyz}+xg(xy)}{xy\mathrm{e}^{xyz}-g(z)}.$$
从而
$$x\frac{\partial u}{\partial x}-y\frac{\partial u}{\partial y}=xf'_1+xf'_3\left[yz-xy\cdot\frac{yz\mathrm{e}^{xyz}+yg(xy)}{xy\mathrm{e}^{xyz}-g(z)}\right]-$$
$$yf'_2-yf'_3\left[xz-xy\frac{xz\mathrm{e}^{xyz}+xg(xy)}{xy\mathrm{e}^{xyz}-g(z)}\right]$$
$$=xf'_1-yf'_2.$$

例 10 设函数 $f(x,y)$ 的一阶偏导数连续,在点$(1,0)$ 的某邻域内有等式

$$f(x,y) = 1 - x - 2y + o(\sqrt{(x-1)^2 + y^2})$$ 成立,记 $z(x,y) = f(e^y, x+y)$,

求 $\mathrm{d}[z(x,y)]|_{(0,0)}$.

【分析】本题可将微分的计算转化为 z_x、z_y 这两个偏导数计算,又由复合函数链式法则可知要求上述两个偏导数,关键在于计算 $f(u,v)$ 在$(1,0)$ 处的 $f_u(u,v)$、$f_v(u,v)$.

解 由条件可知

$$f(x,y) = -(x-1) - 2(y-0) + o(\sqrt{(x-1)^2 + (y-0)^2}),$$

由全微分定义可知$f(1,0) = 0, f_1'(1,0) = -1, f_2'(1,0) = -2$,

所以

$$z_x|_{(0,0)} = f_2'|_{(1,0)} = -2, \quad z_y|_{(0,0)} = e^y f_1'|_{(1,0)} + f_2'|_{(1,0)} = -1 - 2 = -3,$$

从而 $$\mathrm{d}[z(x,y)]|_{(0,0)} = -2\mathrm{d}x - 3\mathrm{d}y.$$

例 11 设 $x + y - z = e^z, xe^x = \tan t, y = \cos t$,求$\dfrac{\mathrm{d}^2 z}{\mathrm{d}t^2}\Big|_{t=0}$.

【分析】由条件可知$z = z(x,y)$ 为方程确定的隐函数,其中 x、y 是中间变量,都为关于自变量 t 的函数.

解 在 $x + y - z = e^z$ 两边对 t 求导,得

$$\frac{\mathrm{d}x}{\mathrm{d}t} + \frac{\mathrm{d}y}{\mathrm{d}t} - \frac{\mathrm{d}z}{\mathrm{d}t} = e^z \frac{\mathrm{d}z}{\mathrm{d}t},$$

整理可得 $$\frac{\mathrm{d}z}{\mathrm{d}t} = \frac{1}{1+e^z}\left(\frac{\mathrm{d}x}{\mathrm{d}t} + \frac{\mathrm{d}y}{\mathrm{d}t}\right),$$

$$\frac{\mathrm{d}^2 z}{\mathrm{d}t^2} = \frac{\mathrm{d}}{\mathrm{d}t}\left[\frac{1}{1+e^z}\left(\frac{\mathrm{d}x}{\mathrm{d}t} + \frac{\mathrm{d}y}{\mathrm{d}t}\right)\right]$$

$$= -\frac{e^z}{(1+e^z)^2} \cdot \frac{\mathrm{d}z}{\mathrm{d}t} \cdot \left(\frac{\mathrm{d}x}{\mathrm{d}t} + \frac{\mathrm{d}y}{\mathrm{d}t}\right) + \frac{1}{1+e^z}\left(\frac{\mathrm{d}^2 x}{\mathrm{d}t^2} + \frac{\mathrm{d}^2 y}{\mathrm{d}t^2}\right)$$

$$= -\frac{e^z}{1+e^z}\left(\frac{\mathrm{d}z}{\mathrm{d}t}\right)^2 + \frac{1}{1+e^z}\left(\frac{\mathrm{d}^2 x}{\mathrm{d}t^2} + \frac{\mathrm{d}^2 y}{\mathrm{d}t^2}\right).$$

在 $xe^x = \tan t$ 两边对 t 求导,得

$$e^x \frac{\mathrm{d}x}{\mathrm{d}t} + xe^x \frac{\mathrm{d}x}{\mathrm{d}t} = \sec^2 t,$$

即 $$\frac{\mathrm{d}x}{\mathrm{d}t} = \frac{\sec^2 t}{(1+x)e^x},$$

于是　　　　$\dfrac{\mathrm{d}^2 x}{\mathrm{d}t^2} = \dfrac{(2\sec^2 t \cdot \tan t)(1+x)\mathrm{e}^x - \sec^2 t \cdot (2+x)\mathrm{e}^x \cdot \dfrac{\mathrm{d}x}{\mathrm{d}t}}{(1+x)^2 \mathrm{e}^{2x}}.$

由 $y = \cos t$ 得

$$\frac{\mathrm{d}y}{\mathrm{d}t} = -\sin t, \frac{\mathrm{d}^2 y}{\mathrm{d}t^2} = -\cos t,$$

而当 $t = 0$ 时，$x = 0$，$y = 1$，代入方程 $x + y - z = \mathrm{e}^x$ 中求得 $z = 0$.

于是

$$\frac{\mathrm{d}x}{\mathrm{d}t}\bigg|_{t=0} = 1, \frac{\mathrm{d}y}{\mathrm{d}t}\bigg|_{t=0} = 0, \frac{\mathrm{d}z}{\mathrm{d}t}\bigg|_{t=0} = \frac{1}{2}, \frac{\mathrm{d}^2 x}{\mathrm{d}t^2}\bigg|_{t=0} = -2, \frac{\mathrm{d}^2 y}{\mathrm{d}t^2}\bigg|_{t=0} = -1,$$

所以

$$\frac{\mathrm{d}^2 z}{\mathrm{d}t^2}\bigg|_{t=0} = \frac{1}{2} \times (-2-1) - \frac{1}{2} \times \left(\frac{1}{2}\right)^2 = -\frac{3}{2} - \frac{1}{8} = -\frac{13}{8}.$$

例 12　设 $F(x_1, x_2, x_3) = \displaystyle\int_0^{2\pi} f(x_1 + x_3\cos\varphi, x_2 + x_3\sin\varphi)\mathrm{d}\varphi$，其中 $f(u, v)$ 具

有二阶连续偏导数，已知 $\dfrac{\partial F}{\partial x_i} = \displaystyle\int_0^{2\pi} \dfrac{\partial}{\partial x_i}\big[f(x_1 + x_3\cos\varphi, x_2 + x_3\sin\varphi)\big]\mathrm{d}\varphi, \dfrac{\partial^2 F}{\partial x_i^2} =$

$\displaystyle\int_0^{2\pi} \dfrac{\partial^2}{\partial x_i^2}\big[f(x_1 + x_3\cos\varphi, x_2 + x_3\sin\varphi)\big]\mathrm{d}\varphi, i = 1, 2, 3.$ 试求 $x_3\left(\dfrac{\partial^2 F}{\partial x_1^2} + \dfrac{\partial^2 F}{\partial x_2^2} - \dfrac{\partial^2 F}{\partial x_3^2}\right) -$

$\dfrac{\partial F}{\partial x_3}$ 并要求化简.

【分析】 本题数学表达式较为烦琐，其实质为复合函数二阶偏导数计算，复合函数解析式中涉及含参量积分函数、多元抽象复合函数.

解　令 $u = x_1 + x_3\cos\varphi, v = x_2 + x_3\sin\varphi$，利用复合函数求偏导易知

$$\frac{\partial f}{\partial x_1} = \frac{\partial f}{\partial u}, \frac{\partial f}{\partial x_2} = \frac{\partial f}{\partial v}, \frac{\partial f}{\partial x_3} = \cos\varphi\frac{\partial f}{\partial u} + \sin\varphi\frac{\partial f}{\partial v},$$

$$\frac{\partial^2 f}{\partial x_1^2} = \frac{\partial^2 f}{\partial u^2}, \frac{\partial^2 f}{\partial x_2^2} = \frac{\partial^2 f}{\partial v^2},$$

$$\frac{\partial^2 f}{\partial x_3^2} = \frac{\partial^2 f}{\partial u^2}\cos^2\varphi + \frac{\partial^2 f}{\partial u\partial v}\sin 2\varphi + \frac{\partial^2 f}{\partial v^2}\sin^2\varphi,$$

所以

$$x_3\left(\frac{\partial^2 F}{\partial x_1^2} + \frac{\partial^2 F}{\partial x_2^2} - \frac{\partial^2 F}{\partial x_3^2}\right)$$

$$= x_3\left[\int_0^{2\pi}\frac{\partial^2 f}{\partial u^2}\mathrm{d}\varphi + \int_0^{2\pi}\frac{\partial^2 f}{\partial v^2}\mathrm{d}\varphi - \int_0^{2\pi}\left(\frac{\partial^2 f}{\partial u^2}\cos^2\varphi + \frac{\partial^2 f}{\partial u\partial v}\sin 2\varphi + \frac{\partial^2 f}{\partial v^2}\sin^2\varphi\right)\mathrm{d}\varphi\right]$$

$$= x_3 \int_0^{2\pi} \left(\frac{\partial^2 f}{\partial u^2} \sin^2\varphi - \frac{\partial^2 f}{\partial u \partial v} \sin2\varphi + \frac{\partial^2 f}{\partial v^2} \cos^2\varphi \right) \mathrm{d}\varphi.$$

由于

$$\frac{\partial F}{\partial x_3} = \int_0^{2\pi} \left(\cos\varphi \frac{\partial f}{\partial u} + \sin\varphi \frac{\partial f}{\partial v} \right) \mathrm{d}\varphi,$$

利用分部积分,得

$$\frac{\partial F}{\partial x_3} = -\int_0^{2\pi} \sin\varphi \left(\frac{\partial^2 f}{\partial u^2} \frac{\partial u}{\partial \varphi} + \frac{\partial^2 f}{\partial u \partial v} \frac{\partial v}{\partial \varphi} \right) \mathrm{d}\varphi + \int_0^{2\pi} \cos\varphi \left(\frac{\partial^2 f}{\partial u \partial v} \frac{\partial u}{\partial \varphi} + \frac{\partial^2 f}{\partial v^2} \frac{\partial v}{\partial \varphi} \right) \mathrm{d}\varphi$$

$$= x_3 \int_0^{2\pi} \left(\frac{\partial^2 f}{\partial u^2} \sin^2\varphi - \frac{1}{2}\sin2\varphi \frac{\partial^2 f}{\partial u \partial v} \right) \mathrm{d}\varphi - x_3 \int_0^{2\pi} \left(\frac{1}{2}\sin2\varphi \frac{\partial^2 f}{\partial u \partial v} - \cos^2\varphi \frac{\partial^2 f}{\partial v^2} \right) \mathrm{d}\varphi$$

$$= x_3 \int_0^{2\pi} \left(\frac{\partial^2 f}{\partial u^2} \sin^2\varphi - \frac{\partial^2 f}{\partial u \partial v} \sin2\varphi + \frac{\partial^2 f}{\partial v^2} \cos^2\varphi \right) \mathrm{d}\varphi,$$

所以

$$x_3 \left(\frac{\partial^2 F}{\partial x_1^2} + \frac{\partial^2 F}{\partial x_2^2} - \frac{\partial^2 F}{\partial x_3^2} \right) - \frac{\partial F}{\partial x_3} = 0.$$

3. 多元函数的极值与最值

（1）求函数 $z = f(x,y)$ 的无条件极值

【方法点拨】

① 根据多元函数极值的必要条件和充分条件进行判断.

② 对于函数 $z = f(x,y)$ 的不可导点或 $AC - B^2 = 0$ 的驻点 (x_0,y_0)：

（ⅰ）利用特殊路径法判断对应的驻点或不可导点 (x_0,y_0) 不是极值点，具体而言是指沿某个特殊路径趋于 (x_0,y_0) 时，$f(x_0,y_0)$ 不是极值或沿两个特殊路径趋于 (x_0,y_0) 时，$f(x_0,y_0)$ 不是极值，由此可得 (x_0,y_0) 不是极值点.

（ⅱ）对 $z = f(x,y)$ 进行适当的整理变形，得到 $f(x,y) - f(x_0,y_0) \geqslant 0$ 或 $f(x,y) - f(x_0,y_0) \leqslant 0$，由极值的定义得 $f(x_0,y_0)$ 为 $z = f(x,y)$ 的极小值或极大值.

③ 利用无条件极值可以证明某些不等式.

【注】多元函数极值有两个观念需要澄清：一是元函数的极大值与极小值总是交替地出现，多元函数极值谈不上交替，甚至只有一种极值（无穷多个）；二是（以极小值为例）f 在某点 P_0 处取得极小值，是指 f 在点 P_0 的值比某邻域里其他点的值小. 假设在过点 P_0 的每一条直线上，f 在点 P_0 处取得极小值，不能断言 f 在点 P_0 处取得极小值.

例 13 求函数 $f(x,y) = x^4 + y^4 - (x+y)^2$ 的极值.

解　由 $\begin{cases} f_x = 4x^3 - 2(x+y) = 0, \\ f_y = 4y^3 - 2(x+y) = 0 \end{cases}$ 解得驻点为 $\begin{cases} x=0, \\ y=0, \end{cases} \begin{cases} x=-1, \\ y=-1, \end{cases} \begin{cases} x=1, \\ y=1. \end{cases}$

又　$A = f_{xx} = 12x^2 - 2, B = f_{xy} = -2, C = f_{yy} = 12y^2 - 2,$

在点 $(-1,-1)$ 处,因为 $AC - B^2 = 96 > 0$,且 $A > 0$,所以 $f(-1,-1) = -2$ 是极小值;

在点 $(1,1)$ 处,因为 $AC - B^2 = 96 > 0$,且 $A > 0$,所以 $f(1,1) = -2$ 也是极小值;

在点 $(0,0)$ 处,因为 $AC - B^2 = 0$,且 $A > 0$,所以 $f(0,0) = 0$ 是否为极值无法由二元函数极值的充分条件给出判断.

在以 $(0,0)$ 为中心的某邻域内取点 $(\varepsilon, -\varepsilon)$ 且 $|\varepsilon| < 1$,

则　　　　　　　　$f(x,y) = x^4 + y^4 - (x+y)^2 = 2\varepsilon^4 > 0;$

在以 $(0,0)$ 为中心的某邻域内取点 $(\varepsilon, \varepsilon)$ 且 $|\varepsilon| < 1$,

则　　$f(x,y) = x^4 + y^4 - (x+y)^2 = 2\varepsilon^4 - 4\varepsilon^2 = 2\varepsilon^2(\varepsilon^2 - 2) < 0,$

故　　　　　　　　$f(0,0) = 0$ 不是极值.

例 14　设 $f(x,y)$ 在点 $O(0,0)$ 的某邻域 U 内连续,且 $\lim\limits_{(x,y)\to(0,0)} \dfrac{f(x,y) - xy}{x^2 + y^2}$ $= a$,常数 $a > \dfrac{1}{2}$. 试讨论 $f(0,0)$ 是否为 $f(x,y)$ 的极值?是极大值还是极小值?

【分析】利用极限与无穷小的关系,写出 $f(x,y)$ 的表达式,由极值的定义讨论之.

解　由 $\lim\limits_{(x,y)\to(0,0)} \dfrac{f(x,y) - xy}{x^2 + y^2} = a$ 知,$\dfrac{f(x,y) - xy}{x^2 + y^2} = a + \alpha$,其中 $\lim\limits_{(x,y)\to(0,0)} \alpha = 0.$

再令 $a = \dfrac{1}{2} + b, b > 0$,于是上式可改写成

$$f(x,y) = xy + \left(\frac{1}{2} + b + \alpha\right)(x^2 + y^2) = \frac{1}{2}(x+y)^2 + (b+\alpha)(x^2 + y^2).$$

由 $f(x,y)$ 的连续性,得 $f(0,0) = \lim\limits_{(x,y)\to(0,0)} f(x,y) = 0.$

又由 $\lim\limits_{(x,y)\to(0,0)} \alpha = 0$ 知,存在点 $(0,0)$ 的去心邻域 $\mathring{U}_\delta(O)$,当 $(x,y) \in \mathring{U}_\delta(O)$ 时,

$|\alpha| < \dfrac{b}{2}$,故在 $\mathring{U}_\delta(O)$ 内,$f(x,y) > 0$,所以 $f(0,0)$ 是 $f(x,y)$ 的极小值.

【注】条件 $a > \dfrac{1}{2}$ 十分重要. 若 $a = \dfrac{1}{2}$,则 $b = 0$,取 $y = -x, f(x,-x) = 0 +$ $2ax^2$. 因为无法知道它的符号,所以并不能断言 $f(0,0)$ 为极小值.

例 15 设 $z = z(x,y)$ 是由 $x^2 - 6xy + 10y^2 - 2yz - z^2 + 18 = 0$ 确定的函数，求 $z = z(x,y)$ 的极值点和极值.

解 方程两边同时对 x,y 求导，得

$$\begin{cases} 2x - 6y - 2y\dfrac{\partial z}{\partial x} - 2z\dfrac{\partial z}{\partial x} = 0, & \text{①} \\[3mm] -6x + 20y - 2z - 2y\dfrac{\partial z}{\partial y} - 2z\dfrac{\partial z}{\partial y} = 0, & \text{②} \end{cases}$$

解得

$$\begin{cases} \dfrac{\partial z}{\partial x} = \dfrac{x - 3y}{y + z}, \\[3mm] \dfrac{\partial z}{\partial y} = \dfrac{-3x + 10y - z}{y + z}. \end{cases}$$

令

$$\begin{cases} \dfrac{x - 3y}{y + z} = 0, \\[3mm] \dfrac{-3x + 10y - z}{y + z} = 0, \end{cases} \quad \text{解得} \begin{cases} x = 3y, \\ z = y, \end{cases}$$

代入原方程得

$$\begin{cases} x = 9, \\ y = 3, \\ z = 3, \end{cases} \begin{cases} x = -9, \\ y = -3, \\ z = -3. \end{cases}$$

在 ① 式两端分别对 x,y 求偏导数，得

$$2 - 2y\frac{\partial^2 z}{\partial x^2} - 2\left(\frac{\partial z}{\partial x}\right)^2 - 2z\frac{\partial^2 z}{\partial x^2} = 0,$$

$$-6 - 2\frac{\partial z}{\partial x} - 2y\frac{\partial^2 z}{\partial x \partial y} - 2\frac{\partial z}{\partial x} \cdot \frac{\partial z}{\partial y} - 2z\frac{\partial^2 z}{\partial x \partial y} = 0,$$

在 ② 式两端对 y 求偏导数，得

$$20 - 4\frac{\partial z}{\partial y} - 2y\frac{\partial^2 z}{\partial y^2} - 2\left(\frac{\partial z}{\partial y}\right)^2 - 2z\frac{\partial^2 z}{\partial y^2} = 0,$$

代入驻点 $(9,3,3)$ 求得

$$A = \frac{\partial^2 z}{\partial x^2}\bigg|_{(9,3,3)} = \frac{1}{6},\ B = \frac{\partial^2 z}{\partial x \partial y}\bigg|_{(9,3,3)} = -\frac{1}{2},\ C = \frac{\partial^2 z}{\partial y^2}\bigg|_{(9,3,3)} = \frac{5}{3},$$

因为 $AC - B^2 = \dfrac{1}{36} > 0, A > 0$，所以 $(9,3)$ 是极小值点，极小值为 $z(9,3) = 3$.

代入驻点 $(-9,-3,-3)$ 类似可得

$$A = \frac{\partial^2 z}{\partial x^2}\bigg|_{(-9,-3,-3)} = -\frac{1}{6},\ B = \frac{\partial^2 z}{\partial x \partial y}\bigg|_{(-9,-3,-3)} = \frac{1}{2},\ C = \frac{\partial^2 z}{\partial y^2}\bigg|_{(-9,-3,-3)} = -\frac{5}{3},$$

因为 $AC-B^2 = \dfrac{1}{36} > 0, A < 0$，所以 $(-9, -3)$ 是极大值点，极大值为 $z(-9, -3) = -3$.

例 16 设 $f(x, y)$ 是在 $x^2 + y^2 \leqslant 1$ 上具有连续偏导数的函数，$\mid f(x, y) \mid \leqslant 1$，证明：在这个圆内有一点 (x_0, y_0)，使 $\left[\dfrac{\partial}{\partial x} f(x_0, y_0)\right]^2 + \left[\dfrac{\partial}{\partial y} f(x_0, y_0)\right]^2 < 16$.

【分析】 从证明的不等式形式上分析，考虑构造辅助函数，使其在单位圆内某点 (x_0, y_0) 处取到极值，结合已有不等式 $x^2 + y^2 \leqslant 1$ 给予证明.

证 令 $g(x, y) = f(x, y) + 2(x^2 + y^2)$，在单位圆周上 $g(x, y) \geqslant 1$，而 $g(0, 0) = f(0, 0) \leqslant 1$，故 $g(x, y)$ 如在单位圆内部某点 (x_0, y_0) 处取到最小值，那么

$$g'_x(x_0, y_0) = g'_y(x_0, y_0) = 0,$$

即

$$\frac{\partial f}{\partial x} + 4x \Big|_{(x_0, y_0)} = \frac{\partial f}{\partial y} + 4y \Big|_{(x_0, y_0)} = 0,$$

故

$$\frac{\partial f(x_0, y_0)}{\partial x} = -4x_0, \quad \frac{\partial f(x_0, y_0)}{\partial y} = -4y_0,$$

则

$$\left[\frac{\partial}{\partial x} f(x_0, y_0)\right]^2 + \left[\frac{\partial}{\partial y} f(x_0, y_0)\right]^2 = 16(x_0^2 + y_0^2) < 16.$$

例 17 已知 $f(0, 0) = 2$，且 $\mathrm{d}f(x, y) = -(1 + \mathrm{e}^y)\sin x \mathrm{d}x + (\cos x - 1 - y)\mathrm{e}^y \mathrm{d}y$，求函数 $f(x, y)$ 的极值.

【分析】 由 $\mathrm{d}f(x, y)$ 可以得到 f_x、f_y，从而由偏导数求出 $f(x, y)$，再由极值的充分条件判定出 $f(x, y)$ 的极值.

解 由 $\mathrm{d}f(x, y) = -(1 + \mathrm{e}^y)\sin x \mathrm{d}x + (\cos x - 1 - y)\mathrm{e}^y \mathrm{d}y$ 得

$$f(x, y) = (1 + \mathrm{e}^y)\cos x - y\mathrm{e}^y + C,$$

再由 $f(0, 0) = 2$，可得

$$f(x, y) = (1 + \mathrm{e}^y)\cos x - y\mathrm{e}^y.$$

解方程 $\dfrac{\partial f}{\partial x} = 0, \dfrac{\partial f}{\partial y} = 0$，可得驻点 $\begin{cases} x = n\pi, \\ y = (-1)^n - 1. \end{cases}$

又 $\dfrac{\partial^2 f}{\partial x^2} = -(1 + \mathrm{e}^y)\cos x$，$\dfrac{\partial^2 f}{\partial y^2} = (\cos x - 2 - y)\mathrm{e}^y$，$\dfrac{\partial^2 f}{\partial x \partial y} = -\mathrm{e}^y \sin x$，

当 n 为奇数时，驻点为 $((2k+1)\pi, -2)$，

$$\frac{\partial^2 f}{\partial x^2} = 1 + \mathrm{e}^{-2}, \quad \frac{\partial^2 f}{\partial y^2} = -\mathrm{e}^{-2}, \quad \frac{\partial^2 f}{\partial x \partial y} = 0,$$

$AC - B^2 = -\mathrm{e}^{-2}(1 + \mathrm{e}^{-2}) < 0$，故 $((2k+1)\pi, -2)$ 不是函数 $f(x, y)$ 的极值点.

当 n 为偶数时,驻点为 $(2k\pi,0)$,

$$\frac{\partial^2 f}{\partial x^2}=-2,\frac{\partial^2 f}{\partial y^2}=-1,\frac{\partial^2 f}{\partial x\partial y}=0,$$

$AC-B^2=2>0$ 且 $A=-2<0$,故 $f(x,y)$ 在点 $(2k\pi,0)$ 处取得极大值2.

（2）求多元函数的条件极值

【方法点拨】

① 首先明确目标函数以及限制条件.

② 对目标函数进行适当的整理变形,使之简单易算.

③ 当限制条件的方程较简单时,可将条件极值化为无条件极值.

④ 一般地,求条件极值的常用方法为拉格朗日乘数法.利用拉格朗日乘数法解决实际问题时,需要结合实际问题背景进行判断.

⑤ 利用条件极值可以解决某些不等式的证明、闭区域边界上的最值以及实际应用问题的讨论.

例 18 设点 (x,y,z) 在第一卦限的球面 $x^2+y^2+z^2=5R^2$ 上,求 $f(x,y,z)=xyz^3$ 的最大值.

【分析】这是一道条件最值问题,目标函数为三元函数 $f(x,y,z)=xyz^3$,限制条件 $x^2+y^2+z^2=5R^2$ 且点 (x,y,z) 在第一卦限. 这里目标函数可通过取对数化为和的形式,便于拉格朗日乘数法过程中的偏导数计算,减少运算量.

解 令 $F(x,y,z,\lambda)=\ln x+\ln y+3\ln z+\lambda(x^2+y^2+z^2-5R^2)$,

由

$$\frac{\partial F}{\partial x}=0,\frac{\partial F}{\partial y}=0,\frac{\partial F}{\partial z}=0,\frac{\partial F}{\partial \lambda}=0,$$

得

$$\frac{1}{x}+2\lambda x=0,\frac{1}{y}+2\lambda y=0,\frac{3}{z}+2\lambda z=0,x^2+y^2+z^2-5R^2=0$$

解得驻点为

$$x=R,y=R,z=\sqrt{3}R,$$

在第一卦限内趋于第一卦限边界时,$f(x,y,z)=xyz^3 \to 0$,不可能取到最大值,

所以

$$\max f(x,y,z)=f(R,R,\sqrt{3}R)=\sqrt{27}R^5.$$

【注】对目标函数进行适当的恒等变形,如取对数将积的形式化为和的形式、等式两边完全平方消去目标函数中的开方或绝对值符号,这样可以减少拉格朗日乘数法的计算量,简化运算.

例 19 设 $D:x^2+y^2+z^2\leqslant 1$,证明:$\dfrac{4\sqrt[3]{2}}{3}\pi\leqslant \iiint\limits_{D}\sqrt[3]{x+2y-2z+5}\,\mathrm{d}v\leqslant \dfrac{8}{3}\pi.$

证　令 $F(x,y,z) = x+2y-2z+\lambda(x^2+y^2+z^2-r^2)$,其中 $x^2+y^2+z^2 = r^2 \leqslant 1$.

由

$$\begin{cases} \dfrac{\partial F}{\partial x} = 1+2x\lambda = 0, \\[2mm] \dfrac{\partial F}{\partial y} = 2+2y\lambda = 0, \\[2mm] \dfrac{\partial F}{\partial z} = -2+2z\lambda = 0, \end{cases}$$

得
$$x:y:z = 1:2:(-2).$$

令 $x=k>0, y=2k>0, z=-2k<0$,下面求 $x+2y-2z = k+4k+4k = 9k$ 的最值即可.

因为 $x^2+y^2+z^2 = r^2$,从而 $k^2+4k^2+4k^2 = r^2$,故 $k = \dfrac{r}{3}$.

从而　$x+2y-2z = 9k = 3r \in [-3,3]$,即 $2 \leqslant x+2y-2z+5 \leqslant 8$,

故
$$\dfrac{4\sqrt[3]{2}}{3}\pi \leqslant \iiint\limits_{D} \sqrt[3]{x+2y-2z+5}\,\mathrm{d}v \leqslant \dfrac{8}{3}\pi.$$

【注】多元函数极值是证明多变量不等式的重要方法之一.

4. 多元函数的几何应用

【方法点拨】

①几何应用问题首先确认切点坐标;

②利用曲面过切点处的法向量公式写出曲面的切平面与法线方程;

③曲线为参数方程时,利用曲线过切点处的切向量公式写出曲线的切线与法平面方程,当曲线为一般方程时,在实际计算中一般不使用公式,而是采取直接对方程组进行求导,这样更加方便有效.对方程组进行求导时,既可以对 x 求导,也可以对 y 或 z 求导,从而得到切向量.

例 20　设曲面为 $\mathrm{e}^{2x+y-z} = f(x-2y+z)$,$f$ 可微,求证:该曲面上任一点处的切平面都平行于某一过原点的直线,并写出该直线方程.

【分析】即证空间曲面在其任一点处的法向量与某一确定的向量垂直.

证　令 $F(x,y,z) = \mathrm{e}^{2x+y-z} - f(x-2y+z)$

$F_x(x,y,z) = 2\mathrm{e}^{2x+y-z} - f'(x-2y+z)$, $F_y(x,y,z) = \mathrm{e}^{2x+y-z} + 2f'(x-2y+z)$, $F_z(x,y,z) = -\mathrm{e}^{2x+y-z} - f'(x-2y+z)$,

故曲线在点 (x, y, z) 处的法向量为

$$\boldsymbol{n} = (2e^{2x+y-z} - f'(x-2y+z), e^{2x+y-z} + 2f'(x-2y+z), -e^{2x+y-z} - f'(x-2y+z))$$

取直线的方向向量为 $\boldsymbol{s} = (1, 3, 5)$，则 $\boldsymbol{s} \cdot \boldsymbol{n} = 0$，

所以曲面上任一点处的切平面都平行于过原点的直线，且直线方程为 $l: \dfrac{x}{1} = \dfrac{y}{3} = \dfrac{z}{5}$.

例 21 求经过直线 $L: \dfrac{x-6}{2} = \dfrac{x-3}{1} = \dfrac{2z-1}{-2}$ 且与椭球面 $S: x^2 + 2y^2 + 3z^2 = 21$ 相切的切平面方程.

【分析】设切点坐标为 $M(x_0, y_0, z_0)$，于是可求得 S 在点 M 处的切平面方程. 再让它经过直线 L，便可求得点 M，从而得到切平面方程.

解 设切点坐标为 $M(x_0, y_0, z_0)$，

于是 S 在点 M 处的法向量 $\boldsymbol{n} = \{2x_0, 4y_0, 6z_0\}$，切平面方程为

$$2x_0(x - x_0) + 4y_0(y - y_0) + 6z_0(z - z_0) = 0,$$

再利用 S 的方程化简得

$$x_0 x + 2y_0 y + 3z_0 z = 21,$$

在 L 上任取两点，例如点 $\left(6, 3, \dfrac{1}{2}\right)$ 与点 $\left(4, 2, \dfrac{3}{2}\right)$，代入上式得

$$6x_0 + 6y_0 + \dfrac{3}{2}z_0 = 21, \quad 4x_0 + 4y_0 + \dfrac{9}{2}z_0 = 21,$$

再由 S 的方程 $x_0^2 + 2y_0^2 + 3z_0^2 = 21$，联立解得切点 $(3, 0, 2)$ 与 $(1, 2, 2)$，

所以所求切平面方程为 $x + 2z = 7, \ x + 4y + 6z = 21$.

5. 方向导数和梯度

(1) 方向导数计算问题

【方法点拨】

① 利用定义：函数 $z = f(x, y)$ 在点 $P(x, y)$ 处沿单位向量 $\boldsymbol{l} = (\cos\alpha, \cos\beta)$ 方向的方向导数为 $\dfrac{\partial f}{\partial \boldsymbol{l}}\bigg|_{P_0} = \lim\limits_{t \to 0^+} \dfrac{f(x + t\cos\alpha, y + t\cos\beta)}{t}$；

② 利用偏导数与方向导数的关系：若函数 $f(x, y)$ 可微，则函数在点 $P(x, y)$ 处沿单位向量 $\boldsymbol{l} = (\cos\alpha, \cos\beta)$ 方向的方向导数为 $\dfrac{\partial f}{\partial \boldsymbol{l}} = \dfrac{\partial f}{\partial x}\cos\alpha + \dfrac{\partial f}{\partial y}\cos\beta$；

③ 若函数 $z = f(x,y)$ 可微,则函数在点 $P(x,y)$ 处沿单位向量 $l = (\cos\alpha, \cos\beta)$ 方向的方向导数为 $\dfrac{\partial f}{\partial l} = |\mathbf{grad} f(P)|\cos\theta$,其中 θ 为 $\mathbf{grad} f(P)$ 与 l 的夹角;

④ 利用梯度与方向导数的关系:沿梯度方向方向导数最大,最大值为梯度的模.

例 22 在曲面 $2x^2 + 2y^2 + z^2 = 1$ 上求一点 P,使函数 $u(x,y,z) = x^2 + y^2 + z^2$ 在点 P 沿方向 $l = (1,-1,0)$ 的方向导数最大.

解 由条件可知 $u_x = 2x, u_y = 2y, u_z = 2z,$

又 $$l^0 = \frac{1}{\sqrt{2}}(1,-1,0),$$

所以 $$\frac{\partial u}{\partial l} = \frac{1}{\sqrt{2}}\frac{\partial u}{\partial x} - \frac{1}{\sqrt{2}}\frac{\partial u}{\partial y} + \frac{\partial u}{\partial z} \cdot 0 = \sqrt{2}(x-y),$$

即求函数 $\varphi(x,y) = \sqrt{2}(x-y)$ 在约束条件 $2x^2 + 2y^2 + z^2 = 1$ 下的最大值.

令 $$F(x,y,z,\lambda) = (x-y) + \lambda(2x^2 + 2y^2 + z^2 - 1),$$

由 $\dfrac{\partial F}{\partial x} = 0, \dfrac{\partial F}{\partial y} = 0, \dfrac{\partial F}{\partial z} = 0, \dfrac{\partial F}{\partial \lambda} = 0,$ 得

$$1 + 4\lambda x = 0, -1 + 4\lambda y = 0, 2\lambda z = 0, 2x^2 + 2y^2 + z^2 - 1 = 0,$$

解得 $$(x,y,z) = \left(\frac{1}{2}, -\frac{1}{2}, 0\right) \text{或} (x,y,z) = \left(-\frac{1}{2}, \frac{1}{2}, 0\right),$$

因为 $\left.\dfrac{\partial u}{\partial l}\right|_{(\frac{1}{2},-\frac{1}{2},0)} = \sqrt{2}, \left.\dfrac{\partial u}{\partial l}\right|_{(-\frac{1}{2},\frac{1}{2},0)} = -\sqrt{2}$,所以在点 $\left(\dfrac{1}{2}, -\dfrac{1}{2}, 0\right)$ 处方向导数最大.

例 23 设 a,b 为实数,函数 $z = 2 + ax^2 + by^2$ 在点 $(3,4)$ 处的方向导数中,沿方向 $l = -3\mathbf{i} - 4\mathbf{j}$ 的方向导数最大,最大值为 10.(1) 求 a,b 的值;(2) 求曲面 $z = 2 + ax^2 + by^2 (z \geq 0)$ 的面积.

解 (1) 由题意可知 $l = -3\mathbf{i} - 4\mathbf{j}$ 与梯度方向一致,

又 $$\mathbf{grad} f(3,4) = \left.\left(\frac{\partial z}{\partial x}, \frac{\partial z}{\partial y}\right)\right|_{(3,4)} = (6a, 8b),$$

所以 $(-3,-4) /\!/ (6a, 8b)$,即 $a = b$.

又 $|\mathbf{grad} f(3,4)| = 10$,所以 $\sqrt{(6a)^2 + (8b)^2} = 10$.

由上可知 $a = b = -1$.

(2) $\Sigma: z = 2 - x^2 - y^2 (z \geqslant 0)$,所以面积为

$$S = \iint_{\Sigma} dS = \iint_{x^2+y^2 \leqslant 2} \sqrt{1 + z_x^2 + z_y^2} \, dxdy = \iint_{x^2+y^2 \leqslant 2} \sqrt{1 + 4x^2 + 4y^2} \, dxdy$$

$$= \int_0^{2\pi} d\theta \int_0^{\sqrt{2}} \sqrt{1 + 4\rho^2} \, \rho d\rho = \frac{13}{3}\pi.$$

(2) 梯度计算问题

【方法点拨】

① 利用定义:函数 $z = f(x, y)$ 在点 $P(x, y)$ 处梯度为 $\mathbf{grad} f(x, y) = \left(\dfrac{\partial z}{\partial x}, \dfrac{\partial z}{\partial y} \right)$;

② 利用梯度与方向导数的关系:方向导数最大的方向即为梯度方向;

③ 梯度是向量,因此整理化简要遵循向量的运算法则.

例 24 设函数 $u(x, y) = 75 - x^2 - y^2 + xy$,其定义域为 $D = \{(x, y) \,|\, x^2 + y^2 - xy \leqslant 75\}$.(1) 设点 $M(x_0, y_0) \in D$,求过点 M 的方向向量 $l = (\cos\alpha, \cos\beta)$,使 $\dfrac{\partial u}{\partial l}\Big|_M$ 最大,并记此最大值为 $g(x_0, y_0)$;(2) 设点 M 在 D 的边界 $x^2 + y^2 - xy = 75$ 上变动,求 $g(x_0, y_0)$ 的最大值.

解 (1) 因为 $\qquad u_x = -2x + y, u_y = -2y + x$,

$$\frac{\partial u}{\partial l}\Big|_M = (-2x_0 + y_0)\cos\alpha + (-2y_0 + x_0)\cos\beta,$$

沿梯度的方向方向导数最大,所以当 l 与 $\mathbf{grad}\, u(x_0, y_0)$ 同向时 $\dfrac{\partial u}{\partial l}\Big|_M$ 最大,且最大值为

$$|\mathbf{grad}\, u(x_0, y_0)| = \sqrt{(-2x_0 + y_0)^2 + (-2y_0 + x_0)^2} = \sqrt{5x_0^2 + 5y_0^2 - 8x_0 y_0},$$

$$l = \frac{1}{\sqrt{5x_0^2 + 5y_0^2 - 8x_0 y_0}}(-2x_0 + y_0, -2y_0 + x_0),$$

所以 $\qquad g(x_0, y_0) = \sqrt{5x_0^2 + 5y_0^2 - 8x_0 y_0}$.

(2) 构造辅助函数 $F = 5x^2 + 5y^2 - 8xy + \lambda(x^2 + y^2 - xy - 75)$,则有

$$\begin{cases} \dfrac{\partial F}{\partial x} = 10x - 8y + 2\lambda x - \lambda y = 0, \\[2mm] \dfrac{\partial F}{\partial y} = 10y - 8x + 2\lambda y - \lambda x = 0, \\[2mm] \dfrac{\partial F}{\partial z} = x^2 + y^2 - xy - 75 = 0, \end{cases}$$

解得 $\qquad x=y=\pm 5\sqrt{3}$ 或 $x=5,y=-5$ 或 $x=-5,y=5$.

所以 $g(x_0,y_0)$ 的最大值为 $\sqrt{450}$(此时 (x_0,y_0) 为 $(5,-5)$ 或 $(-5,5)$).

例 25 求常数 a,b,c 的值,使得函数 $f(x,y,z)=axy^2+byz+cx^3z^2$ 在点 $M(1,2,-1)$ 处沿 z 轴正向方向导数有最大值 64.

解 方向导数最大的方向是梯度的方向,也就是说当所取的方向正好是梯度方向时,则方向导数最大,此时方向导数的最大值也就等于梯度向量的模.

由于梯度为 $\mathbf{grad}\,f(x,y,z)=(f_x,f_y,f_z)$,其中 $f_x(1,2,-1)=4a+3c,f_y(1,2,-1)=4a-b,f_z(1,2,-1)=2b-2c$,又方向为 $(0,0,1)$,所以取 a,b,c 满足

$$\mathbf{grad}\,f(M)=(f_x,f_y,f_z)_M=(4a+3c,4a-b,2b-2c)\,/\!/\,(0,0,1),$$

即取 a,b,c 满足 $\begin{cases} 4a+3b=0, \\ 4a-b=0, \\ 2b-2c>0, \end{cases}$ 且满足梯度的模,即方向导数的最大值为

$$\sqrt{(4a+3c)^2+(4a-b)^2+(2b-2c)^2}=\sqrt{(2b-2c)^2}=64,$$

解上述方程组,得 $a=6,b=24,c=-8$.

6. 多元函数微分学综合题

常见问题类型:(1) 多元函数微分法的反问题;(2) 化简整理偏导恒等式问题;(3) 齐次函数问题;(4) 中值点恒等式证明问题.

(1) 多元函数微分法的反问题

【方法点拨】

多元函数微分法的逆问题往往是已知函数偏导数、微分等信息,推导解决函数表达式及其他微积分相关问题.一般而言,利用多元函数微分法求出对应导数或偏导数,代入已知条件的关系式,整理得到函数所满足的(偏)微分方程,求出通解,给出函数的具体表达式.

例 26 设函数 $z=f(x,y)$ 的二阶偏导数存在,$\dfrac{\partial^2 z}{\partial x^2}=2$,且 $f(x,0)=x^2$,$f_y(x,y)=x$,则 $f(x,y)=$ _____.

【分析】题设中条件 $\dfrac{\partial^2 z}{\partial x^2}=2$ 为二阶偏导数,对比一元函数已知导数求原函数可知,对此等式求积分,需注意此处为偏导数,对应不定积分中的任意常数项调整为对应的一元函数.

解　由 $\dfrac{\partial^2 z}{\partial x^2} = 2$ 得 $\dfrac{\partial z}{\partial x} = 2x + \varphi(y)$，从而 $f(x,y) = x^2 + \varphi(y)x + \Phi(y)$.

由 $f_y(x,y) = x$ 得 $f_y(x,y) = \varphi'(y)x + \Phi'(y) = x$，则 $\varphi'(y) = 1, \Phi'(y) = 0$.

由 $f(x,0) = x^2$ 得 $f(x,0) = x^2 + \varphi(0)x + \Phi(0) = x^2$，则 $\varphi(0) = 0, \Phi(0) = 0$，

故 $\varphi(y) = y, \Phi(y) = 0$，即 $f(x,y) = x^2 + xy$.

例 27　设可微函数 $f(x,y)$ 满足 $\dfrac{\partial f}{\partial x} = f(x,y), f\left(0, \dfrac{\pi}{2}\right) = 1$，且

$$\lim_{n \to \infty} \left[\frac{f\left(0, y + \dfrac{1}{n}\right)}{f(0,y)}\right]^n = \mathrm{e}^{\cot y}, \text{ 求函数 } f(x,y).$$

【分析】 本题为多元函数微分的反问题，已知条件中的偏导数等式两边同时对

x 求积分，再由 $f\left(0, \dfrac{\pi}{2}\right) = 1$ 及已知极限确定出积分表达式中的待定函数即可.

解　由关于 e 的重要极限与偏导数的定义得

$$\lim_{n \to \infty}\left[\frac{f\left(0, y+\dfrac{1}{n}\right)}{f(0,y)}\right]^n = \lim_{n \to \infty}\left[1 + \frac{f\left(0, y+\dfrac{1}{n}\right) - f(0,y)}{f(0,y)}\right]^{\frac{f(0,y)}{f\left(0,y+\frac{1}{n}\right)-f(0,y)} \cdot \frac{f\left(0,y+\frac{1}{n}\right)-f(0,y)}{\frac{1}{n}} \cdot \frac{1}{f(0,y)}}$$

$$= \mathrm{e}^{\frac{f_y'(0,y)}{f(0,y)}},$$

所以　　　　　　　　　　　　　$\dfrac{f_y'(0,y)}{f(0,y)} = \cot y,$

两边积分得　　　　　　　　　$\ln f(0,y) = \ln \sin y + \ln C,$

整理得　　　　　　　　　　　$f(0,y) = C\sin y.$

又由于 $f\left(0, \dfrac{\pi}{2}\right) = 1$，所以 $C = 1$，即 $f(0,y) = \sin y$.

由 $\dfrac{\partial f}{\partial x} = f(x,y)$ 积分得 $\ln f(x,y) = x + \ln \varphi(y)$，

整理可得　　　　　　　　　　$f(x,y) = \varphi(y)\mathrm{e}^x,$

令 $x = 0$ 得 $\varphi(y) = \sin y$，所以 $f(x,y) = \mathrm{e}^x \sin y$.

（2）化简整理偏导恒等式问题

【方法点拨】
　　解决此类问题的关键仍然是采用复合函数求导的链式法则. 借助链式法则，分清中间变量和自变量，求出对应的导数或偏导数，代入等式进行整理化简.

例 28　设 A,B,C 为常数，$B^2-AC>0,A\neq 0,u(x,y)$ 具有二阶连续偏导数，试证明必存在非奇异线性变换 $\xi=\lambda_1 x+y,\eta=\lambda_2 x+y,\lambda_1,\lambda_2$ 为常数，将方程 $A\dfrac{\partial^2 u}{\partial x^2}+2B\dfrac{\partial^2 u}{\partial x\partial y}+C\dfrac{\partial^2 u}{\partial y^2}=0$ 化成 $\dfrac{\partial^2 u}{\partial\xi\partial\eta}=0$.

解
$$\frac{\partial u}{\partial x}=\frac{\partial u}{\partial\xi}\frac{\partial\xi}{\partial x}+\frac{\partial u}{\partial\eta}\frac{\partial\eta}{\partial x}=\lambda_1\frac{\partial u}{\partial\xi}+\lambda_2\frac{\partial u}{\partial\eta},$$

$$\frac{\partial u}{\partial y}=\frac{\partial u}{\partial\xi}\frac{\partial\xi}{\partial y}+\frac{\partial u}{\partial\eta}\frac{\partial\eta}{\partial y}=\frac{\partial u}{\partial\xi}+\frac{\partial u}{\partial\eta},$$

$$\frac{\partial^2 u}{\partial x^2}=\lambda_1\left(\lambda_1\frac{\partial^2 u}{\partial\xi^2}+\lambda_2\frac{\partial^2 u}{\partial\xi\partial\eta}\right)+\lambda_2\left(\lambda_1\frac{\partial^2 u}{\partial\eta\partial\xi}+\lambda_2\frac{\partial^2 u}{\partial\eta^2}\right)$$

$$=\lambda_1^2\frac{\partial^2 u}{\partial\xi^2}+2\lambda_1\lambda_2\frac{\partial^2 u}{\partial\xi\partial\eta}+\lambda_2^2\frac{\partial^2 u}{\partial\eta^2},$$

$$\frac{\partial^2 u}{\partial y^2}=\frac{\partial^2 u}{\partial\xi^2}+2\frac{\partial^2 u}{\partial\xi\partial\eta}+\frac{\partial^2 u}{\partial\eta^2},$$

$$\frac{\partial^2 u}{\partial x\partial y}=\lambda_1\left(\frac{\partial^2 u}{\partial\xi^2}+\frac{\partial^2 u}{\partial\xi\partial\eta}\right)+\lambda_2\left(\frac{\partial^2 u}{\partial\eta\partial\xi}+\frac{\partial^2 u}{\partial\eta^2}\right)$$

$$=\lambda_1\frac{\partial^2 u}{\partial\xi^2}+(\lambda_1+\lambda_2)\frac{\partial^2 u}{\partial\xi\partial\eta}+\lambda_2\frac{\partial^2 u}{\partial\eta^2},$$

所以
$$A\frac{\partial^2 u}{\partial x^2}+2B\frac{\partial^2 u}{\partial x\partial y}+C\frac{\partial^2 u}{\partial y^2}$$

$$=(A\lambda_1^2+2B\lambda_1+C)\frac{\partial^2 u}{\partial\xi^2}+[2A\lambda_1\lambda_2+2B(\lambda_1+\lambda_2)+2C]\frac{\partial^2 u}{\partial\xi\partial\eta}+(A\lambda_2^2+2B\lambda_2+C)\frac{\partial^2 u}{\partial\eta^2}.$$

要化成 $\dfrac{\partial^2 u}{\partial\xi\partial\eta}=0$，必须要有 $A\lambda_1^2+2B\lambda_1+C=0,A\lambda_2^2+2B\lambda_2+C=0$ 成立.

而 $B^2-AC>0,A\neq 0$，所以存在 λ_1,λ_2 且不相等，使得上面两个等式成立.

同时变换的系数行列式 $\lambda_1-\lambda_2\neq 0$，且 $\lambda_1+\lambda_2=-\dfrac{2B}{A},\lambda_1\lambda_2=\dfrac{C}{A}$，

则
$$2A\lambda_1\lambda_2+2B(\lambda_1+\lambda_2)+2C=\frac{4C^2-4B^2}{A}\neq 0.$$

例 29　已知函数 $u(x,y)$ 满足 $2\dfrac{\partial^2 u}{\partial x^2}-2\dfrac{\partial^2 u}{\partial y^2}+3\dfrac{\partial u}{\partial x}+3\dfrac{\partial u}{\partial y}=0$，求 a,b 的值，使得在变换 $u(x,y)=v(x,y)\mathrm{e}^{ax+by}$ 下，将上述等式化为 $v(x,y)$ 不含一阶偏导数的等式.

解
$$\frac{\partial u}{\partial x} = \frac{\partial v}{\partial x}e^{ax+by} + av(x,y)e^{ax+by},$$

$$\frac{\partial^2 u}{\partial x^2} = a^2 v(x,y)e^{ax+by} + 2a\frac{\partial v}{\partial x}e^{ax+by} + \frac{\partial^2 v}{\partial x^2}e^{ax+by}.$$

依据结构的对称性,可得

$$\frac{\partial u}{\partial y} = \frac{\partial v}{\partial y}e^{ax+by} + bv(x,y)e^{ax+by},$$

$$\frac{\partial^2 u}{\partial y^2} = b^2 v(x,y)e^{ax+by} + 2b\frac{\partial v}{\partial y}e^{ax+by} + \frac{\partial^2 v}{\partial y^2}e^{ax+by},$$

代入等式可得

$$e^{ax+by}\left[2a^2 + 3a + b(3-2b)\right]v(x,y) + e^{ax+by}\left[(4a+3)\frac{\partial v}{\partial x} + (3-4b)\frac{\partial v}{\partial y} - 2\frac{\partial^2 v}{\partial y^2} + 2\frac{\partial^2 u}{\partial x^2}\right] = 0,$$

所以 $\begin{cases} 4a+3 = 0, \\ 3-4b = 0, \end{cases}$ 解得 $a = -\dfrac{3}{4}, b = \dfrac{3}{4}$.

（3）齐次函数问题

【方法点拨】

　　齐次函数是考研、竞赛中多元函数微积分这部分内容中经常碰到的函数,解决和齐次函数有关的问题,往往会采取齐次函数两边同时对 t 求导,再令 t 为某一特殊值的方法处理.

例 30　（1）设 $f(x,y,z)$ 一阶连续可偏导,且 $f(tx,ty,tz) = t^k f(x,y,z)$. 证明: $x \cdot \dfrac{\partial f}{\partial x} + y \cdot \dfrac{\partial f}{\partial y} + z \cdot \dfrac{\partial f}{\partial z} = k \cdot f(x,y,z)$.

（2）若 $f(x,y,z)$ 满足 $x \cdot \dfrac{\partial f}{\partial x} + y \cdot \dfrac{\partial f}{\partial y} + z \cdot \dfrac{\partial f}{\partial z} = k \cdot f(x,y,z)$,

则必有 $f(tx,ty,tz) = t^k f(x,y,z)$.

证　（1）等式两边同时对 t 求导,得

$$x \cdot f_1'(tx,ty,tz) + y \cdot f_2'(tx,ty,tz) + z \cdot f_3'(tx,ty,tz) = k \cdot t^{k-1} \cdot f(x,y,z),$$

令 $t = 1$ 得到

$$x \cdot \frac{\partial f}{\partial x} + y \cdot \frac{\partial f}{\partial y} + z \cdot \frac{\partial f}{\partial z} = k \cdot f(x,y,z).$$

类似地有 $f(tx,ty) = t^k f(x,y)$,则 $x \cdot \dfrac{\partial f}{\partial x} + y \cdot \dfrac{\partial f}{\partial y} = k \cdot f(x,y)$.

(2) $x \cdot \dfrac{\partial f}{\partial x} + y \cdot \dfrac{\partial f}{\partial y} + z \cdot \dfrac{\partial f}{\partial z} = k \cdot f(x,y,z)$,

将 x,y,z 换成 tx,ty,tz 得到

$$x \cdot \frac{\partial f}{\partial x} + y \cdot \frac{\partial f}{\partial y} + z \cdot \frac{\partial f}{\partial z} = k \cdot f(tx,ty,tz) \cdot \frac{1}{t},$$

从而有

$$\frac{\mathrm{d}f(tx,ty,tz)}{\mathrm{d}t} = k \cdot f(tx,ty,tz) \cdot \frac{1}{t},$$

$$\int \frac{\mathrm{d}f(tx,ty,tz)}{f(tx,ty,tz)} = k \int \frac{1}{t} \mathrm{d}t,$$

$$\ln f(tx,ty,tz) = \ln t^k + \ln C,$$

故 $f(tx,ty,tz) = Ct^k$,令 $t=1$ 得 $C = f(x,y,z)$.

故
$$f(tx,ty,tz) = t^k f(x,y,z).$$

例 31　设 $f(u,v)$ 具有连续的偏导数且 $f(0,0)=0$,则下列等式中成立的是

（　　）

(A) $f(x,y) = x \cdot \displaystyle\int_0^1 \frac{\partial f(tx,y)}{\partial u} \mathrm{d}t$

(B) $f(x,y) = y \cdot \displaystyle\int_0^1 \frac{\partial f(x,ty)}{\partial v} \mathrm{d}t$

(C) $f(x,y) = x \cdot \displaystyle\int_0^1 \frac{\partial f(tx,ty)}{\partial u} \mathrm{d}t + y \cdot \int_0^1 \frac{\partial f(tx,ty)}{\partial v} \mathrm{d}t$

(D) $f(x,y) = x \cdot \displaystyle\int_0^1 \frac{\partial f(tx,y)}{\partial u} \mathrm{d}t + y \cdot \int_0^1 \frac{\partial f(x,ty)}{\partial v} \mathrm{d}t$

解　易知 $\dfrac{\mathrm{d}f(tx,ty)}{\mathrm{d}t} = xf_1' + yf_2'$,从而

(C) 的右边 $= \displaystyle\int_0^1 \left[x \cdot f_1'(tx,ty) + y \cdot f_2'(tx,ty) \right] \mathrm{d}t = \int_0^1 \left[\frac{\mathrm{d}f(tx,ty)}{\mathrm{d}t} \right] \mathrm{d}t$

$$= f(tx,ty) \big|_{t=0}^{t=1} = f(x,y) - f(0,0) = f(x,y).$$

故答案选(C).

（4）中值定理的相关问题

【方法点拨】

　　借助推导多元泰勒公式的思想,将多元函数转化为一元函数中值点证明问题是解决此类问题的重要方法.

例 32 设二元函数 $f(x,y)$ 具有一阶连续的偏导数，且 $f(0,1)=f(1,0)$，证明：单位圆周上至少存在两点满足方程 $y\dfrac{\partial}{\partial x}f(x,y)-x\dfrac{\partial}{\partial y}f(x,y)=0$.

解 令 $g(t)=f(\cos t,\sin t)$，

则 $g(t)$ 一阶连续可导，且 $g(0)=f(1,0),g\left(\dfrac{\pi}{2}\right)=f(0,1),g(2\pi)=f(1,0)$，

所以 $$g(0)=g\left(\dfrac{\pi}{2}\right)=g(2\pi).$$

分别在区间 $\left[0,\dfrac{\pi}{2}\right]$ 与 $\left[\dfrac{\pi}{2},2\pi\right]$ 上对 $g(t)$ 应用罗尔定理，

则存在 $\xi_1\in\left(0,\dfrac{\pi}{2}\right),\xi_2\in\left(\dfrac{\pi}{2},2\pi\right)$，使得 $g'(\xi_1)=0,g'(\xi_2)=0$.

记 $$(x_1,y_1)=(\cos\xi_1,\sin\xi_1),(x_2,y_2)=(\cos\xi_2,\sin\xi_2),$$

由于 $$g'(t)=-\sin t\dfrac{\partial}{\partial x}f(\cos t,\sin t)+\cos t\dfrac{\partial}{\partial y}(\cos t,\sin t),$$

因此 $$-\sin\xi_i\cdot\dfrac{\partial f}{\partial x}\Big|_{(\cos\xi_i,\sin\xi_i)}+\cos\xi_i\cdot\dfrac{\partial f}{\partial y}\Big|_{(\cos\xi_i,\sin\xi_i)}=0,$$

即 $$y_i\dfrac{\partial f}{\partial x}\Big|_{(x_i,y_i)}-x_i\dfrac{\partial f}{\partial y}\Big|_{(x_i,y_i)}=0(i=1,2).$$

三、进阶精练

习题 5

【保分基础练】

1. 选择题

(1) 函数 $f(x,y)$ 在点 (x_0,y_0) 处连续是 $f(x,y)$ 在点 (x_0,y_0) 处可偏导的（ ）.

    (A) 充要条件　　(B) 充分条件　　(C) 必要条件　　(D) 以上都不对

(2) 设在全平面上有 $f'_x(x,y)<0,f'_y(x,y)>0$，使 $f(x_1,y_1)<f(x_2,y_2)$ 成立的是（ ）.

    (A) $x_1<x_2,y_1<y_2$　　　　(B) $x_1<x_2,y_1>y_2$

    (C) $x_1>x_2,y_1<y_2$　　　　(D) $x_1>x_2,y_1>y_2$

(3) 设函数 $f(x)$ 具有二阶连续导数，且 $f(x)>0,f'(0)=0$，则函数 $z=$

$f(x)\ln f(y)$ 在点 $(0,0)$ 处取得极小值的一个充分条件是 (　　).

(A) $f(0) > 1, f''(0) > 0$　　　　(B) $f(0) > 1, f''(0) < 0$

(C) $f(0) < 1, f''(0) > 0$　　　　(D) $f(0) < 1, f''(0) < 0$

(4) 如果函数 $f(x,y)$ 在点 $(0,0)$ 的某邻域内连续,且 $\lim\limits_{\substack{x \to 0 \\ y \to 0}} \dfrac{f(x,y) - xy}{(x^2 + y^2)^2} = 1$,则

(　　).

(A) $(0,0)$ 不是 $f(x,y)$ 的极值点　(B) $(0,0)$ 是 $f(x,y)$ 的极值点

(C) $(0,0)$ 是 $f(x,y)$ 的极小值点　(D) 无法判定

(5) 设三元方程 $xy - z\ln y + \mathrm{e}^{xz} = 1$,由隐函数存在定理,在 $(0,1,1)$ 的一个邻域内 (　　).

(A) 确定一个函数 $z = z(x,y)$

(B) 确定两个函数 $y = y(x,z), z = z(x,y)$

(C) 确定两个函数 $x = x(y,z), z = z(x,y)$

(D) 确定两个函数 $x = x(y,z), y = y(x,z)$

2. 计算下列各题

(1) 求极限 $\lim\limits_{(x,y) \to (0,0)} (1 + x^2 y^2)^{\frac{1}{x^2 + y^2}}$.

(2) 求极限 $\lim\limits_{\substack{x \to \infty \\ y \to \infty}} \dfrac{x^2 + xy + y^2}{x^4 + y^4} \sin(x^4 + y^4)$.

(3) 设函数 $f(x,y) = \begin{cases} (x^2 + y^2)\sin\dfrac{1}{\sqrt{x^2 + y^2}}, & (x,y) \neq (0,0), \\ 0, & (x,y) = (0,0), \end{cases}$ 求 $f_y(0,0)$.

(4) 设函数 $f(u)$ 可导,$z = f(\sin y - \sin x) + xy$,求 $\dfrac{1}{\cos x} \dfrac{\partial z}{\partial x} + \dfrac{1}{\cos y} \dfrac{\partial z}{\partial y}$.

(5) 设函数 $z = z(x,y)$ 由方程 $\ln z + \mathrm{e}^{z-1} = xy$ 确定,求 $\dfrac{\partial z}{\partial x}\Big|_{(2,\frac{1}{2})}$.

3. 考察下列极限的存在性

(1) $\lim\limits_{(x,y) \to (0,0)} \dfrac{\sin(x+y)}{x + 2y}$.

(2) $\lim\limits_{(x,y) \to (0,0)} \dfrac{x^3 y}{x^6 + y^2}$.

4. 设 $f(x,y) = \begin{cases} y\arctan\dfrac{1}{\sqrt{x^2 + y^2}}, & (x,y) \neq (0,0), \\ 0, & (x,y) = (0,0), \end{cases}$ 试讨论 $f(x,y)$ 在点

$(0,0)$ 处的连续性、可偏导性和可微性.

5. 设函数 $\varphi(u)$ 可导且 $\varphi(0)=1$，二元函数 $z=\varphi(x+y)e^{xy}$ 满足 $\dfrac{\partial z}{\partial x}+\dfrac{\partial z}{\partial y}=0$，求 $\varphi(u)$.

6. 求由方程 $(x^2+y^2)z+\ln z+2(x+y+1)=0$ 确定的函数 $z=z(x,y)$ 的极值.

7. 证明：当 $0<x<1,0<y<+\infty$ 时，有 $ey(1-x)<x^{-y}$.

8. 求函数 $f(x,y)=x^2+2y^2-x^2y^2$ 在区域 $D=\{(x,y)\mid x^2+y^2\leqslant 4,y\geqslant 0\}$ 上的最大值和最小值.

9. xOy 平面上的一个动点从点 $(0,0)$ 开始，始终沿着函数 $f(x,y)=(x^2-2x+6)e^{x-2y}$ 的梯度方向运动，试求该动点的运动轨迹.

10. 求函数 $u=xy^2z^3$ 在点 $P(1,2,-1)$ 处沿曲面 $x^2+y^2=5$ 的外法向量的方向导数.

11. $z=z(x,y)$ 是由方程 $F\left(z+\dfrac{1}{x},z-\dfrac{1}{y}\right)=0$ 确定的隐函数，且具有连续的二阶偏导数.

求证：(1) $x^2\dfrac{\partial z}{\partial x}-y^2\dfrac{\partial z}{\partial y}=1$；(2) $x^3\dfrac{\partial^2 z}{\partial x^2}+xy(x-y)\dfrac{\partial^2 z}{\partial x\partial y}-y^3\dfrac{\partial^2 z}{\partial y^2}+2=0$.

12. 设函数 $f(x,y)$ 具有二阶连续偏导数，满足 $f_y\neq 0$ 且 $f_x^2f_{yy}-2f_xf_yf_{xy}+f_y^2f_{xx}=0$，$y=y(x,z)$ 是由方程 $z=f(x,y)$ 所确定的函数，求 $\dfrac{\partial^2 y}{\partial x^2}$.

13. 函数 $u(x,y)$ 具有连续的二阶偏导数，算子 A 定义为 $A(u)=x\dfrac{\partial u}{\partial x}+y\dfrac{\partial u}{\partial y}$.

(1) 求 $A(u-A(u))$；(2) 利用结论(1)以 $\xi=\dfrac{y}{x}$，$\eta=x-y$ 为新的自变量改变如下方程形式 $x^2\dfrac{\partial^2 u}{\partial x^2}+2xy\dfrac{\partial^2 u}{\partial x\partial y}+y^2\dfrac{\partial^2 u}{\partial y^2}=0$.

14. 设 $f(u,v)$ 具有连续偏导数，且满足 $f_u(u,v)+f_v(u,v)=uv$，求 $y(x)=e^{-2x}f(x,x)$ 所满足的一阶微分方程，并求其通解.

15. 过直线 $\begin{cases}10x+2y-2z=27,\\ x+y-z=0\end{cases}$ 作曲面 $3x^2+y^2-z^2=27$ 的切平面，求此切平面的方程.

【争分提能练】

1. 选择题

(1) 设函数 $z = f(x,y)$ 在点 (x_0,y_0) 处有 $f_x(x_0,y_0)=a$, $f_y(x_0,y_0)=b$, 则下列结论正确的是(   ).

(A) $\lim\limits_{(x,y)\to(x_0,y_0)} f(x,y)$ 存在, 但 $f(x,y)$ 在点 (x_0,y_0) 处不连续

(B) $f(x,y)$ 在点 (x_0,y_0) 处连续

(C) $\mathrm{d}z = a\mathrm{d}x + b\mathrm{d}y$

(D) $\lim\limits_{x\to x_0} f(x,y_0)$, $\lim\limits_{y\to y_0} f(x_0,y)$ 都存在, 且相等

(2) 关于函数 $f(x,y)=\begin{cases} xy, & xy\neq 0, \\ x, & y=0, \\ y, & x=0, \end{cases}$ 给出下列结论:

(1) $\dfrac{\partial f}{\partial x}\Big|_{(0,0)} = 1$; (2) $\dfrac{\partial^2 f}{\partial x\partial y}\Big|_{(0,0)} = 1$; (3) $\lim\limits_{(x,y)\to(0,0)} f(x,y) = 0$;

(4) $\lim\limits_{y\to 0}\lim\limits_{x\to 0} f(x,y) = 0$.

其中正确的个数为(   ).

(A) 4   (B) 3   (C) 2   (D) 1

(3) 函数 $f(x,y)$ 在点 $(0,0)$ 处可微, $f(0,0)=0$, $\boldsymbol{n} = \left(\dfrac{\partial f}{\partial x}, \dfrac{\partial f}{\partial y}, -1\right)\Big|_{(0,0)}$, 非零向量 $\boldsymbol{\alpha}$ 与 $\boldsymbol{n}$ 垂直, 则(   ).

(A) $\lim\limits_{(x,y)\to(0,0)} \dfrac{|\boldsymbol{n}\cdot(x,y,f(x,y))|}{\sqrt{x^2+y^2}}$ 存在

(B) $\lim\limits_{(x,y)\to(0,0)} \dfrac{|\boldsymbol{n}\times(x,y,f(x,y))|}{\sqrt{x^2+y^2}}$ 存在

(C) $\lim\limits_{(x,y)\to(0,0)} \dfrac{|\boldsymbol{\alpha}\cdot(x,y,f(x,y))|}{\sqrt{x^2+y^2}}$ 存在

(D) $\lim\limits_{(x,y)\to(0,0)} \dfrac{|\boldsymbol{\alpha}\times(x,y,f(x,y))|}{\sqrt{x^2+y^2}}$ 存在

2. 填空题

(1) 设函数 $f(x,y) = \int_0^{xy} \mathrm{e}^{xt^2}\mathrm{d}t$, 则 $\dfrac{\partial^2 f}{\partial x\partial y}\Big|_{(1,1)} =$ _____.

(2) 设 $f(x,y)$ 在点 $(0,0)$ 处连续, 且 $\lim\limits_{(x,y)\to(0,0)} \dfrac{f(x,y)+3x-4y}{x^2+y^2} = 2$, 则

$$2f'_x(0,0)+f'_y(0,0)=\underline{\qquad}.$$

3. 设函数 $f(x,y)=\begin{cases}\dfrac{x^2y^2}{(x^2+y^2)^{3/2}}, & (x,y)\neq(0,0),\\ 0, & (x,y)=(0,0),\end{cases}$ 讨论其在点 $(0,0)$ 处

(1) 偏导数的存在性;(2) 方向导数的存在性.

4. 设函数 $z=f(x,y)$ 在点 $(0,1)$ 的某邻域内可微,且 $f(x,y+1)=1+2x+3y+o(\rho)$,其中 $\rho=\sqrt{x^2+y^2}$,求曲面 $z=f(x,y)$ 在点 $(0,1)$ 处的切平面方程.

5. 证明:所有切于曲面 $z=xf\left(\dfrac{y}{x}\right)$ 的平面都相交于一点.

6. 设三个实数 x,y,z 满足 $y^2+\mathrm{e}^x+|z|=3$,证明: $y^2\mathrm{e}^x|z|\leqslant1$.

7. 设 $f(x,y)$ 在 $\mathbf{R}^2$ 上连续可微,且 $\lim\limits_{\substack{x\to\infty\\y\to\infty}}\left(x\dfrac{\partial f}{\partial x}+y\dfrac{\partial f}{\partial y}\right)\geqslant\alpha>0$,其中 α 是一常数,证明: $f(x,y)$ 在 $\mathbf{R}^2$ 上达到最小值.

8. 设有方程 $\dfrac{x^2}{a^2+u}+\dfrac{y^2}{b^2+u}+\dfrac{z^2}{z^2+u}=1$,试证 $\parallel\mathbf{grad}\,u\parallel^2=2\mathbf{r}\cdot\mathbf{grad}\,u$,其中 $\mathbf{r}=(x,y,z)$.

9. 设二元函数 $f(u,v)$ 具有连续的偏导数,且对任意实数 t 满足 $f(tu,tv)=t^2f(u,v)$, $f(1,2)=0$ 和 $f'_u(1,2)=3$,求极限

$$\lim_{x\to0}\frac{1}{x}\int_0^x\left[1+f(t-\sin t+1,\sqrt{1+t^3}+1)\right]^{\frac{1}{\ln(1+t^3)}}\mathrm{d}t.$$

10. 设满足 $f(x,0)=x^2$, $f(0,y)=y$, $f_{xy}(x,y)=x+y$,求 $f(x,y)$.

11. 设 $\mathbf{A}=(a_{ij})_{n\times n}$ 是 n 阶实对称矩阵,证明:二次型函数 $f(x)=f(x_1,x_2,\cdots,x_n)=\mathbf{x}^{\mathrm{T}}\mathbf{A}\mathbf{x}=\sum\limits_{i,j}a_{ij}x_ix_j$ 在单位球面 $\sum\limits_{i=1}^n x_i^2=1$ 上的最大(最小)值恰好是矩阵 $\mathbf{A}$ 的最大最小特征值.

12. 设 $u=f(x,y,z)$ 具有连续的一阶偏导数,又函数 $y=y(x)$ 及 $z=z(x)$ 分别由下两式确定, $\mathrm{e}^{xy}-xy=2$, $\mathrm{e}^x=\int_0^{x-z}\dfrac{\sin t}{t}\mathrm{d}t$,求 $\dfrac{\mathrm{d}u}{\mathrm{d}x}$.

13. 设 $f(x,y)$ 是区域 $\{D\parallel|X|\leqslant1,|Y|\leqslant1\parallel\}$ 上有界的 k 次齐次函数 $(k\geqslant1)$. 证明: $\lim\limits_{(x,y)\to(0,0)}f(x,y)=0$.

14. 若 $u=\dfrac{x+y}{x-y}$,求 $\dfrac{\partial^{m+n}u}{\partial x^m\partial y^n}\bigg|_{(2,1)}$.

15. 已知函数 $u=f(x,y,z)$，且 f 是可微函数，如果 $\dfrac{f_x}{x}=\dfrac{f_y}{y}=\dfrac{f_z}{z}$，证明：$u$ 仅

为 r 的函数，已知 $r=\sqrt{x^2+y^2+z^2}$.

【实战真题练】

1. 设 $u(x,y)$ 在平面有界闭区域 D 上连续，在 D 的内部具有二阶连续偏导数，

且满足 $\dfrac{\partial^2 u}{\partial x\partial y}\neq 0$ 及 $\dfrac{\partial^2 u}{\partial x^2}+\dfrac{\partial^2 u}{\partial y^2}=0$，则（　　）. (2014 考研)

(A) $u(x,y)$ 的最大值点和最小值点必定都在区域 D 的边界上

(B) $u(x,y)$ 的最大值点和最小值点必定都在区域 D 的内部

(C) $u(x,y)$ 的最大值点在区域 D 的内部，最小值点在区域 D 的边界上

(D) $u(x,y)$ 的最小值点在区域 D 的内部，最大值点在区域 D 的边界上

2. 设有曲面 $S:z=x^2+2y^2$ 和平面 $\pi:2x+2y+z=0$，则与 π 平行的 S 的切

平面方程是_____. (2014 国赛预赛)

3. 设曲线 $y=y(x)$ 由 $\begin{cases}x-4y=3t^2+2t,\\ e^{y-1}+ty=\cos t\end{cases}$ 确定，则曲线在 $t=0$ 处的切线方

程为_____. (2020 江苏省赛)

4. 设 $P_0(1,1,-1),P_1(2,-1,0)$ 为空间的两点，则函数 $u=xyz+e^{xyz}$ 在点

P_0 处沿 $\overrightarrow{P_0P_1}$ 方向的方向导数为_____. (2021 国赛决赛)

5. 设函数 $z=z(x,y)$ 由方程 $F(x-y,z)=0$ 确定，其中 $F(u,v)$ 具有连续二

阶偏导数，则 $\dfrac{\partial^2 z}{\partial x\partial y}=$ _____. (2019 国赛决赛)

6. 已知函数 $F(u,v,w)$ 可微，$F'_u(0,0,0)=1,F'_v(0,0,0)=2,F'_w(0,0,0)=$

3，函数 $z=f(x,y)$ 由方程 $F(2x-y+3z,4x^2-y^2+z^2,xyz)=0$ 确定，

满足 $f(1,2)=0$，则 $f'_x(1,2)=$ _____. (2018 江苏省赛)

7. 函数 $\varphi(x),\psi(x),f(x,y)$ 皆可微，设 $z=f(\varphi(x+y),\psi(xy))$，则 $\dfrac{\partial z}{\partial x}-\dfrac{\partial z}{\partial y}=$

_____. (2012 江苏省赛)

8. 设 $z=f\left(2x-y,\dfrac{x}{y}\right)$，$f$ 可微，$f'_1(3,2)=2,f'_2(3,2)=3$，则 $\mathrm{d}z|_{(2,1)}=$

_____. (2010 江苏省赛)

9. 设 $w = f(u,v)$ 具有二阶连续偏导数,且 $u = x - cy, v = x + cy$,其中 c 为非零常数,则 $w_{xx} - \dfrac{1}{c^2} w_{yy} = $ _____.(2017 国赛预赛)

10. 设函数 $f(x,y) = \begin{cases} \dfrac{x^2 y^2}{(x^2 + y^2)^{3/2}}, & (x,y) \neq (0,0), \\ 0, & (x,y) = (0,0), \end{cases}$ 讨论其在点 $(0,0)$ 处是否连续?是否可微?说明理由.(2014 江苏省赛)

11. 若 $u = u(x,y)$ 由方程 $u = f(x,y,z,t), g(y,z,t) = 0$ 和 $h(z,t) = 0$ 确定,其中 f, g, h 均为可微函数,求 $\dfrac{\partial u}{\partial x}, \dfrac{\partial u}{\partial y}$.(2000 江苏省赛)

12. 求函数 $f(x,y) = x^2 + 12xy + 8y^2$ 在区域 $x^2 + 2y^2 \leqslant 6$ 上的最大值.(2021 江苏省赛)

13. 求函数 $f(x,y) = x^2 + \sqrt{2}xy + 2y^2$ 在区域 $x^2 + 2y^2 \leqslant 4$ 上的最大值与最小值.(2006 江苏省赛)

14. 设 $y = y(x)$ 由 $x^3 + 3x^2 y - 2y^3 = 2$ 所确定,求 $y(x)$ 的极值.(2013 国赛预赛)

15. 证明:当 $x \geqslant 0, y \geqslant 0$ 时,$e^{x+y-2} \geqslant \dfrac{1}{12}(x^2 + 3y^2)$.(2019 江苏省赛)

16. 求函数 $f(x,y) = 3(x-2y)^2 + x^3 - 8y^3$ 的极值,并证明 $f(0,0) = 0$ 不是 $f(x,y)$ 的极值.(2017 江苏省赛)

17. 已知曲面 $4x^2 + 4y^2 - z^2 = 1$ 与平面 $x + y - z = 0$ 的交线在 xOy 平面上的投影为一椭圆,求此椭圆的面积.(2008 江苏省赛)

18. 设 $f(u,v)$ 具有连续的偏导数,且满足 $f_u(u,v) + f_v(u,v) = uv$,求 $y(x) = e^{-2x} f(x,x)$ 所满足的一阶微分方程,并求其通解.(2013 国赛决赛)

19. 设 $z = f(x,y)$ 具有二阶连续偏导数,满足等式 $6\dfrac{\partial^2 z}{\partial x^2} - \dfrac{\partial^2 z}{\partial x \partial y} - \dfrac{\partial^2 z}{\partial y^2} = 0$,已知变换 $u = x - 3y, v = x + ay$ 把上述等式简化为 $\dfrac{\partial^2 z}{\partial u \partial v} = 0$.

(1) 求常数 a 的值;(2) 写出 $z = f(x,y)$ 的表达式.(2020 江苏省赛)

20. 设 $u = u(x,y)$ 具有二阶连续偏导数,且满足微分方程 $\dfrac{\partial^2 u}{\partial x^2} - \dfrac{\partial^2 u}{\partial y^2} = 0$,且 $u(x,2x) = x, u'_x(x,2x) = x^2$ 求 $u''_{xx}(x,2x), u''_{xy}(x,2x), u''_{yy}(x,2x)$.(1998 江苏省赛)

21. 设函数 $f(x,y)$ 在点 $(2,-2)$ 处可微,满足

$$f(\sin(xy)+2\cos x, xy-2\cos y)=1+x^2+y^2+o(x^2+y^2)$$

这里 $o(x^2+y^2)$ 表示比 x^2+y^2 为高阶无穷小(当 $(x,y)\to(0,0)$ 时),试求:

(1) 全微分 $\mathrm{d}f(x,y)|_{(2,-2)}$.

(2) 曲面 $z=f(x,y)$ 在点 $(2,-2,f(2,-2))$ 处的切平面方程. (2016 江苏省赛)

22. 设 $f(u,v)$ 在全平面上具有连续的偏导数,证明:曲面 $f\left(\dfrac{x-a}{z-c},\dfrac{y-b}{z-c}\right)=0$ 的所有切平面都交于点 (a,b,c). (2016 国赛决赛)

23. 设 $F(x,y,z),G(x,y,z)$ 具有连续偏导数, $\dfrac{\partial(F,G)}{\partial(x,z)}\neq 0$,曲线

$$\begin{cases} F(x,y,z)=0, \\ G(x,y,z)=0 \end{cases} \text{过点 } P_0(x_0,y_0,z_0).$$

记 Γ 在 xOy 面上的投影曲线为 S. 求 S 上过点 (x_0,y_0) 的切线方程. (2014 国赛决赛)

24. 设 $f(x,y)$ 在区域 D 内可微,且 $\sqrt{\left(\dfrac{\partial f}{\partial x}\right)^2+\left(\dfrac{\partial f}{\partial y}\right)^2}\leqslant M$, $A(x_1,y_1),B(x_2,y_2)$ 是 D 内两点,线段 AB 包含在 D 内. 证明: $|f(x_1,y_1)-f(x_2,y_2)|\leqslant M|AB|$,其中 $|AB|$ 表示线段 AB 的长度. (2018 国赛预赛)

25. 设二元函数 $f(x,y)$ 在平面上具有连续的二阶偏导数,对任意角度 α,定义一元函数 $g_\alpha(t)=f(t\cos\alpha,t\sin\alpha)$,若对任何 α 都有 $\dfrac{\mathrm{d}g_\alpha(0)}{\mathrm{d}t}=0$ 且 $\dfrac{\mathrm{d}^2 g_\alpha(0)}{\mathrm{d}t^2}>0$,证明 $f(0,0)$ 是 $f(x,y)$ 的极小值. (2017 国赛预赛)

习题 5 参考答案

【保分基础练】

1. (1) D;(2) C;(3) A;(4) A;(5) D.

2. (1) 原式 $=\displaystyle\lim_{(x,y)\to(0,0)}(1+x^2y^2)^{\frac{1}{x^2y^2}\cdot\frac{x^2y^2}{x^2+y^2}}=\mathrm{e}^{\lim\limits_{(x,y)\to(0,0)}\frac{1}{\frac{1}{y^2}+\frac{1}{x^2}}}=\mathrm{e}^0=1.$

(2) $0\leqslant\left|\dfrac{x^2+xy+y^2}{x^4+y^4}\sin(x^4+y^4)\right|\leqslant\dfrac{|x^2+xy+y^2|}{x^4+y^4}\leqslant\dfrac{2(x^2+y^2)}{2x^2y^2}=\dfrac{1}{y^2}$

$$+\frac{1}{x^2},$$

由夹逼准则即得原式 $= 0$.

(3) 由偏导数定义计算得 $f_y(0,0) = 0$.

(4) $\dfrac{\partial z}{\partial x} = f'(\sin y - \sin x)(-\cos x) + y$，$\dfrac{\partial z}{\partial y} = f'(\sin y - \sin x)\cos y + x$，

代入得原式 $= \dfrac{y}{\cos x} + \dfrac{x}{\cos y}$.

(5) 等式两端对 x 求偏导，得 $\dfrac{1}{z} \cdot \dfrac{\partial z}{\partial x} + \mathrm{e}^{z-1} \cdot \dfrac{\partial z}{\partial x} = y$，解得 $\dfrac{\partial z}{\partial x} = \dfrac{y}{\mathrm{e}^{z-1} + \dfrac{1}{z}}$.

又 $z\left(2, \dfrac{1}{2}\right) = 1$，故 $\dfrac{\partial z}{\partial x}\Big|_{(2,\frac{1}{2})} = \dfrac{y}{\mathrm{e}^{z-1} + \dfrac{1}{z}}\Big|_{(2,\frac{1}{2},1)} = \dfrac{1}{4}$.

3. 提示：(1) 分别取路径 $x = 0$，$y = -x$ 可得极限不等，从而原极限不存在.

(2) 分别取路径 $x = 0$，$y = x^3$ 可得极限不等，从而原极限不存在.

4. 因为 $\lim\limits_{\substack{x \to 0 \\ y \to 0}} y \arctan \dfrac{1}{\sqrt{x^2 + y^2}} = 0 = f(0,0)$，故 $f(x,y)$ 在点 $(0,0)$ 处连续.

因为 $f'_x(0,0) = \lim\limits_{x \to 0} \dfrac{f(x,0) - f(0,0)}{x} = \lim\limits_{x \to 0} \dfrac{0}{x} = 0$，

$f'_y(0,0) = \lim\limits_{y \to 0} \dfrac{f(0,y) - f(0,0)}{y} = \lim\limits_{y \to 0} \arctan \dfrac{1}{|y|} = \dfrac{\pi}{2}$，故 $f(x,y)$ 在点 $(0,0)$

处可偏导.

因为 $\lim\limits_{(x,y) \to (0,0)} \dfrac{\left[f(x,y) - f(0,0)\right] - \left[f'_x(0,0)x + f_y'(0,0)y\right]}{\sqrt{x^2 + y^2}}$

$= \lim\limits_{(x,y) \to (0,0)} \dfrac{y}{\sqrt{x^2 + y^2}}\left(\arctan \dfrac{1}{\sqrt{x^2 + y^2}} - \dfrac{\pi}{2}\right) = 0$，故 $f(x,y)$ 在点 $(0,0)$

处可微.

5. $\dfrac{\partial z}{\partial x} = \varphi'(x+y)\mathrm{e}^{xy} + \varphi(x+y)y\mathrm{e}^{xy}$，$\dfrac{\partial z}{\partial y} = \varphi'(x+y)\mathrm{e}^{xy} + \varphi(x+y)x\mathrm{e}^{xy}$.

由 $\dfrac{\partial z}{\partial x} + \dfrac{\partial z}{\partial y} = 0$，可知 $2\varphi'(x+y) + \varphi(x+y) \cdot (x+y) = 0$.

令 $x + y = u$，则 $2\varphi'(u) + \varphi(u) \cdot u = 0$，又 $\varphi(0) = 1$，解得 $\varphi(u) = \mathrm{e}^{-\frac{1}{4}u^2}$.

6. $\begin{cases}\dfrac{\partial z}{\partial x}=-\dfrac{2xz+2}{x^2+y^2+\dfrac{1}{z}},\\[4mm]\dfrac{\partial z}{\partial y}=-\dfrac{2yz+2}{x^2+y^2+\dfrac{1}{z}},\end{cases}$ 解得驻点 $(-1,-1,1)$，无偏导不存在的点.

又 $A=-\dfrac{2}{3},B=0,C=-\dfrac{2}{3}$，所以 $z=z(x,y)$ 在 $(-1,-1)$ 处取极大值 1.

7. 令 $f(x,y)=yx^y(1-x)$，由 $f_x(x,y)=0,f_y(x,y)=0$，得 $y(1-x)=x$，$x^y=\mathrm{e}^{-1}$.

在驻点处有 $A=-(y+1)yx^{y-1}<0,B=\mathrm{e}^{-1},C=\mathrm{e}^{-1}(1-x)\ln x$，由于 $AC-B^2>0$，故 $f(x,y)=yx^y(1-x)\leqslant x_0\mathrm{e}^{-1}<\mathrm{e}^{-1}$，不等式成立.

8. 在 D 内，由 $\dfrac{\partial f}{\partial x}=0,\dfrac{\partial f}{\partial y}=0$，得 $M_1(-\sqrt{2},1),M_2(\sqrt{2},1),f(-\sqrt{2},1)=2$，$f(\sqrt{2},1)=2$.

在 $y=0$ 上，$f(x,0)=x^2$，最大值 $f(2,0)=4$，最小值 $f(0,0)=0$；在 $x^2+y^2=4$ 上，$f(x,y)=x^4-5x^2+8$，驻点为 $x=0$ 或 $x=\pm\dfrac{\sqrt{10}}{2},f(x,y)\big|_{x=0}=8$，$f(x,y)\big|_{x=\pm\frac{\sqrt{10}}{2}}=\dfrac{7}{4}$，

故 $\max f(x,y)=f(0,2)=8,\min f(x,y)=f(0,0)=0$.

9. $\mathbf{grad}f(x,y)=\{(x^2+4)\mathrm{e}^{x-2y},-2(x^2-2x+6)\mathrm{e}^{x-2y}\}$，

故　　　$\dfrac{\mathrm{d}y}{\mathrm{d}x}=\dfrac{-2(x^2-2x+6)}{x^2+4}=-2+\dfrac{4x-4}{x^2+4}$.

从而 $y=\displaystyle\int_0^x\left(-2+\dfrac{4x-4}{x^2+4}\right)\mathrm{d}x=-2x+2\ln(x^2+4)-2\arctan\dfrac{x}{2}-4\ln 2$.

10. $x^2+y^2=5$ 在点 $P(1,2,-1)$ 处的外法向量为 $\boldsymbol{n}=2(x,y,0)\big|_{(1,2,-1)}=2(1,2,0)$，

所以 $\boldsymbol{n}^0=\dfrac{1}{\sqrt 5}(1,2,0)$，于是 $\dfrac{\partial u}{\partial\boldsymbol{n}}\bigg|_{(1,2,-1)}=\mathbf{grad}\,u\cdot\boldsymbol{n}^0=-\dfrac{12}{5}\sqrt 5$.

11. 对方程 $F\left(z+\dfrac{1}{x},z-\dfrac{1}{y}\right)=0$ 两边分别关于 x,y 求导，得

$$\dfrac{\partial z}{\partial x}F'_u-\dfrac{1}{x^2}F'_u+\dfrac{\partial z}{\partial x}F'_v=0,\quad\dfrac{\partial z}{\partial y}F'_u+\dfrac{1}{y^2}F'_v+\dfrac{\partial z}{\partial y}F'_v=0,$$

由此可得 $\dfrac{\partial z}{\partial x} = \dfrac{F'_u}{x^2(F'_u + F'_v)}$, $\dfrac{\partial z}{\partial y} = \dfrac{-F'_v}{y^2(F'_u + F'_v)}$, 所以 $x^2\dfrac{\partial z}{\partial x} - y^2\dfrac{\partial z}{\partial y} = 1$.

再对上式两边分别关于 x, y 求导, 得

$$2x\frac{\partial z}{\partial x} + x^2\frac{\partial^2 z}{\partial x^2} - y^2\frac{\partial^2 z}{\partial y \partial x} = 0, x^2\frac{\partial^2 z}{\partial x \partial y} - 2y\frac{\partial z}{\partial y} - y^2\frac{\partial^2 z}{\partial y^2} = 0.$$

第一个等式乘 x, 第二个等式乘 y, 相加可得

$$x^3\frac{\partial^2 z}{\partial x^2} + xy(x-y)\frac{\partial^2 z}{\partial x \partial y} - y^3\frac{\partial^2 z}{\partial y^2} + 2 = 0.$$

12. 在 $z = f(x, y)$ 两边对 x 求两次偏导, 分别得

$$0 = f_x + f_y\frac{\partial y}{\partial x}, \tag{1}$$

$$0 = f_{xx} + 2f_{xy}\frac{\partial y}{\partial x} + f_{yy}\left(\frac{\partial y}{\partial x}\right)^2 + f_y\frac{\partial^2 y}{\partial x^2}, \tag{2}$$

由 (1) 式解得 $\dfrac{\partial y}{\partial x} = -\dfrac{f_x}{f_y}$, 由 (2) 式解得 $f_y\dfrac{\partial^2 y}{\partial x^2} = 0$, 即 $\dfrac{\partial^2 y}{\partial x^2} = 0$.

13. (1) 因为 $A(u) = x\dfrac{\partial u}{\partial x} + y\dfrac{\partial u}{\partial y}$, 所以

$$A(u - A(u)) = A\left(u - x\frac{\partial u}{\partial x} - y\frac{\partial u}{\partial y}\right)$$

$$= x\frac{\partial}{\partial x}\left(u - x\frac{\partial u}{\partial x} - y\frac{\partial u}{\partial y}\right) + y\frac{\partial}{\partial y}\left(u - x\frac{\partial u}{\partial x} - y\frac{\partial u}{\partial y}\right)$$

$$= x\left(-x\frac{\partial^2 u}{\partial x^2} - y\frac{\partial^2 u}{\partial y \partial x}\right) + y\frac{\partial}{\partial y}\left(-x\frac{\partial^2 u}{\partial x \partial y} - y\frac{\partial^2 u}{\partial y^2}\right)$$

$$= -\left(x^2\frac{\partial^2 u}{\partial x^2} + 2xy\frac{\partial^2 u}{\partial x \partial y} + y^2\frac{\partial^2 u}{\partial y^2}\right).$$

(2) $x^2\dfrac{\partial^2 u}{\partial x^2} + 2xy\dfrac{\partial^2 u}{\partial x \partial y} + y^2\dfrac{\partial^2 u}{\partial y^2} = 0, A(u - A(u)) = 0$, 而

$$A(u) = x\frac{\partial u}{\partial x} + y\frac{\partial u}{\partial y} = x\left[\frac{\partial u}{\partial \xi} \cdot \left(-\frac{y}{x^2}\right) + \frac{\partial u}{\partial \eta}\right] + y\left(\frac{\partial u}{\partial \xi} \cdot \frac{1}{x} - \frac{\partial u}{\partial \eta}\right) = (x - y)\frac{\partial u}{\partial \eta} = \eta\frac{\partial u}{\partial \eta},$$

故 $A(u - A(u)) = A\left(u - \eta\dfrac{\partial u}{\partial \eta}\right) = \eta\dfrac{\partial}{\partial \eta}\left(u - \eta\dfrac{\partial u}{\partial \eta}\right) = -\eta^2\dfrac{\partial^2 u}{\partial \eta^2}$,

所以 $x^2\dfrac{\partial^2 u}{\partial x^2} + 2xy\dfrac{\partial^2 u}{\partial x \partial y} + y^2\dfrac{\partial^2 u}{\partial y^2} = 0$, 即可化为方程 $\dfrac{\partial^2 u}{\partial \eta^2} = 0$.

14. 根据复合函数求导法则, 对 $y(x) = \mathrm{e}^{-2x}f(x, x)$ 两端求导, 得

$$y'(x) = -2\mathrm{e}^{-2x}f(x, x) + \mathrm{e}^{-2x}f_u(x, x) + \mathrm{e}^{-2x}f_v(x, x) = -2y + x^2\mathrm{e}^{-2x}.$$

因此, 所求一阶微分方程为 $y' + 2y = x^2\mathrm{e}^{-2x}$. 该微分方程为一阶线性微分方程, 所

以由通解公式得

$$y = \mathrm{e}^{-\int 2\mathrm{d}x}\left[\int x^2\, \mathrm{e}^{-2x}\mathrm{e}^{\int 2\mathrm{d}x}\mathrm{d}x + C\right] = \left(\frac{x^3}{3} + C\right)\mathrm{e}^{-2x}.$$

15. 设 $F(x,y,z) = 3x^2 + y^2 - z^2 - 27$,则曲面法向量为

$$\boldsymbol{n}_1 = (F_x, F_y, F_z) = 2(3x, y, -z).$$

过直线的平面束方程为 $(10x + 2y - 2z - 27) + \lambda(x + y - z) = 0,$

即　　　　　　　$(10+\lambda)x + (2+\lambda)y - (2+\lambda)z - 27 = 0,$

其法向量为 $\boldsymbol{n}_1 = \{10+\lambda, 2+\lambda, -(2+\lambda)\}.$

设所求切点的坐标为 $P_0(x_0, y_0, z_0)$,则

$$\begin{cases} \dfrac{10+\lambda}{3x_0} = \dfrac{2+\lambda}{y_0} = \dfrac{2+\lambda}{z_0}, \\[2mm] 3x_0^2 + y_0^2 - z_0^2 = 27, \\[2mm] (10+\lambda)x_0 + (2+\lambda)y_0 - (2+\lambda)z_0 - 27 = 0, \end{cases}$$

解得 $x_0 = -3, y_0 = -17, z_0 = -17, \lambda = -19.$

所求切平面方程为 $9x + y - z - 27 = 0$ 或 $9x + 17y - 17z + 27 = 0.$

【争分提能练】

1. (1) D; (2) B; (3) A.

2. (1) $\dfrac{\partial f}{\partial y} = x\mathrm{e}^{x^3 y^2}, \dfrac{\partial^2 f}{\partial x \partial y} = 3x^3 y^2 \mathrm{e}^{x^3 y^2} + \mathrm{e}^{x^3 y^2}$,代入 $x=1, y=1$,得 $\dfrac{\partial^2 f}{\partial x \partial y}\Big|_{(1,1)}$

$= 4\mathrm{e}.$

(2) 由条件可知 $f(0,0) = 0,$

又 $\displaystyle\lim_{(x,y)\to(0,0)} \frac{f(x,y) + 3x - 4y}{x^2 + y^2} = \lim_{(x,y)\to(0,0)} \frac{f(x,y) + 3x - 4y}{\sqrt{x^2 + y^2}} \cdot \frac{1}{\sqrt{x^2 + y^2}} = 2,$

所以

$$\lim_{(x,y)\to(0,0)} \frac{f(x,y) + 3x - 4y}{\sqrt{x^2 + y^2}} = 0,$$

即

$$\lim_{(x,y)\to(0,0)} \frac{\big[f(x,y) - f(0,0)\big] + 3x - 4y}{\sqrt{x^2 + y^2}} = 0,$$

由可微定义知 $f_x'(0,0) = 3, f_y'(0,0) = -4$,代入即得 $2f_x'(0,0) + f_y'(0,0) = 2.$

3. (1) $\displaystyle\lim_{\Delta x \to 0} \frac{f(\Delta x, 0) - f(0,0)}{\Delta x} = \lim_{\Delta x \to 0} \frac{0}{\Delta x} = 0 \Rightarrow f_x(0,0) = 0$,同理 $f_y(0,0) = 0.$

231

(2) $\lim\limits_{t\to 0^+}\dfrac{f(t\cos\theta,t\sin\theta)-f(0,0)}{t}=\lim\limits_{t\to 0^+}\cos^2\theta\sin^2\theta=\cos^2\theta\sin^2\theta$ 存在,

所以函数沿任意方向的方向导数都存在.

4. $f(x,y+1)=2x+3(y+1)-2+o(\rho)$,即 $z=2x+3y-2+o(\rho)$,所以 $z=f(x,y)$ 在点 $(0,1)$ 处的切平面方程为 $2x+3y-z-2=0$.

5. $\forall M(x,y,z)\in S$,过点 M 的切平面方程为 $\left(f-\dfrac{y}{x}f'\right)(X-x)+f'(Y-y)=Z-z$,

整理可得 $\left(f-\dfrac{y}{x}f'\right)X+f'\cdot Y-Z=0$,所有切平面都相交于原点.

6. 只需证明函数 $f(x,y)=y^2\mathrm{e}^x(3-y^2-\mathrm{e}^x)$ 在 $y^2+\mathrm{e}^x\leqslant 3$ 上的最大值为 1.

由 $\begin{cases}\dfrac{\partial f}{\partial x}=y^2\mathrm{e}^x(3-y^2-\mathrm{e}^x)-y^2\mathrm{e}^{2x}=0,\\[2mm]\dfrac{\partial f}{\partial y}=2y\mathrm{e}^x(3-y^2-\mathrm{e}^x)-2y^3\mathrm{e}^{2x}=0,\end{cases}$ 解得 $\begin{cases}x=0,\\y=1,\end{cases}$ 或 $\begin{cases}x=0,\\y=-1.\end{cases}$

又当 $y^2+\mathrm{e}^x=3$ 时,$f(x,y(x))=0$,因为 $f(0,1)=1$,$f(0,-1)=1$,所以 $f(x,y)\leqslant 1$,得证.

7. 由于 $\lim\limits_{\substack{x\to\infty\\y\to\infty}}\left(x\dfrac{\partial f}{\partial x}+y\dfrac{\partial f}{\partial y}\right)\geqslant\alpha>0$,当 $x^2+y^2\geqslant M^2$ 时,有 $x\dfrac{\partial f}{\partial x}+y\dfrac{\partial f}{\partial y}\geqslant\alpha>0$. $(M>0)$. 对于任何 $\theta\in[0,2\pi)$ 及 $\rho>M$,由微分中值定理得,存在 $\xi\in(M,\rho)$ 满足

$$f(\rho\cos\theta,\rho\sin\theta)-f(M\cos\theta,M\sin\theta)=\left[\cos\theta\dfrac{\partial f}{\partial x}(\xi\cos\theta,\xi\sin\theta)+\sin\theta\dfrac{\partial f}{\partial y}(\xi\cos\theta,\right.$$

$$\left.\xi\sin\theta)\right](\rho-M)=\dfrac{1}{\xi}\left[\bar{x}\dfrac{\partial f}{\partial x}\Big|_{(\bar x,\bar y)}+\bar{y}\dfrac{\partial f}{\partial y}\Big|_{(\bar x,\bar y)}\right](\rho-M)>0,$$ 故 $f(\rho\cos\theta,\rho\sin\theta)>f(M\cos\theta,M\sin\theta)$.

故 $f(x,y)$ 在 $x^2+y^2\leqslant M^2$ 内达到最小值.

8. 所证等式即为 $u_x^2+u_y^2+u_z^2=2(xu_x+yu_y+zu_z)$.

在 $\dfrac{x^2}{a^2+u}+\dfrac{y^2}{b^2+u}+\dfrac{z^2}{z^2+u}=1$ 两边对 x 求偏导得

$$\dfrac{2x}{a^2+u}=\left[\dfrac{x^2}{(a^2+u)^2}+\dfrac{y^2}{(b^2+u)^2}+\dfrac{z^2}{(z^2+u)^2}\right]u_x,$$

由轮换性得 $\dfrac{2y}{b^2+u}=\left[\dfrac{x^2}{(a^2+u)^2}+\dfrac{y^2}{(b^2+u)^2}+\dfrac{z^2}{(z^2+u)^2}\right]u_y,$

$$\frac{2z}{c^2+u} = \left[\frac{x^2}{(a^2+u)^2} + \frac{y^2}{(b^2+u)^2} + \frac{z^2}{(z^2+u)^2}\right]u_z,$$

上面三个式子平方后相加得

$$4 = \left[\frac{x^2}{(a^2+u)^2} + \frac{y^2}{(b^2+u)^2} + \frac{z^2}{(z^2+u)^2}\right](u_x^2+u_y^2+u_z^2), \qquad ①$$

上面三个式子分别乘 x,y,z 后相加得

$$2 = \left[\frac{x^2}{(a^2+u)^2} + \frac{y^2}{(b^2+u)^2} + \frac{z^2}{(z^2+u)^2}\right](xu_x+yu_y+zu_z), \qquad ②$$

将 ①② 两式联立即可得证.

9. 在 $f(tu,tv) = t^2 f(u,v)$ 两边同时对 t 求导,得

$$uf'_u(tu,tv) + vf'_v(tu,tv) = 2tf(u,v),$$

上式中令 $t=1$,又将条件 $f(1,2)=0$ 和 $f'_u(1,2)=3$ 代入可得 $f'_v(1,2) = -\dfrac{3}{2}.$

极限式 $= \lim\limits_{x\to0}\left[1+f(x-\sin x+1, \sqrt{1+x^3}+1)\right]^{\frac{1}{\ln(1+x^3)}}$

$\qquad = \lim\limits_{x\to0}e^{\frac{1}{\ln(1+x^3)}\ln\left[1+f(x-\sin x+1, \sqrt{1+x^3}+1)\right]},$

又 $\qquad \lim\limits_{x\to0}\dfrac{1}{\ln(1+x^3)}\ln\left[1+f(x-\sin x+1, \sqrt{1+x^3}+1)\right]$

$\qquad = \lim\limits_{x\to0}\dfrac{f(x-\sin x+1, \sqrt{1+x^3}+1)}{x^3}$

$\qquad = \lim\limits_{x\to0}\dfrac{f'_u \cdot (1-\cos x) + f'_v \cdot \dfrac{3x^2}{2\sqrt{1+x^3}}}{3x^2} = -\dfrac{1}{4},$

所以原式 $= e^{-\frac{1}{4}}.$

10. 因为 $f_{xy}(x,y) = x+y$, 所以 $f_x(x,y) = xy + \dfrac{1}{2}y^2 + \varphi(x)$,

于是有 $\displaystyle\int_0^x f'_x(x,y)\mathrm{d}x = f(x,y) - f(0,y) = \int_0^x\left[xy + \dfrac{1}{2}y^2 + \varphi(x)\right]\mathrm{d}x$

$\qquad\qquad = \dfrac{1}{2}x^2y + \dfrac{1}{2}xy^2 + \displaystyle\int_0^x\varphi(x)\mathrm{d}x,$

即 $\qquad f(x,y) - f(0,y) = \dfrac{1}{2}x^2y + \dfrac{1}{2}xy^2 + \displaystyle\int_0^x\varphi(x)\mathrm{d}x,$

代入 $f(x,0) = x^2, f(0,y) = y,$ 得

$$f(x,0) = \int_0^x\varphi(x)\mathrm{d}x = x^2,$$

所以 $f(x,y) = \dfrac{1}{2}xy(x+y) + x^2 + y$.

11. 令 $g(x) = 1 - \displaystyle\sum_{i=1}^{n} x_i^2$,作拉格朗日函数 $L(x,\lambda) = f(x) + \lambda g(x)$,

由于 $f(x)$ 在 $\displaystyle\sum_{i=1}^{n} x_i^2 = 1$ 上必达到最大(最小) 值. 设在 $\boldsymbol{x}^0 = (x_1^0, x_2^0, \cdots, x_n^0)$ 处

达到最大值,那么满足 $\begin{cases} \displaystyle\sum_{i=1}^{n} a_{ij}x_i^0 - \lambda x_i^0 = 0, \\ \displaystyle\sum_{i=1}^{n} (x_i^0)^2 = 1, \end{cases}$ $(i = 1, 2, \cdots, n)$,即 $\begin{cases} (\boldsymbol{A} - \lambda \boldsymbol{I})\boldsymbol{x}^0 = 0, \\ \displaystyle\sum_{i=1}^{n} (x_i^0)^2 = 1, \end{cases}$

故向量 $\boldsymbol{x}^0$ 不是零向量,即 λ 是 $\boldsymbol{A}$ 的特征值,进一步可得 $\boldsymbol{f}(\boldsymbol{x}^0) = \boldsymbol{x}^{\mathrm{T}}\boldsymbol{A}\boldsymbol{x} = \lambda \big(\displaystyle\sum_{i=1}^{n} x_i^0\big)^2 = \lambda$.

可见 $f(x)$ 在 $\displaystyle\sum_{i=1}^{n} x_i^2 = 1$ 上必达到最大值,且是 $\boldsymbol{A}$ 的特征值. 反之,设 λ_1 是 $\boldsymbol{A}$ 的最大特征值,那么有特征向量 $\boldsymbol{x}' = (x_1', x_2', \cdots, x_n')$ 满足 $\displaystyle\sum_{i=1}^{n} (x_i')^2 = 1$,使 $(\boldsymbol{A} - \lambda_1 \boldsymbol{I})\boldsymbol{x}' = 0$.

于是 $\boldsymbol{f}(\boldsymbol{x}') = (\boldsymbol{x}')^{\mathrm{T}}\boldsymbol{A}\boldsymbol{x}' = \lambda_1$,故 $\lambda_1 \leqslant \lambda$,另一方面,$\lambda$ 是 $\boldsymbol{A}$ 的特征值,那么 $\lambda \leqslant \lambda_1$,即 $\lambda_1 = \lambda$. 同理,可证 $f(x)$ 的最小值是矩阵 $\boldsymbol{A}$ 的最小特征值.

12. 在 $\mathrm{e}^{xy} - xy = 2, \mathrm{e}^x = \displaystyle\int_0^{x-z} \dfrac{\sin t}{t}\mathrm{d}t$ 两式两边对 x 求导,得

$\begin{cases} \mathrm{e}^{xy}(y + xy') - (y + xy') = 0, \\ \mathrm{e}^x = \dfrac{\sin(x-z)}{x-z}(1 - z'), \end{cases}$ 解得 $y' = -\dfrac{y}{x}, z' = 1 - \dfrac{\mathrm{e}^x(x-z)}{\sin(x-z)}$,

因此 $\dfrac{\mathrm{d}u}{\mathrm{d}x} = f_1' - \dfrac{y}{x}f_2' + \Big[1 - \dfrac{\mathrm{e}^x(x-z)}{\sin(x-z)}\Big]f_3'$.

13. $|f(x,y)| = |f(r\cos\theta, r\sin\theta)| = r^k \cdot |f(\cos\theta, \sin\theta)|$.

由于 $(x,y) \to (0,0)$ 时,必有 $r \to 0$,又由于 f 有界,所以 $x \to 0, y \to 0, f(x, y) = 0$.

14. 因为 $$u = 1 + \dfrac{2y}{x-y},$$

所以

$$\dfrac{\partial^m u}{\partial x^m} = (-1)^m \dfrac{m!2y}{(x-y)^{m+1}} = -2 \cdot m! \dfrac{y-x+x}{(y-x)^{m+1}}$$

$$= -2 \cdot m! \cdot \left[\frac{1}{(y-x)^m} + \frac{x}{(y-x)^{m+1}} \right].$$

由于 $\dfrac{\partial^{m+1}u}{\partial x^m \partial y} = -2 \cdot m! \cdot \left[\dfrac{-m}{(y-x)^{m+1}} + \dfrac{-(m+1)x}{(y-x)^{m+2}} \right]$,

$$\frac{\partial^{m+2}u}{\partial x^m \partial y^2} = -2 \cdot m! \cdot \left[(-1)^2 \frac{m(m+1)}{(y-x)^{m+2}} + (-1)^2 \frac{(m+1)(m+2)x}{(y-x)^{m+3}} \right], \cdots,$$

$$\frac{\partial^{m+n}u}{\partial x^m \partial y^n} = -2 \left[(-1)^n \frac{m(m+n-1)!}{(y-x)^{m+n}} + (-1)^n \frac{(m+n)!\,x}{(y-x)^{m+n+1}} \right],$$

因此

$$\frac{\partial^{m+n}u}{\partial x^m \partial y^n} \bigg|_{(2,1)} = -2 \left[(-1)^n \frac{m(m+n-1)!}{(-1)^{m+n}} + (-1)^n \frac{2 \cdot (m+n)!}{(-1)^{m+n+1}} \right]$$

$$= 2(-1)^m (m+n-1)!(2m+2n-m)$$

$$= 2(-1)^m (m+n-1)!(m+2n).$$

15. 令 $x = r\cos\theta\sin\varphi, y = r\sin\theta\sin\varphi, z = r\cos\varphi$, 则有

$$u = f(r\cos\theta\sin\varphi, r\sin\theta\sin\varphi, r\cos\varphi)$$

则
$$\frac{\partial u}{\partial \theta} = -r\sin\theta \cdot \sin\varphi \cdot f'_x + r\cos\theta \cdot \sin\varphi \cdot f'_y,$$

$$\frac{\partial u}{\partial \varphi} = r\cos\theta \cdot \cos\varphi \cdot f'_x + r\sin\theta \cdot \cos\varphi \cdot f'_y - r\sin\varphi \cdot f'_z,$$

由 $\dfrac{f'_x}{x} = \dfrac{f'_y}{y} = \dfrac{f'_z}{z}$ 得

$$\frac{f'_x}{r\cos\theta \cdot \sin\varphi} = \frac{f'_y}{r\sin\theta \cdot \sin\varphi} = \frac{f'_z}{r\cos\varphi} = \lambda,$$

代入 $\dfrac{\partial u}{\partial \theta}, \dfrac{\partial u}{\partial \varphi}$ 有 $\dfrac{\partial u}{\partial \theta} \equiv 0, \dfrac{\partial u}{\partial \varphi} \equiv 0$, 从而证得 u 仅为 r 的函数.

【实战真题练】

1. A.　　**2.** $2x + 2y + z + \dfrac{3}{2} = 0$.

3. $x - 2y - 2 = 0$.　　**4.** $\dfrac{\partial u}{\partial l} \bigg|_{P_0} = \dfrac{2}{\sqrt{6}}(1 + \mathrm{e}^{-1})$.

5. $\dfrac{\partial^2 z}{\partial x \partial y} = \dfrac{F_2^2 F_{11} - 2F_1 F_2 F_{12} + F_1^2 F_{22}}{F_2^3}$.

6. -2.　　**7.** $(y-x)f'_2 \cdot \psi'$.　　**8.** $\mathrm{d}z \big|_{(2,1)} = 7\mathrm{d}x - 8\mathrm{d}y$.

9. $4f''_{uv}$.　　**10.** 连续,不可微.

11. $\dfrac{\partial u}{\partial x}=f'_x$; $\dfrac{\partial u}{\partial y}=f'_y+\dfrac{-f'_z\cdot g'_y\cdot h'_t+f'\cdot g'_y\cdot h'_z}{g'_z\cdot h'_t-g'_t\cdot h'_z}$.

12. 在点 $(\sqrt{2},\sqrt{2})$ 和点 $(-\sqrt{2},-\sqrt{2})$ 处取得最大值 42.

13. $f_{\min}=0,f_{\max}=6$.

14. 极大值 $y(0)=-1$,极小值 $y(-2)=1$.

15. 提示:对函数 $f(x,y)=(x^2+3y^2)\mathrm{e}^{-(x+y)}$ 求最大值,得到 $f_{\max}=12\mathrm{e}^{-2}$ 即可得证.

16. $f(-4,2)=64$ 为极大值,特殊路径法证得 $f(0,0)=0$ 不是 $f(x,y)$ 的极值.

17. $\dfrac{\sqrt{2}}{4}\pi$.

18. 一阶微分方程为 $y'+2y=x^2\mathrm{e}^{-2x}$,通解为 $y=\left(\dfrac{x^3}{3}+C\right)\mathrm{e}^{-2x}$.

19. $a=2,z=\varphi(x-3y)+\varphi(x+ay)$.

20. $u''_{xx}(x,2x)=u''_{yy}(x,2x)=-\dfrac{4x}{3},u''_{xy}(x,2x)=\dfrac{5x}{3}$.

21. $\mathrm{d}f(x,y)\Big|_{(2,-2)}=-\mathrm{d}x+\mathrm{d}y;x-y+z-5=0$.

22. 提示:利用曲面的切平面.

23. $(F_xG_z-G_xF_z)_{P_0}(x-x_0)+(F_yG_z-G_yF_z)_{P_0}(y-y_0)=0$.

24. 提示:作辅助函数 $\varphi(t)=f[x_1+t(x_2-x_1),y_1+t(y_2-y_1)]$,在区间 $[0,1]$ 上应用拉格朗日中值定理,再用柯西不等式即可证明.

25. 提示:在给定的条件下通过复合函数微分法判断得到梯度向量为零向量,黑塞矩阵为正定矩阵即可.

第六讲

多元函数积分

一、内容提要

（一）重积分的概念、性质与计算

1. 二重积分的概念与性质

（1）二重积分的定义

设函数 $f(x,y)$ 在闭区域 D 上有界，将 D 任意分割为 n 个小区域，用 $\Delta\sigma_i$ 表示第 i 个小区域及其面积，$\lambda = \max\limits_{1 \leqslant i \leqslant n}\{\Delta\sigma_i \text{ 的直径}\}$，在 $\Delta\sigma_i$ 内任意取一点 (ξ_i, η_i)，则

$$\iint\limits_D f(x,y)\mathrm{d}\sigma = \lim_{\lambda \to 0}\sum_{i=1}^{n} f(\xi_i, \eta_i)\Delta\sigma_i.$$

（2）二重积分的几何意义

在区域 D 上，当 $f(x,y) \geqslant 0$ 时，$\iint\limits_D f(x,y)\mathrm{d}\sigma$ 表示曲面 $z = f(x,y)$ 在区域 D 上所对应的曲顶柱体的体积；当 $f(x,y)$ 在区域 D 上有正有负时，$\iint\limits_D f(x,y)\mathrm{d}\sigma$ 表示曲面 $z = f(x,y)$ 在区域 D 上所对应的曲顶柱体的体积的代数和.

（3）二重积分的基本性质

设 $f(x,y), g(x,y)$ 在平面区域 D 上可积，则二重积分有如下性质：

性质 1（线性性） 设 k_1, k_2 为常数，则

$$\iint\limits_D [k_1 f(x,y) \pm k_2 g(x,y)]\mathrm{d}\sigma = k_1 \iint\limits_D f(x,y)\mathrm{d}\sigma \pm k_2 \iint\limits_D g(x,y)\mathrm{d}\sigma;$$

性质 2（几何性） 在区域 D 上，$\iint\limits_D 1 \cdot \mathrm{d}\sigma = S_D$，其中 S_D 表示区域 D 的面积；

性质 3（保号性） 如果在区域 D 上，$f(x,y) \geqslant 0$，那么 $\iint\limits_D f(x,y)\mathrm{d}\sigma \geqslant 0$；

性质 4(可加性)　如果 D 被分为两个区域 D_1，D_2，且 D_1 与 D_2 的交集的面积为零，那么

$$\iint\limits_{D} f(x,y)\mathrm{d}\sigma = \iint\limits_{D_1} f(x,y)\mathrm{d}\sigma + \iint\limits_{D_2} f(x,y)\mathrm{d}\sigma;$$

性质 5(估值定理)　设 m 和 M 分别是 $f(x,y)$ 在闭区域 D 上的最小值和最大值，S_D 是区域 D 的面积，则

$$mS_D \leqslant \iint\limits_{D} f(x,y)\mathrm{d}\sigma \leqslant MS_D;$$

性质 6(中值定理)　如果 $f(x,y)$ 在闭区域 D 上连续，S_D 是区域 D 的面积，那么在 D 上至少存在一点 (ξ,η)，使 $\iint\limits_{D} f(x,y)\mathrm{d}\sigma = f(\xi,\eta) \cdot S_D$.

2. 三重积分的概念与性质

(1) 三重积分的定义

设函数 $f(x,y,z)$ 在闭区域 Ω 上有界，将 Ω 任意分割为 n 个小区域，用 Δv_i 表示第 i 个小区域及其体积，在 Δv_i 内任意取一点 (ξ_i,η_i,ζ_i)，令 $\lambda = \max\limits_{1\leqslant i\leqslant n}\{\Delta v_i$ 的直径$\}$，则三重积分

$$\iiint\limits_{\Omega} f(x,y,z)\mathrm{d}v = \lim_{\lambda\to 0}\sum_{i=1}^{n} f(\xi_i,\eta_i,\zeta_i)\Delta v_i.$$

(2) 三重积分有与二重积分有类似的基本性质

线性性、积分对于区域的可加性、保序性、估值定理、中值定理.

(3) 二重积分与三重积分有类似的积分存在的充分条件：被积函数 f 在积分区域上连续.

3. 重积分的计算

(1) 二重积分的计算

① 直角坐标系下的计算

直角坐标系下的面积元素 $\mathrm{d}\sigma = \mathrm{d}x\mathrm{d}y$，

ⅰ：X 型区域：若 D：$a\leqslant x\leqslant b$，$\varphi_1(x)\leqslant y\leqslant\varphi_2(x)$，则

$$\iint\limits_{D} f(x,y)\mathrm{d}x\mathrm{d}y = \int_{a}^{b}\mathrm{d}x\int_{\varphi_1(x)}^{\varphi_2(x)} f(x,y)\mathrm{d}y.$$

ⅱ：Y 型区域：若 D：$c\leqslant y\leqslant d$，$\psi_1(y)\leqslant x\leqslant\psi_2(y)$，则

$$\iint\limits_{D} f(x,y)\mathrm{d}x\mathrm{d}y = \int_{c}^{d}\mathrm{d}y\int_{\psi_1(y)}^{\psi_2(y)} f(x,y)\mathrm{d}x.$$

② 极坐标系下的计算

极坐标系下的面积元素 $\mathrm{d}\sigma = \rho \mathrm{d}\rho \mathrm{d}\theta$,极坐标与直角坐标的关系为 $\begin{cases} x = \rho\cos\theta, \\ y = \rho\sin\theta, \end{cases}$

ⅰ:θ 型区域:若 D:$\alpha \leqslant \theta \leqslant \beta$,$\varphi_1(\theta) \leqslant \rho \leqslant \varphi_2(\theta)$,则

$$\iint\limits_{D} f(x,y)\mathrm{d}x\mathrm{d}y = \int_{\alpha}^{\beta} \mathrm{d}\theta \int_{\varphi_1(\theta)}^{\varphi_2(\theta)} f(\rho\cos\theta,\rho\sin\theta)\rho\mathrm{d}\rho.$$

ⅱ:ρ 型区域:若 D:$\rho_1 \leqslant \rho \leqslant \rho_2$,$\psi_1(\rho) \leqslant \theta \leqslant \psi_2(\rho)$,则

$$\iint\limits_{D} f(x,y)\mathrm{d}x\mathrm{d}y = \int_{\rho_1}^{\rho_2} \mathrm{d}\rho \int_{\psi_1(\rho)}^{\psi_2(\rho)} f(\rho\cos\theta,\rho\sin\theta)\rho\mathrm{d}\theta.$$

③ 二重积分的换元法

二重积分的换元公式:设函数 $f(x,y)$ 在 D 上连续,变换 T:$x = X(u,v)$,$y = Y(u,v)$ 具有一阶连续偏导数,且 $J = \dfrac{\partial(x,y)}{\partial(u,v)} = \begin{vmatrix} \dfrac{\partial x}{\partial u} & \dfrac{\partial x}{\partial v} \\ \dfrac{\partial y}{\partial u} & \dfrac{\partial y}{\partial v} \end{vmatrix} \neq 0$,则有换元公式:

$$\iint\limits_{D} f(x,y)\mathrm{d}x\mathrm{d}y = \iint\limits_{D'} f(x(u,v),y(u,v))|J|\mathrm{d}u\mathrm{d}v,$$ 其中 D' 为 D 在坐标 uOv 面上的图形.

(2) 三重积分的计算

① 直角坐标系下的计算

直角坐标系下的体积元素:$\mathrm{d}v = \mathrm{d}x\mathrm{d}y\mathrm{d}z$,

ⅰ:投影法:若区域 Ω 为曲面柱体,则常用投影法计算. 设 Ω:$\forall (x,y) \in D_{xy}$,$z_1(x,y) \leqslant z \leqslant z_2(x,y)$,则

$$\iiint\limits_{\Omega} f(x,y,z)\mathrm{d}v = \iint\limits_{D_{xy}} \mathrm{d}x\mathrm{d}y \int_{z_1(x,y)}^{z_2(x,y)} f(x,y,z)\mathrm{d}z.$$

若 D_{xy} 为 X 型:$a \leqslant x \leqslant b$,$y_1(x) \leqslant y \leqslant y_2(x)$,则

$$\iiint\limits_{\Omega} f(x,y,z)\mathrm{d}v = \int_{a}^{b} \mathrm{d}x \int_{y_1(x)}^{y_2(x)} \mathrm{d}y \int_{z_1(x,y)}^{z_2(x,y)} f(x,y,z)\mathrm{d}z;$$

若 D_{xy} 为 Y 型:$c \leqslant y \leqslant d$,$x_1(y) \leqslant x \leqslant x_2(y)$,则

$$\iiint\limits_{\Omega} f(x,y,z)\mathrm{d}v = \int_{c}^{d} \mathrm{d}y \int_{x_1(y)}^{x_2(y)} \mathrm{d}x \int_{z_1(x,y)}^{z_2(x,y)} f(x,y,z)\mathrm{d}z.$$

ⅱ:切片法:若 Ω 在 z 轴上的投影区间为 $[c_1,c_2]$,且过 $[c_1,c_2]$ 上任意点 z 作平行于 xOy 面的平面,截 Ω 所得的平面闭区域 D_z 较规则时,常用切片法计算. 设 Ω:

$\forall z \in [c_1, c_2], (x, y) \in D_z$，则

$$\iiint\limits_{\Omega} f(x,y,z)\mathrm{d}v = \int_{c_1}^{c_2} \mathrm{d}z \iint\limits_{D_z} f(x,y,z)\mathrm{d}x\mathrm{d}y.$$

特别地：若 Ω 为长方体：$a \leqslant x \leqslant b, c \leqslant y \leqslant d, l \leqslant z \leqslant m$，且 $f(x,y,z) = f_1(x)f_2(y)f_3(z)$，则

$$\iiint\limits_{\Omega} f(x,y,z)\mathrm{d}v = \left[\int_a^b f_1(x)\mathrm{d}x\right] \cdot \left[\int_c^d f_2(y)\mathrm{d}y\right] \cdot \left[\int_l^m f_3(z)\mathrm{d}z\right].$$

② 柱面坐标系下的计算

柱面坐标系下的体积元素 $\mathrm{d}v = \rho\mathrm{d}\theta\mathrm{d}\rho\mathrm{d}z$，柱面坐标与直角坐标的关系为

$$\begin{cases} x = \rho\cos\theta, \\ y = \rho\sin\theta, \\ z = z, \end{cases}$$

则

$$\iiint\limits_{\Omega} f(x,y,z)\mathrm{d}v = \iiint\limits_{\Omega} f(\rho\cos\theta, \rho\sin\theta, z)\rho\mathrm{d}\theta\mathrm{d}\rho\mathrm{d}z.$$

ⅰ：投影法：Ω 为关于 xOy 面上的曲面柱体，且投影区域用极坐标表示较方便时：

若 $\Omega: \alpha \leqslant \theta \leqslant \beta, \rho_1(\theta) \leqslant \rho \leqslant \rho_2(\theta), z_1(\rho,\theta) \leqslant z \leqslant z_2(\rho,\theta)$，则

$$\iiint\limits_{\Omega} f(x,y,z)\mathrm{d}v = \int_\alpha^\beta \mathrm{d}\theta \int_{\rho_1(\theta)}^{\rho_2(\theta)} \rho\mathrm{d}\rho \int_{z_1(\rho,\theta)}^{z_2(\rho,\theta)} f(\rho\cos\theta, \rho\sin\theta, z)\mathrm{d}z.$$

ⅱ：切片法：若 Ω 在 z 轴上的投影区间为 $[c_1, c_2]$，且过 $[c_1, c_2]$ 上任意点 z 作平行于 xOy 面的平面，截 Ω 所得的平面闭区域 D_z 较规则，且用极坐标表示较方便时，

若 $\Omega: \forall z \in [c_1, c_2], (\rho, \theta) \in D_z$，则

$$\iiint\limits_{\Omega} f(x,y,z)\mathrm{d}v = \int_{c_1}^{c_2} \mathrm{d}z \iint\limits_{D_z} f(\rho\cos\theta, \rho\sin\theta, z)\rho\mathrm{d}\theta\mathrm{d}\rho.$$

③ 球面坐标系下的计算

球面坐标系下的体积元素 $\mathrm{d}v = r^2\sin\varphi\mathrm{d}\theta\mathrm{d}\varphi\mathrm{d}r$，球面坐标与直角坐标的关系为

$$\begin{cases} x = r\sin\varphi\cos\theta, \\ y = r\sin\varphi\sin\theta, \\ z = r\cos\varphi, \end{cases}$$

则

$$\iiint\limits_{\Omega} f(x,y,z)\mathrm{d}v = \iiint\limits_{\Omega} f(r\sin\varphi\cos\theta, r\sin\varphi\sin\theta, r\cos\varphi)r^2\sin\varphi\mathrm{d}\theta\mathrm{d}\varphi\mathrm{d}r.$$

若 $\Omega: \alpha \leqslant \theta \leqslant \beta, \varphi_1(\theta) \leqslant \varphi \leqslant \varphi_2(\theta), r_1(\varphi,\theta) \leqslant r \leqslant r_2(\varphi,\theta)$，则

$$\iiint\limits_{\Omega} f(x,y,z)\mathrm{d}v = \int_\alpha^\beta \mathrm{d}\theta \int_{\varphi_1(\theta)}^{\varphi_2(\theta)} \mathrm{d}\varphi \int_{r_1(\varphi,\theta)}^{r_2(\varphi,\theta)} f(r\sin\varphi\cos\theta, r\sin\varphi\sin\theta, r\cos\varphi)r^2\sin\varphi\mathrm{d}r.$$

④ 三重积分的坐标变换公式

定理　设函数 $\varphi(u,v,w),\psi(u,v,w),\chi(u,v,w)$ 都具有一阶连续偏导函数,且雅可比行列式

$$J(u,v,w)=\frac{\partial(\varphi,\psi,\chi)}{\partial(u,v,w)}=\begin{vmatrix} \dfrac{\partial\varphi}{\partial u} & \dfrac{\partial\varphi}{\partial v} & \dfrac{\partial\varphi}{\partial w} \\[2mm] \dfrac{\partial\psi}{\partial u} & \dfrac{\partial\psi}{\partial v} & \dfrac{\partial\psi}{\partial w} \\[2mm] \dfrac{\partial\chi}{\partial u} & \dfrac{\partial\chi}{\partial v} & \dfrac{\partial\chi}{\partial w} \end{vmatrix}\neq 0,$$

若函数 $f(x,y,z)$ 在区域 Ω 上连续,区域 Ω 关于变换 $T:x=\varphi(u,v,w),y=\psi(u,v,w),z=\chi(u,v,w)$ 的像为区域 Ω',则有

$$\iiint\limits_{\Omega}f(x,y,z)\mathrm{d}v=\iiint\limits_{\Omega'}f\big[\varphi(u,v,w),\psi(u,v,w),\chi(u,v,w)\big]\,|\,J\,|\,\mathrm{d}u\mathrm{d}v\mathrm{d}w.$$

(二) 第一型曲线积分与曲面积分的概念、性质与计算

1. 第一型(对弧长的) 曲线积分的概念、性质与计算

(1) 第一型(对弧长的) 曲线积分的定义

设 L 为 xOy 面或空间内的一条光滑曲线弧,函数 f 在 L 上连续. 把 L 分为 n 个小弧段,记第 i 个小弧段为 $\Delta s_i(i=1,2,\cdots,n)$($\Delta s_i$ 也表示该小弧段的长度),任取一点 $P_i\in\Delta s_i$,记各小弧段的长度的最大值为 λ,则对弧长的(第一型) 曲线积分,

$$\int_L f(P)\mathrm{d}s=\lim_{\lambda\to 0}\sum_{i=1}^{n}f(P_i)\Delta s_i.$$

若 L 为平面曲线,则有 $\displaystyle\int_L f(x,y)\mathrm{d}s=\lim_{\lambda\to 0}\sum_{i=1}^{n}f(\xi_i,\eta_i)\Delta s_i.$

若 L 为空间曲线,则有 $\displaystyle\int_L f(x,y,z)\mathrm{d}s=\lim_{\lambda\to 0}\sum_{i=1}^{n}f(\xi_i,\eta_i,\zeta_i)\Delta s_i.$

(2) 第一型曲线积分有与重积分类似的物理意义、基本性质与存在的充分条件

① 设曲线 L 的线密度为 $\mu(P)$,点 $P\in L$,则其质量为 $M=\displaystyle\int_L\mu(P)\mathrm{d}s.$

② 第一型曲线积分有与重积分类似的基本性质

线性性、积分对于区域的可加性、保序性、估值定理、中值定理.

③ 第一型曲线积分有与重积分类似的积分存在的充分条件:被积函数 f 在积分曲线上连续.

（3）第一型曲线积分的计算：化为曲线参数方程的参数的定积分，具体如下：

设 $f(x,y)$ 或 $f(x,y,z)$ 在分段光滑的弧段 L 或 Γ 上连续，则

① 设平面曲线 $L:\begin{cases} x=x(t), \\ y=y(t), \end{cases}(\alpha \leqslant t \leqslant \beta)$，$x(t)$，$y(t)$ 均在 $[\alpha,\beta]$ 上具有一阶连续导数，且

$$x'^2(t)+y'^2(t) \neq 0,$$

则

$$\int_L f(x,y)\mathrm{d}s = \int_\alpha^\beta f[x(t),y(t)] \sqrt{x'^2(t)+y'^2(t)}\,\mathrm{d}t;$$

② 设平面曲线 $L:y=y(x)(a \leqslant x \leqslant b)$，$y(x)$ 在 $[a,b]$ 上具有一阶连续导数，则

$$\int_L f(x,y)\mathrm{d}s = \int_a^b f[x,y(x)] \sqrt{1+y'^2(x)}\,\mathrm{d}x;$$

③ 设平面曲线 $L:x=x(y)(c \leqslant y \leqslant d)$，$x(y)$ 在 $[c,d]$ 上具有一阶连续导数，则

$$\int_L f(x,y)\mathrm{d}s = \int_c^d f[x(y),y] \sqrt{1+x'^2(y)}\,\mathrm{d}y;$$

④ 设平面曲线 $L:\rho=\rho(\theta)(\alpha \leqslant \theta \leqslant \beta)$，$\rho(\theta)$ 在 $[\alpha,\beta]$ 上具有一阶连续导数，则

$$\int_L f(x,y)\mathrm{d}s = \int_\alpha^\beta f[\rho(\theta)\cos\theta,\rho(\theta)\sin\theta] \sqrt{\rho^2(\theta)+\rho'^2(\theta)}\,\mathrm{d}\theta;$$

⑤ 设空间曲线 $\Gamma:x=x(t),y=y(t),z=z(t)(\alpha \leqslant t \leqslant \beta)$，$x(t),y(t),z(t)$ 均在 $[\alpha,\beta]$ 上连续，且 $x'^2(t)+y'^2(t)+z'^2(t) \neq 0$，则

$$\int_\Gamma f(x,y,z)\mathrm{d}s = \int_\alpha^\beta f[x(t),y(t),z(t)] \sqrt{x'^2(t)+y'^2(t)+z'^2(t)}\,\mathrm{d}t.$$

2. 第一型（对面积的）曲面积分的概念、性质与计算

（1）第一型曲面积分的定义

设 Σ 是一片有界的光滑曲面，函数 $f(x,y,z)$ 在 Σ 上有界，将 Σ 划分成 n 小块 $\Delta\Sigma_1,\Delta\Sigma_2,\cdots,\Delta\Sigma_n$，记第 i 小块 $\Delta\Sigma_i$ 的面积为 ΔS_i，在 $\Delta\Sigma_i$ 上任取一点 (ξ_i,η_i,ζ_i)，作乘积 $f(\xi_i,\eta_i,\zeta_i)\Delta S_i$，并作和式 $\sum_{i=1}^n f(\xi_i,\eta_i,\zeta_i)\Delta S_i$，令 λ 为各小块曲面的直径的最大值，则第一型（或对面积的）曲面积分

$$\iint_\Sigma f(x,y,z)\mathrm{d}S = \lim_{\lambda \to 0} \sum_{i=1}^n f(\xi_i,\eta_i,\zeta_i)\Delta S_i.$$

（2）第一型曲面积分有与重积分类似的物理意义、基本性质与存在的充分条件

① 设曲面 Σ 的面密度为 $\mu(P)$，点 $P \in \Sigma$，则其质量为 $M = \iint\limits_{\Sigma} \mu(P) \mathrm{d}S$.

② 第一型曲面积分也有与重积分类似的基本性质

线性性、积分对于区域的可加性、保序性、估值定理、中值定理.

③ 第一型曲面积分存在的充分条件：被积函数 f 在积分曲面上连续.

（3）第一型曲面积分的计算方法：化为其投影区域上的二重积分.

设 $f(x,y,z)$ 在光滑的曲面 Σ 上连续，则

① 若 Σ 的方程为 $z = z(x,y)$，其在坐标面 xOy 上的投影区域为 D_{xy}，则

$$\iint\limits_{\Sigma} f(x,y,z) \mathrm{d}S = \iint\limits_{D_{xy}} f[x,y,z(x,y)] \sqrt{1 + z_x^2(x,y) + z_y^2(x,y)} \, \mathrm{d}x\mathrm{d}y;$$

② 若 Σ 的方程为 $y = y(z,x)$，其在坐标面 xOz 上的投影区域为 D_{zx}，则

$$\iint\limits_{\Sigma} f(x,y,z) \mathrm{d}S = \iint\limits_{D_{zx}} f[x,y(z,x),z] \sqrt{1 + y_x^2(z,x) + y_z^2(z,x)} \, \mathrm{d}z\mathrm{d}x;$$

③ 若 Σ 的方程为 $x = x(y,z)$，其在坐标面 yOz 上的投影区域为 D_{yz}，则

$$\iint\limits_{\Sigma} f(x,y,z) \mathrm{d}S = \iint\limits_{D_{yz}} f[x(y,z),y,z] \sqrt{1 + x_y^2(y,z) + x_z^2(y,z)} \, \mathrm{d}y\mathrm{d}z.$$

（三）对称性、轮换性在重积分、第一型曲线与曲面积分计算中的应用

（1）对称性在重积分、第一型曲线与曲面积分计算中的应用

① 若平面区域 D 或曲线 L 关于 x（或 y）轴对称，则

当 $f(x,y)$ 是关于 y（或 x）的奇函数时，$\iint\limits_{D} f(x,y)\mathrm{d}x\mathrm{d}y = 0, \int\limits_{L} f(x,y)\mathrm{d}s = 0$.

当 $f(x,y)$ 是关于 y（或 x）的偶函数时，$\iint\limits_{D} f(x,y)\mathrm{d}x\mathrm{d}y = 2\iint\limits_{D_1} f(x,y)\mathrm{d}x\mathrm{d}y$（$D_1$ 为 D 的上（或右）一半部分），

$$\int\limits_{L} f(x,y)\mathrm{d}s = 2\int\limits_{L_1} f(x,y)\mathrm{d}s(L_1 \text{ 为 } L \text{ 的上（或右）一半部分}).$$

② 若空间区域 Ω（或空间曲线 Γ 或曲面 Σ）分别关于坐标面 yOz, xOz, xOy 对称，则

当 $f(x,y,z)$ 分别为关于 x, y, z 的奇函数时，有

$$\iiint\limits_{\Omega} f(x,y,z)\mathrm{d}v = 0, \int\limits_{\Gamma} f(x,y,z)\mathrm{d}s = 0, \iint\limits_{\Sigma} f(x,y,z)\mathrm{d}S = 0;$$

当 $f(x,y,z)$ 分别为关于 x,y,z 的偶函数时,有

$$\iiint\limits_{\Omega} f(x,y,z)\mathrm{d}v = 2\iiint\limits_{\Omega_1} f(x,y,z)\mathrm{d}v(\Omega_1 \text{ 为 } \Omega \text{ 的前/右/上一半部分}),$$

$$\int\limits_{\Gamma} f(x,y,z)\mathrm{d}s = 2\int\limits_{\Gamma_1} f(x,y,z)\mathrm{d}s(\Gamma_1 \text{ 为 } \Gamma \text{ 的前/右/上一半部分}),$$

$$\iint\limits_{\Sigma} f(x,y,z)\mathrm{d}S = 2\iint\limits_{\Sigma_1} f(x,y,z)\mathrm{d}S(\Sigma_1 \text{ 为 } \Sigma \text{ 的前/右/上一半部分}).$$

(2) 轮换性在重积分、第一型曲线与曲面积分计算中的应用

① 若平面上的区域 D 或曲线 L 分别关于坐标 x,y 具有轮换性(即图形关于直线 $y = x$ 对称),则

$$\iint\limits_{D} f(x,y)\mathrm{d}x\mathrm{d}y = \iint\limits_{D} f(y,x)\mathrm{d}x\mathrm{d}y = \frac{1}{2}\iint\limits_{D}[f(x,y) + f(y,x)]\mathrm{d}x\mathrm{d}y;$$

$$\int\limits_{L} f(x,y)\mathrm{d}s = \int\limits_{L} f(y,x)\mathrm{d}s = \frac{1}{2}\int\limits_{L}[f(x,y) + f(y,x)]\mathrm{d}s.$$

② 若空间区域 Ω 或空间曲线 Γ 或曲面 Σ 分别关于坐标 x,y,z 具有轮换性,则

$$\iiint\limits_{\Omega} f(x,y,z)\mathrm{d}v = \iiint\limits_{\Omega} f(y,z,x)\mathrm{d}v = \iiint\limits_{\Omega} f(z,x,y)\mathrm{d}v$$

$$= \frac{1}{3}\iiint\limits_{\Omega}[f(x,y,z) + f(y,z,x) + f(z,x,y)]\mathrm{d}v;$$

$$\int\limits_{\Gamma} f(x,y,z)\mathrm{d}s = \int\limits_{\Gamma} f(y,z,x)\mathrm{d}s = \int\limits_{\Gamma} f(z,x,y)\mathrm{d}s$$

$$= \frac{1}{3}\int\limits_{\Gamma}[f(x,y,z) + f(y,z,x) + f(z,x,y)]\mathrm{d}s;$$

$$\iint\limits_{\Sigma} f(x,y,z)\mathrm{d}S = \iint\limits_{\Sigma} f(y,z,x)\mathrm{d}S = \iint\limits_{\Sigma} f(z,x,y)\mathrm{d}S$$

$$= \frac{1}{3}\iint\limits_{\Sigma}[f(x,y,z) + f(y,z,x) + f(z,x,y)]\mathrm{d}S.$$

(四) 第二型曲线与曲面积分的概念、性质与计算

1. 第二型(对坐标的) 曲线积分的概念、性质与计算

(1) 第二型(对坐标的) 曲线积分的定义

设 L 是 xOy 平面内从点 A 到点 B 的一条有向光滑曲线弧,函数 $P(x,y),Q(x,y)$

在曲线 L 上有界,在曲线 L 上沿 L 的方向任意插入 $n-1$ 个有序点列 $M_1,M_2,\cdots,$ M_{n-1},令 $A=M_0$,$B=M_n$,把 L 分成 n 个有向小弧段 $\overparen{M_{i-1}M_i}(i=1,2,\cdots,n)$,设 Δx_i $=x_i-x_{i-1}$,$\Delta y_i=y_i-y_{i-1}$,任取点 $(\xi_i,\eta_i)\in\overparen{M_{i-1}M_i}$,作和式 $\sum\limits_{i=1}^{n}P(\xi_i,\eta_i)\Delta x_i$ 与 $\sum\limits_{i=1}^{n}Q(\xi_i,\eta_i)\Delta y_i$,令 $\lambda=\max\limits_{1\leqslant i\leqslant n}\{\Delta s_i\}$,则函数 $P(x,y)$ 在有向曲线弧 L 上对坐标 x 的曲线积分为

$$\int_L P(x,y)\mathrm{d}x=\lim_{\lambda\to0}\sum_{i=1}^{n}P(\xi_i,\eta_i)\Delta x_i.$$

函数 $Q(x,y)$ 在有向曲线弧 L 上对坐标 y 的曲线积分为

$$\int_L Q(x,y)\mathrm{d}y=\lim_{\lambda\to0}\sum_{i=1}^{n}Q(\xi_i,\eta_i)\Delta y_i.$$

这两种积分也都称为第二型曲线积分,合并形式为

$$\int_L P(x,y)\mathrm{d}x+Q(x,y)\mathrm{d}y,简记为\int_L P\mathrm{d}x+Q\mathrm{d}y.$$

若 Γ 为空间有向曲线,则有类似定义

$$\int_\Gamma P(x,y,z)\mathrm{d}x+Q(x,y,z)\mathrm{d}y+R(x,y,z)\mathrm{d}z$$

$$=\lim_{\lambda\to0}\sum_{i=1}^{n}[P(\xi_i,\eta_i,\zeta_i)\Delta x_i+Q(\xi_i,\eta_i,\zeta_i)\Delta y_i+R(\xi_i,\eta_i,\zeta_i)\Delta z_i].$$

(2) 对坐标的曲线积分的物理意义

① 变力 $\boldsymbol{F}(x,y)=P(x,y)\boldsymbol{i}+Q(x,y)\boldsymbol{j}$ 沿有向曲线 L 所做的功为

$$W=\int_L P(x,y)\mathrm{d}x+Q(x,y)\mathrm{d}y$$

② 流场 $\{P(x,y,z),Q(x,y,z),R(x,y,z)\}$ 沿空间有向闭曲线 Γ 的环流量为

$$I=\oint_\Gamma P(x,y,z)\mathrm{d}x+Q(x,y,z)\mathrm{d}y+R(x,y,z)\mathrm{d}z.$$

(3) 第二型曲线积分的性质(方向性、分段可加性)

性质 1　设 L 为有向曲线弧,L^- 是与 L 方向相反的有向曲线弧,则

$$\int_{L^-}P(x,y)\mathrm{d}x+Q(x,y)\mathrm{d}y=-\int_L P(x,y)\mathrm{d}x+Q(x,y)\mathrm{d}y;$$

性质 2　如果 $L=L_1+L_2$,那么

$$\int_L P(x,y)\mathrm{d}x+Q(x,y)\mathrm{d}y=\int_{L_1}P(x,y)\mathrm{d}x+Q(x,y)\mathrm{d}y+\int_{L_2}P(x,y)\mathrm{d}x+Q(x,y)\mathrm{d}y.$$

(4) 对坐标的曲线积分的计算方法:化为曲线参数方程的参数的定积分. 具体

如下:

设 xOy 平面内有向曲线 L 的参数方程为: $x = x(t), y = y(t), t: \alpha \to \beta$, 函数 $x(t), y(t)$ 在 L 上具有一阶连续导数, 且 $x'^2(t) + y'^2(t) \neq 0$, 函数 $P(x, y)$、$Q(x, y)$ 在曲线 L 上连续, 则

$$\int_L P(x, y)\mathrm{d}x + Q(x, y)\mathrm{d}y = \int_\alpha^\beta \{P[x(t), y(t)]x'(t) + Q[x(t), y(t)]y'(t)\}\mathrm{d}t$$

其中 α 对应 L 的起点, β 对应 L 的终点.

【注 1】设有向连续曲线 $L: y = y(x)(x: a \to b)$, 则

$$\int_L P(x, y)\mathrm{d}x + Q(x, y)\mathrm{d}y = \int_a^b \{P[x, y(x)] + Q[x, y(x)]y'(x)\}\mathrm{d}x.$$

【注 2】设有向连续曲线 $L: x = x(y)(y: c \to d)$, 则

$$\int_L P(x, y)\mathrm{d}x + Q(x, y)\mathrm{d}y = \int_c^d \{P[x(y), y]x'(y) + Q[x(y), y]\}\mathrm{d}y.$$

【注 3】设空间有向光滑曲线 $\Gamma: x = x(t), y = y(t), z = z(t), t: \alpha \to \beta$, 则

$$\int_\Gamma P(x, y, z)\mathrm{d}x + Q(x, y, z)\mathrm{d}y + R(x, y, z)\mathrm{d}z$$

$$= \int_\alpha^\beta \{P[x(t), y(t), z(t)]x'(t) + Q[x(t), y(t), z(t)]y'(t) + R[x(t), y(t), z(t)]z'(t)\}\mathrm{d}t.$$

(5) 两类曲线积分之间的关系

空间曲线 Γ 上两类曲线积分有如下关系:

设 $\cos\alpha, \cos\beta, \cos\gamma$ 为空间有向曲线 Γ 上点 (x, y, z) 处与有向曲线弧的走向一致的切线向量的方向余弦, 则

$$\int_\Gamma P\mathrm{d}x + Q\mathrm{d}y + R\mathrm{d}z = \int_\Gamma (P\cos\alpha + Q\cos\beta + R\cos\gamma)\mathrm{d}s.$$

2. 第二型(对坐标的) 曲面积分的概念、性质与计算

(1) 对坐标的曲面积分的定义

设 Σ 是一片光滑的有向曲面, 函数 $P(x, y, z), Q(x, y, z), R(x, y, z)$ 在有向曲面 Σ 上有界, 将曲面 Σ 任意分成 n 块小曲面 $\Delta\Sigma_i$, 每块的面积记为 $\Delta S_i (i = 1, 2, \cdots, n)$, ΔS_i 在 xOy 面、yOz 面以及 zOx 面上的投影分别记为 $(\Delta S_i)_{xy}, (\Delta S_i)_{yz}, (\Delta S_i)_{zx}$, 在 $\Delta\Sigma_i$ 上任取一点 $M_i(\xi_i, \eta_i, \zeta_i)$, 作乘积 $R(\xi_i, \eta_i, \zeta_i)$ 并作和 $\sum_{i=1}^n R(\xi_i, \eta_i, \zeta_i)(\Delta S_i)_{xy}$, 令 $\lambda = \max_{1 \leqslant i \leqslant n}\{\Delta S_i\}$, 则函数 $R(x, y, z)$ 在有向曲面 Σ 上对坐标 x, y 的曲面积分为

$$\iint_\Sigma R(x, y, z)\mathrm{d}x\mathrm{d}y = \lim_{\lambda \to 0} \sum_{i=1}^n R(\xi_i, \eta_i, \zeta_i)(\Delta S_i)_{xy};$$

类似可得函数 $P(x,y,z)$ 在有向曲面 Σ 上对坐标 y,z 的曲面积分为

$$\iint\limits_{\Sigma}P(x,y,z)\mathrm{d}y\mathrm{d}z = \lim_{\lambda\to0}\sum_{i=1}^{n}P(\xi_i,\eta_i,\zeta_i)(\Delta S_i)_{yz};$$

函数 $Q(x,y,z)$ 在有向曲面 Σ 上对坐标 z,x 的曲面积分为

$$\iint\limits_{\Sigma}Q(x,y,z)\mathrm{d}z\mathrm{d}x = \lim_{\lambda\to0}\sum_{i=1}^{n}Q(\xi_i,\eta_i,\zeta_i)(\Delta S_i)_{zx};$$

以上三个曲面积分也称为第二型曲面积分. 当函数 $P(x,y,z),Q(x,y,z),R(x,y,z)$ 在有向曲面 Σ 上连续时, 上面三个第二型曲面积分都存在, 将这些积分相加, 可写成如下的合并形式:

$$\iint\limits_{\Sigma}P(x,y,z)\mathrm{d}y\mathrm{d}z+Q(x,y,z)\mathrm{d}z\mathrm{d}x+R(x,y,z)\mathrm{d}x\mathrm{d}y, \text{简记为} \iint\limits_{\Sigma}P\mathrm{d}y\mathrm{d}z+Q\mathrm{d}z\mathrm{d}x+R\mathrm{d}x\mathrm{d}y.$$

（2）对坐标的曲面积分的物理意义

速度场 $\boldsymbol{v}(x,y,z)=P(x,y,z)\boldsymbol{i}+Q(x,y,z)\boldsymbol{j}+R(x,y,z)\boldsymbol{k}$ 中, 流体通过曲面 Σ 指定一侧的流量为

$$\Phi = \iint\limits_{\Sigma}P(x,y,z)\mathrm{d}y\mathrm{d}z+Q(x,y,z)\mathrm{d}z\mathrm{d}x+R(x,y,z)\mathrm{d}x\mathrm{d}y.$$

（3）对坐标的曲面积分的性质（方向性、分片可加性）

性质 1（可加性） 若将光滑或分片光滑的有向曲面 Σ 分成两块 Σ_1 与 Σ_2（即 $\Sigma=\Sigma_1+\Sigma_2$）, 则

$$\iint\limits_{\Sigma}P\mathrm{d}y\mathrm{d}z+Q\mathrm{d}z\mathrm{d}x+R\mathrm{d}x\mathrm{d}y$$

$$=\iint\limits_{\Sigma_1}P\mathrm{d}y\mathrm{d}z+Q\mathrm{d}z\mathrm{d}x+R\mathrm{d}x\mathrm{d}y+\iint\limits_{\Sigma_2}P\mathrm{d}y\mathrm{d}z+Q\mathrm{d}z\mathrm{d}x+R\mathrm{d}x\mathrm{d}y.$$

性质 2（方向性） 用 Σ^- 表示与 Σ 取相反侧的光滑或分片光滑的有向曲面, 则

$$\iint\limits_{\Sigma}P(x,y,z)\mathrm{d}y\mathrm{d}z = -\iint\limits_{\Sigma^-}P(x,y,z)\mathrm{d}y\mathrm{d}z,$$

$$\iint\limits_{\Sigma}Q(x,y,z)\mathrm{d}z\mathrm{d}x = -\iint\limits_{\Sigma^-}Q(x,y,z)\mathrm{d}z\mathrm{d}x,$$

$$\iint\limits_{\Sigma}R(x,y,z)\mathrm{d}x\mathrm{d}y = -\iint\limits_{\Sigma^-}R(x,y,z)\mathrm{d}x\mathrm{d}y.$$

（4）对坐标的曲面积分的计算: 化为相应坐标面投影区域上的二重积分. 具体如下:

① 设有向光滑曲面 $\Sigma: z=z(x,y)$, 函数 $R(x,y,z)$ 在 Σ 上连续, D_{xy} 是曲面 Σ

在 xOy 面上的投影区域,则 $\iint\limits_{\Sigma}R(x,y,z)\mathrm{d}x\mathrm{d}y =\pm\iint\limits_{D_{xy}}R[x,y,z(x,y)]\mathrm{d}x\mathrm{d}y$($\Sigma$ 为上侧时取"+"、Σ 为下侧时取"$-$");

② 设有向光滑曲面 $\Sigma:x = x(y,z)$,函数 $P(x,y,z)$ 在 Σ 上连续,D_{yz} 是曲面Σ在 yOz 面上的投影区域,则 $\iint\limits_{\Sigma}P(x,y,z)\mathrm{d}y\mathrm{d}z =\pm\iint\limits_{D_{yz}}P[x(y,z),y,z]\mathrm{d}y\mathrm{d}z$($\Sigma$ 为前侧时取"+"、Σ 为后侧时取"$-$").

③ 设有向光滑曲面 $\Sigma:y = y(z,x)$,函数 $Q(x,y,z)$ 在 Σ 上连续,D_{zx} 是曲面Σ在 zOx 面上的投影区域,则 $\iint\limits_{\Sigma}Q(x,y,z)\mathrm{d}z\mathrm{d}x =\pm\iint\limits_{D_{zx}}Q[x,y(z,x),z]\mathrm{d}z\mathrm{d}x.$($\Sigma$ 为右侧时取"+"、Σ 为左侧时取"$-$").

(5) 两类曲面积分之间的联系

设 Σ 为一片光滑的有向曲面,函数 $P(x,y,z),Q(x,y,z),R(x,y,z)$ 在 Σ 上连续,在 Σ 上的点 M 处与 Σ 的侧指向一致的单位法向量 $\boldsymbol{n}$ 的方向角分别为 α,β,γ,即 $\boldsymbol{n} = (\cos\alpha,\cos\beta,\cos\gamma)$,则空间曲面 Σ 上的两类曲面积分有如下关系:

$$\iint\limits_{\Sigma}P\,\mathrm{d}y\mathrm{d}z + Q\mathrm{d}z\mathrm{d}x + R\mathrm{d}x\mathrm{d}y = \iint\limits_{\Sigma}[P\cos\alpha + Q\cos\beta + R\cos\gamma]\mathrm{d}S.$$

(6) 三合一法

设有向曲面 $\Sigma:z = z(x,y)$,由于 $(\mathrm{d}y\mathrm{d}z,\mathrm{d}z\mathrm{d}x,\mathrm{d}x\mathrm{d}y) = (\cos\alpha,\cos\beta,\cos\gamma)\mathrm{d}S$,因此 Σ 上的三个第二型曲面积分可化为其中一个第二型曲面积分,如:

$$\iint\limits_{\Sigma}P\,\mathrm{d}y\mathrm{d}z + Q\mathrm{d}z\mathrm{d}x + R\mathrm{d}x\mathrm{d}y = \iint\limits_{\Sigma}\Big[P\,\frac{\cos\alpha}{\cos\gamma} + Q\,\frac{\cos\beta}{\cos\gamma} + R\Big]\mathrm{d}x\mathrm{d}y$$
$$= \iint\limits_{\Sigma}[P\cdot(-z_x) + Q\cdot(-z_y) + R]\mathrm{d}x\mathrm{d}y.$$

(五) 线面积分与重积分之间的联系

1. 格林公式及其应用

(1) 格林公式:设 D 是由分段光滑的曲线 L 围成的平面闭区域,如果函数 $P(x,y),Q(x,y)$ 在 D 上具有一阶连续偏导数,则 $\oint\limits_{L}P\mathrm{d}x + Q\mathrm{d}y =$ $\iint\limits_{D}\Big(\frac{\partial Q}{\partial x} - \frac{\partial P}{\partial y}\Big)\mathrm{d}x\mathrm{d}y$,其中 L 取正方向.

（2）格林公式的应用

① 求平面图形的面积

设 A 为由曲线 L 围成的区域 D 的面积，则

$$A = \iint\limits_{D} \mathrm{d}x\mathrm{d}y = \frac{1}{2}\oint\limits_{L} x\,\mathrm{d}y - y\mathrm{d}x,$$

或

$$A = \oint\limits_{L} x\,\mathrm{d}y = \oint\limits_{L} - y\mathrm{d}x.$$

② 闭曲线上的第二型曲线积分

当 $\dfrac{\partial Q}{\partial x}$, $\dfrac{\partial P}{\partial y}$ 在由闭曲线 L 围成的区域 D 上连续时，可利用格林公式计算闭曲线上的第二型曲线积分：$\oint\limits_{L} P\,\mathrm{d}x + Q\mathrm{d}y = \iint\limits_{D}\left(\dfrac{\partial Q}{\partial x} - \dfrac{\partial P}{\partial y}\right)\mathrm{d}x\mathrm{d}y$，其中 L 取正向.

③ 平面上曲线积分与路径无关的条件

设 D 是平面上的单连通区域，函数 $P(x,y)$, $Q(x,y)$ 在 D 上具有一阶连续偏导数，则以下四个命题等价：

ⅰ 若 L 为 D 内的任意一条光滑或分段光滑的有向闭曲线，则 $\oint\limits_{L} P(x,y)\mathrm{d}x + Q(x,y)\mathrm{d}y = 0$；

ⅱ 在 D 内 $\int\limits_{L} P(x,y)\mathrm{d}x + Q(x,y)\mathrm{d}y$ 与积分路径 L 无关；

ⅲ 在 D 内存在一个二元函数 $u(x,y)$，使得 $\mathrm{d}u(x,y) = P(x,y)\mathrm{d}x + Q(x,y)\mathrm{d}y$；

ⅳ 在 D 内恒有：$\dfrac{\partial Q}{\partial x} = \dfrac{\partial P}{\partial y}$.

2. 高斯公式及其应用

（1）高斯公式：设空间有界闭区域 Ω 的边界曲面 Σ 是光滑或分片光滑的，函数 $P(x,y,z)$, $Q(x,y,z)$, $R(x,y,z)$ 在 Ω 上具有连续的一阶偏导数，则

$$\iiint\limits_{\Omega}\left(\frac{\partial P}{\partial x} + \frac{\partial Q}{\partial y} + \frac{\partial R}{\partial z}\right)\mathrm{d}v = \oiint\limits_{\Sigma} P\mathrm{d}y\mathrm{d}z + Q\mathrm{d}z\mathrm{d}x + R\mathrm{d}x\mathrm{d}y$$

$$= \oiint\limits_{\Sigma}(P\cos\alpha + Q\cos\beta + R\cos\gamma)\mathrm{d}S.$$

其中积分曲面 Σ 取外侧,$\cos\alpha$,$\cos\beta$,$\cos\gamma$ 是曲面 Σ 上点 (x,y,z) 处的外法线方向的方向余弦.

（2）通量和散度

设向量场 $\boldsymbol{V}=(P,Q,R)$,其中 P,Q,R 具有一阶连续偏导数,则 $\boldsymbol{V}$ 穿过曲面 Σ 指定侧的通量为

$$\Phi = \iint\limits_{\Sigma} P\,\mathrm{d}y\mathrm{d}z + Q\mathrm{d}z\mathrm{d}x + R\mathrm{d}x\mathrm{d}y = \iint\limits_{\Sigma}(P\cos\alpha + Q\cos\beta + R\cos\gamma)\mathrm{d}S$$

向量场 $\boldsymbol{V}$ 的散度为

$$\operatorname{div}\boldsymbol{V} = \frac{\partial P}{\partial x} + \frac{\partial Q}{\partial y} + \frac{\partial R}{\partial z}.$$

3. 斯托克斯公式及其应用

（1）斯托克斯公式

设 Γ 为空间的一条光滑或分段光滑的有向闭曲线,Σ 是以 Γ 为边界的光滑或分片光滑的有向曲面,Γ 的正向与 Σ 的侧符合右手法则,函数 $P(x,y,z)$,$Q(x,y,z)$,$R(x,y,z)$ 在曲面 Σ（连同边界 Γ）上具有连续的一阶偏导数,则

$$\oint_{\Gamma} P\mathrm{d}x + Q\mathrm{d}y + R\mathrm{d}z = \iint\limits_{\Sigma}\left(\frac{\partial R}{\partial y} - \frac{\partial Q}{\partial z}\right)\mathrm{d}y\mathrm{d}z + \left(\frac{\partial P}{\partial z} - \frac{\partial R}{\partial x}\right)\mathrm{d}z\mathrm{d}x + \left(\frac{\partial Q}{\partial x} - \frac{\partial P}{\partial y}\right)\mathrm{d}x\mathrm{d}y$$

$$= \iint\limits_{\Sigma}\begin{vmatrix} \mathrm{d}y\mathrm{d}z & \mathrm{d}z\mathrm{d}x & \mathrm{d}x\mathrm{d}y \\ \dfrac{\partial}{\partial x} & \dfrac{\partial}{\partial y} & \dfrac{\partial}{\partial z} \\ P & Q & R \end{vmatrix} = \iint\limits_{\Sigma}\begin{vmatrix} \cos\alpha & \cos\beta & \cos\gamma \\ \dfrac{\partial}{\partial x} & \dfrac{\partial}{\partial y} & \dfrac{\partial}{\partial z} \\ P & Q & R \end{vmatrix}\mathrm{d}S.$$

其中 $\boldsymbol{n}=(\cos\alpha,\cos\beta,\cos\gamma)$ 为有向曲面 Σ 的单位法向量.

（2）环流量和旋度

环流量:设向量场 $\boldsymbol{v}(x,y,z)=P(x,y,z)\boldsymbol{i}+Q(x,y,z)\boldsymbol{j}+R(x,y,z)\boldsymbol{k}$,则向量场 $\boldsymbol{v}$ 沿定向闭曲线 Γ 的环流量为 $\oint_{\Gamma} P\mathrm{d}x + Q\mathrm{d}y + R\mathrm{d}z$.

若 P、Q、R 具有一阶连续偏导数,则向量场 $\boldsymbol{v}$ 的旋度为

$$\operatorname{\boldsymbol{rot}}\boldsymbol{v} = \left(\frac{\partial R}{\partial y} - \frac{\partial Q}{\partial z}\right)\boldsymbol{i} + \left(\frac{\partial P}{\partial z} - \frac{\partial R}{\partial x}\right)\boldsymbol{j} + \left(\frac{\partial Q}{\partial x} - \frac{\partial P}{\partial y}\right)\boldsymbol{k} = \begin{vmatrix} \boldsymbol{i} & \boldsymbol{j} & \boldsymbol{k} \\ \dfrac{\partial}{\partial x} & \dfrac{\partial}{\partial y} & \dfrac{\partial}{\partial z} \\ P & Q & R \end{vmatrix}.$$

（六）多元函数积分的几何应用与物理应用

1. 重积分的几何应用

（1）平面图形 D 的面积 $A = \iint\limits_{D} \mathrm{d}x\mathrm{d}y$；

（2）曲顶柱体的体积：若曲顶柱面 Ω 是以其在 xOy 面上的投影闭区域 D 的边界曲线为准线而母线平行于 z 轴的柱面，其曲顶面方程为 $z = z_2(x,y)$，底面方程为 $z = z_1(x,y)$，且 $z = z_1(x,y), z = z_2(x,y)$ 在 D 上连续，则曲顶柱体 Ω 的体积为 $V = \iint\limits_{D} |z_2(x,y) - z_1(x,y)| \mathrm{d}\sigma$；

（3）空间立体 Ω 的体积 $V = \iiint\limits_{\Omega} \mathrm{d}v$；

（4）曲面的表面积

设 D_{xy}, D_{yz}, D_{xz} 分别是曲面 Σ 在 xOy, yOz, xOz 坐标面上的投影区域.

① 若曲面 Σ 的方程为 $z = f(x,y), (x,y) \in D_{xy}$，则其面积为

$$A = \iint\limits_{D_{xy}} \sqrt{1 + z_x^2 + z_y^2}\, \mathrm{d}x\mathrm{d}y;$$

② 若曲面 Σ 的方程为 $x = x(y,z), (y,z) \in D_{yz}$，则其面积为

$$A = \iint\limits_{D_{yz}} \sqrt{1 + x_y^2 + x_z^2}\, \mathrm{d}y\mathrm{d}z;$$

③ 若曲面 Σ 的方程为 $y = y(x,z), (x,z) \in D_{xz}$，则其面积为

$$A = \iint\limits_{D_{xz}} \sqrt{1 + y_x^2 + y_z^2}\, \mathrm{d}x\mathrm{d}z.$$

2. 重积分与第一型线面积分的物理应用

设平面薄片型物体在 xOy 平面上占有的区域为 D，密度为 $\mu(x,y)$；空间立体型物体占有的空间区域为 Ω，密度为 $\mu(x,y,z)$.

（1）物体的质量

① 平面薄片型物体的质量为 $M = \iint\limits_{D} \mu(x,y)\mathrm{d}\sigma$；

② 空间立体型物体的质量为 $M = \iiint\limits_{\Omega} \mu(x,y,z)\mathrm{d}v$.

（2）物体的质心（形心）坐标

① 设平面薄片 D 的质量为 M，质心为 $(\bar{x}, \bar{y})$，则

$$\bar{x} = \frac{1}{M}\iint\limits_{D} x\mu(x,y)\mathrm{d}\sigma, \bar{y} = \frac{1}{M}\iint\limits_{D} y\mu(x,y)\mathrm{d}\sigma.$$

如果平面薄片是均匀的，其面积为 A，那么形心为

$$\bar{x} = \frac{1}{A}\iint\limits_{D} x\mathrm{d}\sigma, \bar{y} = \frac{1}{A}\iint\limits_{D} y\mathrm{d}\sigma.$$

② 设立体 Ω 的质量为 M，质心为 $(\bar{x}, \bar{y}, \bar{z})$，则

$$\bar{x} = \frac{1}{M}\iiint\limits_{D} x\mu(x,y,z)\mathrm{d}v, \bar{y} = \frac{1}{M}\iiint\limits_{D} y\mu(x,y,z)\mathrm{d}v, \bar{z} = \frac{1}{M}\iiint\limits_{D} z\mu(x,y,z)\mathrm{d}v;$$

如果立体 Ω 是均匀分布的，其体积为 V，那么形心为

$$\bar{x} = \frac{1}{V}\iiint\limits_{\Omega} x\mathrm{d}v, \bar{y} = \frac{1}{V}\iiint\limits_{\Omega} y\mathrm{d}v, \bar{z} = \frac{1}{V}\iiint\limits_{\Omega} z\mathrm{d}v.$$

（3）物体的转动惯量

下面用 I_x, I_y, I_z 及 I_O 分别表示对应物体对 x 轴、y 轴、z 轴及坐标原点的转动惯量.

① 平面薄片型物体的转动惯量为

$$I_x = \iint\limits_{D} y^2\mu(x,y)\mathrm{d}\sigma, I_y = \iint\limits_{D} x^2\mu(x,y)\mathrm{d}\sigma, I_O = \iint\limits_{D} (x^2+y^2)\mu(x,y)\mathrm{d}\sigma.$$

② 空间立体型物体的转动惯量为

$$I_x = \iiint\limits_{\Omega} (y^2+z^2)\mu(x,y,z)\mathrm{d}v, I_y = \iiint\limits_{\Omega} (x^2+z^2)\mu(x,y,z)\mathrm{d}v,$$

$$I_z = \iiint\limits_{\Omega} (x^2+y^2)\mu(x,y,z)\mathrm{d}v, I_O = \iiint\limits_{\Omega} (x^2+y^2+z^2)\mu(x,y,z)\mathrm{d}v.$$

（4）几何形体区域 Ω 物件对质点的引力

密度为 $f(x,y,z)$ 的几何区域 Ω 物件对位于点 $M(x_0, y_0, z_0)$、质量为 m 的质点 P 的引力

$$\mathrm{d}F = \frac{kmf(x,y,z)\mathrm{d}v}{(x-x_0)^2+(y-y_0)^2+(z-z_0)^2}\boldsymbol{e}_r,$$

其中

$$\boldsymbol{e}_r = \frac{(x-x_0)\boldsymbol{i}+(y-y_0)\boldsymbol{j}+(z-z_0)\boldsymbol{k}}{\sqrt{(x-x_0)^2+(y-y_0)^2+(z-z_0)^2}}.$$

在 Ω 上积分得

$$\boldsymbol{F} = \iiint\limits_{\Omega} \frac{kmf(x,y,z)\left[(x-x_0)\boldsymbol{i}+(y-y_0)\boldsymbol{j}+(z-z_0)\boldsymbol{k}\right]}{\left[\sqrt{(x-x_0)^2+(y-y_0)^2+(z-z_0)^2}\,\right]^3}\mathrm{d}v.$$

第一型线面积分有与重积分相类似的物理应用,这里不再一一赘述.

二、例题精讲

1. 比较积分大小或证明积分不等式

【方法点拨】

利用积分概念与性质,如 ① 根据积分的单调性质比较积分大小:同区域上函数大则对应积分大;同函数(非负)时区域大则对应积分大.

② 利用积分的估值定理、中值定理与常用不等式等证明积分不等式.

例 1　如图 $6-1$,正方形 $\{(x,y)\mid |x|\leqslant 1,|y|\leqslant 1\}$ 被其对角线划分为四个区域 $D_k(k=1,2,3,4)$,令 $I_k=\iint\limits_{D_k}y\cos x\mathrm{d}x\mathrm{d}y$,则 $\max\limits_{1\leqslant k\leqslant 4}\{I_k\}=$　　　　　(　　)

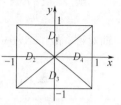

图 $6-1$

(A) I_1　　　　　　　　　　(B) I_2

(C) I_3　　　　　　　　　　(D) I_4

解　由于区域 D_1,D_3 关于 y 轴对称,因此

$$I_1=2\iint\limits_{D_1右半}y\cos x\mathrm{d}x\mathrm{d}y>0,I_3=2\iint\limits_{D_3右半}y\cos x\mathrm{d}x\mathrm{d}y<0.$$

由于区域 D_2,D_4 关于 x 轴对称,因此

$$I_2=\iint\limits_{D_2}y\cos x\mathrm{d}x\mathrm{d}y=0,I_4=\iint\limits_{D_4}y\cos x\mathrm{d}x\mathrm{d}y=0.$$

故选(A).

【注】在重积分的计算或判断正负号时常先利用对称性化简积分进行计算.

例 2　证明不等式:$\dfrac{61\pi}{165}\leqslant\iint\limits_{D:x^2+y^2\leqslant 1}\sin\sqrt{(x^2+y^2)^3}\mathrm{d}x\mathrm{d}y\leqslant\dfrac{2}{5}\pi.$

证　$\iint\limits_{D:x^2+y^2\leqslant 1}\sin\sqrt{(x^2+y^2)^3}\mathrm{d}x\mathrm{d}y=\int_0^{2\pi}\mathrm{d}\theta\int_0^1\rho\sin\rho^3\rho\mathrm{d}\rho=2\pi\int_0^1\rho\sin\rho^3\rho\mathrm{d}\rho,$

由于 $t-\dfrac{1}{6}t^3\leqslant\sin t\leqslant t$,因此 $\rho^3-\dfrac{1}{6}\rho^9\leqslant\sin\rho^3\leqslant\rho^3$,则有

$$\int_0^1\rho\sin\rho^3\rho\mathrm{d}\rho\leqslant\int_0^1\rho^4\mathrm{d}\rho=\dfrac{1}{5},$$

$$\int_0^1 \rho \sin^3 \rho \mathrm{d}\rho \geqslant \int_0^1 \left(\rho^4 - \frac{1}{6}\rho^{10} \right) \mathrm{d}\rho = \frac{61}{330},$$

故

$$\frac{61\pi}{165} \leqslant \iint\limits_{D: x^2 + y^2 \leqslant 1} \sin \sqrt{(x^2 + y^2)^3} \, \mathrm{d}x \mathrm{d}y \leqslant \frac{2}{5}\pi.$$

例 3 设平面区域 $D = \{(x,y) \mid x^2 + y^2 \leqslant 1, y \geqslant 0\}$，且连续函数 $f(x,y)$ 满足：

$$f(x,y) = y\sqrt{1-x^2} + x\iint\limits_{D} f(x,y)\mathrm{d}x\mathrm{d}y,$$

计算 $\iint\limits_{D} xf(x,y)\mathrm{d}x\mathrm{d}y$.

解 设 $\iint\limits_{D} f(x,y)\mathrm{d}x\mathrm{d}y = c$，则 $f(x,y) = y\sqrt{1-x^2} + cx$，由于区域 D 关于 y 轴对称，故 $\iint\limits_{D} x\mathrm{d}x\mathrm{d}y = 0$，则

$$c = \iint\limits_{D}(y\sqrt{1-x^2} + cx)\mathrm{d}x\mathrm{d}y = \iint\limits_{D} y\sqrt{1-x^2}\,\mathrm{d}x\mathrm{d}y + c\iint\limits_{D} x\mathrm{d}x\mathrm{d}y$$

$$= 2\iint\limits_{D_{右半}} y\sqrt{1-x^2}\,\mathrm{d}x\mathrm{d}y = 2\int_0^1 \sqrt{1-x^2}\,\mathrm{d}x \int_0^{\sqrt{1-x^2}} y\mathrm{d}y$$

$$= \int_0^1 (1-x^2)\sqrt{1-x^2}\,\mathrm{d}x \xrightarrow{\;令 x = \sin t\;} \int_0^{\frac{\pi}{2}} \cos^4 t \mathrm{d}t = \frac{3}{4} \times \frac{1}{2} \times \frac{\pi}{2} = \frac{3\pi}{16},$$

则

$$f(x,y) = y\sqrt{1-x^2} + \frac{3\pi}{16}x,$$

$$\iint\limits_{D} xf(x,y)\mathrm{d}x\mathrm{d}y = \iint\limits_{D} x\left(y\sqrt{1-x^2} + \frac{3\pi}{16}x \right)\mathrm{d}x\mathrm{d}y$$

$$= \iint\limits_{D} xy\sqrt{1-x^2}\,\mathrm{d}x\mathrm{d}y + \iint\limits_{D} \frac{3\pi}{16}x^2\mathrm{d}x\mathrm{d}y.$$

由于区域 D 关于 y 轴对称，且 $D_{右半}$ 具有轮换性，因此

$$\iint\limits_{D} xf(x,y)\mathrm{d}x\mathrm{d}y = 0 + 2\iint\limits_{D_{右半}} \frac{3\pi}{16}x^2\mathrm{d}x\mathrm{d}y = \frac{3\pi}{16}\iint\limits_{D_{右半}} (x^2 + y^2)\mathrm{d}x\mathrm{d}y$$

$$= \frac{3\pi}{16}\int_0^{\frac{\pi}{2}} \mathrm{d}\theta \int_0^1 \rho^2 \cdot \rho \mathrm{d}\rho = \frac{3\pi^2}{128}.$$

【注 1】在重积分的计算中，常利用对称性、轮换性化简积分进行计算.

【注 2】重积分的值是一常数.

2. 二重积分的计算

例 4　计算 $\displaystyle\int_0^a \mathrm{d}x \int_0^x \frac{f'(y)\,\mathrm{d}y}{\sqrt{(a-x)(x-y)}}$.

解　交换积分次序，得

$$原式 = \int_0^a f'(y)\,\mathrm{d}y \int_y^a \frac{\mathrm{d}x}{\sqrt{(a-x)(x-y)}},$$

其中

$$\int_y^a \frac{\mathrm{d}x}{\sqrt{(a-x)(x-y)}} = \int_y^a \frac{\mathrm{d}x}{\sqrt{\left(\frac{a-y}{2}\right)^2 - \left(x - \frac{a+y}{2}\right)^2}} = \left[\arcsin \frac{x - \frac{a+y}{2}}{\frac{a-y}{2}}\right]_y^a = \pi,$$

故

$$原式 = \pi \int_0^a f'(y)\,\mathrm{d}y = \left[\pi f(y)\right]_0^a = \pi[f(a) - f(0)].$$

【注】选择合适的积分次序是解本题的关键.

例 5　计算 $\displaystyle\iint_D \frac{\ln(1+x)\ln(1+y)}{1+x^2+y^2+x^2 y^2}\,\mathrm{d}x\mathrm{d}y$. 其中 $D: 0 \leqslant x \leqslant 1, 0 \leqslant y \leqslant 1$.

解　$原式 = \displaystyle\iint_D \frac{\ln(1+x)\ln(1+y)}{(1+x^2)(1+y^2)}\,\mathrm{d}x\mathrm{d}y = \int_0^1 \frac{\ln(1+x)}{(1+x^2)}\,\mathrm{d}x \int_0^1 \frac{\ln(1+y)}{(1+y^2)}\,\mathrm{d}y,$

$\qquad = \left[\displaystyle\int_0^1 \frac{\ln(1+x)}{(1+x^2)}\,\mathrm{d}x\right]^2,$

其中

$$I = \int_0^1 \frac{\ln(1+x)}{(1+x^2)}dx \xrightarrow{\text{令}\, x = \tan t} \int_0^{\frac{\pi}{4}} \frac{\ln(1+\tan t)}{\sec^2 t} \sec^2 t dt$$

$$= \int_0^{\frac{\pi}{4}} \ln \frac{\cos t + \sin t}{\cos t} dt = \int_0^{\frac{\pi}{4}} \ln \frac{\sqrt{2}\sin\left(t+\frac{\pi}{4}\right)}{\cos t} dt$$

$$= \int_0^{\frac{\pi}{4}} \left[\ln\sqrt{2} + \ln\sin\left(t+\frac{\pi}{4}\right) - \ln\cos t\right]dt$$

$$= \frac{\pi}{8}\ln 2 + \int_0^{\frac{\pi}{4}} \ln\sin\left(t+\frac{\pi}{4}\right)dt - \int_0^{\frac{\pi}{4}} \ln\cos t dt,$$

其中

$$\int_0^{\frac{\pi}{4}} \ln\sin\left(t+\frac{\pi}{4}\right)dt \xrightarrow{t = \frac{\pi}{4}-u} -\int_{\frac{\pi}{4}}^0 \ln\cos u du - \int_0^{\frac{\pi}{4}} \ln\cos t dt,$$

因此 $I = \frac{\pi}{8}\ln 2$，故原式 $= I^2 = \frac{\pi^2}{64}\ln^2 2$.

【注】积分值与积分变量的记号无关.

例6 计算 $\iint\limits_{D:x^2+y^2 \leqslant x+y} (x+y)dxdy$.

解 由题设知，$D:\begin{cases} -\dfrac{\pi}{4} \leqslant \theta \leqslant \dfrac{3\pi}{4}, \\ 0 \leqslant \rho \leqslant \sqrt{2}\sin\left(\theta+\dfrac{\pi}{4}\right), \end{cases}$ 则

$$原式 = \int_{-\frac{\pi}{4}}^{\frac{3\pi}{4}} d\theta \int_0^{\sqrt{2}\sin\left(\theta+\frac{\pi}{4}\right)} \sqrt{2}\rho\sin\left(\theta+\frac{\pi}{4}\right)\rho d\rho = \frac{1}{3}\int_{-\frac{\pi}{4}}^{\frac{3\pi}{4}} 4\sin^4\left(\theta+\frac{\pi}{4}\right)d\theta$$

$$\xrightarrow{\text{令}\,\theta+\frac{\pi}{4}=t} \frac{4}{3}\int_0^{\pi} \sin^4 t dt = \frac{8}{3}\int_0^{\frac{\pi}{2}} \sin^4 t dt = \frac{8}{3}\left(\frac{3}{4}\times\frac{1}{2}\times\frac{\pi}{2}\right) = \frac{\pi}{2}.$$

【注】利用极坐标进行计算是求解本题的关键.

例7 计算 $\int_0^{2\pi} d\theta \int_{\frac{\theta}{2}}^{\pi} (\theta^2-1)e^{\rho^2} d\rho$.

解 需交换积分次序，换成 ρ 型：$D_\rho : 0 \leqslant \rho \leqslant \pi, 0 \leqslant \theta \leqslant 2\rho$，则

$$原式 = \int_0^{\pi} e^{\rho^2} d\rho \int_0^{2\rho} (\theta^2-1)d\theta = \int_0^{\pi} e^{\rho^2} \left(\frac{1}{3}\theta^3 - \theta\right)\Big|_0^{2\rho} d\rho$$

$$= \frac{8}{3}\int_0^{\pi} \rho^3 e^{\rho^2} d\rho - 2\int_0^{\pi} \rho e^{\rho^2} d\rho \xrightarrow{\text{令}\,\rho^2=t} \frac{4}{3}\int_0^{\pi^2} te^t dt - \int_0^{\pi^2} e^t dt$$

$$= \left[\frac{4}{3}e^t(t-1) - e^t\right]\Big|_0^{\pi^2} = \frac{1}{3}e^{\pi^2}(4\pi^2-7) + \frac{7}{3}.$$

例 8 计算 $I = \iint\limits_{D} \sqrt{1 - \sin^2(x + y)}\, \mathrm{d}x\mathrm{d}y$,其中 $D: 0 \leqslant x \leqslant \dfrac{\pi}{2}, 0 \leqslant y \leqslant \dfrac{\pi}{2}$.

解 令　$D_1 = \left\{ (x, y) \,\middle|\, 0 \leqslant x \leqslant \dfrac{\pi}{2}, 0 \leqslant y \leqslant \dfrac{\pi}{2} - x \right\}$,

$$D_2 = \left\{ (x, y) \,\middle|\, 0 \leqslant x \leqslant \dfrac{\pi}{2}, \dfrac{\pi}{2} - x \leqslant y \leqslant \dfrac{\pi}{2} \right\},$$

则

$$I = \iint\limits_{D_1} \cos(x + y)\mathrm{d}x\mathrm{d}y - \iint\limits_{D_2} \cos(x + y)\mathrm{d}x\mathrm{d}y$$

$$= \int_0^{\frac{\pi}{2}} \mathrm{d}x \int_0^{\frac{\pi}{2} - x} \cos(x + y)\mathrm{d}y - \int_0^{\frac{\pi}{2}} \mathrm{d}x \int_{\frac{\pi}{2} - x}^{\frac{\pi}{2}} \cos(x + y)\mathrm{d}y$$

$$= \int_0^{\frac{\pi}{2}} (1 - \sin x)\mathrm{d}x - \int_0^{\frac{\pi}{2}} (\cos x - 1)\mathrm{d}x$$

$$= \left[x + \cos x \right] \Big|_0^{\frac{\pi}{2}} - \left[\sin x - x \right] \Big|_0^{\frac{\pi}{2}} = \pi - 2.$$

【注】若被积函数含有绝对值,或为分段函数时,则需要先去掉绝对值,再分区域积分.

例 9 设二元函数 $f(x, y) = \begin{cases} x^2, & |x| + |y| \leqslant 1, \\ \dfrac{1}{\sqrt{x^2 + y^2}}, & 1 < |x| + |y| \leqslant 2, \end{cases}$ 设 $D = \{(x,$

$y) \mid |x| + |y| \leqslant 2\}$,计算二重积分 $\iint\limits_{D} f(x, y)\mathrm{d}x\mathrm{d}y$.

解 如图 $6 - 2$,设 $D_1 = \{(x, y) \mid x + y \leqslant 2, x \geqslant 0, y \geqslant 0\}$,$D_1 = D_{11} + D_{12}$,而

$$\iint\limits_{D_{11}} f(x, y)\mathrm{d}\sigma = \iint\limits_{D_{11}} x^2 \mathrm{d}\sigma = \int_0^1 \mathrm{d}x \int_0^{1-x} x^2 \mathrm{d}y = \int_0^1 x^2(1 - x)\mathrm{d}x = \frac{1}{12},$$

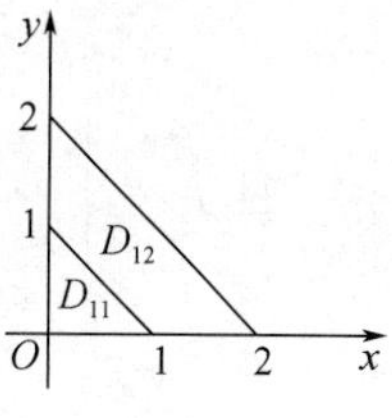

图 6 - 2

$$\iint\limits_{D_{12}} f(x, y)\mathrm{d}\sigma = \iint\limits_{D_{12}} \frac{1}{\sqrt{x^2 + y^2}}\mathrm{d}\sigma = \int_0^{\frac{\pi}{2}} \mathrm{d}\theta \int_{\frac{1}{\sin\theta + \cos\theta}}^{\frac{2}{\sin\theta + \cos\theta}} \mathrm{d}\rho$$

$$= \int_0^{\frac{\pi}{2}} \frac{1}{\sin\theta + \cos\theta}\mathrm{d}\theta = \int_0^{\frac{\pi}{2}} \frac{1}{\sqrt{2}\sin\left(\theta + \frac{\pi}{4}\right)}\mathrm{d}\theta$$

$$= \int_0^{\frac{\pi}{2}} \frac{1}{\sqrt{2}} \csc\left(\theta + \frac{\pi}{4}\right)\mathrm{d}\theta = \sqrt{2}\ln(\sqrt{2} + 1),$$

因为函数 $f(x, y)$ 是偶函数,区域 D 关于 x, y 轴都对称,所以

$$\iint\limits_{D} f(x, y)\mathrm{d}x\mathrm{d}y = 4\iint\limits_{D_1} f(x, y)\mathrm{d}x\mathrm{d}y = 4\left[\iint\limits_{D_{11}} f(x, y)\mathrm{d}x\mathrm{d}y + \iint\limits_{D_{12}} f(x, y)\mathrm{d}x\mathrm{d}y \right]$$

$$= 4\left[\frac{1}{12} + \sqrt{2}\ln(\sqrt{2} + 1)\right] = \frac{1}{3} + 4\sqrt{2}\ln(\sqrt{2} + 1).$$

【注】利用被积函数的奇偶性和积分区域的对称性可有效简化二重积分的计算.

例 10 计算 $\displaystyle\iint_D \frac{(x + y)\ln\left(1 + \dfrac{y}{x}\right)}{\sqrt{1 - x - y}}\mathrm{d}x\mathrm{d}y$,其中区域 D 是由直线 $x + y = 1$ 与两坐标轴所围成的三角形区域.

解 令 $u = x + y$,$v = x$,则区域 D 变为区域 $D_{uv}: 0 \leqslant u \leqslant 1, 0 \leqslant v \leqslant u$. 又 $|J| = 1$,于是

$$\text{原式} = \iint_{D_{uv}} \frac{u(\ln u - \ln v)\mathrm{d}u\mathrm{d}v}{\sqrt{1 - u}} = \int_0^1 \frac{u}{\sqrt{1 - u}}\mathrm{d}u\int_0^u (\ln u - \ln v)\mathrm{d}v$$

$$= \int_0^1 \frac{u}{\sqrt{1 - u}}\left[u\ln u - (v\ln v - v)\Big|_{0^+}^u\right]\mathrm{d}u = \int_0^1 \frac{u^2}{\sqrt{1 - u}}\mathrm{d}u$$

$$\xlongequal{\diamondsuit u = \sin^2 t} 2\int_0^{\frac{\pi}{2}} \sin^5 t\,\mathrm{d}t = 2 \times \frac{4}{5} \times \frac{2}{3} \times 1 = \frac{16}{15}.$$

【注】当被积函数或积分区域通过适当的坐标变换变简单时,可考虑利用坐标变换公式计算二重积分.

例 11 设 $f(u)$ 为可积函数,且 $a^2 + b^2 = 1$,证明:

$$\iint_{D: x^2 + y^2 \leqslant 1} f(ax + by)\mathrm{d}x\mathrm{d}y = 2\int_{-1}^1 f(u)\sqrt{1 - u^2}\,\mathrm{d}u.$$

证 令 $u = ax + by$,$v = bx - ay$,则当 $a^2 + b^2 = 1$ 时,$x = au + bv$,$y = bu - av$,

且 $J = \begin{vmatrix} a & b \\ b & -a \end{vmatrix} = -(a^2 + b^2) = -1$,即 $|J| = 1$,则

$$D_{xy}: x^2 + y^2 \leqslant 1 \Rightarrow D_{uv}: u^2 + v^2 \leqslant 1.$$

又原点到直线 $u = ax + by$ 的距离为 $d = \dfrac{|u|}{\sqrt{a^2 + b^2}} = |u|$,所以

$$D_{uv}: -1 \leqslant u \leqslant 1, -\sqrt{1 - u^2} \leqslant v \leqslant \sqrt{1 - u^2},$$

则

$$\iint_{D: x^2 + y^2 \leqslant 1} f(ax + by)\mathrm{d}x\mathrm{d}y = \iint_{D_{uv}: u^2 + v^2 \leqslant 1} f(u)\mathrm{d}u\mathrm{d}v = \int_{-1}^1 f(u)\mathrm{d}u\int_{-\sqrt{1 - u^2}}^{\sqrt{1 - u^2}} \mathrm{d}v$$

$$= 2\int_{-1}^{1} f(u)\ \sqrt{1-u^2}\ \mathrm{d}u.$$

例 12　设 $f(x)$ 连续, $D = \left\{ (x,y) \,\middle|\, |x| \leqslant \dfrac{a}{2},\ |y| \leqslant \dfrac{a}{2} \right\}$, 证明:

$$\iint\limits_{D} f(x-y)\mathrm{d}x\mathrm{d}y = \int_{-a}^{a} (a-|x|)f(x)\mathrm{d}x.$$

证　二重积分化为二次积分得

$$\iint\limits_{D} f(x-y)\mathrm{d}x\mathrm{d}y = \int_{-\frac{a}{2}}^{\frac{a}{2}} \mathrm{d}y \int_{-\frac{a}{2}}^{\frac{a}{2}} f(x-y)\mathrm{d}x$$

令 $x-y=t$, 则

$$\int_{-\frac{a}{2}}^{\frac{a}{2}} f(x-y)\mathrm{d}x = \int_{-\frac{a}{2}-y}^{\frac{a}{2}-y} f(t)\mathrm{d}t$$

因此

$$\iint\limits_{D} f(x-y)\mathrm{d}x\mathrm{d}y = \int_{-\frac{a}{2}}^{\frac{a}{2}} \mathrm{d}y \int_{-\frac{a}{2}-y}^{\frac{a}{2}-y} f(t)\mathrm{d}t$$

交换上式右端二次积分的次序, 有

$$\int_{-\frac{a}{2}}^{\frac{a}{2}} \mathrm{d}y \int_{-\frac{a}{2}-y}^{\frac{a}{2}-y} f(t)\mathrm{d}t = \int_{-a}^{0} \mathrm{d}t \int_{-\frac{a}{2}-t}^{\frac{a}{2}} f(t)\mathrm{d}y + \int_{0}^{a} \mathrm{d}t \int_{-\frac{a}{2}}^{\frac{a}{2}-t} f(t)\mathrm{d}y$$

$$= \int_{-a}^{0} (a+t)f(t)\mathrm{d}t + \int_{0}^{a} (a-t)f(t)\mathrm{d}t$$

$$= \int_{-a}^{0} (a-|t|)f(t)\mathrm{d}t + \int_{0}^{a} (a-|t|)f(t)\mathrm{d}t$$

$$= \int_{-a}^{a} (a-|t|)f(t)\mathrm{d}t.$$

例 13　设函数 $f(x,y)$ 在单位圆域上有连续的偏导数, 且在边界上的值恒为零. 证明:

$$f(0,0) = \lim_{\varepsilon \to 0^+} \frac{-1}{2\pi} \iint\limits_{D} \frac{xf_x' + yf_y'}{x^2+y^2}\mathrm{d}x\mathrm{d}y$$

其中 D 为圆环域 $\varepsilon^2 \leqslant x^2+y^2 \leqslant 1$.

证　取极坐标系, 由 $\begin{cases} x = r\cos\theta, \\ y = r\sin\theta \end{cases}$ 得 $f(x,y) = f(r\cos\theta, r\sin\theta)$, 故

$$\frac{\partial f}{\partial r} = \frac{\partial f}{\partial x} \cdot \frac{\partial x}{\partial r} + \frac{\partial f}{\partial y} \cdot \frac{\partial y}{\partial r} = \frac{\partial f}{\partial x}\cos\theta + \frac{\partial f}{\partial y}\sin\theta,$$

将上式两端同乘 r, 有

$$r\frac{\partial f}{\partial r} = \frac{\partial f}{\partial x}r\cos\theta + \frac{\partial f}{\partial y}r\sin\theta = xf_x' + yf_y',$$

于是有

$$
\begin{aligned}
I &= \iint\limits_{D} \frac{xf'_x + yf'_y}{x^2 + y^2} \mathrm{d}x\mathrm{d}y = \iint\limits_{D} \frac{1}{r^2} r \frac{\partial f}{\partial r} r \mathrm{d}r\mathrm{d}\theta = \int_0^{2\pi} \mathrm{d}\theta \int_{\varepsilon}^1 \frac{\partial f}{\partial r} \mathrm{d}r \\
&= \int_0^{2\pi} f(r\cos\theta, r\sin\theta)\Big|_{\varepsilon}^1 \mathrm{d}\theta \\
&= \int_0^{2\pi} f(\cos\theta, \sin\theta)\mathrm{d}\theta - \int_0^{2\pi} f(\varepsilon\cos\theta, \varepsilon\sin\theta)\mathrm{d}\theta \\
&= -\int_0^{2\pi} f(\varepsilon\cos\theta, \varepsilon\sin\theta)\mathrm{d}\theta,
\end{aligned}
$$

由积分中值定理,得

$$
I = -2\pi \cdot f(\varepsilon\cos\theta_1, \varepsilon\sin\theta_1), \text{其中} \ 0 \leqslant \theta_1 \leqslant 2\pi.
$$

故

$$
\lim_{\varepsilon \to 0^+} \frac{-1}{2\pi} \iint\limits_{D} \frac{xf'_x + yf'_y}{x^2 + y^2} \mathrm{d}x\mathrm{d}y = \lim_{\varepsilon \to 0^+} f(\varepsilon\cos\theta_1, \varepsilon\sin\theta_1) = f(0,0).
$$

证毕.

【注】算子在坐标系之间的转换是证明本题的关键.

例 14 设 $f(x,y)$ 在 $x^2 + y^2 \leqslant 1$ 上具有连续的二阶偏导数,且 $f_{xx}^2 + 2f_{xy}^2 + f_{yy}^2$ $\leqslant M$. 若 $f(0,0) = 0, f_x(0,0) = f_y(0,0) = 0$,证明:

$$
\left| \iint\limits_{x^2+y^2 \leqslant 1} f(x,y)\mathrm{d}x\mathrm{d}y \right| \leqslant \frac{\pi\sqrt{M}}{4}.
$$

证 在点 $(0,0)$ 处展开 $f(x,y)$,则 $\exists \theta \in (0,1)$,有

$$
f(x,y) = \frac{1}{2}\left(x\frac{\partial}{\partial x} + y\frac{\partial}{\partial y}\right)^2 f(\theta x, \theta y) = \frac{1}{2}\left(x^2 \frac{\partial^2}{\partial x^2} + 2xy\frac{\partial^2}{\partial x \partial y} + y^2 \frac{\partial^2}{\partial y^2}\right) f(\theta x, \theta y),
$$

记向量:$(u,v,w) = \left(\dfrac{\partial^2}{\partial x^2}, \dfrac{\partial^2}{\partial x \partial y}, \dfrac{\partial^2}{\partial y^2}\right) f(\theta x, \theta y)$,则

$$
f(x,y) = \frac{1}{2}(ux^2 + 2vxy + wy^2) = \frac{1}{2}(u, \sqrt{2}v, w) \cdot (x^2, \sqrt{2}xy, y^2).
$$

由题设可知

$$
\begin{aligned}
\|(u,\sqrt{2}v,w)\| &= \sqrt{u^2 + 2v^2 + w^2} \\
&= \sqrt{f_{xx}^2(\theta x, \theta y) + 2f_{xy}^2(\theta x, \theta y) + f_{yy}^2(\theta x, \theta y)} \leqslant \sqrt{M},
\end{aligned}
$$

而

$$
\|(x^2, \sqrt{2}xy, y^2)\| = x^2 + y^2,
$$

则

$$
|(u, \sqrt{2}v, w) \cdot (x^2, \sqrt{2}xy, y^2) \leqslant \sqrt{M}(x^2 + y^2),
$$

即

$$|f(x,y)| \leqslant \frac{1}{2}\sqrt{M}(x^2+y^2),$$

从而

$$\left| \iint\limits_{x^2+y^2\leqslant 1} f(x,y)\mathrm{d}x\mathrm{d}y \right| \leqslant \frac{\sqrt{M}}{2} \iint\limits_{x^2+y^2\leqslant 1} (x^2+y^2)\mathrm{d}x\mathrm{d}y = \frac{\pi\sqrt{M}}{4}.$$

证毕.

3. 三重积分的计算

【方法点拨】

三重积分的计算步骤为:

先利用积分区域的对称性与轮换性,化简重积分;再根据被积函数与积分区域的特点选择合适的坐标系.

例 15　计算 $\displaystyle\iiint\limits_{\Omega} \frac{\sqrt{x^2+y^2}}{z}\mathrm{d}x\mathrm{d}y\mathrm{d}z$,其中

$$\Omega: \left\{ (x,y,z) \;\middle|\; \sqrt{x^2+y^2}\leqslant z, x^2+y^2+z^2\leqslant 2z \right\}.$$

解　球面坐标系下,$\Omega: \left\{ (x,y,z) \;\middle|\; 0\leqslant\theta\leqslant 2\pi, 0\leqslant\varphi\leqslant\dfrac{\pi}{4}, 0\leqslant r\leqslant 2\cos\varphi \right\}$,

则

$$\iiint\limits_{\Omega} \frac{\sqrt{x^2+y^2}}{z}\mathrm{d}x\mathrm{d}y\mathrm{d}z = \int_0^{2\pi}\mathrm{d}\theta \int_0^{\frac{\pi}{4}}\mathrm{d}\varphi \int_0^{2\cos\varphi} \frac{r\sin\varphi}{r\cos\varphi} r^2\sin\varphi\mathrm{d}r$$

$$= \int_0^{2\pi}\mathrm{d}\theta \int_0^{\frac{\pi}{4}} \frac{\sin^2\varphi}{\cos\varphi}\mathrm{d}\varphi \int_0^{2\cos\varphi} r^2\mathrm{d}r = 2\pi\int_0^{\frac{\pi}{4}} \frac{\sin^2\varphi}{\cos\varphi} \frac{8}{3}\cos^3\varphi\mathrm{d}\varphi$$

$$= \frac{4\pi}{3}\int_0^{\frac{\pi}{4}} \sin^2 2\varphi\mathrm{d}\varphi = \frac{4\pi}{3}\int_0^{\frac{\pi}{4}} \frac{1-\cos 4\varphi}{2}\mathrm{d}\varphi = \frac{\pi^2}{6}.$$

【注】本题若利用柱面坐标系计算则较难算出,读者不妨一试.

例 16　设 $f(u)$ 为可微函数,且 $f(0)=0$,求

$$\lim_{t\to 0^+} \frac{\displaystyle\iiint\limits_{\Omega: x^2+y^2+z^2\leqslant t^2} f(\sqrt{x^2+y^2+z^2})\mathrm{d}v}{\pi t^4}.$$

解　由于 $f(u)$ 可导,则

$$\lim_{t\to 0^+} \frac{\displaystyle\iiint\limits_{\Omega: x^2+y^2+z^2\leqslant t^2} f(\sqrt{x^2+y^2+z^2})\mathrm{d}v}{\pi t^4} = \lim_{t\to 0^+} \frac{\displaystyle\int_0^{2\pi}\mathrm{d}\theta \int_0^{\pi}\mathrm{d}\varphi \int_0^{t} f(r)\cdot r^2\sin\varphi\mathrm{d}r}{\pi t^4}$$

$$= \lim_{t \to 0^+} \frac{4\pi \int_0^t r^2 f(r) \mathrm{d}r}{\pi t^4} = \lim_{t \to 0^+} \frac{4t^2 f(t)}{4t^3} = \lim_{t \to 0^+} \frac{f(t)}{t} = \lim_{t \to 0^+} \frac{f(t) - f(0)}{t}$$

$$= f'(0).$$

例 17　某物体所在的空间区域为 $\Omega : x^2 + y^2 + 2z^2 \leqslant x + y + 2z$, 密度函数为 $x^2 + y^2 + z^2$, 求质量 $M = \iiint\limits_{\Omega} (x^2 + y^2 + z^2) \mathrm{d}x\mathrm{d}y\mathrm{d}z$.

解　由于 $\Omega : \left(x - \dfrac{1}{2}\right)^2 + \left(y - \dfrac{1}{2}\right)^2 + 2\left(z - \dfrac{1}{2}\right)^2 \leqslant 1$ 是一个椭球, 作变换

$$u = x - \frac{1}{2}, v = y - \frac{1}{2}, w = \sqrt{2}\left(z - \frac{1}{2}\right),$$

将 Ω 变为单位球 $\Omega' : u^2 + v^2 + w^2 \leqslant 1$, 而

$$\frac{\partial(u, v, w)}{\partial(x, y, z)} = \begin{vmatrix} 1 & 0 & 0 \\ 0 & 1 & 0 \\ 0 & 0 & \sqrt{2} \end{vmatrix} = \sqrt{2},$$

故 $\mathrm{d}u\mathrm{d}v\mathrm{d}w = \sqrt{2}\,\mathrm{d}x\mathrm{d}y\mathrm{d}z$, 则

$$M = \iiint\limits_{\Omega} (x^2 + y^2 + z^2) \mathrm{d}x\mathrm{d}y\mathrm{d}z$$

$$= \frac{1}{\sqrt{2}} \iiint\limits_{\Omega'} \left[\left(u + \frac{1}{2}\right)^2 + \left(v + \frac{1}{2}\right)^2 + \left(\frac{w}{\sqrt{2}} + \frac{1}{2}\right)^2\right] \mathrm{d}u\mathrm{d}v\mathrm{d}w,$$

由 $\Omega' : u^2 + v^2 + w^2 \leqslant 1$ 关于三个坐标面都对称, 故一次项积分都是 0, 即

$$\iiint\limits_{\Omega'} u \,\mathrm{d}u\mathrm{d}v\mathrm{d}w = \iiint\limits_{\Omega'} v \,\mathrm{d}u\mathrm{d}v\mathrm{d}w = \iiint\limits_{\Omega'} w \,\mathrm{d}u\mathrm{d}v\mathrm{d}w = 0,$$

因此

$$M = \frac{1}{\sqrt{2}} \left[\iiint\limits_{\Omega'} \left(u^2 + v^2 + \frac{1}{2} w^2\right) \mathrm{d}u\mathrm{d}v\mathrm{d}w + \iiint\limits_{\Omega'} \left(\frac{1}{4} + \frac{1}{4} + \frac{1}{4}\right) \mathrm{d}u\mathrm{d}v\mathrm{d}w\right]$$

$$= \frac{1}{\sqrt{2}} (I_1 + I_2),$$

其中

$$I_2 = \left(\frac{1}{4} + \frac{1}{4} + \frac{1}{4}\right) V_{\Omega'} = \frac{3}{4} \times \frac{4\pi}{3} = \pi.$$

又由于 $\Omega' : u^2 + v^2 + w^2 \leqslant 1$ 具有轮换性, 故

$$\iiint\limits_{\Omega'} u^2 \,\mathrm{d}u\mathrm{d}v\mathrm{d}w = \iiint\limits_{\Omega'} v^2 \,\mathrm{d}u\mathrm{d}v\mathrm{d}w = \iiint\limits_{\Omega'} w^2 \,\mathrm{d}u\mathrm{d}v\mathrm{d}w = \frac{1}{3} \iiint\limits_{\Omega'} (u^2 + v^2 + w^2) \mathrm{d}u\mathrm{d}v\mathrm{d}w,$$

因此

$$I_1 = \iiint\limits_{\Omega} \left(u^2 + u^2 + \frac{1}{2}u^2\right) du dv dw = \frac{5}{2} \iiint\limits_{\Omega} u^2 du dv dw$$

$$= \frac{5}{2} \times \frac{1}{3} \iiint\limits_{\Omega} (u^2 + v^2 + w^2) du dv dw$$

$$= \frac{5}{6} \int_0^{2\pi} d\theta \int_0^{\pi} d\varphi \int_0^1 r^2 \cdot r^2 \sin\varphi dr = \frac{5}{6} \times \frac{4\pi}{5} = \frac{2\pi}{3},$$

故

$$M = \frac{1}{\sqrt{2}}(I_1 + I_2) = \frac{1}{\sqrt{2}}\left(\frac{2\pi}{3} + \pi\right) = \frac{5\sqrt{2}}{6}\pi.$$

例 18　设函数 $f(t)$ 在 $(-\infty, +\infty)$ 内连续,且满足

$$f(t) = 3 \iiint\limits_{\Omega: x^2+y^2+z^2 \leqslant t^2} f(\sqrt{x^2 + y^2 + z^2}) dx dy dz + |t^3|,$$

求 $f(t)$.

解　由题设可知 $f(t)$ 为偶函数,且 $f(0) = 0$,先设 $t > 0$,则

$$f(t) = 3 \iiint\limits_{\Omega: x^2+y^2+z^2 \leqslant t^2} f(\sqrt{x^2 + y^2 + z^2}) dx dy dz + t^3$$

$$f(t) = 3 \int_0^{2\pi} d\theta \int_0^{\pi} d\varphi \int_0^t f(r) \cdot r^2 \sin\varphi dr + t^3$$

$$= 3 \cdot 2\pi \cdot 2 \int_0^t r^2 f(r) dr + t^3 = 12\pi \int_0^t r^2 f(r) dr + t^3,$$

由于 $f(t)$ 连续,因此由上式右端知 $f(t)$ 可导,从而

$$f'(t) = 12\pi t^2 f(t) + 3t^2,$$

解得

$$f(t) = e^{\int 12\pi t^2 dt}\left[\int 3t^2 e^{-\int 12\pi t^2 dt} dt + c\right] = \frac{-1}{4\pi}(1 + ce^{4\pi t^3}],$$

由 $f(0) = 0$,得 $c = -1$,则 $f(t) = \frac{1}{4\pi}(e^{4\pi t^3} - 1) \ (t > 0)$,

同理可得 $t < 0$ 时,有

$$f(t) = \frac{1}{4\pi}(e^{-4\pi t^3} - 1),$$

综上

$$f(t) = \frac{1}{4\pi}(e^{4\pi|t|^3} - 1).$$

4. 曲线积分的计算

【方法点拨】

① 利用代入性化简两类曲线积分;

② 利用曲线的对称性与轮换性,化简第一型曲线积分;

③ 当曲线容易化为参数方程形式时,则可将线积分化为参数的定积分计算;

④ 当被积函数具有连续的偏导数时,常优先考虑用格林公式或斯托克斯公式或积分与路径无关的方法求解第二型曲线积分.

例 19 计算 $\oint_\Gamma (x^2 + 2y^2 + 3y + 5z)\,\mathrm{d}s$,其中 Γ 为 $\begin{cases} x^2 + y^2 + z^2 = R^2, \\ x + y + z = 0. \end{cases}$

解法一 将空间曲线 Γ 化为参数方程,由 $\begin{cases} x^2 + y^2 + z^2 = R^2, \\ x + y + z = 0, \end{cases}$ 消去 y 得

$\left(x + \dfrac{z}{2}\right)^2 + \dfrac{3}{4}z^2 = \dfrac{R^2}{2}$,令 $x + \dfrac{z}{2} = \dfrac{R}{\sqrt{2}}\cos t, \dfrac{\sqrt{3}}{2}z = \dfrac{R}{\sqrt{2}}\sin t$,解得

$$x = \frac{R}{\sqrt{2}}\cos t - \frac{z}{2} = \frac{R}{\sqrt{2}}\cos t - \frac{R}{\sqrt{6}}\sin t, z = \frac{2R}{\sqrt{6}}\sin t,$$

$$y = -x - z = -\frac{R}{\sqrt{2}}\cos t - \frac{R}{\sqrt{6}}\sin t,$$

故 Γ 的参数方程为 $\begin{cases} x = \dfrac{R}{\sqrt{2}}\cos t - \dfrac{R}{\sqrt{6}}\sin t, \\ y = -\dfrac{R}{\sqrt{2}}\cos t - \dfrac{R}{\sqrt{6}}\sin t, (0 \leqslant t \leqslant 2\pi), \\ z = \dfrac{2R}{\sqrt{6}}\sin t \end{cases}$ 则

$$\mathrm{d}s = \sqrt{x'^2(t) + y'^2(t) + z'^2(t)}\,\mathrm{d}t = \sqrt{R^2\cos^2 t + R^2\sin^2 t}\,\mathrm{d}t = R\,\mathrm{d}t,$$

故

$$\oint_\Gamma (x^2 + 2y^2 + 3y + 5z)\,\mathrm{d}s$$

$$= R\int_0^{2\pi}\left[R^2\left(\frac{\cos t}{\sqrt{2}} - \frac{\sin t}{\sqrt{6}}\right)^2 + 2R^2\left(-\frac{\cos t}{\sqrt{2}} - \frac{\sin t}{\sqrt{6}}\right)^2 - 3\cdot\left(\frac{R}{\sqrt{2}}\cos t + \frac{R}{\sqrt{6}}\sin t\right) + 5\cdot\frac{2R}{\sqrt{6}}\sin t\right]\mathrm{d}t$$

$$= 3R^3 \int_0^{2\pi} \left(\frac{1}{2} \cos^2 t + \frac{1}{6} \sin^2 t + \frac{\sqrt{3}}{9} \sin t \cos t \right) dt$$

$$= 3R^3 \int_0^{2\pi} \left(\frac{1}{2} \frac{1 + \cos 2t}{2} + \frac{1}{6} \frac{1 - \cos 2t}{2} + \frac{\sqrt{3}}{18} \sin 2t \right) dt = 2\pi R^3.$$

解法二　由于积分曲线方程具有轮换性，并利用代入性，故有

$$\oint_\Gamma x^2 ds = \oint_\Gamma y^2 ds = \oint_\Gamma z^2 ds = \frac{1}{3} \left[\oint_\Gamma (x^2 + y^2 + z^2) ds \right]$$

$$= \frac{R^2}{3} \oint_\Gamma ds = \frac{2\pi}{3} R^3,$$

同理有

$$\oint_\Gamma x ds = \oint_\Gamma y ds = \oint_\Gamma z ds = \frac{1}{3} \oint_\Gamma (x + y + z) ds = 0,$$

所以

$$\oint_\Gamma (x^2 + 2y^2 + 3y + 5z) ds = 3 \oint_\Gamma x^2 ds + 0 = 2\pi R^3.$$

【注】本题解法二的计算中轮换性与代入性起到很大作用，解法二比解法一要简单得多.

例 20　求圆柱面 $x^2 + y^2 = 4$ 介于平面 $z = 0$ 上方与 $z = \sqrt{3} x$ 下方那部分的侧面积 A.

解　由第一型曲线积分的几何意义，可知柱面的侧面积（如图 6 – 3 中阴影部分）可表示为第一型曲线积分：

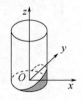

$$A = \int_L z ds,$$

图 6 – 3

其中 $z = \sqrt{3} x, L: x^2 + y^2 = 4 (x \geqslant 0)$，

L 的参数方程为 $\begin{cases} x = 2\cos\theta, \\ y = 2\sin\theta \end{cases} \left(-\frac{\pi}{2} \leqslant \theta \leqslant \frac{\pi}{2} \right)$，则

$$ds = \sqrt{x'^2(\theta) + y'^2(\theta)} \, d\theta = \sqrt{(-2\sin\theta)^2 + (2\cos\theta)^2} \, d\theta = 2 d\theta,$$

故所求柱面的侧面积

$$A = \int_L z ds = \sqrt{3} \int_L x ds = \sqrt{3} \int_{-\frac{\pi}{2}}^{\frac{\pi}{2}} 2\cos\theta \cdot 2 d\theta$$

$$= 8\sqrt{3} \int_0^{\frac{\pi}{2}} \cos\theta d\theta = 8\sqrt{3}.$$

【注】当曲面是柱面时，可利用第一型曲线积分公式 $A = \int_L z ds$ 计算其侧面积.

例 21 设函数 $\varphi(x)$ 具有连续的导数,在围绕原点的任意光滑的简单闭曲线 C 上,曲线积分 $\oint_C \dfrac{2xy\,\mathrm{d}x + \varphi(x)\,\mathrm{d}y}{x^4 + y^2}$ 的值为常数.

(1) 设 L 为正向闭曲线 $(x-2)^2 + y^2 = 1$,证明 $\oint_L \dfrac{2xy\,\mathrm{d}x + \varphi(x)\,\mathrm{d}y}{x^4 + y^2} = 0$;

(2) 求函数 $\varphi(x)$;

(3) 设 C 是围绕原点的光滑简单的正向闭曲线,求 $\oint_C \dfrac{2xy\,\mathrm{d}x + \varphi(x)\,\mathrm{d}y}{x^4 + y^2}$.

解 (1) 将闭曲线 L 分割成两段 $L = L_1 + L_2$,沿逆时针方向(如图 $6-4$),设 L_0 为不经过原点的沿逆时针方向的光滑曲线,并使得 $L_0 \bigcup L_1^-$(其中 L_1^- 为 L_1 的反向曲线)和 L_0 $\bigcup L_2$ 分别组成围绕原点的分段光滑闭曲线(如图 $6-4$).由已知条件可知 $L_0 \bigcup L_1^-$ 和 $L_0 \bigcup L_2$ 上曲线积分相等,则有

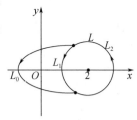

图 6-4

$$\oint_{L_0 \bigcup L_1^-} \frac{2xy\,\mathrm{d}x + \varphi(x)\,\mathrm{d}y}{x^4 + y^2} = \oint_{L_0 \bigcup L_2} \frac{2xy\,\mathrm{d}x + \varphi(x)\,\mathrm{d}y}{x^4 + y^2},$$

所以有

$$\oint_L \frac{2xy\,\mathrm{d}x + \varphi(x)\,\mathrm{d}y}{x^4 + y^2} = \int_{L_1} \frac{2xy\,\mathrm{d}x + \varphi(x)\,\mathrm{d}y}{x^4 + y^2} + \int_{L_2} \frac{2xy\,\mathrm{d}x + \varphi(x)\,\mathrm{d}y}{x^4 + y^2}$$

$$= \int_{L_2} \frac{2xy\,\mathrm{d}x + \varphi(x)\,\mathrm{d}y}{x^4 + y^2} + \int_{L_0} \frac{2xy\,\mathrm{d}x + \varphi(x)\,\mathrm{d}y}{x^4 + y^2} - \int_{L_0} \frac{2xy\,\mathrm{d}x + \varphi(x)\,\mathrm{d}y}{x^4 + y^2} - \int_{L_1^-} \frac{2xy\,\mathrm{d}x + \varphi(x)\,\mathrm{d}y}{x^4 + y^2}$$

$$= \oint_{L_0 \bigcup L_2} \frac{2xy\,\mathrm{d}x + \varphi(x)\,\mathrm{d}y}{x^4 + y^2} - \oint_{L_0 \bigcup L_1^-} \frac{2xy\,\mathrm{d}x + \varphi(x)\,\mathrm{d}y}{x^4 + y^2} = 0.$$

(2) 令 $P = \dfrac{2xy}{x^4 + y^2}$,$Q = \dfrac{\varphi(x)}{x^4 + y^2}$,则

$$\frac{\partial P}{\partial y} = \frac{2x(x^4 + y^2) - 2xy \cdot 2y}{(x^4 + y^2)^2} = \frac{2x(x^4 - y^2)}{(x^4 + y^2)^2},$$

$$\frac{\partial Q}{\partial x} = \frac{\varphi'(x)(x^4 + y^2) - \varphi(x)4x^3}{(x^4 + y^2)^2},$$

由(1)知 $\dfrac{\partial Q}{\partial x} = \dfrac{\partial P}{\partial y}$,代入可得

$$\varphi'(x)(x^4 + y^2) - \varphi(x)4x^3 = 2x^5 - 2xy^2,$$

将上式两边看作 y 的多项式,整理得

$$y^2\varphi'(x) + \varphi'(x)x^4 - \varphi(x)4x^3 = y^2(-2x) + 2x^5,$$

由此可得 $\varphi'(x) = -2x$,$\varphi'(x)x^4 - \varphi(x)4x^3 = 2x^5$,解得 $\varphi(x) = -x^2$.

（3）设 D 为由正向闭曲线 $C_0 : x^4 + y^2 = 1$ 所围成的平面区域. 由（1）知

$$\oint_C \frac{2xy\mathrm{d}x + \varphi(x)\mathrm{d}y}{x^4 + y^2} = \oint_{C_0} \frac{2xy\mathrm{d}x - x^2\mathrm{d}y}{x^4 + y^2},$$

由曲线积分的代入性，可得

$$\oint_{C_0} \frac{2xy\mathrm{d}x - x^2\mathrm{d}y}{x^4 + y^2} = \oint_{C_0} 2xy\mathrm{d}x - x^2\mathrm{d}y,$$

再利用格林公式和重积分的对称性，有

$$\oint_{C_0} 2xy\mathrm{d}x - x^2\mathrm{d}y = \iint_D (-4x)\mathrm{d}x\mathrm{d}y = 0,$$

故

$$\oint_C \frac{2xy\mathrm{d}x + \varphi(x)\mathrm{d}y}{x^4 + y^2} = 0.$$

例 22 设 L 是分段光滑的简单闭曲线，且 $(2,0)$、$(-2,0)$ 两点不在 L 上，计算曲线积分

$$I = \oint_{L^+} \left[\frac{y}{(2-x)^2 + y^2} + \frac{y}{(2+x)^2 + y^2} \right]\mathrm{d}x + \left[\frac{2-x}{(2-x)^2 + y^2} - \frac{2+x}{(2+x)^2 + y^2} \right]\mathrm{d}y.$$

解 整理得

$$I = \oint_{L^+} \frac{y\mathrm{d}x + (2-x)\mathrm{d}y}{(2-x)^2 + y^2} + \frac{y\mathrm{d}x - (2+x)\mathrm{d}y}{(2+x)^2 + y^2},$$

由

$$\frac{y\mathrm{d}x + (2-x)\mathrm{d}y}{(2-x)^2 + y^2} = \frac{y\mathrm{d}(x-2) - (x-2)\mathrm{d}y}{y^2} \cdot \frac{1}{1 + \frac{(2-x)^2}{y^2}}$$

$$= \frac{1}{1 + \frac{(2-x)^2}{y^2}}\mathrm{d}\left(\frac{x-2}{y}\right) = \mathrm{d}\left(\arctan\frac{x-2}{y}\right),$$

同理有

$$\frac{y\mathrm{d}x - (x+2)\mathrm{d}y}{(x+2)^2 + y^2} = \mathrm{d}\left(\arctan\frac{x+2}{y}\right),$$

可知 $\dfrac{y\mathrm{d}x + (2-x)\mathrm{d}y}{(2-x)^2 + y^2}$ 与 $\dfrac{y\mathrm{d}x - (x+2)\mathrm{d}y}{(x+2)^2 + y^2}$ 都是全微分形式，故

（1）当 $(2,0)$、$(-2,0)$ 均在闭曲线 L 所围区域的外部时，$I = 0$；

（2）当 $(2,0)$、$(-2,0)$ 均在闭曲线 L 所围区域的内部时，作两个小圆周线 C_1，C_2，分别以此两点为圆心，ε（足够小的正数）为半径，则

$$\oint_{L^+} = \oint_{C_1^+} + \oint_{C_2^+},$$

而

$$\oint_{C_1^+} = \frac{1}{\varepsilon^2} \oint_{C_1^+} y\,\mathrm{d}x - (x-2)\,\mathrm{d}y = -\frac{2}{\varepsilon^2}\pi\varepsilon^2 = -2\pi,$$

同理 $\oint_{C_2^+} = -2\pi.$ 所以

$$I = \oint_{L^+} = \oint_{C_1^+} + \oint_{C_2^+} = -4\pi.$$

(3) 当两点 $(2,0)$、$(-2,0)$ 中有一个点在闭曲线 L 所围区域的外部,另一个点在 L 所围区域的内部时,$I = -2\pi.$

例 23 已知平面区域 $D = \{(x,y) \mid 0 \leqslant x \leqslant \pi,\ 0 \leqslant y \leqslant \pi\}$,$L$ 为 D 的正向边界,试证:

(1) $\oint_L x\,\mathrm{e}^{\sin y}\,\mathrm{d}y - y\,\mathrm{e}^{-\sin x}\,\mathrm{d}x = \oint_L x\,\mathrm{e}^{-\sin y}\,\mathrm{d}y - y\,\mathrm{e}^{\sin x}\,\mathrm{d}x$;

(2) $\oint_L x\,\mathrm{e}^{\sin y}\,\mathrm{d}y - y\,\mathrm{e}^{-\sin x}\,\mathrm{d}x \geqslant \frac{5}{2}\pi^2.$

证 (1) 因被积函数的偏导数在 D 上连续,故由格林公式知

$$\oint_L x\,\mathrm{e}^{\sin y}\,\mathrm{d}y - y\,\mathrm{e}^{-\sin x}\,\mathrm{d}x = \iint_D \left[\frac{\partial}{\partial x}(x\mathrm{e}^{\sin y}) - \frac{\partial}{\partial y}(-y\mathrm{e}^{-\sin x})\right]\mathrm{d}x\mathrm{d}y$$

$$= \iint_D (\mathrm{e}^{\sin y} + \mathrm{e}^{-\sin x})\,\mathrm{d}x\mathrm{d}y,$$

$$\oint_L x\,\mathrm{e}^{-\sin y}\,\mathrm{d}y - y\,\mathrm{e}^{\sin x}\,\mathrm{d}x = \iint_D \left[\frac{\partial}{\partial x}(x\mathrm{e}^{-\sin y}) - \frac{\partial}{\partial y}(-y\mathrm{e}^{\sin x})\right]\mathrm{d}x\mathrm{d}y$$

$$= \iint_D (\mathrm{e}^{-\sin y} + \mathrm{e}^{\sin x})\,\mathrm{d}x\mathrm{d}y.$$

而 D 关于直线 $y = x$ 对称,即知

$$\iint_D (\mathrm{e}^{\sin y} + \mathrm{e}^{-\sin x})\,\mathrm{d}x\mathrm{d}y = \iint_D (\mathrm{e}^{-\sin y} + \mathrm{e}^{\sin x})\,\mathrm{d}x\mathrm{d}y,$$

因此

$$\oint_L x\mathrm{e}^{\sin y}\,\mathrm{d}y - y\mathrm{e}^{-\sin x}\,\mathrm{d}x = \oint_L x\mathrm{e}^{-\sin y}\,\mathrm{d}y - y\mathrm{e}^{\sin x}\,\mathrm{d}x.$$

(2) 由格林公式可得

$$\oint_L x\mathrm{e}^{\sin y}\,\mathrm{d}y - y\mathrm{e}^{-\sin x}\,\mathrm{d}x = \iint_D (\mathrm{e}^{\sin y} + \mathrm{e}^{-\sin x})\,\mathrm{d}x\mathrm{d}y,$$

再由 D 关于直线 $y = x$ 对称,得

$$\iint\limits_{D}(e^{\sin y} + e^{-\sin x})dxdy = \iint\limits_{D}(e^{\sin x} + e^{-\sin x})dxdy,$$

而由泰勒公式,可得

$$e^{t} + e^{-t} = 2\left(1 + \frac{t^{2}}{2!} + \frac{t^{4}}{4!} + \cdots\right) \geqslant 2 + t^{2},$$

故

$$e^{\sin x} + e^{-\sin x} \geqslant 2 + \sin^{2}x = 2 + \frac{1 - \cos 2x}{2} = \frac{5 - \cos 2x}{2},$$

从而

$$\oint_{L} x e^{\sin y}dy - y e^{-\sin x}dx = \iint\limits_{D}(e^{\sin x} + e^{-\sin x})dxdy$$

$$= \int_{0}^{\pi}(e^{\sin x} + e^{-\sin x})dx\int_{0}^{\pi}dy = \pi\int_{0}^{\pi}(e^{-\sin x} + e^{\sin x})dx$$

$$\geqslant \pi\int_{0}^{\pi}\frac{5 - \cos 2x}{2}dx = \frac{5}{2}\pi^{2},$$

即

$$\oint_{L} x e^{\sin y}dy - y e^{-\sin x}dx \geqslant \frac{5}{2}\pi^{2}.$$

例 24　设 $I_{a}(r) = \oint_{C}\dfrac{ydx - xdy}{(x^{2} + y^{2})^{a}}$,其中 a 为常数,曲线 C 为椭圆 $x^{2} + xy + y^{2} = r^{2}$,并取正向,求极限 $\lim\limits_{r \to +\infty} I_{a}(r)$.

解　作变换 $T:\begin{cases} x = \dfrac{\sqrt{2}}{2}(u - v), \\ y = \dfrac{\sqrt{2}}{2}(u + v), \end{cases}$ 则变换 T 将曲线 C 变为 uOv 平面上的椭圆

$\Gamma:\dfrac{3}{2}u^{2} + \dfrac{1}{2}v^{2} = r^{2}$,也是取正向,且有

$$x^{2} + y^{2} = u^{2} + v^{2}, \quad ydx - xdy = vdu - udv,$$

将曲线参数化,$\Gamma:u = \sqrt{\dfrac{2}{3}}r\cos\theta, v = \sqrt{2}r\sin\theta, \theta:0 \to 2\pi$,将 r 看作常数时,有 $vdu -$

$udv = -\dfrac{2}{\sqrt{3}}r^{2}d\theta$,故

$$I_a(r) = \oint_\Gamma \frac{v\,\mathrm{d}u - u\,\mathrm{d}v}{(u^2+v^2)^a} = \int_0^{2\pi} \frac{-\dfrac{2}{\sqrt{3}}r^2\,\mathrm{d}\theta}{\left(\dfrac{2}{3}r^2\cos^2\theta + 2r^2\sin^2\theta\right)^a}$$

$$= -\frac{2}{\sqrt{3}}r^{2(1-a)} \int_0^{2\pi} \frac{\mathrm{d}\theta}{\left(\dfrac{2}{3}\cos^2\theta + 2\sin^2\theta\right)^a},$$

令 $J_a = \displaystyle\int_0^{2\pi} \frac{\mathrm{d}\theta}{\left(\dfrac{2}{3}\cos^2\theta + 2\sin^2\theta\right)^a}$，由于 $\dfrac{2}{3} < \dfrac{2}{3}\cos^2\theta + 2\sin^2\theta < 2$，因此 $0 < J_a < +\infty$.

又

$$\lim_{r\to+\infty} r^{2(1-a)} - \begin{cases} 0, & a > 1, \\ 1, & a = 1, \\ +\infty, & a < 1, \end{cases}$$

所以当 $a > 1$ 时，$\displaystyle\lim_{r\to+\infty} I_a(r) = 0$；当 $a < 1$ 时，$\displaystyle\lim_{r\to+\infty} I_a(r) = -\infty$.

而 $a = 1$ 时，利用积分的周期性质与奇偶性，有

$$J_1 = \int_0^{2\pi} \frac{\mathrm{d}\theta}{\dfrac{2}{3}\cos^2\theta + 2\sin^2\theta} = 4\int_0^{\pi/2} \frac{\mathrm{d}\theta}{\dfrac{2}{3}\cos^2\theta + 2\sin^2\theta}$$

$$= 2\int_0^{\pi/2} \frac{\mathrm{d}\tan\theta}{\dfrac{1}{3} + \tan^2\theta} = 2\int_0^{+\infty} \frac{\mathrm{d}t}{\dfrac{1}{3} + t^2} = 2\times\sqrt{3}\arctan\sqrt{3}t$$

$$= 2\sqrt{3}\left(\frac{\pi}{2} - 0\right) = \sqrt{3}\,\pi,$$

因此 $I_1(r) = -\dfrac{2}{\sqrt{3}} \cdot \sqrt{3}\,\pi = -2\pi$. 故所求极限为

$$I_a(r) = \begin{cases} 0, & a > 1, \\ -2\pi, & a = 1, \\ -\infty, & a < 1. \end{cases}$$

【注】利用正交变换化二次型的方法，来实现简化积分曲线方程.

例 25 计算曲线积分 $\displaystyle\int_\Gamma (x^2+y^2-z^2)\mathrm{d}x + (y^2+z^2-x^2)\mathrm{d}y + (z^2+x^2-y^2)\mathrm{d}z$，其中 Γ 是 $x^2+y^2+z^2 = 6y$ 与 $x^2+y^2 = 4y, z \geqslant 0$ 的交线，且从 z 轴的正向看去取逆时针方向.

解法一 将 Γ 化为：$x^2+y^2 = 4y, z = \sqrt{2y}$，

将曲线 Γ 参数化,得 $\Gamma:x=2\cos\theta,y=2+2\sin\theta,z=2\sqrt{1+\sin\theta}$,$\theta:0\rightarrow2\pi$,则

$$\int_{\Gamma}(x^2+y^2-z^2)\mathrm{d}x+(6y-2x^2)\mathrm{d}y+(6y-2y^2)\mathrm{d}z$$

$$=\int_{\Gamma}2y\mathrm{d}x+(6y-2x^2)\mathrm{d}y+(6y-2y^2)\mathrm{d}z$$

$$=\int_0^{2\pi}\left[-8\sin\theta(1+\sin\theta)+8\cos\theta(3+3\sin\theta-2\cos^2\theta)+\frac{4\cos\theta(1-\sin\theta-2\sin^2\theta)}{\sqrt{1+\sin\theta}}\right]\mathrm{d}\theta$$

$$=-8\pi+\int_0^{2\pi}\left[\frac{4(1-\sin\theta-2\sin^2\theta)}{\sqrt{1+\sin\theta}}\right]\mathrm{d}\sin\theta$$

$$=-8\pi+4\int_0^{2\pi}\sqrt{1+\sin\theta}\left[3-2(1+\sin\theta)\right]\mathrm{d}(1+\sin\theta)=-8\pi.$$

解法二   令 $I=\int_{\Gamma}(x^2+y^2-z^2)\mathrm{d}x+(y^2+z^2-x^2)\mathrm{d}y+(z^2+x^2-y^2)\mathrm{d}z$,

取以 Γ 为边界的球面 $\Sigma:x^2+y^2+z^2=6y(z\geqslant0)$,即 $x^2+(y-3)^2+z^2=9(z\geqslant0)$,且法线指向上侧,且 Σ 在 xOy 平面上的投影方程为 $x^2+y^2=4y$ 。

因此 Σ 的指向上侧的单位法向量为

$$\boldsymbol{n}^0=\frac{1}{\sqrt{x^2+(y-3)^2+z^2}}(x,y-3,z)=\frac{1}{3}(x,y-3,z),$$

由斯托克斯公式得

$$I=\frac{1}{3}\iint_{\Sigma}\begin{vmatrix}x & y-3 & z\\[2mm]\dfrac{\partial}{\partial x} & \dfrac{\partial}{\partial y} & \dfrac{\partial}{\partial z}\\[2mm]x^2+y^2-z^2 & y^2+z^2-x^2 & x^2+z^2-y^2\end{vmatrix}\mathrm{d}S$$

$$=\frac{1}{3}\iint_{\Sigma}[-2xy-2(y-3)z-2xz-(2yz+2(y-3)x+2zx)]\mathrm{d}S$$

由于 Σ 关于 yOz 面对称,因此

$$\iint_{\Sigma}[-2xy-2xz-(2(y-3)x+2zx)]\mathrm{d}S=0,$$

则

$$I=\frac{2}{3}\iint_{\Sigma}z(3-2y)\mathrm{d}S,$$

由 $\Sigma:z=\sqrt{9-x^2-(y-3)^2}$,得

$$dS = \sqrt{1 + z_x^2 + z_y^2}\,dxdy = \sqrt{1 + \frac{x^2}{9 - x^2 - (y-3)^2} + \frac{(y-3)^2}{9 - x^2 - (y-3)^2}}\,dxdy$$

$$= \frac{3}{z}\,dxdy,$$

则

$$I = \frac{2}{3}\iint\limits_{\Sigma} z(3-2y)\,dS = \frac{2}{3}\iint\limits_{D:\,x^2+y^2 \leqslant 4y} z(3-2y)\frac{3}{z}\,dxdy$$

$$= 2\iint\limits_{D:\,x^2+y^2 \leqslant 4y}(3-2y)\,dxdy = 6\iint\limits_{D:\,x^2+y^2 \leqslant 4y}dxdy - 4\iint\limits_{D:\,x^2+y^2 \leqslant 4y}y\,dxdy$$

$$= 6 \cdot 4\pi - 8\int_0^{\pi/2}d\theta\int_0^{4\sin\theta}r^2\sin\theta\,dr$$

$$= 24\pi - 8\int_0^{\pi/2}\frac{64}{3}\sin^4\theta\,d\theta - 24\pi - \frac{512}{3}\times\frac{3}{4}\times\frac{1}{2}\times\frac{\pi}{2}$$

$$= 24\pi - 32\pi = -8\pi.$$

例 26 设曲线 Γ 为在 $x^2 + y^2 + z^2 = 1, x + z = 1, x \geqslant 0, y \geqslant 0, z \geqslant 0$ 上从 $A(1,0,0)$ 到 $B(0,0,1)$ 的一段. 求曲线积分 $I = \int_\Gamma y\,dx + z\,dy + x\,dz$.

解 记 Γ_1 为从 B 到 A 的直线段，则 $\Gamma_1 : x = t, y = 0, z = 1 - t, 0 \leqslant t \leqslant 1$,
则

$$\int_{\Gamma_1} y\,dx + z\,dy + x\,dz = \int_0^1 t\,d(1-t) = -\frac{1}{2}.$$

设 Γ 和 Γ_1 围成的平面区域 $\Sigma : x + z = 1$,方向按右手法则指向上侧,因此 Σ 的指向上侧的单位法向量为

$$\boldsymbol{n}^0 = \frac{\sqrt{2}}{2}(1,0,1),$$

Σ 上,

$$dS = \sqrt{1 + z_x^2 + z_y^2}\,dxdy = \sqrt{1 + 1 + 0}\,dxdy = \sqrt{2}\,dxdy,$$

由斯托克斯公式得

$$\left(\int_\Gamma + \int_{\Gamma_1}\right)y\,dx + z\,dy + x\,dz = \oint_{\Gamma + \Gamma_1} y\,dx + z\,dy + x\,dz$$

$$= \frac{1}{\sqrt{2}}\iint\limits_{\Sigma}\begin{vmatrix} 1 & 0 & 1 \\ \dfrac{\partial}{\partial x} & \dfrac{\partial}{\partial y} & \dfrac{\partial}{\partial z} \\ y & z & x \end{vmatrix}dS = -\frac{1}{\sqrt{2}}\iint\limits_{\Sigma}2\,dS = -2\iint\limits_{D}dxdy.$$

将曲线 Γ 方程组消去 z，得它在 xOy 面上的投影方程为

$$\frac{\left(x-\dfrac{1}{2}\right)^2}{\left(\dfrac{1}{2}\right)^2}+\frac{y^2}{\left(\dfrac{1}{\sqrt{2}}\right)^2}=1(x\geqslant 0,y\geqslant 0),$$

则其投影区域（半个椭圆）的面积为 $\displaystyle\iint_D \mathrm{d}x\mathrm{d}y=\frac{\pi}{4\sqrt{2}}$.

于是就有

$$\left(\int_\Gamma+\int_{\Gamma_1}\right)y\mathrm{d}x+z\mathrm{d}y+x\mathrm{d}z=-2\times\frac{\pi}{4\sqrt{2}}=-\frac{\pi}{2\sqrt{2}},$$

因此有

$$I=\int_\Gamma y\mathrm{d}x+z\mathrm{d}y+x\mathrm{d}z=\left(\int_\Gamma+\int_{\Gamma_1}\right)y\mathrm{d}x+z\mathrm{d}y+x\mathrm{d}z-\int_{\Gamma_1}y\mathrm{d}x+z\mathrm{d}y+x\mathrm{d}z$$

$$=-\frac{\pi}{2\sqrt{2}}+\frac{1}{2}.$$

5. 曲面积分的计算

【方法点拨】

① 利用代入性化简两类曲面积分；

② 利用曲面的对称性与轮换性，化简第一型曲面积分；

③ 将曲面向某坐标面投影，则可将第一型曲面积分化为二重积分计算；

④ 当被积函数具有连续的偏导数时，常优先考虑用高斯公式求解第二型曲面积分.

例 27　设曲面 $\Sigma:|x|+|y|+|z|=1$，则 $\displaystyle\oiint_\Sigma(x+|y|)\mathrm{d}S=$ _____ .

解　先分别利用第一型曲面积分的对称性、轮换性与代入性化简.

由于曲面 $\Sigma:|x|+|y|+|z|=1$ 关于 yOz 面对称，并具有轮换性，因此

$$\oiint_\Sigma x\mathrm{d}S=0,$$

$$\oiint_\Sigma|y|\mathrm{d}S=\frac{1}{3}\oiint_\Sigma(|x|+|y|+|z|)\mathrm{d}S,$$

再利用曲面积分的代入性得

$$\oiint_\Sigma|y|\mathrm{d}S=\frac{1}{3}\oiint_\Sigma(|x|+|y|+|z|)\mathrm{d}S=\frac{1}{3}\oiint_\Sigma \mathrm{d}S=\frac{1}{3}S_\Sigma,$$

由于 $\Sigma : |x|+|y|+|z|=1$ 关于三个坐标面都对称，因此其表面积为 $S_\Sigma = 8S_{\Sigma_1}$，其中 Σ_1 表示 Σ 在第一卦限内边长等于 $\sqrt{2}$ 的等边三角形部分，故

$$S_\Sigma = 8S_{\Sigma_1} = 8 \times \frac{\sqrt{3}}{4} \times (\sqrt{2})^2 = 4\sqrt{3}.$$

故原式 $= \iint\limits_{\Sigma} (x+|y|)\mathrm{d}S = \frac{1}{3}S_\Sigma = \frac{4}{3}\sqrt{3}$.

【注】若不利用对称性、轮换性与代入性化简该曲面积分，则本题计算会较烦琐.

例 28 设曲面 $\Sigma : \dfrac{x^2}{a^2} + \dfrac{y^2}{b^2} + \dfrac{z^2}{c^2} = 1$ 上的点 (x,y,z) 处的切平面为 Π，计算曲面积分 $\displaystyle\iint\limits_{\Sigma} \frac{1}{\lambda}\mathrm{d}S$，其中 λ 是原点到切平面 Π 的距离.

解 先求出原点到切平面 Π 的距离 λ. 由于曲面 $\Sigma : \dfrac{x^2}{a^2} + \dfrac{y^2}{b^2} + \dfrac{z^2}{c^2} = 1$ 的切平面的法向量为 $\boldsymbol{n} = \left(\dfrac{x}{a^2}, \dfrac{y}{b^2}, \dfrac{z}{c^2} \right)$，故曲面 Σ 上点 (x,y,z) 处的切平面 Π 的方程为

$$\frac{x}{a^2}(X-x) + \frac{y}{b^2}(Y-y) + \frac{z}{c^2}(Z-z) = 0.$$

又 $\dfrac{x^2}{a^2} + \dfrac{y^2}{b^2} + \dfrac{z^2}{c^2} = 1$，故切平面 Π 的方程可化为

$$\frac{x}{a^2}X + \frac{y}{b^2}Y + \frac{z}{c^2}Z - 1 = 0,$$

故坐标原点到平面 Π 的距离为

$$\lambda = \frac{1}{\sqrt{\dfrac{x^2}{a^4} + \dfrac{y^2}{b^4} + \dfrac{z^2}{c^4}}}.$$

设 Σ_1 为 Σ 中 $z \geqslant 0$ 的上半部分，D_{xy} 为 Σ_1 在 xOy 面上的投影，则

$$\Sigma_1 : z = c\sqrt{1 - \frac{x^2}{a^2} - \frac{y^2}{b^2}}, \quad D_{xy} : \frac{x^2}{a^2} + \frac{y^2}{b^2} \leqslant 1,$$

$$z_x = \frac{-cx}{a^2\sqrt{1 - \dfrac{x^2}{a^2} - \dfrac{y^2}{b^2}}}, \quad z_y = \frac{-cy}{b^2\sqrt{1 - \dfrac{x^2}{a^2} - \dfrac{y^2}{b^2}}},$$

故

$$\mathrm{d}S = \sqrt{1 + z_x^2 + z_y^2}\,\mathrm{d}x\mathrm{d}y = \sqrt{1 + \left[\frac{-cx}{a^2\sqrt{1 - \dfrac{x^2}{a^2} - \dfrac{y^2}{b^2}}}\right]^2 + \left[\frac{-cy}{b^2\sqrt{1 - \dfrac{x^2}{a^2} - \dfrac{y^2}{b^2}}}\right]^2}\,\mathrm{d}x\mathrm{d}y$$

$$= \sqrt{\frac{1 - \dfrac{x^2}{a^2} - \dfrac{y^2}{b^2} + \dfrac{c^2}{a^4}x^2 + \dfrac{c^2}{b^4}y^2}{1 - \dfrac{x^2}{a^2} - \dfrac{y^2}{b^2}}} \, \mathrm{d}x\mathrm{d}y,$$

由于曲面 Σ 关于 xOy 面对称,因此

$$\iint\limits_{\Sigma} \frac{1}{\lambda} \mathrm{d}S = 2\iint\limits_{\Sigma_1} \sqrt{\frac{x^2}{a^4} + \frac{y^2}{b^4} + \frac{z^2}{c^4}} \, \mathrm{d}S$$

$$= 2\iint\limits_{D_{xy}} \sqrt{\frac{x^2}{a^4} + \frac{y^2}{b^4} + \frac{1}{c^2}\left(1 - \frac{x^2}{a^2} - \frac{y^2}{b^2}\right)} \cdot \sqrt{\frac{1 - \dfrac{x^2}{a^2} - \dfrac{y^2}{b^2} + \dfrac{c^2}{a^4}x^2 + \dfrac{c^2}{b^4}y^2}{1 - \dfrac{x^2}{a^2} - \dfrac{y^2}{b^2}}} \, \mathrm{d}x\mathrm{d}y$$

$$= 2c\iint\limits_{D_{xy}} \frac{\dfrac{x^2}{a^4} + \dfrac{y^2}{b^4} + \dfrac{1}{c^2}\left(1 - \dfrac{x^2}{a^2} - \dfrac{y^2}{b^2}\right)}{\sqrt{1 - \dfrac{x^2}{a^2} - \dfrac{y^2}{b^2}}} \, \mathrm{d}x\mathrm{d}y,$$

作变换:$u = \dfrac{x}{a}, v = \dfrac{y}{b}$,即:$x = au, y = bv$,则雅可比行列式的绝对值 $|J| = ab$,且

$$D_{xy}:\frac{x^2}{a^2} + \frac{y^2}{b^2} \leqslant 1 \rightarrow D_{uv}:u^2 + v^2 \leqslant 1,故$$

$$\iint\limits_{\Sigma} \frac{1}{\lambda} \mathrm{d}S = 2c\iint\limits_{D_{xy}} \frac{\dfrac{x^2}{a^4} + \dfrac{y^2}{b^4} + \dfrac{1}{c^2}\left(1 - \dfrac{x^2}{a^2} - \dfrac{y^2}{b^2}\right)}{\sqrt{1 - \dfrac{x^2}{a^2} - \dfrac{y^2}{b^2}}} \, \mathrm{d}x\mathrm{d}y$$

$$= 2abc\iint\limits_{D_{uv}} \frac{\dfrac{1}{a^2}u^2 + \dfrac{1}{b^2}v^2 + \dfrac{1}{c^2}(1 - u^2 - v^2)}{\sqrt{1 - u^2 - v^2}} \, \mathrm{d}u\mathrm{d}v$$

$$= 2abc\left[\iint\limits_{D_{uv}} \frac{\dfrac{1}{a^2}u^2 + \dfrac{1}{b^2}v^2}{\sqrt{1 - u^2 - v^2}} \, \mathrm{d}u\mathrm{d}v + \frac{1}{c^2}\iint\limits_{D_{uv}} \sqrt{1 - u^2 - v^2} \, \mathrm{d}u\mathrm{d}v\right],$$

而由于 $D_{uv}:u^2 + v^2 \leqslant 1$ 具有轮换性,因此

$$I = \iint\limits_{D_{uv}} \frac{u^2}{\sqrt{1 - u^2 - v^2}} \, \mathrm{d}u\mathrm{d}v = \iint\limits_{D_{uv}} \frac{v^2}{\sqrt{1 - u^2 - v^2}} \, \mathrm{d}u\mathrm{d}v = \frac{1}{2}\iint\limits_{D_{uv}} \frac{u^2 + v^2}{\sqrt{1 - u^2 - v^2}} \, \mathrm{d}u\mathrm{d}v$$

$$= \frac{1}{2}\int_0^{2\pi} \mathrm{d}\theta \int_0^1 \frac{\rho^3}{\sqrt{1 - \rho^2}} \, \mathrm{d}\rho = \pi\int_0^{\frac{\pi}{2}} \frac{\sin^3 t}{\cos t} \cos t \, \mathrm{d}t = \pi\int_0^{\frac{\pi}{2}} \sin^3 t \, \mathrm{d}t = \frac{2\pi}{3}.$$

又由二重积分的几何意义知

$$\iint\limits_{D_{uv}} \sqrt{1-u^2-v^2}\,\mathrm{d}u\mathrm{d}v = V_{上半球体} = \frac{1}{2} \times \frac{4}{3}\pi = \frac{2}{3}\pi.$$

故

$$\iint\limits_{\Sigma} \frac{1}{\lambda}\mathrm{d}S = 2abc \left[\iint\limits_{D_{uv}} \frac{\dfrac{1}{a^2}u^2 + \dfrac{1}{b^2}v^2}{\sqrt{1-u^2-v^2}}\mathrm{d}u\mathrm{d}v + \frac{1}{c^2}\iint\limits_{D_{uv}} \sqrt{1-u^2-v^2}\,\mathrm{d}u\mathrm{d}v \right]$$

$$= 2abc\left(\frac{1}{a^2} + \frac{1}{b^2}\right)I + \frac{2abc}{c^2}\iint\limits_{D_{xy}} \sqrt{1-u^2-v^2}\,\mathrm{d}u\mathrm{d}v$$

$$= 2abc\left(\frac{1}{a^2} + \frac{1}{b^2}\right) \cdot \frac{2}{3}\pi + \frac{2abc}{c^2} \cdot \frac{2}{3}\pi = \frac{4abc\pi}{3}\left(\frac{1}{a^2} + \frac{1}{b^2} + \frac{1}{c^2}\right).$$

【注】利用适当的变换,将椭圆域上的二重积分化为圆域上的二重积分,就可利用圆域上的积分轮换性化简该积分.

例 29 设函数 $f(x)$ 连续,a,b,c 为常数,Σ 是单位球面 $x^2 + y^2 + z^2 = 1$,证明:

$$\iint\limits_{\Sigma} f(ax + by + cz)\mathrm{d}S = 2\pi\int_{-1}^{1} f(\sqrt{a^2+b^2+c^2}\,u)\mathrm{d}u.$$

证 (1) 当 a,b,c 都为零时,由于 Σ 的面积为 4π,因此

$$\iint\limits_{\Sigma} f(ax + by + cz)\mathrm{d}S = f(0)\iint\limits_{\Sigma}\mathrm{d}S = 4\pi f(0),$$

$$2\pi\int_{-1}^{1} f(\sqrt{a^2+b^2+c^2}\,u)\mathrm{d}u = 2\pi f(0)\int_{-1}^{1}\mathrm{d}u = 4\pi f(0).$$

即当 a,b,c 都为零时,等式成立.

(2) 当 a,b,c 不全为零时,由于原点到平面 $ax + by + cz + d = 0$ 的距离是 $\dfrac{|d|}{\sqrt{a^2+b^2+c^2}}$,

设平面 $P_u : u = \dfrac{ax + by + cz}{\sqrt{a^2+b^2+c^2}}$,将 u 看作常数,而 $ax + by + cz = -d$,则 $|u|$ 是原点到平面 P_u 的距离,从而 $-1 \leqslant u \leqslant 1$.

用平面 P_u 去截单位球面 Σ,则在截平面上 $P_u : ax + by + cz = \sqrt{a^2+b^2+c^2}\,u$,则被积函数的取值为 $f(ax + by + cz) = f(\sqrt{a^2+b^2+c^2}\,u)$.

用距离为 $\mathrm{d}u$ 的两张平面 P_u 和 $P_{u+\mathrm{d}u}$ 去截单位球面 Σ,截下的球面部分的面积(记为 ΔS)即为面积微元 $\mathrm{d}S$,将这截下的球面部分摊开,可以近似看成一个细长条的矩形. 其细长条的长是 $2\pi\sqrt{1-u^2}$,宽是 $\dfrac{\mathrm{d}u}{\sqrt{1-u^2}}$,因此面积微元 $\mathrm{d}S = 2\pi\mathrm{d}u$,记

$(\xi_i, \eta_i, \zeta_i) \in \Delta S_i (1 \leqslant i \leqslant n)$, 则

$$\iint\limits_{\Sigma} f(ax + by + cz) \mathrm{d}S = \lim_{\lambda \to 0} \sum_{i=1}^{n} f(a\xi_i + b\eta_i + c\zeta_i) \Delta S_i$$

$$= \lim_{\lambda \to 0} \sum_{i=1}^{n} f(\sqrt{a^2 + b^2 + c^2}\, u_i) 2\pi \Delta u_i = \int_{-1}^{1} f(\sqrt{a^2 + b^2 + c^2}\, u) 2\pi \mathrm{d}u$$

$$= 2\pi \int_{-1}^{1} f(\sqrt{a^2 + b^2 + c^2}\, u) \mathrm{d}u.$$

综上结论成立.

例 30 求 $F(t) = \iint\limits_{x+y+z=t} f(x, y, z) \mathrm{d}S$, 其中

$$f(x, y, z) = \begin{cases} 1 - x^2 - y^2 - z^2, & x^2 + y^2 + z^2 \leqslant 1, \\ 0, & x^2 + y^2 + z^2 > 1. \end{cases}$$

解 原点到平面 $x + y + z = t$ 的距离 $d = \dfrac{|t|}{\sqrt{3}}$.

(1) 当 $d \geqslant 1$, 即 $|t| \geqslant \sqrt{3}$ 时, 平面 $x + y + z = t$ 与球面 $x^2 + y^2 + z^2 = 1$ 相切或不相交, 这时总有

$$\iint\limits_{x+y+z=t} f(x, y, z) \mathrm{d}S = 0.$$

(2) 当 $d < 1$, 即 $|t| < \sqrt{3}$ 时, $f(x, y, z) = 1 - \rho^2$, 其中 $\rho = \sqrt{x^2 + y^2 + z^2}$ 是球体 $x^2 + y^2 + z^2 \leqslant 1$ 与平面 $x + y + z = t$ 所围成的圆域上的任一点 (x, y, z) 到原点的距离. 积分域就是此圆域, 此圆域到原点的距离为 $\dfrac{|t|}{\sqrt{3}}$. 由区域的对称性, 可以将此坐标系作一旋转, 使平面 $x + y + z = t$ 上的积分域旋转到 $z = \dfrac{t}{\sqrt{3}}$ 这一平面上, 则

$$F(t) = \iint\limits_{z=\frac{t}{\sqrt{3}}} f(x, y, z) \mathrm{d}S = \iint\limits_{x^2+y^2 \leqslant 1 - \frac{t^2}{3}} \left(1 - \frac{t^2}{3} - x^2 - y^2\right) \mathrm{d}x\mathrm{d}y$$

$$= \pi \left(1 - \frac{t^2}{3}\right)^2 - \int_0^{2\pi} \mathrm{d}\theta \int_0^{\sqrt{1-\frac{t^2}{3}}} r^3 \mathrm{d}r = \frac{\pi}{18}(3 - t^2)^2,$$

所以

$$F(t) = \begin{cases} \dfrac{\pi}{18}(3 - t^2)^2, & |t| < \sqrt{3}, \\ 0, & |t| \geqslant \sqrt{3}. \end{cases}$$

例 31 设 Σ 为曲面 $z = \sqrt{x^2 + y^2}$ $(1 \leqslant x^2 + y^2 \leqslant 4)$ 的下侧,其中 $f(x)$ 为连续函数,计算曲面积分:

$$\iint\limits_{\Sigma} [xf(xy) + 2x - y]\mathrm{d}y\mathrm{d}z + [yf(xy) + 2y + x]\mathrm{d}z\mathrm{d}x + [zf(xy) + z]\mathrm{d}x\mathrm{d}y.$$

分析 由于本题中的被积函数是抽象函数,因此不适合用第二型曲面积分的直接法,也不适合补面后用高斯公式计算,对于被积函数含抽象函数的第二型曲面积分,常利用两类曲面积分的联系将原积分化为第一型曲面积分后,或化为其中一个对坐标的曲面积分,再化为投影区域上的二重积分计算.

解法一 由于被积函数是连续函数,不一定有连续的偏导数,故不能用高斯公式计算. 由 Σ 在 xOy 面上的投影为圆环域 $D_{xy}: 1 \leqslant x^2 + y^2 \leqslant 4$,可利用两类曲面积分的联系将原积分化为第一型曲面积分后,再化为投影区域 $D_{xy}: 1 \leqslant x^2 + y^2 \leqslant 4$ 上的二重积分计算.

曲面 $\Sigma: z = \sqrt{x^2 + y^2}$,取下侧,则

$$z'_x = \frac{x}{\sqrt{x^2 + y^2}}, z'_y = \frac{y}{\sqrt{x^2 + y^2}},$$

故

$$\mathrm{d}S = \sqrt{1 + z_x'^2 + z_y'^2}\,\mathrm{d}x\mathrm{d}y = \sqrt{2}\,\mathrm{d}x\mathrm{d}y,$$

且 Σ 在点 (x, y, z) 处的单位法向量为

$$\boldsymbol{n}^0 = \frac{1}{\sqrt{1 + z_x'^2 + z_y'^2}}(z'_x, z'_y, -1) = \frac{1}{\sqrt{2}}\left(\frac{x}{\sqrt{x^2 + y^2}}, \frac{y}{\sqrt{x^2 + y^2}}, -1\right).$$

设 $\cos\alpha, \cos\beta, \cos\gamma$ 为此曲面外法线的方向余弦,则

$$(\cos\alpha, \cos\beta, \cos\gamma) = \boldsymbol{n}^0 = \left(\frac{x}{\sqrt{2}\sqrt{x^2 + y^2}}, \frac{y}{\sqrt{2}\sqrt{x^2 + y^2}}, -\frac{1}{\sqrt{2}}\right),$$

Σ 在 xOy 面上的投影为 $D_{xy}: 1 \leqslant x^2 + y^2 \leqslant 4$,由两类曲面积分之间的联系,得

$$原积分 = \iint\limits_{\Sigma} \{[xf(xy) + 2x - y]\cos\alpha + [yf(xy) + 2y + x]\cos\beta + [zf(xy) + z]\cos\gamma\}\mathrm{d}S$$

$$= \frac{1}{\sqrt{2}} \iint\limits_{\Sigma} \{[xf(xy) + 2x - y]\frac{x}{\sqrt{x^2 + y^2}} + [yf(xy) + 2y + x]\frac{y}{\sqrt{x^2 + y^2}} - [zf(xy) + z]\}\mathrm{d}S$$

$$= \iint\limits_{D_{xy}} \{\sqrt{x^2 + y^2}[f(xy) + 2] - (\sqrt{x^2 + y^2})[f(xy) + 1]\}\mathrm{d}x\mathrm{d}y$$

$$= \iint\limits_{D_{xy}} \sqrt{x^2+y^2}\,\mathrm{d}x\mathrm{d}y = \int_0^{2\pi}\mathrm{d}\theta\int_1^2\rho^2\,\mathrm{d}\rho = \frac{14\pi}{3}.$$

解法二　由 Σ 在 xOy 面上的投影为圆环域 $D_{xy}:1\leqslant x^2+y^2\leqslant 4$，可利用三合一法将原积分化为其中对坐标 x、y 的曲面积分，再化为投影区域上的二重积分计算.

曲面 $\Sigma:z=\sqrt{x^2+y^2}$，取下侧，则

$$z'_x = \frac{x}{\sqrt{x^2+y^2}},\; z'_y = \frac{y}{\sqrt{x^2+y^2}},$$

则

$$\text{原积分}=\iint\limits_{\Sigma}\{[xf(xy)+2x-y]\cdot(-z'_x)+[yf(xy)+2y+x]\cdot(-z'_y)+$$
$$[zf(xy)+z]\cdot 1\}\mathrm{d}x\mathrm{d}y$$

$$=\iint\limits_{\Sigma}\{[xf(xy)+2x-y]\frac{-x}{\sqrt{x^2+y^2}}+[yf(xy)+2y+x]\frac{-y}{\sqrt{x^2+y^2}}+$$
$$[\sqrt{x^2+y^2}[f(xy)+1]\}\mathrm{d}x\mathrm{d}y$$

$$=-\iint\limits_{\Sigma}\{\sqrt{x^2+y^2}[f(xy)+2]-(\sqrt{x^2+y^2})[f(xy)+1]\}\mathrm{d}x\mathrm{d}y$$

$$=\iint\limits_{D_{xy}}\{\sqrt{x^2+y^2}[f(xy)+2]-(\sqrt{x^2+y^2})[f(xy)+1]\}\mathrm{d}x\mathrm{d}y$$

$$=\iint\limits_{D_{xy}}\sqrt{x^2+y^2}\,\mathrm{d}x\mathrm{d}y=\int_0^{2\pi}\mathrm{d}\theta\int_1^2\rho^2\,\mathrm{d}\rho=\frac{14\pi}{3}.$$

【注】被积函数不可导时，不能用高斯公式计算.

例 32　计算 $I=\oiint\limits_{\Sigma}|xy|z^2\mathrm{d}x\mathrm{d}y+|x|y^2\mathrm{d}y\mathrm{d}z$，其中 Σ 为由曲面 $z=x^2+y^2$ 与 $z=1$ 所围成的封闭曲面的外侧.

解　对右端的第一个积分使用高斯公式，得

$$I_1=\oiint\limits_{\Sigma}|xy|z^2\mathrm{d}x\mathrm{d}y=\iiint\limits_{\Omega}|xy|\cdot 2z\mathrm{d}x\mathrm{d}y\mathrm{d}z=8\iiint\limits_{\Omega_1}xyz\mathrm{d}x\mathrm{d}y\mathrm{d}z$$

$$\xrightarrow{\text{用柱坐标}}8\int_0^{\frac{\pi}{2}}\mathrm{d}\theta\int_0^1 r^3\cos\theta\sin\theta\mathrm{d}r\int_{r^2}^1 z\mathrm{d}z$$

$$=4\int_0^{\frac{\pi}{2}}\mathrm{d}\theta\int_0^1 r^3(1-r^4)\cos\theta\sin\theta\mathrm{d}r=\frac{1}{4},$$

其中 Ω 是 Σ 所围的空间区域，Ω_1 是 Ω 位于第一卦限的部分.

对于右端的第二个积分

$$I_2 = \oiint\limits_{\Sigma} |x| y^2 z \mathrm{d}y\mathrm{d}z = \iint\limits_{\Sigma_1} |x| y^2 z \mathrm{d}y\mathrm{d}z + \iint\limits_{\Sigma_2} |x| y^2 z \mathrm{d}y\mathrm{d}z,$$

其中 Σ_1 是平面 $z=1$ 上 $x^2 + y^2 \leqslant 1$ 的部分上侧,Σ_2 是 $z = x^2 + y^2 (z \leqslant 1)$ 的外侧,则显然

$$\iint\limits_{\Sigma_1} |x| y^2 z \mathrm{d}y\mathrm{d}z = 0,$$

$$\iint\limits_{\Sigma_2} |x| y^2 z \mathrm{d}y\mathrm{d}z = \iint\limits_{\Sigma_2} |x| y^2 z \left(-\frac{\partial z}{\partial x}\right) \mathrm{d}x\mathrm{d}y = -\iint\limits_{x^2+y^2 \leqslant 1} |x| y^2 (x^2 + y^2)(-2x) \mathrm{d}x\mathrm{d}y = 0,$$

所以

$$I_2 = 0,$$

综上有

$$I = I_1 + I_2 = \frac{1}{4} + 0 = \frac{1}{4}.$$

【注】对坐标的曲面积分之间可以互相转换,灵活应用可使积分计算变简单.

例 33 计算 $I = \oiint\limits_{\Sigma} \dfrac{x\mathrm{d}y\mathrm{d}z + y\mathrm{d}z\mathrm{d}x + z\mathrm{d}x\mathrm{d}y}{(x^2 + y^2 + z^2)^{\frac{3}{2}}}$,其中 Σ 为空间区域 $\Omega = \{(x, y, z) \mid |x| \leqslant 2, |y| \leqslant 2, |z| \leqslant 2\}$ 边界曲面的外侧.

解 令 $P = \dfrac{x}{(x^2 + y^2 + z^2)^{\frac{3}{2}}}, Q = \dfrac{y}{(x^2 + y^2 + z^2)^{\frac{3}{2}}}, R = \dfrac{z}{(x^2 + y^2 + z^2)^{\frac{3}{2}}}$.

作辅助曲面 Σ_1 为球面 $x^2 + y^2 + z^2 = \varepsilon^2$ 的外侧,其中 $0 < \varepsilon < 1$,Ω_1 为 Σ 与 Σ_1 之间的空间区域,则

$$I = \oiint\limits_{\Sigma+\Sigma_1^-} \frac{x\mathrm{d}y\mathrm{d}z + y\mathrm{d}z\mathrm{d}x + z\mathrm{d}x\mathrm{d}y}{(x^2 + y^2 + z^2)^{\frac{3}{2}}} - \oiint\limits_{\Sigma_1^-} \frac{x\mathrm{d}y\mathrm{d}z + y\mathrm{d}z\mathrm{d}x + z\mathrm{d}x\mathrm{d}y}{(x^2 + y^2 + z^2)^{\frac{3}{2}}},$$

其中

$$\oiint\limits_{\Sigma+\Sigma_1^-} \frac{x\mathrm{d}y\mathrm{d}z + y\mathrm{d}z\mathrm{d}x + z\mathrm{d}x\mathrm{d}y}{(x^2 + y^2 + z^2)^{\frac{3}{2}}} = \iiint\limits_{\Omega_1} \left(\frac{\partial P}{\partial x} + \frac{\partial Q}{\partial y} + \frac{\partial R}{\partial z}\right) \mathrm{d}x\mathrm{d}y\mathrm{d}z$$

$$= \iiint\limits_{\Omega_1} \frac{3(x^2 + y^2 + z^2) - 3x^2 - 3y^2 - 3z^2}{(x^2 + y^2 + z^2)^{\frac{5}{2}}} \mathrm{d}x\mathrm{d}y\mathrm{d}z = 0.$$

则

$$I = 0 - \oiint\limits_{\Sigma_1^-} \frac{x\mathrm{d}y\mathrm{d}z + y\mathrm{d}z\mathrm{d}x + z\mathrm{d}x\mathrm{d}y}{(x^2 + y^2 + z^2)^{\frac{3}{2}}} = \oiint\limits_{\Sigma_1} \frac{x\mathrm{d}y\mathrm{d}z + y\mathrm{d}z\mathrm{d}x + z\mathrm{d}x\mathrm{d}y}{(x^2 + y^2 + z^2)^{\frac{3}{2}}}$$

$$= \frac{1}{\varepsilon^3} \oiint\limits_{\Sigma_1} x\mathrm{d}y\mathrm{d}z + y\mathrm{d}z\mathrm{d}x + z\mathrm{d}x\mathrm{d}y = \frac{1}{\varepsilon^3} \iiint\limits_{x^2+y^2+z^2 \leqslant \varepsilon^2} 3\mathrm{d}x\mathrm{d}y\mathrm{d}z$$

$$= \frac{1}{\varepsilon^3} \cdot 3 \cdot \frac{4}{3}\pi\varepsilon^3 = 4\pi.$$

例 34　(1) 设一球缺高为 h,所在球半径为 R. 证明该球缺体积为 $\frac{\pi}{3}(3R - h)h^2$,球冠面积为 $2\pi Rh$;

(2) 设球体 $(x-1)^2 + (y-1)^2 + (z-1)^2 \leqslant 12$ 被平面 $P:x+y+z = 6$ 所截得的小球缺为 Ω,记球冠为 Σ,方向指向球外. 求第二型曲面积分 $I = \iint\limits_{\Sigma} x\mathrm{d}y\mathrm{d}z + y\mathrm{d}z\mathrm{d}x + z\mathrm{d}x\mathrm{d}y$. (2016 国赛预赛)

证　(1) 设球缺所在的球体表面的方程为 $x^2 + y^2 + z^2 = R^2$,球缺的中心线为 z 轴,记高为 h 的球缺的区域为 Ω,则其体积为

$$\iiint\limits_{\Omega} \mathrm{d}v = \int_{R-h}^{R} \mathrm{d}z \iint\limits_{D} \mathrm{d}x\mathrm{d}y = \int_{R-h}^{R} \pi(R^2 - z^2)\mathrm{d}z = \frac{\pi}{3}(3R-h)h^2,$$

球冠 Σ 在 xOy 面上的投影为

$$x^2 + y^2 = R^2 - (R-h)^2 = 2Rh - h^2,$$

又球面的面积微元 $\mathrm{d}S = \dfrac{R}{\sqrt{R^2-x^2-y^2}}\mathrm{d}x\mathrm{d}y$,故球冠 Σ 的面积为

$$S = \iint\limits_{\Sigma} \mathrm{d}S = \iint\limits_{D_{xy}} \frac{R}{\sqrt{R^2-x^2-y^2}}\mathrm{d}x\mathrm{d}y$$

$$= \int_0^{2\pi} \mathrm{d}\theta \int_0^{\sqrt{2Rh-h^2}} \frac{R}{\sqrt{R^2-\rho^2}}\rho\mathrm{d}\rho$$

$$= -2\pi R(R^2 - \rho^2)^{\frac{1}{2}} \Big|_0^{\sqrt{2Rh-h^2}} = 2\pi Rh.$$

(2) 记球缺 Ω 的底面圆为 P_1,方向指向球缺外,且记

$$J = \iint\limits_{P_1} x\mathrm{d}y\mathrm{d}z + y\mathrm{d}z\mathrm{d}x + z\mathrm{d}x\mathrm{d}y,$$

由高斯公式得

$$I + J = \iiint\limits_{\Omega} 3\mathrm{d}v = 3V(\Omega),$$

其中 $V(\Omega)$ 为 Ω 的体积,由于 P_1 所在的平面 $x+y+z = 6$ 的指定的单位法向量为 $\dfrac{-1}{\sqrt{3}}(1,1,1)$,故

$$J = \frac{-1}{\sqrt{3}} \iint\limits_{P_1} (x+y+z) \mathrm{d}S = \frac{-6}{\sqrt{3}} S(P_1),$$

其中 $S(P_1)$ 是 P_1 的面积 $S,(P_1) = \pi(2Rh-h^2)$,故

$$J = \frac{-6}{\sqrt{3}} S(P_1) = -2\sqrt{3}\pi(2Rh-h^2),$$

故

$$I = 3V(\Omega) - J = 3V(\Omega) + 2\sqrt{3}\pi(2Rh-h^2),$$

过球心 $(1,1,1)$,且垂直于平面 $x+y+z=6$ 的直线方程为 $x=1+t,y=1+t,$ $z=1+t$,将它分别代入平面 $x+y+z=6$ 及球面 $(x-1)^2+(y-1)^2+(z-1)^2 = 12$ 中,易求得球缺底面圆心为 $Q=(2,2,2)$,球缺的顶点为 $D=(3,3,3)$,故球缺的高度 $h=|QD|=\sqrt{3}$.

又球半径 $R=2\sqrt{3}$,代入(1)的结论,得

$$V(\Omega) = \frac{\pi}{3}(3R-h)h^2 = \frac{\pi}{3}(3\times2\sqrt{3}-\sqrt{3})\times3 = 5\sqrt{3}\pi,$$

故

$$I = 3V(\Omega) + 2\sqrt{3}\pi(2Rh-h^2)$$
$$= 15\sqrt{3}\pi + 2\sqrt{3}\pi(2\times2\sqrt{3}\times\sqrt{3}-3) = 33\sqrt{3}\pi.$$

例 35 设 Σ 是半空间 $x>0$ 内一任意的光滑有向封闭曲面,其所围区域记为 $\Omega,f(x)$ 在 $(0,+\infty)$ 内具有连续的一阶导数,满足 $\lim\limits_{x\to0^+} f(x) = 1$. 若有

$$I = \oiint\limits_{\Sigma} xf(x)\mathrm{d}y\mathrm{d}z - xyf(x)\mathrm{d}z\mathrm{d}x - \mathrm{e}^{2x}z\mathrm{d}x\mathrm{d}y = 0,$$

试求 $f(x)$.

解 由高斯公式可知

$$I = \pm \iiint\limits_{\Omega} [xf'(x) + f(x) - xf(x) - \mathrm{e}^{2x}]\mathrm{d}x\mathrm{d}y\mathrm{d}z = 0,$$

(其中"$\pm$"号依赖于 Σ 的法向量指向).

根据 Σ 的任意性,可得

$$xf'(x) + f(x) - xf(x) - \mathrm{e}^{2x} = 0(x>0),$$

即

$$f'(x) + \left(\frac{1}{x}-1\right)f(x) = \frac{1}{x}\mathrm{e}^{2x}(x>0).$$

解此微分方程,得

$$f(x) = e^{\int \left(1 - \frac{1}{x}\right) \mathrm{d}x} \left[\int \frac{e^{2x}}{x} \cdot e^{-\int \left(1 - \frac{1}{x}\right) \mathrm{d}x} \mathrm{d}x + C \right] = \frac{e^x}{x} \left(\int \frac{e^{2x}}{x} \cdot x e^{-x} \mathrm{d}x + C \right)$$

$$= \frac{e^x}{x} (e^x + C).$$

由于 $\lim\limits_{x \to 0^+} f(x) = \lim\limits_{x \to 0^+} \dfrac{e^{2x} + Ce^x}{x} = 1$,因此 $\lim\limits_{x \to 0^+} (e^{2x} + Ce^x) = 0$.

即 $C + 1 = 0$,解得 $C = -1$,所以 $f(x) = \dfrac{e^x (e^x - 1)}{x}$.

三、进阶精练

习题 6

【保分基础练】

1. 选择题

(1) 设 D 是第一象限由曲线 $2xy = 1, 4xy = 1$ 与直线 $y = x, y = \sqrt{3}x$ 围成的平面区域,函数 $f(x, y)$ 在 D 上连续,则 $\iint\limits_{D} f(x, y) \mathrm{d}x \mathrm{d}y = (\quad)$. (2015 考研)

(A) $\displaystyle\int_{\frac{\pi}{4}}^{\frac{\pi}{3}} \mathrm{d}\theta \int_{\frac{1}{2\sin 2\theta}}^{\frac{1}{\sin 2\theta}} f(r\cos\theta, r\sin\theta) r \mathrm{d}r$　(B) $\displaystyle\int_{\frac{\pi}{4}}^{\frac{\pi}{3}} \mathrm{d}\theta \int_{\frac{1}{\sqrt{2\sin 2\theta}}}^{\frac{1}{\sqrt{\sin 2\theta}}} f(r\cos\theta, r\sin\theta) r \mathrm{d}r$

(C) $\displaystyle\int_{\frac{\pi}{4}}^{\frac{\pi}{3}} \mathrm{d}\theta \int_{\frac{1}{2\sin 2\theta}}^{\frac{1}{\sin 2\theta}} f(r\cos\theta, r\sin\theta) \mathrm{d}r$　(D) $\displaystyle\int_{\frac{\pi}{4}}^{\frac{\pi}{3}} \mathrm{d}\theta \int_{\frac{1}{\sqrt{2\sin 2\theta}}}^{\frac{1}{\sqrt{\sin 2\theta}}} f(r\cos\theta, r\sin\theta) \mathrm{d}r$

(2) 设 $D = \{(x, y) \mid x^2 + y^2 \leqslant 2x, x^2 + y^2 \leqslant 2y\}$,函数 $f(x, y)$ 在 D 上连续,则 $\iint\limits_{D} f(x, y) \mathrm{d}x \mathrm{d}y = (\quad)$. (2015 考研)

(A) $\displaystyle\int_{0}^{\frac{\pi}{4}} \mathrm{d}\theta \int_{0}^{2\cos\theta} f(r\cos\theta, r\sin\theta) r \mathrm{d}r + \int_{\frac{\pi}{4}}^{\frac{\pi}{2}} \mathrm{d}\theta \int_{0}^{2\sin\theta} f(r\cos\theta, r\sin\theta) r \mathrm{d}r$

(B) $\displaystyle\int_{0}^{\frac{\pi}{4}} \mathrm{d}\theta \int_{0}^{2\sin\theta} f(r\cos\theta, r\sin\theta) r \mathrm{d}r + \int_{\frac{\pi}{4}}^{\frac{\pi}{2}} \mathrm{d}\theta \int_{0}^{2\cos\theta} f(r\cos\theta, r\sin\theta) r \mathrm{d}r$

(C) $2\displaystyle\int_{0}^{1} \mathrm{d}x \int_{1-\sqrt{1-x^2}}^{x} f(x, y) \mathrm{d}y$

(D) $2\displaystyle\int_{0}^{1} \mathrm{d}x \int_{x}^{\sqrt{2x-x^2}} f(x, y) \mathrm{d}y$

(3) 设函数 $f(x,y)$ 具有一阶连续偏导数,曲线 $L:f(x,y)=1$ 过第 Ⅱ 象限内的点 M 和第 Ⅳ 象限内的点 N,Γ 为 L 上从点 M 到点 N 的一段弧,则下列积分小于零的是( ).

(A) $\displaystyle\int_\Gamma f(x,y)\mathrm{d}x$ 　　　　　(B) $\displaystyle\int_\Gamma f(x,y)\mathrm{d}y$

(C) $\displaystyle\int_\Gamma f(x,y)\mathrm{d}s$ 　　　　　(D) $\displaystyle\int_\Gamma f'_x(x,y)\mathrm{d}x+f'_y(x,y)\mathrm{d}y$

(4) 设 $L_1:x^2+y^2=1,L_2:x^2+y^2=2,L_3:x^2+2y^2=2,L_4:2x^2+y^2=2$ 为四条逆时针方向的平面曲线,记 $I_i=\displaystyle\int_{L_i}\left(y+\dfrac{y^3}{6}\right)\mathrm{d}x+\left(2x-\dfrac{x^3}{3}\right)\mathrm{d}y(i=1,2,3,4)$,则 $\max\{I_1,I_2,I_3,I_4\}=($).(2013 考研)

(A) I_1 　　　(B) I_2 　　　(C) I_3 　　　(D) I_4

(5) 设 Σ 是 $\dfrac{x^2}{a^2}+\dfrac{y^2}{b^2}+\dfrac{z^2}{c^2}=1$ 的外侧,则 $I=\displaystyle\iint_\Sigma\dfrac{x\mathrm{d}y\mathrm{d}z+y\mathrm{d}z\mathrm{d}x+z\mathrm{d}x\mathrm{d}y}{(x^2+y^2+z^2)^{\frac{3}{2}}}=($).

(A) 0 　　　(B) 2π 　　　(C) 4π 　　　(D) -4π

2. 填空题

(1) 曲面 $z=x^2+y^2+1$ 在点 $M(1,-1,3)$ 处的切平面与曲面 $z=x^2+y^2$ 所围区域的体积是_____.(2015 国赛预赛)

(2) $\displaystyle\iiint_\Omega(x+2y+3z)\mathrm{d}x\mathrm{d}y\mathrm{d}z=$ _____.其中区域 Ω 由平面 $x+y+z=1$ 与三个坐标面围成.(2015 考研)

(3) 设曲线 L 是沿曲线 $x^2=2(y+2)$ 从点 $A(-2\sqrt{2},2)$ 到 $B(2\sqrt{2},2)$ 的一段,则曲线积分 $\displaystyle\int_L\dfrac{x\mathrm{d}y}{x^2+y^2}-\dfrac{y\mathrm{d}x}{x^2+y^2}=$ _____.

(4) 设曲面 $\Sigma:|x|+|y|+|z|=1$,则 $\displaystyle\oiint_\Sigma\left(2x+y+\dfrac{1}{2}|z|\right)\mathrm{d}S=$ _____.

(5) 设 Σ 是由曲线 $\begin{cases}z=\sqrt{y-1},\ 1\leqslant y\leqslant 3,\\ x=0\end{cases}$ 绕 y 轴旋转一周所成的曲面,它的法向量与 y 轴正向的夹角恒大于 $\dfrac{\pi}{2}$,则 $I=\displaystyle\iint_\Sigma(8y+1)x\mathrm{d}y\mathrm{d}z+2(1-y^2)\mathrm{d}z\mathrm{d}x-4yz\mathrm{d}x\mathrm{d}y=$ _____.

3. 已知平面区域 $D=\left\{(r,\theta)\mid 2\leqslant r\leqslant 2(1+\cos\theta),-\dfrac{\pi}{2}\leqslant\theta\leqslant\dfrac{\pi}{2}\right\}$,计算

二重积分 $\iint\limits_{D} x\mathrm{d}x\mathrm{d}y$. (2016 考研)

4. 计算积分 $\iint\limits_{D} \dfrac{y^3}{(1+x^2+y^4)^2}\mathrm{d}x\mathrm{d}y$, 其中 D 是第一象限中曲线 $y=\sqrt{x}$ 与 x 轴边界的无界区域. (2017 考研)

5. 设直线 L 过 $A(1,0,0)$, $B(0,1,1)$ 两点, 将 L 绕 z 轴旋转一周, 得到曲面 Σ, Σ 与平面 $z=0$, $z=2$ 所围成的立体为 Ω. (1) 求平面 Σ 的方程; (2) 求 Ω 的形心坐标. (2013 考研)

6. 设在上半平面 $D=\{(x,y)\,|\,y>0\}$ 内, 函数 $f(x,y)$ 具有连续的偏导数, 且对任意的 $t>0$ 都有 $f(tx,ty)=t^{-2}f(x,y)$. 证明: 对 D 内任意分段光滑的有向简单闭曲线 L 都有

$$\oint_{L} yf(x,y)\mathrm{d}x - xf(x,y)\mathrm{d}y = 0.$$

7. 计算 $\iint\limits_{\Sigma} [f(x,y,z)+x]\mathrm{d}y\mathrm{d}z + [2f(x,y,z)+y]\mathrm{d}z\mathrm{d}x + [f(x,y,z)+z]\mathrm{d}x\mathrm{d}y$, 其中 $f(x,y,z)$ 为连续函数, 曲面 Σ 为平面 $x-y+z=1$ 位于第四卦限中的部分的上侧.

8. 计算 $I=\oint_{L} (y^2-z^2)\mathrm{d}x + (2z^2-x^2)\mathrm{d}y + (3x^2-y^2)\mathrm{d}z$, 其中 L 是平面 $x+y+z=2$ 与柱面 $|x|+|y|=1$ 的交线, 从 z 轴的正向看去 L 为逆时针方向.

【争分提能练】

1. 选择题

(1) 设 $J_i = \iint\limits_{D_i} \sqrt[3]{x-y}\,\mathrm{d}x\mathrm{d}y\,(i=1,2,3)$, 其中 $D_1 = \{(x,y)\,|\,0\leqslant x\leqslant 1, 0\leqslant y\leqslant 1\}$, $D_2 = \{(x,y)\,|\,0\leqslant x\leqslant 1, 0\leqslant y\leqslant \sqrt{x}\}$, $D_3 = \{(x,y)\,|\,0\leqslant x\leqslant 1, x^2\leqslant y\leqslant 1\}$, 则(　　). (2016 考研)

(A) $J_1 < J_2 < J_3$　　　　　　　　(B) $J_3 < J_1 < J_2$

(C) $J_2 < J_3 < J_1$　　　　　　　　(D) $J_2 < J_1 < J_3$

(2) 设区域 $D=\{(x,y)\,|\,x^2+y^2\leqslant 4, x\geqslant 0, y\geqslant 0\}$, $f(x)$ 为 D 上的正值连续函数, a,b 为常数, 则 $\iint\limits_{D} \dfrac{a\sqrt{f(x)}+b\sqrt{f(y)}}{\sqrt{f(x)}+\sqrt{f(y)}}\mathrm{d}\sigma = (\qquad)$.

(A) $ab\pi$　　　　(B) $\dfrac{ab}{2}\pi$　　　　(C) $(a+b)\pi$　　(D) $\dfrac{a+b}{2}\pi$

(3) 球面 $x^2+y^2+z^2=4a^2$ 与柱面 $x^2+y^2=2ax(a>0)$ 所围成的立体的体积 $V=(\quad)$.

　　(A) $8\displaystyle\int_0^{\frac{\pi}{2}}\mathrm{d}\theta\int_0^{2a\cos\theta}r\,\sqrt{4a^2-r^2}\,\mathrm{d}r$　　　　(B) $4\displaystyle\int_0^{\frac{\pi}{2}}\mathrm{d}\theta\int_0^{2a\cos\theta}\sqrt{4a^2-r^2}\,\mathrm{d}r$

　　(C) $4\displaystyle\int_0^{\frac{\pi}{2}}\mathrm{d}\theta\int_0^{2a\cos\theta}r\,\sqrt{4a^2-r^2}\,\mathrm{d}r$　　　　(D) $8\displaystyle\int_{-\frac{\pi}{2}}^{\frac{\pi}{2}}\mathrm{d}\theta\int_0^{2a\cos\theta}r\,\sqrt{4a^2-r^2}\,\mathrm{d}r$

(4) 设有向曲面 $\Sigma:x^2+y^2+(z-1)^2=1(z\geqslant 1)$,定向为上侧,则 $\displaystyle\iint_{\Sigma}2xy\mathrm{d}y\mathrm{d}z$

$-y^2\mathrm{d}z\mathrm{d}x-z\mathrm{d}x\mathrm{d}y=(\quad)$.

　　(A) $-\dfrac{5\pi}{3}$　　　　(B) $-\dfrac{2\pi}{3}$　　　　(C) $-\dfrac{\pi}{3}$　　　　(D) $\dfrac{\pi}{3}$

(5) 若曲线为圆周 $\Gamma:\begin{cases}x^2+y^2+z^2=1\\ x+y+z=0,\end{cases}$ 且从 z 轴的正向看去,圆周取逆时针

方向,则曲线积分 $\displaystyle\oint_{\Gamma}y\mathrm{d}x+z\mathrm{d}y+x\mathrm{d}z$ 等于$(\quad)$.

　　(A) $-\sqrt{3}\pi$　　　(B) $\sqrt{3}\pi$　　　　(C) $2\sqrt{3}\pi$　　　　(D) 0

2. 填空题

(1) 设 $D=\{(x,y)\mid 0\leqslant x\leqslant 2,0\leqslant y\leqslant 2\}$,则 $\displaystyle\iint_D\mathrm{sgn}(xy-1)\mathrm{d}x\mathrm{d}y=$

_____.(2011 国赛预赛)

(2) 设 D 是由直线 $y=1,y=x,y=-x$ 围成的有界区域,则

$\displaystyle\iint_D\dfrac{x^2-xy-y^2}{x^2+y^2}\mathrm{d}x\mathrm{d}y=$_____.(2016 考研)

(3) $\displaystyle\iiint_{\Omega}\left(\dfrac{x^2}{a^2}+\dfrac{y^2}{b^2}+\dfrac{z^2}{c^2}\right)\mathrm{d}x\mathrm{d}y\mathrm{d}z=$_____,其中 Σ 为区域 $x^2+y^2+z^2\leqslant 1$.

(4) 设 Σ 为球面 $x^2+y^2+z^2=4$,则 $\displaystyle\oiint_{\Sigma}(x^2+y^2)\mathrm{d}S=$_____.

(5) 设 Σ 为锥面 $z=\sqrt{x^2+y^2}$ 上被抛物柱面 $z^2=2ax(a>0)$ 所截下的部分,则其形心坐标为_____.

3. 设平面区域 $D=\{(x,y)\mid 1\leqslant x^2+y^2\leqslant 4,x\geqslant 0,y\geqslant 0\}$,计算

$\displaystyle\iint_D\dfrac{x\sin(\pi\sqrt{x^2+y^2})}{x+y}\mathrm{d}x\mathrm{d}y.$(2014 考研)

4. 设 $\Omega: x^2 + y^2 + z^2 \leqslant 4$，证明：$\dfrac{32\sqrt[3]{2}}{3}\pi \leqslant \iiint\limits_{\Omega} \sqrt[3]{xy - z^2 + 6}\, \mathrm{d}v \leqslant \dfrac{64}{3}\pi$.

5. 计算曲面积分 $I = \oint_L \dfrac{x\,\mathrm{d}y - y\,\mathrm{d}x}{4x^2 + y^2}$，其中 L 是以 $(1,0)$ 为中心，R 为半径的圆周 $(R > 1)$ 取逆时针方向.

6. 设 S 为椭球面 $\dfrac{x^2}{2} + \dfrac{y^2}{2} + z^2 = 1$ 的上半部分，点 $P(x,y,z) \in S$，π 为 S 在点 P 处的切平面，$\rho(x,y,z)$ 为点 $O(0,0,0)$ 到平面 π 的距离，求

$$\iint\limits_S \dfrac{z}{\rho(x,y,z)}\,\mathrm{d}S.$$

7. 求向量场 $\boldsymbol{A} = (y - 2z)\boldsymbol{i} + (z - 2x)\boldsymbol{j} + (x - 2y)\boldsymbol{k}$ 沿曲线 Γ 的环流量，其中 Γ 为平面 $x + y + z = 2$ 与曲面 $x^2 + y^2 + z^2 = 8 + 2xy$ 的交线，方向从 z 轴的正向看去为逆时针方向.

8. 记第二型曲面积分 $I_t = \oiint\limits_{\Sigma_t} P\,\mathrm{d}y\mathrm{d}z + Q\,\mathrm{d}z\mathrm{d}x + R\,\mathrm{d}x\mathrm{d}y$，其中 $P = Q = R = f((x^2 + y^2)z)$，有向曲面 Σ_t 是圆柱体 $x^2 + y^2 \leqslant t^2$，$0 \leqslant z \leqslant 1$ 的表面外侧.

(1) 若函数 $f(x)$ 有连续的导数，求极限 $\lim\limits_{t \to 0^+} \dfrac{I_t}{t^4}$；

(2) 若 $f(x)$ 仅在 $x = 0$ 处可导，在其余点处连续，求 (1) 中的极限.

【实战真题练】

1. 选择题

(1) 设 $f(x)$ 是连续函数，则 $\displaystyle\int_0^1 \mathrm{d}y \int_{-\sqrt{1-y^2}}^{1-y} f(x,y)\mathrm{d}x = ($　　$)$. (2014 考研)

(A) $\displaystyle\int_0^1 \mathrm{d}x \int_0^{x-1} f(x,y)\mathrm{d}y + \int_{-1}^0 \mathrm{d}x \int_0^{\sqrt{1-x^2}} f(x,y)\mathrm{d}y$

(B) $\displaystyle\int_0^1 \mathrm{d}x \int_0^{1-x} f(x,y)\mathrm{d}y + \int_{-1}^0 \mathrm{d}x \int_{-\sqrt{1-x^2}}^0 f(x,y)\mathrm{d}y$

(C) $\displaystyle\int_0^{\frac{\pi}{2}} \mathrm{d}\theta \int_0^{\frac{1}{\cos\theta + \sin\theta}} f(r\cos\theta, r\sin\theta)\mathrm{d}r + \int_{\frac{\pi}{2}}^{\pi} \mathrm{d}\theta \int_0^1 f(r\cos\theta, r\sin\theta)\mathrm{d}r$

(D) $\displaystyle\int_0^{\frac{\pi}{2}} \mathrm{d}\theta \int_0^{\frac{1}{\cos\theta + \sin\theta}} f(r\cos\theta, r\sin\theta)r\mathrm{d}r + \int_{\frac{\pi}{2}}^{\pi} \mathrm{d}\theta \int_0^1 f(r\cos\theta, r\sin\theta)r\mathrm{d}r$

(2) 设 $F(u,v) = \displaystyle\iint\limits_{D_{uv}} \dfrac{f(x^2 + y^2)}{\sqrt{x^2 + y^2}}\mathrm{d}x\mathrm{d}y$，其中 $f(x)$ 连续，区域 D_{uv} 为图中阴影部

分,则$\dfrac{\partial F}{\partial u}$ = (　　).

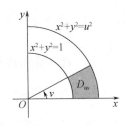

(A) $vf(u^2)$

(B) $\dfrac{v}{u}f(u^2)$

(C) $vf(u)$

(D) $\dfrac{v}{u}f(u)$

(3) 设 Ω:$x^2 + y^2 + z^2 \leqslant 1$, 则 $\displaystyle\iiint\limits_{\Omega} \dfrac{z\ln(x^2 + y^2 + z^2 + 1)}{x^2 + y^2 + z^2 + 1}\mathrm{d}x\mathrm{d}y\mathrm{d}z$ = (　　).

(A) 1　　　　　(B) π　　　　　(C) 0　　　　　(D) $\dfrac{4\pi}{3}$

(4) 设 $\Omega = \{(x,y,z) \mid 0 \leqslant z \leqslant h, x^2 + y^2 \leqslant t^2\}$, $F(t) = \displaystyle\iiint\limits_{\Omega}[z^2 + f(x^2 + y^2)]\mathrm{d}v$, 其中 $f(x)$ 为连续函数, 则 $\dfrac{\mathrm{d}F}{\mathrm{d}t}$ = (　　).

(A) $\pi h t\left[f(t^2) + \dfrac{1}{3}h^2\right]$ 　　　　　(B) $2\pi h t\left[f(t^2) + \dfrac{1}{3}h^2\right]$

(C) $\pi h t\left[f(t) + \dfrac{1}{2}h^2\right]$ 　　　　　(D) $\pi h t\left[f(t^2) + \dfrac{1}{2}h^2\right]$

(5) 设函数 $u = u(x)$ 连续可微, $u(2) = 1$, 且 $\displaystyle\int(x + 2y)u\mathrm{d}x + (x + u^3)u\mathrm{d}y$ 在右半平面与路径无关, 则 $u(x,y)$ = (　　). (2012 国赛预赛)

(A) $\left(\dfrac{x}{2}\right)^{1/2}$　　(B) $\left(\dfrac{x+y}{2}\right)^{1/3}$　　(C) $\left(\dfrac{x}{2}\right)^{1/3}$　　(D) $\left(\dfrac{y}{2}+1\right)^{1/3}$

2. 填空题

(1) 设 $D = \{(x,y) \mid x^2 + y^2 \leqslant \pi\}$, 则 $\displaystyle\iint\limits_{D}(\sin x^2 \cos y^2 + x\sqrt{x^2 + y^2})\mathrm{d}x\mathrm{d}y$ = _____. (2021 国赛预赛)

(2) 二次积分 $\displaystyle\int_{-1}^{1}\mathrm{d}x\int_{x}^{2-|x|}[e^{|y|} + \sin(x^3 y^3)]\mathrm{d}y$ = _____. (2018 江苏省赛)

(3) 由曲面 $(x^2 + y^2 + z^2 + 8)^2 = 36(x^2 + y^2)$ 围成的立体的体积等于 _____. (2019 江苏省赛)

(4) 设曲面 Σ 为下半球面 $z = -\sqrt{a^2 - x^2 - y^2}$ 的上侧, a 为大于零的常数, 则曲面积分 $\displaystyle\iint\limits_{\Sigma}\dfrac{ax\mathrm{d}y\mathrm{d}z + (z+a)^2\mathrm{d}x\mathrm{d}y}{\sqrt{x^2 + y^2 + z^2}}$ = _____.

(5) 设 $f(x,y,z) = \begin{cases} x^2+y^2, & z \geqslant \sqrt{x^2+y^2}, \\ 0, & z < \sqrt{x^2+y^2}, \end{cases}$ 则 $F(t) = \iint\limits_{x^2+y^2+z^2=t^2} f(x,y,$

$z) \mathrm{d}S = $ _____.

3. 设 $D = \{(x,y) \mid x^2+y^2 \leqslant \sqrt{2}, x \geqslant 0, y \geqslant 0\}$，$[1+x^2+y^2]$ 表示不超过

$1+x^2+y^2$ 的最大整数，计算二重积分 $\iint\limits_{D} xy[1+x^2+y^2]\mathrm{d}x\mathrm{d}y$.

4. 求立体 $\Omega = \{(x,y,z) \mid 2x+2y-z \leqslant 4, (x-2)^2+(y+1)^2+(z-1)^2 \leqslant 4\}$ 的体积. (2016 江苏省赛)

5. 设 l 是过原点、方向为 (α, β, γ)（其中 $\alpha^2+\beta^2+\gamma^2 = 1$）的直线，均匀椭球 $\dfrac{x^2}{a^2}$

$+\dfrac{y^2}{b^2}+\dfrac{z^2}{c^2} \leqslant 1$，其中 $(0 < c < b < a$，密度为 $1)$ 绕直线 l 旋转. (1) 求其转动

惯量；(2) 求其转动惯量关于方向 (α, β, γ) 的最大值和最小值.

6. 计算曲线积分 $I = \oint_{\Gamma} |\sqrt{3}\,y - x|\,\mathrm{d}x - 5z\mathrm{d}z$，其中 $\Gamma: \begin{cases} x^2+y^2+z^2=8, \\ x^2+y^2=2z, \end{cases}$ 从 z

轴的正向往原点看去取逆时针方向. (2020 国赛预赛)

7. 设 Σ 是一个光滑封闭曲面，方向朝外. 给定第二型的曲面积分

$$I = \oiint\limits_{\Sigma} (x^3 - x)\mathrm{d}y\mathrm{d}z + (2y^3 - y)\mathrm{d}z\mathrm{d}x + (3z^3 - z)\mathrm{d}x\mathrm{d}y,$$

试确定曲面 Σ，使积分 I 的值最小，并求该最小值. (2013 国赛预赛)

8. 对于 4 次齐次函数 $f(x,y,z) = a_1x^4 + a_2y^4 + a_3z^4 + 3a_4x^2y^2 + 3a_5y^2z^2 + 3a_6x^2z^2$，计算曲面积分

$$\oiint\limits_{\Sigma} f(x,y,z)\mathrm{d}S,\text{其中 } \Sigma: x^2+y^2+z^2 = 1. \text{ (2021 国赛预赛)}$$

习题 6 参考答案

【保分基础练】

1. (1) B；(2) B；(3) B；(4) D；(5) C.

2. (1) $\dfrac{\pi}{2}$；(2) $\dfrac{1}{4}$；(3) $2\pi - 2\arctan\sqrt{2}$；(4) $\dfrac{2}{3}\sqrt{3}$；(5) 34π.

3. $\iint\limits_{D} x\mathrm{d}x\mathrm{d}y = \int_{-\frac{\pi}{2}}^{\frac{\pi}{2}} \mathrm{d}\theta \int_{2}^{2(1+\cos\theta)} r^2\cos\theta\mathrm{d}r = \int_{-\frac{\pi}{2}}^{\frac{\pi}{2}} \cos\theta \cdot \dfrac{r^3}{3}\bigg|_{2}^{2(1+\cos\theta)} \mathrm{d}\theta$

$$= \frac{8}{3} \int_{-\frac{\pi}{2}}^{\frac{\pi}{2}} (3\cos^2\theta + 3\cos^3\theta + \cos^4\theta) \mathrm{d}\theta$$

$$= 8\int_{-\frac{\pi}{2}}^{\frac{\pi}{2}} \cos^2\theta\mathrm{d}\theta + 8\int_{-\frac{\pi}{2}}^{\frac{\pi}{2}} \cos^3\theta\mathrm{d}\theta + \frac{8}{3}\int_{-\frac{\pi}{2}}^{\frac{\pi}{2}} \cos^4\theta\mathrm{d}\theta$$

$$= 4\int_{-\frac{\pi}{2}}^{\frac{\pi}{2}} (1+\cos2\theta)\mathrm{d}\theta + 8\int_{-\frac{\pi}{2}}^{\frac{\pi}{2}} (1-\sin^2\theta)\mathrm{d}\sin\theta + \frac{8}{3}\int_{-\frac{\pi}{2}}^{\frac{\pi}{2}} \cos^3\theta\mathrm{d}\sin\theta$$

$$= 4\left(\theta + \frac{\sin2\theta}{2}\right)\Big|_{-\frac{\pi}{2}}^{\frac{\pi}{2}} + 8\left(\sin\theta - \frac{\sin^3\theta}{3}\right)\Big|_{-\frac{\pi}{2}}^{\frac{\pi}{2}} +$$

$$\frac{8}{3}\left[\left(\cos^3\theta\sin\theta\Big|_{-\frac{\pi}{2}}^{\frac{\pi}{2}} + \int_{-\frac{\pi}{2}}^{\frac{\pi}{2}} 3\sin^2\theta\cos^2\theta\mathrm{d}\theta\right)\right]$$

$$= 4\pi + \frac{32}{3} + 2\int_{-\frac{\pi}{2}}^{\frac{\pi}{2}} \sin^2 2\theta\mathrm{d}\theta = 4\pi + \frac{32}{3} + \int_{-\frac{\pi}{2}}^{\frac{\pi}{2}} (1-\cos4\theta)\mathrm{d}\theta$$

$$= 4\pi + \frac{32}{3} + \left(\theta - \frac{\sin4\theta}{4}\right)\Big|_{-\frac{\pi}{2}}^{\frac{\pi}{2}} = 5\pi + \frac{32}{3}.$$

4. 积分区域如图所示,选用直角坐标(X 型) 计算该积分,得

$$原式 = \int_0^{+\infty} \mathrm{d}x \int_0^{\sqrt{x}} \frac{y^3\mathrm{d}y}{(1+x^2+y^4)^2} = \frac{1}{4}\int_0^{+\infty} \mathrm{d}x\int_0^{\sqrt{x}} \frac{\mathrm{d}y^4}{(1+x^2+y^4)^2}$$

$$= -\frac{1}{4}\int_0^{+\infty} \frac{1}{1+x^2+y^4}\Big|_0^{\sqrt{x}}\mathrm{d}x = \frac{1}{4}\left(\arctan x - \frac{1}{\sqrt{2}}\arctan\sqrt{2}\,x\right)\Big|_0^{+\infty}$$

$$= \frac{\pi}{8}\left(1 - \frac{1}{\sqrt{2}}\right).$$

5. (1) 因为 L 过 A,B 两点, 所以其直线方程为 $\dfrac{x-1}{-1} = \dfrac{y-0}{1} =$

$\dfrac{z-0}{1} \Rightarrow \begin{cases} x = 1-z, \\ y = z, \end{cases}$ 所以其绕着 z 轴旋转一周的曲面方程为: $x^2 + y^2 = (1-z)^2 + z^2$.

(2) 由形心坐标计算公式可得

$$\bar{z} = \frac{\iiint\limits_{\Omega} z\mathrm{d}x\mathrm{d}y\mathrm{d}z}{\iiint\limits_{\Omega} \mathrm{d}x\mathrm{d}y\mathrm{d}z} = \frac{\pi\int_0^2 [z(1-z)^2 + z^3]\mathrm{d}z}{\pi\int_0^2 [(1-z)^2 + z^2]\mathrm{d}z} = \frac{7}{5},$$

所以形心坐标为 $\left(0, 0, \dfrac{7}{5}\right)$.

6. 对 $f(tx, ty) = t^{-2}f(x,y)$ 两边求 t 的导数, 得 $xf_x(tx, ty) + yf_y(tx, ty) = -2t^{-3}f(x,y)$. 令 $t = 1$, 得 $xf_x(x,y) + yf_y(x,y) = -2f(x,y)$, 即 $2f(x,y) +$

$xf_x(x,y) + yf_y(x,y) = 0$,则

$$\frac{\partial[-xf(x,y)]}{\partial x} - \frac{\partial[yf(x,y)]}{\partial y} = -[2f(x,y) + xf_x(x,y) + yf_y(x,y)] = 0,$$

则由格林公式,得

$$\oint_L yf(x,y)\mathrm{d}x - xf(x,y)\mathrm{d}y = \iint_{D_L}\left\{\frac{\partial[-xf(x,y)]}{\partial x} - \frac{\partial[yf(x,y)]}{\partial y}\right\}\mathrm{d}x\mathrm{d}y = \iint_{D_L}0\mathrm{d}x\mathrm{d}y = 0.$$

结论成立.

7. 在平面 Σ 上,$z = 1 - x + y$,又 Σ 取上则,故 Σ 在任一点处的单位法向量为

$$\boldsymbol{n} = \frac{1}{\sqrt{1 + z_x^2 + z_y^2}}(-z_x', -z_y', 1) = \frac{1}{\sqrt{3}}(1, -1, 1).$$

由两类曲面积分之间的联系得

$$\text{原积分} = \iint_{\Sigma}[(f+x)\cos\alpha + (2f+y)\cos\beta + (f+z)\cos\gamma]\mathrm{d}S$$

$$= \frac{1}{\sqrt{3}}\iint_{\Sigma}[(f+x) - (2f+y) + (f+z)]\mathrm{d}S$$

$$= \frac{1}{\sqrt{3}}\iint_{\Sigma}(x-y+z)\mathrm{d}S = \frac{1}{\sqrt{3}}\iint_{\Sigma}\mathrm{d}S = \frac{1}{\sqrt{3}} \times S_{\Sigma} = \frac{1}{\sqrt{3}} \times \frac{\sqrt{3}}{2} = \frac{1}{2}.$$

8. 解法一: 设 Σ 为平面 $x + y + z = 2$ 上 L 所围成部分的上侧,$D = \{(x,y) \mid |x| + |y| \leqslant 1\}$ 为 Σ 在 xOy 面上的投影.Σ 的单位法向量为 $\boldsymbol{n} = (\cos\alpha, \cos\beta, \cos\gamma) = \left(\frac{\sqrt{3}}{3}, \frac{\sqrt{3}}{3}, \frac{\sqrt{3}}{3}\right)$,由斯托克斯公式,得

$$I = \frac{\sqrt{3}}{3}\iint_{\Sigma}\begin{vmatrix} 1 & 1 & 1 \\ \dfrac{\partial}{\partial x} & \dfrac{\partial}{\partial y} & \dfrac{\partial}{\partial z} \\ y^2 - z^2 & 2z^2 - x^2 & 3x^2 - y^2 \end{vmatrix}\mathrm{d}S$$

$$= -\frac{2\sqrt{3}}{3}\iint_{\Sigma}(4x + 2y + 3z)\mathrm{d}S = -\frac{2\sqrt{3}}{3}\iint_{\Sigma}[4x + 2y + 3(2 - x - y)]\mathrm{d}S$$

$$= -\frac{2\sqrt{3}}{3}\iint_{\Sigma}(x - y + 6)\mathrm{d}S = -\frac{2\sqrt{3}}{3}\iint_{D}(x - y + 6)\sqrt{1 + (-1)^2 + (-1)^2}\,\mathrm{d}x\mathrm{d}y$$

$$= -2\iint_{D}(x - y + 6)\mathrm{d}x\mathrm{d}y = -12\iint_{D}\mathrm{d}x\mathrm{d}y = -24.$$

解法二: 设 Σ 及 D 如解法一中所述,L_1 是 L 在 xOy 面上的投影,方向为逆时针. 将曲面 Σ 的方程代入 I 得

$$I = \oint_{L_1} \left[y^2 - (2-x-y)^2 \right] \mathrm{d}x + \left[2 \, (2-x-y)^2 - x^2 \right] \mathrm{d}y + (3x^2 - y^2)\mathrm{d}(2-x-y)$$

$$= \oint_{L_1} (y^2 - 4x^2 - 2xy + 4x + 4y - 4)\mathrm{d}x + (3y^2 - 2x^2 + 4xy - 8x - 8y + 8)\mathrm{d}y,$$

根据格林公式,得 $I = -2\iint\limits_{D}(x - y + 6)\mathrm{d}x\mathrm{d}y = -24.$

【争分提能练】

1. (1) B;(2) D;(3) C;(4) A;(5) A.

2. (1) $2 - 4\ln 2$;(2) $1 - \dfrac{\pi}{2}$;(3) $\dfrac{4}{15}\pi\left(\dfrac{1}{a^2} + \dfrac{1}{b^2} + \dfrac{1}{c^2}\right)$;(4) $\dfrac{128}{3}\pi$;(5) $\left(a, 0, \dfrac{32a}{9\pi}\right)$.

3. 由对称性得

$$原式 = \iint\limits_{D} \frac{x\sin(\pi\sqrt{x^2 + y^2})}{x + y}\mathrm{d}x\mathrm{d}y = \iint\limits_{D} \frac{y\sin(\pi\sqrt{x^2 + y^2})}{x + y}\mathrm{d}x\mathrm{d}y$$

$$= \frac{1}{2}\iint\limits_{D}\sin(\pi\sqrt{x^2 + y^2})\mathrm{d}x\mathrm{d}y = \frac{1}{2}\int_0^{\frac{\pi}{2}}\mathrm{d}\theta\int_1^2 r\sin\pi r\mathrm{d}r = \frac{1}{4\pi}\int_1^2 \pi r\sin\pi r\mathrm{d}(\pi r)$$

$$= \frac{1}{4\pi}\int_{\pi}^{2\pi} t\sin t\mathrm{d}t = -\frac{1}{4\pi}\int_{\pi}^{2\pi} t\mathrm{d}(\cos t) = -\frac{1}{4\pi}t\cos t\Big|_{\pi}^{2\pi} + \frac{1}{4\pi}\int_{\pi}^{2\pi}\cos t\mathrm{d}t = -\frac{3}{4}.$$

4. 令 $f(x,y,z) = xy - z^2 + 6$,则 $f(x,y,z)$ 在 Ω 上可微. 由 $\begin{cases} f_x = y = 0, \\ f_y = x = 0, \\ f_z = -2z = 0 \end{cases}$

知 $f(x, y, z)$ 在 Ω 内有唯一驻点 $(0,0,0)$,且 $f(0,0,0) = 6$. 令 $F(x,y,z) = xy - z^2 + 6 + \lambda(x^2 + y^2 + z^2 - 4)$,则

由 $\begin{cases} F_x = y + 2\lambda x = 0, \\ F_y = x + 2\lambda y = 0, \\ F_z = -2z + 2\lambda z = 0, \\ F_\lambda = x^2 + y^2 + z^2 - 4 = 0 \end{cases}$ 得可疑极值点 $(\pm\sqrt{2}, \pm\sqrt{2}, 0), (\pm\sqrt{2}, \mp\sqrt{2}, 0), (0,$

$0, \pm 2)$. 又 $f(\pm\sqrt{2}, \pm\sqrt{2}, 0) = 8, f(\pm\sqrt{2}, \mp\sqrt{2}, 0) = 4, f(0,0,\pm 2) = 2$,比较函数值的大小可知,$f(x,y,z)$ 在 Ω 上的最大值为 8,最小值为 2. 因为 $f(x,y,z)$ 与 $\sqrt[3]{f(x,y,z)}$ 有相同的最值点,

所以 $\sqrt[3]{f(x,y,z)}$ 在 Ω 上的最大值为 $M = 2$,最小值为 $m = \sqrt[3]{2}$. 从而由重积分的估值定理得

$$\frac{32\sqrt[3]{2}}{3}\pi = \iiint\limits_{\Omega}\sqrt[3]{2}\,\mathrm{d}v \leqslant \iiint\limits_{\Omega}\sqrt[3]{xy-z^2+6}\,\mathrm{d}v \leqslant \iiint\limits_{\Omega}2\mathrm{d}v = \frac{64}{3}\pi.$$

5. 作足够小的椭圆 C：$\begin{cases} x = \dfrac{\delta}{2}\cos\theta, \\ y = \delta\sin\theta \end{cases}$ $(\theta \in [0,2\pi])$，取逆时针方向，令 $P = $

$\dfrac{-y}{4x^2+y^2}$，$Q = \dfrac{x}{4x^2+y^2}$，则 $\dfrac{\partial P}{\partial y} = \dfrac{\partial Q}{\partial x}$，由格林公式得

$$\oint_{L+C^-}\frac{x\mathrm{d}y - y\mathrm{d}x}{4x^2+y^2} = 0, \text{则}\oint_{L}\frac{x\mathrm{d}y - y\mathrm{d}x}{4x^2+y^2} = \oint_{C}\frac{x\mathrm{d}y - y\mathrm{d}x}{4x^2+y^2} = \int_0^{2\pi}\frac{\frac{1}{2}\delta^2}{\delta^2}\mathrm{d}\theta = \pi.$$

6. 设 (X,Y,Z) 为 π 上任意一点，则 π 的方程为 $\dfrac{xX}{2} + \dfrac{yY}{2} + zZ = 1$，从而有

$$\rho(x,y,z) = \left(\frac{x^2}{4} + \frac{y^2}{4} + z^2\right)^{-\frac{1}{2}}.$$

由 $z = \sqrt{1 - \left(\dfrac{x^2}{2} + \dfrac{y^2}{2}\right)}$ 得

$$\frac{\partial z}{\partial x} = \frac{-x}{2\sqrt{1 - \left(\dfrac{x^2}{2} + \dfrac{y^2}{2}\right)}}, \frac{\partial z}{\partial y} = \frac{-y}{2\sqrt{1 - \left(\dfrac{x^2}{2} + \dfrac{y^2}{2}\right)}},$$

于是 $\qquad \mathrm{d}S = \sqrt{1 + \left(\dfrac{\partial z}{\partial x}\right)^2 + \left(\dfrac{\partial z}{\partial y}\right)^2}\,\mathrm{d}\sigma = \dfrac{\sqrt{4-x^2-y^2}}{2\sqrt{1 - \left(\dfrac{x^2}{2} + \dfrac{y^2}{2}\right)}}\mathrm{d}\sigma.$

所以 $\displaystyle\iint\limits_{S}\frac{z}{\rho(x,y,z)}\mathrm{d}S = \frac{1}{4}\iint\limits_{D}(4-x^2-y^2)\mathrm{d}\sigma = \frac{1}{4}\int_0^{2\pi}\mathrm{d}\theta\int_0^{\sqrt{2}}(4-r^2)r\mathrm{d}r = \frac{3\pi}{2}.$

7. 取 Σ 为闭曲线 Γ 所围成的平面 $\begin{cases} x+y+z=2, \\ (x-1)^2 + (y-1)^2 \leqslant 4 \end{cases}$ 的上侧，Σ 的单位法向量为

$$\boldsymbol{n} = (\cos\alpha, \cos\beta, \cos\gamma) = \left(\frac{\sqrt{3}}{3}, \frac{\sqrt{3}}{3}, \frac{\sqrt{3}}{3}\right), \text{所求环流量为}$$

$$I = \oint_{\Gamma}(y-2z)\mathrm{d}x + (z-2x)\mathrm{d}y + (x-2y)\mathrm{d}z$$

$$= \frac{\sqrt{3}}{3}\iint\limits_{\Sigma}\begin{vmatrix} 1 & 1 & 1 \\ \dfrac{\partial}{\partial x} & \dfrac{\partial}{\partial y} & \dfrac{\partial}{\partial z} \\ y-2z & z-2x & x-2y \end{vmatrix}\mathrm{d}S$$

$$=-\frac{\sqrt{3}}{3}\iint\limits_{\Sigma}9\mathrm{d}S=-\frac{9\sqrt{3}}{3}\iint\limits_{\Sigma}\sqrt{3}\,\mathrm{d}x\mathrm{d}y=-9\cdot4\pi=-36\pi.$$

8. (1) 记 Σ_t 所围成的区域为 Ω,由高斯公式得

$$I_t=\iiint\limits_{\Omega}\left(\frac{\partial P}{\partial x}+\frac{\partial Q}{\partial y}+\frac{\partial R}{\partial z}\right)\mathrm{d}x\mathrm{d}y\mathrm{d}z=\iiint\limits_{\Omega}(2xz+2yz+x^2+y^2)f'((x^2+y^2)z)\mathrm{d}x\mathrm{d}y\mathrm{d}z.$$

由对称性得 $\iiint\limits_{\Omega}(2xz+2yz)f'((x^2+y^2)z)\mathrm{d}x\mathrm{d}y\mathrm{d}z=0$,从而

$$I_t=\iiint\limits_{\Omega}(x^2+y^2)f'((x^2+y^2)z)\mathrm{d}x\mathrm{d}y\mathrm{d}z=\int_0^{2\pi}\mathrm{d}\theta\int_0^t\rho\mathrm{d}\rho\int_0^1 f'(\rho^2 z)\rho^2\,\mathrm{d}z$$

$$=2\pi\int_0^t\left[\int_0^1 f'(\rho^2 z)\rho^3\,\mathrm{d}z\right]\mathrm{d}\rho.$$

所以

$$\lim_{t\to0^+}\frac{I_t}{t^4}=\lim_{t\to0^+}\frac{2\pi\int_0^t\left[\int_0^1 f'(\rho^2 z)\rho^3\,\mathrm{d}z\right]\mathrm{d}\rho}{t^4}$$

$$\xup!\underline{\text{洛必达法则}}\lim_{t\to0^+}\frac{2\pi\int_0^1 f'(t^2 z)t^3\,\mathrm{d}z}{4t^3}=\lim_{t\to0^+}\frac{\pi}{2}\int_0^1 f'(t^2 z)\mathrm{d}z$$

$$\underline{\text{积分中值定理}}\lim_{t\to0^+}\frac{\pi}{2}f'(t^2\xi)=\frac{\pi}{2}f'(0)(0\leqslant\xi\leqslant1).$$

(2) 若 $f(x)$ 仅在 $x=0$ 处可导,在其余点处连续,则不能用高斯公式,此时可分片计算曲面积分.

把 Σ_t 分成下底面、上底面和侧面,分别记为 Σ_1、Σ_2 和 Σ_3. 由于下底、上底在 yOz 面上的投影面积为零,因此 $\iint\limits_{\Sigma_1}P\mathrm{d}y\mathrm{d}z=\iint\limits_{\Sigma_2}P\mathrm{d}y\mathrm{d}z=0.$

而函数 P 是关于变量 x 的偶函数,Σ_3 关于平面 $x=0$ 对称,故 $\iint\limits_{\Sigma_3}P\mathrm{d}y\mathrm{d}z=0$,从

而 $\iint\limits_{\Sigma_t}P\mathrm{d}y\mathrm{d}z=0$. 类似地,$\iint\limits_{\Sigma_t}Q\mathrm{d}z\mathrm{d}x=0.$

由于侧面在 xOy 面上的投影面积为零,$\iint\limits_{\Sigma_3}R\mathrm{d}x\mathrm{d}y=0$,因此 $\iint\limits_{\Sigma_t}R\mathrm{d}x\mathrm{d}y$ 等于在 Σ_1 和 Σ_2 上的积分之和,即有

$$I_t=\left(\iint\limits_{\Sigma_1}+\iint\limits_{\Sigma_2}\right)f((x^2+y^2)z)\mathrm{d}x\mathrm{d}y=-\iint\limits_{(\Sigma_1)_{xy}}f(0)\mathrm{d}\sigma+\iint\limits_{(\Sigma_2)_{xy}}f(x^2+y^2)\mathrm{d}\sigma$$

$$=-\pi f(0)t^2+2\pi\int_0^t f(\rho^2)\rho\mathrm{d}\rho$$

$((\Sigma_1)_{xy}$ 与 $(\Sigma_2)_{xy}$ 是对应曲面在 xOy 面上的投影区域).

$$\lim_{t\to0^+}\frac{I_t}{t^4}=\lim_{t\to0^+}\frac{-\pi f(0)t^2+2\pi\int_0^t f(\rho^2)\rho\mathrm{d}\rho}{t^4}$$

$$=\lim_{t\to0^+}\frac{-2\pi f(0)t+2\pi tf(t^2)}{4t^3}=\frac{\pi}{2}\lim_{t\to0^+}\frac{f(t^2)-f(0)}{t^2}=\frac{\pi}{2}f'(0).$$

【实战真题练】

1. (1) D; (2) A; (3) C; (4) B; (5) C.

2. (1) π; (2) $2(\mathrm{e}^2-\mathrm{e}-1)$; (3) $6\pi^2$; (4) $-\dfrac{\pi}{2}a^3$; (5) $\pi t^4\left(\dfrac{4}{3}-\dfrac{5\sqrt{2}}{6}\right)$.

3. $\dfrac{3}{8}$. **4.** 9π.

5. (1) $J_l=\iiint\limits_{\Omega}d^2\mathrm{d}x\mathrm{d}y\mathrm{d}z=\dfrac{4abc\pi}{15}\left[(1-\alpha^2)a^2+(1-\beta^2)b^2+(1-\gamma^2)c^2\right].$

(2) 绕 x 轴的转动惯量最小, $J_{\min}=\dfrac{4abc\pi}{15}(b^2+c^2)$; 绕 z 轴的转动惯量最大,

$J_{\max}=\dfrac{4abc\pi}{15}(a^2+b^2).$

6. 0.

7. 使得 I 的值最小的曲面为 $\Sigma: x^2+2y^2+3z^2=1$; I 的最小值为 $-\dfrac{4\sqrt{6}}{15}\pi.$

8. $\dfrac{4\pi}{5}\sum\limits_{i=1}^{6}a_i.$

第七讲

无穷级数

一、内容提要

（一）常数项级数

1. 常数项级数定义

由数列 $\{u_n\}$ 构成的表达式 $u_1 + u_2 + \cdots + u_n + \cdots$ 称为常数项无穷级数（简称常数项级数），记为 $\sum\limits_{n=1}^{\infty} u_n$，即 $\sum\limits_{n=1}^{\infty} u_n = u_1 + u_2 + \cdots + u_n + \cdots$，其中 u_n 称为级数的一般项，$s_n = \sum\limits_{k=1}^{n} u_k = u_1 + u_2 + \cdots + u_n$ 为级数 $\sum\limits_{n=1}^{\infty} u_n$ 的前 n 项部分和，数列 $\{s_n\}$ 为级数 $\sum\limits_{n=1}^{\infty} u_n$ 的部分和数列 $\{s_n\}$.

2. 级数的收敛与发散的定义

若级数 $\sum\limits_{n=1}^{\infty} u_n$ 的部分和数列 $\{s_n\}$ 收敛，即 $\lim\limits_{n\to\infty} s_n = s$，则称级数 $\sum\limits_{n=1}^{\infty} u_n$ 收敛，并称 s 是该级数的和，记为 $s = \sum\limits_{n=1}^{\infty} u_n = u_1 + u_2 + \cdots + u_n + \cdots$，称 $r_n = s - s_n$ 为余项.

若级数 $\sum\limits_{n=1}^{\infty} u_n$ 的部分和数列 $\{s_n\}$ 发散，即 $\lim\limits_{n\to\infty} s_n$ 不存在，则称该级数发散.

3. 常见的数项级数类型

(1) 若 $u_n \geqslant 0 (n = 1, 2, \cdots)$，则称级数 $\sum\limits_{n=1}^{\infty} u_n$ 为正项级数.

(2) 若 $u_n > 0 (n \in \mathbf{N})$，则称级数 $\sum\limits_{n=1}^{\infty} (-1)^{n-1} u_n = u_1 - u_2 + u_3 - u_4 + \cdots$ 或

$$\sum_{n=1}^{\infty} (-1)^n u_n = -u_1 + u_2 - u_3 + u_4 - \cdots$$ 为交错级数.

（3）若 $u_n \in \mathbf{R}$，则称级数 $\sum\limits_{n=1}^{\infty} u_n$ 为任意项级数.

4. 收敛级数的基本性质

（1）级数的线性运算性质

性质 1　设常数 $k \neq 0$，则级数 $\sum\limits_{n=1}^{\infty} u_n$ 与 $\sum\limits_{n=1}^{\infty} ku_n$ 有相同的敛散性.

性质 2　若级数 $\sum\limits_{n=1}^{\infty} u_n, \sum\limits_{n=1}^{\infty} v_n$ 都收敛，则级数 $\sum\limits_{n=1}^{\infty} (u_n \pm v_n)$ 亦收敛，且 $\sum\limits_{n=1}^{\infty} (u_n \pm v_n) = \sum\limits_{n=1}^{\infty} u_n \pm \sum\limits_{n=1}^{\infty} v_n$.

性质 3　若级数 $\sum\limits_{n=1}^{\infty} u_n$ 收敛，$\sum\limits_{n=1}^{\infty} v_n$ 发散，则级数 $\sum\limits_{n=1}^{\infty} (u_n \pm v_n)$ 一定发散.

性质 4　若级数 $\sum\limits_{n=1}^{\infty} u_n, \sum\limits_{n=1}^{\infty} v_n$ 都发散，则级数 $\sum\limits_{n=1}^{\infty} (u_n \pm v_n)$ 不一定发散.

（2）级数的重组性质

性质 5　去掉、增加或改变级数的有限项，级数的敛散性不变，但级数的和可能不同.

性质 6　在收敛级数的项中任意加括号，级数的收敛性不变，且级数的和不变.

性质 7　若级数 $\sum\limits_{n=1}^{\infty} (u_{2n-1} + u_{2n})$ 发散，则 $\sum\limits_{n=1}^{\infty} u_n$ 发散.

性质 8　若级数 $\sum\limits_{n=1}^{\infty} (u_{2n-1} + u_{2n})$ 收敛，且 $\lim\limits_{n \to \infty} u_n = 0$，则 $\sum\limits_{n=1}^{\infty} u_n$ 收敛.

（3）级数收敛的必要条件

性质 9　若级数 $\sum\limits_{n=1}^{\infty} u_n$ 收敛，则 $\lim\limits_{n \to \infty} u_n = 0$.

性质 10　若 $\lim\limits_{n \to \infty} u_n \neq 0$，则级数 $\sum\limits_{n=1}^{\infty} u_n$ 发散.

5. 几个常用级数的敛散性

（1）等比级数 $\sum\limits_{n=0}^{\infty} aq^n$，当 $|q| < 1$ 时收敛，且和为 $\dfrac{首项}{1 - 公比}$；当 $|q| \geqslant 1$ 时发散.

（2）调和级数 $\sum\limits_{n=1}^{\infty} \dfrac{1}{n}$ 发散.

(3) p 级数 $\sum\limits_{n=1}^{\infty}\dfrac{1}{n^p}$,当 $p>1$ 时收敛;当 $p\leqslant 1$ 时发散.

6. 正项级数的审敛法

(1) 正项级数收敛的充要条件:正项级数 $\sum\limits_{n=1}^{\infty}u_n$ 收敛的充要条件是其部分和数列 $\{s_n\}$ 有上界.

(2) 比较审敛法:设 $\sum\limits_{n=1}^{\infty}u_n$,$\sum\limits_{n=1}^{\infty}v_n$ 是两个正项级数,且 $u_n\leqslant v_n(n=1,2,\cdots)$,若 $\sum\limits_{n=1}^{\infty}v_n$ 收敛,则 $\sum\limits_{n=1}^{\infty}u_n$ 收敛;若 $\sum\limits_{n=1}^{\infty}u_n$ 发散,则 $\sum\limits_{n=1}^{\infty}v_n$ 发散.

【注】条件 $u_n\leqslant v_n(n=1,2,\cdots)$ 可改为 $u_n\leqslant cv_n(n\geqslant k,c>0)$,结论仍然成立.

(3) 比较审敛法的极限形式:设 $\sum\limits_{n=1}^{\infty}u_n$,$\sum\limits_{n=1}^{\infty}v_n$ 是两个正项级数,若 $\lim\limits_{n\to\infty}\dfrac{u_n}{v_n}=l$,则有

① 当 $0<l<+\infty$ 时,$\sum\limits_{n=1}^{\infty}u_n$ 与 $\sum\limits_{n=1}^{\infty}v_n$ 同收敛或同发散;

② 当 $l=0$ 且 $\sum\limits_{n=1}^{\infty}v_n$ 收敛时,$\sum\limits_{n=1}^{\infty}u_n$ 也收敛;

③ 当 $l=+\infty$ 且 $\sum\limits_{n=1}^{\infty}v_n$ 发散时,$\sum\limits_{n=1}^{\infty}u_n$ 也发散.

(4) 比值审敛法:设 $\sum\limits_{n=1}^{\infty}u_n$ 为正项级数,若 $\lim\limits_{n\to\infty}\dfrac{u_{n+1}}{u_n}=\rho$,则当 $\rho<1$ 时,级数收敛;当 $\rho>1$ 时,级数发散;当 $\rho=1$ 时,级数可能收敛,也可能发散.

【注】当 $\dfrac{u_{n+1}}{u_n}>1$ 时,级数 $\sum\limits_{n=1}^{\infty}u_n$ 一定发散;当 $\dfrac{u_{n+1}}{u_n}<1$ 时,级数可能收敛,也可能发散.

(5) 根值审敛法:设 $\sum\limits_{n=1}^{\infty}u_n$ 为正项级数,若 $\lim\limits_{n\to\infty}\sqrt[n]{u_n}=\rho$,则当 $\rho<1$ 时,级数收敛;当 $\rho>1$ 时,级数发散;当 $\rho=1$ 时,级数可能收敛,也可能发散.

(6) 积分判别法:设 $f(x)$ 为 $[1,+\infty)$ 上的非负递减函数,则正项级数 $\sum\limits_{n=1}^{\infty}f(n)$ 与反常积分 $\int_1^{+\infty}f(x)\mathrm{d}x$ 同时收敛或同时发散.

7. 交错级数的审敛法

莱布尼茨判别法:设 $\sum\limits_{n=1}^{\infty}(-1)^{n+1}u_n$ 为交错级数,其中 $u_n>0$,且满足条件:

①$u_n \geqslant u_{n+1}$；②$\lim\limits_{n \to \infty} u_n = 0$，则级数$\sum\limits_{n=1}^{\infty}(-1)^{n+1}u_n$收敛，且其和$s$满足$s \leqslant u_1$，余项有$|r_n| \leqslant u_{n+1}$.

8. 任意项级数的审敛法

（1）绝对收敛与条件收敛的定义

若级数$\sum\limits_{n=1}^{\infty}|u_n|$收敛，则称级数$\sum\limits_{n=1}^{\infty}u_n$绝对收敛.

若级数$\sum\limits_{n=1}^{\infty}u_n$收敛，而级数$\sum\limits_{n=1}^{\infty}|u_n|$发散，则称级数$\sum\limits_{n=1}^{\infty}u_n$条件收敛.

（2）判别任意项级数收敛的常用方法

① 绝对值判别法：若$\sum\limits_{n=1}^{\infty}|u_n|$收敛，则$\sum\limits_{n=1}^{\infty}u_n$绝对收敛.

② 交错级数一般使用莱布尼茨判别法.

③ 将级数分解成两个收敛级数之和.

（3）判别级数发散的常用方法

① 证明级数的一般项的极限不存在或不为零.

② 将级数按某种方式加括号后所得级数发散.

③ 将级数分解为一个收敛级数与一个发散级数之和.

（4）任意项级数审敛的流程图

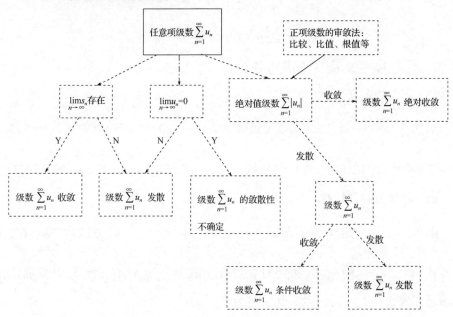

（二）幂级数

1. 函数项级数及其收敛性定义

（1）函数项级数定义

设 $\{u_n(x)\}$ 是定义在 $I \subseteq \mathbf{R}$ 上的函数序列，则称

$$u_1(x) + u_2(x) + \cdots + u_n(x) + \cdots$$

为定义在区间 I 上的函数项级数，记作 $\sum\limits_{n=1}^{\infty} u_n(x)$.

（2）函数项级数的收敛点与收敛域、发散点与发散域

若 $x_0 \in I$，常数项级数 $\sum\limits_{n=1}^{\infty} u_n(x_0)$ 收敛，则称 x_0 为级数 $\sum\limits_{n=1}^{\infty} u_n(x)$ 的收敛点，否则称为发散点.

函数项级数 $\sum\limits_{n=1}^{\infty} u_n(x)$ 的所有收敛点的集合称为收敛域，所有发散点的集合称为发散域.

（3）函数项级数的和函数

函数项级数在其收敛点有和，其值是关于收敛点 x 的函数，记为 $s(x)$，即 $s(x) = \lim\limits_{n \to \infty} s_n(x)$，其中 $s_n(x)$ 是函数项级数 $\sum\limits_{n=1}^{\infty} u_n(x)$ 的前 n 项部分和函数，即

$$s(x) = \sum\limits_{n=1}^{\infty} u_n(x) \quad (x \text{ 属于收敛域}).$$

2. 幂级数定义及其收敛特性

（1）幂级数定义

形如 $\sum\limits_{n=0}^{\infty} a_n (x - x_0)^n$ 的函数项级数称为 $x - x_0$ 的幂级数，其中 $a_n (n = 0, 1, 2, \cdots)$ 称为幂级数的项 $(x - x_0)^n$ 的系数. 当 $x_0 = 0$ 时，$\sum\limits_{n=0}^{\infty} a_n x^n$ 称为 x 的幂级数.

（2）幂级数收敛特性

阿贝尔（Abel）定理：若幂级数 $\sum\limits_{n=1}^{\infty} a_n x^n$ 在 $x = x_0 (x_0 \neq 0)$ 处收敛，则它在满足不等式 $|x| < |x_0|$ 的一切 x 处绝对收敛；若幂级数 $\sum\limits_{n=0}^{\infty} a_n x^n$ 在 $x = x_0$ 处发散，则它在满足不等式 $|x| > |x_0|$ 的一切 x 处发散.

（3）收敛半径与收敛区间

由阿贝尔(Abel)定理可知,必存在 $R > 0$,当 $|x| < R$ 时,幂级数绝对收敛;当 $|x| > R$ 时,幂级数发散,则称 R 为幂级数 $\sum\limits_{n=0}^{\infty} a_n x^n$ 的收敛半径,$(-R, R)$ 为其收敛区间.

【注 1】当 $x = R$ 与 $x = -R$ 时,幂级数可能收敛,也可能发散;

【注 2】若幂级数 $\sum\limits_{n=0}^{\infty} a_n x^n$ 仅在 $x = 0$ 处收敛,其他点处都发散,则 $R = 0$,收敛域为 $\{0\}$;若幂级数 $\sum\limits_{n=0}^{\infty} a_n x^n$ 处处收敛,则 $R = \infty$,收敛域为 $(-\infty, +\infty)$.

（4）收敛半径的求法

设 $\sum\limits_{n=0}^{\infty} a_n x^n (a_n \neq 0)$,其收敛半径为 R,则 $R = \lim\limits_{n \to \infty} \left| \dfrac{a_n}{a_{n+1}} \right|$ 或 $R = \dfrac{1}{\lim\limits_{n \to \infty} \sqrt[n]{|a_n|}}$.

（5）幂级数的运算性质

若幂级数 $\sum\limits_{n=0}^{\infty} a_n x^n$ 与 $\sum\limits_{n=0}^{\infty} b_n x^n$ 的收敛半径分别为 R_1 和 R_2,当 $R_1 \neq R_2$ 时,令 $R = \min\{R_1, R_2\}$,则有

① $k \sum\limits_{n=1}^{\infty} a_n x^n = \sum\limits_{n=1}^{\infty} k a_n x^n, |x| < R_1$,其中 k 为常数.

② $\sum\limits_{n=0}^{\infty} a_n x^n \pm \sum\limits_{n=0}^{\infty} b_n x^n = \sum\limits_{n=0}^{\infty} (a_n \pm b_n) x^n, |x| < R.$

③ $\left(\sum\limits_{n=0}^{\infty} a_n x^n \right) \left(\sum\limits_{n=0}^{\infty} b_n x^n \right) = \sum\limits_{n=0}^{\infty} c_n x^n, |x| < R$,其中 $c_n = \sum\limits_{k=0}^{n} a_k b_{n-k}.$

（6）幂级数的性质

设 $\sum\limits_{n=0}^{\infty} a_n x^n$ 的收敛半径为 $R (R > 0)$,则有

① 和函数 $s(x) = \sum\limits_{n=0}^{\infty} a_n x^n$ 在收敛域上连续. 若 $\sum\limits_{n=0}^{\infty} a_n x^n$ 在端点 $x = R$(或 $x = -R$) 处收敛,则 $s(x)$ 在 $x = R$ 处左连续(或在 $x = -R$ 处右连续).

② 和函数 $s(x) = \sum\limits_{n=0}^{\infty} a_n x^n$ 在收敛区间上可导,且有逐项求导公式

$$s'(x) = \left(\sum\limits_{n=0}^{\infty} a_n x^n \right)' = \sum\limits_{n=1}^{\infty} n a_n x^{n-1}.$$

③ 和函数 $s(x) = \sum\limits_{n=0}^{\infty} a_n x^n$ 在收敛域上可积,且有逐项求积公式

$$\int_0^x s(t)\mathrm{d}t = \sum_{n=0}^{\infty}\int_0^x a_n t^n \mathrm{d}t = \sum_{n=0}^{\infty}\frac{a_n}{n+1}x^{n+1}, 其中\ x\ 是收敛域上任一点.$$

（7）常用幂级数的和函数

$$\sum_{n=0}^{\infty}x^n = \frac{1}{1-x}, |x|<1; \sum_{n=0}^{\infty}\frac{x^n}{n!} = \mathrm{e}^x, -\infty<x<+\infty;$$

$$\sum_{n=1}^{\infty}(-1)^{n-1}\frac{x^{2n-1}}{(2n-1)!} = \sin x, -\infty<x<+\infty;$$

$$\sum_{n=1}^{\infty}(-1)^{n-1}\frac{x^n}{n} = \ln(1+x), -1<x\leqslant 1.$$

3. 函数展开成幂级数

（1）泰勒级数

若 $f(x)$ 在点 x_0 处任意阶可导，则幂级数 $\sum_{n=0}^{\infty}\frac{f^{(n)}(x_0)}{n!}(x-x_0)^n$ 称为函数在点 x_0 的泰勒级数. 特别地，若 $x_0=0$，则级数 $\sum_{n=0}^{\infty}\frac{f^{(n)}(0)}{n!}x^n$ 称为函数 $f(x)$ 的麦克劳林级数.

（2）函数 $f(x)$ 能展开成泰勒级数的充要条件

设 $f(x)$ 在点 x_0 的 $U(x_0,\delta)$ 内有任意阶导数，则 $f(x)$ 在点 x_0 能展开成泰勒级数 $\sum_{n=0}^{\infty}\frac{f^{(n)}(x_0)}{n!}(x-x_0)^n$ 的充要条件是 $\lim_{n\to\infty}R_n(x)=0$，其中

$$R_n(x) = \frac{f^{(n+1)}[x_0+\theta(x-x_0)]}{(n+1)!}(x-x_0)^{n+1} (0<\theta<1), 且展开式是唯一的.$$

（3）常用函数的幂级数展开式

$$\mathrm{e}^x = 1+x+\frac{1}{2!}x^2+\cdots+\frac{1}{n!}x^n+\cdots, x\in(-\infty,+\infty).$$

$$\cos x = 1-\frac{1}{2!}x^2+\frac{1}{4!}x^4-\cdots+(-1)^n\frac{x^{2n}}{(2n)!}+\cdots, x\in(-\infty,+\infty).$$

$$\sin x = x-\frac{1}{3!}x^3+\frac{1}{5!}x^5-\cdots+(-1)^n\frac{x^{2n+1}}{(2n+1)!}+\cdots, x\in(-\infty,+\infty).$$

$$\frac{1}{1+x} = 1-x+x^2+\cdots+(-1)^n x^n+\cdots, x\in(-1,1).$$

$$\ln(1+x) = x-\frac{x^2}{2}+\frac{x^3}{3}-\cdots+(-1)^n\frac{x^{n+1}}{n+1}+\cdots, x\in(-1,1].$$

$$(1+x)^a = 1+\alpha x+\frac{\alpha(\alpha-1)}{2!}x^2+\cdots+\frac{\alpha(\alpha-1)\cdots(\alpha-n+1)}{n!}x^n+\cdots, x\in$$

$(-1,1)$.

（4）函数展开成幂级数的方法

① 直接法：利用高阶导数计算系数 $a_n = \dfrac{f^{(n)}(x_0)}{n!}$，由此写出 $f(x)$ 的泰勒级数，并证明 $\lim\limits_{n\to\infty} R_n(x) = 0$，则可得 $f(x)$ 的泰勒展开式.

② 间接法：根据泰勒展开式的唯一性，一般利用常用函数的幂级数展开式，通过变量代换、四则运算、恒等变形、逐项求导、逐项积分等方法，求出 $f(x)$ 的幂级数展开式.

（三）傅里叶级数

1. 三角函数系的正交性

三角函数系 $1, \cos x, \sin x, \cos 2x, \sin 2x, \cdots$ 在 $[-\pi, \pi]$ 上是正交的，即

$$\int_{-\pi}^{\pi} \cos nx \cos mx\, \mathrm{d}x = \begin{cases} 0, & m \neq n, \\ \pi, & m = n, \end{cases} \quad \int_{-\pi}^{\pi} \sin nx \sin mx\, \mathrm{d}x = \begin{cases} 0, & m \neq n, \\ \pi, & m = n, \end{cases}$$

$$\int_{-\pi}^{\pi} \cos nx \sin mx\, \mathrm{d}x = 0, n = 0, 1, 2, \cdots, m = 1, 2, \cdots.$$

2. 周期为 2π 的傅里叶级数

（1）设函数 $f(x)$ 是周期为 2π 的可积函数，则 $f(x)$ 在 $(-\infty, +\infty)$ 上展开的傅里叶级数为 $\dfrac{a_0}{2} + \sum\limits_{n=1}^{\infty} (a_n \cos nx + b_n \sin nx)$，其中

$$a_n = \frac{1}{\pi} \int_{-\pi}^{\pi} f(x) \cos nx\, \mathrm{d}x = 0 \,(n = 0, 1, 2, \cdots),$$

$$b_n = \frac{1}{\pi} \int_{-\pi}^{\pi} f(x) \sin nx\, \mathrm{d}x = 0 \,(n = 1, 2, \cdots).$$

（2）设函数 $f(x)$ 是周期为 2π 的可积奇函数，则 $f(x)$ 在 $(-\infty, +\infty)$ 上展开的傅里叶级数为正弦级数 $\sum\limits_{n=1}^{\infty} b_n \sin nx$，其中 $b_n = \dfrac{2}{\pi} \int_{0}^{\pi} f(x) \sin nx\, \mathrm{d}x = 0 \,(n = 1, 2, \cdots)$.

设函数 $f(x)$ 是周期为 2π 的可积偶函数，则 $f(x)$ 在 $(-\infty, +\infty)$ 上展开的傅里叶级数为余弦级数 $\dfrac{a_0}{2} + \sum\limits_{n=1}^{\infty} a_n \cos nx$，其中 $a_n = \dfrac{2}{\pi} \int_{0}^{\pi} f(x) \cos nx\, \mathrm{d}x = 0 \,(n = 0, 1, 2, \cdots)$.

3. 狄利克雷收敛定理

设函数 $f(x)$ 是周期为 2π 的可积函数且满足 $f(x)$ 在 $[-\pi,\pi]$ 上连续或只有有限个第一类间断点,则 $f(x)$ 的以 2π 为周期的傅里叶级数收敛,且对 $\forall x \in (-\infty, +\infty)$,有

$$S(x) = \frac{a_0}{2} + \sum_{n=1}^{\infty} (a_n \cos nx + b_n \sin nx) = \frac{f(x+0) + f(x-0)}{2}.$$

4. 周期为 2l 的傅里叶级数

设函数 $f(x)$ 是周期为 $2l$ 的可积函数,则 $f(x)$ 在 $(-\infty, +\infty)$ 上展开的傅里叶级数为 $\dfrac{a_0}{2} + \sum\limits_{n=1}^{\infty} \left(a_n \cos \dfrac{n\pi x}{l} + b_n \sin \dfrac{n\pi x}{l} \right)$,其中

$$a_n = \frac{1}{l} \int_{-l}^{l} f(x) \cos \frac{n\pi x}{l} \mathrm{d}x = 0 (n = 0, 1, 2, \cdots),$$

$$b_n = \frac{1}{l} \int_{-l}^{l} f(x) \sin \frac{n\pi x}{l} \mathrm{d}x = 0 (n = 1, 2, \cdots).$$

5. 正、余弦级数

函数 $f(x)$ 展开成正弦级数,将函数进行周期奇延拓,周期为 $2l$,则其对应的正弦级数为

$$\sum_{n=1}^{\infty} b_n \sin \frac{n\pi x}{l}, \text{其中} \ b_n = \frac{2}{l} \int_0^l f(x) \sin \frac{n\pi x}{l} \mathrm{d}x = 0 (n = 1, 2, \cdots).$$

函数 $f(x)$ 展开成余弦级数,将函数进行周期偶延拓,周期为 $2l$,则其对应的余弦级数为

$$\frac{a_0}{2} + \sum_{n=1}^{\infty} a_n \cos \frac{n\pi x}{l}, \text{其中} \ a_n = \frac{2}{l} \int_0^l f(x) \cos \frac{n\pi x}{l} \mathrm{d}x = 0 (n = 0, 1, 2, \cdots).$$

6. 几个重要的数项级数的和

$$\sum_{n=1}^{\infty} (-1)^{n-1} \frac{1}{n} = 1 - \frac{1}{2} + \frac{1}{3} - \frac{1}{4} + \cdots + (-1)^{n-1} \frac{1}{n} + \cdots = \ln 2.$$

$$\sum_{n=0}^{\infty} \frac{1}{n!} = 1 + \frac{1}{1!} + \frac{1}{2!} + \frac{1}{3!} + \cdots + \frac{1}{n!} + \cdots = \mathrm{e}.$$

$$\sum_{n=0}^{\infty} (-1)^n \frac{1}{(2n+1)!} = 1 - \frac{1}{3!} + \frac{1}{5!} - \frac{1}{7!} + \cdots + (-1)^n \frac{1}{(2n+1)!} + \cdots = \sin 1.$$

$$\sum_{n=0}^{\infty} (-1)^n \frac{1}{(2n)!} = 1 - \frac{1}{2!} + \frac{1}{4!} - \frac{1}{6!} + \cdots + (-1)^n \frac{1}{(2n)!} + \cdots = \cos 1.$$

$$\sum_{n=1}^{\infty} \frac{1}{n^2} = 1 + \frac{1}{2^2} + \frac{1}{3^2} + \cdots + \frac{1}{n^2} + \cdots = \frac{\pi^2}{6}.$$

$$\sum_{n=1}^{\infty} \frac{1}{(2n-1)^2} = 1 + \frac{1}{3^2} + \frac{1}{5^2} + \cdots + \frac{1}{(2n-1)^2} + \cdots = \frac{\pi^2}{8}.$$

$$\sum_{n=1}^{\infty} (-1)^{n-1} \frac{1}{n^2} = 1 - \frac{1}{2^2} + \frac{1}{3^2} - \cdots + (-1)^{n-1} \frac{1}{n^2} + \cdots = \frac{\pi^2}{12}.$$

二、例题精讲

1. 正项级数敛散性的判定

【方法点拨】

① 首先考察 $\lim\limits_{n \to \infty} u_n$，若不为零，则级数发散；若等于零，需要进一步判断.

② 根据一般项的特点选择相应的判别法判定：

若一般项中含有 $n!$ 或者 $\ln n, n^a, a^n, n^n$ 等两种以上的因子，则常用比值法；

若一般项中含有以 n 为指数幂的因式形如 $(\quad)^n$，则常用根值法；

若一般项中含有 n^a, a^n 等因子，则可用比较审敛法，常取与 u_n 同阶或等价的无穷小 v_n 与之比较，进行判别.

例1　判断下列正项级数的敛散性.

(1) $\sum\limits_{n=1}^{\infty} \left(\tan \frac{1}{n} - \sin \frac{1}{n} \right)$;　　(2) $\sum\limits_{n=1}^{\infty} \left(\ln \frac{1}{n} - \ln \sin \frac{1}{n} \right)$;

(3) $\sum\limits_{n=1}^{\infty} \left(\cos \frac{1}{\sqrt{n}} \right)^{n^2}$;　　(4) $\sum\limits_{n=1}^{\infty} \frac{|a|^n n!}{n^n}$, 其中 $a \in \mathbf{R}$.

解　(1) 由于

$$\lim_{n \to \infty} \frac{\tan \frac{1}{n} - \sin \frac{1}{n}}{\frac{1}{n^3}} = \lim_{n \to \infty} \frac{\tan \frac{1}{n} \left(1 - \cos \frac{1}{n} \right)}{\frac{1}{n^3}} = \frac{1}{2},$$

而 $\sum\limits_{n=1}^{\infty} \frac{1}{n^3}$ 收敛，因此原级数收敛.

(2) $\ln \frac{1}{n} - \ln \sin \frac{1}{n} = -\ln n \sin \frac{1}{n} = -\ln \left(1 + n \sin \frac{1}{n} - 1 \right) \sim 1 - n \sin \frac{1}{n}$.

利用泰勒公式有

305

$$\sin \frac{1}{n} = \frac{1}{n} - \frac{1}{3!} \left(\frac{1}{n}\right)^3 + o\left(\frac{1}{n^3}\right),$$

故

$$1 - n\sin \frac{1}{n} = \frac{1}{6} \left(\frac{1}{n}\right)^2 + o\left(\frac{1}{n^2}\right),$$

从而

$$\lim_{n \to \infty} \frac{\ln \frac{1}{n} - \ln\sin \frac{1}{n}}{\frac{1}{n^2}} = \frac{1}{6}.$$

所以,由比较审敛法可知原级数收敛.

(3) $\lim\limits_{n \to \infty} \sqrt[n]{\left(\cos \frac{1}{\sqrt{n}}\right)^{n^2}} = \lim\limits_{n \to \infty} \left(\cos \frac{1}{\sqrt{n}}\right)^n$

$\qquad = \lim\limits_{n \to \infty} \left(1 + \cos \frac{1}{\sqrt{n}} - 1\right)^{\frac{1}{\cos \frac{1}{\sqrt{n}} - 1} \cdot \left(\cos \frac{1}{\sqrt{n}} - 1\right) \cdot n}$

$\qquad = \mathrm{e}^{\lim\limits_{n \to \infty} \left(\cos \frac{1}{\sqrt{n}} - 1\right) n} = \mathrm{e}^{\lim\limits_{n \to \infty} -\frac{1}{2n} \cdot n} = \mathrm{e}^{-\frac{1}{2}} < 1.$

所以,由根值审敛法可知原级数收敛.

(4) 当 $|a| = 0$ 时,显然级数收敛.

当 $|a| \neq 0$ 时,有

$$\lim_{n \to \infty} \frac{u_{n+1}}{u_n} = \lim_{n \to \infty} \frac{|a|}{\left(1 + \frac{1}{n}\right)^n} = \frac{|a|}{\mathrm{e}}.$$

可见,当 $|a| < \mathrm{e}$ 时,原级数收敛;当 $|a| > \mathrm{e}$ 时,原级数发散.

当 $|a| = \mathrm{e}$ 时,由于 $n \to \infty$ 时,$\left(1 + \frac{1}{n}\right)^n$ 单调增加趋于 e,因此

$$\frac{u_{n+1}}{u_n} = \frac{|a|}{\left(1 + \frac{1}{n}\right)^n} > 1 (n = 1, 2, \cdots).$$

从而知 $\lim\limits_{n \to \infty} u_n \neq 0$,所以此时原级数发散.

综上,当 $|a| < \mathrm{e}$ 时,原级数收敛;当 $|a| \geqslant \mathrm{e}$ 时,原级数发散.

例 2 若正项级数 $\sum\limits_{n=1}^{\infty} a_n$ 与 $\sum\limits_{n=1}^{\infty} b_n$ 都收敛,证明下列级数收敛:

(1) $\sum\limits_{n=1}^{\infty} \sqrt{a_n b_n}$;　　　　(2) $\sum\limits_{n=1}^{\infty} \frac{\sqrt{a_n}}{n}$.

证 （1）由于

$$\sqrt{a_n b_n} \leqslant \frac{a_n + b_n}{2},$$

且 $\sum\limits_{n=1}^{\infty} a_n$ 与 $\sum\limits_{n=1}^{\infty} b_n$ 收敛，因此 $\sum\limits_{n=1}^{\infty} \frac{a_n + b_n}{2}$ 也收敛，由比较审敛法可知，级数 $\sum\limits_{n=1}^{\infty} \sqrt{a_n b_n}$ 收敛.

（2）由于 $\frac{\sqrt{a_n}}{n} \leqslant \frac{1}{2}\left(\frac{1}{n^2} + a_n\right)$，且 $\sum\limits_{n=1}^{\infty} a_n$ 与 $\sum\limits_{n=1}^{\infty} \frac{1}{n^2}$ 收敛，因此 $\sum\limits_{n=1}^{\infty} \frac{1}{2}\left(\frac{1}{n^2} + a_n\right)$ 也收敛，由比较审敛法可知，级数 $\sum\limits_{n=1}^{\infty} \frac{\sqrt{a_n}}{n}$ 收敛.

2. 交错级数敛散性的判定

【方法点拨】

① 利用莱布尼茨定理.

② 判定通项取绝对值所成的正项级数的敛散性，若收敛，则原级数绝对收敛.

③ 将通项分拆成两项，若以此两项作为通项的级数均收敛，则原级数收敛；若一个收敛另一个发散，则原级数发散.

例3 判断下列级数的收敛性，若收敛，判别是绝对收敛还是条件收敛？

(1) $\sum\limits_{n=1}^{\infty} (-1)^{n-1} (\sqrt{n+1} - \sqrt{n})$；(2) $\sum\limits_{n=2}^{\infty} \frac{(-1)^n}{\sqrt{n} + (-1)^n}$；(3) $\sum\limits_{n=2}^{\infty} (-1)^{n-1} \frac{\ln n}{\sqrt{n}}$.

解 （1）由于

$$\lim_{n \to \infty} \frac{\sqrt{n+1} - \sqrt{n}}{\frac{1}{\sqrt{n}}} = \lim_{n \to \infty} \frac{\sqrt{n}}{\sqrt{n+1} + \sqrt{n}} = \frac{1}{2},$$

且 $\sum\limits_{n=1}^{\infty} \frac{1}{\sqrt{n}}$ 发散，因此 $\sum\limits_{n=1}^{\infty} (\sqrt{n+1} - \sqrt{n})$ 发散.

而 $\sqrt{n+1} - \sqrt{n} = \frac{1}{\sqrt{n+1} + \sqrt{n}}$，显然其单调递减，且 $\lim\limits_{n \to \infty} \frac{1}{\sqrt{n+1} + \sqrt{n}} = 0$，所以由莱布尼茨定理可知原级数收敛，且为条件收敛.

（2）由于

$$\frac{(-1)^n}{\sqrt{n} + (-1)^n} = (-1)^n \frac{\sqrt{n} - (-1)^n}{n - 1} = (-1)^n \frac{\sqrt{n}}{n - 1} - \frac{1}{n - 1}.$$

其中 $\sum\limits_{n=2}^{\infty}\dfrac{1}{n-1}$ 发散,而 $\sum\limits_{n=2}^{\infty}(-1)^{n}\dfrac{\sqrt{n}}{n-1}$ 是交错级数,满足莱布尼茨判别法,验证如下:

令 $f(x)=\dfrac{\sqrt{x}}{x-1}$,则 $f'(x)=\dfrac{-x-1}{2\sqrt{x}\,(x-1)^{2}}<0$,故 $f(x)$ 在 $x\geqslant 2$ 时单调递减,则 $\dfrac{\sqrt{n}}{n-1}$ 单调递减,且 $\lim\limits_{n\to\infty}\dfrac{\sqrt{n}}{n-1}=0$,所以 $\sum\limits_{n=2}^{\infty}(-1)^{n}\dfrac{\sqrt{n}}{n-1}$ 收敛.

从而原级数发散.

(3) 由于 $\lim\limits_{n\to\infty}\dfrac{\ln n}{\sqrt{n}}\cdot\sqrt{n}=\infty$,且 $\sum\limits_{n=1}^{\infty}\dfrac{1}{\sqrt{n}}$ 发散,因此 $\sum\limits_{n=2}^{\infty}\dfrac{\ln n}{\sqrt{n}}$ 发散.

令 $f(x)=\dfrac{\ln x}{\sqrt{x}}$,则 $f'(x)=\dfrac{2-\ln x}{2x\sqrt{x}}$,故 $x>\mathrm{e}^{2}$ 时,$f'(x)<0$,即 $f(x)$ 单调递减,则 $\dfrac{\ln n}{\sqrt{n}}$ 在某 N 项往后单调递减,且 $\lim\limits_{x\to+\infty}\dfrac{\ln x}{\sqrt{x}}=\lim\limits_{x\to+\infty}\dfrac{2}{\sqrt{x}}=0$,从而 $\lim\limits_{n\to\infty}\dfrac{\ln n}{\sqrt{n}}=0$.

所以原级数收敛,且为条件收敛.

例 4 若级数 $\sum\limits_{n=2}^{\infty}(-1)^{n}\dfrac{n^{k}}{n-1}$ 为条件收敛,求常数 k 的取值范围.

解 由交错级数 $\sum\limits_{n=2}^{\infty}(-1)^{n}\dfrac{n^{k}}{n-1}$ 条件收敛可知,$\sum\limits_{n=2}^{\infty}\dfrac{n^{k}}{n-1}$ 发散,$\sum\limits_{n=2}^{\infty}(-1)^{n}\cdot\dfrac{n^{k}}{n-1}$ 收敛.

由于 $k<1$ 时,$\dfrac{n^{k}}{n-1}\sim\dfrac{1}{n^{1-k}}$,故根据 p 级数的敛散性有

若 $1-k>1$,即 $k<0$,则 $\sum\limits_{n=2}^{\infty}\dfrac{n^{k}}{n-1}$ 收敛,即原级数绝对收敛;

若 $k\geqslant 0$,则 $\sum\limits_{n=2}^{\infty}\dfrac{n^{k}}{n-1}$ 发散.

而

$$\lim\limits_{n\to\infty}\dfrac{n^{k}}{n-1}=\begin{cases}\infty, & k>1,\\ 1, & k=1,\\ 0, & 0\leqslant k<1,\end{cases}$$

所以当 $k\geqslant 1$ 时,原级数发散.

当 $0\leqslant k<1$ 时,$\left\{\dfrac{n^{k}}{n-1}\right\}$ 单调递减,且 $\lim\limits_{n\to\infty}\dfrac{n^{k}}{n-1}=0$,由莱布尼茨判别法可知,

原级数收敛.

综上,若级数 $\displaystyle\sum_{n=2}^{\infty}(-1)^n\frac{n^k}{n-1}$ 为条件收敛,则 $0\leqslant k<1$.

【注】莱布尼茨判别法是判断交错级数收敛的一个充分条件,所以若交错级数不满足莱布尼茨判别法中的条件,则该级数不一定发散.

例 5 设交错级数 $\displaystyle\sum_{n=1}^{\infty}(-1)^{n-1}a_n(a_n>0)$ 条件收敛,证明 $\displaystyle\sum_{n=1}^{\infty}a_{2n-1}$ 与 $\displaystyle\sum_{n=1}^{\infty}a_{2n}$ 均发散.

证 由于 $\displaystyle\sum_{n=1}^{\infty}(-1)^{n-1}a_n(a_n>0)$ 条件收敛,因此 $\displaystyle\sum_{n=1}^{\infty}a_n$ 发散.

由于

$$2\sum_{n=1}^{\infty}a_{2n-1}=\sum_{n=1}^{\infty}a_n+\sum_{n=1}^{\infty}(-1)^{n-1}a_n,$$

$$2\sum_{n=1}^{\infty}a_{2n}=\sum_{n=1}^{\infty}a_n-\sum_{n=1}^{\infty}(-1)^{n-1}a_n,$$

因此,由级数收敛的性质可知, $\displaystyle\sum_{n=1}^{\infty}a_{2n-1}$ 与 $\displaystyle\sum_{n=1}^{\infty}a_{2n}$ 均发散.

3. 任意项级数敛散性的判定

【方法点拨】

① 对于任意项级数敛散性的判别,绝对值判别法是一个有力的工具.

② 对任意项级数敛散性进行判别时,容易出错的是对非正项级数用比较、比值等判别法,所以首先要确认清楚级数的类型,然后选择合适的判别法.

③ 级数收敛的定义不仅能判别级数的收敛性,而且可以求出级数的和.

④ 收敛级数的性质也是判断级数敛散性的有力工具,注意观察问题中已知级数和待考查级数之间的关系.

例 6 设级数 $\displaystyle\sum_{n=1}^{\infty}u_n$ 收敛,则下列级数必收敛的是 （　　）

(A) $\displaystyle\sum_{n=1}^{\infty}(-1)^n\frac{u_n}{n}$ 　　　　(B) $\displaystyle\sum_{n=1}^{\infty}u_n^2$

(C) $\displaystyle\sum_{n=1}^{\infty}(u_{2n-1}-u_{2n})$ 　　　　(D) $\displaystyle\sum_{n=1}^{\infty}(u_n+u_{n+1})$

解 A 选项中,若取 $u_n=(-1)^n\dfrac{1}{\ln(n+1)}$,则由莱布尼茨判别法可知

$\displaystyle\sum_{n=1}^{\infty}(-1)^n\frac{1}{\ln(n+1)}$ 收敛,但是由积分判别法可知,$\displaystyle\sum_{n=1}^{\infty}\frac{1}{n\ln(1+n)}$ 发散;

B 选项中,取 $u_n=(-1)^n\frac{1}{\sqrt{n}}$,则由莱布尼茨判别法可知 $\displaystyle\sum_{n=1}^{\infty}(-1)^n\frac{1}{\sqrt{n}}$ 收敛,但是 $\displaystyle\sum_{n=1}^{\infty}\frac{1}{n}$ 发散;

C 选项中,取 $u_n=(-1)^n\frac{1}{n}$,则 $\displaystyle\sum_{n=1}^{\infty}(-1)^n\frac{1}{n}$ 收敛,但是 $\displaystyle\sum_{n=1}^{\infty}(u_{2n-1}-u_{2n})=$ $-\displaystyle\sum_{n=1}^{\infty}\left(\frac{1}{2n-1}+\frac{1}{2n}\right)$ 发散;

D 选项正确,令级数 $\displaystyle\sum_{n=1}^{\infty}u_n$ 的部分和为 s_n,则 $\displaystyle\sum_{n=1}^{\infty}(u_n+u_{n+1})$ 的前 n 项部分和为 $s_n+s_{n+1}-u_1$,由于 $\displaystyle\sum_{n=1}^{\infty}u_n$ 收敛,故 $\lim\limits_{n\to\infty}s_n$ 存在,从而 $\lim\limits_{n\to\infty}(s_n+s_{n+1}-u_1)$ 存在,所以 $\displaystyle\sum_{n=1}^{\infty}(u_n+u_{n+1})$ 收敛.

【注】反例的寻找是解决此类问题的关键,p 级数 $\displaystyle\sum_{n=1}^{\infty}\frac{1}{n^p}$ 以及交错级数 $\displaystyle\sum_{n=1}^{\infty}(-1)^n\frac{1}{n^p}$ 是最常用的参考级数.

例 7 设 $u_n\neq0(n=1,2,3,\cdots)$,且 $\lim\limits_{n\to\infty}\frac{n}{u_n}=1$,则级数 $\displaystyle\sum_{n=1}^{\infty}(-1)^{n+1}\left(\frac{1}{u_n}+\frac{1}{u_{n+1}}\right)$

(　　)

(A) 发散　　　　　　　　　　(B) 绝对收敛

(C) 条件收敛　　　　　　　　(D) 收敛性根据所给条件不能判定

解 由已知 $\lim\limits_{n\to\infty}\frac{n}{u_n}=1$,则 $\lim\limits_{n\to\infty}\frac{1}{u_n}=0$ 且 $u_n>0(\exists N,n>N)$.

所以

$$\lim_{n\to\infty}\frac{\frac{1}{u_n}+\frac{1}{u_{n+1}}}{\frac{1}{n}}=\lim_{n\to\infty}\left(\frac{n}{u_n}+\frac{n}{u_{n+1}}\right)=2,$$

且 $\displaystyle\sum_{n=1}^{\infty}\frac{1}{n}$ 发散,所以 $\displaystyle\sum_{n=1}^{\infty}\left(\frac{1}{u_n}+\frac{1}{u_{n+1}}\right)$ 发散.

令 $s_n=\frac{1}{u_1}+\frac{1}{u_2}-\frac{1}{u_2}-\frac{1}{u_3}+\cdots+(-1)^{n+1}\left(\frac{1}{u_n}+\frac{1}{u_{n+1}}\right)=\frac{1}{u_1}+(-1)^{n+1}\frac{1}{u_{n+1}}$,则

$\lim\limits_{n\to\infty}s_n = \dfrac{1}{u_1}$，所以原级数收敛，且为条件收敛. 故 C 选项正确.

例 8 设有两个数列 $\{a_n\}, \{b_n\}$，若 $\lim\limits_{n\to\infty}a_n = 0$，则 （　　）

(A) 当 $\sum\limits_{n=1}^{\infty}b_n$ 收敛时，$\sum\limits_{n=1}^{\infty}a_nb_n$ 收敛

(B) 当 $\sum\limits_{n=1}^{\infty}b_n$ 发散时，$\sum\limits_{n=1}^{\infty}a_nb_n$ 发散

(C) 当 $\sum\limits_{n=1}^{\infty}|b_n|$ 收敛时，$\sum\limits_{n=1}^{\infty}a_n^2b_n^2$ 收敛

(D) 当 $\sum\limits_{n=1}^{\infty}|b_n|$ 发散时，$\sum\limits_{n=1}^{\infty}a_n^2b_n^2$ 发散

解 A 选项中，可取 $a_n = b_n = \dfrac{(-1)^n}{\sqrt{n}}$，显然满足 $\sum\limits_{n=1}^{\infty}b_n$ 收敛，但是 $\sum\limits_{n=1}^{\infty}a_nb_n = \sum\limits_{n=1}^{\infty}\dfrac{1}{n}$ 发散.

B 选项中，可取 $a_n = b_n = \dfrac{1}{n}$，满足 $\sum\limits_{n=1}^{\infty}b_n$ 发散，但是 $\sum\limits_{n=1}^{\infty}a_nb_n = \sum\limits_{n=1}^{\infty}\dfrac{1}{n^2}$ 收敛.

C 选项正确，由于 $\sum\limits_{n=1}^{\infty}|b_n|$ 收敛，则 $\lim\limits_{n\to\infty}b_n = 0$，且

$$\lim_{n\to\infty}\frac{a_n^2b_n^2}{|b_n|} = \lim_{n\to\infty}a_n^2|b_n| = 0,$$

所以由比较审敛法可知 $\sum\limits_{n=1}^{\infty}a_n^2b_n^2$ 收敛.

D 选项中，取 $a_n = b_n = \dfrac{1}{\sqrt{n}}$，满足 $\sum\limits_{n=1}^{\infty}|b_n|$ 发散，但是 $\sum\limits_{n=1}^{\infty}a_n^2b_n^2 = \sum\limits_{n=1}^{\infty}\dfrac{1}{n^2}$ 收敛.

【注】正项级数才能使用比值法、比较法和根值法，此题的选项以此为陷阱，只有 C 选项中的级数为正项级数，故其他选项在反例的寻找上可考虑交错级数.

抽象级数的判敛问题的常见结论：

设 $\sum\limits_{n=1}^{\infty}u_n$ 是任意项级数，其中 $\sum$ 的上标都是 ∞，而下标并非总是 1.

(1) 若 $\sum\limits_{n=1}^{\infty}|u_n|$ 收敛，则 $\sum\limits_{n=1}^{\infty}u_n$ 收敛；若 $\sum\limits_{n=1}^{\infty}u_n$ 发散，则 $\sum\limits_{n=1}^{\infty}|u_n|$ 发散.

(2) 若 $\sum\limits_{n=1}^{\infty}u_n$ 收敛，则 $\sum\limits_{n=1}^{\infty}|u_n|$ 不一定收敛.

(3) 若 $\sum_{n=1}^{\infty} u_n^2$ 收敛，则 $\sum_{n=1}^{\infty} \dfrac{u_n}{n}$ 绝对收敛.

(4) 若 $\sum_{n=1}^{\infty} u_n$ 收敛，则 $\sum_{n=1}^{\infty} u_n^2$ 不一定收敛.

(5) 若 $\sum_{n=1}^{\infty} u_n$ 收敛，则 $\sum_{n=1}^{\infty} u_{2n}, \sum_{n=1}^{\infty} u_{2n-1}$ 不一定收敛.

(6) 若 $\sum_{n=1}^{\infty} u_n$ 收敛，则 $\sum_{n=1}^{\infty} (u_{2n-1} + u_{2n})$ 收敛.

(7) 若 $\sum_{n=1}^{\infty} u_n$ 收敛，则 $\sum_{n=1}^{\infty} (u_n + u_{n+1})$ 收敛.

(8) 若 $\sum_{n=1}^{\infty} u_n$ 收敛，则 $\sum_{n=1}^{\infty} (u_n - u_{n+1})$ 收敛.

请读者完成以上结论的证明或尝试举出反例.

例 9 设 x_n 是方程 $x = \tan x$ 的正根（按递增顺序排列），证明级数 $\sum_{n=1}^{\infty} \dfrac{1}{x_n^2}$ 收敛.

证 由于 x_n 是方程 $x = \tan x$ 的正根，故

$$x_n \in \left(\frac{\pi}{2} + (n-1)\pi, \frac{\pi}{2} + n\pi \right) \quad (n = 1, 2, \cdots).$$

所以

$$\frac{1}{x_n^2} < \frac{1}{\left(n - \frac{1}{2}\right)^2 \pi^2}.$$

而

$$\frac{1}{\left(n - \frac{1}{2}\right)^2 \pi^2} \sim \frac{1}{n^2} \cdot \frac{1}{\pi^2}.$$

所以，由正项级数的比较审敛法可知级数 $\sum_{n=1}^{\infty} \dfrac{1}{x_n^2}$ 收敛.

例 10 设 $a_0 = 0, a_{n+1} = \sqrt{2 + a_n}, n = 0, 1, 2, \cdots$，讨论级数 $\sum_{n=1}^{\infty} (-1)^{n-1} \cdot \sqrt{2 - a_n}$ 是绝对收敛、条件收敛还是发散.

解 由已知 $a_0 = 0, a_{n+1} = \sqrt{2 + a_n}$，故 $a_1 = \sqrt{2} > a_0$.

假设 $a_n > a_{n-1}$，则

$$a_{n+1} = \sqrt{2 + a_n} > \sqrt{2 + a_{n-1}} = a_n.$$

所以由数学归纳法可知 $\{a_n\}$ 单调增加.

又由已知有 $a_0 = 0 < 2$,假设 $a_n < 2$,则

$$a_{n+1} = \sqrt{2 + a_n} < \sqrt{2 + 2} = 2.$$

所以 $\{a_n\}$ 有上界.

从而数列 $\{a_n\}$ 收敛,令 $\lim\limits_{n \to \infty} a_n = A$,对等式 $a_{n+1} = \sqrt{2 + a_n}$ 两边同时取极限,有

$$A = \sqrt{2 + A}.$$

解得 $A = 2$.

令 $b_n = \sqrt{2 - a_n}$,则

$$\begin{aligned}
\lim_{n \to \infty} \frac{b_{n+1}}{b_n} &= \lim_{n \to \infty} \frac{\sqrt{2 - a_{n+1}}}{\sqrt{2 - a_n}} = \lim_{n \to \infty} \frac{\sqrt{2 - \sqrt{2 + a_n}}}{\sqrt{2 - a_n}} \\
&= \lim_{n \to \infty} \frac{\sqrt{4 - (2 + a_n)}}{\sqrt{2 - a_n} \cdot \sqrt{2 + \sqrt{2 + a_n}}} \\
&= \lim_{n \to \infty} \frac{1}{\sqrt{2 + \sqrt{2 + a_n}}} = \frac{1}{2} < 1.
\end{aligned}$$

所以由比值审敛法可知 $\sum\limits_{n=1}^{\infty} b_n$ 收敛,从而原级数绝对收敛.

例 11 设 $a_1 = 2, a_{n+1} = \dfrac{1}{2}\left(a_n + \dfrac{1}{a_n}\right)(n = 1, 2, \cdots)$. 证明:(1) $\lim\limits_{n \to \infty} a_n$ 存在;

(2) 级数 $\sum\limits_{n=1}^{\infty}\left(\dfrac{a_n}{a_{n+1}} - 1\right)$ 收敛.

证 由条件可知,$a_n > 0 (n = 1, 2, \cdots)$,则

$$a_{n+1} = \frac{1}{2}\left(a_n + \frac{1}{a_n}\right) \geqslant 1,$$

$$a_{n+1} - a_n = \frac{1}{2}\left(a_n + \frac{1}{a_n}\right) - a_n = \frac{1 - a_n^2}{2 a_n} \leqslant 0,$$

所以数列 $\{a_n\}$ 单调递减有下界,从而 $\lim\limits_{n \to \infty} a_n$ 存在.

又因为

$$0 \leqslant \frac{a_n}{a_{n+1}} - 1 = \frac{a_n - a_{n+1}}{a_{n+1}} \leqslant a_n - a_{n+1},$$

而级数 $\sum\limits_{n=1}^{\infty}(a_n - a_{n+1})$ 的部分和

$$s_n = (a_1 - a_2) + (a_2 - a_3) + \cdots + (a_n - a_{n+1}) = 2 - a_{n+1},$$

故 $\lim\limits_{n\to\infty} s_n = 2 - \lim\limits_{n\to\infty} a_n$ 存在,所以级数 $\sum\limits_{n=1}^{\infty}(a_n - a_{n+1})$ 收敛.

由比较审敛法可知,级数 $\sum\limits_{n=1}^{\infty}\left(\dfrac{a_n}{a_{n+1}} - 1\right)$ 收敛.

例 12　设数列 $\{a_n\}$ 单调减少,且 $a_n > 0, n = 1, 2, \cdots$. 级数 $\sum\limits_{n=1}^{\infty}(-1)^n a_n$ 发散.

证明:级数 $\sum\limits_{n=1}^{\infty}\left(\dfrac{1}{1+a_n}\right)^n$ 收敛.

证　由于数列 $\{a_n\}$ 单调减少且有下界,所以 $\lim\limits_{n\to\infty} a_n$ 存在. 令 $\lim\limits_{n\to\infty} a_n = A$,显然 $A \geqslant 0$.

若 $A = 0$,由于 $\{a_n\}$ 单调减少,则由莱布尼茨判别法可知 $\sum\limits_{n=1}^{\infty}(-1)^n a_n$ 收敛,与已知矛盾,故 $A > 0$.

从而
$$\lim\limits_{n\to\infty}\sqrt[n]{\left(\dfrac{1}{1+a_n}\right)^n} = \lim\limits_{n\to\infty}\dfrac{1}{1+a_n} = \dfrac{1}{1+A} < 1.$$

由根值审敛法可知级数 $\sum\limits_{n=1}^{\infty}\left(\dfrac{1}{1+a_n}\right)^n$ 收敛.

例 13　设 $0 < a_n < 1, n = 1, 2, \cdots,$ 且 $\lim\limits_{n\to\infty}\dfrac{\ln\dfrac{1}{a_n}}{\ln n} = q$(有限或 $+\infty$).

(1) 证明:当 $q > 1$ 时,级数 $\sum\limits_{n=1}^{\infty} a_n$ 收敛;当 $q < 1$ 时,级数 $\sum\limits_{n=1}^{\infty} a_n$ 发散.

(2) 讨论当 $q = 1$ 时级数 $\sum\limits_{n=1}^{\infty} a_n$ 的敛散性.

(1) **证**　由于 $\lim\limits_{n\to\infty}\dfrac{\ln\dfrac{1}{a_n}}{\ln n} = q$,所以 $\forall \varepsilon > 0, \exists N$, 当 $n > N$ 时,有 $\left|\dfrac{\ln\dfrac{1}{a_n}}{\ln n} - q\right| < \varepsilon$ 成立.

当 $q > 1$ 时,取 $\varepsilon = \dfrac{q-1}{2}$,有 $\dfrac{\ln\dfrac{1}{a_n}}{\ln n} > q - \varepsilon = \dfrac{q+1}{2} = p > 1$,故 $a_n < \dfrac{1}{n^p}$,由比较审敛法可知,此时级数 $\sum\limits_{n=1}^{\infty} a_n$ 收敛.

当 $q<1$ 时,取 $\varepsilon=\dfrac{1-q}{2}$,有 $\dfrac{\ln\dfrac{1}{a_n}}{\ln n}<q+\varepsilon=\dfrac{q+1}{2}=k<1$,故 $a_n>\dfrac{1}{n^k}$,由比

较审敛法可知,此时级数 $\sum\limits_{n=1}^{\infty}a_n$ 发散.

(2) 当 $q=1$ 时,级数 $\sum\limits_{n=1}^{\infty}a_n$ 可能收敛可能发散. 如 $a_n=\dfrac{1}{n}$,满足 $\lim\limits_{n\to\infty}\dfrac{\ln\dfrac{1}{a_n}}{\ln n}=1$

且 $0<a_n<1$,此时级数 $\sum\limits_{n=1}^{\infty}\dfrac{1}{n}$ 发散;又如 $a_n=\dfrac{1}{n\ln^2 n}$,满足 $\lim\limits_{n\to\infty}\dfrac{\ln\dfrac{1}{a_n}}{\ln n}=$

$\lim\limits_{n\to\infty}\dfrac{\ln n+\ln\ln^2 n}{\ln n}=1$,且 $0<a_n<1$,利用积分判别法可知级数 $\sum\limits_{n=2}^{\infty}\dfrac{1}{n\ln^2 n}$ 收敛.

4. 幂级数的收敛半径、收敛区间及收敛域

【方法点拨】

(1) 利用阿贝尔定理分析幂级数的收敛点与发散点.

(2) 收敛半径的求法:设 $\sum\limits_{n=0}^{\infty}a_n x^n(a_n\neq 0)$,其收敛半径为 R,则 $R=$

$\lim\limits_{n\to\infty}\left|\dfrac{a_n}{a_{n+1}}\right|$ 或 $R=\dfrac{1}{\lim\limits_{n\to\infty}\sqrt[n]{|a_n|}}$.

(3) 若幂级数为缺项型,则利用比值法结合收敛半径定义讨论.

(4) 对于幂级数 $\sum\limits_{n=0}^{\infty}a_n(x-x_0)^n$,可换元后讨论 $\sum\limits_{n=0}^{\infty}a_n t^n$,两级数收敛半径

相同.

(5) 当 $x=\pm R$ 时,需单独讨论级数的敛散性.

例 14　设 $\sum\limits_{n=1}^{\infty}a_n(x+1)^n$ 在 $x=1$ 处条件收敛,则幂级数 $\sum\limits_{n=1}^{\infty}na_n(x-1)^n$ 在 x

$=2$ 处 　　　　　　　　　　　　　　　　　　　　　　　　　(　　)

(A) 绝对收敛　　　　　　　　　(B) 条件收敛

(C) 发散　　　　　　　　　　　(D) 敛散性不确定

解　由于 $\sum\limits_{n=1}^{\infty}a_n(x+1)^n$ 在 $x=1$ 处条件收敛,若其收敛半径 $R>|1+1|$,则

在 $x=1$ 处绝对收敛;若其收敛半径 $R<|1+1|$,则在 $x=1$ 处发散,所以收敛半径 $R=2$.

$\sum\limits_{n=1}^{\infty} na_n(x-1)^n$ 是将级数 $\sum\limits_{n=1}^{\infty} a_n(x+1)^n$ 中心点由 -1 转移到 1,然后逐项求导,再逐项乘 $(x-1)$ 得到,此时收敛半径不变,故其收敛区间为 $(-1,3)$,从而在 $x=2$ 处绝对收敛. 故选(A).

例 15 若级数 $\sum\limits_{n=1}^{\infty} a_n$ 条件收敛,则 $x=\sqrt{3}$ 与 $x=3$ 依次为幂级数 $\sum\limits_{n=1}^{\infty} na_n \cdot$ $(x-1)^n$ 的 ( )

(A) 收敛点、收敛点   (B) 收敛点、发散点

(C) 发散点、收敛点   (D) 发散点、发散点

解 因为 $\sum\limits_{n=1}^{\infty} a_n$ 条件收敛,所以幂级数 $\sum\limits_{n=1}^{\infty} a_n(x-1)^n$ 在 $x=2$ 处条件收敛,则其收敛半径为 $|2-1|=1$.

而 $\sum\limits_{n=1}^{\infty} na_n(x-1)^n$ 是由级数 $\sum\limits_{n=1}^{\infty} a_n(x-1)^n$ 逐项求导,得到 $\sum\limits_{n=1}^{\infty} na_n(x-1)^{n-1}$,再逐项乘 $(x-1)$,此时收敛半径不变,故 $\sum\limits_{n=1}^{\infty} na_n(x-1)^n$ 的收敛区间为 $(0,2)$.

所以在 $x=\sqrt{3}$ 处级数绝对收敛,在 $x=3$ 处级数发散. 故选(B).

【注】由阿贝尔定理及 $\sum\limits_{n=1}^{\infty} a_n(x-x_0)^n$ 在点 $x_1(x_1 \neq x_0)$ 处的敛散性,可知幂级数的收敛半径可分为三种情形:① 若在 x_1 处收敛,则收敛半径 $R \geqslant |x_1-x_0|$;② 若在 x_1 处发散,则收敛半径 $R \leqslant |x_1-x_0|$;③ 若在 x_1 处条件收敛,则收敛半径 $R=|x_1-x_0|$.

例 16 设幂级数 $\sum\limits_{n=0}^{\infty} a_n x^n$ 与 $\sum\limits_{n=0}^{\infty} b_n x^n$ 的收敛半径分别为 $\dfrac{\sqrt{5}}{3}$ 与 $\dfrac{1}{3}$,并设 $\lim\limits_{n\to\infty}\left|\dfrac{a_{n+1}}{a_n}\right|$ 与 $\lim\limits_{n\to\infty}\left|\dfrac{b_{n+1}}{b_n}\right|$ 都存在,则幂级数 $\sum\limits_{n=0}^{\infty} \dfrac{a_n^2}{b_n^2} x^n$ 的收敛半径为 ( )

(A) 5   (B) $\dfrac{\sqrt{5}}{3}$ (C) $\dfrac{1}{3}$ (D) $\dfrac{1}{5}$

解 由已知条件可知

$$\lim\limits_{n\to\infty}\left|\dfrac{a_{n+1}}{a_n}\right|=\dfrac{3}{\sqrt{5}},\lim\limits_{n\to\infty}\left|\dfrac{b_{n+1}}{b_n}\right|=3,$$

而 $\sum\limits_{n=0}^{\infty}\dfrac{a_n^2}{b_n^2}x^n$ 的收敛半径 $R=\lim\limits_{n\to\infty}\dfrac{\frac{a_n^2}{b_n^2}}{\frac{a_{n+1}^2}{b_{n+1}^2}}=\lim\limits_{n\to\infty}\dfrac{a_n^2}{a_{n+1}^2}\cdot\dfrac{b_{n+1}^2}{b_n^2}=\left(\dfrac{\sqrt5}{3}\right)^2\cdot3^2=5$,故选(A).

5. 幂级数的和函数

【方法点拨】

（1）利用幂级数的四则运算性质、逐项求导、逐项求积或变量代换等方法,将幂级数化为常用展开式的情形之一,从而得到新级数的和函数;对所得到的和函数做相反的分析运算,从而求出原幂级数的和函数.

（2）幂级数的和函数可以用来求某些数项级数的和.

例 17　求幂级数 $\sum\limits_{n=0}^{\infty}(-1)^n\dfrac{n}{n+1}x^{n+1}$ 的收敛域与和函数.

解　由 $\lim\limits_{n\to\infty}\dfrac{\frac{n}{n+1}}{\frac{n+1}{n+2}}=1$ 可知,收敛半径 $R=1$,且 $x=\pm1$ 时,级数发散,所以该

级数的收敛域为 $(-1,1)$.

令其和函数为 $s(x)$,则 $s(x)=\sum\limits_{n=0}^{\infty}(-1)^n\dfrac{n}{n+1}x^{n+1}$, $x\in(-1,1)$.

$$s(x)=\sum_{n=0}^{\infty}(-1)^n\dfrac{n+1-1}{n+1}x^{n+1}$$

$$=\sum_{n=0}^{\infty}(-1)^nx^{n+1}-\sum_{n=0}^{\infty}(-1)^n\dfrac{1}{n+1}x^{n+1},$$

其中

$$\sum_{n=0}^{\infty}(-1)^nx^{n+1}=\dfrac{x}{1+x},x\in(-1,1),$$

$$\sum_{n=0}^{\infty}(-1)^n\dfrac{1}{n+1}x^{n+1}=\sum_{n=0}^{\infty}(-1)^n\int_0^x x^n\mathrm{d}x$$

$$=\int_0^x\sum_{n=0}^{\infty}(-1)^nx^n\mathrm{d}x$$

$$=\int_0^x\dfrac{1}{1+x}\mathrm{d}x=\ln(1+x),x\in(-1,1].$$

综上,所求和函数

$$s(x) = \frac{x}{1+x} - \ln(1+x), x \in (-1,1).$$

例 18 求幂级数 $\sum\limits_{n=1}^{\infty} \frac{2n+1}{n!} x^{2n}$ 的收敛域与和函数,并求数项级数 $\sum\limits_{n=1}^{\infty} \frac{2n+1}{n!} \cdot 2^{2n}$ 的和.

解 因为 $\lim\limits_{n\to\infty} \frac{2n+3}{(n+1)!} \cdot \frac{n!}{2n+1} x^2 = \lim\limits_{n\to\infty} \frac{2+\frac{3}{n}}{(n+1)} \cdot \frac{1}{2+\frac{1}{n}} x^2 = 0 < 1$,所以该

幂级数的收敛域为 $(-\infty, +\infty)$.

令 $s(x) = \sum\limits_{n=1}^{\infty} \frac{2n+1}{n!} x^{2n}$,则

$$s(x) = \sum_{n=1}^{\infty} \frac{1}{n!} (x^{2n+1})' = \left(\sum_{n=1}^{\infty} \frac{1}{n!} x^{2n+1} \right)' = \left(x \sum_{n=1}^{\infty} \frac{1}{n!} x^{2n} \right)'.$$

利用 $e^x = \sum\limits_{n=0}^{\infty} \frac{1}{n!} x^n$,有 $e^{x^2} = \sum\limits_{n=0}^{\infty} \frac{1}{n!} x^{2n}$,故

$$s(x) = [x(e^{x^2} - 1)]' = 2x^2 e^{x^2} + e^{x^2} - 1, x \in (-\infty, +\infty),$$

$$\sum_{n=1}^{\infty} \frac{2n+1}{n!} \cdot 2^{2n} = s(2) = 9e^4 - 1.$$

例 19 求幂级数 $\sum\limits_{n=0}^{\infty} \frac{x^{2n+2}}{(n+1)(2n+1)}$ 的和函数,并求数项级数 $\sum\limits_{n=0}^{\infty} \frac{1}{(n+1)(2n+1)}$ 的和.

解 由于

$$\lim_{n\to\infty} \frac{(n+1)(2n+1)}{(n+2)(2n+3)} x^2 = x^2.$$

故 $x^2 < 1$ 时,级数绝对收敛;$x^2 > 1$ 时,级数发散;$x = \pm 1$ 时,级数收敛,所以幂级数的收敛域为 $[-1,1]$.

令 $$s(x) = \sum_{n=0}^{\infty} \frac{x^{2n+2}}{(n+1)(2n+1)}, x \in [-1,1],$$

上式两边同时求导两次,得

$$s''(x) = \sum_{n=0}^{\infty} \frac{(2n+2)(2n+1)x^{2n}}{(n+1)(2n+1)}$$

$$= \sum_{n=0}^{\infty} 2x^{2n} = \frac{2}{1-x^2}.$$

两边同时取区间$[0,x]$上的定积分,得

$$s'(x) - s'(0) = \ln \frac{1+x}{1-x}, \text{且 } s'(0) = 0.$$

两边再次同时取区间$[0,x]$上的定积分,得

$$s(x) - s(0) = (1+x)\ln(1+x) + (1-x)\ln(1-x), \text{且 } S(0) = 0.$$

所以

$$s(x) = (1+x)\ln(1+x) + (1-x)\ln(1-x), x \in (-1,1).$$

由于级数在$x = \pm 1$处连续,且和函数在收敛域上是连续的,故

当$x=1$时,$s(1) = \lim_{x \to 1^-}(1+x)\ln(1+x) + (1-x)\ln(1-x) = 2\ln2$;

当$x=-1$时,$s(-1) = \lim_{x \to -1^+}(1+x)\ln(1+x) + (1-x)\ln(1-x) = 2\ln2.$

综上,所求和函数为

$$s(x) = \begin{cases} (1+x)\ln(1+x) + (1-x)\ln(1-x), x \in (-1,1), \\ 2\ln2, x = \pm 1. \end{cases}$$

所求数项级数的和

$$\sum_{n=0}^{\infty} \frac{1}{(n+1)(2n+1)} = S(1) = 2\ln2.$$

例 20　求幂级数$\sum_{n=0}^{\infty}(n+1)(n+3)x^n$的收敛域及和函数.

解　由于$\lim_{n \to \infty} \frac{(n+1)(n+3)}{(n+2)(n+4)} = 1$,故该幂级数的收敛半径$R = 1$,且$x = \pm 1$

时,级数发散,所以该级数的收敛域为$(-1,1)$.

令$s(x) = \sum_{n=0}^{\infty}(n+1)(n+3)x^n, x \in (-1,1)$,则

$$s(x) = \sum_{n=0}^{\infty}n(n+1)x^n + \sum_{n=0}^{\infty}3(n+1)x^n,$$

其中

$$\sum_{n=0}^{\infty}n(n+1)x^n = x\sum_{n=0}^{\infty}(x^{n+1})'' = x\left(\frac{x}{1-x}\right)'' = \frac{2x}{(1-x)^3}, x \in (-1,1),$$

$$\sum_{n=0}^{\infty}3(n+1)x^n = 3\sum_{n=0}^{\infty}(x^{n+1})' = 3\left(\frac{x}{1-x}\right)' = \frac{3}{(1-x)^2}, x \in (-1,1).$$

综上,所求和函数为

$$s(x) = \frac{3-x}{(1-x)^3}, x \in (-1,1).$$

7. 函数展开成幂级数

【方法点拨】

(1) 对于有理分式函数的幂级数展开式的求解,先将其分解成部分分式之和,再将各个部分分式用 $\dfrac{1}{1+x}$ 或 $\dfrac{1}{1-x}$ 的幂级数展开式展开,利用幂级数的四则运算写出 $f(x)$ 的展开式.

(2) 对于反三角函数的幂级数展开式的求解,通常先求导,其导函数一般是有理分式函数,利用有理分式函数的幂级数展开式,再逐项积分可得到反三角函数的展开式.

(3) 将函数展开成幂级数的一个重要应用是求特定点的高阶导数.

例 21   将函数 $f(x) = \dfrac{x}{x^2 + 3x + 2}$ 展开成 $x-1$ 的幂级数,并求其收敛域.

解   将函数作有理分式的分拆,得到 $f(x) = \dfrac{2}{x+2} - \dfrac{1}{x+1}$,

其中

$$\frac{2}{x+2} = \frac{2}{x-1+3} = \frac{2}{3} \cdot \frac{1}{1+\dfrac{x-1}{3}} = \frac{2}{3} \sum_{n=0}^{\infty} \left(-\frac{x-1}{3}\right)^n, \left|\frac{x-1}{3}\right| < 1,$$

$$\frac{1}{x+1} = \frac{1}{x-1+2} = \frac{1}{2} \cdot \frac{1}{1+\dfrac{x-1}{2}} = \frac{1}{2} \sum_{n=0}^{\infty} \left(-\frac{x-1}{2}\right)^n, \left|\frac{x-1}{2}\right| < 1.$$

综上,

$$f(x) = \sum_{n=0}^{\infty} (-1)^n \left(\frac{2}{3^{n+1}} - \frac{1}{2^{n+1}}\right)(x-1)^n, |x-1| < 2.$$

例 22   将函数 $f(x) = \dfrac{3 + 3x - 4x^2}{3 - 10x - 8x^2}$ 展开成 x 的幂级数.

解   将函数作有理分式的分拆,得到 $f(x) = \dfrac{1}{2} + \dfrac{1}{1-4x} - \dfrac{\dfrac{3}{2}}{2x+3}$,

其中

$$\frac{1}{1-4x} = \sum_{n=0}^{\infty} 4^n x^n, x \in \left(-\frac{1}{4}, \frac{1}{4}\right),$$

$$\frac{1}{2x+3} = \frac{1}{3} \cdot \frac{1}{1+\frac{2}{3}x} = \frac{1}{3} \sum_{n=0}^{\infty} \left(-\frac{2}{3}\right)^n x^n, x \in \left(-\frac{3}{2}, \frac{3}{2}\right).$$

综上，

$$f(x) = \frac{1}{2} + \sum_{n=0}^{\infty} \left[4^n + \frac{(-1)^{n+1} 2^{n-1}}{3^n}\right] x^n, x \in \left(-\frac{1}{4}, \frac{1}{4}\right).$$

例 23　设函数 $f(x) = (e^{x^2} - 1)x^{-2}$. (1) 求 $\int f(x)\mathrm{d}x$；(2) 将 $f'(x)$ 展开成麦

克劳林级数，并求数项级数 $\sum_{n=1}^{\infty} \frac{n}{(n+1)!}$ 的和.

解　(1) 利用 $e^x = 1 + x + \frac{1}{2!}x^2 + \cdots + \frac{1}{n!}x^n + \cdots$ 得到

$$e^{x^2} = 1 + x^2 + \frac{1}{2!}x^4 + \cdots + \frac{1}{n!}x^{2n} + \cdots, x \in (-\infty, +\infty).$$

故 $f(x) = x^{-2}\left(x^2 + \frac{1}{2!}x^4 + \cdots + \frac{1}{n!}x^{2n} + \cdots\right) = \sum_{n=1}^{\infty} \frac{1}{n!}x^{2n-2}, x \in (-\infty, +\infty).$

所以

$$\int f(x)\mathrm{d}x = \int \left(\sum_{n=1}^{\infty} \frac{1}{n!}x^{2n-2}\right)\mathrm{d}x = \sum_{n=1}^{\infty} \frac{1}{n!}\int x^{2n-2}\mathrm{d}x = \sum_{n=1}^{\infty} \frac{1}{n!} \cdot \frac{1}{2n-1}x^{2n-1} + C.$$

(2) 利用 $f(x)$ 的幂级数展开式求导可得

$$f'(x) = \sum_{n=2}^{\infty} \frac{1}{n!} \cdot (2n-2)x^{2n-3} = \sum_{n=1}^{\infty} \frac{2n}{(n+1)!}x^{2n-1}, x \in (-\infty, +\infty),$$

且 $f'(x) = (2xe^{x^2})x^{-2} - 2x^{-3}(e^{x^2} - 1)$，故 $f'(1) = 2.$

从而有

$$\sum_{n=1}^{\infty} \frac{n}{(n+1)!} = \frac{f'(1)}{2} = 1.$$

例 24　将函数 $f(x) = \frac{x}{(1+x^2)^2} + \arctan\frac{1+x}{1-x}$ 展开成 x 的幂级数.

解　由于

$$\int_0^x \frac{x}{(1+x^2)^2}\mathrm{d}x = -\frac{1}{2} \cdot \frac{1}{1+x^2} + \frac{1}{2} = -\frac{1}{2} \sum_{n=0}^{\infty} (-x^2)^n + \frac{1}{2}, x \in (-1,1).$$

所以，上式两边求导可得

$$\frac{x}{(1+x^2)^2} = -\sum_{n=1}^{\infty} (-1)^n n x^{2n-1}, x \in (-1,1).$$

由于

$$\left(\arctan\frac{1+x}{1-x}\right)' = \frac{1}{1+x^2} = \sum_{n=0}^{\infty}(-x^2)^n, x \in (-1,1),$$

对上式两边同时取区间 $[0,x]$ 上的定积分,得

$$\arctan\frac{1+x}{1-x} - \frac{\pi}{4} = \sum_{n=0}^{\infty}\int_0^x(-x^2)^n\mathrm{d}x, x \in [-1,1),$$

故

$$\arctan\frac{1+x}{1-x} = \frac{\pi}{4} + \sum_{n=0}^{\infty}(-1)^n\frac{x^{2n+1}}{2n+1}, x \in [-1,1).$$

所以

$$f(x) = \frac{\pi}{4} + \sum_{n=0}^{\infty}(-1)^n\frac{x^{2n+1}}{2n+1} - \sum_{n=0}^{\infty}(-1)^{n+1}(n+1)x^{2n+1}$$

$$= \frac{\pi}{4} + \sum_{n=0}^{\infty}(-1)^n\left[(n+1) + \frac{1}{2n+1}\right]x^{2n+1}, |x| < 1.$$

例 25　设函数 $f(x) = \arctan x$,求 $f^{(n)}(0)$.

解　由于 $\arctan x = \int_0^x\frac{\mathrm{d}x}{1+x^2}$,利用 $\frac{1}{1+x^2} = \sum_{n=0}^{\infty}(-1)^nx^{2n}, x \in (-1,1)$,

故

$$\arctan x = \int_0^x\sum_{n=0}^{\infty}(-1)^nx^{2n}\mathrm{d}x = \sum_{n=0}^{\infty}\frac{(-1)^n}{2n+1}x^{2n+1}.$$

而 $\arctan x = \sum_{n=0}^{\infty}\frac{f^{(n)}(0)}{n!}x^n$,所以

$$f^{(2n)}(0) = 0, \ f^{(2n+1)}(0) = (-1)^n(2n)!.$$

7. 傅里叶级数

(1) 狄利克雷收敛定理的应用

【方法点拨】

已知函数 $f(x)$ 的傅里叶级数,考察其和函数 $s(x)$ 在具体点 x_0 处的定义值:

① 若 x_0 为 $f(x)$ 的连续点,则 $s(x_0) = f(x_0)$;

② 若 x_0 为 $f(x)$ 的间断点,则 $s(x_0) = \dfrac{f(x_0+0) + f(x_0-0)}{2}$;

③ 若 x_0 不在 $f(x)$ 给定表达式的周期内,则可利用周期性找到给定范围内的对应点.

例 26 设 $f(x)$ 是以 2π 为周期的周期函数,且 $f(x) = \begin{cases} -1, & -\pi < x \leqslant 0, \\ x+1, & 0 < x \leqslant \pi, \end{cases}$ 则 $f(x)$ 的傅里叶级数在 $x = 1$ 处收敛于 ( )

(A) -1 (B) 1 (C) 2 (D) 0

解 $x = 1$ 为函数 $f(x)$ 的连续点,由狄利克雷收敛定理可知,其傅里叶级数收敛于 $f(1)$,即收敛于 2,故选(C).

例 27 设 $f(x)$ 是周期为 2 的周期函数,且在一个周期上的表达式为 $f(x) = x, -1 < x \leqslant 1$,则 $f(x)$ 的傅里叶级数在 $x = \dfrac{11}{2}$ 处收敛于 ( )

(A) $-\dfrac{3}{2}$ (B) $\dfrac{3}{2}$ (C) $\dfrac{1}{2}$ (D) $-\dfrac{1}{2}$

解 由周期性可知 $s\left(\dfrac{11}{2}\right) = s\left(\dfrac{11}{2} - 6\right) = s\left(-\dfrac{1}{2}\right)$,而 $x = -\dfrac{1}{2}$ 是函数 $f(x)$ 的连续点,由狄利克雷收敛定理可知,其傅里叶级数收敛于 $f\left(-\dfrac{1}{2}\right)$,即收敛于 $-\dfrac{1}{2}$,故选(D).

例 28 设 $f(x) = \begin{cases} -1, & -\pi < x \leqslant 0, \\ 1+x^2, & 0 < x \leqslant \pi, \end{cases}$ 则其以 2π 为周期的傅里叶级数在点 $x = \pi$ 处收敛于 _____.

解 $x = \pi$ 为函数 $f(x)$ 的间断点,由狄利克雷收敛定理可知,其傅里叶级数收敛于 $\dfrac{f(\pi^+) + f(\pi^-)}{2}$,其中 $f(\pi^+) = -1, f(\pi^-) = 1 + \pi^2$,即收敛于 $\dfrac{\pi^2}{2}$.

(2) 函数展开成傅里叶级数

将函数在 $[-l, l]$ 上展开为傅里叶级数有两种情况:

① 已知函数在 $[-l, l]$ 上的表达式,且函数是以 $2l$ 为周期的函数;

② 函数仅在 $[-l, l]$ 上有定义,则需补充定义作周期延拓,使其延拓为周期为 $2l$ 的函数.

【方法点拨】

① 画出函数的图形,验证函数是否满足狄利克雷收敛定理;

② 求出傅里叶系数,写出函数的傅里叶级数;

③ 利用狄利克雷收敛定理得到函数的傅里叶展开式,并注明展开式成立的范围.

例 29 将函数 $f(x) = 2 + |x| (-1 \leqslant x \leqslant 1)$ 展开成以 2 为周期的傅里叶级数,并求级数 $\sum\limits_{n=1}^{\infty} \dfrac{1}{n^2}$ 的和.

解 计算傅里叶系数

$$a_0 = 2\int_0^1 (2+x)\mathrm{d}x = 5,$$

$$a_n = 2\int_0^1 (2+x)\cos n\pi x \mathrm{d}x = \frac{2[(-1)^n - 1]}{n^2 \pi^2} = \begin{cases} -\dfrac{4}{n^2 \pi^2}, & n = 1,3,5,\cdots, \\[2mm] 0, & n = 2,4,6,\cdots, \end{cases}$$

$$b_n = 0,$$

所求傅里叶级数为

$$f(x) = \frac{5}{2} - \frac{4}{\pi^2}\left(\frac{1}{1^2}\cos\pi x + \frac{1}{3^2}\cos 3\pi x + \cdots\right), \quad -\infty < x < +\infty.$$

令 $x = 0$,得

$$\frac{1}{1^2} + \frac{1}{3^2} + \frac{1}{5^2} + \cdots = \sum_{n=0}^{\infty} \frac{1}{(2n+1)^2} = \frac{\pi^2}{8}.$$

令 $s = \sum\limits_{n=1}^{\infty} \dfrac{1}{n^2}$,且 $\sum\limits_{n=1}^{\infty} \dfrac{1}{(2n)^2} = \dfrac{1}{4}s$,而 $\sum\limits_{n=1}^{\infty} \dfrac{1}{n^2} = \sum\limits_{n=1}^{\infty} \dfrac{1}{(2n+1)^2} + \sum\limits_{n=1}^{\infty} \dfrac{1}{(2n)^2}$,

故

$$s = \frac{\pi^2}{8} + \frac{1}{4}s,$$

所以 $s = \dfrac{\pi^2}{6}$,即 $\sum\limits_{n=1}^{\infty} \dfrac{1}{n^2} = \dfrac{\pi^2}{6}$.

(3) 函数展开成正弦级数或余弦级数

【方法点拨】

函数 $f(x)$ 在 $[0, l]$ 上有定义,展开成正弦级数(或余弦级数)的一般步骤如下:

① 将函数延拓成在 $[-l, l]$ 上的奇函数(或偶函数),并作周期延拓得到周期函数 $F(x)$ 以 $2l$ 为周期;

② 画出 $F(x)$ 的图形,验证是否满足狄利克雷收敛定理;

③ 求出傅里叶系数,写出 $F(x)$ 的傅里叶级数;

④ 利用狄利克雷收敛定理将 $f(x)$ 展开成正弦级数(或余弦级数),并注明展开式成立的范围.

例 30　将 $f(x) = 1 - x^2 (0 \leqslant x \leqslant \pi)$ 展开成余弦级数, 并求级数 $\displaystyle\sum_{n=1}^{\infty} \frac{(-1)^{n-1}}{n^2}$ 的和.

解　对 $f(x)$ 进行偶周期延拓, 则其傅里叶系数为

$$a_0 = \frac{2}{\pi} \int_0^{\pi} f(x) \mathrm{d}x = 2\left(1 - \frac{\pi^2}{3}\right),$$

$$a_n = \frac{2}{\pi} \int_0^{\pi} f(x) \cos nx \, \mathrm{d}x = \frac{4(-1)^{n+1}}{n^2}, (n = 1, 2, \cdots).$$

所以 $f(x)$ 的余弦级数为

$$1 - x^2 = 1 - \frac{\pi^2}{3} + \sum_{n=1}^{\infty} \frac{4(-1)^{n+1}}{n^2} \cos nx, 0 \leqslant x \leqslant \pi.$$

令 $x = 0$, 则有

$$1 = 1 - \frac{\pi^2}{3} + \sum_{n=1}^{\infty} \frac{4(-1)^{n+1}}{n^2},$$

化简得所求级数的和

$$\sum_{n=1}^{\infty} \frac{(-1)^{n-1}}{n^2} = \frac{\pi^2}{12}.$$

8. 无穷级数的综合题

例 31　设函数 $f(x)$ 在 $(-\infty, +\infty)$ 内连续, 周期为 1, 且 $\int_0^1 f(x) \mathrm{d}x = 0$, 函数 $g(x)$ 在 $[0, 1]$ 上有连续导数, 设 $a_n = \int_0^1 f(nx) g(x) \mathrm{d}x$, 证明级数 $\displaystyle\sum_{n=1}^{\infty} a_n^2$ 收敛.

证　由于函数 $f(x)$ 是 $(-\infty, +\infty)$ 上周期为 1 的连续函数, 且 $\int_0^1 f(x) \mathrm{d}x = 0$, 故

$$\int_0^1 f(x) \mathrm{d}x = \int_1^2 f(x) \mathrm{d}x = \cdots = \int_{n-1}^n f(x) \mathrm{d}x = 0.$$

令 $F(x) = \int_0^x f(t) \mathrm{d}t$, 则 $F'(nx) = f(nx), F(0) = F(n) = 0$.

$$F(x+1) = \int_0^{x+1} f(t) \mathrm{d}t = \int_0^x f(t) \mathrm{d}t + \int_x^{x+1} f(t) \mathrm{d}t = F(x) + \int_0^1 f(t) \mathrm{d}t = F(x),$$

故 $F(x)$ 也是周期为 1 的周期函数.

$$a_n = \int_0^1 f(nx) g(x) \mathrm{d}x = \int_0^1 F'(nx) g(x) \mathrm{d}x = \frac{1}{n} \int_0^1 g(x) \mathrm{d}F(nx)$$

$$= \frac{1}{n} \left[g(x) F(nx) \Big|_0^1 - \int_0^1 F(nx) \mathrm{d}g(x) \right]$$

$$=-\frac{1}{n}\int_0^1 F(nx)g'(x)\mathrm{d}x$$

$$=-\frac{1}{n}F(n\xi)g'(\xi),0\leqslant\xi\leqslant1.$$

由于 $F(x)$ 是连续的周期函数,所以 $F(x)$ 有界,即存在 M_1,使得 $|F(x)|<M_1$.

又 $g'(x)$ 在 $[0,1]$ 上连续,故存在 M_2,使得 $|g'(x)|<M_2$,所以

$$a_n^2<\frac{1}{n^2}M_1^2M_2^2.$$

由正项级数的比较审敛法可知,级数 $\sum_{n=1}^{\infty}a_n^2$ 收敛.

例 32 设 $a_0=1,a_1=-2,a_2=\frac{7}{2},a_{n+1}=-\left(1+\frac{1}{n+1}\right)a_n(n\geqslant2).$ (1) 证明:

当 $|x|<1$ 时,幂级数 $\sum_{n=0}^{\infty}a_nx^n$ 收敛;(2) 求上述幂级数在 $(-1,1)$ 内的和函数.

解 (1) 由已知 $a_{n+1}=-\left(1+\frac{1}{n+1}\right)a_n$ 可得

$$\frac{a_{n+1}}{a_n}=-\frac{n+2}{n+1}.$$

故

$$\lim_{n\to\infty}\left|\frac{a_{n+1}}{a_n}\right|=\lim_{n\to\infty}\left|-\frac{n+2}{n+1}\right|=1.$$

所以幂级数 $\sum_{n=0}^{\infty}a_nx^n$ 的收敛半径为 1,故当 $|x|<1$ 时,幂级数 $\sum_{n=0}^{\infty}a_nx^n$ 收敛.

(2) 由 $\frac{a_{n+1}}{a_n}=-\frac{n+2}{n+1}$ 可得

$$a_n=(-1)^n\frac{n+1}{n}\cdot\frac{n}{n-1}\cdots\cdots\frac{4}{3}a_2=(-1)^n\frac{7(n+1)}{6},n\geqslant3,$$

则所求幂级数的和函数

$$s(x)=1-2x+\frac{7}{2}x^2+\sum_{n=3}^{\infty}(-1)^n\frac{7}{6}(n+1)x^n,x\in(-1,1).$$

其中,令 $f(x)=\sum_{n=3}^{\infty}(-1)^n\frac{7}{6}(n+1)x^n$,则

$$f(x)=\sum_{n=3}^{\infty}(-1)^n\frac{7}{6}(x^{n+1})'$$

$$=-\frac{7}{6}\sum_{n=3}^{\infty}\left[(-x)^{n+1}\right]'$$

$$=-\frac{7}{6}\left(\frac{x^4}{1+x}\right)'=-\frac{7}{6}\cdot\frac{4x^3+3x^4}{(1+x)^2}.$$

所以

$$s(x)=1-2x+\frac{7}{2}x^2-\frac{7}{6}\cdot\frac{4x^3+3x^4}{(1+x)^2}=\frac{6+3x^2+2x^3}{6(1+x)^2},x\in(-1,1).$$

例33　设 $f_n(x)=x^{\frac{1}{n}}+x-r$，其中 $r>0$．(1) 证明：$f_n(x)$ 在 $(0,+\infty)$ 内有唯一的零点 x_n；(2) 讨论 r 为何值时级数 $\sum\limits_{n=1}^{\infty}x_n$ 收敛，为何值时级数 $\sum\limits_{n=1}^{\infty}x_n$ 发散.

解　(1) 由已知可得，当 $x>0$ 时，$f_n'(x)=\frac{1}{n}x^{\frac{1}{n}-1}+1>0$，故 $f_n(x)$ 严格单调递增，且

$$f_n(0)=-r<0,f_n(r)=\sqrt[n]{r}>0,$$

由零点定理可知 $f_n(x)$ 在 $(0,+\infty)$ 内有唯一的零点 x_n．

(2) 由于 $f_n(r^n)=r+r^n-r=r^n>0$，因此 $x_n<r^n$．

当 $0<r<1$ 时，等比级数 $\sum\limits_{n=1}^{\infty}r^n$ 收敛，由比较审敛法可知 $\sum\limits_{n=1}^{\infty}x_n$ 收敛.

当 $r>1$ 时，由于 $\lim\limits_{n\to\infty}\sqrt[n]{n}=1$，因此只要 n 充分大，就有

$$f_n\left(\frac{1}{n}\right)=\sqrt[n]{\frac{1}{n}}+\frac{1}{n}-r<0,$$

从而 $x_n>\frac{1}{n}$，而调和级数 $\sum\limits_{n=1}^{\infty}\frac{1}{n}$ 发散，所以 $\sum\limits_{n=1}^{\infty}x_n$ 发散.

当 $r=1$ 时，$f_n\left(\frac{1}{n}\right)=\sqrt[n]{\frac{1}{n}}+\frac{1}{n}-1=\frac{1}{n}-\left(1-\sqrt[n]{\frac{1}{n}}\right)$.

比较 $\frac{1}{n}$，$1-\sqrt[n]{\frac{1}{n}}$，令 $x=\frac{1}{n}$，则

$$\lim\limits_{x\to0}\frac{x}{1-x^x}=\lim\limits_{x\to0}\frac{1}{-\mathrm{e}^{x\ln x}(1+\ln x)}=0.$$

故 $x\ll1-x^x$，从而 $f_n\left(\frac{1}{n}\right)<0$，故 $x_n>\frac{1}{n}$，所以 $\sum\limits_{n=1}^{\infty}x_n$ 发散.

综上，当 $0<r<1$ 时，级数 $\sum\limits_{n=1}^{\infty}x_n$ 收敛；当 $r\geqslant1$ 时，级数 $\sum\limits_{n=1}^{\infty}x_n$ 发散.

例34　(1) 求 $y=x\sin x$ 在 $[0,n\pi]$（n 为正整数）上与 x 轴所围图形的面积 A_n；

(2) 求幂级数 $\sum\limits_{n=1}^{\infty}\frac{A_n}{2^n}x^n$ 的收敛域与和函数.

高等数学进阶高分精讲精练

解 所围图形的面积

$$A_n = \int_0^{n\pi} |x\sin x| \,\mathrm{d}x = \sum_{k=0}^{n-1} \int_{k\pi}^{(k+1)\pi} x |\sin x| \,\mathrm{d}x,$$

其中

$$\int_{k\pi}^{(k+1)\pi} x |\sin x| \,\mathrm{d}x \xrightarrow{x=t+k\pi} \int_0^\pi (k\pi + t)\sin t \,\mathrm{d}t = (2k+1)\pi,$$

所以

$$A_n = \int_0^{n\pi} |x\sin x| \,\mathrm{d}x = \sum_{k=0}^{n-1} (2k+1)\pi = n^2\pi.$$

(2) 由 $A_n = n^2\pi$ 可得

$$\sum_{n=1}^{\infty} \frac{A_n}{2^n} x^n = \pi \sum_{n=1}^{\infty} \frac{n^2}{2^n} x^n = \pi \sum_{n=1}^{\infty} n^2 \left(\frac{x}{2}\right)^n.$$

令 $a_n = \dfrac{n^2}{2^n}$,则

$$R = \lim_{n\to\infty} \left| \frac{a_n}{a_{n+1}} \right| = \lim_{n\to\infty} \frac{n^2}{2^n} \cdot \frac{2^{n+1}}{(n+1)^2} = 2,$$

且 $x = \pm 2$ 时,级数发散,故收敛域为 $(-2,2)$.

记 $s(t) = \displaystyle\sum_{n=1}^{\infty} n^2 t^n = \sum_{n=2}^{\infty} n(n-1)t^n + \sum_{n=1}^{\infty} nt^n$,其中

$$\sum_{n=2}^{\infty} n(n-1)t^n = t^2 \sum_{n=2}^{\infty} n(n-1)t^{n-2} = t^2 \sum_{n=2}^{\infty} (t^n)'' = t^2 \left(\frac{t^2}{1-t}\right)'' = \frac{2t^2}{(1-t)^3},$$

$$\sum_{n=1}^{\infty} nt^n = t \sum_{n=1}^{\infty} nt^{n-1} = t \sum_{n=1}^{\infty} (t^n)' = t \left(\frac{t}{1-t}\right)' = \frac{t}{(1-t)^2},$$

所以

$$s(t) = \frac{2t^2}{(1-t)^3} + \frac{t}{(1-t)^2} = \frac{t(t+1)}{(1-t)^3}, t \in (-1,1).$$

所求幂级数的和函数为

$$\sum_{n=1}^{\infty} \frac{A_n}{2^n} x^n = \pi \sum_{n=1}^{\infty} \frac{n^2}{2^n} x^n = \frac{2\pi x(x+2)}{(2-x)^3}, x \in (-2,2).$$

例 35 设 $u_n(x) = \mathrm{e}^{-nx} + \dfrac{1}{n(n+1)} x^{n+1} (n=1,2,\cdots)$,求级数 $\displaystyle\sum_{n=1}^{\infty} u_n(x)$ 的收敛域与和函数.

解 $\displaystyle\sum_{n=1}^{\infty} u_n(x) = \sum_{n=1}^{\infty} \left[\mathrm{e}^{-nx} + \frac{1}{n(n+1)} x^{n+1} \right] = \sum_{n=1}^{\infty} \mathrm{e}^{-nx} + \sum_{n=1}^{\infty} \frac{1}{n(n+1)} x^{n+1},$

328

其中 $\sum\limits_{n=1}^{\infty} \mathrm{e}^{-nx} = \dfrac{\mathrm{e}^{-x}}{1-\mathrm{e}^{-x}} = \dfrac{1}{\mathrm{e}^{x}-1}(|\mathrm{e}^{-x}|<1)$.

令 $\sigma(x) = \sum\limits_{n=1}^{\infty} \dfrac{1}{n(n+1)}x^{n+1}$，则两次求导可得

$$\sigma''(x) = \sum\limits_{n=1}^{\infty} x^{n-1} = \dfrac{1}{1-x}(|x|<1),$$

两次积分可得

$$\sigma(x) = (1-x)\ln(1-x) + x,$$

故

$$s(x) = \dfrac{1}{\mathrm{e}^{x}-1} + (1-x)\ln(1-x) + x, x \in (0,1).$$

而 $x=1$ 时级数收敛，且 $\lim\limits_{x\to 1^-}\left[\dfrac{1}{\mathrm{e}^{x}-1} + (1-x)\ln(1-x) + x\right] = \dfrac{\mathrm{e}}{\mathrm{e}-1}$.

故原级数的收敛域为 $(0,1]$，其和函数

$$s(x) = \begin{cases} \dfrac{1}{\mathrm{e}^{x}-1} + (1-x)\ln(1-x) + x, & x \in (0,1), \\[2ex] \dfrac{\mathrm{e}}{\mathrm{e}-1}, & x = 1. \end{cases}$$

例 36　设 $f(x) = \dfrac{1}{1-x-x^2}, a_n = \dfrac{1}{n!}f^{(n)}(0)$，证明级数 $\sum\limits_{n=0}^{\infty} \dfrac{a_{n+1}}{a_n a_{n+2}}$ 收敛，并求其和.

证　令 $F(x) = f(x)(1-x-x^2)$，显然 $F(x) \equiv 1$.

利用莱布尼茨公式，对 $F(x)$ 求 $(n+2)$ 阶导数，可得

$$F^{(n+2)}(x) = \mathrm{C}_{n+2}^{0} f^{(n+2)}(x)(1-x-x^2) + \mathrm{C}_{n+2}^{1} f^{(n+1)}(x)(-1-2x) - 2\mathrm{C}_{n+2}^{2} f^{(n)}(x).$$

令 $x=0$，有

$$0 = f^{(n+2)}(0) - (n+2)f^{(n+1)}(0) - (n+2)(n+1)f^{(n)}(0).$$

由条件 $a_n = \dfrac{1}{n!}f^{(n)}(0)$，上式可化为

$$(n+2)!a_{n+2} - (n+2)(n+1)!a_{n+1} - (n+2)(n+1)n!a_n = 0,$$

即

$$a_{n+2} = a_{n+1} + a_n.$$

由 $a_0 = \dfrac{1}{0!}f(0) = 1, a_1 = \dfrac{1}{1!}f'(0) = 1$，归纳可知 $\lim\limits_{n\to\infty} a_n = +\infty$.

令 $s_n = \sum\limits_{k=0}^{n-1} \dfrac{a_{k+1}}{a_k a_{k+2}}$,则利用 $a_{n+2} = a_{n+1} + a_n$ 有

$$s_n = \sum_{k=0}^{n-1} \frac{a_{k+2} - a_k}{a_k a_{k+2}} = \sum_{k=0}^{n-1} \left(\frac{1}{a_k} - \frac{1}{a_{k+2}} \right)$$

$$= \frac{1}{a_{n-1}} - \frac{1}{a_{n+1}} + \frac{1}{a_{n-2}} - \frac{1}{a_n} + \cdots + \frac{1}{a_1} - \frac{1}{a_3} + \frac{1}{a_0} - \frac{1}{a_2}$$

$$= \frac{1}{a_0} + \frac{1}{a_1} - \frac{1}{a_n} - \frac{1}{a_{n+1}}.$$

从而 $\lim\limits_{n\to\infty} s_n = 2$,所以级数 $\sum\limits_{n=1}^{\infty} \dfrac{a_{n+1}}{a_n a_{n+2}}$ 收敛,且收敛于 2.

例 37 设 n 为正整数,$F(x) = \displaystyle\int_1^{nx} \mathrm{e}^{-t^3}\,\mathrm{d}t + \int_{\mathrm{e}}^{\mathrm{e}^{(n+1)x}} \frac{t^2}{t^4+1}\,\mathrm{d}t.$

(1) 证明对于给定的 n,$F(x)$ 有且只有一个零点 a_n,且 $a_n > 0$;

(2) 证明幂级数 $\sum\limits_{n=1}^{\infty} a_n x^n$ 在 $x = -1$ 处条件收敛,并求该幂级数的收敛域.

证 由于 $F'(x) = n\mathrm{e}^{-(nx)^3} + \dfrac{\mathrm{e}^{2(n+1)x}}{\mathrm{e}^{4(n+1)x}+1} \cdot \mathrm{e}^{(n+1)x} \cdot (n+1) > 0$,因此 $F(x)$ 单调递增. 又

$$F\left(\frac{1}{n+1}\right) = \int_1^{\frac{n}{n+1}} \mathrm{e}^{-t^3}\,\mathrm{d}t + \int_{\mathrm{e}}^{\mathrm{e}} \frac{t^2}{t^4+1}\,\mathrm{d}t < 0,$$

$$F\left(\frac{1}{n}\right) = \int_1^1 \mathrm{e}^{-t^3}\,\mathrm{d}t + \int_{\mathrm{e}}^{\mathrm{e}^{\frac{n+1}{n}}} \frac{t^2}{t^4+1}\,\mathrm{d}t > 0,$$

所以对于给定的 n,$F(x)$ 有且只有一个零点 a_n,且 $0 < \dfrac{1}{n+1} < a_n < \dfrac{1}{n}$ $(n = 1, 2, \cdots)$.

(2) 由于 $0 < \dfrac{1}{n+1} < a_n < \dfrac{1}{n}$ $(n = 1, 2, \cdots)$,故

$$\frac{1}{n+2} < a_{n+1} < \frac{1}{n+1} < a_n < \frac{1}{n} \quad (n = 1, 2, \cdots),$$

所以 $\{a_n\}$ 严格单调减少,且 $\lim\limits_{n\to\infty} a_n = 0$,由莱布尼茨判别法可知级数 $\sum\limits_{n=1}^{\infty} (-1)^n a_n$ 收敛.

由于 $a_n > \dfrac{1}{n+1}$,故级数 $\sum\limits_{n=1}^{\infty} a_n$ 发散.

所以幂级数 $\sum\limits_{n=1}^{\infty} a_n x^n$ 在 $x = -1$ 处条件收敛,且收敛域为 $[-1, 1)$.

例 38　已知函数 $f(x)$ 可导，且 $f(0)=1,0<f'(x)<\dfrac{1}{2}$，设数列 $\{x_n\}$ 满足

$$x_{n+1}=f(x_n)(n=1,2,\cdots).$$

证明：(1) 级数 $\displaystyle\sum_{n=1}^{\infty}(x_{n+1}-x_n)$ 绝对收敛；(2) $\displaystyle\lim_{n\to\infty}x_n$ 存在，且 $0<\lim_{n\to\infty}x_n<2$.

证　由 $x_{n+1}=f(x_n)$ 可得

$$|x_{n+1}-x_n|=|f(x_n)-f(x_{n-1})|=|f'(\xi_n)(x_n-x_{n-1})|(\xi_n\ \text{介于}\ x_n\ \text{与}\ x_{n-1}\ \text{之间})$$

$$\leqslant\dfrac{1}{2}|x_n-x_{n-1}|\leqslant\dfrac{1}{2^2}|x_{n-1}-x_{n-2}|\leqslant\cdots\leqslant\dfrac{1}{2^{n-1}}|x_2-x_1|.$$

而 $\displaystyle\sum_{n=1}^{\infty}\dfrac{1}{2^{n-1}}$ 收敛，所以 $\displaystyle\sum_{n=1}^{\infty}|x_{n+1}-x_n|$ 收敛，从而 $\displaystyle\sum_{n=1}^{\infty}(x_{n+1}-x_n)$ 绝对收敛.

而级数的部分和 $s_n=\displaystyle\sum_{k=1}^{n}(x_{k+1}-x_k)=x_{n+1}-x_1$，由于级数收敛，因此 $\displaystyle\lim_{n\to\infty}s_n$ 存在，故 $\displaystyle\lim_{n\to\infty}x_n$ 存在.

令 $\displaystyle\lim_{n\to\infty}x_n=a$，由 $x_{n+1}=f(x_n)$ 及函数 $f(x)$ 的连续性有 $a=f(a)$.

令 $\varphi(x)=f(x)-x$，则 $\varphi'(x)=f'(x)-1<0$，且 $\varphi(0)=f(0)=1>0$，

$$\varphi(2)=f(2)-2=f(2)-f(0)-1=2f'(\eta)-1<0,\eta\in(0,2).$$

所以 $\varphi(x)$ 在 $(0,2)$ 内存在零点且唯一，而 $\varphi(a)=0$，所以 $0<\displaystyle\lim_{n\to\infty}x_n<2$.

三、进阶精练

习题 7

【保分基础练】

1. 填空题

(1) 若正项级数 $\displaystyle\sum_{n=1}^{\infty}a_n$ 收敛，则 $\displaystyle\sum_{n=1}^{\infty}(-1)^n\dfrac{\sqrt{a_n}}{n}$ _____.

(2) 函数 $f(x)=\dfrac{1}{x+2}$ 展开成 $x-1$ 的幂级数，则展开式中 $(x-1)^3$ 的系数为

_____.

(3) 已知幂级数 $\displaystyle\sum_{n=1}^{\infty}a_n(x+1)^n$ 在 $x=2$ 处条件收敛，则幂级数 $\displaystyle\sum_{n=1}^{\infty}\dfrac{na_n}{2^n}x^n$ 的收

敛半径为_____.

(4) 级数 $\sum\limits_{n=1}^{\infty} \dfrac{(-1)^n}{n2^n}$ 的和等于_____.

(5) 设 $f(x)$ 在 $(-\infty, +\infty)$ 内有定义,是周期为 2 的周期函数,且 $f(x) = \begin{cases} 2, & -1 < x \leqslant 0, \\ x^3, & 0 < x \leqslant 1, \end{cases}$ 则 $f(x)$ 在 $x = 3$ 处的傅里叶级数收敛于_____.

2. 选择题

(1) 设级数 $\sum\limits_{n=1}^{\infty} u_n$ 与 $\sum\limits_{n=1}^{\infty} v_n$ 都发散,则(   ).

(A) $\sum\limits_{n=1}^{\infty} (u_n + v_n)$ 一定发散   (B) $\sum\limits_{n=1}^{\infty} u_n v_n$ 一定发散

(C) $\sum\limits_{n=1}^{\infty} u_n^2$ 与 $\sum\limits_{n=1}^{\infty} v_n^2$ 都发散   (D) 若 $\sum\limits_{n=1}^{\infty} (|u_n| + |v_n|)$ 一定发散

(2) 若级数 $\sum\limits_{n=1}^{\infty} (-1)^{n-1} \dfrac{(x-a)^n}{n}$ 在 $x > 0$ 时发散,在 $x = 0$ 处收敛,则常数 $a = (\quad)$.

(A) 1   (B) -1 (C) 2   (D) -2

(3) 设 a 为任意常数,则级数 $\sum\limits_{n=1}^{\infty} \left[\dfrac{\sin an\pi}{n^2} + (-1)^n \ln\left(\dfrac{1+\sqrt{n}}{\sqrt{n}} \right) \right]$(   ).

(A) 发散   (B) 条件收敛

(C) 绝对收敛   (D) 敛散性与常数 a 有关

(4) 设 $\lim\limits_{n \to \infty} \left| \dfrac{a_{n+1}}{a_n} \right| = 2$,则级数 $\sum\limits_{n=1}^{\infty} a_n x^{2n+1}$ 的收敛半径为(   ).

(A) 1   (B) $\dfrac{1}{2}$ (C) $\sqrt{2}$ (D) $\dfrac{1}{\sqrt{2}}$

(5) 设 $f(x) = \begin{cases} x, & 0 \leqslant x \leqslant \dfrac{1}{2}, \\ 2-2x, & \dfrac{1}{2} < x < 1, \end{cases}$ $s(x) = \dfrac{a_0}{2} + \sum\limits_{n=1}^{\infty} a_n \cos nx (-\infty < x < +\infty)$,其中 $a_n = 2\int_0^1 f(x) \cos n\pi x \mathrm{d}x$,则 $s\left(-\dfrac{5}{2}\right)$ 等于(   ).

(A) $\dfrac{1}{2}$ (B) $-\dfrac{1}{2}$ (C) $\dfrac{3}{4}$ (D) $-\dfrac{3}{4}$

3. 若正项级数 $\sum\limits_{n=1}^{\infty} u_n$ 收敛,证明: $\sum\limits_{n=1}^{\infty} \left[1 - \dfrac{\ln(1+u_n)}{u_n} \right]$ 收敛.

4. 求幂级数 $\sum\limits_{n=1}^{\infty} \dfrac{x^n}{n \cdot 4^n}$ 的和函数.

5. 求数项级数 $\sum\limits_{n=0}^{\infty} \dfrac{2n+1}{n!}$ 的和.

6. 求幂级数 $\sum\limits_{n=1}^{\infty} \dfrac{\left[3+(-1)^n\right]^n}{n} x^n$ 的收敛域.

7. 将函数 $f(x) = \ln(1-x-2x^2)$ 展开成 x 的幂级数,并求展开式成立的区间.

8. 将函数 $f(x) = \dfrac{1}{x^2-2x-3}$ 展开成 x 的幂级数,并求展开式成立的区间.

9. 设 $a_n = \displaystyle\int_0^{\frac{\pi}{4}} \tan^n x \,\mathrm{d}x$,对于任意的参数 λ,讨论级数 $\sum\limits_{n=1}^{\infty} \dfrac{a_n}{n^\lambda}$ 的敛散性.

10. 将函数 $f(x) = x(\pi-x)(0 < x < \pi)$ 展开成正弦级数,并求 $\sum\limits_{n=1}^{\infty} \dfrac{(-1)^{n+1}}{(2n-1)^3}$ 的和.

【争分提能练】

1. 选择题

(1) 设 $\sum\limits_{n=1}^{\infty} a_n$ 为正项级数,则下列结论中正确的是(　　).

(A) 若 $\lim\limits_{n \to \infty} n a_n = 0$,则级数 $\sum\limits_{n=1}^{\infty} a_n$ 收敛

(B) 若存在非零常数 λ,使得 $\lim\limits_{n \to \infty} n a_n = \lambda$,则级数 $\sum\limits_{n=1}^{\infty} a_n$ 发散

(C) 若级数 $\sum\limits_{n=1}^{\infty} a_n$ 收敛,则 $\lim\limits_{n \to \infty} n^2 a_n = 0$

(D) 若级数 $\sum\limits_{n=1}^{\infty} a_n$ 发散,则存在非零常数 λ,使得 $\lim\limits_{n \to \infty} n a_n = \lambda$

(2) 若 $\sum\limits_{n=1}^{\infty} u_n$ 为正项级数,则下列说法中错误的是(　　).

(A) 如果 $\lim\limits_{n \to \infty} \dfrac{u_{n+1}}{u_n} = \rho < 1$,则 $\sum\limits_{n=1}^{\infty} u_n$ 收敛

(B) 如果 $\lim\limits_{n \to \infty} \dfrac{u_{n+1}}{u_n} = \rho > 1$,则 $\sum\limits_{n=1}^{\infty} u_n$ 发散

(C) 如果 $\dfrac{u_{n+1}}{u_n} < 1$, 则 $\displaystyle\sum_{n=1}^{\infty} u_n$ 收敛

(D) 如果 $\dfrac{u_{n+1}}{u_n} > 1$, 则 $\displaystyle\sum_{n=1}^{\infty} u_n$ 发散

(3) 设常数 $\lambda > 0$, 且级数 $\displaystyle\sum_{n=1}^{\infty} a_n^2$ 收敛, 则级数 $\displaystyle\sum_{n=1}^{\infty} (-1)^n \dfrac{|a_n|}{\sqrt{n^2+\lambda}}$ ( ).

 (A) 发散   (B) 条件收敛

 (C) 绝对收敛   (D) 收敛性与 λ 有关

(4) 设级数 $\displaystyle\sum_{n=1}^{\infty} a_n$ 发散 $(a_n > 0)$, 令 $s_n = a_1 + a_2 + \cdots + a_n$, 则 $\displaystyle\sum_{n=1}^{\infty} \left(\dfrac{1}{s_n} - \dfrac{1}{s_{n+1}} \right)$

( ).

 (A) 发散   (B) 收敛于 $\dfrac{1}{a_1}$

 (C) 收敛于 0 (D) 敛散性不确定

(5) 设级数 $\displaystyle\sum_{n=1}^{\infty} u_n$ 收敛, 则下列说法中正确的是( ).

 (A) $\displaystyle\sum_{n=1}^{\infty} u_n^2$ 一定收敛

 (B) $\displaystyle\sum_{n=1}^{\infty} u_n^2$ 一定发散

 (C) $\displaystyle\sum_{n=1}^{\infty} u_n$ 绝对收敛

 (D) 若 $\displaystyle\sum_{n=1}^{\infty} u_n$ 是正项级数, 则 $\displaystyle\sum_{n=1}^{\infty} u_n^2$ 一定收敛

(6) 若级数 $\displaystyle\sum_{n=1}^{\infty} a_n$ 收敛, 则级数( ).

 (A) $\displaystyle\sum_{n=1}^{\infty} |a_n|$ 收敛   (B) $\displaystyle\sum_{n=1}^{\infty} (-1)^n a_n$ 收敛

 (C) $\displaystyle\sum_{n=1}^{\infty} a_n a_{n+1}$ 收敛   (D) $\displaystyle\sum_{n=1}^{\infty} \dfrac{a_n + a_{n+1}}{2}$ 收敛

2. 判断下列级数的敛散性: (1) $\displaystyle\sum_{n=1}^{\infty} \left(\ln \dfrac{1}{n} - \ln\sin \dfrac{1}{n} \right)$;

 (2) $\displaystyle\sum_{n=1}^{\infty} \dfrac{\sqrt{n+1} - \sqrt{n}}{n^\lambda} (\lambda > 0)$.

3. 已知级数 $\displaystyle\sum_{n=1}^{\infty}(u_n-u_{n+1})$ 收敛,且正项级数 $\displaystyle\sum_{n=1}^{\infty}v_n$ 收敛,证明级数 $\displaystyle\sum_{n=1}^{\infty}u_nv_n$ 绝对收敛.

4. 求函数 $f(x)=\ln^2\left(x+\sqrt{1+x^2}\right)$ 的麦克劳林级数,并指出其收敛区间.

5. 求常数项级数 $\displaystyle\sum_{n=0}^{\infty}(-1)^n\frac{n^2-n+1}{2^n}$ 的和.

6. 设 $a_n=\displaystyle\int_n^{n+1}\frac{\sin\pi x}{x^p+1}\mathrm{d}x,n=1,2,\cdots$,其中 p 为常数,证明:

(1) 当 $p>1$ 时,级数 $\displaystyle\sum_{n=0}^{\infty}a_n$ 绝对收敛;

(2) 当 $0<p\leqslant1$ 时,级数 $\displaystyle\sum_{n=0}^{\infty}a_n$ 收敛.

7. 对实数 p,试讨论级数 $\displaystyle\sum_{n=2}^{\infty}\frac{x^n}{n^p\ln n}$ 的收敛域.

8. 求幂级数 $\displaystyle\sum_{n=0}^{\infty}\frac{(-1)^n}{3n+1}x^{3n}$ 的收敛域与和函数.

9. 设有方程 $x^n+nx-1=0$,其中 n 为正整数,证明此方程存在唯一正实根 x_n,并证明当 $a>1$ 时,级数 $\displaystyle\sum_{n=1}^{\infty}x_n^a$ 收敛.

10. 设 $a_n=2\displaystyle\int_0^{+\infty}x^{2n+1}\mathrm{e}^{-x^2}\mathrm{d}x(n=0,1,2,\cdots)$.

(1) 求 a_n;

(2) 求幂级数 $\displaystyle\sum_{n=0}^{\infty}\frac{1+n^2}{a_n}x^n$ 的收敛域及和函数.

【实战真题练】

1. 填空题

(1) 已知 $\displaystyle\sum_{n=1}^{\infty}\left(\frac{1}{n}-\sin\frac{1}{n}\right)^a$ 收敛,则 a 的取值范围是_____.(2020厦门大学"景润杯")

(2) 设函数 $f(x)=\arctan x-\frac{x}{1+ax^2}$,且 $f'''(0)=1$,则 $a=$ _____.(2016考研)

(3) 设级数 $\displaystyle\sum_{n=0}^{\infty}\frac{n+1}{n!}(x-1)^n$ 的和函数为 $f(x)$,则 $f(x)$ 展开成 x 的幂级数是

_____.（2021 江苏省赛）

（4）幂级数 $\sum\limits_{n=0}^{\infty} \dfrac{(-1)^n}{(2n)!} x^n$ 在 $(0,+\infty)$ 内的和函数 $s(x)=$ _____.（2019 考研）

2. 设数列 $\{x_n\}$ 满足：$x_1>0, x_n e^{x_{n+1}}=e^{x_n}-1(n=1,2,\cdots)$. 证明 $\{x_n\}$ 收敛，并求 $\lim\limits_{n\to\infty} x_n$.（2018 考研）

3. 已知级数 $\sum\limits_{n=2}^{\infty} (-1)^n (\sqrt{n^2+1}-\sqrt{n^2-1}) n^\lambda \ln n$，其中实数 $\lambda\in[0,1]$，试对 λ 讨论该级数的绝对收敛、条件收敛与发散性.（2016 江苏省赛）

4. 求函数 $f(x)=\dfrac{x}{(1+x^2)^2}+\arctan\dfrac{1+x}{1-x}$ 关于 x 的幂级数展开式.（2017 江苏省赛）

5. 已知函数 $f(x)=\dfrac{7+2x}{2-x-x^2}$ 在区间 $(-1,1)$ 上关于 x 的幂级数展开式为

$$f(x)=\sum_{n=0}^{\infty} a_n x^n.$$

（1）试求 $a_n(n=0,1,2,\cdots)$；

（2）证明级数 $\sum\limits_{n=0}^{\infty} \dfrac{a_{n+1}-a_n}{(a_n-2)\cdot(a_{n+1}-2)}$ 收敛，并求该级数的和.（2018 江苏省赛）

6. 求幂级数 $\sum\limits_{n=1}^{\infty} \dfrac{n}{8^n(2n-1)} x^{3n-1}$ 的收敛域与和函数.（2019 江苏省赛）

7. 求 $f(x)=\dfrac{x^2(x-3)}{(x-1)^3(1-3x)}$ 的幂级数展开式，并指出其收敛域.（2008 江苏省赛）

8. 设 $a_n=\sum\limits_{k=1}^{n} \dfrac{1}{k}-\ln n$.

（1）证明极限 $\lim\limits_{n\to\infty} a_n$ 存在；

（2）记 $\lim\limits_{n\to\infty} a_n=C$，讨论级数 $\sum\limits_{n=1}^{\infty}(a_n-C)$ 的敛散性.（2017 国赛决赛）

9. 设 a_n 为曲线 $y=x^n$ 与 $y=x^{n+1}(n=1,2,\cdots)$ 所围成区域的面积，记 $s_1=\sum\limits_{n=1}^{\infty} a_n$，$s_2=\sum\limits_{n=1}^{\infty} a_{2n-1}$，求 s_1 与 s_2 的值.（2009 考研）

10. 设 $a_n=\displaystyle\int_{(n-1)\pi}^{(n+1)\pi} \dfrac{\sin x}{x} dx(n=1,2,\cdots)$.

(1) 指出 $|a_n|$，$|a_{n+1}|$ 的大小关系，证明你的结论.

(2) 判断级数 $\sum\limits_{n=1}^{\infty} a_n$ 的敛散性.（2021 江苏省赛）

习题 7 参考答案

【保分基础练】

1. (1) 绝对收敛；(2) $-\dfrac{1}{3^4}$；(3) 6；(4) $-\ln\dfrac{3}{2}$；(5) $\dfrac{3}{2}$.

2. (1) D；(2) B；(3) B；(4) D；(5) C.

3. 提示：比较审敛法，利用 $\ln(1+u_n) = u_n - \dfrac{u_n^2}{2} + o(u_n^2)$，从而 $1 - \dfrac{\ln(1+u_n)}{u_n} \sim \dfrac{u_n}{2}$.

4. $\sum\limits_{n=1}^{\infty} \dfrac{x^n}{n \cdot 4^n} = -\ln\left|1 - \dfrac{x}{4}\right|$，$x \in [-4, 4)$.

5. 3e. **6.** $\left(-\dfrac{1}{4}, \dfrac{1}{4}\right)$.

7. $f(x) = \sum\limits_{n=1}^{\infty} \left[\dfrac{(-1)^{n-1}}{n} - \dfrac{2^n}{n}\right] x^n$，$-\dfrac{1}{2} \leqslant x < \dfrac{1}{2}$.

8. $f(x) = \sum\limits_{n=0}^{\infty} \dfrac{1}{4}\left[(-1)^{n+1} - \dfrac{1}{3^{n+1}}\right] x^n$，$|x| < 1$.

9. 提示：利用 $a_n + a_{n-2} = \dfrac{1}{n-1} \Rightarrow \dfrac{1}{2(n+1)} \leqslant a_n \leqslant \dfrac{1}{2(n-1)}$ $(n \geqslant 2)$.

$a_n \sim \dfrac{1}{2n}$ $(n \to \infty) \Rightarrow \dfrac{a_n}{n^\lambda} \sim \dfrac{1}{2n^{1+\lambda}}$ $(n \to \infty)$，所以当 $\lambda > 0$ 时，级数收敛；当 $\lambda \leqslant 0$ 时，级数发散.

10. $f(x) = \sum\limits_{k=1}^{\infty} \dfrac{8}{\pi(2k-1)^3} \sin(2k-1)x$，$x \in (0, \pi)$，$\dfrac{\pi^3}{32}$.

【争分提能练】

1. (1) B；(2) C；(3) C；(4) B；(5) D；(6) D.

2. (1) 收敛；(2) 当 $\lambda > \dfrac{1}{2}$ 时，级数收敛；当 $0 < \lambda \leqslant \dfrac{1}{2}$ 时，级数发散.

3. 提示：利用比较审敛法. 级数 $\sum\limits_{n=1}^{\infty} (u_n - u_{n+1})$ 收敛 $\Rightarrow$ 其部分和数列收敛

$\Rightarrow \{u_n\}$ 收敛,从而有界,

$$|u_n v_n| \leqslant M v_n \Rightarrow \sum_{n=1}^{\infty} u_n v_n \text{ 绝对收敛.}$$

4. 提示:对于函数导数满足的等式 $\sqrt{1+x^2}\, f'(x) = 2\ln(x+\sqrt{1+x^2})$,利用莱布尼茨公式得到高阶导数满足的递推公式 $n(n-1)y^{(n)} + xy^{(n+1)} + ny^{(n)} = 0$,从而求出 $y^{(n)}(0) = \begin{cases} 0, & n = 2k-1, \\ 2(-1)^{k-1}[(2k-2)!!]^2, & n = 2k, \end{cases}$ 故所求函数的麦克劳林级数为 $f(x) = \sum_{k=1}^{\infty} \dfrac{2(-1)^{k-1}[(2k-2)!!]^2}{(2k)!} x^{2k}, x \in (-1,1)$.

5. 提示:构造幂级数 $\sum_{n=0}^{\infty}(n^2 - n + 1)x^n$,求出其和函数 $s(x) = \dfrac{-3x^2 + 2x - 1}{(x-1)^3}, x \in (-1,1)$,从而

$$\sum_{n=0}^{\infty} (-1)^n \frac{n^2 - n + 1}{2^n} = s\left(-\frac{1}{2}\right) = \frac{22}{27}.$$

6. 提示:(1) 利用 $|a_n| \leqslant \displaystyle\int_n^{n+1} \dfrac{1}{x^p+1}\mathrm{d}x \leqslant \dfrac{1}{n^p}$ 可证.

(2) 当 $0 < p \leqslant 1$ 时,$a_n = \displaystyle\int_n^{n+1} \dfrac{\sin\pi x}{x^p+1}\mathrm{d}x = \dfrac{1}{\xi_n^p+1}\int_n^{n+1}\sin\pi x\,\mathrm{d}x = \dfrac{2(-1)^n}{\pi(\xi_n^p+1)}$,$n < \xi_n < n+1$,再利用莱布尼茨判别法得到级数 $\displaystyle\sum_{n=1}^{\infty}\dfrac{2(-1)^n}{\pi(\xi_n^p+1)}$ 收敛,从而级数 $\displaystyle\sum_{n=0}^{\infty} a_n$ 收敛.

7. 当 $p < 0$ 时,收敛域为 $(-1,1)$;当 $0 \leqslant p < 1$ 时,收敛域为 $[-1,1)$;当 $p > 1$ 时,收敛域为 $[-1,1]$.

8. 收敛域为 $(-1,1]$;和函数

$$s(x) = \begin{cases} \dfrac{1}{3x}\ln(1+x^3) - \dfrac{1}{2x}\ln(x^2 - x + 1) + \dfrac{1}{\sqrt{3}x}\arctan\dfrac{2x-1}{\sqrt{3}} + \dfrac{\pi}{6\sqrt{3}x}, & -1 < x \leqslant 1, x \neq 0, \\ 1, & x = 0. \end{cases}$$

9. 提示:令 $f(x) = x^n + nx - 1$,利用零点定理及函数的单调性证明方程存在唯一正实根 x_n.

由 $0 < x_n = \dfrac{1}{n}(1 - x_n^n) < \dfrac{1}{n}$ 可推出 $0 < x_n^a < \dfrac{1}{n^a}$.

当 $a > 1$ 时,级数 $\sum\limits_{n=1}^{\infty} \dfrac{1}{n^a}$ 收敛,从而级数 $\sum\limits_{n=1}^{\infty} x_n^a$ 收敛.

10. (1) $a_n = n!$;(2) $s(x) = (1 + x + x^2)e^x, x \in (-\infty, +\infty)$.

提示:$a_n = 2\displaystyle\int_0^{+\infty} x^{2n+1} e^{-x^2} dx \xlongequal{x^2 = t} \int_0^{+\infty} t^n e^{-t} dt = -t^n e^{-t} \Big|_0^{+\infty} + n \int_0^{+\infty} t^{n-1} e^{-t} dt$

$\qquad = na_{n-1}(n = 1, 2, \cdots)$.

$\quad s(x) = \displaystyle\sum_{n=0}^{\infty} \frac{1 + n^2}{n!} x^n = \sum_{n=0}^{\infty} \frac{1}{n!} x^n + \sum_{n=2}^{\infty} \frac{1}{(n-2)!} x^n + \sum_{n=1}^{\infty} \frac{1}{(n-1)!} x^n$

$\qquad = e^x + x^2 e^x + x e^x, x \in (-\infty, +\infty)$.

【实战真题练】

1. (1) $a > \dfrac{1}{3}$;(2) $\dfrac{1}{2}$;(3) $\dfrac{1}{e} \displaystyle\sum_{n=0}^{\infty} \frac{x^{n+1}}{n!}$;(4) $\cos\sqrt{x}$.

2. 证明略;$\lim\limits_{n \to \infty} x_n = 0$.

3. 当 $\lambda \in [0, 1)$ 时,该级数条件收敛;当 $\lambda = 1$ 时,该级数发散.

4. $f(x) = \dfrac{\pi}{4} + \displaystyle\sum_{n=1}^{\infty}(-1)^n \Big[(n+1) + \frac{1}{2n+1}\Big] x^{2n+1} \ (|x| < 1)$.

5. $a_n = 3 + \dfrac{(-1)^n}{2^{n+1}}(n = 0, 1, 2, \cdots)$,原级数收敛(证明略),其和为 $-\dfrac{1}{3}$.

6. $s(x) = \begin{cases} \dfrac{x^2}{2(8 - x^3)} + \dfrac{\sqrt{x}}{8\sqrt{2}} \ln \dfrac{2\sqrt{2} + x\sqrt{x}}{2\sqrt{2} - x\sqrt{x}}, & 0 \leqslant x < 2, \\[3mm] \dfrac{x^2}{2(8 - x^3)} + \dfrac{\sqrt{-x}}{4\sqrt{2}} \arctan \dfrac{-x\sqrt{-x}}{2\sqrt{2}}, & -2 < x < 0. \end{cases}$

7. $f(x) = \displaystyle\sum_{n=0}^{\infty} \Big[3^n - \frac{1}{2}(n+1)(n+2)\Big] x^n, |x| < \dfrac{1}{3}$.

8. (1) 证明略;(2) $\displaystyle\sum_{n=1}^{\infty}(a_n - C)$ 收敛.

9. $s_1 = \lim\limits_{n \to \infty} \displaystyle\sum_{k=1}^{n}\Big(\frac{1}{k+1} - \frac{1}{k+2}\Big) = \lim\limits_{n \to \infty}\Big(\frac{1}{2} - \frac{1}{n+2}\Big) = \dfrac{1}{2}$;

$s_2 = 1 + \displaystyle\sum_{n=1}^{\infty}(-1)^n \frac{1}{n} = 1 - \ln 2$.

10. (1) $|a_n| > |a_{n+1}|$,证明略;(2) $\displaystyle\sum_{n=1}^{\infty} a_n$ 收敛.

第八讲

微分方程

一、内容提要

(一) 微分方程的基本概念

1. 微分方程

把含有自变量、未知函数以及未知函数的导数或微分的方程称为微分方程.

2. 微分方程的分类

(1) 未知函数是一元函数的微分方程称为常微分方程,未知函数是多元函数的微分方程称为偏微分方程. 我们只讨论常微分方程,简称为微分方程.

(2) n 阶微分方程:微分方程中所出现的未知函数的最高阶导数的阶数为 n 的微分方程,其中 $n = 1$ 时称为一阶微分方程,$n \geqslant 2$ 时称为高阶微分方程.

(3) 线性与非线性微分方程:方程中未知函数及其各阶导数都是一次的,称为线性微分方程;否则称为非线性微分方程.

3. 微分方程的解与通解、初始条件与特解

(1) 满足微分方程的函数 $y = y(x)$ 称为该微分方程的解. 含有相互独立的任意常数且任意常数的个数与微分方程的阶数相等的解,称为微分方程的通解.

(2) 微分方程的积分曲线:解函数的图形.

(3) 用未知函数及其各阶导数在某个特定点处的值作为确定通解中任意常数的条件,称为初始条件. 满足初始条件的且不含任意常数的微分方程的解称为该微分方程的特解.

（二）一阶微分方程及解法

1. 可分离变量的微分方程

形如 $\dfrac{\mathrm{d}y}{\mathrm{d}x} = f(x)g(y)$ 的微分方程称为可分离变量的方程.

解法（分离变量法）：分离变量后两边积分

$$\int \frac{1}{g(y)}\mathrm{d}y = \int f(x)\mathrm{d}x(g(y) \neq 0),$$

便可求得其通解.

2. 齐次方程

形如 $\dfrac{\mathrm{d}y}{\mathrm{d}x} = \varphi\left(\dfrac{y}{x}\right)$ 的方程称为齐次方程.

解法（变量代换）：作变量代换 $u = \dfrac{y}{x}$，即 $y = ux$，可把齐次方程化为可分离变量的方程

$$x\frac{\mathrm{d}u}{\mathrm{d}x} + u = \varphi(u), 即\frac{\mathrm{d}u}{\varphi(u) - u} = \frac{\mathrm{d}x}{x},$$

再用分离变量法解之，并代回原变量.

3. 一阶线性微分方程

形如 $\dfrac{\mathrm{d}y}{\mathrm{d}x} + P(x)y = Q(x)$ 的方程称为一阶线性微分方程，其中 $P(x)$，$Q(x)$ 在区间 I 上连续. 当 $Q(x) \equiv 0$ 时，对应的方程称为齐次的；当 $Q(x)$ 不恒等于 0 时，方程称为非齐次的.

解法（公式法）：

一阶线性齐次方程 $\dfrac{\mathrm{d}y}{\mathrm{d}x} + P(x)y = 0$ 的通解为 $y = C\mathrm{e}^{-\int P(x)\mathrm{d}x}$.

一阶线性非齐次方程 $\dfrac{\mathrm{d}y}{\mathrm{d}x} + P(x)y = Q(x)$ 的通解为 $y = \mathrm{e}^{-\int P(x)\mathrm{d}x}\left[\int Q(x)\mathrm{e}^{\int P(x)\mathrm{d}x}\mathrm{d}x + C\right]$，其中 C 为任意常数.

【注1】非齐次方程的通解公式是利用齐次方程的解通过常数变易法推导得到.

【注2】若 $\int P(x)\mathrm{d}x = \ln|\varphi(x)| + c$，则 $\mathrm{e}^{\int P(x)\mathrm{d}x} = |\varphi(x)| = \pm\varphi(x)$，$\mathrm{e}^{-\int P(x)\mathrm{d}x} =$

$$\pm \frac{1}{\varphi(x)},$$

代入上述公式中，$y = \pm \dfrac{1}{\varphi(x)} \left[\displaystyle\int \pm \varphi(x) \cdot Q(x) \mathrm{d}x + C \right]$

$$= \frac{1}{\varphi(x)} \left[\int \varphi(x) \cdot Q(x) \mathrm{d}x \pm C \right]$$

$$\xlongequal{\diamondsuit \pm C = D} \frac{1}{\varphi(x)} \left[\int \varphi(x) \cdot Q(x) \mathrm{d}x + D \right],$$

其中 D 依然是任意常数，所以可以不加绝对值.

在其他计算过程中，若出现 $\ln u$，且 u 不知正负，一律加绝对值.

4. 伯努利方程

形如 $\dfrac{\mathrm{d}y}{\mathrm{d}x} + P(x)y = Q(x)y^{\alpha}(\alpha \neq 0,1)$ 的方程称为伯努利方程.

解法(变量代换)： 作变量代换 $z = y^{1-\alpha}$，则原方程可化为如下的一阶线性方程：

$$\frac{\mathrm{d}z}{\mathrm{d}x} + (1-\alpha)P(x)z = (1-\alpha)Q(x).$$

解此方程的通解后，再将 z 换成 $y^{1-\alpha}$，即可得到原方程的通解.

5. 全微分方程

形如 $P(x,y)\mathrm{d}x + Q(x,y)\mathrm{d}y = 0$，且在单连通域 G 内满足 $\dfrac{\partial P}{\partial y} = \dfrac{\partial Q}{\partial x}$ 的方程称为全微分方程.

解法： 方程的左端为某个二元函数 $u(x,y)$ 的全微分，即 $\exists u(x,y)$，有

$$\mathrm{d}u(x,y) = P(x,y)\mathrm{d}x + Q(x,y)\mathrm{d}y,$$

则原方程的通解为 $u(x,y) = C$，其中函数 $u(x,y)$ 的求解有两种方法：

方法①：$u(x,y) = \displaystyle\int_{x_0}^{x} P(x,y_0)\mathrm{d}x + \int_{y_0}^{y} Q(x,y)\mathrm{d}y$

或 $u(x,y) = \displaystyle\int_{x_0}^{x} P(x,y)\mathrm{d}x + \int_{y_0}^{y} Q(x_0,y)\mathrm{d}y$，其中 (x_0,y_0) 是区域 G 中的任一个定点.

方法②：$\dfrac{\partial u}{\partial x} = P(x,y) \Rightarrow u = \displaystyle\int P(x,y)\mathrm{d}x + \varphi(y)$（积分过程中 y 视为常量）

利用 $\dfrac{\partial u}{\partial y} = Q(x,y)$，求出 $\varphi(y)$.

（三）高阶微分方程 $y^{(n)} = f(x, y, y', \cdots, y^{(n-1)}), n \geqslant 2.$

1. 可降阶的高阶微分方程

（1）形如 $y^{(n)} = f(x)$ 的方程

解法：逐次积分 n 次，每积分一次就将原方程降一阶，连续进行 n 次积分后，则可得到原方程的通解.

（2）形如 $y'' = f(x, y')$（不显含未知函数 y）

解法：设 $y' = p(x)$，则 $y'' = p' = \dfrac{\mathrm{d}p}{\mathrm{d}x}$，将原方程降为一阶方程：$\dfrac{\mathrm{d}p}{\mathrm{d}x} = f(x, p)$.

解出上述这个方程的通解，再将 $y' = p(x)$ 代入求得的通解中，得到一个新的关于 y 的一阶方程，并求出其通解，便可得到原方程的通解.

（3）形如 $y'' = f(y, y')$（不显含自变量 x）

解法：设 $y' = p(y)$，则 $y'' = \dfrac{\mathrm{d}p}{\mathrm{d}x} = \dfrac{\mathrm{d}p}{\mathrm{d}y} \cdot \dfrac{\mathrm{d}y}{\mathrm{d}x} = p \dfrac{\mathrm{d}p}{\mathrm{d}y}$，方程降为一阶方程：$p \dfrac{\mathrm{d}p}{\mathrm{d}y} = f(y, p)$.

解出上述这个方程的通解，再将 $y' = p(y)$ 代入求得的通解中，得到一个新的关于 y 的一阶方程，并求出其通解，便可得到原方程的通解.

2. 二阶线性微分方程解的结构

形如 $y'' + P(x)y' + Q(x)y = f(x)$ 的方程，称为二阶线性微分方程.

当 $f(x) \equiv 0$ 时，方程称为齐次的；

当 $f(x)$ 不恒等于 0 时，方程称为非齐次的，$f(x)$ 称为二阶线性微分方程的自由项.

（1）二阶线性齐次方程的解结构：若 $y_1(x)$ 与 $y_2(x)$ 是二阶线性齐次方程的两个线性无关的特解（即 $\dfrac{y_1(x)}{y_2(x)} \neq k$），则该齐次方程的通解为 $y = C_1 y_1 + C_2 y_2$.

（2）二阶线性非齐次方程的解结构：若 $y^*(x)$ 是非齐次方程的一个特解，所对应的齐次方程的通解为 $Y = C_1 y_1 + C_2 y_2$，则非齐次方程的通解为 $y = Y + y^*$.

（3）特解的叠加原理：若 $f(x) = f_1(x) + f_2(x)$，且 y_1^* 与 y_2^* 分别是方程 $y'' + P(x)y' + Q(x)y = f_1(x)$ 与 $y'' + P(x)y' + Q(x)y = f_2(x)$ 的特解，则 $y_1^* + y_2^*$ 是方程 $y'' + P(x)y' + Q(x)y = f_1(x) + f_2(x)$ 的特解.

3. 二阶常系数线性齐次方程

形如 $y'' + py' + qy = 0$（其中 p 和 q 均为常数）的方程称为二阶常系数线性齐

次方程.

解法(特征方程法)：

① 写出方程 $y'' + py' + qy = 0$ 对应的特征方程 $r^2 + pr + q = 0$；

② 求出特征方程的特征根 r_1, r_2；

③ 根据下表给出的三种特征根的不同情形,写出 $y'' + py' + qy = 0$ 的通解.

特征根的情形	特征根	对应的通解
有两个不同的特征实根	$r_1 \neq r_2$	$y = C_1 e^{r_1 x} + C_2 e^{r_2 x}$
有两个相同的特征实根	$r_1 = r_2 = r$	$y = (C_1 + C_2 x) e^{rx}$
有一对共轭复根	$r_{1,2} = \alpha \pm i\beta$	$y = (C_1 \cos\beta x + C_2 \sin\beta x) e^{\alpha x}$

上述方法及通解形式可推广到 n 阶常系数线性齐次微分方程.

特征根的情形	微分方程中通解中对应项
单实根 r	$c e^{rx}$
k 重实根 r	$(c_0 + c_1 x + \cdots + c_{k-1} x^{k-1}) e^{rx}$
一对共轭单复根 $\alpha \pm i\beta$	$[c_1 \cos\beta x + c_2 \sin\beta x] e^{\alpha x}$
一对 k 重共轭复根 $\alpha \pm i\beta$	$[(A_0 + A_1 x + \cdots + A_{k-1} x^{k-1}) \cos\beta x + (B_0 + B_1 x + \cdots + B_{k-1} x^{k-1}) \sin\beta x] e^{\alpha x}$

4. 二阶常系数非齐次线性微分方程

形如 $y'' + py' + qy = f(x)$(其中 p 和 q 均为常数) 称为二阶常系数非齐次线性微分方程.

求该方程的通解的步骤如下：

① 先求出原方程所对应的齐次线性微分方程 $y'' + py' + qy = 0$ 的通解 Y；

② 根据下表设出原方程的一个特解形式 y^*,并将该 y^* 代入原方程中,解出 y^* 中的待定常数,进而求得原方程的一个特解 y^*；

③ 写出原方程 $y'' + py' + qy = f(x)$ 的通解 $y = Y + y^*$.

微分方程 $y'' + py' + qy = f(x)$ 的特解 y^* 的形式如下表.

自由项 $f(x)$ 的形式		特解的形式
$f(x) = P_m(x) e^{\lambda x}$	λ 不是特征根	$y^* = Q_m(x) e^{\lambda x}$
	λ 是特征单根	$y^* = x Q_m(x) e^{\lambda x}$
	λ 是二重特征根	$y^* = x^2 Q_m(x) e^{\lambda x}$

（续表）

自由项 $f(x)$ 的形式	特解的形式
$f(x)=\mathrm{e}^{\lambda x}[P_l(x)\cos\omega x$ $+P_n(x)\sin\omega x]$	$y^*=x^k\mathrm{e}^{\lambda x}[R_m^{(1)}(x)\cos\omega x+R_m^{(2)}(x)\sin\omega x]$ $\lambda+\mathrm{i}\omega$ 不是特征根，$k=0$ $\lambda+\mathrm{i}\omega$ 是特征根，$k=1$，$m=\max\{l,n\}$

【注】表中的 $P_m(x)$、$P_n(x)$、$P_l(x)$ 分别为已知的 m 次、n 次、l 次多项式，$Q_m(x)$，$R_m^{(1)}(x)$，$R_m^{(2)}(x)$ 为待定的 m 次多项式．

5. 欧拉方程

形如 $x^ny^{(n)}+p_1x^{n-1}y^{(n-1)}+\cdots+p_{n-1}xy'+p_ny=f(x)$，其中 $p_i(i=1,2,\cdots,n)$ 为常数．

解法：变量代换（算子解法）

当 $x>0$ 时，作变量代换 $x=\mathrm{e}^t$（即 $t=\ln x$），引入算子记号 $D=\dfrac{\mathrm{d}}{\mathrm{d}t}$，$D^k=\dfrac{\mathrm{d}^k}{\mathrm{d}t^k}$，则有

$$x^ky^{(k)}=D(D-1)\cdots(D-k+1)y.$$

将方程化为以 t 为自变量，y 为未知函数的常系数线性微分方程，求出该方程的通解后，将 t 换成 $\ln x$ 即得原方程的通解．

当 $x<0$ 时，可作变换 $x=-\mathrm{e}^t$，同理可得．

综上，我们将 t 换成 $\ln|x|$ 可得到原方程的通解．

特别地，二阶欧拉方程 $x^2\dfrac{\mathrm{d}^2y}{\mathrm{d}x^2}+px\dfrac{\mathrm{d}y}{\mathrm{d}x}+qy=f(x)$，$p,q$ 为常数，$f(x)$ 为已知函数．

当 $x>0$ 时，令 $x=\mathrm{e}^t$，则原方程可化为 $\dfrac{\mathrm{d}^2y}{\mathrm{d}t^2}+(p-1)\dfrac{\mathrm{d}y}{\mathrm{d}t}+qy=f(\mathrm{e}^t)$；

当 $x<0$ 时，令 $x=-\mathrm{e}^t$，同理可得．

二、例题精讲

1. 基础题型：已知微分方程，求其通解或满足初始条件的特解

例 1 设 $y=y(x)$ 可导，$y(0)=2$，令 $\Delta y=y(x+\Delta x)-y(x)$，且 $\Delta y=\dfrac{xy}{1+x^2}\Delta x+o(\Delta x)$，则 $y(x)=$ _____．

解　由已知 $\Delta y = \dfrac{xy}{1+x^2}\Delta x + o(\Delta x)$ 可得

$$\frac{\Delta y}{\Delta x} = \frac{xy}{1+x^2} + \frac{o(\Delta x)}{\Delta x}.$$

$\Delta x \to 0$ 时两边同时取极限，得到一阶可分离变量的微分方程

$$\frac{\mathrm{d}y}{\mathrm{d}x} = \frac{xy}{1+x^2}.$$

分离变量，两边积分得

$$\int \frac{1}{y}\mathrm{d}y = \int \frac{x}{x^2+1}\mathrm{d}x,$$

解得

$$\ln|y| = \frac{1}{2}\ln(1+x^2) + C.$$

化简可得原方程的通解为：$y = c_1\sqrt{1+x^2}$，且 $y(0) = 2$，求得 $c_1 = 2$.

故原方程的特解为：$y = 2\sqrt{1+x^2}$.

例 2　设有微分方程 $y' + y = f(x)$，其中 $f(x) = \begin{cases} 2, & 0 \leqslant x \leqslant 1, \\ 0, & x > 1. \end{cases}$ 试求此方程

满足初始条件 $y|_{x=0} = 0$ 的连续解.

解　先求定解问题 $\begin{cases} y' + y = 2, & 0 \leqslant x \leqslant 1, \\ y|_{x=0} = 0. \end{cases}$

该方程既可以视为可分离变量的微分方程，也可以视为一阶线性微分方程，其通解为

$$y = \mathrm{e}^{-x}(2\mathrm{e}^x + C_1).$$

由 $y|_{x=0} = 0$ 可得 $C_1 = -2$，所以 $y = 2 - 2\mathrm{e}^{-x}(0 \leqslant x \leqslant 1)$.

再求解方程 $y' + y = 0, x > 1$，其通解为 $y = C_2\mathrm{e}^{-x}, x > 1$.

由于方程的解在 $x = 1$ 处连续，所以 $C_2\mathrm{e}^{-1} = 2 - 2\mathrm{e}^{-1}$，得到 $C_2 = 2\mathrm{e} - 2$. 故 $y = 2(\mathrm{e}-1)\mathrm{e}^{-x}, x > 1$.

综上，所求连续解为 $y = \begin{cases} 2(1 - \mathrm{e}^{-x}), & 0 \leqslant x \leqslant 1, \\ 2(\mathrm{e}-1)\mathrm{e}^{-x}, & x > 1. \end{cases}$

例 3　求下列微分方程的通解或特解.

(1) 微分方程 $xy'' + 3y' = 0$ 的通解为 _____ .

(2) 微分方程 $yy'' + y'^2 = 0$ 满足初始条件 $y|_{x=0} = 1, y'|_{x=0} = \dfrac{1}{2}$ 的特解

为_____.

解 (1) 令 $y' = p, y'' = \dfrac{\mathrm{d}p}{\mathrm{d}x}$,则原方程可化为

$$x\frac{\mathrm{d}p}{\mathrm{d}x} + 3p = 0,$$

分离变量,两边积分有 $\displaystyle\int \frac{1}{p}\mathrm{d}p = -\int \frac{3}{x}\mathrm{d}x$,

则其通解为 $p = \dfrac{c}{x^3}$,解此一阶微分方程 $\dfrac{\mathrm{d}y}{\mathrm{d}x} = \dfrac{c}{x^3}$,可得原方程的通解为

$$y = \frac{c_1}{x^2} + c_2.$$

(2) 令 $y' = p(y), y'' = \dfrac{\mathrm{d}p}{\mathrm{d}y}p$,则原方程可化为

$$y\frac{\mathrm{d}p}{\mathrm{d}y}p + p^2 = 0,$$

解此可分离变量的微分方程得到 $p = \dfrac{c_1}{y}$,利用 $y|_{x=0} = 1, y'|_{x=0} = \dfrac{1}{2}$,可得 $c_1 = \dfrac{1}{2}$.

故解此一阶微分方程 $\dfrac{\mathrm{d}y}{\mathrm{d}x} = \dfrac{1}{2y}$,其通解为 $y^2 = x + c_2$.由 $y|_{x=0} = 1$ 可得 $c_2 = 1$,且 $y|_{x=0} = 1 > 0$,所以原方程的特解为 $y = \sqrt{x+1}$.

【注】二阶微分方程 $y'' = f(y', y, x)$ 中的可降阶的微分方程有两种特殊类型,一种是不显含 y,此时利用 $y' = p, y'' = \dfrac{\mathrm{d}p}{\mathrm{d}x}$ 将原方程降阶;另一种是不显含 x,此时利用 $y' = p(y), y'' = \dfrac{\mathrm{d}p}{\mathrm{d}y}p$ 将原方程降阶.一般来说计算出降阶之后的一阶微分方程的通解后,将 p 换成 $\dfrac{\mathrm{d}y}{\mathrm{d}x}$,再解此一阶微分方程.若方程中既不显含 y,又不显含 x,则两种变量代换的方法均可以尝试求解方程.

例 4 求微分方程 $y\mathrm{d}x = (1 + x\ln y)x\mathrm{d}y (y > 0)$ 的通解.

解 化简整理可得伯努利方程

$$\frac{\mathrm{d}x}{\mathrm{d}y} - \frac{1}{y}x = \frac{\ln y}{y}x^2.$$

令 $z = x^{-1}$,则原方程可化为 $\dfrac{\mathrm{d}z}{\mathrm{d}y} + \dfrac{1}{y}z = -\dfrac{\ln y}{y}$,

故方程通解为

$$z = e^{-\int \frac{1}{y}dy} \left(\int -\frac{\ln y}{y} \cdot e^{\int \frac{1}{y}dy} dy + C \right),$$

换回原变量得

$$x^{-1} = e^{-\ln y} \left(\int -\frac{\ln y}{y} \cdot y dy + C \right).$$

故原方程的通解为

$$\frac{1}{x} = 1 - \ln y + \frac{C}{y} (y > 0, C \in \mathbf{R}).$$

【注】微分方程中的变量 x, y 所对应的未知函数可以是 $y(x)$ 也可以是 $x(y)$，此时对应的方程类型可能不同，可根据具体问题灵活解题.

例5 确定常数 λ，使 $2xy(x^4 + y^2)^\lambda dx - x^2(x^4 + y^2)^\lambda dy = 0$ 在右半平面 $x > 0$ 内为全微分方程，并求其通解.

解 令 $P(x, y) = 2xy(x^4 + y^2)^\lambda, Q(x, y) = -x^2(x^4 + y^2)^\lambda$，则

$$\frac{\partial P}{\partial y} = 2x(x^4 + y^2)^\lambda + 4xy^2\lambda(x^4 + y^2)^{\lambda-1}, \frac{\partial Q}{\partial x} = -2x(x^4 + y^2)^\lambda - 4x^5\lambda(x^4 + y^2)^{\lambda-1}.$$

由于该方程是全微分方程，故 $\frac{\partial P}{\partial y} = \frac{\partial Q}{\partial x}$，解得 $\lambda = -1$.

在右半平面内任取一点 $(1, 0)$，则

$$u(x, y) = \int_1^x \frac{2x \cdot 0}{x^4 + 0^2} dx - \int_0^y \frac{x^2}{x^4 + y^2} dy = -\arctan \frac{y}{x^2}.$$

所以原方程的通解为

$$-\arctan \frac{y}{x^2} = C.$$

例6 设 $f(x)$ 是二阶可微函数，且 $f(1) = f'(1) = 0$，若 $3f'(x)y dx + [xf'(x) - x^3]dy = 0$ 是全微分方程，试求 $f(x)$.

解 令 $P(x, y) = 3f'(x)y, Q(x, y) = xf'(x) - x^3$，

由于原方程是全微分方程，所以 $\frac{\partial P}{\partial y} = \frac{\partial Q}{\partial x}$，得到 $3f'(x) = f'(x) + xf''(x) - 3x^2$.

化简可得

$$f''(x) - \frac{2}{x}f'(x) = 3x.$$

该方程为可降阶的二阶微分方程，故令 $f'(x) = p(x)$，则原方程可化为

$$p'(x) - \frac{2}{x}p(x) = 3x,$$

其通解为

$$p(x) = \mathrm{e}^{\int \frac{2}{x} \mathrm{d}x} \left[\int 3x \cdot \mathrm{e}^{-\int \frac{2}{x} \mathrm{d}x} \mathrm{d}x + C_1 \right],$$

即 $p(x) = x^2(3\ln|x| + C_1)$.

由 $f'(1) = 0$ 解得 $C_1 = 0$,从而得到 $f'(x) = 3x^2\ln|x|$,其通解为 $f(x) = x^3\ln|x| - \dfrac{x^3}{3} + C_2$.

由 $f(1) = 0$ 解得 $C_2 = \dfrac{1}{3}$. 故所求函数为

$$f(x) = x^3\ln|x| - \frac{x^3}{3} + \frac{1}{3}.$$

例 7 若函数 $f(x)$ 满足方程 $f''(x) + f'(x) - 2f(x) = 0$ 及 $f''(x) + f(x) = 2\mathrm{e}^x$,则 $f(x) =$ _____.

解 $f''(x) + f'(x) - 2f(x) = 0$ 是二阶常系数齐次线性微分方程,其特征方程为 $r^2 + r - 2 = 0$,解得其特征根为 $r_1 = 1, r_2 = -2$. 故方程通解为 $f(x) = c_1\mathrm{e}^x + c_2\mathrm{e}^{-2x}$.

将此通解代入 $f''(x) + f(x) = 2\mathrm{e}^x$,可得 $c_1 = 1, c_2 = 0$. 故

$$f(x) = \mathrm{e}^x.$$

【注】此题给出的两个微分方程均可以求其通解,一般我们会选择较简单的方程先求解,另一个方程可以用来确定通解中的常数.

例 8 求微分方程 $y'' - 3y' + 2y = 2\mathrm{e}^{-x}\cos x + \mathrm{e}^{2x}(4x + 5)$ 的通解.

解 此方程为二阶常系数非齐次线性微分方程,利用特征方程法求解.

其对应的齐次方程的特征方程为:$r^2 - 3r + 2 = 0$,解得其特征根为 $r = 1, r = 2$,故其对应的齐次方程的通解为

$$Y = C_1\mathrm{e}^x + C_2\mathrm{e}^{2x}.$$

令 $y_1^* = \mathrm{e}^{-x}(A\cos x + B\sin x)$ 是方程 $y'' - 3y' + 2y = 2\mathrm{e}^{-x}\cos x$ 的一个特解,代入该方程,求得

$$A = \frac{1}{5}, B = -\frac{1}{5}.$$

令 $y_2^* = \mathrm{e}^{2x}x(Cx + D)$ 是方程 $y'' - 3y' + 2y = \mathrm{e}^{2x}(4x + 5)$ 的一个特解,代入该方程,求得

$$C = 2, D = 1.$$

从而原方程的通解为

$$y = C_1 e^x + C_2 e^{2x} + \frac{1}{5} e^{-x} (\cos x - \sin x) + e^{2x} (2x^2 + x).$$

例 9 求方程 $x^2 \dfrac{d^2 y}{dx^2} + 4x \dfrac{dy}{dx} + 2y = 0 (x > 0)$ 的通解.

解 此方程为欧拉方程,令 $x = e^t$,则

$$x \frac{dy}{dx} = Dy = \frac{dy}{dt}, \quad x^2 \frac{d^2 y}{dx^2} = D(D-1)y = \frac{d^2 y}{dt^2} - \frac{dy}{dt}.$$

原方程可化为

$$\frac{d^2 y}{dt^2} + 3 \frac{dy}{dt} + 2y = 0.$$

其通解为 $y = C_1 e^{-t} + C_2 e^{-2t}$,代回原变量所求通解为

$$y = \frac{C_1}{x} + \frac{C_2}{x^2}.$$

例 10 求微分方程 $4x^4 y''' - 4x^3 y'' + 4x^2 y' = 1$ 的通解.

解 原方程可化为

$$x^3 y''' - x^2 y'' + xy' = \frac{1}{4x}.$$

此为欧拉方程,令 $x = e^t$,则

$$x \frac{dy}{dx} = Dy = \frac{dy}{dt}, \quad x^2 \frac{d^2 y}{dx^2} = D(D-1)y = \frac{d^2 y}{dt^2} - \frac{dy}{dt},$$

$$x^3 \frac{d^3 y}{dx^3} = D(D-1)(D-2)y = \frac{d^3 y}{dt^3} - 3 \frac{d^2 y}{dt^2} + 2 \frac{dy}{dt},$$

代入原方程可得

$$\frac{d^3 y}{dt^3} - 4 \frac{d^2 y}{dt^2} + 4 \frac{dy}{dt} = \frac{1}{4} e^{-t}. \tag{*}$$

其对应的齐次方程的特征方程为 $r^3 - 4r^2 + 4r = 0$,解得其特征值为 $r_1 = 0, r_2 = r_3 = 2$.

故对应的齐次方程的通解为 $\bar{y} = C_1 + (C_2 t + C_3) e^{2t}$,将 $t = \ln |x|$ 代入,得到 $\bar{y} = C_1 + (C_2 \ln |x| + C_3) x^2$.

令 $y^* = a e^{-t}$ 是方程 (*) 的一个特解,代入原方程解得 $a = -\dfrac{1}{36}$,从而 $y^* = -\dfrac{1}{36} e^{-t}$.

所以原方程的通解为

$$y = C_1 + (C_2 \ln|x| + C_3)x^2 - \frac{1}{36x}.$$

2. 微分方程通解结构的考察,已知通解或特解求微分方程

例 11　设 $y = C_1 e^{-2x} + C_2 e^x + \cos x$,其中 C_1, C_2 为任意常数,若 y 为某二阶常系数非齐次线性微分方程的通解,则该方程为 _____.

解　利用二阶常系数非齐次线性微分方程解的结构可知其特征值为 $r_1 = -2, r_2 = 1$,故求得对应的特征方程为 $r^2 + r - 2 = 0$,所以对应的齐次方程为 $y'' + y' - 2y = 0$.

将 $y = \cos x$ 代入方程左边,求出自由项 $y'' + y' - 2y = -\sin x - 3\cos x$,即为所求的微分方程.

例 12　若二阶常系数齐次线性微分方程 $y'' + ay' + by = 0$ 的通解为 $y = (C_1 + C_2 x)e^x$,则非齐次方程 $y'' + ay' + by = x$ 满足条件 $y(0) = 2, y'(0) = 0$ 的解为 $y = $ _____.

解　由通解 $y = (C_1 + C_2 x)e^x$ 的结构可知特征值为 $r_1 = r_2 = 1$,故 $y'' + ay' + by = 0$ 中 $a = -2, b = 1$,
得到微分方程

$$y'' - 2y' + y = x.$$

令 $y^* = Ax + B$ 是该方程的特解,代入原方程,求得 $A = 1, B = 2$,即特解为 $y^* = x + 2$.

所以该方程的通解为

$$y = (C_1 + C_2 x)e^x + x + 2.$$

由初始条件 $y(0) = 2, y'(0) = 0$ 解得 $C_1 = 0, C_2 = -1$,故原方程的特解为

$$y = -xe^x + x + 2.$$

例 13　设 $y = \frac{1}{2}e^{2x} + \left(x - \frac{1}{3}\right)e^x$ 是二阶常系数非齐次线性微分方程 $y'' + ay' + by = ce^x$ 的一个特解,则 （　）

(A) $a = -3, b = 2, c = -1$　　(B) $a = 3, b = 2, c = -1$

(C) $a = -3, b = 2, c = 1$　　(D) $a = 3, b = 2, c = 1$

解　由特解 $y = \frac{1}{2}e^{2x} - \frac{1}{3}e^x + xe^x$ 的结构可知,其对应的特征值为 $r_1 = 2, r_2 = 1$,故方程中的系数

$$a = -3, b = 2.$$

将 $y^* = xe^x$ 代入原方程得

$$(xe^x)'' - 3(xe^x)' + 2(xe^x) = ce^x.$$

可得 $c = -1$. 故选(A).

例 14 若 $y_1 = (1+x^2)^2 - \sqrt{1+x^2}$，$y_2 = (1+x^2)^2 + \sqrt{1+x^2}$ 是微分方程 $y' + p(x)y = q(x)$ 的两个解，则 $q(x) =$ （　　）

(A) $3x(1+x^2)$　　　　　　　(B) $-3x(1+x^2)$

(C) $\dfrac{x}{1+x^2}$　　　　　　　(D) $-\dfrac{x}{1+x^2}$

解 因为 y_1, y_2 是原方程的解，所以由解的性质可知 $y_2 - y_1$ 是对应齐次方程的解，所以将 $y_2 - y_1 = 2\sqrt{1+x^2}$ 代入齐次方程 $y' + p(x)y = 0$，计算得到 $p(x) = \dfrac{-x}{1+x^2}$.

而 $\dfrac{1}{2}(y_1 + y_2)$ 仍然是原方程的解，所以将 $\dfrac{1}{2}(y_1 + y_2) = (1+x^2)^2$ 代入原方程 $y' + p(x)y = q(x)$，计算得到 $q(x) = 3x(1+x^2)$. 故选 A.

【注】若 y_1, y_2 是线性方程 $y' + p(x)y = f(x)$ 的两个解，则 $C_1 y_1 + C_2 y_2 (C_1 + C_2 = 1)$ 一定是该方程的解，$C(y_1 - y_2)(C \neq 0)$ 是其对应齐次方程 $y' + p(x)y = 0$ 的解. 此结论可推广到 n 阶线性方程的情形.

例 15 在下列微分方程中，以 $y = C_1 e^x + C_2 \cos 2x + C_3 \sin 2x (C_1, C_2, C_3$ 为任意常数) 为通解的是 （　　）

(A) $y''' + y'' - 4y' - 4y = 0$　　(B) $y''' + y'' + 4y' + 4y = 0$

(C) $y''' - y'' - 4y' + 4y = 0$　　(D) $y''' - y'' + 4y' - 4y = 0$

解 通解中含有三个任意独立的常数，故方程为三阶微分方程.

由通解 $y = C_1 e^x + C_2 \cos 2x + C_3 \sin 2x$ 的结构可知，原方程的对应的特征值中 $r_1 = 1$ 是单实根，$r_2 = r_3 = \pm 2i$ 是一对共轭单复根，所以特征方程为 $(r-1)(r^2 + 4) = 0$，故原方程为

$$y''' - y'' + 4y' - 4y = 0.$$

故选(D).

3. 与其他知识点结合的微分方程综合题

例 16 设函数 $y = f(x)$ 由参数方程 $\begin{cases} x = 2t + t^2, \\ y = \varphi(t) \end{cases} (t > -1)$ 所确定，且 $\dfrac{d^2 y}{dx^2} =$

$\dfrac{3}{4(1+t)}$,其中 $\varphi(t)$ 具有二阶导数,曲线 $y=\varphi(t)$ 与 $y=\displaystyle\int_{1}^{t^{2}}\mathrm{e}^{-u^{2}}\mathrm{d}u+\dfrac{3}{2\mathrm{e}}$ 在 $t=1$ 处相切. 求函数 $y=\varphi(t)$.

解　由参数方程计算其一阶及二阶导数有 $\dfrac{\mathrm{d}y}{\mathrm{d}x}=\dfrac{\varphi'(t)}{2+2t}$,

$$\frac{\mathrm{d}^{2}y}{\mathrm{d}x^{2}}=\frac{\varphi''(t)(2+2t)-2\varphi'(t)}{(2+2t)^{2}}\cdot\frac{1}{2+2t}.$$

由已知条件 $\dfrac{\mathrm{d}^{2}y}{\mathrm{d}x^{2}}=\dfrac{3}{4(1+t)}$ 可得

$$\frac{\varphi''(t)(2+2t)-2\varphi'(t)}{(2+2t)^{2}}\cdot\frac{1}{2+2t}=\frac{3}{4(1+t)},$$

化简可得二阶微分方程

$$\varphi''(t)-\frac{1}{1+t}\varphi'(t)=3(1+t).$$

令 $\varphi'(t)=u$,则有 $u'-\dfrac{1}{1+t}u=3(1+t)$.

利用公式法可得

$$u=\mathrm{e}^{\int\frac{1}{1+t}\mathrm{d}t}\Big[\int 3(1+t)\mathrm{e}^{\int-\frac{1}{1+t}\mathrm{d}t}\mathrm{d}t+C_{1}\Big]$$

$$=(1+t)(C_{1}+3t).$$

由 $\varphi'(t)=(1+t)(C_{1}+3t)$ 解得

$$\varphi(t)=\frac{3}{2}t^{2}+C_{1}t+t^{3}+\frac{1}{2}C_{1}t^{2}+C_{2},$$

且 $y=\varphi(t)$ 与 $y=\displaystyle\int_{1}^{t^{2}}\mathrm{e}^{-u^{2}}\mathrm{d}u+\dfrac{3}{2\mathrm{e}}$ 相切,所以 $\varphi(1)=\dfrac{3}{2\mathrm{e}}$,$\varphi'(1)=\mathrm{e}^{-t^{4}}2t\big|_{t=1}=2\mathrm{e}^{-1}$,故

$$C_{1}=\frac{1}{\mathrm{e}}-3,C_{2}=2.$$

所以 $\varphi(t)=t^{3}+\dfrac{1}{2\mathrm{e}}t^{2}+\Big(\dfrac{1}{\mathrm{e}}-3\Big)t+2$.

例 17　设 $\varphi'(x)=\mathrm{e}^{x}+\sqrt{x}\displaystyle\int_{0}^{\sqrt{x}}\varphi(\sqrt{x}u)\mathrm{d}u$,$\varphi(0)=0$,求 $\varphi(x)$.

解　对积分进行换元,令 $\sqrt{x}u=t$,则

$$\int_{0}^{\sqrt{x}}\varphi(\sqrt{x}u)\mathrm{d}u=\frac{1}{\sqrt{x}}\int_{0}^{x}\varphi(t)\mathrm{d}t,$$

对等式两边求导可得

$$\varphi''(x) - \varphi(x) = \mathrm{e}^x.$$

解此二阶常系数非齐次微分方程,其对应的齐次方程的特征方程为 $r^2 - 1 = 0$,解得 $r = \pm 1$,故其对应的齐次方程的通解为 $Y = C_1 \mathrm{e}^x + C_2 \mathrm{e}^{-x}$.

令 $y^* = ax\mathrm{e}^x$ 是原方程的特解,代入原方程求得 $a = \dfrac{1}{2}$,故特解为

$$y^* = \frac{1}{2}x\mathrm{e}^x.$$

所以原方程的通解为

$$\varphi(x) = C_1 \mathrm{e}^x + C_2 \mathrm{e}^{-x} + \frac{1}{2}x\mathrm{e}^x,$$

由初始条件 $\varphi(0) = 0, \varphi'(0) = 1$ 解得 $C_1 = \dfrac{1}{4}, C_2 = -\dfrac{1}{4}$,故所求特解为

$$\varphi(x) = \frac{1}{4}\mathrm{e}^x - \frac{1}{4}\mathrm{e}^{-x} + \frac{1}{2}x\mathrm{e}^x.$$

例 18 设函数 $f(x)$ 在 $(0, +\infty)$ 内连续,$f(1) = \dfrac{5}{2}$,且对所有的 $x, t \in (0, +\infty)$,满足条件

$$\int_1^{xt} f(u)\mathrm{d}u = t\int_1^x f(u)\mathrm{d}u + x\int_1^t f(u)\mathrm{d}u,$$

求 $f(x)$.

解 令 $F(x) = \displaystyle\int_1^x f(u)\mathrm{d}u$,则 $F(1) = 0, \displaystyle\int_1^{xt} f(u)\mathrm{d}u = F(xt)$.

由已知可得 $F(xt) = tF(x) + xF(t)$,所以

$$F(x + \Delta x) = F\left[x\left(1 + \frac{\Delta x}{x}\right)\right] = \left(1 + \frac{\Delta x}{x}\right)F(x) + xF\left(1 + \frac{\Delta x}{x}\right).$$

由导数定义可得

$$F'(x) = \lim_{\Delta x \to 0} \frac{F(x + \Delta x) - F(x)}{\Delta x} = \lim_{\Delta x \to 0} \frac{\dfrac{\Delta x}{x}F(x) + xF\left(1 + \dfrac{\Delta x}{x}\right)}{\Delta x}$$

$$= \lim_{\Delta x \to 0} \frac{F\left(1 + \dfrac{\Delta x}{x}\right) - F(1)}{\dfrac{\Delta x}{x}} + \lim_{\Delta x \to 0} \frac{F(x)}{x} = F'(1) + \frac{F(x)}{x}.$$

由 $F'(x) = f(x)$ 可知 $F'(1) = f(1) = \dfrac{5}{2}$,所以得到微分方程 $F'(x) = \dfrac{F(x)}{x} +$

$\dfrac{5}{2}$,求得通解为

$$F(x) = x\Big(\dfrac{5}{2}\ln x + C\Big).$$

由 $F(1) = 0$ 解得 $C = 0$,所以 $F(x) = \dfrac{5}{2}x\ln x$,则

$$f(x) = F'(x) = \dfrac{5}{2}\ln x + \dfrac{5}{2}.$$

例 19　设 $f(x)$ 在 **R** 上有定义,且 $f(x+y) = \dfrac{f(x) + f(y)}{1 - f(x)f(y)}$,其中 $f'(0) = 1$,求 $f(x)$.

解　由 $f(x+y) = \dfrac{f(x) + f(y)}{1 - f(x)f(y)}$,可得

$$f(0) = \dfrac{f(0) + f(0)}{1 - f(0)f(0)},$$

解得 $f(0) = 0$. 结合导函数定义得

$$\begin{aligned}
f'(x) &= \lim_{y \to 0} \dfrac{f(x+y) - f(x)}{y} = \lim_{y \to 0} \dfrac{\dfrac{f(x) + f(y)}{1 - f(x)f(y)} - f(x)}{y} \\
&= \lim_{y \to 0} \dfrac{f(y)\big[1 + f^2(x)\big]}{y\big[1 - f(x)f(y)\big]} = \lim_{y \to 0} \dfrac{f(y) - f(0)}{y - 0} \cdot \lim_{y \to 0} \dfrac{1 + f^2(x)}{1 - f(x)f(y)} \\
&= f'(0)\big[1 + f^2(x)\big].
\end{aligned}$$

得到微分方程 $f'(x) = 1 + f^2(x)$,分离变量两边积分得

$$\int \dfrac{1}{1 + f^2(x)}\mathrm{d}f(x) = \int \mathrm{d}x,$$

则其通解为

$$\arctan f(x) = x + C.$$

由于 $f(0) = 0$,所以 $C = 0$,故 $f(x) = \tan x$.

例 20　设函数 $f(u)$ 二阶连续可导,$z = f(\mathrm{e}^x\cos y)$ 满足 $\dfrac{\partial^2 z}{\partial x^2} + \dfrac{\partial^2 z}{\partial y^2} = (4z + \mathrm{e}^x\cos y)\mathrm{e}^{2x}$,若 $f(0) = 0, f'(0) = 0$,求 $f(u)$ 的表达式.

解　对复合函数 $z = f(\mathrm{e}^x\cos y)$ 求导,可得

$$\dfrac{\partial z}{\partial x} = f'(\mathrm{e}^x\cos y)\mathrm{e}^x\cos y, \dfrac{\partial z}{\partial y} = -f'(\mathrm{e}^x\cos y)\mathrm{e}^x\sin y,$$

$$\dfrac{\partial^2 z}{\partial x^2} = f''(\mathrm{e}^x\cos y)(\mathrm{e}^x\cos y)^2 + f'(\mathrm{e}^x\cos y)\mathrm{e}^x\cos y,$$

$$\frac{\partial^2 z}{\partial y^2} = f''(\mathrm{e}^x \cos y)(\mathrm{e}^x \sin y)^2 - f'(\mathrm{e}^x \cos y)\mathrm{e}^x \cos y,$$

将二阶偏导代入等式 $\dfrac{\partial^2 z}{\partial x^2} + \dfrac{\partial^2 z}{\partial y^2} = f''(\mathrm{e}^x \cos y)\mathrm{e}^{2x}$，可得

$$f''(\mathrm{e}^x \cos y)\mathrm{e}^{2x} = (4z + \mathrm{e}^x \cos y)\mathrm{e}^{2x},$$

即为二阶常系数非齐次线性微分方程

$$f''(u) - 4f(u) = u. \tag{$*$}$$

其对应的齐次方程的特征方程为 $r^2 - 4 = 0$，解得特征根为 $r = \pm 2$. 故对应的齐次方程的通解为 $\bar{z} = c_1 \mathrm{e}^{2u} + c_2 \mathrm{e}^{-2u}$.

令方程（$*$）的特解为 $z^* = au + b$，代入原方程，利用待定系数法可得 $a = -\dfrac{1}{4}, b = 0$.

所以方程（$*$）的通解为

$$f(u) = c_1 \mathrm{e}^{2u} + c_2 \mathrm{e}^{-2u} - \frac{1}{4}u.$$

由 $f(0) = 0, f'(0) = 0$ 可得 $c_1 = \dfrac{1}{16}, c_2 = -\dfrac{1}{16}$.

故方程（$*$）的特解为

$$f(u) = \frac{1}{16}\mathrm{e}^{2u} - \frac{1}{16}\mathrm{e}^{-2u} - \frac{1}{4}u.$$

例 21　设函数 $f(x)$ 具有二阶导数，$z = xf\left(\dfrac{y}{x}\right) + 2yf\left(\dfrac{x}{y}\right)$，且满足 $\dfrac{\partial^2 z}{\partial x \partial y}\bigg|_{x=1} = -y^2$，求 $f(x)$.

解　利用复合函数求导法则计算 z 的一阶及二阶偏导数得

$$\frac{\partial z}{\partial x} = f\left(\frac{y}{x}\right) + xf'\left(\frac{y}{x}\right)\left(-\frac{y}{x^2}\right) + 2yf'\left(\frac{x}{y}\right) \cdot \frac{1}{y} = f\left(\frac{y}{x}\right) - \frac{y}{x}f'\left(\frac{y}{x}\right) + 2f'\left(\frac{x}{y}\right),$$

$$\frac{\partial^2 z}{\partial x \partial y} = f'\left(\frac{y}{x}\right) \cdot \frac{1}{x} - \frac{1}{x}f'\left(\frac{y}{x}\right) - \frac{y}{x}f''\left(\frac{y}{x}\right) \cdot \frac{1}{x} + 2f''\left(\frac{x}{y}\right) \cdot \left(-\frac{x}{y^2}\right)$$

$$= -\frac{y}{x^2}f''\left(\frac{y}{x}\right) - \frac{2x}{y^2}f''\left(\frac{x}{y}\right).$$

代入已知条件可得

$$yf''(y) + \frac{2}{y^2}f''\left(\frac{1}{y}\right) = y^2. \tag{①}$$

令 $y = \dfrac{1}{t}$，可得 $\dfrac{1}{t}f''\left(\dfrac{1}{t}\right) + 2t^2 f''(t) = \dfrac{1}{t^2}$，即

$$\frac{1}{y}f''\left(\frac{1}{y}\right) + 2y^2 f''(y) = \frac{1}{y^2}. \qquad ②$$

由 ①② 两式联立解得

$$f''(y) = -\frac{1}{3}y + \frac{2}{3} \cdot \frac{1}{y^4}.$$

依次积分两次可得通解

$$f(y) = -\frac{1}{18}y^3 + \frac{1}{9y^2} + C_1 y + C_2.$$

故所求函数为

$$f(x) = -\frac{1}{18}x^3 + \frac{1}{9x^2} + C_1 x + C_2.$$

例 22 设函数 $y(x)$ 满足 $y'' + 2y' + ky = 0$，其中 $0 < k < 1$.

(1) 证明：反常积分 $\int_0^{+\infty} y(x)\mathrm{d}x$ 收敛.

(2) 若 $y(0) = 1, y'(0) = 1$，求 $\int_0^{+\infty} y(x)\mathrm{d}x$ 的值.

证 (1) $y'' + 2y' + ky = 0$ 为二阶常系数齐次方程，其特征方程为 $r^2 + 2r + k = 0$，

由于 $\Delta = 4 - 4k > 0$，因此 $r_{1,2} = -1 \pm \sqrt{1-k}$，故其通解为 $y(x) = c_1 \mathrm{e}^{r_1 x} + c_2 \mathrm{e}^{r_2 x}$.

$$\int_0^{+\infty} y(x)\mathrm{d}x = \int_0^{+\infty} (c_1 \mathrm{e}^{r_1 x} + c_2 \mathrm{e}^{r_2 x})\mathrm{d}x = \left[\frac{c_1}{r_1}\mathrm{e}^{r_1 x} + \frac{c_2}{r_2}\mathrm{e}^{r_2 x}\right]_0^{+\infty}$$

$$= \lim_{x \to +\infty} \frac{c_1}{r_1}\mathrm{e}^{r_1 x} + \lim_{x \to +\infty} \frac{c_2}{r_2}\mathrm{e}^{r_2 x} - \frac{c_1}{r_1} - \frac{c_2}{r_2},$$

由于 $0 < k < 1, r_1 < 0, r_2 < 0$，所以上述极限存在，从而 $\int_0^{+\infty} y(x)\mathrm{d}x$ 收敛.

(2) 由 $y(0) = 1, y'(0) = 1$ 可得 $c_1 + c_2 = 1, r_1 c_1 + r_2 c_2 = 1$.

解得

$$c_1 = \frac{r_2 - 1}{r_2 - r_1}, c_2 = \frac{r_1 - 1}{r_1 - r_2}.$$

所以

$$\int_0^{+\infty} y(x)\mathrm{d}x = -\frac{c_1}{r_1} - \frac{c_2}{r_2} = \frac{3}{k}.$$

例 23 设函数 $f(t)$ 为 $(-\infty, +\infty)$ 内的连续函数，且满足

$$f(t) = 3\iiint_{x^2 + y^2 + z^2 \leqslant t^2} f(\sqrt{x^2 + y^2 + z^2})\mathrm{d}x\mathrm{d}y\mathrm{d}z + |t^3|, t \in (-\infty, +\infty).$$

试求 $f\left(\dfrac{1}{\sqrt[3]{4\pi}}\right)$ 及 $f\left(-\dfrac{1}{\sqrt[3]{2\pi}}\right)$ 的值.

解 当 $t>0$ 时,$f(t)=3\displaystyle\int_0^{2\pi}\mathrm{d}\theta\int_0^{\pi}\mathrm{d}\varphi\int_0^t f(r)r^2\sin\varphi\mathrm{d}r+t^3=12\pi\int_0^t f(r)r^2\mathrm{d}r+t^3.$
则其导数为 $f'(t)=12\pi f(t)t^2+3t^2.$ 解此一阶可分离变量的微分方程得 $f(t)$
$=\dfrac{1}{4\pi}(C\mathrm{e}^{4\pi t^3}-1).$

由于当 $t=0$ 时,$f(t)=0$,且 $f(x)$ 为 $(-\infty,+\infty)$ 内的连续函数,所以 $C=1.$

故 $$f(t)=\frac{1}{4\pi}(\mathrm{e}^{4\pi t^3}-1),$$

从而 $$f\left(\frac{1}{\sqrt[3]{4\pi}}\right)=\frac{1}{4\pi}(\mathrm{e}-1).$$

当 $t<0$ 时,$f(t)=3\displaystyle\int_0^{2\pi}\mathrm{d}\theta\int_0^{\pi}\mathrm{d}\varphi\int_0^{-t} f(r)r^2\sin\varphi\mathrm{d}r-t^3=12\pi\int_0^{-t} f(r)r^2\mathrm{d}r-t^3.$

将 $f(r)=\dfrac{1}{4\pi}(\mathrm{e}^{4\pi r^3}-1)$ 代入可得 $f(t)=\dfrac{1}{4\pi}(\mathrm{e}^{-4\pi t^3}-1)-t^3,$

故 $$f\left(-\frac{1}{\sqrt[3]{2\pi}}\right)=\frac{1}{4\pi}(\mathrm{e}^2+1).$$

例 24 设函数 $f(t)$ 在 $[0,+\infty)$ 上连续,$\Omega(t)=\{(x,y,z)\in\mathbf{R}^3\mid x^2+y^2+z^2\leqslant t^2,z\geqslant 0\}$,$S(t)$ 是 $\Omega(t)$ 的表面,$D(t)$ 是 $\Omega(t)$ 在 xOy 面上的投影区域,$L(t)$ 是 $D(t)$ 的边界曲线,已知当 $t\in(0,+\infty)$ 时,恒有

$$\oint_{L(t)}f(x^2+y^2)\sqrt{x^2+y^2}\,\mathrm{d}s+\oiint_{S(t)}(x^2+y^2+z^2)\mathrm{d}S$$
$$=\iint_{D(t)}f(x^2+y^2)\mathrm{d}\sigma+\iiint_{\Omega(t)}\sqrt{x^2+y^2+z^2}\,\mathrm{d}V.$$

求函数 $f(t)$ 的表达式.

解 $L(t)$ 为 xOy 面上的圆周线 $x^2+y^2=t^2$,则

$$\oint_{L(t)}f(x^2+y^2)\sqrt{x^2+y^2}\,\mathrm{d}s=\oint_{L(t)}f(t^2)t\mathrm{d}s=2\pi t^2 f(t^2).$$

$S(t)$ 为上半球体的全表面,即上半球面 $x^2+y^2+z^2=t^2$ 及底面 $z=0(x^2+y^2\leqslant t^2)$,则

$$\oiint_{S(t)}(x^2+y^2+z^2)\mathrm{d}S=\iint_{S_1(t)}t^2\mathrm{d}S+\iint_{z=0}(x^2+y^2)\mathrm{d}S=2\pi t^4+\iint_{D_{xy}}(x^2+y^2)\mathrm{d}x\mathrm{d}y$$
$$=2\pi t^4+\int_0^{2\pi}\mathrm{d}\theta\int_0^t\rho^2\cdot\rho\mathrm{d}\rho=\frac{5}{2}\pi t^4.$$

$D(t)$ 为 xOy 面上的圆域 $x^2 + y^2 \leqslant t^2$,则

$$\iint\limits_{D(t)} f(x^2 + y^2)\mathrm{d}\sigma = \int_0^{2\pi}\mathrm{d}\theta\int_0^t f(\rho^2)\rho\mathrm{d}\rho = 2\pi\int_0^t f(\rho^2)\rho\mathrm{d}\rho.$$

$\Omega(t)$ 为上半球体 $x^2 + y^2 + z^2 \leqslant t^2$,则

$$\iiint\limits_{\Omega(t)} \sqrt{x^2 + y^2 + z^2}\,\mathrm{d}V = \int_0^{2\pi}\mathrm{d}\theta\int_0^{\frac{\pi}{2}}\mathrm{d}\varphi\int_0^t r \cdot r^2\sin\varphi\mathrm{d}r = \frac{1}{2}\pi t^4.$$

由已知条件可得

$$2\pi t^2 f(t^2) + \frac{5}{2}\pi t^4 = 2\pi\int_0^t f(\rho^2)\rho\mathrm{d}\rho + \frac{1}{2}\pi t^4.$$

两边同时求导可得

$$4\pi t f(t^2) + 2\pi t^2 f'(t^2) \cdot 2t + 8\pi t^3 = 2\pi t f(t^2).$$

令 $t^2 = u$,得一阶线性微分方程

$$f'(u) + \frac{1}{2u}f(u) = -2.$$

利用公式法可求得该微分方程的通解为 $f(u) = -\frac{4}{3}u + \frac{C}{\sqrt{u}}$,即 $f(t) = -\frac{4}{3}t + \frac{C}{\sqrt{t}}$.

例 25　已知微分方程 $y' + y = f(x)$.

(1) 当 $f(x) = x$ 时,求微分方程的通解.

(2) 若 $f(x)$ 是周期为 T 的函数,证明:微分方程存在唯一以 T 为周期的解.

证　(1) $y' + y = x$ 是一阶线性微分方程,故其通解为

$$y = \mathrm{e}^{-\int\mathrm{d}x}\left(\int x\mathrm{e}^{\int\mathrm{d}x}\mathrm{d}x + c\right)$$

$$= x - 1 + c\mathrm{e}^{-x}.$$

(2) 由方程 $y' + y = f(x)$ 可知,其通解为 $y = \mathrm{e}^{-x}\left(\int f(x)\mathrm{e}^x\mathrm{d}x + c\right)$.

由于 $f(x)$ 是周期函数,因此 $f(x) = f(x + T)$.

取 $y(x) = \mathrm{e}^{-x}\left[\int_0^x f(t)\mathrm{e}^t\mathrm{d}t + c\right]$,则

$$y(x + T) = \mathrm{e}^{-x-T}\left[\int_0^{x+T} f(t)\mathrm{e}^t\mathrm{d}t + c\right]$$

$$= \mathrm{e}^{-x}\mathrm{e}^{-T}\left[\int_0^T f(t)\mathrm{e}^t\mathrm{d}t + \int_T^{x+T} f(t)\mathrm{e}^t\mathrm{d}t + c\right].$$

令 $t = u + T$,则

$$y(x + T) = \mathrm{e}^{-x}\mathrm{e}^{-T}\left[\int_0^T f(t)\mathrm{e}^t\mathrm{d}t + \int_0^x f(u + T)\mathrm{e}^{u+T}\mathrm{d}u + c\right]$$

$$= \mathrm{e}^{-x} \mathrm{e}^{-T} \left[\left[\int_0^T f(t) \mathrm{e}^t \mathrm{d}t + \mathrm{e}^T \int_0^x f(u) \mathrm{e}^u \mathrm{d}u + c \right] \right.$$

$$= \mathrm{e}^{-x} \left[\mathrm{e}^{-T} \int_0^T f(t) \mathrm{e}^t \mathrm{d}t + \int_0^x f(u) \mathrm{e}^u \mathrm{d}u + c \mathrm{e}^{-T} \right].$$

由 $y(x) = y(x + T)$ 可知 $c = \mathrm{e}^{-T} \int_0^T f(t) \mathrm{e}^t \mathrm{d}t + c \mathrm{e}^{-T}$,解得 $c = \dfrac{\displaystyle\int_0^T f(t) \mathrm{e}^t \mathrm{d}t}{\mathrm{e}^T - 1}$.

所以方程存在唯一以 T 为周期的周期解.

例 26 用变量代换 $x = \cos t (0 < t < \pi)$ 化简微分方程 $(1 - x^2) y'' - xy' + y = 0$,并求其满足 $y|_{x=0} = 1, y'|_{x=0} = 2$ 的特解.

解 由已知可得

$$\frac{\mathrm{d}y}{\mathrm{d}x} = \frac{\mathrm{d}y}{\mathrm{d}t} \Big/ \frac{\mathrm{d}x}{\mathrm{d}t} = -\frac{\mathrm{d}y}{\mathrm{d}t} \cdot \frac{1}{\sin t},$$

$$\frac{\mathrm{d}^2 y}{\mathrm{d}x^2} = -\left(\frac{\mathrm{d}^2 y}{\mathrm{d}t^2} \Big/ \frac{\mathrm{d}x}{\mathrm{d}t} \right) \cdot \frac{1}{\sin t} - \frac{\mathrm{d}y}{\mathrm{d}t} \cdot \frac{\cos t}{\sin^3 t} = \frac{\mathrm{d}^2 y}{\mathrm{d}t^2} \cdot \frac{1}{\sin^2 t} - \frac{\mathrm{d}y}{\mathrm{d}t} \cdot \frac{\cos t}{\sin^3 t}.$$

代入原方程化简可得

$$\frac{\mathrm{d}^2 y}{\mathrm{d}t^2} + y = 0.$$

则此二阶常系数齐次方程的通解为

$$y = A\cos t + B\sin t = Ax + B\sqrt{1 - x^2}.$$

由 $y|_{x=0} = 1, y'|_{x=0} = 2$ 解得 $A = 2, B = 1$. 所以原方程的特解为

$$y = 2x + \sqrt{1 - x^2}.$$

例 27 设幂级数 $\displaystyle\sum_{n=0}^{\infty} a_n x^n$ 在 $(-\infty, +\infty)$ 内收敛,其和函数 $y(x)$ 满足 $y'' - 2xy' - 4y = 0, y(0) = 0, y'(0) = 1.$

(1) 证明:$a_{n+2} = \dfrac{2}{n+1} a_n$;

(2) 求 $y(x)$ 的表达式.

证 (1) 由已知条件 $y(x) = \displaystyle\sum_{n=0}^{\infty} a_n x^n$,可知

$$y'(x) = \sum_{n=1}^{\infty} a_n \cdot n x^{n-1} = \sum_{n=0}^{\infty} a_{n+1} \cdot (n+1) x^n,$$

$$y''(x) = \sum_{n=1}^{\infty} a_{n+1} \cdot (n+1) n x^{n-1} = \sum_{n=0}^{\infty} a_{n+2} \cdot (n+2)(n+1) x^n,$$

将上面三式代入方程 $y'' - 2xy' - 4y = 0$，得

$$\sum_{n=0}^{\infty} \left[(n+2)(n+1)a_{n+2} - 2na_n - 4a_n \right] x^n = 0.$$

所以

$$a_{n+2} = \frac{2}{n+1}a_n.$$

(2) 由 $y(0) = 0, y'(0) = 1$ 可知 $a_0 = 0, a_1 = 1$，且 $a_{n+2} = \frac{2}{n+1}a_n$，所以

$$a_{2k} = 0, a_{2k+1} = \frac{2^k}{(2k)(2k-2)\cdots 2}a_1 = \frac{1}{k!}, k = 0,1,2\cdots.$$

故

$$y(x) = \sum_{n=0}^{\infty} \frac{1}{n!}x^{2n+1} = x\sum_{n=0}^{\infty} \frac{1}{n!}(x^2)^n = x\mathrm{e}^{x^2}.$$

例 28　设数列 $\{a_n\}$ 满足条件：$a_0 = 3, a_1 = 1, a_{n-2} - n(n-1)a_n = 0 (n \geqslant 2)$，

$s(x)$ 是幂级数 $\sum_{n=0}^{\infty} a_n x^n$ 的和函数.

(1) 证明：$s''(x) - s(x) = 0$.

(2) 求 $s(x)$ 的表达式.

解　(1) 由已知有 $s(x) = \sum_{n=0}^{\infty} a_n x^n$，求导后可得

$$s'(x) = \sum_{n=1}^{\infty} a_n \cdot nx^{n-1} = \sum_{n=0}^{\infty} a_{n+1} \cdot (n+1)x^n,$$

$$s''(x) = \sum_{n=1}^{\infty} a_{n+1} \cdot (n+1)nx^{n-1} = \sum_{n=0}^{\infty} a_{n+2} \cdot (n+2)(n+1)x^n,$$

且 $a_{n+2} = \frac{1}{(n+2)(n+1)}a_n$，可得 $s''(x) - s(x) = 0$.

(2) $s''(x) - s(x) = 0$ 是二阶常系数齐次线性方程，其特征方程为 $r^2 - 1 = 0$，解得特征根为 $r = \pm 1$. 所以原方程的通解为 $s(x) = c_1\mathrm{e}^x + c_2\mathrm{e}^{-x}$.

由 $s(0) = a_0 = 3, s'(0) = a_1 = 1$，有 $c_1 + c_2 = 3, c_1 - c_2 = 1$，解得 $c_1 = 2, c_2 = 1$.

所以

$$s(x) = 2\mathrm{e}^x + \mathrm{e}^{-x}.$$

例 29　(1) 验证函数

$$y(x) = 1 + \frac{x^3}{3!} + \frac{x^6}{6!} + \frac{x^9}{9!} + \cdots + \frac{x^{3n}}{(3n)!} + \cdots (-\infty < x < +\infty)$$

满足微分方程 $y'' + y' + y = e^x$；(2) 利用(1)的结果求幂级数 $\sum\limits_{n=0}^{\infty} \dfrac{x^{3n}}{(3n)!}$ 的和函数.

解 由已知 $y(x) = 1 + \dfrac{x^3}{3!} + \dfrac{x^6}{6!} + \dfrac{x^9}{9!} + \cdots + \dfrac{x^{3n}}{(3n)!} + \cdots$ 求导可得

$$y'(x) = \frac{x^2}{2!} + \frac{x^5}{5!} + \frac{x^8}{8!} + \cdots + \frac{x^{3n-1}}{(3n-1)!} + \cdots,$$

$$y''(x) = \frac{x}{1!} + \frac{x^4}{4!} + \frac{x^7}{7!} + \cdots + \frac{x^{3n-2}}{(3n-2)!} + \cdots,$$

且 $e^x = 1 + \dfrac{x}{1!} + \dfrac{x^2}{2!} + \dfrac{x^3}{3!} + \cdots + \dfrac{x^n}{n!} + \cdots.$ 故由此可得

$$y'' + y' + y = e^x.$$

该方程为二阶常系数非齐次线性微分方程，其对应的齐次方程的特征方程为 $r^2 + r + 1 = 0$，解得特征值为 $r_{1,2} = \dfrac{-1 \pm \sqrt{3}\,\mathrm{i}}{2}.$

从而对应的齐次方程的通解为

$$Y = \mathrm{e}^{-\frac{x}{2}} \left(C_1 \cos \frac{\sqrt{3}}{2} x + C_2 \sin \frac{\sqrt{3}}{2} x \right).$$

令 $y^* = A\mathrm{e}^x$ 为原方程的特解，代入原方程，解得 $A = \dfrac{1}{3}$. 所以原方程的通解为

$$y = \mathrm{e}^{-\frac{x}{2}} \left(C_1 \cos \frac{\sqrt{3}}{2} x + C_2 \sin \frac{\sqrt{3}}{2} x \right) + \frac{1}{3} \mathrm{e}^x.$$

由 $y(0) = 1, y'(0) = 0$ 求得 $C_1 = \dfrac{2}{3}, C_2 = 0.$

故所求和函数为

$$y = \frac{2}{3} \mathrm{e}^{-\frac{x}{2}} \cos \frac{\sqrt{3}}{2} x + \frac{1}{3} \mathrm{e}^x.$$

例 30 已知 $f(x) = \sum\limits_{n=0}^{\infty} a_n x^n, f(0) = 1$，且 $\sum\limits_{n=0}^{\infty} [2xa_n + (n+1)a_{n+1}] x^n = 0$，求 $f(x)$.

解 对 $f(x) = \sum\limits_{n=0}^{\infty} a_n x^n$ 求导可得

$$f'(x) = \sum_{n=1}^{\infty} n a_n x^{n-1} = \sum_{n=0}^{\infty} (n+1) a_{n+1} x^n.$$

而 $\sum_{n=0}^{\infty}\left[2xa_n+(n+1)a_{n+1}\right]x^n=2x\sum_{n=0}^{\infty}a_nx^n+\sum_{n=0}^{\infty}(n+1)a_{n+1}x^n,$

故

$$2xf(x)+f'(x)=0.$$

两边积分,解此微分方程

$$\int\frac{1}{f(x)}\mathrm{d}f(x)=\int-2x\mathrm{d}x,$$

$$\ln|f(x)|=-x^2+\ln|C|.$$

化简可得 $f(x)=Ce^{-x^2}.$

由 $f(0)=1$ 可得 $C=1$,所以 $f(x)=e^{-x^2}.$

4. 实际问题中微分方程的建立与求解问题

应用微分方程理论和方法解决实际问题时,首先碰到的是如何建立该问题的数学模型,即如何建立微分方程,同时给出相应的定解条件.这不仅需要我们了解未知函数的导数在不同学科中的意义,而且要求我们知道不同学科中的有关定律和原理.

例31 设 $y(x)$ 是区间 $\left(0,\frac{3}{2}\right)$ 内的可导函数,且 $y(1)=0$,点 P 是曲线 $L:y=y(x)$ 上任意一点,L 在点 P 处的切线与 y 轴相交于点 $(0,Y_P)$,法线与 x 轴相交于点 $(X_P,0)$,若 $X_P=Y_P$,求 L 上点的坐标 (x,y) 满足的方程.

解 设曲线在点 $P(x,y(x))$ 处的切线为

$$Y-y(x)=y'(x)(X-x).$$

令 $X=0$,得 $Y_P=y(x)-y'(x)x.$

曲线在点 $P(x,y(x))$ 处的法线为

$$Y-y(x)=-\frac{1}{y'(x)}(X-x).$$

令 $Y=0$,得 $X_P=x+y(x)y'(x).$

由 $X_P=Y_P$ 得到微分方程

$$y-xy'(x)=x+y(x)y'(x),$$

整理可得齐次方程 $\qquad\left(\dfrac{y}{x}+1\right)y'=\dfrac{y}{x}-1.$

令 $\dfrac{y}{x}=u$, 则 $\dfrac{\mathrm{d}y}{\mathrm{d}x}=u+x\dfrac{\mathrm{d}u}{\mathrm{d}x}$,故原方程可化为

$$u + x \frac{\mathrm{d}u}{\mathrm{d}x} = \frac{u-1}{1+u},$$

解得原方程的通解为

$$\frac{1}{2}\ln\left(1 + \frac{y^2}{x^2}\right) + \arctan\frac{y}{x} = -\ln|x| + C.$$

由 $y(1) = 0$ 解得 $C = 0$,故原方程的特解为

$$\frac{1}{2}\ln\left(1 + \frac{y^2}{x^2}\right) + \arctan\frac{y}{x} = -\ln x.$$

例 32 设 L 是一条平面曲线,其上任意一点 $P(x, y)(x > 0)$ 到坐标原点的距离等于该点处的切线在 y 轴上的截距,且 L 经过点 $\left(\frac{1}{2}, 0\right)$.

(1) 试求曲线 L 的方程.

(2) 求 L 位于第一象限部分的一条切线,使该切线与 L 以及两坐标轴所围图形的面积最小.

解 (1) 设曲线 L 过点 $P(x, y)$ 的切线方程为 $Y - y = y'(X - x)$. 令 $X = 0$,则该切线在 y 轴上的截距为 $y - xy'$.

由题设可知 $\sqrt{x^2 + y^2} = y - xy'$,解此齐次方程得到其通解为

$$y + \sqrt{x^2 + y^2} = C.$$

L 经过点 $\left(\frac{1}{2}, 0\right)$,故 $C = \frac{1}{2}$,所以所求曲线 L 的方程为 $y = \frac{1}{4} - x^2$.

(2) 第一象限内曲线 $y = \frac{1}{4} - x^2$ 在点 $P(x, y)$ 处的切线方程为 $Y - \left(\frac{1}{4} - x^2\right) = -2x(X - x)$,即 $Y = -2xX + x^2 + \frac{1}{4}\left(0 < x \leqslant \frac{1}{2}\right)$. 其与 x 轴及 y 轴的交点分别为 $\left(\frac{x^2 + \frac{1}{4}}{2x}, 0\right)$,$\left(0, x^2 + \frac{1}{4}\right)$.

所求图形的面积为 $S(x) = \frac{1}{2} \cdot \frac{\left(x^2 + \frac{1}{4}\right)^2}{2x} - \int_0^{\frac{1}{2}} \left(\frac{1}{4} - x^2\right) \mathrm{d}x$.

令 $S'(x) = 0$ 解得唯一驻点 $x = \frac{\sqrt{3}}{6}$.

当 $0 < x < \frac{\sqrt{3}}{6}$ 时,$S'(x) < 0$;当 $x > \frac{\sqrt{3}}{6}$ 时,$S'(x) > 0$,所以 $x = \frac{\sqrt{3}}{6}$ 是极小

值点.

故所求切线为

$$Y = \frac{1}{3} - \frac{\sqrt{3}}{3}X.$$

例 33 设 $y = y(x)$ 是区间 $(-\pi, \pi)$ 内过点 $\left(-\frac{\pi}{\sqrt{2}}, \frac{\pi}{\sqrt{2}}\right)$ 的光滑曲线,当 $-\pi < x < 0$ 时,曲线上任一点处的法线都过原点,当 $0 \leqslant x < \pi$ 时,函数 $y(x)$ 满足 $y'' + y + x = 0$,求 $y(x)$ 的表达式.

解 当 $-\pi < x < 0$ 时,曲线上任一点处的法线为 $Y - y = -\frac{1}{y'}(X - x)$,由于其过原点,则 $y' = -\frac{x}{y}$.

解此一阶微分方程,其通解为 $y^2 = -x^2 + C$.

由于曲线过点 $\left(-\frac{\pi}{\sqrt{2}}, \frac{\pi}{\sqrt{2}}\right)$,则 $C = \pi^2$,故 $y = \sqrt{\pi^2 - x^2}$.

当 $0 \leqslant x < \pi$ 时,$y'' + y + x = 0$ 为二阶常系数非齐次线性微分方程,故其特征方程为 $r^2 + 1 = 0$,解得特征根为 $r = \pm i$,所以其对应的齐次方程的通解为 $y = A\sin x + B\cos x$.

令原方程的特解为 $y^* = ax + b$,代入原方程解得 $a = -1, b = 0$.

所以原方程的通解为

$$y = A\sin x + B\cos x - x.$$

由于微分方程的解在原点处连续可导,所以 $y|_{x=0} = \pi, y'|_{x=0} = 0$,解得 $A = 1, B = \pi$. 所以 $y = \sin x + \pi\cos x - x$.

综上,所求函数为

$$y(x) = \begin{cases} \sqrt{\pi^2 - x^2}, & -\pi < x < 0, \\ \sin x + \pi\cos x - x, & 0 \leqslant x < \pi. \end{cases}$$

例 34 设 $f(x)$ 是区间 $[0, +\infty)$ 上具有连续导数的单调增加函数,且 $f(0) = 1$,对任意的 $t \in [0, +\infty)$,直线 $x = 0, x = t$,曲线 $y = f(x)$ 以及 x 轴所围成的曲边梯形绕 x 轴旋转一周生成一旋转体,若该旋转体的侧面面积在数值上等于其体积的 2 倍,求函数 $f(x)$ 的表达式.

解 旋转体体积 $V = \int_0^t \pi f^2(x)\mathrm{d}x$,其侧面积 $S = \int_0^t 2\pi f(x)\sqrt{1 + f'^2(x)}\mathrm{d}x$.

由于 $S = 2V$,因此

$$\int_0^t 2\pi f(x) \sqrt{1 + f'^2(x)} \, dx = 2\int_0^t \pi f^2(x) dx,$$

两边同时求导,可得

$$f(t) \sqrt{1 + f'^2(t)} = f^2(t),$$

化简可得一阶可分离变量微分方程

$$f'(t) = \sqrt{f^2(t) - 1},$$

其通解为

$$\ln \left| f(t) + \sqrt{f^2(t) - 1} \right| = t + C.$$

由已知 $f(0) = 1$ 解得 $C = 0$.

所以原方程的特解为 $f(t) = \dfrac{e^t + e^{-t}}{2}$,即所求函数 $f(x) = \dfrac{e^x + e^{-x}}{2}$.

例 35 某种飞机在机场降落时,为了减少滑动距离,在触地的瞬间,飞机尾部张开减速伞,以增大压力,使得飞机减速并停下. 现有一质量为 9 000 kg 的飞机,着陆时的水平速度为 700 km/h. 经测试,减速伞打开后,飞机所受的总阻力与飞机的速度成正比(比例系数为 $k = 6.0 \times 10^6$). 问从着陆点算起,飞机滑行的最长距离是多少?

解 由牛顿第二运动定律可知 $F = ma = -m\dfrac{dv}{dt} = kv$,解此可分离变量的微分方程

$$\int \frac{1}{v} dv = -\int \frac{k}{m} dt,$$

其通解为 $$v(t) = Ce^{-\frac{k}{m}t}.$$

由已知 $v(0) = 700$ 解得 $C = 700$,故 $v(t) = 700e^{-\frac{k}{m}t}$.

而 $v(t) = \dfrac{dS}{dt} = 700e^{-\frac{k}{m}t}$,其通解为

$$S = -\frac{m}{k} \cdot 700 \cdot e^{-\frac{k}{m}t} + C_1.$$

由已知 $S(0) = 0$ 解得 $C_1 = \dfrac{m}{k} \cdot 700$. 故 $S = -\dfrac{m}{k} \cdot 700e^{-\frac{k}{m}t} + \dfrac{m}{k} \cdot 700$.

所以飞机滑行的最长距离

$$S_{max} = \lim_{t \to +\infty} \left(-\frac{m}{k} \cdot 700e^{-\frac{k}{m}t} + \frac{m}{k} \cdot 700 \right) = 1.05 \text{ km}.$$

例 36　一半球体状的雪堆,其体积融化的速率与半球面面积 S 成正比,比例常数 $k>0$,假设在融化过程中雪堆始终保持半球体状,已知半径为 r_0 的雪堆在开始融化的 3 h 内,融化了其体积的 $\dfrac{7}{8}$,则雪堆全部融化需要多少小时?

解　设 t 时刻雪堆的半径为 r,则有

$$\frac{\mathrm{d}V}{\mathrm{d}t}=-2k\pi r^2,$$

而半球体积 $V(t)=\dfrac{2}{3}\pi r^3$,故 $\dfrac{\mathrm{d}V}{\mathrm{d}t}=2\pi r^2\dfrac{\mathrm{d}r}{\mathrm{d}t}$,从而得到微分方程 $\dfrac{\mathrm{d}r}{\mathrm{d}t}=-k$.

其通解为 $r=-kt+C_0$.

由 $r(0)=r_0,r(3)=\dfrac{r_0}{2}$ 解得 $C_0=r_0,k=\dfrac{r_0}{6}$,所以 $r(t)=-\dfrac{r_0}{6}t+r_0$.

令 $r=0$ 解得 $t=6$,即雪堆全部融化需要 6 h.

例 37　静水中有两艘船 A 和 B,A 船位于 B 船西边 1 km 处,B 船以速度 v_0 向正北方向行驶,同时 A 船以 B 船两倍的速度行驶,且始终对准 B 船追赶.求 A 船的行驶轨迹及 B 船行驶多远时被 A 船追上.

解　建立坐标系,以 A 船的初始位置为原点,正北方向为 y 轴正向,正东方向为 x 轴正向,令 A 船的行驶轨迹上任意一点为 $P(x,y)$,B 船在 t 时刻的坐标位置为 $(1,v_0 t)$,由已知可得

$$\frac{\mathrm{d}y}{\mathrm{d}x}=\frac{v_0 t-y}{1-x},$$

且 $OP=\displaystyle\int_0^x\sqrt{1+y'^2}\,\mathrm{d}x=2v_0 t$,故

$$\int_0^x\sqrt{1+y'^2}\,\mathrm{d}x=2(1-x)y'+2y,$$

上式两边同时对 x 求导得

$$\sqrt{1+y'^2}=2(1-x)y''.$$

初始条件为 $y(0)=0,y'(0)=0$.

令 $y'=p,y''=\dfrac{\mathrm{d}p}{\mathrm{d}x}$,则方程可化为

$$\sqrt{1+p^2}=2(1-x)\frac{\mathrm{d}p}{\mathrm{d}x},$$

其通解为

$$p + \sqrt{1+p^2} = \frac{C_1}{\sqrt{1-x}}.$$

由 $y(0) = 0, y'(0) = 0$，解得 $C_1 = 1$.

故有

$$y' + \sqrt{1+y'^2} = \frac{1}{\sqrt{1-x}}, \qquad\qquad ①$$

化简得

$$y' - \sqrt{1+y'^2} = -\sqrt{1-x}, \qquad\qquad ②$$

① + ② 可得

$$2y' = \frac{1}{\sqrt{1-x}} - \sqrt{1-x},$$

其通解为 $y = \frac{1}{2}\left[-2(1-x)^{\frac{1}{2}} + \frac{2}{3}(1-x)^{\frac{3}{2}}\right] + C$. 利用初始条件 $y(0) = 0$ 解得

$C = \frac{2}{3}$.

故所求轨迹为

$$y = \frac{1}{2}\left[-2(1-x)^{\frac{1}{2}} + \frac{2}{3}(1-x)^{\frac{3}{2}}\right] + \frac{2}{3}.$$

当 $x = 1$ 时，$y = \frac{2}{3}$，即 B 船行驶 $\frac{2}{3}$ km 时被 A 船追上.

三、进阶精练

习题 8

【保分基础练】

1. 填空题

(1) 微分方程 $xy' + y = 0$ 满足条件 $y(1) = 1$ 的特解为_____.

(2) 微分方程 $y' + y = e^{-x}\cos x$ 满足条件 $y(0) = 0$ 的特解为_____.

(3) 微分方程 $y'' + 2y' + 3y = 0$ 的通解为_____.

(4) 二阶常系数非齐次线性微分方程 $y'' - 4y' + 3y = 2e^{2x}$ 的通解为_____.

(5) 已知 $y_1 = e^{3x} - xe^{2x}$，$y_2 = e^x - xe^{2x}$，$y_3 = -xe^{2x}$ 是某二阶常系数非齐次线性微分方程的 3 个解，则该微分方程为_____.

2. 选择题

(1) 设 y_1,y_2 为二阶齐次线性方程 $y''+p(x)y'+q(x)y=0$ 的两个特解,则由 y_1,y_2 可以构成该方程的通解的充分条件为(　　).

(A) $y_1y_2'-y_1'y_2=0$　　　　(B) $y_1y_2'-y_1'y_2\neq0$

(C) $y_1y_2'+y_1'y_2=0$　　　　(D) $y_1y_2'+y_1'y_2\neq0$

(2) 已知 y_1,y_2,y_3 为方程 $y''+a_1(x)y'+a_2(x)y=f(x)$ 的三个线性无关的特解,C_1,C_2,C_3 均为任意常数,则方程的通解为(　　).

(A) $C_1y_1+C_2y_2$　　　　(B) $C_1y_1+C_2y_2+C_3y_3$

(C) $C_1y_1+C_2y_2+y_3$　　　(D) $C_1(y_1-y_2)+C_2(y_1-y_3)+y_2$

(3) 设线性无关的函数 y_1,y_2,y_3 都是二阶非齐次线性微分方程 $y''+p(x)y'+q(x)y=f(x)$ 的解,C_1,C_2 均为任意常数,则该非齐次微分方程的通解是(　　).

(A) $C_1y_1+C_2y_2+y_3$

(B) $C_1y_1+C_2y_2-(1-C_1+C_2)y_3$

(C) $C_1y_1+C_2y_2-(1-C_1-C_2)y_3$

(D) $C_1y_1+C_2y_2+(1-C_1-C_2)y_3$

(4) 微分方程 $y''-4y=\mathrm{e}^{2x}+x$ 的特解形式为(　　).

(A) $a\mathrm{e}^{2x}+bx+c$　　　　(B) $ax^2\mathrm{e}^{2x}+bx+c$

(C) $ax\mathrm{e}^{2x}+bx+c$　　　　(D) $ax^2\mathrm{e}^{2x}+bx^2+cx$

(5) 已知函数 $y=y(x)$ 在任意点 x 处的增量 $\Delta y=\dfrac{y\Delta x}{1+x^2}+\alpha$,且当 $\Delta x\to0$ 时,α 是 Δx 的高阶无穷小,$y(0)=\pi$,则 $y(1)$ 等于(　　).

(A) 2π　　　(B) π　　　(C) $\mathrm{e}^{\frac{\pi}{4}}$　　　(D) $\pi\mathrm{e}^{\frac{\pi}{4}}$

3. 求微分方程 $xy'+y(\ln x-\ln y)=0$ 的满足条件 $y(1)=\mathrm{e}^3$ 的特解.

4. 有一平底容器,其内侧壁是由曲线 $x=\varphi(y)(y\geqslant0)$ 绕 y 轴旋转而成的旋转曲面(如图),容器的底面圆的半径为 2 m.根据设计要求,当以 3 m³/min 的速率向容器内注入液体时,液面的面积将以 π m²/min 的速率均匀扩大(假设注入液体前容器内无液体).(1) 根据 t 时刻液面的面积,写出 t 与 $\varphi(y)$ 之间的关系式;(2) 求曲线 $x=\varphi(y)$ 的方程.

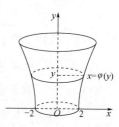

5. 设 $f(x) = \sin x - \int_0^x (x-t)f(t)\mathrm{d}t$,其中 $f(x)$ 为连续函数,求 $f(x)$.

6. 设实数 $a \neq 0$,求微分方程 $\begin{cases} y'' - ay'^2 = 0, \\ y(0) = 0, y'(0) = -1 \end{cases}$ 的特解.

7. 用变量代换 $x = \ln t$ 将微分方程 $\dfrac{\mathrm{d}^2 y}{\mathrm{d}x^2} - \dfrac{\mathrm{d}y}{\mathrm{d}x} + \mathrm{e}^{2x} y = 0$ 化为 y 关于 t 的方程,并求原方程的通解.

8. 求微分方程 $(xy^2 + y - 1)\mathrm{d}x + (x^2 y + x + 2)\mathrm{d}y = 0$ 的通解.

9. 求微分方程 $\cos y \dfrac{\mathrm{d}y}{\mathrm{d}x} - \dfrac{1}{x}\sin y = \mathrm{e}^x \sin^2 y$ 的通解.

10. 设 $y = \mathrm{e}^x$ 为微分方程 $xy' + P(x)y = x$ 的解,求此微分方程满足初始条件 $y(\ln 2) = 0$ 的特解.

11. 设函数 $y = y(x)$ 满足微分方程 $y'' - 3y' + 2y = 2\mathrm{e}^x$,且其图形在点 $(0,1)$ 处的切线与曲线 $y = x^2 - x + 1$ 在该点的切线重合,求函数 $y = y(x)$.

12. 设函数 $f(x)(x \geqslant 0)$ 可微,且 $f(x) > 0$.将由曲线 $y = f(x), x = 1, x = a(a > 1)$ 及 x 轴所围成的平面图形绕 x 轴旋转一周所得旋转体的体积为 $\dfrac{\pi}{3}\left[a^2 f(a) - f(1) \right]$.若 $f(1) = \dfrac{1}{2}$,求 $f(x)$ 及 $f(x)$ 的极值.

【争分提能练】

1. 填空题

(1) 微分方程 $(y + \sqrt{x^2 + y^2})\mathrm{d}x - x\mathrm{d}y = 0 (x > 0)$ 满足 $y(1) = 0$ 的特解为 _____.

(2) 微分方程 $yy'' + y'^2 = 0$ 满足初始条件 $y(0) = 1, y'(0) = \dfrac{1}{2}$ 的特解为 _____.

(3) 已知 $y = 1, y = x, y = x^2$ 是某二阶非齐次线性微分方程的 3 个解,则该方程的通解为 _____.

(4) 若二阶常系数齐次线性微分方程 $y'' + by' + y = 0$ 的每一个解 $y(x)$ 在区间 $[0, +\infty)$ 上有界,则实数 b 的取值范围为 _____.

(5) 已知二阶非齐次线性微分方程的 3 个特解分别为 $y_1 = \mathrm{e}^x, y_2 = x + \mathrm{e}^x, y_3 = x^2 + \mathrm{e}^x$,则该微分方程为 _____.

2. (1) 求微分方程 $y' + \sin(x-y) = \sin(x+y)$ 的通解;

(2) 求可微函数 $f(x)$ 使其满足 $f(x) = \cos 2x + \int_0^x f(t)\sin t\,dt$.

3. 已知 $f(0) = \dfrac{1}{2}$, 试确定 $f(x)$, 使 $[e^x + f(x)]y\,dx + f(x)\,dy = 0$ 为全微分方程, 并求此全微分方程的通解.

4. 设 $F(x) = f(x)g(x)$, 其中 $f(x), g(x)$ 在 $(-\infty, +\infty)$ 内满足以下条件:

$f'(x) = g(x), g'(x) = f(x)$, 且 $f(0) = 0, f(x) + g(x) = 2e^x$.

(1) 求 $F(x)$ 满足的一阶微分方程; (2) 求 $F(x)$ 的表达式.

5. 设幂级数 $\displaystyle\sum_{n=0}^{\infty} a_n x^n$, 当 $n > 1$ 时, $a_{n-2} = n(n-1)a_n$, 且 $a_0 = 4, a_1 = 1$.

(1) 求幂级数 $\displaystyle\sum_{n=0}^{\infty} a_n x^n$ 的和函数 $S(x)$; (2) 求和函数 $S(x)$ 的极值.

6. 设函数 $y = y(x)$ 在 $(-\infty, +\infty)$ 内具有二阶导数, 且 $\dfrac{dy}{dx} \neq 0$, $x = x(y)$ 是 $y = y(x)$ 的反函数.

(1) 试将 $y = y(x)$ 所满足的微分方程 $\dfrac{d^2y}{dx^2} - 2\left(\dfrac{dy}{dx}\right)^2 + 3x\left(\dfrac{dy}{dx}\right)^3 = y\left(\dfrac{dy}{dx}\right)^3$ 变换为 $x = x(y)$ 所满足的微分方程; (2) 求变换后的微分方程满足初始条件 $y(1) = 0, y'(1) = \dfrac{1}{2}$ 的解.

7. 设 $f(x)$ 连续, 且当 $x > -1$ 时, $f(x)\left[\displaystyle\int_0^x f(t)\,dt + 1\right] = \dfrac{xe^x}{2(1+x)^2}$, 求 $f(x)$.

8. 证明: 若 $f(x)$ 满足方程 $f'(x) = f(1-x)$, 则必满足方程 $f''(x) + f(x) = 0$, 并求方程 $f'(x) = f(1-x)$ 的解.

9. 设函数 $y = y(x)(x \geqslant 0)$ 具有连续的导数, 且 $y(0) = 1$. 由曲线 $y = y(x)$, x 轴, y 轴及过点 $(x, 0)$ 且垂直于 x 轴的直线围成的图形的面积与曲线 $y = y(x)$ 在 $[0, x]$ 上的一段弧长相等, 求 $y(x)$ 的表达式.

10. 设函数 $f(x)$ 连续, 且满足 $\displaystyle\int_0^x f(x-t)\,dt = \int_0^x (x-t)f(t)\,dt + e^{-x} - 1$, 求 $f(x)$.

11. 设 $a_0 = 0, a_1 = 1, a_{n+1} = \lambda a_n + \mu a_{n-1}, n = 1, 2, \cdots$. 设 $f(x) = \displaystyle\sum_{n=1}^{\infty} \dfrac{a_n}{n!} x^n$, 求 $f(x)$ 满足的微分方程.

12. 设 $f(x)$ 可导,且满足 $x=\int_0^x f(t)\mathrm{d}t+\int_0^x tf(t-x)\mathrm{d}t$,求:

(1) $f(x)$ 的表达式;(2) $\int_{-\frac{\pi}{4}}^{\frac{3\pi}{4}}|f(x)|^n\mathrm{d}x(n=2,3,\cdots)$.

【实战真题练】

1. 填空题

(1) 过点 $\left(\dfrac{1}{2},0\right)$ 且满足关系式 $y'\arcsin x+\dfrac{y}{\sqrt{1-x^2}}=1$ 的曲线方程为

_____.(2001 考研)

(2) 设实数 $a\neq0$,则微分方程 $\begin{cases}y''-ay'^2=0,\\ y(0)=0,y'(0)=-1\end{cases}$ 的解为 _____.

(2015 国赛决赛)

(3) 微分方程 $y''-(y')^3=0$ 的通解是_____.(2016 国赛决赛)

(4) 已知可导函数 $f(x)$ 满足 $f(x)\cos x+2\int_0^x f(t)\sin t\mathrm{d}t=x+1$,则 $f(x)=$

_____.(2017 国赛预赛)

(5) 已知 $y_1=\mathrm{e}^x$ 和 $y_2=x\mathrm{e}^x$ 是齐次二阶常系数线性微分方程的解,则该方程

是_____.(2014 国赛预赛)

2. 求方程 $(2x+y-4)\mathrm{d}x+(x+y-1)\mathrm{d}y=0$ 的通解.(2011 国赛决赛)

3. 已知 $y_1=x\mathrm{e}^x+\mathrm{e}^{2x},y_2=x\mathrm{e}^x+\mathrm{e}^{-x},y_3=x\mathrm{e}^x+\mathrm{e}^{2x}-\mathrm{e}^{-x}$ 是某二阶常系数
非齐次线性微分方程的 3 个解,试求此微分方程.(2009 国赛预赛)

4. 设函数 $y=y(x)$ 由参数方程 $\begin{cases}x=x(t),\\ y=\int_0^{t^2}\ln(1+u)\mathrm{d}u\end{cases}$ 确定,其中 $x(t)$ 是初值

问题 $\begin{cases}\dfrac{\mathrm{d}x}{\mathrm{d}t}-2t\mathrm{e}^{-x}=0,\\ x|_{t=0}=0\end{cases}$ 的解,求 $\dfrac{\mathrm{d}^2y}{\mathrm{d}x^2}$.(2008 考研)

5. 已知高温物体置于低温介质中,任一时刻物体温度对时间的变化率与该时
刻物体和介质的温差成正比,现将一初始温度为 120 ℃ 的物体在 20 ℃ 的
恒温介质中冷却,30 min 后该物体温度降至 30 ℃,若要使物体的温度继续
降至 21 ℃,还需冷却多长时间?(2015 考研)

6. 设 $f(u,v)$ 具有连续偏导数,且满足 $f_u(u,v)+f_v(u,v)=uv$,求 $y(x)=$

$e^{-2x}f(x,x)$ 所满足的一阶微分方程,并求其通解.(2013 国赛决赛)

7. (1) 求解微分方程 $\begin{cases} \dfrac{\mathrm{d}y}{\mathrm{d}x}-xy=x\mathrm{e}^{x^2}, \\ y(0)=1. \end{cases}$

(2) 如 $y=f(x)$ 为上述方程的解,证明: $\lim\limits_{n\to\infty}\displaystyle\int_0^1\dfrac{n}{n^2x^2+1}f(x)\mathrm{d}x=\dfrac{\pi}{2}$.(2012 国赛决赛)

8. 设当 $x>-1$ 时,可微函数 $f(x)$ 满足条件 $f'(x)+f(x)-\dfrac{1}{x+1}\displaystyle\int_0^x f(t)\mathrm{d}t=0$,且 $f(0)=1$,试证:当 $x\geqslant 0$ 时,有 $\mathrm{e}^{-x}\leqslant f(x)\leqslant 1$ 成立.(2014 国赛决赛)

9. 设函数 $f(x)$ 在区间 $[0,1]$ 上具有二阶导数,且 $f(1)>0,\lim\limits_{x\to 0^+}\dfrac{f(x)}{x}<0$. 证明:

(1) 方程 $f(x)=0$ 在区间 $(0,1)$ 内至少存在一个实根.

(2) 方程 $f(x)f''(x)+f'^2(x)=0$ 在区间 $(0,1)$ 内至少存在两个不同实根.(2017 考研)

10. 设函数 $y(x)$ 满足微分方程 $y'-xy=\dfrac{1}{2\sqrt{x}}\mathrm{e}^{-\frac{x^2}{2}}$ 及条件 $y(1)=\sqrt{\mathrm{e}}$ 的特解.

(1) 求 $y(x)$;

(2) 设平面区域 $D=\{(x,y)\,|\,1\leqslant x\leqslant 2,0\leqslant y\leqslant y(x)\}$,求平面区域 D 绕 x 轴旋转所成旋转体的体积.(2019 考研)

11. 设函数 $y=f(x)$ 满足 $y''+2y'+5y=0$,且有 $f(0)=1,f'(0)=-1$.

(1) 求 $f(x)$ 的表达式;

(2) 设 $a_n=\displaystyle\int_{n\pi}^{+\infty}f(x)\mathrm{d}x$,求 $\sum\limits_{n=1}^{\infty}a_n$.(2020 考研)

12. 函数 $y=f(x)(x>0)$ 满足 $xy'-6y=-6$,且 $y(\sqrt{3})=10$.

(1) 求 $y(x)$;

(2) P 为曲线 $y=y(x)$ 上一点,曲线 $y=y(x)$ 在点 P 的法线在 y 轴上的截距为 I_y,为使 I_y 最小,求 P 的坐标.(2021 考研)

习题 8 参考答案

【保分基础练】

1. (1) $y = \dfrac{1}{x}$; (2) $y = e^{-x}\sin x$; (3) $y = e^{-x}\left[A_1\cos(\sqrt{2}\,x) + A_2\sin(\sqrt{2}\,x)\right]$;

(4) $y = c_1 e^{3x} + c_2 e^x - 2e^{2x}$; (5) $y'' - 4y' + 3y = xe^{2x}$.

2. (1) B; (2) D; (3) D; (4) C; (5) D.

3. $y = xe^{2x+1}$.

4. (1) $t = \varphi^2(y) - 4$; (2) $x = 2e^{\frac{\pi}{6}y}$.

5. $f(x) = \dfrac{1}{2}(\sin x + x\cos x)$.

6. $y = -\dfrac{1}{a}\ln|ax+1|$.

7. $\dfrac{d^2 y}{dt^2} + y = 0,\ y = C_1\cos e^x + C_2\sin e^x$.

8. $\dfrac{x^2 y^2}{2} + xy + 2y - x = C$.

9. $\sin y = \dfrac{x}{e^x - xe^x + C}$.

10. $y = -e^{x+e^{-x}-\frac{1}{2}} + e^x$.

11. $y = e^x(1-2x)$.

12. $f(x) = \dfrac{x}{1+x^3}$, 极大值 $f\left(\dfrac{1}{\sqrt[3]{2}}\right) = \dfrac{\sqrt[3]{4}}{3}$.

【争分提能练】

1. (1) $y = \dfrac{1}{2}x^2 - \dfrac{1}{2}$; (2) $y^2 = x+1$; (3) $y = C_1 x + C_2 x^2 + 1 - C_1 - C_2$;

(4) $[0, +\infty)$; (5) $x^2 y'' - 2xy' + 2y = e^x(x^2 - 2x + 2)$.

2. (1) $\csc y - \cot y = Ce^{2\sin x}$; (2) $f(x) = 4(\cos x - 1) + e^{1-\cos x}$.

3. $e^x\left(x + \dfrac{1}{2}\right)y = C$.

4. (1) $F'(x) + 2F(x) = 4e^{2x}$; (2) $F(x) = e^{2x} - e^{-2x}$.

5. (1) $S(x) = \dfrac{5}{2}e^x + \dfrac{3}{2}e^{-x}$; (2) $S(x)$ 的极小值为 $S\left(\dfrac{1}{2}\ln\dfrac{3}{5}\right) = \sqrt{15}$.

6. 提示：利用 $\dfrac{dy}{dx} = \dfrac{1}{\dfrac{dx}{dy}}$, $\dfrac{d^2y}{dx^2} = -\dfrac{1}{\left(\dfrac{dx}{dy}\right)^3} \cdot \dfrac{d^2x}{dy^2}$ 可推导出 $x = x(y)$ 满足 $\dfrac{d^2x}{dy^2} +$

$2\dfrac{dx}{dy} - 3x = -y$; 所求特解为 $x = e^y - \dfrac{2}{9}e^{-3y} + \dfrac{1}{3}y + \dfrac{2}{9}$.

7. $f(x) = \dfrac{xe^{\frac{x}{2}}}{2(1+x)^{3/2}}$, $x > -1$.

8. $f(x) = C_1\left(\cos x + \dfrac{1+\sin1}{\cos1}\sin x\right)$.

9. 提示：由题设建立微分方程 $\displaystyle\int_0^x y(t)dt = \int_0^x \sqrt{1+\left[y'(t)\right]^2}dt$, 求导后可得

$(y')^2 - y^2 = -1$, 解出通解为 $C(y + \sqrt{y^2-1}) = e^{\pm x}$, 利用已知条件 $y(0) = 1$ 得到

特解 $y = \dfrac{1}{2}(e^x + e^{-x})$.

10. $f(x) = -\dfrac{1}{2}e^x(e^{-2x} + 1)$.

11. $f''(x) - \lambda f'(x) - \mu f(x) = 0$ 且 $f(0) = 0, f'(0) = 1$.

12. (1) $f(x) = \cos x - \sin x$;

(2) $\displaystyle\int_{-\frac{\pi}{4}}^{\frac{3\pi}{4}} |f(x)|^n dx = 2^{\frac{n+2}{2}}\int_0^{\frac{\pi}{2}} \cos^n x\, dx = \begin{cases} 2^{\frac{n+2}{2}} \cdot \dfrac{(n-1)!!}{n!!}, & n = 3, 5, \cdots, \\[3mm] 2^{\frac{n+2}{2}} \cdot \dfrac{(n-1)!!}{n!!} \cdot \dfrac{\pi}{2}, & n = 2, 4, \cdots. \end{cases}$

【实战真题练】

1. (1) $y\arcsin x = x - \dfrac{1}{2}$; (2) $y = -\dfrac{1}{a}\ln(ax+1)$; (3) $y = C_2 \pm \sqrt{2(C_1 - x)}$;

(4) $f(x) = \cos x + \sin x$; (5) $y'' - 2y' + y = 0$.

2. $2x^2 + 2xy + y^2 - 8x - 2y = C$.

3. $y'' - y' - 2y = e^x - 2xe^x$.

4. $\dfrac{d^2y}{dx^2} = e^x(x+1)$.

5. 30 min.

6. $y = \left(\dfrac{x^3}{3} + C\right)e^{-2x}$.

7. $y = \mathrm{e}^{x^2}$.

8. 提示:由条件可得 $f'(x) = \dfrac{-\mathrm{e}^{-x}}{1+x}$,由函数单调性及定积分不等式性质可证得结果.

9. 提示:(1) 零点定理;(2) 对 $F(x) = f(x) \cdot f'(x)$ 用两次罗尔定理.

10. (1) $y = \sqrt{x}\,\mathrm{e}^{\frac{x^2}{2}}$;(2) $V = \dfrac{\pi}{2}(\mathrm{e}^4 - \mathrm{e})$.

11. (1) $f(x) = \mathrm{e}^{-x}\cos 2x$;(2) $\displaystyle\sum_{n=1}^{\infty} a_n = \dfrac{1}{5}\dfrac{1}{\mathrm{e}^{\pi} - 1}$.

12. (1) $y(x) = 1 + \dfrac{x^6}{3}$;(2) $P\left(1, \dfrac{4}{3}\right)$.